도면의 힘 PLUS

건축도면
구조도면
모델링

김찬주 · 유연숙 · 임희정 공저

도서출판
구미서관

책 머리에

AI 기술이 건축 도면 분야에서도 빠르게 확산되고 있는 시대입니다. 하지만 AI가 효과적으로 도면 작성을 지원하기 위해서는, 무엇보다 사람이 작성한 정확하고 표준화된 도면이 선행되어야 합니다.

본서 『도면의 힘 PLUS』는 이러한 시대적 요구 속에서 건축 및 구조 도면의 체계적인 이해를 돕고, 실무 역량을 탄탄히 갖추도록 지원하기 위해, 3차원 모델링과 실제 현장 도면으로 집필되었습니다. 따라서, 건축사사무소 및 건설 회사에 근무하는 신입 사원과 이 직무로 진출하고자 하는 건축 관련 전공생들의 건축도면과 구조도면에 대한 이해에 많은 도움이 되리라 생각합니다.

본서의 시작은 2013년 출간된 「도면의 힘」에서 출발합니다.
짧지 않은 시간 건축사사무소에서 근무하고, 이후 후학들과 건축계획 및 설계에 대해 고민하던 중, 도면에 대한 작성과 더불어 도면에 대한 전반적인 이해가 필요하다는 생각을 하게 되었습니다. 이런 취지로 집필한 「도면의 힘」은 감사하게도 많은 독자분들의 관심을 받게 되었습니다. 쉽지 않은 전공서 임에도 불구하고, 건축사사무소의 필독서로 그리고 대학 강의 교재로도 활용되었습니다.

10년 가까운 시간이 지난 2022년. 건축도면에 대한 관심은 여전하고, 오히려 건축 뿐 아니라, 구조도면, 건축 상세 도면까지 그 전문적 영역에 대한 독자들의 요구가 커짐에 따라, 「도면의 힘Ⅱ」을 출간하게 되었습니다.

그리고 다시, 2025년. 독자분들께서 SNS 등을 통해 전달해 주신 소중한 의견을 적극 반영하여, 이번『도면의 힘 PLUS』를 다시금 펴내게 되었습니다. 특히 구조 부재의 부호를 실제 구조체에 직접 기재하고, 구조 모델링 과정을 풍부한 사진 자료와 함께 제공하여 이해를 높였습니다. 또한 독자들의 학습 편의를 위해 도면 해상도도 개선하였습니다.

본 서의 구성과 활용 방법은 다음 장의 '일러두기'를 참고해주시기 바랍니다.

본서를 집필하는 데에는 여러분들의 노고가 있었습니다. 공동 집필을 맡아주신 림 건축사사무소의 임희정소장님, 이음 건축사사무소의 유연숙소장님 감사합니다. 특히,『도면의 힘 PLUS』보완 작업에 어느 저자보다 애써주신 유연숙 소장님께 더 큰 감사를 드립니다.
여러 차례 수정으로 번거롭게 해드렸음에도 불구하고 끝까지 애써주신 구미서관의 이연선 편집장님과 출간을 위해 처음부터 끝까지 힘을 보태주신 구미서관의 임정대 부장님께도 이 자리를 빌려 감사의 말씀 드립니다.

이 작은 책으로 인해, 많은 건축인들의 앞날이 조금 더 밝고 희망차기를 기원드립니다.

희망찬 2026년을 기대하며,
저자 대표 김찬주 씀

일러두기

■ 본 서의 집필 목적

본서는 건축계의 신입사원이나 입문하고자 하는 전공생들을 대상으로 집필되었으며, 실제 공사에 활용되는 건축 도면과 구조 도면, 건축 상세 도면 내용을 다루었다.

■ 본 서의 구성 및 활용 방법

본서는 1장의 이론 공부와 함께 2장의 모델링을 직접 실습하면서 도면과 건축에 대한 이해를 높일 수 있도록 크게 2개의 장으로 구성되었다.

1장은 도면을 작성하기 위한 원리를 설명하는 것으로, 각각 도면의 내용 이해와 실제 작성되는 원리를 건축 도면과 구조 도면으로 나누어 기술하였다.

2장에서는 앞서 공부한 2차원 도면 작성 원리를 입체적으로 이해할 수 있도록 3차원 모델링 내용을 구성하였다. 우선, 건물의 전체 형태를 만드는 구조체의 이해를 위해, 구조 도면을 찾아가며 3차원으로 모델링을 하여 전체 건축물의 뼈대를 완성한다. 2장의 둘째 부분에서는 건축물에서 비교적 이해하기 어려운 상세 부분을 모델링 한다. 즉, 뼈대를 이루는 구조적 요소 뿐 아니라, 방수 단열 등의 기본 성능을 확보하기 위한 세부 자재들의 구성과 부착 방식 등을 고려한 모델을 만든다. 대략 1/10의 축척으로 만든 모형은 그 과정에서 각각의 자립을 위한 구조적 특성과 자재의 성능, 시공성까지도 고려하는 계기를 마련해준다.

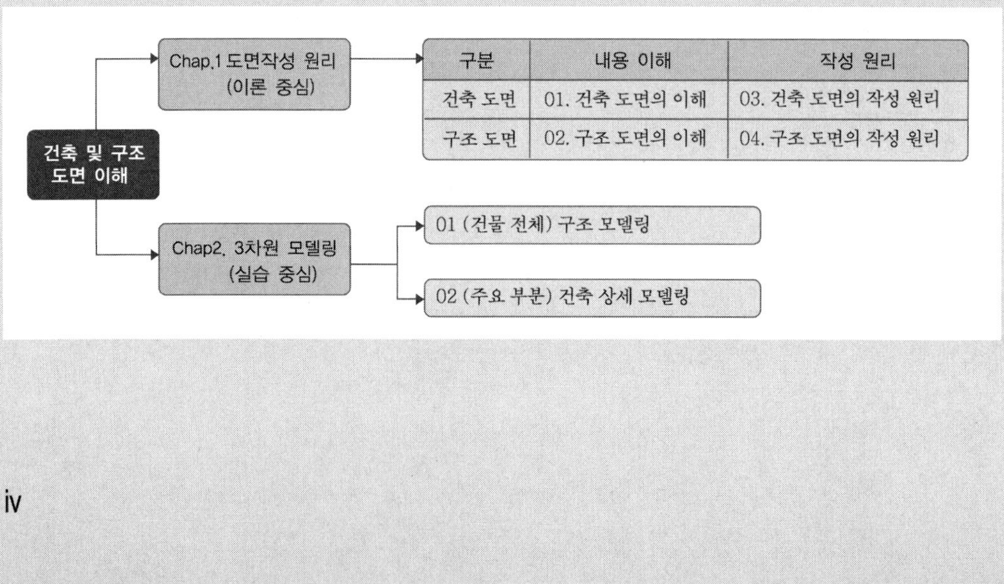

■ **본서의 구성 특징**

본 서는 건축 전공 학생이나 신입사원들이 쉽게 접하기 어려운 실제 현장에서 사용하는 실시설계 도면을 다수 수록하였다.

1장에서는 실제 현장에서 사용되고 있는 '실시설계 도면철의 순서'에 따라 도면별로 관련 내용을 기술하고 바로 이어서 2쪽에 걸친 펼친 그림으로 도면을 수록하였다.

2장에서는 각각의 모델링에 필요한 한 건물의 도면을 '모델링 순서'에 따라 설명에 이어 전체 도면과 관련 부분의 도면을 확대하여 수록하였다. ***각 구조체에 직접 기입된 부호와 다양한 사진들은 본 작업을 보다 쉽게 도와줄 것이다.***

부록에서는 앞 2장의 모델링에 활용된 전체 건물 도면을 넣어 전체 건물을 모델링하면서 실제 건물의 모든 도면을 참조하고 이해하도록 구성하였다.

특히, 가능한 실제 현장에서의 사진과 실 자재의 사진을 추가하여 실제 건축물의 시공에 대한 이해를 돕도록 하며, 직접 만든 모델 사진을 예시로 제시하고, 모델링 프로그램 진행 동영상과 모형 제작 동영상을 QR코드로 추가하여 필요 시 영상을 참조하도록 하였다.

위 모델링 과정은
다음 QR코드 링크로 볼 수 있습니다.

content 목차

Chapter 01 도면 작성의 원리

Chapter 02 Modelling

참고도면

Chapter 01 도면 작성의 원리

01. 건축 도면의 이해
02. 구조 도면의 이해
03. 건축 도면 작성 원리
04. 구조 도면 작성 원리

01 건축 도면의 이해

1-1 건축 설계 업무와 도면

건축사의 주요 업무는 대분류로 설계업무, 공사감리 업무 등이 있다. 이 중 설계 업무는 중분류인 기획업무와 건축설계업무, 사후 설계관리 업무, 기타업무로 나뉜다. 중분류인 건축설계업무는 다시 소분류인 '계획설계', '중간설계', '실시설계'로 다시 세분된다.

표 1. 건축사 업무 범위

(국토교통부 고시 제 2020-635호, '공공발주사업에 대한 건축사의 업무범위와 대가기준' 내용 참조 정리)

업무 대분류	중분류	소분류
설계 업무	기획업무	
	건축설계 업무	① 계획설계
		② 중간설계
		③ 실시설계
	사후설계관리 업무	상세 내용 고시 참조
	기타 요청 업무	상세 내용 고시 참조
공사감리 업무	수시 감리 업무	상세 내용 고시 참조
	상주 감리 업무	상세 내용 고시 참조
	책임 감리 업무	상세 내용 고시 참조
	기타 요청감리 업무	상세 내용 고시 참조
건설사업관리(CM) 업무	상세 내용 고시 참조	상세 내용 고시 참조
설계기준작성 업무	상세 내용 고시 참조	상세 내용 고시 참조
기타 요청 업무	상세 내용 고시 참조	상세 내용 고시 참조

1-1-1 기획업무

"기획업무"란 건축물의 규모검토, 현장조사, 설계지침 등 건축 설계 발주에 필요하여 발주자가 사전에 요구하는 설계업무[1]로, 법규검토, 개략배치도, 대지종횡단면도, 개략평·단면도를 포함하는 공간계획 규모 검토서와 현장조사, 설계지침서, 프로젝트공정표, 기존 유사건물 조사비교 등의 업무를 말한다.

주로 건축주가 직접 시행하거나 별도의 시행자 혹은 건축사를 통해서 해당 프로젝트의 용도와 규모, 공사비에 관한 개략적 윤곽을 조사하여 설정하는 단계이다. 본격적인 건축 설계 용역 이전에 이의 발주를 위한 프로젝트 관리영역의 성격을 갖는다.

기획업무의 내용은 크게 공간계획에 따른 규모 검토서, 현장 조사, 설계 지침서 작성, 프로젝트 공정표, 기존 유사 건물의 조사 비교로 나누어진다.

1) '건축물의 설계도서 작성기준'(국토해양부 고시) 참조

■규모 검토서

규모 검토서에는 법규검토, 개략 배치도, 대지 종·횡 단면도, 개략 평면도, 개략 단면도가 포함되며, 그 내용은 다음과 같다.
첫째, 대지 및 건축물의 규모, 용도 등을 개략적으로 산정하기 위한 법규검토
둘째, 건축물의 개략적인 배치 사항을 표현하는 개략배치도
셋째, 간단하게 대지의 경사 및 건축물과의 관계를 표시하는 대지 종·횡 단면도
넷째, 1층 및 기준층 평면, 각 층의 평면을 개략적으로 표현한 개략 평면도
다섯째, 층수 및 층고를 개략적으로 표시한 개략 단면도

■현장 조사

실제 건축물이 세워질 현장의 주변현황 등을 확인하는 작업이 현장 조사이다. 여기에는 첫째, 대지의 상태나 주변 건축물의 현황을 살펴보는 대지 및 주변현황 확인 작업이 있고, 둘째, 교통상황이나 수목 등의 분포, 시각적 조망, 미세기후 등을 분석하는 대지 및 주변 현황 분석 작업이 있다.
셋째로는 면담, 행태조사 등을 이용한 건축물의 사용자 조사, 넷째로 기존 시설물의 설계도서나 설비용량 등을 파악하는 기존 시설물 분석 작업 등이 있다.

■설계 지침서

기획업무의 또 다른 부분 중 하나인 설계지침서 작성에는 첫째, 용역대상 및 범위, 계약조건을 명시한다. 둘째, 설계 목표나 설계에 대한 제한사항, 필요 성능, 프로젝트의 요구 조건개념 등을 제시하고, 셋째, 해당 프로젝트의 공간 프로그램, 운영 프로그램을 나타낸다, 넷째, 이외에 공사와 관련된 예산서를 작성하기도 한다.

■프로젝트 공정표

기획업무에는 위의 내용외에 심의허가 등 설계 공정 및 기타 공정을 표현하는 프로젝트 공정표 작성 업무가 있다.

■기존 유사건물 조사비교

해당 프로젝트와 유사한 기존의 유사 건물 조사비교도 기획업무에 해당되는데, 여기에는 규모, 층수 용도의 비교 또는 마감재나 시설의 비교와 더불어 공사비 비교 등이 포함된다.

표 2. 기획업무의 내용

'공공사업에 대한 건축사의 업무범위와 대가기준' (국토교통부고시 제2020-635호) '[별표1] 기획업무' 참조

종 류		업무의 내용
규모 검토서 (공간계획)	법규검토	대지 및 건축물의 규모, 용도 등을 개략적으로 검토하기 위한 법규검토
	개략배치도	건축물의 개략배치
	대지종횡단면도	대지의 경사 및 건축물과 관계표시
	개략 평면도	1층 및 기준층 평면도
		각층 평면도
	개략 단면도	층수 층고표시의 개략 단면
현장조사	대지 및 주변현황 확인	대지상태, 주변건축물
	대지 및 주변현황 분석	교통, 수목, 시각분석, 기후분석
	사용자 조사	면담, 행태조사, 회의
	기존 시설물 분석	설계도서, 설비용량
설계지침서		용역대상 및 범위, 계약조건
		설계목표, 제한, 성능, 요구, 개념
		공간프로그램, 운영프로그램
		공사관련 예산서 작성
프로젝트공정표		심의·허가 등 설계공정 및 기타 공정
기존유사건물조사비교		규모, 층수, 용도비교
		마감재, 시설비교
		공사비 비교

1-1-2 계획설계

계획 설계의 내용은 건축, 구조, 기계, 전기, 토목, 조경, 방재 등 각 분야의 계획서와 심의대상인 경우에 작성되는 심의 도서로 구성된다.

가장 기본이 되는 건축 분야에는 설계개요를 포함한 배치·평면·입면·단면 계획 및 외장재료 등을 비교 분석한 건축계획서가 있다. 이외에 재료 장비선정에 따른 개략공사비를 파악할 수 있는 공사비 계산서, 제반 법규 검토와 인허가 절차를 파악한 후 작성한 법규검토용 설계 구성안이 있다. 여기에 형태를 알 수 있는 스케치 또는 스터디 모형이 포함될 수 있으며, 배치도, 대지종·횡단면도, 각층평면도, 2면이상의 입면도와 종·횡단면도가 있다. 심의대상인 경우에는 심의도서가 업무 내용에 포함되기도 한다.

위의 업무내용 중 별도의 추가 요구가 없는 경우에는 일반적으로 아래 표와 같이 법규검토와 이에 따른 설계구상안, 그리고 이를 반영한 설계개요와 배치도, 대지종·횡단면도, 각층평면도, 2면이상의 입면도와 종·횡단면도, 즉 기본도면으로 구성됨을 알 수 있다.

보다 더 많은 내용의 협의가 필요할 경우에는 아래표의 오른쪽 '도서작성구분'란에 'O'표기가 없는 사항에 대해서도 건축주의 요구와 계약에 의하여 계획설계 단계에서 추가작성이 가능하다.

표 3. 계획설계의 내용

'공공발주사업에 대한 건축사의 업무범위와 대가기준' (국토교통부고시 제2020-635호) '[별표2] 건축설계에서의 도서작성' 참조

종류		내용
건축	공사비 개산서	재료장비 선정에 따른 개략 공사비
	법규검토	제반법규검토, 인허가절차 파악
		설계구상안
	건축계획서	설계개요
		배치계획
		평면계획
		입면계획
		단면계획
		외장재료 비교 분석
	모형	Sketch 또는 Study Model
	건축 도면	배치도
		대지 종·횡단면도
		각층 평면도
		입면도(2면 이상)
		단면도(종·횡단면도)
	심의 도서	심의대상인 경우

구조	구조계획서	구조계획개요
		기본 구조적용 시스템 및 대안, 경제적 타당성 검토
	심의 도서	구조심의 대상인 경우
기계	기계설비 계획서	건축주 요구사항의 수용여부와 설계방침의 확정
		기계설비 계획개요
		각종 개통도 및 zoning 계획
		적용 시스템 비교 검토
		개략 공사비 추정
	심의 도서	심의 대상인 경우
전기	전기설비 계획서	해당 법규 검토
		설계방향 설정, 전기설비계획개요
		추정 부하 산정
		개략 예산 검토
	심의 도서	심의 대상인 경우

1-1-3 중간설계

계획설계와 실시설계의 중간에 있는 중간설계 단계에서는 계획설계의 내용을 각종 건축관련 법규에 적합하게 작성하여 건축인허가 과정에서 요구되는 법적 내용을 반영한 최소한의 설계 도서를 작성한다. 그러나 이 과정에서 단지 법적인 내용만을 고려하여 작성할 경우, 그 다음 단계인 실시설계에서의 오류를 사전에 검토하지 못할 수 있다. 따라서 본 중간단계에서는 법적인 검토 뿐 아니라, 구조·기계·전기·토목·조경 등 관련 전문분야의 기본 시스템에 대한 고려가 가능하도록 전반적 내용을 표현하는 도면을 작성하여야 한다.

건축 분야의 일반사항으로 건축계획서 상의 공사개요, 건축물 규모, 건축물 용도별 면적, 주차장 규모 등이 표현되고 법규 검토서가 포함된다.

건축 분야 도면에서 나타나야 할 내용으로는 배치도를 포함한 평면도, 입면도, 단면도의 기본 도면과 법정 주차대수와 주차 관계를 알 수 있는 주차계획도, 정화조의 용량과 구조를 알 수 있는 정화조 평면·단면도와 정화조 용량 계산서 등이 있다.

건축 분야 이외의 구조, 기계, 전기, 토목, 조경 분야에서의 내용은 아래 표와 같다. 기본 업무 이외의 추가 업무 내용은 각 프로젝트의 성격에 따라 건축주의 요구와 계약에 의해 추가 될 수 있다.

1) 건축

표 4. 중간설계의 내용

'공공발주사업에 대한 건축사의 업무범위와 대가기준' (국토교통부고시 제2020-635호) '[별표2] 건축설계에서의 도서작성' 참조

종류		업무의 내용	
일반 사항	개략 시방서	공사용 시방서(초안)	
	공사비 개산서	중간설계 적용기준에 따라 개략공사비를 산정, 작성	
	건축계획서	공사개요(위치, 대지면적 등)	
		건축물규모(건축면적, 연면적, 높이, 층수 등)	
		건축물 용도별 면적, 주차장규모	
		배치계획	
		주차 및 동선계획	
		평·입·단면 계획	
	법규 검토서	관련사항에 따른 법규검토	
도면	도면 목록표	공종 구분해서 분류 작성	
	안내도	방위, 도로, 대지주변 지물의 정보 수록	
	구적도	대지면적에 대한 기술	
	실내재료마감표	바닥, 벽, 천장 등 실내마감	
	배치도	축척 및 방위, 건축선, 대지경계선 및 대지가 정하는 도로의 위치와 폭, 건축선 및 대지경계선으로부터 건축물까지의 거리, 신청건물과 기존건물과의 관계, 대지의 고저차, 부대시설물과의 관계	
	주차계획도	법정 주차대수와 주차 확보대수의 대비표, 주차배치도 및 차량 동선도 차량진출입 관련위치 및 구조	
		옥외 및 지하 주차장 도면	
	각층 및 지붕 평면도	기둥·벽·창문 등의 위치 및 복도, 계단, 승강기 위치	
		방화 구획 및 방화벽의 위치	
	입면도(2면 이상)	주요내외벽, 중심선 또는 마감선 칫수, 외부마감재료	
	단면도 (종.횡단면도)	건축물 최고높이, 각층의 높이, 반자높이	
		천장내 배관 공간, 계단등의 관계를 표현	
	투시도	투시도 또는 조감도	
상세도	수직 동선 상세도	코아 상세도	코아 내의 각종 설비관련 시설물의 위치
		계단평면·단면 상세도	
		주차경사로 평·단면상세도	
		주차리프트 평·단면상세도	
	부분 상세도	지상층 외벽 평·입체단면도	
		지하층 부분 단면 상세도	
	천장도	천장 평면도	
	창호도	창호 평면도	
		창호 잡철물	각 창호에 적용되는 철물

기타	정화조	정화조 평면·단면도	
		용량 계산서	
	특수 분야	차음, 방음, 방진	
	계획 검토	무대, 조명	
		전시, 미술장식품	
		분수	
		주방	
		음향	
토목	토목계획서	개략 흙막이 계획서	
		흙막이 계획도	
		우·오수처리계획서와 상수계획서	
		예상공사비 계산서	
조경	조경계획서	녹지 및 공개공지 계획도	
		식재 계획도	
		시설물 계획 및 포장계획도	
	심의 도서	심의 대상인 경우	
방재	심의 도서	법규체크리스트 및 소방개략계획서	

2) 구조

'공공발주사업에 대한 건축사의 업무범위와 대가기준' (국토교통부고시 제2020-635호) '[별표2] 건축설계에서의 도서작성' 참조

종류		
일반사항	개략 시방서	구조 일반 시방 및 특기시방서(안) 작성
	구조 계산서	
	설계 설명서	
도면	기초 일람표	
	구조 평면도	기초에서 옥탑까지 작성
	가구도	골조의 단면상태를 표현하는 도면으로 골조의 상호 연관관계를 표현
	앵커배치도 및 BASE PLATE 설치도	
	기둥 일람표	
	보 일람표	
	슬래브 일람표	
	옹벽 일람표	
	계단배근 일람표	
	잡배근 일람표	
	주심도	

3) 기계

'공공발주사업에 대한 건축사의 업무범위와 대가기준' (국토교통부고시 제2020-635호) '[별표2] 건축설계에서의 도서작성' 참조

종류		업무의 내용
일반사항	개략 시방서	기계일반시방 및 특기시방서(안) 작성
	개략공사비 계산서	각 공종별 단위면적당 공사비개념으로 개략 산정
	설계 설명서	계획설계시의 내용을 발전 확정
	개략부하 계산서	설계기준에 따라 단위면적당 부하를 기준
	각종 장비 선정서	부하 분석에 따른 적정 장비 선정
	에너지 심의서류	에너지 절약계획서 및 기타 서류
	소방시설 계획서	건물종별, 규모별, 층별 소방시설 계획에 관한 종합적 서류
도면	도면 목록표	
	소방 설비도	해당 소방관련 설비
	장비 일람표	규격, 수량을 상세히 기록
	장비 배치도	기계실, 공조실 등의 장비배치방안 계획
	계통도	공조배관설비 계통도
		DUCT설비 계통도
		위생설비 계통도
		소화 설비 계통도
	기준층 및 주요층 기구 평면도	공조배관설비 평면도
		DUCT설비 평면도
		위생, 설비 평면도
		소화 설비 평면도
	저수조 및 고가수조	저수조 및 고가수조의 설치기준을 표시
	설비용 핏트 평면 상세도	설비용 핏트 상세 및 배치계획도면
	도시가스 인입 확인	도시가스 인입지역에 한해서 조사, 확인
	기구 상세도	기구의 선정

4) 전기

'공공발주사업에 대한 건축사의 업무범위와 대가기준' (국토교통부고시 제2020-635호) '[별표2] 건축설계에서의 도서작성' 참조

종류		업무의 내용
일반사항	개략 시방서	전기 일반 시방 및 특기시방서(초안) 작성
	공사비 계산서	공종별 단위 면적당 개략 공사비
	설계 설명서	계획설계시의 내용을 발전 확장
	각종 부하계산서	용도별 조도, 부하계산서 작성
	소방시설 계획표	각종 설치시설에 대한 계획표
도면	도면 목록표	
	배치도	옥외조명 설비 평면도
	계통도	전력 계통도
		조명 계통도
		통신 계통도
		소방 계통도
	평면도	조명 평면도
		소방 평면도
	상세도	조명기구의 선정

5) 토목

'공공발주사업에 대한 건축사의 업무범위와 대가기준' (국토교통부고시 제2020-635호) '[별표2] 건축설계에서의 도서작성' 참조

종류		업무의 내용
일반사항	개략 시방서	토목 일반시방 및 특기시방서(안) 작성
	개략 공사비 계산서	기본설계 도서에 따라 개략공사비 산정
	설계 설명서	
도면	도면 목록표	
	각종 평면도	주요시설물 계획
	대지 종·횡 단면도	
	토공사 계획도	
	포장계획 평·단면도	
	보도블럭 평면도	
	담장계획도	
	우·오수배수처리 평·종단면도	
	상하수 계통도	연결방법, 상수도 인입계획, 정화조의 위치

6) 조경 공사

'공공발주사업에 대한 건축사의 업무범위와 대가기준' (국토교통부고시 제2020-635호) '[별표2] 건축설계에서의 도서작성' 참조

종류		업무의 내용
일반사항	개략 시방서	일반 시방 및 특기시방서(안) 작성
	개략 공사비 계산서	기본설계 도서에 따라 개략공사비 산정
	설계 설명서	
도면	도면 목록표	
	조경배치도	법정 면적과 계획면적의 대비, 조경계획 및 식재 상세도
	식재평면도	
	단면도	

1-1-4 실시설계

실시설계는 공사 착수 이전에 시행되는 도면 작성의 마지막 단계이다. 이는 시공사 선정에 필요한 입찰, 계약에 대한 내용을 명시해야 하며, 설계 내용이 공사에 반영될 수 있도록 공사에 사용되는 재료 및 공법에 대한 내용이 상세히 표현되어야 한다. 따라서 도면의 작성 시공사의 정확한 범위, 치수 등을 상세히 명기할 수 있도록 비교적 상세한 축척의 도면들을 많이 작성한다. 즉 중간단계까지 작성된 축척 1/100이상 정도의 기본도면을 바탕으로 이를 자세히 설명할 수 있는 상세도면을 1/5~1/50 정도 축척으로 작성한다.

1) 건축

'공공발주사업에 대한 건축사의 업무범위와 대가기준' (국토교통부고시 제2020-635호) '[별표2] 건축설계에서의 도서작성' 참조

종류			축적
일반사항	공사시방서		
	설개개요		
	각 공종별 공사비 내역서		
	각종 계산서		
	심의에서 각종 인허가 관련자료		
도면	표지		
	도면목록표		
	안내도		
	구적도		
	지적도		
	면적산출표		
	대지 종·횡단면도		
	배치도		1/100이상
	주차계획도		1/100이상
	평면도		1/100이상
	입면도(2면 이상)		1/100이상
	단면도(종·횡단면도 등)		1/100이상
	실내벽 및 반자의 마감도		1/100이상
상세도면	수직동선 관련 상세도	코아 평면 상세도	1/5~1/50
		계단 평·단면상세도	1/5~1/50
		승강기·샤프트 평·단면상세도	1/5~1/50
		주차 경사로 평·단면상세도	1/5~1/50
		주차 리프트 평·단면상세도	1/5~1/50

상세도면	부분 상세도	주요부분 상세도	1/5~1/50
		주출입구부분 평·입·단면상세도	1/5~1/50
		부출입구부분 평·입·단면상세도	1/5~1/50
		샷다 상세도	1/5~1/50
		핏트 상세도	1/5~1/50
		발코니 상세도	1/5~1/50
		출입구 상세도	1/5~1/50
		지상층 외벽 입면·단면 상세도	1/5~1/100
		지하층 단면 상세도	1/5~1/100
		주요부분 내벽 상세도	1/5~1/100
	창호도	창호 평면도	1/5~1/50
		창호 상세도	1/5~1/50
		창호 입면도	1/5~1/50
		창호 잡철물 목록	1/5~1/50
	천장도	각층 천장 평면도	1/5~1/50
		천장 상세도	1/5~1/50
		부분 상세도	1/5~1/50
		천장 관련 설치 상세도	1/5~1/50
	내부 상세도	로비바닥패턴도	1/5~1/50
		로비 전개도	1/5~1/50
		주요실 전개도	1/5~1/50
		승강기 HALL 전개 상세도	1/5~1/50
		화장실 전개 상세도	1/5~1/50
		칸막이 전개도 및 상세도	1/5~1/100
	실내부위	실내마감 상세도	1/5~1/50
	부품도	각 부품도	1/2~1/50
기타	정화조	건축용 평·단면도	1/5~1/100
		각종 설비도	
		계산서	
	특수분야 도면	소음·방진·무대·조명·주방, 음향·전시·미술장식품 등	

2) 구조

'공공발주사업에 대한 건축사의 업무범위와 대가기준' (국토교통부고시 제2020-635호) '[별표2] 건축설계에서의 도서작성' 참조

<table>
<tr><th colspan="3">종류</th><th>축적</th></tr>
<tr><td rowspan="3">일반사항</td><td colspan="2">구조계산서 (법령에 의거 작성을 요하는 건축물)</td><td></td></tr>
<tr><td colspan="2">시방서</td><td></td></tr>
<tr><td colspan="2">설계설명서</td><td></td></tr>
<tr><td rowspan="12">도면</td><td colspan="2">도면목록표</td><td></td></tr>
<tr><td colspan="2">구조 평면도</td><td>1/30~1/200</td></tr>
<tr><td colspan="2">구조 단면도</td><td>1/30~1/200</td></tr>
<tr><td colspan="2">기초일람표</td><td>1/30~1/100</td></tr>
<tr><td colspan="2">앵커배치도 및 BASE PLATE 설치도</td><td>1/30~1/100</td></tr>
<tr><td colspan="2">기둥 일람표</td><td>1/30~1/100</td></tr>
<tr><td colspan="2">보 일람표</td><td>1/30~1/100</td></tr>
<tr><td colspan="2">슬래브 일람표</td><td>1/30~1/100</td></tr>
<tr><td colspan="2">옹벽 일람표</td><td>1/30~1/100</td></tr>
<tr><td colspan="2">계단배근 일람표</td><td>1/30~1/100</td></tr>
<tr><td colspan="2">잡배근 일람표</td><td>1/30~1/100</td></tr>
<tr><td colspan="2">주심도</td><td>1/30~1/200</td></tr>
<tr><td rowspan="16">상세도</td><td rowspan="3">계단 및 코아 상세도</td><td>계단 상세도</td><td>1/30~1/50</td></tr>
<tr><td>경사로 상세도</td><td>1/30~1/50</td></tr>
<tr><td>코아 상세도</td><td>1/30~1/50</td></tr>
<tr><td rowspan="6">접합 상세도</td><td>기둥접합 상세도</td><td>1/5~1/50</td></tr>
<tr><td>보접합 상세도</td><td>1/5~1/50</td></tr>
<tr><td>BRACE접합 상세도</td><td>1/5~1/50</td></tr>
<tr><td>DECK PLATE 설치도</td><td>1/5~1/50</td></tr>
<tr><td>STUD BOLT 설치도</td><td>1/5~1/50</td></tr>
<tr><td>ANCHOR BOLT 상세도</td><td>1/5~1/50</td></tr>
<tr><td colspan="2">잡 상세도</td><td>1/5~1/50</td></tr>
<tr><td colspan="2">가구도</td><td>1/5~1/50</td></tr>
<tr><td colspan="2">각부구조 상세도</td><td>1/5~1/50</td></tr>
<tr><td rowspan="4">기타 상세도</td><td>보 OPENING 위치도</td><td>1/5~1/50</td></tr>
<tr><td>캐노피</td><td>1/5~1/50</td></tr>
<tr><td>파라펫</td><td>1/5~1/50</td></tr>
<tr><td>TRUSS</td><td>1/5~1/50</td></tr>
</table>

3) 기계

'공공발주사업에 대한 건축사의 업무범위와 대가기준' (국토교통부고시 제2020-635호) '[별표2] 건축설계에서의 도서작성' 참조

종류		내용	축적
일반 사항	시방서	당해 공사에 요구되는 일반 및 특기사항을 상세히 기술	
	공사비내역서	시방 및 도면에 따라 세부공사비를 산정하여 작성	
	부하계산서	설계기준에 따라 세부 부하 계산	
	설계설명서	설계과정에서 확정된 내용 정리	
도면	도면 목록표	도면목차, 번호 등을 알아보기 쉽도록 표기	
	장비일람표	주요장비의 사항을 알아보기쉽도록 표기	
	옥외배관 평면도	옥외에서의 급배수, 도시가스, 유틸리등의 인입, 인출과 관경 및 위치등을 표시	1/100이상
	각 설비 계통도	각 설비별 계통 표시	
	각 설비 평면도	공조, 환기, 위생, 소화설비등에 대한 내용등을 표시	1/100이상
	기계실 및 공조실 확대평면도	각 설비별 기계실 배관에 대한 확대평면도	1/5~1/50
	화장실확대평면 상세도	화장실 배관등에 대한 확대평면	1/5~1/50
	저수조, 고가수조 배치 및 상세도	설치기준을 표시, 평.단면도	1/5~1/50
	설비용핏트 상세도	설치 및 유지보수등을 위한 적절한 공간 검토 확인	1/5~1/50
	연도 상세도	보일러 및 발전기등의 연도상세	1/5~1/50
	각종 장비 상세도		1/5~1/50
	자동제어도면(별도)	구성도	
		장비, 밸브, 관제점, 패널 일람표	
		계통도 및 평면도	

4) 전기

'공공발주사업에 대한 건축사의 업무범위와 대가기준' (국토교통부고시 제2020-635호) '[별표2] 건축설계에서의 도서작성' 참조

종류		내용	축적
일반사항	시방서	당해 공사에 요구되는 일반 및 특기사항을 상세히 기술	
	공사비 내역서	물량산출 및 내역서	
	각종 부하계산서	변압기용량, 부하, 조도, 발전기 용량	
	설계 설명서		
	도면 목록표	도면 목차, 번호등을 알아보기 쉽도록 표기	
	장비일람표	주요장비의 사양을 표기	
도면	도면 목록표	도면목차, 번호 등을 알아보기 쉽도록 표기	
	인입 배치도	전력 배치도	1/100이상
		통신 배치도	1/100이상
		소방 배치도	1/100이상
	계통도	전력간선 계통도	
		통신 계통도	
		소방계통도	
	평면도	전기실 장비설치 평면도	1/100이상
도면	평면도	기계실 장비설치 평면도	1/100이상
		전력 설비 평면도	1/100이상
		조명 설비 평면도	1/100이상
		통신 설비 평면도	1/100이상
		방범 설비 평면도	1/100이상
		소방 설비 평면도	1/100이상
		방송 설비 평면도	1/100이상
	상세도	조명기구 상세도	1/50이상
		설비용 핏트 상세도	1/50이상
		피뢰침 상세도	1/50이상
		접지 설비 상세도	1/50이상
		TV안테나 설치 상세도	1/50이상

5) 토목

'공공발주사업에 대한 건축사의 업무범위와 대가기준' (국토교통부고시 제2020-635호) '[별표2] 건축설계에서의 도서작성' 참조

<table>
<tr><th colspan="2">종류</th><th>내용</th><th>축적</th></tr>
<tr><td rowspan="3">일반사항</td><td>공사 시방서</td><td>당해 공사에 요구되는 일반 및 특기사항을 상세히 기술</td><td></td></tr>
<tr><td>공사비 내역서</td><td>시방 및 도면에 따라 세부공사비를 산정하여 작성</td><td></td></tr>
<tr><td>설계설명서</td><td></td><td></td></tr>
<tr><td rowspan="14">도면</td><td>주요 평면도</td><td></td><td>필요축적</td></tr>
<tr><td>대지 종·횡단면도</td><td></td><td>요축적</td></tr>
<tr><td>토공사 평·단면도</td><td></td><td>1/5~/100</td></tr>
<tr><td>흙막이 상세도</td><td>굴토깊이 10M 미만</td><td>1/5~1/50</td></tr>
<tr><td>포장상세도</td><td></td><td>1/5~1/50</td></tr>
<tr><td>보도블럭 및 측구 상세도</td><td></td><td>1/5~1/100</td></tr>
<tr><td>옹벽 평·단면 전개도</td><td></td><td>1/5~1/100</td></tr>
<tr><td>옹벽 상세도</td><td></td><td>1/5~1/100</td></tr>
<tr><td>담장 입·단면도</td><td></td><td>1/5~1/100</td></tr>
<tr><td>담장 상세도</td><td></td><td>1/5~1/100</td></tr>
<tr><td>방음벽 상세도</td><td></td><td>1/5~1/100</td></tr>
<tr><td>지하매설 구조물 현황</td><td></td><td></td></tr>
<tr><td>우·오수배수 상세도</td><td>우·오수배수 처리 노선 상세도 (평면도, 종·횡단면도) 및 구조물 상세도</td><td>1/5~1/100</td></tr>
</table>

6) 조경

'공공발주사업에 대한 건축사의 업무범위와 대가기준' (국토교통부고시 제2020-635호) '[별표2] 건축설계에서의 도서작성' 참조

<table>
<tr><th colspan="2">종류</th><th>내용</th><th>축적</th></tr>
<tr><td rowspan="3">일반사항</td><td>공사시방서</td><td>당해 공사에 요구되는 일반 및 특기사항을 상세히 기술</td><td></td></tr>
<tr><td>공사비 내역서</td><td>물량산출 및 내역서</td><td></td></tr>
<tr><td>설계설명서</td><td></td><td></td></tr>
<tr><td rowspan="12">도면</td><td>도면목록표</td><td>도면 목차, 번호 등을 알아보기 쉽도록 표기</td><td></td></tr>
<tr><td>배치도</td><td>공사계획 및 시설물배치도</td><td>1/100이상</td></tr>
<tr><td rowspan="3">평면도</td><td>배식 평면도 및 수량 집계</td><td>1/100이상</td></tr>
<tr><td>포장계획 평면도</td><td>1/100이상</td></tr>
<tr><td>시설물 평면도</td><td>1/100이상</td></tr>
<tr><td>입면도</td><td>식재 입면도 및 플랜터 전개도</td><td>1/100이상</td></tr>
<tr><td rowspan="6">상세도</td><td>포장 평·입·단면 상세도</td><td>1/10이상</td></tr>
<tr><td>지주목 상세도</td><td>1/10이상</td></tr>
<tr><td>식재 및 수목보호용 덮개상세도</td><td>1/10이상</td></tr>
<tr><td>조명등 상세도</td><td>1/10이상</td></tr>
<tr><td>플랜터 상세도</td><td>1/10이상</td></tr>
<tr><td>시설물 상세도</td><td>1/10이상</td></tr>
</table>

1-2 건축 도면의 구성

1-2-1 도면의 체계 및 축척

■도면의 체계

건축설계가 계획설계 단계, 중간설계 단계, 실시설계 단계로 나뉜 것처럼 모든 도면에는 나름의 위계와 연계가 있다. 즉, 전체 도면에는 전체를 아우르는 도면의 체계가 있다. 설계 아이디어를 발전시키기 위해 설계 프로세스가 있는 것처럼, 이를 실제 구체화하기 위한 그 많은 도면에도 다른 도면보다 우선되는 도면이 있다. 흔히 기본도면이라고 하는 배치도, 평면도, 입면도, 단면도는 초기 계획설계 단계에서부터 아이디어를 모으는 주요 도구가 된다. 이러한 관계는 실시설계 도면까지 이어지며, 모든 실시설계 도면의 기준이 된다.

실제 공사를 위한 실시설계 단계에 이르면, 설계에 대한 아이디어를 시공에 대한 효율성, 기능성, 시공성을 초점으로 구체화하여야 한다. 설계에 대한 아이디어를 여러 도면을 통해 작성하고 표현하여야 한다. 여기에서 필요한 것이 각 도면 간의 위계와 연계이다. 앞에서 말했듯이 가장 위계가 높은 도면은 기본도면이다. 하지만 기본도면만으로 공사가 진행될 수 없다. 도면의 위계를 설명하기 위한 예를 보면 업무시설의 코어 부분이 있다. 실시설계 이전의 평면도에는 엘리베이터 3대, 계단 2곳, 남녀화장실, 설비 관련 샤프트 등으로 표현된다. 하지만, 공사를 위해서는 엘리베이터의 용량, 층고에 따른 계단 단수, 남녀 화장실의 위생 도기 개수와 위치 간격, 설비 공간의 크기 등이 결정되어야 한다. 이러한 내용을 검토하고 결정하기 위해서는 보다 자세한 도면이 필요하다. 그것이 '상세도'이다. 이 코어를 상세히 표현하기 위해서는 '코어 평면 상세도' 뿐 아니라, '코어 단면 상세도'가 있어야 하고, 코어 내부 엘리베이터 홀 벽면을 표현하는 경우에는 '엘리베이터 홀 전개도'를 작성한다. 이렇게 작성한 도면만으로도 공사할 수 있다. 하지만 보다 책임감 있는 도면 작성을 위해서는 그 다음 단계인 설치 상세도, 부품도 등을 그릴 수 있다. 이렇게 기본도면에서 표현된 공간을 구체화하기 위해서는 각 부분을 확대해서 그리는 상세도가 필요하다. 이것을 도면의 수직적 위계라 말한다.

도면에는 수직적 위계와 함께 수평적 연계가 있다. 이는 초기 설계 아이디어를 구상하는 단계에서부터 시작된다. 계획설계 평면도를 그릴 때 이미 입면도에 대한 내용이 함께 표현되고, 단면에 대한 내용이 함께 포함된다. 실시설계 도면 작성 시에는 보다 상세한 많은 부분이 서로 관련되어 작성된다. 예를 들어, 엘리베이터 홀의 바닥 마감재를 30mm 석재에서 3mm 무석면 타일로 바꿨다고 하자. 어떤 도면들을 수정하여야 할까? 다행히 실내 마감 재료는 기본도면에 큰 영향을 미치지 않는다. 마감 재료를 바꾸었으니까 '실내 재료 마감표'를 바꾼다. '코어 평면 상세도'에 바닥 마감 줄눈을 표현했다면, 이도 수정해야 한다. 또, 30mm 석재와 3mm 무석면타일의 두께차이가 있으니, '코어 단면 상세도' 레벨도 조정해야 하고, 이에 따라 '구조 평면도'에서 슬래브 레벨도 수정해야 한다. '실내 마감 상세도'를 고치는 것은 너무 당연하다. 마감재 하나에 관련된 도면이 이 정도이다. 만약 중앙 냉난방 시스템이 변경되면 어떻게될까? 기본 단면도의 층고부터 조정되어야 할 것이다. 위계가 높은 기본도면이 수정되면, 그 아래 위계를 갖는 모든 도면이 수정되어야 하고, 관련된 도면들은 모두 수정되어야 한다. 엘리베이터 홀이라는 하나의 공간 혹은 냉난방 시스템이라는 하나의 요소가 어떻게 여러 도면들에 걸쳐 관련되어 있는지를 알아야 한다. 이를 위해 가장 기본이 되는 도면의 체계를 이해할 필요가 있다.

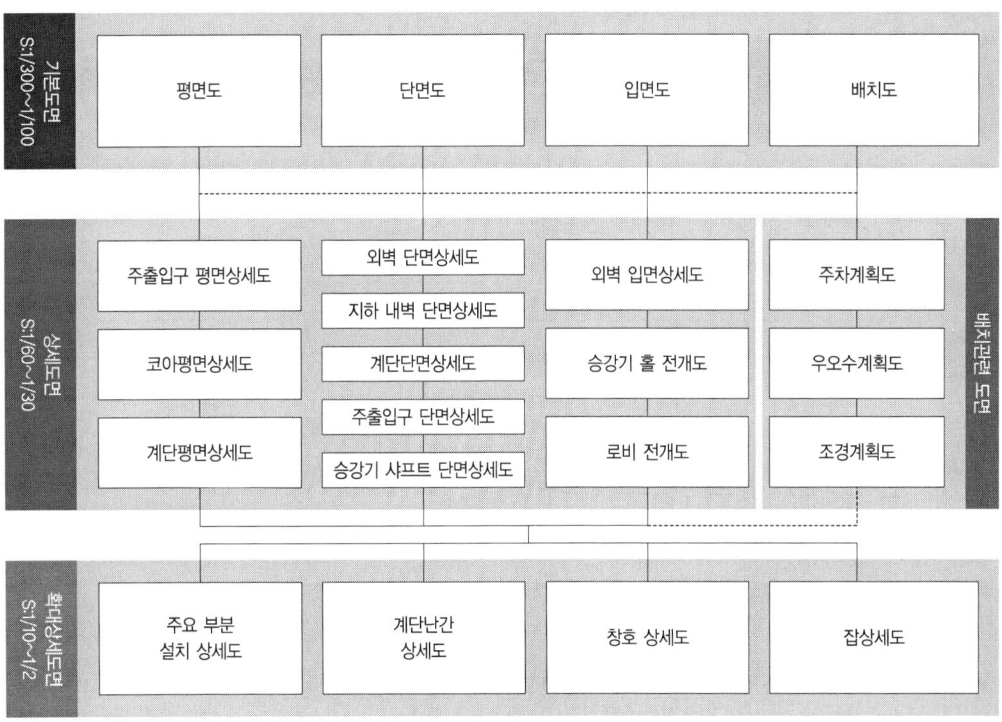

도면의 체계도

■도면별 축척

도면의 체계를 이해하기 위해서는 의사결정의 과정과 축척의 의미를 알아야한다. 건축설계에서의 도면은 의사결정을 위한 수단이다. 초기 아이디어를 발전시켜나가는 단계별로 즉, 의사결정이 이루어지는 단계별로 그 위계가 정해진다. 축척은 그 의사결정의 범위와 깊이를 정하는데 도움을 준다. 즉, 축척1/1,000에서 볼 수 있고 생각할 수 있는 범위는 넓지만 그 깊이는 얕다. 하지만, 1/100의 축척에서는 그보다 범위는 좁지만 상대적으로 세세하게 생각할 수 있다. 1/50의 도면에서는 보다 자세하고 좁은 범위에 대한 의사결정을 한다. 의사결정에는 여러 종류가 있다. 도시 전체에서 대지로의 진입 관계를 볼 것인지, 내 건물안에서 실들의 관계를 볼 것인지, 벽체와 마감의 관계를 볼 것인지 등 의사결정을 위한 적절한 축척의 선택은 매우 중요하다.

표 5. 도면별 축척 범위

구분	내용	도면번호	도면명	축척
A-000	일반사항	A-001	표지, 도면목록표	none
		A-011	건축개요, 지적도, 위치도, 구적도	none
	대지관련	A-021	배치도, 대지 종, 횡단면도, 교통체계도	1/200~1/500
		A-031	바닥면적산출표	none
		A-041	공통가설시설물	none
A-100	기본도면	A-101	평면도, 확대평면도	1/50~1/200
		A-121	입면도	1/50~1/200
		A-131	주단면도(종, 횡 2면 이상)	1/50~1/200
	마감상세도	A-141	재료마감표	none
		A-151	재료마감상세도	1/5~1/10
A-200	외벽상세도	A-201	지하층 외벽 상세도	1/30~1/50
		A-211	지상층 외벽 상세도	1/30~1/50
		A-221	내벽 상세도	1/30~1/50
		A-231	경사로 상세도	1/50
		A-241	승강기 상세도	1/50
A-300	코아상세도	A-301	코아평면 상세도	1/50
		A-311	코아단면상세도	1/50
		A-321	계단평면 상세도	1/50
		A-331	계단단면상세도	1/50
		A-341	화장실 평, 단면상세도	1/50
		A-351	화장실 전개도	1/50

A-400	천장도	A-401	천장평면도	1/50~1/200
		A-411	천장상세도	1/5~1/20
A-500	내부관련도	A-501	실내전개도	1/50
		A-511	패턴나누기	1/50~1/100
		A-521	실내경량칸막이 평면도, 전개도, 상세도	1/50
A-600	창호도	A-601	방화구획도	none
		A-611	창호평면도 및 일람표	none
		A-621	창호입면도	none
		A-631	창호부분상세도	1/1~1/50
		A-641	금물일람표(Hardware)	none
A-700	구분도 및 부분상세도	A-701	방수구분도	1/40
		A-711	단열구분도	1/40
		A-712	외벽전개도, 외벽상세도	1/5~1/50
A-800	일반상세도	A-800	일반상세도, 잡상세도	1/1~1/50
A-900	외주도면	A-901	조경관련도면	none
		A-911	정화조관련도면	none
		A-921	실내장식관련도면	none
		A-931	그래픽관련도면	none
		A-941	세륜시설관련도면	none

1-2-2 건축 도면의 개요

1) 배치도

배치도는 건축물이 대지 위에 어떻게 놓여있는지 보여주는 도면으로 건축물을 대지 위에 배치한 뒤 대지 전체를 건축물과 함께 투영하여 그린 도면이다. 배치도에 표현되는 내용은 물리적 환경과 자연적 환경, 법규적 제약내용으로 나눌 수 있다. 물리적 환경은 다시 대지 경계선(인접대지경계선, 도로경계선)을 기준으로 대지 안과 대지 밖으로 구분할 수 있으며 이러한 사항들이 자세히 표현되어야 한다.

물리적 환경 내용은 대지 위에서 본 건축물의 모습을 기준으로 외부 주차장이나 조경, 외부 시설물 등 보이는 모든 부분으로 표현되어야하며 그 외에 지하층의 외곽선이나 정화조, 장비 반입구 등 땅속 시설물들에 대한 사항도 점선으로 표현되어야 한다.

자연적 환경 내용으로는 대지 내·외부의 경사를 나타내는 등고선과 하천이나 산, 수목 등의 자연 환경 요소를 배치도에 표현하여 주변 자연 환경과의 관계를 살필 수 있도록 하여야 한다.

배치도는 법적 사항을 보여주는 도면으로 인접대지경계선, 대지 안의 공지, 도로경계선, 최고높이제한선, 건축한계선, 각종 법적 규제선 등 법과 관련한 여러 제약 내용을 도면에 함께 표현한다.

2) 평면도

평면도란 가장 기본이 되는 도면이다. 해당 층의 약 1.2m~1.5m높이에서(사람의 눈높이 정도를 말함) 수평면으로 건축물을 절단하여 내려본 모습을 그린 도면으로 건축물 내부의 다양한 평면적 사항을 보여준다. 평면도에서 보여주는 사항은 전체 평면의 모습, 그리고 각 공간 단위실의 크기와 형태, 기능, 마감 재질, 가구 배치 등이다. 더불어 창문이나 문을 평면에 표현하므로써 각 공간별 동선체계 및 시각적 연결 관계를 알 수 있도록 한다. 또한 각종 설비관련 시설물을 표현하며 구조체의 위치 및 시스템을 나타낸다.

평면도에는 기본적으로 해당 층의 1.2m~1.5m높이에서(사람의 눈높이 정도를 말함) 아래 부분을 모두 표현한다. 따라서 해당 층의 슬래브가 오픈되어 아래층의 모습이 노출되는 경우에는 보이는 아래 층의 내용도 함께 표현되어야 한다. 또한 위층의 오픈된 곳이나 평면의 외각 형태가 다른 경우에는 점선을 이용하여 위층의 모습을 함께 그려주기도 한다. 이를 통해 위층과 아래 층의 관계를 간접적으로 인지할 수 있다.

평면도는 각 층별로 작성하는 것이 원칙이며 같은 층이 반복되는 경우에는 하나의 기준층만 그리기도 한다.

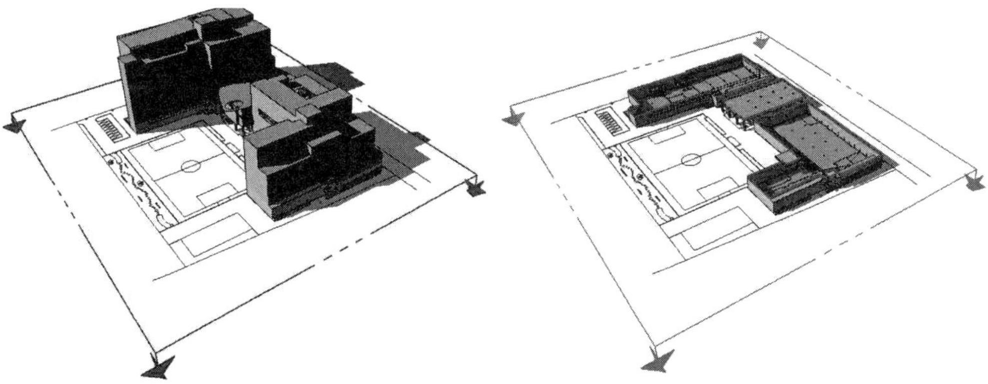

평면도 작성 예

3) 입면도

입면도는 건축물의 외부 모양을 4방향(정면. 우측면, 좌측면, 배면)에서 그린 도면으로 건축물 외부의 형태 및 마감재료 등을 알 수 있도록 그린 도면이다. 입면도의 종류로는 정면도, 측면도(우측면도, 좌측면도), 배면도가 있다.

- 정면도(front elevation) : 건축물의 정면이 되는 방향에서 그린 입면도로써 주로 전면도로가 기준이다.
- 측면도(side elevation) : 건축물의 정면을 중심으로 우측의 상황을 그린 도면이 우측면도(right side elevation)이며, 좌측의 상황을 그린 도면이 좌측면도 (left side elevation)이다.
- 배면도(rear elevation) : 건축물 정면의 반대편에서 보고 그린 입면도이다.

입면도를 동서남북 4방향의 방위를 기준으로 동측면도, 서측면도, 남측면도, 북측면도 로 표기하기도 한다.
입면도에서는 건축물의 전체 형태와 더불어 지면과 만나는 부분의 계단이나 데크, 외부 계단 등도 함께 표현한다. 또한 전체 건축물의 높이와 처마높이, 층별 바닥높이 등의 정보와 외부마감 종류 및 패턴도 함께 표현한다.

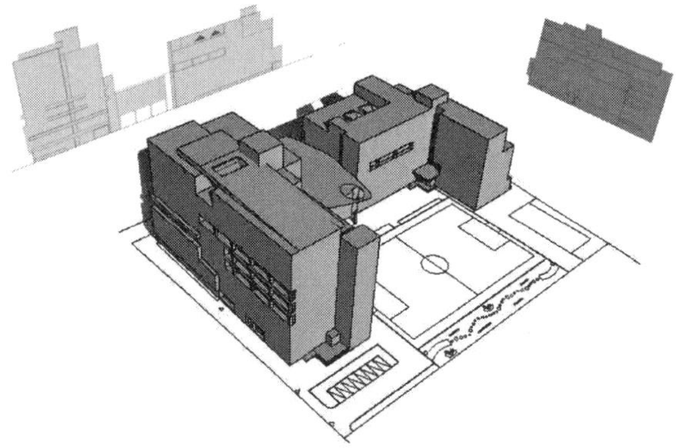

입면도 작성 예

4) 단면도

단면도는 건축물을 수직면으로 잘라서 건축물의 내부를 보여주는 도면으로 건축물의 수직적 형태와 각종 구조 및 수직 동선 체계를 나타낸다.

일반적으로 단면도는 종단면과 횡단면의 2개 단면을 그리는데 건축물이 복잡하거나 이해가 어려운 경우 여러 방향의 단면도를 추가로 그린다.

단면도에서는 우선적으로 구조체의 형상 및 크기(기초, 기둥, 보, 슬래브 구조 등)를 나타내며 다음 으로 공간의 크기와 형상을 표현한다. 특히 층고 및 천장고는 법적 규제와도 관련되는 사항으로 정확히 표현하도록 한다. 또한 설비와 관련한 덕트 및 반자 속 조명 등도 실시설계 도면에서는 나타낸다.

단면도는 일반적으로 메인 홀과 수직 코어부분(계단, 엘리베이터), 주요 기능의 공간을 포함하며 단면의 잘린 부분은 평면도나 키맵(key map)에서 그 위치를 표현한다.

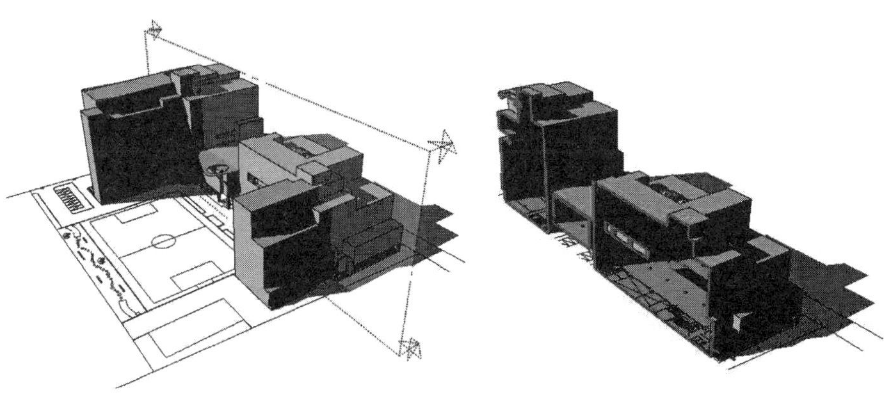

단면도 작성 예

5) 창호도

창호도란 건축물에 사용된 창과 문의 디테일한 정보를 주기 위하여 작성하는 도면이다. 창호도에는 창, 문의 종류, 재료 및 마감, 문의 개폐 방식, 개소 등을 표현한다.

창호도는 창호평면도와 창호일람표로 구성되는데 창호평면도에는 창호의 위치를 표시하며 창호일람표에서 세부 사항을 창호 종류별로 나누어 설명한다.

■ 창호의 약어와 기호

재료	약어	한글명	영문명
목재	WD	목재문	wood door
	WW	목재창	wood window
철재	SD	철재문	steel door
	FSD	방화문(철재 갑종방화문)	fire steel door
	PSD	경량칸막이 스틸 문	partition steel door
	FSS	철재 방화 셔터	fire steel shutter
알루미늄	AD	알루미늄 문	aluminum door
	AW	알루미늄 창	aluminum window
	AWD	알루미늄 문 + 알루미늄 창	aluminum door + aluminum window
	AG	알루미늄 그릴	aluminum grill
스테인레스	SSD	스테인레스 스틸 문	stainless steel door
스틸	SSW	스테인레스 스틸창	stainless steel window
	SSDW	스테인레스 문+스테인레스 창	stainless door + stainless window
	SSF	스테인레스 프레임	stainless frame
	SSS	스테인레스 웨이브 셔터	stainless steel shutter
	ST	슬레이트 셔터	stainless shutter
	SPS	스테인레스 방범셔터	stainless prevention shutter
기타	TGD	강화 유리문	tempered glass door
	FD	접이문	folding door
	SPD	방음문	sound proofing door
	GB	유리블럭	glass block

창문번호 재료기호 / 창, 문 구분기호	1 WW	2 WD	1 SSW
	목재창	목재문	스테인리스 스틸 창
1 SSD	2 AD	2 SW	1 SD
스테인리스 스틸 문	알루미늄 문	철재창	철재문
1 AW	1 SS	2 GD	1 FD
알루미늄 창	철재셔터	유리문	방화문

재질 표현 방법

6) 상세도

건축물을 실제 시공하는 측면에서 보면, 세부적으로 결정해야 할 부분이 수없이 많다. 하지만 기본도면인 배치도와 평·입·단면도에 상세히 기입한다 하더라도 축척과 출력 크기의 한계로 인하여 이러한 모든 내용을 도면에 표현하기란 불가능하다. 따라서 디자이너의 의도를 정확히 시공에 반영하기 위하여 필요한 부분에 대해서는 상세도를 작성한다.

따라서 상세도의 경우는 기본도면에 비하여 크게 확대된 축척을 사용하는데 손잡이나 잡철물의 상세도에 있어서는 1:1의 축척을 사용하기도 한다.

상세도에는 평면의 한 부분을 크게 확대하여 그린 평면 상세도, 입면의 주요 부분을 확대하여 그린 입면상세도, 단면도의 한 부분을 확대하여 그린 단면상세도, 계단실을 세세하게 그린 계단상세도, 코어를 확대하여 그린 코어상세도, 화장실의 각종 기구 및 장치, 설비시스템 등을 디테일하게 그린 화장실상세도, 루프드레인(roof drain)이나 반자의 잡철물 등을 상세히 그린 잡상세도 등이 있다.

7) 전개도

전개도는 펼쳐진 내부 입면도라고 생각하면 된다. 즉, 면이 너무 넓거나 각이 져서 한눈에 보기 어려울 때 각각의 부분을 펼쳐서 표현한 도면이다.

특히, 인테리어나 실내 전시 계획도면 등에서 많이 사용하며, 화장실과 같이 거울, 세면기, 휴지걸이 등의 다양한 기구 등의 배치가 고려되어야 하는 곳은 반드시 전개도로 표현한다.

전개도에서는 입면의 다양한 계획적 요소에 대한 표현과 함께 시공을 용이하게 하기 위해 정확한 치수와 재료명이 기입되어야 한다. 내부 입면의 패턴이나 재질명 등도 함께 표현하며, 어느 쪽에서 본 전개도 인지를 키맵(key map)을 통하여 표시한다.

8) 천장평면도

천장평면도는 천장의 수평면을 보여주는 도면으로, 그리고자 하는 층의 아래 부분에 거울을 놓았다고 생각하고 그 거울에 비친 천장의 모습을 그린 수평 투영 방식으로 작도한 도면이다. 주로 표현되는 것은 천장의 재료와 형태, 패턴, 조명 등이며, 커튼박스나 블라인드 박스 그리고 강당 같은 실은 천장 속 점검통로 등도 표현한다.
천장평면도와 관련한 설비 요소로는 전기기구, 스프링클러, 스피커, 화재경보기, 등기구, 공조기구, 디퓨져, 전자기기 등이 있으며 이들의 정확한 위치와 크기, 명칭이 표현되어야 한다.
건축에서 표현하는 천장평면도에 표현되는 기구들은 크기가 작아 일반적으로 기호를 사용하여 표현하며 사전에 전기, 통신, 기계설비와 충분한 협의과정을 거쳐 도면을 작성하며, 구조체와의 간섭이 있는지없는지를 확인하여야 한다.
별도의 내부 디자인을 고려한 인테리어 분야에서 작성하는 천장평면도는 이보다 훨씬 자세한 내용이 추가된다.

■ 조명 및 설비 기호

02 구조 도면의 이해

2-1 하중과 구조체

2-1-1 건축물에 작용하는 하중

건축물에 작용하는 하중은 크게 수직하중과 수평하중으로 나눌 수 있는데 수직하중은 가구나 기자재, 물품 등의 고정하중과 사람이나 차량 등의 움직임을 동반하는 활하중, 눈에 의한 적설하중으로 구분한다. 수평하중에는 바람에 의한 풍하중과 지진에 의한 지진력이 있다.

하중의 종류		부재력
수직하중	고정하중, 활하중, 적설하중	축하중
수평하중	풍하중, 지진력	전단력

바닥판(Slab) → 작은보(Beam) → 큰보(Girder) → 기둥(Column) → 기초(Foundation) → 지반(Soil)

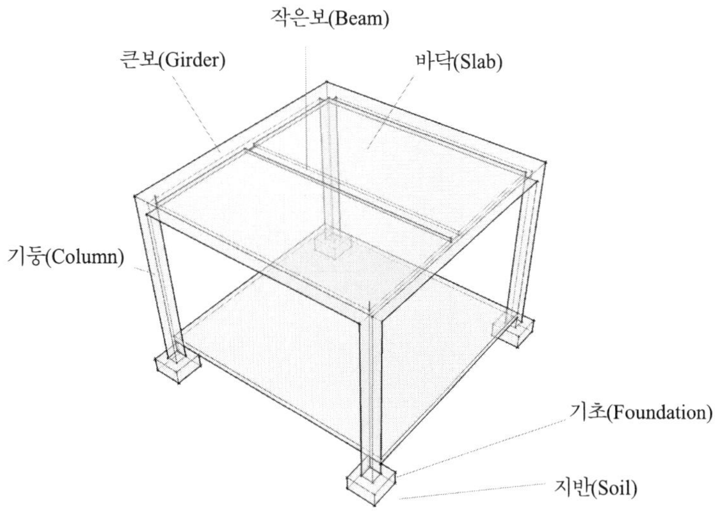

2-1-2 구조 형식

1) 철근콘크리트 구조

■ 철근콘크리트 구조의 개요

철근콘크리트 구조는 다른 말로 'RC조'라 하고 이는 Reinforced Concrete의 첫 글자로 철근으로 보강한 콘크리트라는 뜻이다. 즉, 모래, 자갈 등의 골재에 시멘트와 물을 섞어 제작된 콘크리트가 압축력에는 상당히 강하나 인장력에 약한 약점을 보완하고자, 인장에 강한 철근으로 보강하여 만든 구조이다. 철근콘크리트는 내구, 내화, 내풍, 내진 등에서 우수한 성능을 보장한다.
하지만 자체 중량이 크며 시공 시 온도나 피복 두께를 확보해야
하는 등의 기술적 정밀성을 요구한다.

■ 라멘조와 벽식구조

철근과 콘크리트를 복합하여 만든 구조체인 철근콘크리트조 중, 하중을 담당하는 수직 구조체의 종류에 따라 라멘조와 벽식구조로 나눈다.
라멘조 (Rhamen)는 주요 구조 부분이 보와 기둥 그리고 슬래브로 이루어진 구조물을 말한다. 건물의 구조형식이 보와 기둥으로 구성되며 이러한 부재들이 건물의 모든 힘을 받아서 기초로 전달하는 방식이다.
벽식구조는 주요 구조 부분 중 수직을 담당하는 부재가 기둥이 아니라, 내력벽으로 구성된 구조체이다. 즉 벽체 내부가 철근과 콘크리트로 만들어져 라멘조의 기둥 역할을 벽체가 담당하도록 만들어진 구조이다.

■ 구조체 구성

철근콘크리트 구조체의 구성은 다음 그림과 같다.

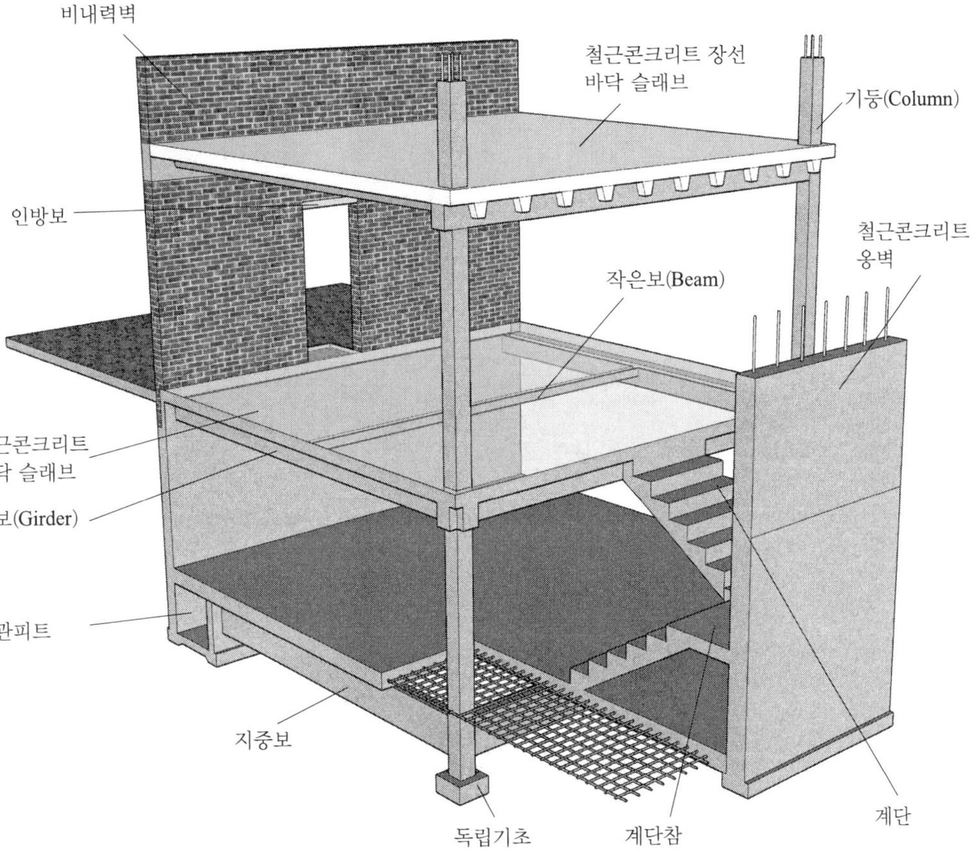

철근콘크리트 구조 예시

2) 조적식 구조

조적식 구조는 건물의 벽체 등을 벽돌이나 블록, 돌 등을 쌓아 만든 것으로 조적조라고도 한다. 조적식 구조는 목구조에 비하여는 벽두께가 두꺼우며 건물의 무게가 크고 건축공사비도 다소 더 들지만 내화, 내구적이고 구조, 시공법이 간단하다는 장점이 있다. 그러나 조적조는 풍압력, 지진력, 기타 인위적 횡력에는 극히 약한 구조체이므로 고층이나 대규모 건축물에는 부적합하다. 철근콘크리트 구조와 복합적으로 구성하는 경우 3~4층까지도 건설이 가능하다.
조적식 구조체의 구성은 다음 그림과 같다.

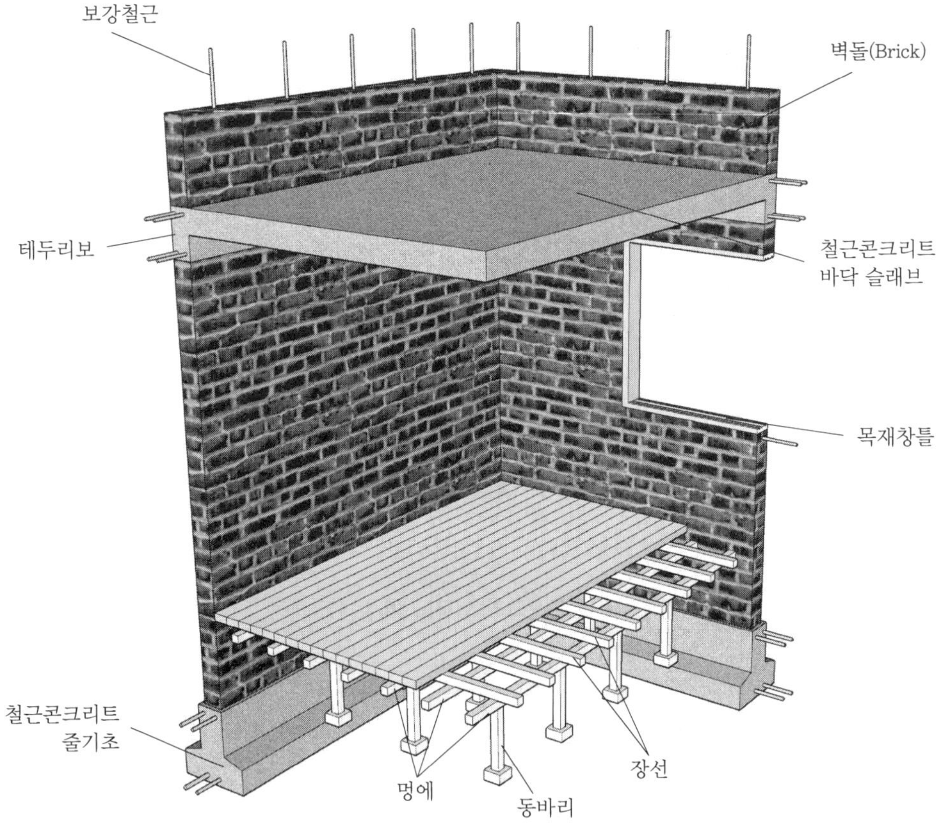

조적식구조 예시

3) 철골구조

건축물의 골조가 철강재로 구성된 것이 철골구조 또는 강구조이다. 철골구조 건축물은 뼈대구조(Framed Structure)와 쉘구조(Shell Structure)형식으로 나눌 수 있다. 뼈대구조에는 트러스구조, 강성구조, 아치구조 등이 있다. 쉘구조는 트러스를 쉘구조의 곡면 또는 평판으로 만든 뒤 이를 입체트러스로 구성하는 것이 일반적이다. 철골구조는 수평력에 대하여 강하여 내진력이 크고 불연성이며 큰 스팬의 구조가 가능하다. 또한 시공기간이 짧으며 적절히 피복을 하면 내화, 내구적이고 철근콘크리트 구조에 비하여 중량이 가볍다. 이와 같은 장점과 함께, 철골구조는 고열에 약하며 다른 구조체보다 고가인 단점이 있다.

철골구조와 철근 콘크리트 구조를 병용한 철골철근콘크리트구조는 내진성이 강화되고 내구적으로 만들 수 있어서 고층 건물 또는 대규모 건축에 많이 사용된다.

철골구조 구조체의 구성은 다음 그림과 같다.

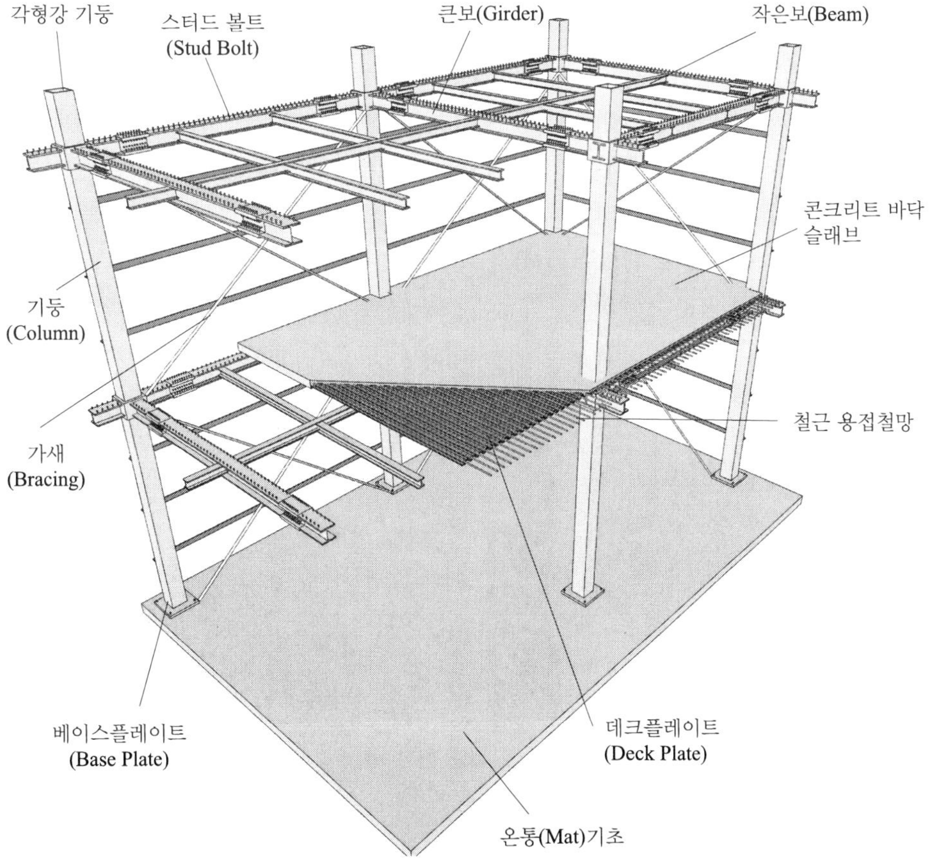

철골구조 예시

2-1-3 구조 부재의 특성

1) 바닥판

바닥판은 하중이 가장 먼저 실리는 곳으로 상층부 바닥판은 지진하중이나 풍하중 등의 횡하중에 대하여 자체 변형이 없도록 하여야 한다. 지하층 바닥판은 토압이나 수압 작용 시 안전하게 인접 부재로 하중을 분산시키는 기능을 가져야 하며 구조물 상하층 간 연소 방지 및 차음 등의 부수적 기능도 담당하여야 한다.

■ 구조 계획 시 고려사항

- 바닥판은 연직하중에 대한 내력 및 횡력에 대한 강성 확보 그리고 내화성, 차음성, 경제성, 시공성을 고려하여야 한다.
- 보, 기둥, 기초설계시 적용하는 부담 하중이 경감되도록 경제적 설계 및 공간 활용 측면에서 바닥판의 경량 구조계획을 고려한다.
- 일반적인 바닥판의 두께는 100mm~200mm이며 이는 보의 배치방식, 자중, 마감하중, 적재하중, 특수한 경우 시공 하중 등에 의하여 결정된다.
- 각종 설비 배관의 관통 및 피복 두께 미확보 등의 시공 결함으로 인한 단면 결손이 구조적 내력을 떨어뜨림으로 이에 대한 고려를 하여야 한다.
- 바닥판의 처짐 및 진동 장애 등을 고려한다.
- 차음성을 고려하기 위하여 일반적으로 150mm 이상의 두께를 확보한다. 단, 공동주택의 층간소음 방지를 위해서는 별도의 규정을 적용한다.

슬래브 배근 현장

2) 보

보는 춤이 높고 스팬(Span)이 긴 수평의 휨재로써 바닥판의 하중을 지지하여 전단벽이나 기둥과 같은 수직 부재에 하중을 전달한다. 횡하중(풍하중, 지진력)에 대하여 기둥과 같이 대응하며, 슬래브와도 일반적으로 합성되어 함께 대응한다. 종류로는 철근콘크리트 보, 철골보, 합성보로 구분한다.

■ 구조 계획시 고려사항

- 보의 크기는 층고에 직접적인 영향을 주므로 공간의 최적 층고를 확보하는 것이 중요하다. 반자 속에 들어가는 각종 설비 덕트 및 배관 배선 사이즈 등을 고려하여 보의 크기를 결정한다.
- 내화 성능 및 시공성을 고려한다.

보 배근 예시

3) 기둥

기둥은 건물의 각 층 바닥 하중을 기초에 전달하기 위하여 보와 일체화된 구조로 수직 압축하중을 받는 구조체이다. 기둥의 길이에 따라 장주 및 단주로 구별되며 기둥 단면의 형상은 일반적으로 사각형과 원형이 대부분이나 일부 이형적 형태를 가지는 경우도 있다.

■ 구조계획시 고려사항

- 기둥의 위치는 일반적으로 일정한 간격을 가지며 연속적으로 배치되는 것이 기초로의 하중전달에 가장 효율적이다.
- 기둥의 위치 및 크기는 평면 계획 및 입면 형태와의 조화를 고려하며 경제적이어야 한다.
- 기둥의 크기는 기둥 간격, 층높이, 하중의 종류에 따라 다르다. 일반적으로 단면의 최소치수

는 200mm이상, 최소 단면적은 60,000mm^{2}이상으로 한다.

- 철근콘크리트 라멘조의 경우 기둥 안에 들어가는 주근은 철근지름 13mm이상으로 하며 사각형 기둥인 경우에는 철근을 4개, 원형기둥인 경우에는 6개이상 배근한다. 주근은 일반적으로 16~25mm범위 안에서 사용한다.
- 띠철근은 주근이 기둥 밖으로 튀어나오는 좌굴 현상을 방지함과 동시에 기둥의 전단력에 저항하는 역할과 시공 시 주근을 고정시키는 기능을 한다. 일반적으로 현장에서 주로 사용하는 띠철근의 지름은 10mm 정도이다.

4) 기초

기초는 건축물 상부 하중을 지반이나 지정에 전달하는 구조 부위를 말한다. 상부의 하중을 받은 기초는 단단한 지반까지 그 힘을 전달하여야 하기 때문에 지내력이 충분한 지중까지 내려서 계획한다. 기초는 지지 지반의 깊이에 따라 얕은 기초와 깊은 기초로 구분한다. 얕은 기초는 기초판을 직접 지반에 전달하게 하고, 깊은 기초는 말뚝이나 잠함(Cassion) 등을 통하여 간접적으로 하중을 지반에 전달한다.

■ 구조계획시 고려사항

- 기초는 동결선 이하에 위치시키는 것이 좋으며 동결선은 지역마다 다르나 일반적으로 지표면으로 부터 1m이하에 위치시킨다.
- 기초의 종류는 크게 독립기초, 줄기초(연속기초), 복합기초, 말뚝기초로 나눌 수 있다. 지질의 상태나 건물 하중을 고려하여 가장 경제적이고 안전한 방식을 선택한다.
- 기초 돌출 부분이 대지경계선, 각종 규제선 침범 여부를 확인한다
- 기초가 설치되는 지반레벨 즉, 기초 깊이를 확인한다.

기둥 배근 예시

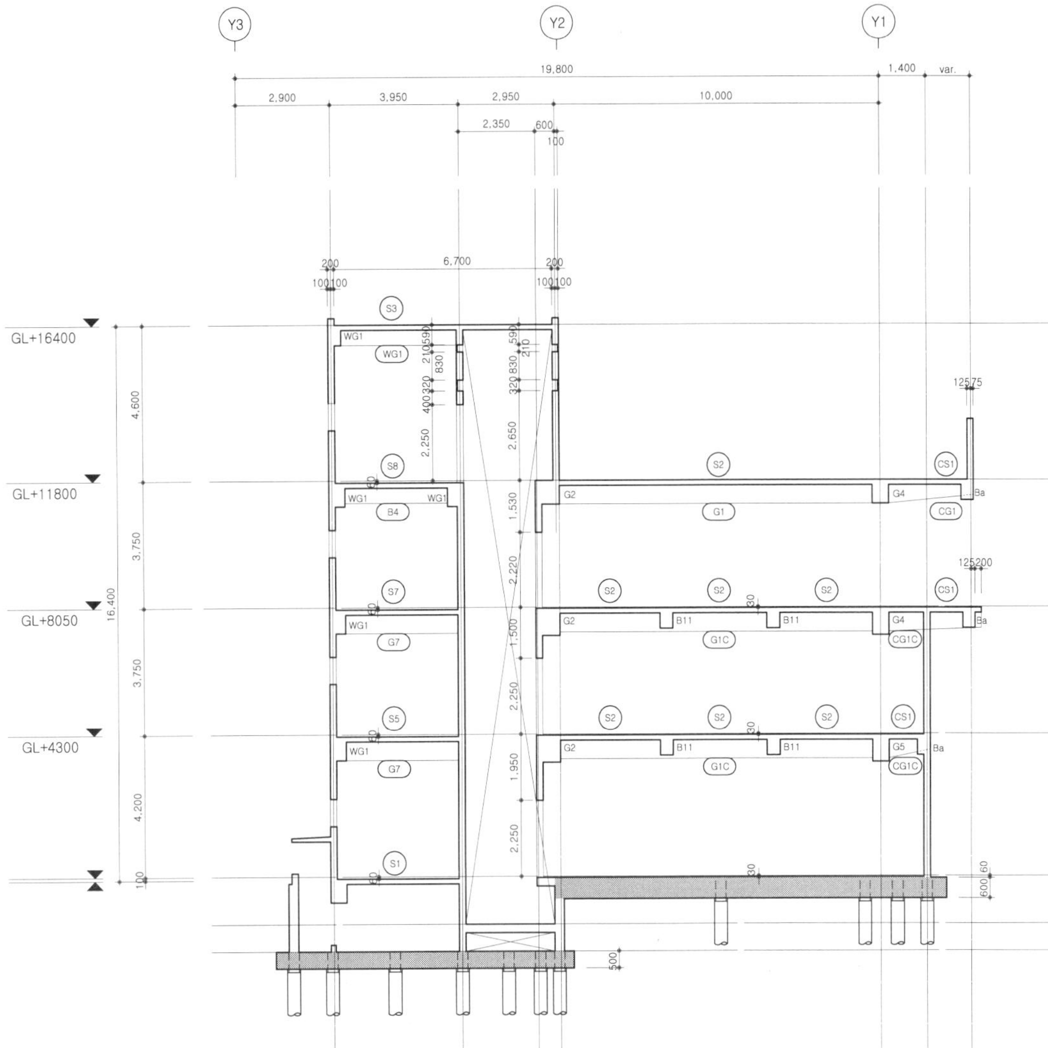

구조단면도에서 기초 부분 예시

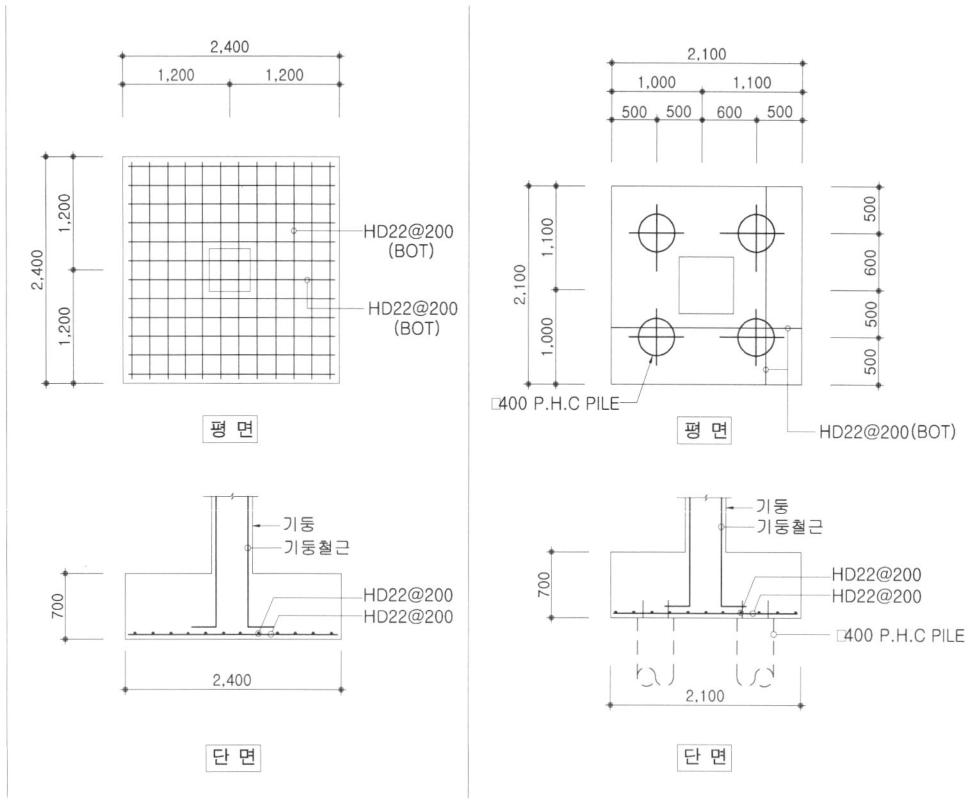

기초판 평면 단면 예시

기초 배근 사진

■ 기초의 종류

구분		비고
독립기초	지내력이 비교적 큰 지반에 사용되는 기초로서 한 개의 기초판으로 한 개의 기둥을 지지하는 구조이다. 부동침하를 방지하기 위하여 지중보로 기둥 간을 서로 연결시켜 건물의 강성을 높인다.	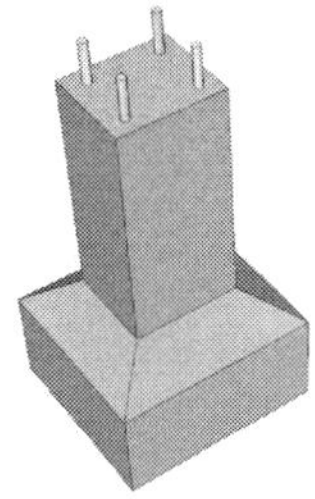
줄기초 (연속기초)	기둥이 일렬로 나열된 기초로서 건물의 하중이 크거나 지내력이 비교적 작을 때 사용한다. 하부구조인 기초가 연속해서 서로 연결되어 상부의 하중을 받치는 구조이다.	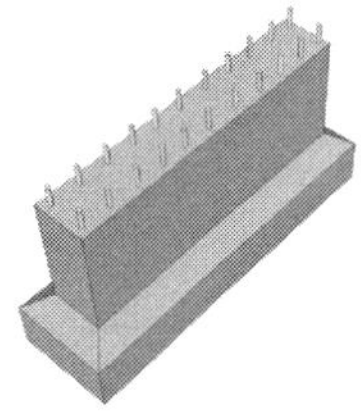
복합기초	2개 이상의 기둥 하중을 한 개의 기초판에 전달하는 구조방식으로 기둥간격이 좁거나 대지경계선너머로 기초를 내밀 수 없는 경우에 사용한다.	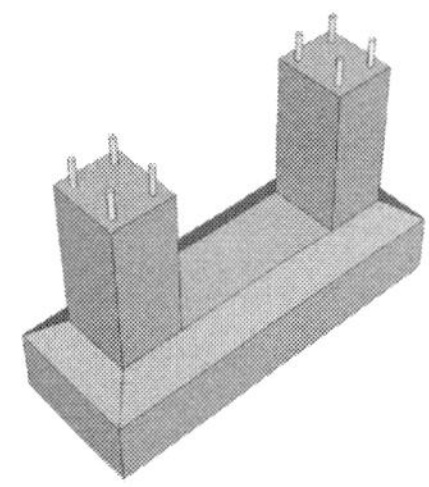
말뚝기초 (파일기초)	연약한 지반 때문에 기초를 단단한 지층까지 위치하기 어려운 경우 말뚝이나 파일을 단단한 지층까지 대신내려 기초를 떠받치는 구조이다.	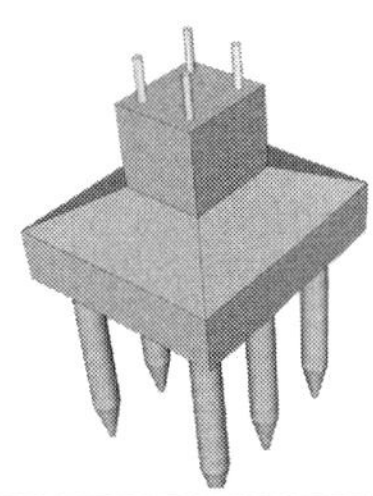
온통기초 (매트기초)	온통기초는 이름 그대로 건축물의 전체 바닥을 기초로 구성하는 것을 말한다. 다른 말로 매트(Mat)기초라고도 하며 시공성이 좋기 때문에 많이 사용한다. 주로 철근콘크리트 구조로 이루어진다.	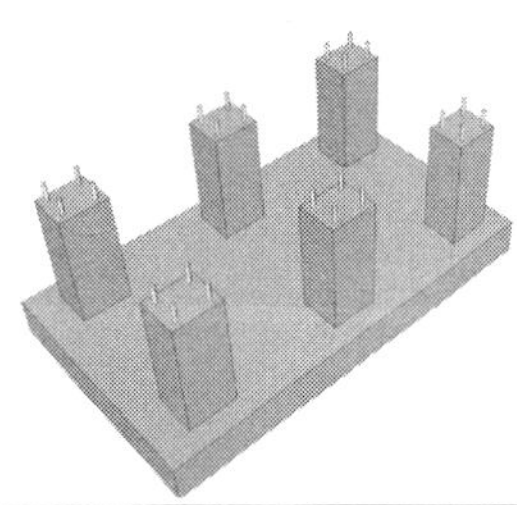

2-2 구조 도면의 구성

2-2-1 구조 도면의 체계

도면과 서류를 한꺼번에 일컬어 '도서'라 한다. 아래 '건축물의 설계도서 작성기준'의 '설계도서 작성 방법' 건축물의 설계도서 작성기준의 별표를 참고하면, '일반사항'과 '도면' 그리고 '상세도' 3가지로 구분한다. '일반사항'에는 도서 중 서류에 해당하는 구조계산서와 시방서 등이 있고, '도면'에는 '도면목록표'를 시작으로 '주심도'까지 있고, 상세도에는 '계단 및 코아상세도'와 '잡상세도' 등이 있다. 위 '도면'을 살펴보면, 건축 기본도면에 해당하는 구조 평면도, 구조 단면도 이외 대부분의 일람표로 구성된 것을 알 수 있다. 이를 정리하면, 구조 도면은 크게 구조 기본도면, 각종 구조 일람표 그리고 상세도 3가지로 구분됨을 알 수 있다.

'공공발주사업에 대한 건축사의 업무범위와 대가기준' (국토교통부고시 제2020-635호) '[별표2] 건축설계에서의 도서작성' 참조

종류			축척	도서작성 구분
일반사항		구조계산서 (법령에 의거 작성을 요하는 건축물)		○
일반사항		시방서		○
일반사항		설계설명서		
도면		도면목록표		○
도면		구조 평면도	1/30~1/200	○
도면		구조 단면도	1/30~1/200	○
도면		기초 일람표	1/30~1/100	○
도면		앵커배치도 및 BASE PLATE 설치도	1/30~1/100	
도면		기둥 일람표	1/30~1/100	○
도면		보 일람표	1/30~1/100	○
도면		슬래브 일람표	1/30~1/100	○
도면		옹벽 일람표	1/30~1/100	○
도면		계단배근 일람표	1/30~1/100	○
도면		잡배근 일람표	1/30~1/100	○
도면		주심도	1/30~1/200	○
상세도	계단 및 코아 상세도	계단 상세도	1/30~1/50	○
상세도	계단 및 코아 상세도	경사로 상세도	1/30~1/50	○
상세도	계단 및 코아 상세도	코아 상세도	1/30~1/50	○
상세도	접합 상세도	기둥접합 상세도	1/5~1/50	○
상세도	접합 상세도	보접합 상세도	1/5~1/50	○
상세도	접합 상세도	BRACE접합 상세도	1/5~1/50	○
상세도	접합 상세도	DECK PLATE 설치도	1/5~1/50	○
상세도	접합 상세도	STUD BOLT 설치도	1/5~1/50	○
상세도	접합 상세도	ANCHOR BOLT 상세도	1/5~1/50	○

상세도	잡 상세도		1/5~1/50	
	가구도		1/5~1/50	
	각부구조 상세도		1/5~1/50	
	기타 상세도	보 OPENING 위치도	1/5~1/50	
		캐노피	1/5~1/50	
		파라펫	1/5~1/50	
		TRUSS	1/5~1/50	

도서작성구분 표기 범례
O = 기본업무, 빈칸 = 계약에 따른 추가 업무

2-2-2 구조 도면의 개요

1) 구조 평면도

건축 도면에서 평면도와 마찬가지로, 구조 도면에서 해당 층의 전체 내용을 한눈에 볼 수 있도록 그린 도면이 구조 평면도이다. 건축 평면도와 마찬가지로 매 층별로 작성하며. 건축도면에서 표현되는 마감 등의 내용을 제외한 구조에 대한 내용만 표기한다.

작성 기준 역시 평면도와 동일하게, 해당 층의 1.2~1.5m 높이에서 수평으로 잘라서 아랫부분은 표현하는 방식이다. 이 때 절단면은 실선으로 그리고, 숨은 선은 점선으로 표현된다. 수평으로 절단되어 표현되는 구조체는 전층을 올라가는 기둥, 옹벽 등이 되고, 바닥 구조체인 슬래브 하부에 설치되는 보는 슬래브에 가려져 점선으로 표현된다.

이외, 계단을 위한 경사면 구조체나 슬래브 하부 뚫린 부분, 옹벽의 일부 오픈 부분도 함께 표현한다.

구조 평면도에 주로 사용되는 수평 부재는 큰보(G: Girder), 작은보(B:Beam), 바닥판(S:Slab)이다. 큰 보와 작은 보는 같은 보이지만, 어떤 부재를 연결하는가에 따라 다르다. 즉, 큰보는 주요 수직 구조체인 기둥과 기둥을 연결하는 보이고, 작은 보는 기둥이 아닌 수평 구조체인 보와 보를 연결하는 것이다.

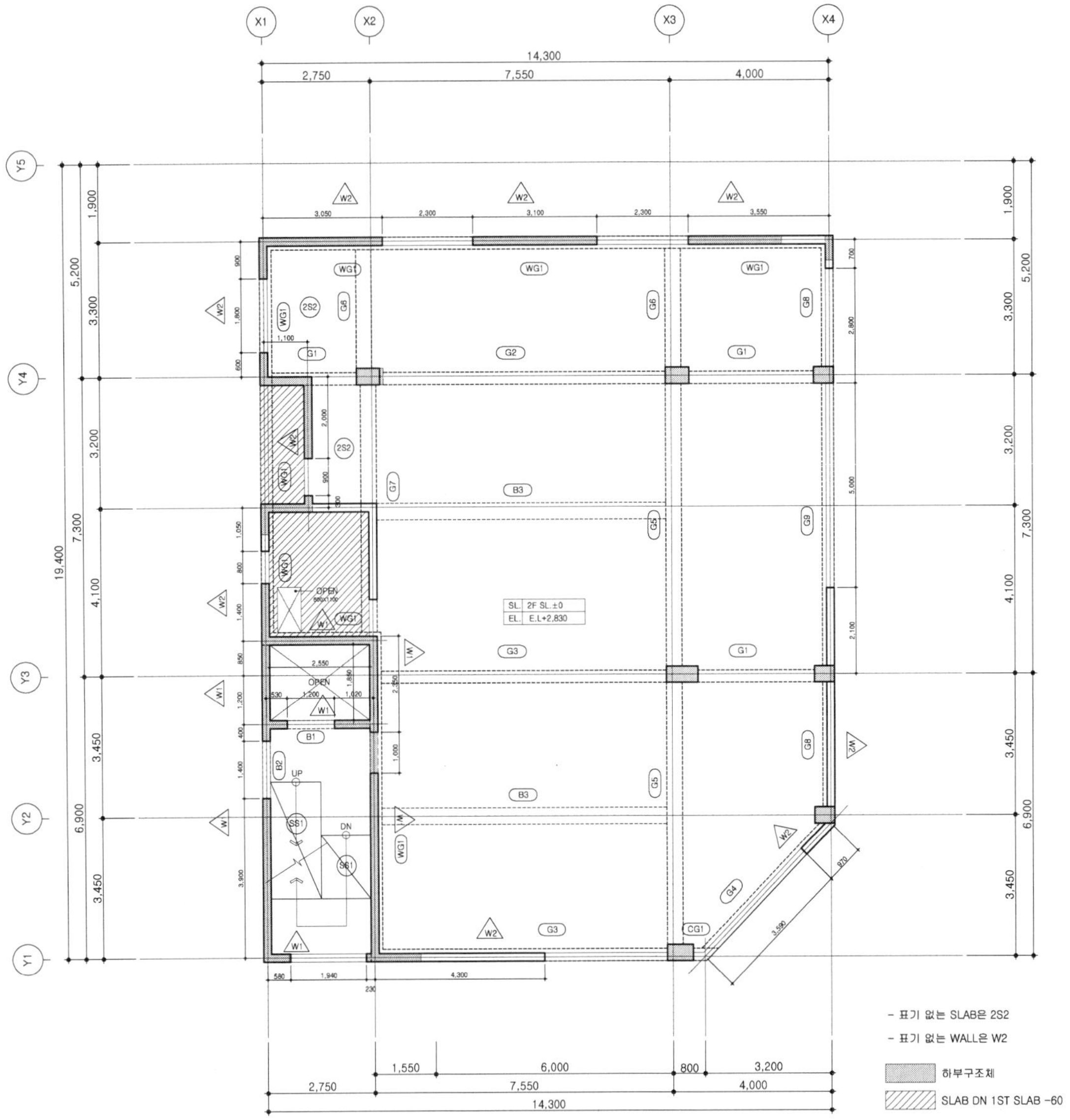
X1
X2
X3
X4
Y1
Y2
Y3
Y4
Y5
14,300
2,750
7,550
4,000
19,400
5,200
7,300
6,900
1,900
3,300
3,200
4,100
3,450
SL. 2F SL.±0
EL. E.L+2,830
OPEN
UP
DN
1,550
6,000
800
3,200
- 표기 없는 SLAB은 2S2
- 표기 없는 WALL은 W2
하부구조체
SLAB DN 1ST SLAB -60

구조평면도

2) 구조 단면도

구조 단면도는 건축에서의 단면도와 마찬가지로 구조체의 수직 관계를 파악 하기 위해 작성된다. 일반적으로 건축 단면도와 같이 수직으로 절단하여 슬래브 와 보가 단면선인 굵은선으로 표현되고, 구조체와 같이 공사되는 옹벽, 수벽 등의 위치 크기 등이 표현된다. 구조 단면도 에는 구조체를 기준으로 표시하며, 이는 마감재를 기준으로 표시하는 건축 단면도와 구분된다.
기둥, 옹벽 등의 수직 구조체와 보, 슬래브 등의 수평 구조체가 표기되며, 전층 구조체의 수직 연결을 정확하게 표현하기 위해, 층간 슬래브 오픈 부분이나 슬래브 레벨의 변화 치수 등 구조의 변화가 많은 부분을 중심으로 표현한다.
일반적으로, 구조체 변화가 많지 않은 건물의 구조도를 작성할 때에는 전체 구조 단면도를 생략하고 필요한 구조의 부분 단면도로 작성한다.

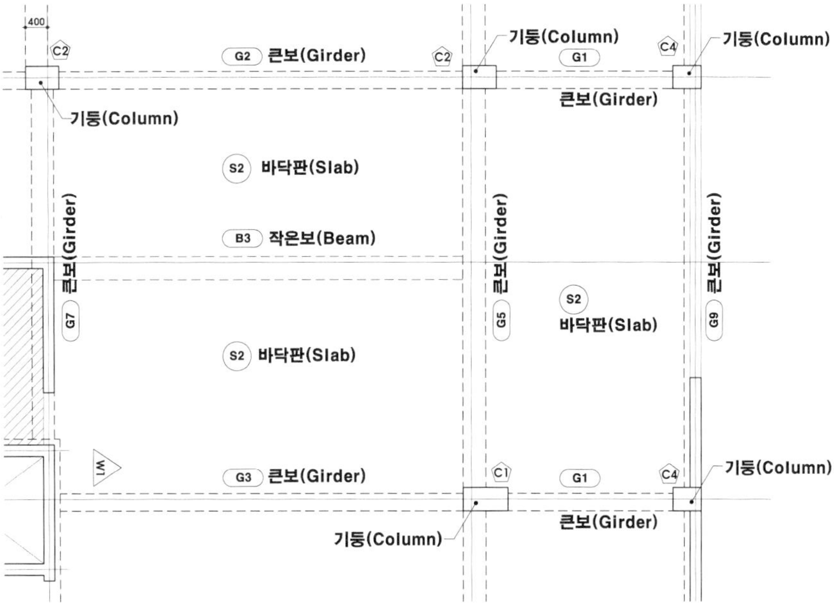

구조체 구성 요소

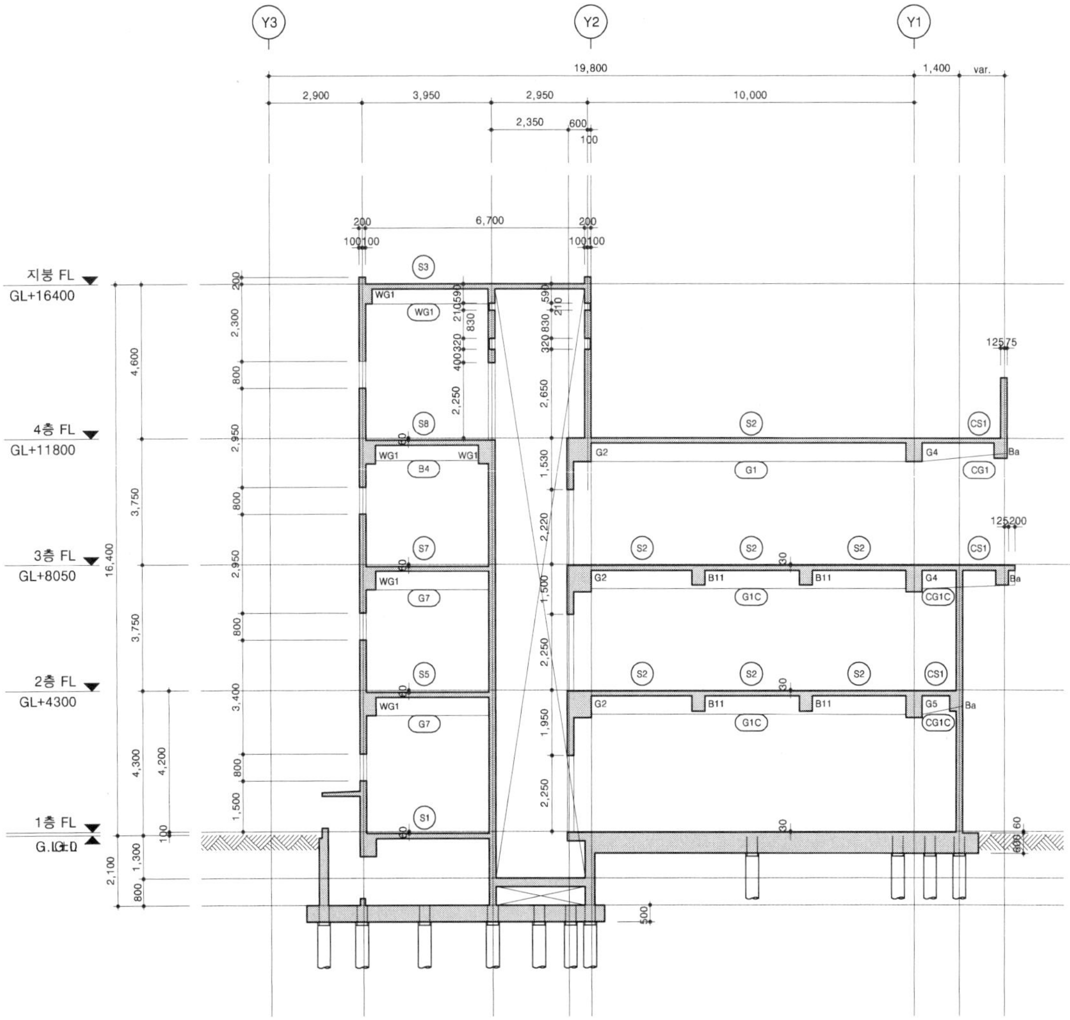
Y3
Y2
Y1
19,800
1,400
var.
2,900
3,950
2,950
10,000
2,350
600
100
200
6,700
200
100100
100100
지붕 FL
GL+16400
4층 FL
GL+11800
3층 FL
GL+8050
2층 FL
GL+4300
1층 FL
16,400
4,600
3,750
3,750
4,300
4,200
2,100
1,300
800
S3
WG1
S8
B4
S7
G7
S5
G7
S1
S2
CS1
G2
G1
G4
CG1
Ba
G1C
B11
CG1C
G5
500

구조단면도

3) 구조 일람표

구조 도면의 많은 부분은 주요 부재의 일람표이다. 일람표라 함은 유사한 내용을 하나의 표로 정리한 것이다. 구조 일람표 역시 각각의 부재의 크기와 배근을 하나씩 그리는 것보다 여러 부재를 한꺼번에 표로 정리하여 보기에 더 편리하도록 작성한 것이다. 일람표의 종류에는 기둥의 크기와 배근을 층별로 정리한 '기둥 일람표, 바닥판의 유형 및 배근을 층별로 정리한 '슬래브 일람표', 보의 크기와 배근을 층별로 정리한 '보 일람표', 옹벽의 크기 배근을 정리한 옹벽 일람표, 이외 계단 등 기타 부분에 대한 부재의 크기와 배근 상태를 정리한 '계단배근 일람표' 및 ' 잡배근 일람표' 등이 있다. 건물에 따라 굳이 각 부재의 내용을 표로 정리하지 않고 직접 그 크기와 배근 내용을 그려주기도 하며, 이 때에는 'ㅇㅇ일람표' 라는 용어보다 'ㅇㅇ배근도' 라고 지칭하기도 한다.

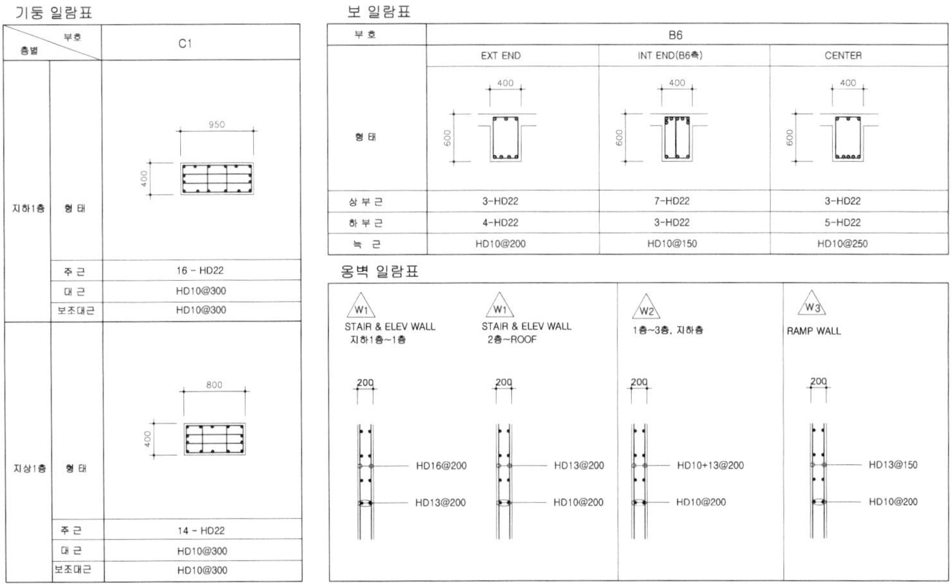

슬래브 일람표

NAME	TYPE	THK. (MM)	단 변 방 향 (Lx)					장 변 방 향 (Ly)				
			중 앙 부			단 부		중 앙 부			단 부	
			A	B	C	D	E	1	2	3	4	5
PHRS1,4S3, 1S2,2S2,3S2	S	150	HD10@200	HD10@200				HD10@300	HD10@300			
4S1,RS1	S	150	HD10+13@200	HD10@200				HD10+13@200	HD10@200			
5S1	S	210	HD10@200	HD10@200				HD10@200	HD10@200			
4S2	R	150	HD10@300	HD10@300	HD10@300	HD10@300	HD10@300	HD10@400	HD10@400	HD10@400	HD10@400	HD10@400
1S1,2S1,3S1	T	150	HD10@300	HD10@300	HD10@300	HD10@300	HD10@300	HD10@400	HD10@400	HD10@400	HD10@400	HD10@400
1S3	S	150	HD10@200	HD10@200				HD10@200	HD10@200			
RAS1	S	150	HD13@150	HD13@150				HD13@200	HD13@200			

구조 일람표

4) 주심도

주심도는 한자어 뜻 그대로 기둥(柱)의 중심(心)을 그리는 도면이다. 건물에 들어가는 모든 기둥의 위치와 크기를 축열을 기준으로 표시해 주는 것이다. 즉, 전체 건물에 있는 기둥들의 위치 관계를 한 눈에 파악할 수 있도록 하나의 도면으로 표현한다. 주심도는 각 기둥의 평면 상의 위치를 알 수 있도록 평면도의 축열을 바탕으로 표기한다.

기둥은 각 층별 하중을 받아 기초로 전달하는 수직 구조체로 하부로 갈수록 감당하는 하중이 커지고 그만큼 기둥의 필요 단면적이 커진다. 이러한 단면 상의 기둥 크기 변화를 한꺼번에 보여주어야 한다.

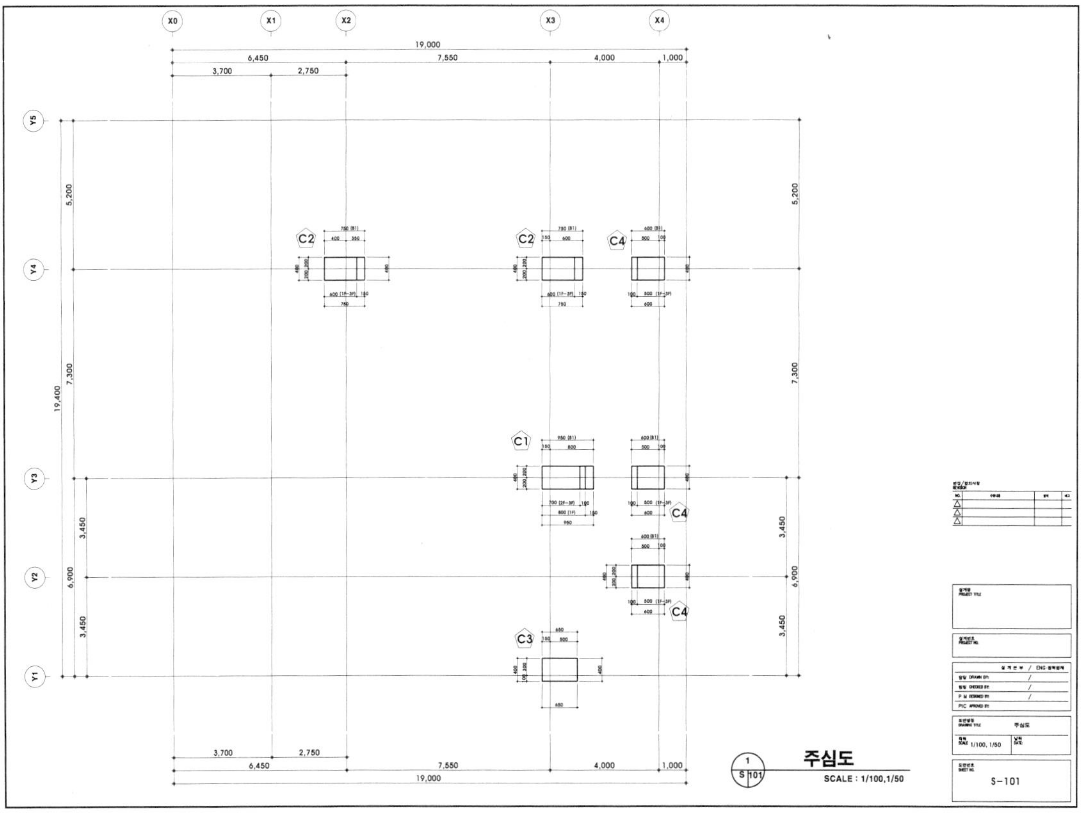

주심도

2-3 구조 도면에서의 용어 및 표기

2-3-1 구조 부재의 표기

1) 부재별 부호 표기

구조 도면에서 각 부재는 보다 명확하고 알아보기 쉽게 표기하여야 한다. 이런 이유로 도면 상에 각각의 부재는 글자를 둘러싼 글상자의 모양을 서로 달리하여 구분한다. 예를 들어 보는 양끝이 둥근 타원형(⊂⊃)으로 표기하고, 슬래브는 원형(○), 기둥은 오각형(⬠), 옹벽은 삼각형(△)으로 글상자를 만들어 표기한다. 위 글상자들은 어떤 원칙으로 정해진 것은 아니고, 오랜 기간 동안 구조 도면에서 상용된 내용을 정리한 것이다. 표기 문자는 각 부재의 영문명의 앞 첫 알파벳을 따서, 기둥은 Column의 첫글자 C로 표시하고, 큰보는 Girder의 G, 작은보는 Beam의 B, 바닥판은 Slab의 S로, 벽은 Wall의 W, 기초는 Foundation/의 F로 표기한다.

각 부재마다 구분할 수 있는 고유번호를 부여하고 이를 부재 알파벳 뒤에 붙인다. 수직으로 연결된 수직부재와 달리 층별로 부재를 구분할 필요가 있는 보나 슬래브의 경우에는 알파벳 앞쪽에 층수를 나타내는 숫자를 같이 표현하여 구분한다.

예를 들어 (G2)는 '큰 보 3번' 이라는 의미이며, (B3)는 '작은 보 3번'이라는 의미이며, C3(오각형)는 '3번 기둥' 을 표기한 것이다. 만약 영어 약자 앞에 별도의 숫자가 추가되는 경우에는 해당 구조체가 설치되는 층을 나타낸 것이다. 즉 (3S2)는 '3층에 있는 슬래브 2번' 이라는 의미이다.

한글 명칭	영어 명칭	영어 약어	표기 도형	표기 예시
기둥	column	C	⬠	⬠C3
벽	wall	W	△	△W1
기초	foundation	F	□	□F1
바닥판	slab	S	○	○3S2
큰보	girder	G	⊂⊃	(1G2)
작은보	beam	B		(2B3)

2) 배근의 표기

철근을 배열하기 위해서 어떤 강도 어떤 크기의 철근을 얼마 간격으로 설치할 것인가를 알아야 한다. 구조 목록표에서 흔히 볼 수 있는 'HD 22 @200' 표현이 철근의 높은 장력의 철근 크기와 배치 간격을 알려준다. 즉, 'HD22@200'는 '고장력 철근 지름(HD: Hightention Diameter) 22mm의 철근을 200mm 간격(@200)으로 계속 설치하라'는 의미이다.

수직으로 배근하는 기둥에는 16-HD22 등의 표기가 있다. 이것은 주근은 고장력 철근이며 지름 22mm 인 'HD22'를 16개 설치하라는 것이며, 자세한 기둥 크기 및 철근 배치 그림을 제시한다.

2-3-2 철근 배근 용어

도면에 표기되는 철근은 동일부재에 대해서도 사무소나 현장마다 다양하게 표현한다. 여기에는 각각의 부재를 한자어로 또는 영어로 지칭하는 이유도 있지만, 부재의 역할을 위주로 표기하거나 철근의 위치에 따라 지칭하느냐에 따라 달라진다.[1)]

1) 역할에 따른 용어

A. 주근

하중에 대응하는 응력을 주로 담당한다는 의미에서 '주근'이라는 용어를 쓴다. 상대적으로 주근보다 담당하는 역할이 적은 것을 '부근'이라 한다.

기둥에서는 수직으로 서 있는 수직근이 응력을 주로 담당함으로 '주근' 이라는 용어를 쓴다.

B. 부근

하중에 대응하는 응력을 주로 담당하는 '주근'에 대해, 상대적으로 주근보다 담당하는 역할이 적은 것을 '부근'이라 한다.

C. 보조근

하중에 대해 직접적인 대응을 하지는 않지만, 주근이나 부근의 대응력을 보조해준다는 의미로 보조근이라는 용어를 쓴다.

---

1) 본 서에서는 부재의 상세한 전문구조적인 명칭, 즉 전단근, 전단보강근 등의 용어는 제외하고 구조 도면 작성 시에 쓰일 수 있는 용어 위주로 정리함.

2) 형태에 따른 용어

A. 절곡근 (bent근)

철근의 모양이 꺾여 있어서 절곡근 또는 영어와 합쳐서로 벤트근(bent+근)이란 용어로 사용된다. 주로 보나 슬래브에서 응력에 대응하기 위해 단부 상부에서 중앙부 하부로 철근을 구부리게 되는데 이러한 형태에서 나온 이름이다.

B. 대근 (帶筋=띠철근= hoop근)

철근의 모양이 허리띠와 같이 둥글게 주근을 감싸는 모양을 한다고 해서 붙여진 이름이고 한자어로 대근, 우리말로 띠철근이며 영어와 섞어서 후프근이라는 용어로도 불리운다.
주로 기둥의 수직 주근을 감싸는 형태로 쓰인다.

C. 늑근(肋筋 = 스터럽 : stirrup)

철근의 모양이 갈비뼈(肋)모양으로 생겨서 불리우는 이름이고, 영어의 stirrup 역시
등자(鐙子 : 말을 탈 때 발을 디딜 수 있도록 만든 안장에 달린 발 받침대)의 모양을 본따서 붙인 이름이다.
주로 보에서 주근을 보강하는 역할로 쓰인다.

3) 위치에 따른 용어

A. 상부근 & 하부근

부재의 상부에 위치하는 철근을 상부근, 하부에 위치하는 근을 하부근이라 한다. 구조응력을 계산하면 부재와 상부와 하부에서 하중에 대응해야 하는 조건이 달라질 수 있음으로 상부와 하부에 대한 구분이 필요하다.

B. 중앙부 & 단부

수평부재인 보와 슬래브 구조계산시 구조체의 끝단과 중앙부분이 하중에 대응하는 조건이 다르다. 이로 인해 각각의 배근이 달라지는데 이를 구분하기 위해 단부와 중앙부를 구분한다. 주로 보와 슬래브에서 구분하는데, 주요 응력을 받는 부재 길이의 1/4를 기준으로 양끝 각 1/4을 단부로, 나머지 가운데 부분을 중앙부라고 한다.
특히 단부에서는 타 수평부재와 맞 닫는 끝단을 내단부라 하고, 타 수평부재가 없이 끝나는 부분을 외단부로 구분하여 지칭하기도 한다.

C. 수직근 & 수평근

말 그대로 세로 수직의 형태로 서있는 철근을 수직근이라하고, 가로로 누워있는 근을 수평근이라고 한다.

층별 \ 부호		C1
지하1층	형 태	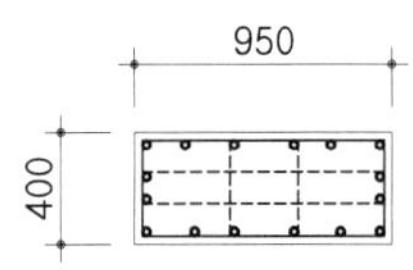
	주 근	16 - HD22
	대 근	HD10@300
	보조대근	HD10@300

기둥 목록표 예시

부 호	G25		
형 태	EXT END	INT END	CENTER
	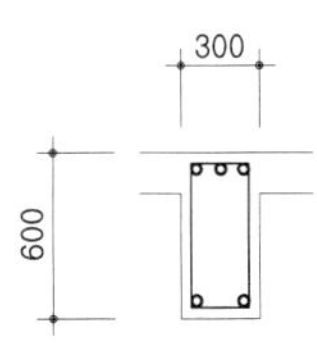	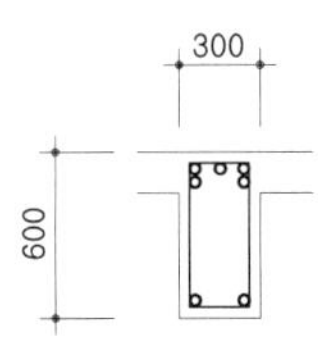	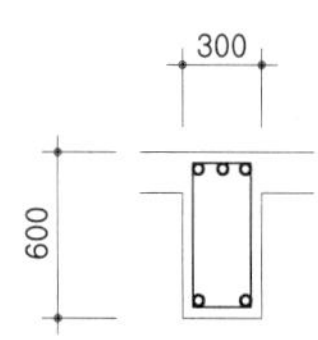
상 부 근	3-HD22	5-HD22	3-HD22
하 부 근	2-HD22	2-HD22	2-HD22
늑 근	HD10@250	HD10@250	HD10@250

보 목록표 예시

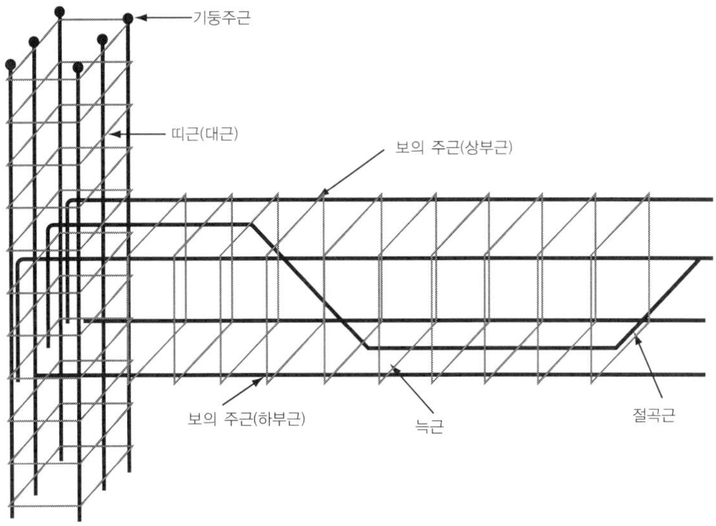

기둥과 보의 배근

03 건축 도면 작성 원리

일러두기

각 항목의 순서는 현장에서 사용하는 실시설계 도면철의 순서로, 각 도면을 2쪽에 걸친 펼친 그림으로 수록하였다.

실제 실시설계 사례도면

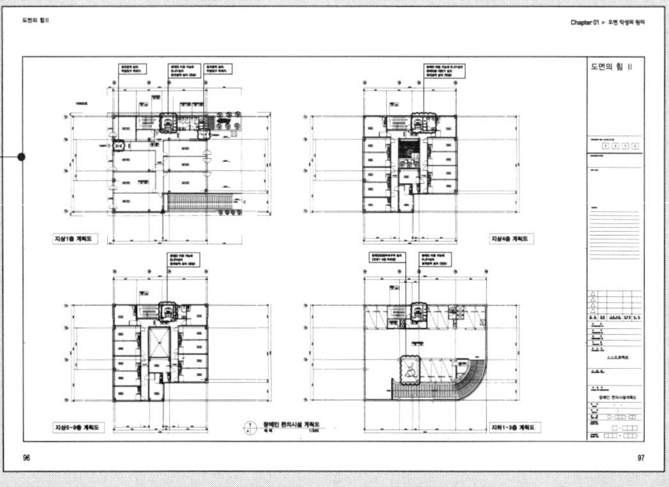

각 도면별로 실시설계에서 쓰는 '건축: A(Architecture)' 구분자와 도면번호를 A-01 등으로 도면명과 같이 표에 기입하였으며, 도면의 '정의 및 목적'과 '확인사항'을 표로 정리하였다.

도면명
도면번호
정의 및 목적
확인사항

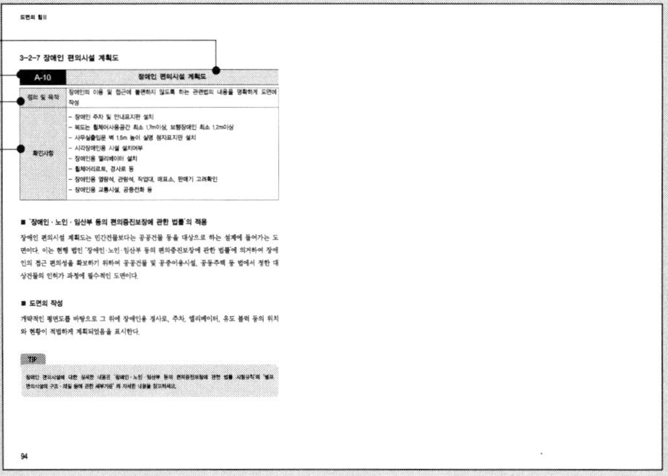

도면의 팁 II

3-2-7 장애인 편의시설 계획도

A-10	장애인 편의시설 계획도
정의 및 목적	장애인의 이용 및 접근에 불편하지 않도록 하는 관련법의 내용을 명확하게 도면에 작성
확인사항	- 장애인 주차 및 안내표지판 설치 - 복도는 휠체어사용공간 최소 1.7m이상, 보행장애인 최소 1.2m이상 - 사무실출입문 벽 1.5m 높이 실명 점자표지판 설치 - 시각장애인용 시설 설치여부 - 장애인용 엘리베이터 설치 - 휠체어리프트, 경사로 등 - 장애인용 열람석, 관람석, 작업대, 매표소, 판매기 고려확인 - 장애인용 교통시설, 공중전화 등

■ '장애인 · 노인 · 임산부 등의 편의증진보장에 관한 법률'의 적용

장애인 편의시설 계획도는 민간건물보다는 공공건물 등을 대상으로 하는 설계에 들어가는 도면이다. 이는 현행 법인 '장애인·노인·임산부 등의 편의증진보장에 관한 법률'에 의거하여 장애인의 접근 편의성을 확보하기 위하여 공공건물 및 공중이용시설, 공동주택 등 법에서 정한 대상건물의 인허가 과정에 필수적인 도면이다.

■ 도면의 작성

개략적인 평면도를 바탕으로 그 위에 장애인용 경사로, 주차, 엘리베이터, 유도 블럭 등의 위치와 현황이 적법하게 계획되었음을 표시한다.

TIP

장애인 편의시설에 대한 상세한 내용은 '장애인·노인·임산부 등의 편의증진보장에 관한 법률 시행규칙'의 '별표 편의시설의 구조·재질 등에 관한 세부기준'의 자세한 내용을 참고하세요.

94

3-1 도면 목록 및 일반사항

3-1-1 표지

A-00	표지
정의 및 목적	전체 프로젝 특성을 한눈에 알아볼 수 있도록 명명함
확인사항	- 대지 위치 표기 여부 - 건물용도 표기 여부 - 공사종별 표기 여부 - 도면납품 년월 표기 여부 - 도면작성 건축사사무소 이름 표기 여부

■ 주요 구분 내용의 표기

전체 도면의 겉표지로서 해당 프로젝을 구분할 수 있는 명칭을 적는다. 즉 고유의 공사명을 나타내는데, 일반적으로 명칭에 프로젝의 위치와 용도[1] 그리고 신축, 증축 등의 공사종별[2]을 표시한다. 예를 들어 다음 표지의 '압구정동'은 해당 건축물의 위치를 나타내며, '업무시설'은 해당 건축물의 용도, '신축공사'는 공사종별을 말한다. 도면을 작성하는 건축사사무소별로 분류체계를 명시하기도 한다.

명칭과 함께 일반적으로 작성된 날짜와 해당 사무소 명을 함께 표지에 표시한다.

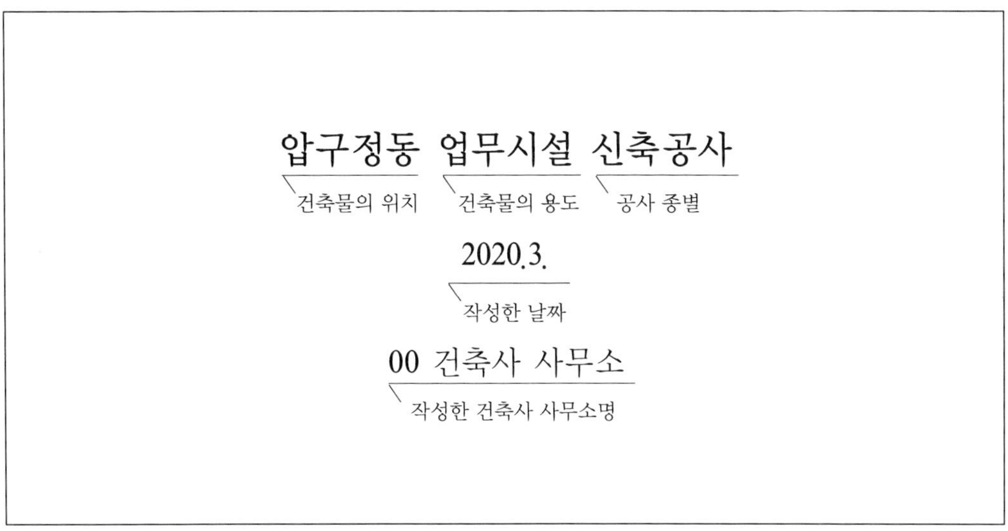

1) 건축법의 의한 건축물의 용도를 말함
2) 건축법에 의한 용어로, 신축, 증축, 개축, 재축, 리모델링 등으로 표시함

압구정동 압

2

00 건축

ㅡ시설 공사

.3.

사무소

3-1-2 도면 목록표

A-01	도면 목록표
정의 및 목적	전체 설계도면 내용을 한눈에 알아볼 수 있도록 일목요연하게 정리한 도면의 목차
확인사항	- 일련번호, 도면번호. 도면명, 축척의 표기 여부 확인 - 도면목록과 도면번호, 도면명칭의 일치 여부 확인

전체 설계도면 내용을 한눈에 알아볼 수 있도록 일목요연하게 정리한 내용이 도면목록표이다. 각 전문분야별로 도면을 구분하여 도면번호로 정리하고, 전체를 종합하여 일련번호를 부여함으로써 분야별 업무량과 전체 업무를 파악할 수 있다.

■ 업무량의 파악

도면목록표의 역할은 크게 전체도면작성 전과 후로 나누어 생각할 수 있다. 초기 도면작성이전의 도면목록표는 전체 업무의 양을 판단할 수 있는 기준이 된다. 즉 해당 프로젝의 규모 및 성격에 따라 작성되어야 할 도면의 종류와 그 양을 미리 판단함으로써 전체 업무진행 계획을 세울 수 있다. 또한 건축 이외의 전문분야와의 협업의 정도도 미리 예측 할 수 있다.

■ 전체 도면의 목차

전체 도면이 작성된 후 이를 반영한 최종 도면목록표는 도면을 보는 이에게 전체 도면의 구성을 파악하고, 필요한 도면을 쉽게 찾을 수 있는 일반 책의 목차와 같은 역할을 한다.

■ 표기 내용

이를 위해 ①일련번호 ② 도면번호 ③도면명 ④축척을 기입한다. 일련번호는 도면의 종류에 관계없이 계속이어지는 번호체계이며, 도면번호는 각 도면의 종류를 구분할 수 있도록 A(Architecture), S(Structure) 등으로 구분하며, 각 건축사사무소에 따라 개요, 기본도면, 상세도 종류 등에 따라 별도의 분류체계를 표시하기도 한다.

일련번호	도면번호	도면명	SCALE	REV.	비고
		A30.기본도면			
16	A31-001	지하층 평면도	1/200		
17	A31-002	1층 평면도	1/200		
18	A31-003	2층 평면도	1/200		

■ 추가 수정 도면의 삽입 및 일련번호의 생략

관련 도면 추가가 계속 되는 경우에는 아래와 같이 도면의 번호를 A-004A, A-004B 등으로 명기하여 앞부분 도면 추가에 의해, 뒤에 오는 모든 도면를 바꾸는 번거로움을 줄이기도 한다. 단 이 경우 앞 도면과 동일한 도면이 추가되는 경우에 한한다. 이러한 도면의 추가가 빈번해지게 되면, 일련번호에 대한 수정 역시 계속되는 번거로움이 있다. 최근에는 이러한 추세를 반영하여 일련번호를 생략한 도면목록표를 작성하기도 한다.

A-004	단열계획도-01	1/300	
A-004A	단열계획도-02	1/300	
A-004B	단열계획도-03	1/300	
A-005	조경 계획도	1/200	
A-006	주차계획도	1/200	

■ 도면 목록표과 실제 도면 납품철의 도면 확인

최종 납품 시에는 반드시 작성한 도면목록표와 실제 완성된 도면의 명칭, 번호 등이 맞는지 확인하여야 한다. 설계도면을 작성하다보면, 초기에 계획하지 않았던 도면이 추가되는 경우가 많으므로 마지막 납품도면 내용에 따라 도면목록표를 확인하여야 한다.

일련번호	도면번호	도 면 명	SCALE	REV.	비 고
		A00. 공통도면			
1	A02-001	도면 목록표	NONE		
2	A04-001	건축일반사항-1	NONE		
3	A04-002	건축일반사항-2	NONE		
		A10. 개 요			
4	A11-001	건축 개요	NONE		
5	A12-001	안내도 및 기타	1/800		
6	A14-001	배 치 도	1/200		
7	A14-002	대지 종횡 단면도	1/400		
8	A16-001	면적 산출표	1/400		
9	A17-001	방수 계획도	1/300		
10	A17-101	단열, 흡음 계획도	1/300		
11	A17-201	방화구획 계획도	1/300		
		A20. 마 감			
12	A21-001	실내재료 마감표	NONE		
13	A22-001	실내재료 표준마감표 상세도-1	NONE		
14	A22-002	실내재료 표준마감표 상세도-2	NONE		
15	A22-003	실내재료 표준마감표 상세도-3	NONE		

일련번호	도면번호	도 면
		A30. 기본도면
16	A31-001	지하2층 평면도
17	A31-002	1층 평면도
18	A31-003	2층 평면도
19	A31-004	4층 평면도
20	A31-005	기준층(9층~18층) 평면도
21	A31-006	옥탑1층, 옥탑지붕 평면도
22	A32-001	정면도
23	A32-002	우측면도.좌측면도
24	A32-003	배면도
25	A33-001	주단면도
		A40. 수직수평동선
26	A41-001	코어#1 1층 확대평면도
27	A41-002	코어#1 확대단면도
28	A42-001	계단#1 확대단면도
		A50. 부분 상세도
29	A52-001	외벽 평,입,단면 상세도
30	A53-001	주출입구 평,입,단면 상세도
31	A54-001	1층 벽체 부호 평면도
32	A54-101	벽체 일람표

명	SCALE	REV.	비 고
	1/200		
	1/200		
	1/200		
	1/200		
	1/200		
	1/200		
	1/200		
	1/200		
	1/200		
	1/200		
관련 상세도			
	1/50		
	1/50		
	1/50		
	1/50		
	1/50		
	1/200		
	NONE		

일련번호	도면번호	도 면 명	SCALE	REV.	비 고
		A60. 창호도			
33	A61-001	1층 창호평면도	1/200		
34	A62-001	창호일람표-1 (문)	NONE		
35	A62-002	창호형태 범례	NONE		
36	A62-003	창호일람표-2 (셔터)	NONE		
37	A62-004	창호일람표-3 (형상)	1/50		
38	A63-001	문 상세도-1 (HEAD & JAMB)	1/2		
39	A63-002	문 상세도-2 (SILL)	1/2		
		A70. 내부전개도			
40	A71-001	기준층(9층~18층) 천장평면도	1/200		
41	A75-001	화장실 전개도	1/50		
		A90. 기타			

3-1-3 안내도/위치도, 구적도/지적도

<table>
<tr><th>A-02</th><th colspan="2">안내도/위치도, 구적도/지적도</th></tr>
<tr><td>정의 및 목적</td><td colspan="2">안내도/ 위치도 : 대지위치 및 주변현황도 검토를 용이하도록 작성됨
- 대지구적도 : 대지면적의 산출근거를 바탕으로 집계하여 토지대장 상의 대지면적과 일치하는 지 여부를 도면으로 표현한 것
- 지적도 : 토지의 소재, 지번(地番), 지목(地目), 면적, 경계 따위를 나타내기 위하여 만든 평면 지도</td></tr>
<tr><td rowspan="2">확인사항</td><td>안내도/위치도</td><td>- 인근 관공서, 역사, 도로 등 대지주변현황이 표기
- 부지 주변 현황 표기 사진</td></tr>
<tr><td>지적도/구적도</td><td>- 대지 구적도와 실제 건축부지와 도로 등으로 구분하여 산출여부
- 도로경계선, 건축선 후퇴 위치 별도로 산출 여부
- 기부 체납지(필요시)가 있을 경우 면적 구분 작성 여부</td></tr>
</table>

■ 안내도/위치도의 역할

안내도 혹은 위치도는 해당 건축물이 실제 지어지는 대지의 위치와 주변의 현황을 안내하기 위한 도면으로 인허가 과정에서 주변 환경과의 관계를 검토하는 자료로 쓰이거나 추후 현장 방문 시 이용될 수 있다.

■ 구적도의 작성

부지의 형태와 경계, 주변 토지 상황, 지번과 지목을 확인하고, 토지대장의 대지면적과 일치여부를 확인하기 위한 도면이다. 과거에는 삼각구적법[3]으로 대지의 면적을 확인하였으나, 최근에는 컴퓨터프로그램의 도움으로 CAD 상 확인된 면적을 그대로 도면화하기도 한다.

3) 불규칙한 형태의 대지 면적을 정확하기 계산하기 위해 전체 대지를 여러 개의 삼각형으로 나누어 면적을 계산한 후 그 전체 삼각형 면적의 합으로 대지면적으로 구하는 방법

■ 전자지적도의 활용

cad 화일의 전자 지적도를 활용하면 쉽게 대지경계선을 확보할 수 있다.

TIP

인터넷을 활용한 관련 서류 확인 : 토지이용계획확인원, 토지대장, 지적도는 해당 대지가 있는 관청 민원실에서 발급받을수 있으며, 민원24(www.minwon.go.kr), 온나라 부동산 정보(www.onnara.go.kr)에서 온라인으로 토지이용계획확인, 지적도열람등본교부신청, 토지대장열람 신청 등을 할 수 있다.

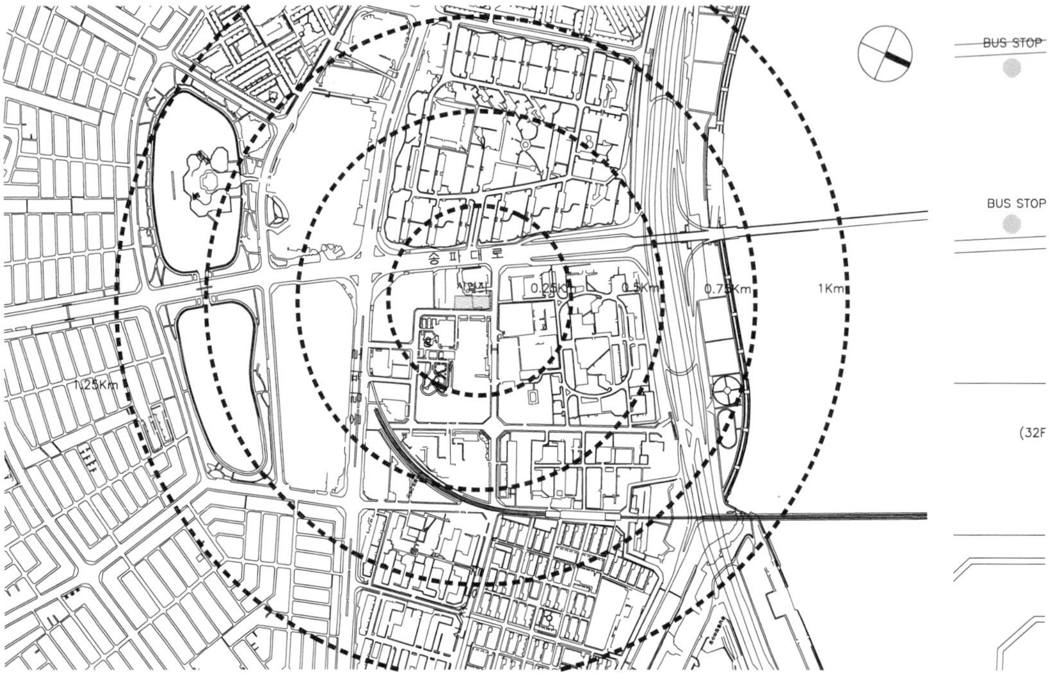

1 위 치 도
축척 1/1600

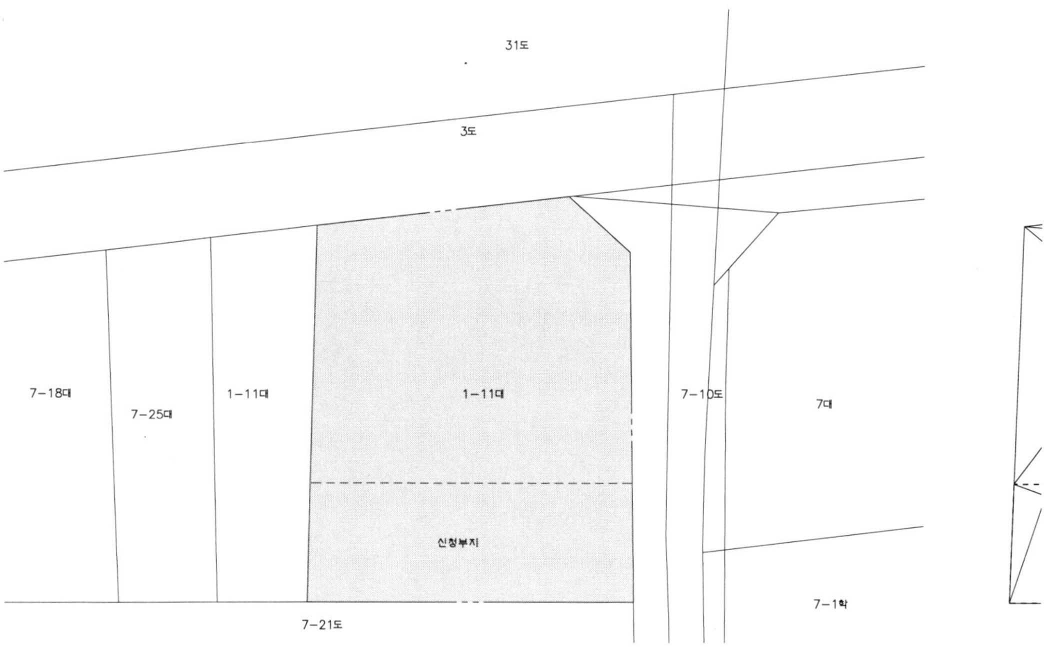

3 지 적 도
축척 1/600

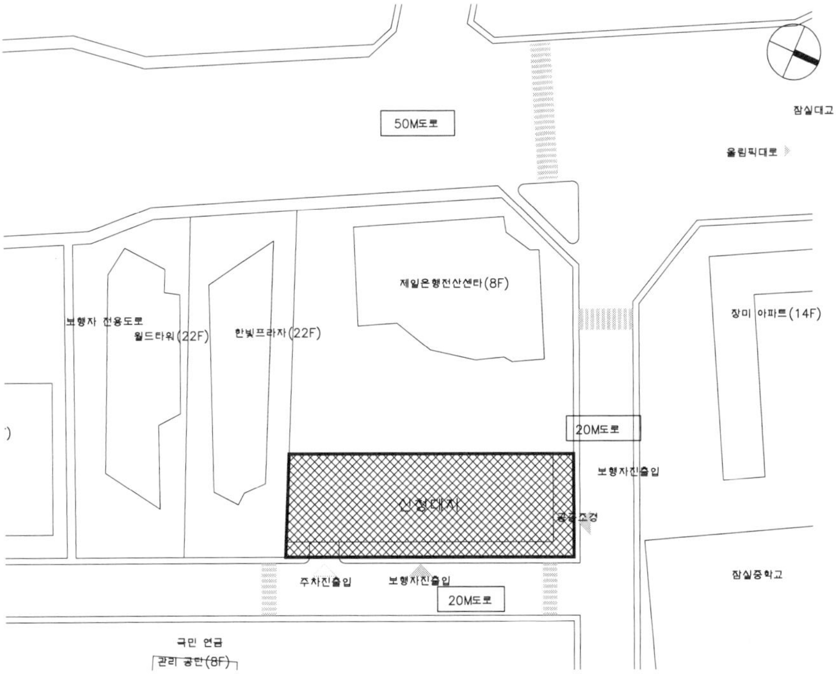

② 현 황 도
축척 NONE

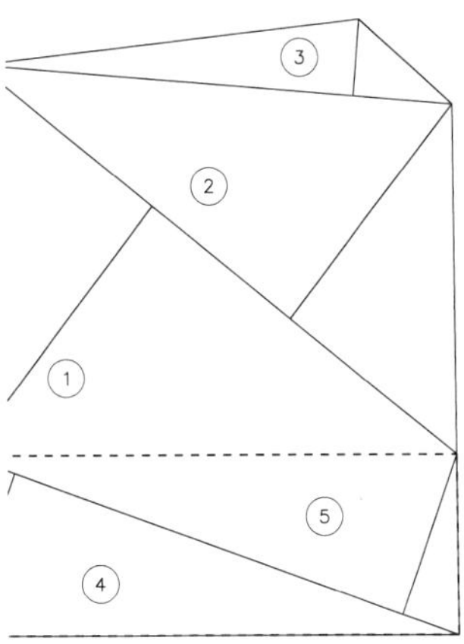

전체대지면적		(m²)
구 분	계 산 식	면 적
①	119.22X59.66X0.5	3,556.33
②	119.22X51.47X0.5	3,068.13
③	93.34X14.47X0.5	675.31
소계		7,299.77
증축분 대지면적		(m²)
구 분	계 산 식	면 적
④	102.62 X 32.49 X 0.5	1,667.06
⑤	102.62 X 31.93 X 0.5	1,638.73
소계		3,305.79
계		10,605.56

④ 대지 구적도
축척 1/600

3-1-4 건축개요

A-01	건축개요
정의 및 목적	- 건축물에 관련된 주요 기본 내용을 정리한 표 - 관련법 적용 사항, 규모 등 전체 설계의 전반적 내용을 한꺼번에 파악하기 위해서 작성
확인사항	- 대지의 지역.지구 기입여부 - 건폐율, 용적율 확인 - 건축물 높이제한 기입 여부 - 조경면적, 조경 계획도 내용과 일치여부 확인 - 공개공지(필요시) - 주차대수, 주차계획도와 일치여부 확인 - 도시기반시설(도로, 상수도, 가스 등)이 표기 - 부지에 기부체납지 여부(필요시) - 정화조 규모, 정화조 도면과 일치여부 확인 - 층별면적표는 면적산출표와 일치 여부 확인

■ 대지관련 사항

대지위치/대지면적/지역지구/용도/규모/구조/도로와의 관계 등을 기입

■ 규모 관련 내용

건축면적/연면적/용적율산정면적/건폐율/용적율/층수/건축물의 높이/ 등으로 해당 법과 지역의 조례 등을 검토하여 작성

■ 주차 대수의 표기 및 주차계획도 일치 여부 확인

건축물이 건축됨으로써 발생되는 주차수요와 그에 맞는 주차장 설치 여부를 검토하기 위한 항목으로 법적 주차대수 산정내용과 실제 주차장 설치내용을 비교하여 기입한다. 주차대수 산정은 해당 지역에 따라 다르므로, 반드시 주차장법과 해당 지역의 주차장 조례를 확인하여 산정한다. 산정된 주차대수와 주차계획도 내용이 일치되는지 확인한다.

■ 조경관련 내용의 표기

건축개요에는 법정 조경면적과 계획조경 면적을 표기한다. 법적조경면적은 대지의 규모에 따라 건축법과 해당지역의 조례에 의해 다르게 산정됨으로 반드시 법과 조례내용을 확인한다. 또한 조경에 대한 위의 자세한 내용은 조경 계획도에 표현 됨으로 조경 계획도 내용을 참조하여 서로 상이하지 않도록 건축개요에 기입한다.

설계 개요

구분	내용	비고
대지위치	○○도 ○○시 ○○구 ○○동 123번지	
대지면적	431.2m^2	
연면적	1,314.02m^2	
용적률산출연면적	1,017.17m^2	
건축면적	245.05m^2	
용적률	235.89m^2	법정 : 240%
건폐율	56.83%	법정 : 60%
구조	철근콘크리트구조	
용도	근린생활시설+도시형생활주택(원룸형)	
주차대수	12대 근성04.19/134=5.26대 도시형생활주택 10세대×0.7대=7대	
법정조경	46.13m^2	법정 : 431.2×10%=43.12m^2
비고		

■ 동별개요, 층별개요

건축물이 여러개의 동으로 구분되었을 경우, 해당 동별 용도 면적 등을 표로 정리한 동별개요 등을 함께 작성한다. 하나의 동이며, 여러 층으로 구성되었을 경우에는 각 층별 면적과 용도 등을 함께 기입한다.

층별 면적

층수	면적	
지하층	296.85m^2	저수조실 면적제외
소개	296.85m^2	
1층	234.73m^2	제1종 근린생활시설(소매점)
2층	234.73m^2	제2종 근린생활시설(사무소)
3층	234.73m^2	제2종 근린생활시설(사무소)
4층	156.49m^2	원룸5세대 발코니확장면적:4.71
5층	156.49m^2	원룸5세대 발코니확장면적:4.71
소계	1,017.17m^2	
합계	1,314.02m^2	승강기 면적 제외
비고		

■ 건축 개요

항 목			내 용	비 고
공 사 명			○○○ 신축공사	
건 축 주			○○○	
대 지	위 치		서울시 송파구 신천동 ○○○	
	면 적		3,305.79M^2	
	지역지구		일반상업지역, 도시지역, 지구단위계획구역	
	도로현황		서측 50M 도로, 북측 20M 도로, 동측 20M 도로	
용 도			업무시설	
규 모	건축면적		1,980.56M^2	
	건폐율	계획	59.91%	
		법정	60%	
	연면적	지상층	25,346.00M^2	
		지하층	13,682.37M^2	
		계	39,028.37M^2	
	용적율	계획	766.72%	
		법정	800%	
	구 조		철골, 철근콘크리트 구조	
	층 수		지하5층, 지상20층	
	건물높이		92.7M	
주 차	계 획		174대 (장애인용 4대 포함)	
	법 정		188대~157대	
	산정기준		문화집회,업무시설 : 28,107.05/167~200=168.31~140.54 근린생활시설 : 4,286.92/223~268=19.22~16.00	
조 경	계획	면적	501.66M^2	
		비율	15.18%	
	법정	면적	495.87M^2	
		비율	15%	
공개공지	계획	면적	388.68M^2	
		비율	11.76%	
	법정	면적	330.58M^2	
		비율	10%	
주 요 외 장 재			THK24 컬러복층유리, THK6 알루미늄 패널	
건축설비	기계설비		F.C.U.+V.A.V.	
	전기설비		22.9kV, 2회선	
	통신설비		IB 1등급, 초고속 정보통신 1등급	
	소방설비		스프링클러 설비, 제연설비	
	오수정화시설		간이 부패 정화조	

■ 층별 면적표

층 별	용 도	면 적	비 고
20층	근린생활시설	921.31	
19층	업무시설	870.09	
18층	업무시설	1,024.66	
17층	업무시설	1,024.66	
16층	업무시설	1,024.66	
15층	업무시설	1,024.66	
14층	업무시설	1,024.66	
13층	업무시설	1,024.66	
12층	업무시설	1,024.66	
11층	업무시설	1,024.66	
10층	업무시설	1,024.66	
9층	업무시설	1,024.66	
8층	업무시설	1,024.66	
7층	업무시설	1,523.24	
6층	업무시설	1,698.80	
5층	업무시설	1,906.79	
4층	업무시설	1,906.79	
3층	문화 집회시설	1,891.83	
2층	문화 집회시설	1,600.51	
1층	로비, 문화집회시설	1,755.38	
지상층 소계		25,346.00	
지하 1층	근린생활시설	2,815.37	
지하 2층	주차장, 중앙감시실	2,694.77	
지하 3층	주차장, 창고	2,891.87	
지하 4층	주차장, 창고	2,905.64	
지하 5층	기계, 전기, 발전기실	2,374.72	
지하층 소계		13,682.37	
계		39,028.37	

3-2 배치 및 면적 관련 도면

3-2-1 면적 산출표

A-04	면적 산출표
정의 및 목적	해당 건축물의 층별 면적의 산출내용을 도면에 표시한 것
확인사항	- 법적 면적 산입 부분과 제외 부분 명기 - 건축개요 부분의 면적과 일치 여부

■ 각종 법 적용의 기본

해당 건축물의 층별 면적 산출근거를 도면에 표시한 것으로, 면적 산출표의 면적개요만으로도 해당 건축물의 규모를 파악할 수 있다. 이를 근거로 용적률, 건폐율, 주차 산정 면적, 정화조 용량 등을 산출하므로 작성에 유의해야 한다.

■ 계산상의 오류 발생 방지

도면 작성은 비교적 간단하나, 법에 따라 바닥면적에 산입하여야 하는 것과 그렇지 않은 것을 구분하여 정확히 작성하여야 한다. 이는 건축법 및 관련법의 적용, 공사비 산정 등 향후 관련된 모든 계산의 근거치가 되므로 계산상의 오류가 발생되지 않도록 꼼꼼히 정리한다.

■ 인허가 서류와의 일치여부 확인

더불어 각종 인허가 신청시 제출하는 서류와의 면적계산값이 일치하는지 검토하는 것도 매우 중요하다.

TIP

면적 산출을 하기 전에 '건축법시행령'에 규정되어 있는 '면적등의 산정 방법'의 구체적인 내용을 먼저 확인해 보세요.

❏ 층별 바닥면적 산출도

구 분	부 호	산 출 근 거	면 적(M2)
지하1층	1	9.20 x 5.10	46.92
	합 계		46.92

■ 지하 1층 바닥면적

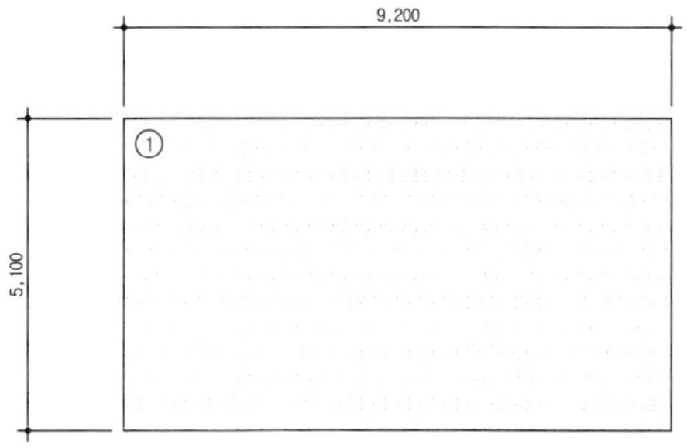

구 분	부 호	산 출 근 거	면 적(M2)
지상 2층	1	3.30 x 4.80	15.84
	2	1.50 x 6.90	10.35
	3	3.60 x 10.50	37.80
	4	2.30 x 8.40	19.32
	5	1.30 x 5.10	6.63
	6	1.20 x 1.80	2.16
	합 계		92.10

■ 지상 2층 바닥면적

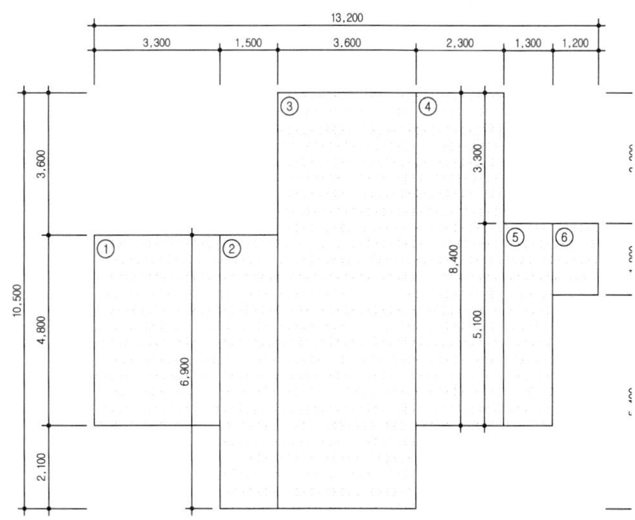

구 분	부 호	산 출 근 거	면 적(M2)
지상1층	1	1.0 x 1.80	1.80
	2	4.50 x 9.30	41.85
	3	5.10 x 10.50	53.55
	4	5.90 x 8.70	51.33
	5	1.0 x 1.80	1.80
	합 계		150.33

■ 지상 1층 바닥면적

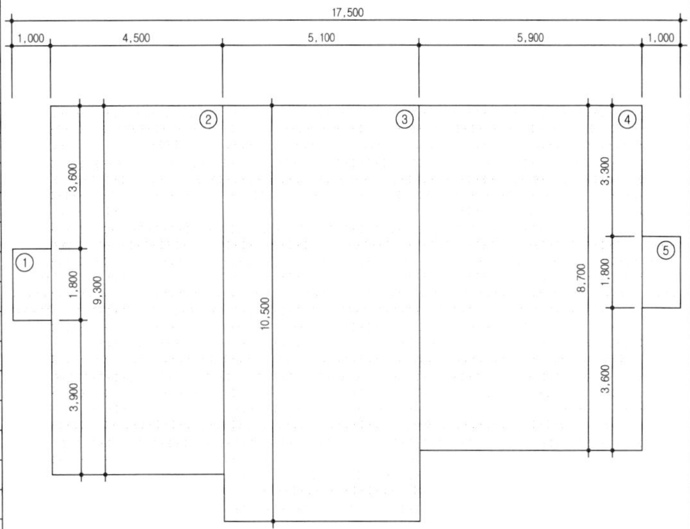

구 분	부 호	산 출 근 거	면 적(M2)
	합 계		

3-2-2 대지 종 · 횡 단면도

A-05	대지 종·횡 단면도
정의 및 목적	인접대지와 도로, 본 대지 및 건물과의 관계를 단면으로 나타낸 도면
확인사항	- 대지 주변과 대지 내에서 건물의 단면상황을 검토 표시 - 법적 검토사항인 건축물의 높이, 일조권 제한 등을 명기 - 여러 동이 있거나 경사지인 경우 동간 인동간격 등 검토

■ 법적 내용 표기

대지 종·횡 단면도는 주변 인접 도로현황 및 대지 내 옥외공간과 건물과의 관계 등을 단면으로 표현한 것이다. 주로 각종 법에 의한 높이 제한 즉, 일조권에 의한 높이 제한의 범위와 실제 계획된 건축물이 적법한지 여부를 단면으로 표현한다.

■ 일조권에 의한 높이 제한선의 검토

법에 의해 일조권을 검토해야 하는 지역에 있는 건축물은 일조권 등의 침해 여부를 사전에 검토하여야 한다. 대지 종·횡 단면도에 일조권에 의한 높이 제한선을 작성하여 해당 건물의 일조권을 검토한다.

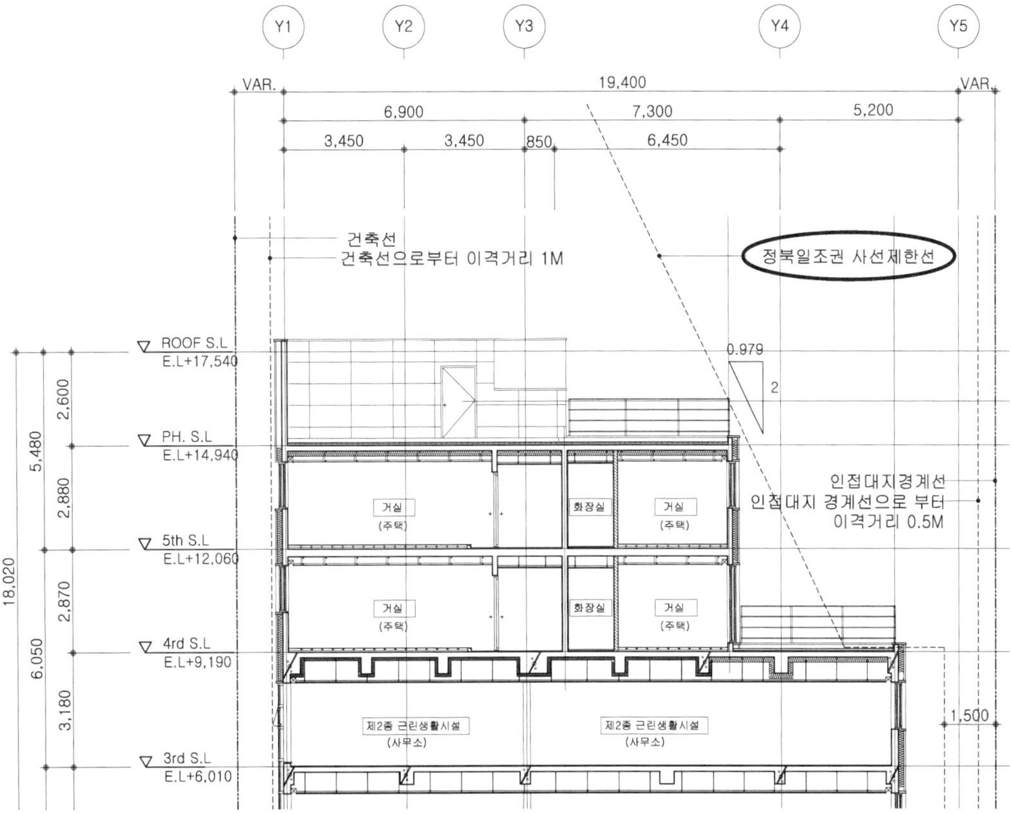
Y1
Y2
Y3
Y4
Y5
VAR.
19,400
VAR.
6,900
7,300
5,200
3,450
3,450
850
6,450
건축선
건축선으로부터 이격거리 1M
정북일조권 사선제한선
ROOF S.L
E.L+17,540
PH. S.L
E.L+14,940
5th S.L
E.L+12,060
4rd S.L
E.L+9,190
3rd S.L
E.L+6,010
0.979
2
인접대지경계선
인접대지 경계선으로 부터
이격거리 0.5M
거실
(주택)
화장실
제2종 근린생활시설
(사무소)
1,500
18,020
5,480
6,050
2,600
2,880
2,870
3,180

사선제한 표기 예시

■ 인접도로의 현황 및 인접 도로 레벨과 대지의 레벨(G.L:Ground Level)의 변화 표현

대지 인접도로와 대지와의 경계선을 삽입하고 인접대지의 단면과 대지내 단면 현황을 대지 종·횡 단면도에 표현한다.

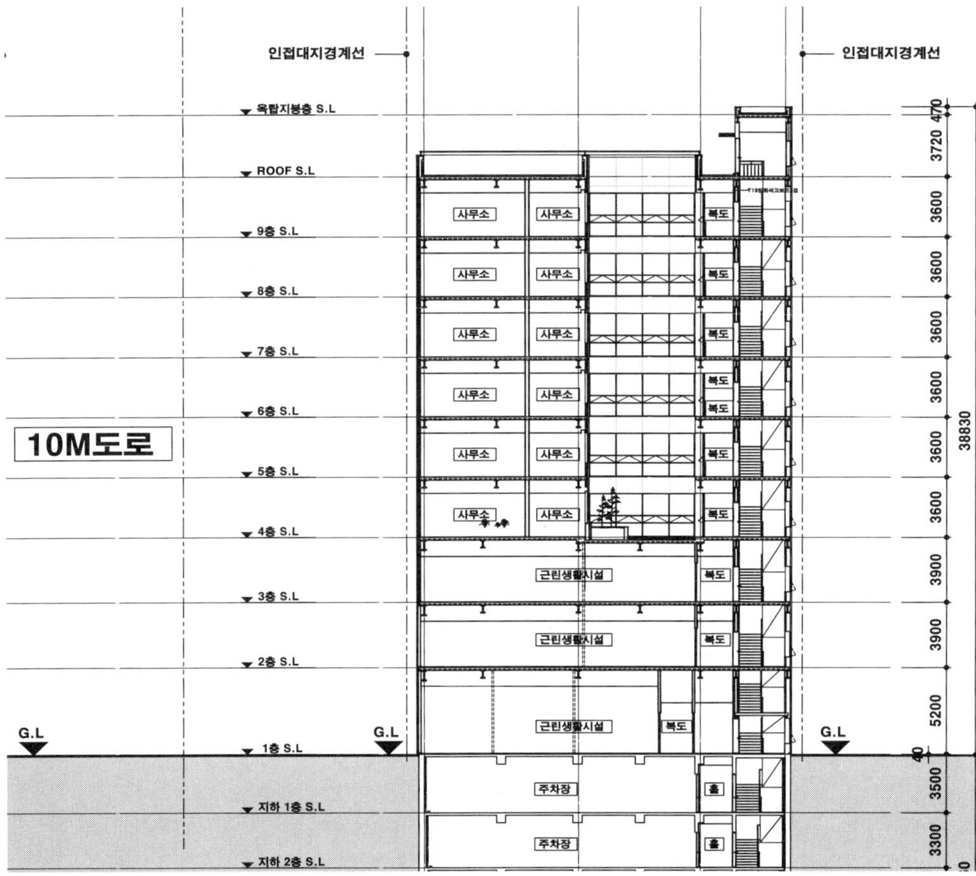

인접도로 현황과 레벨 표현 예시

■ G.L(Ground Level)과 각 층간 레벨 표현

대지종횡단면도에서는 대지의 기준 레벨과 각 층간의 레벨을 표기해주면, 전체 건축물의 높이도 명기한다.

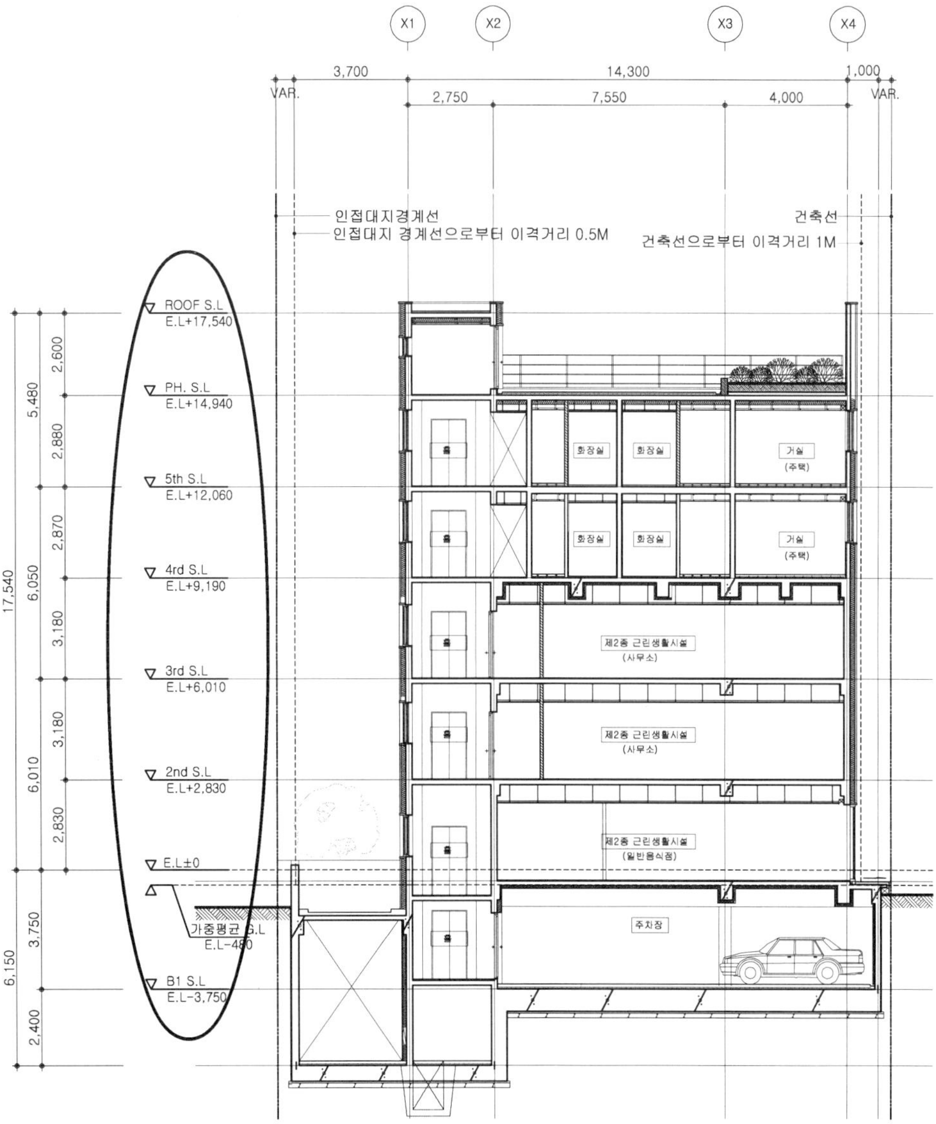

G.L과 층간 레벨 표현 예시

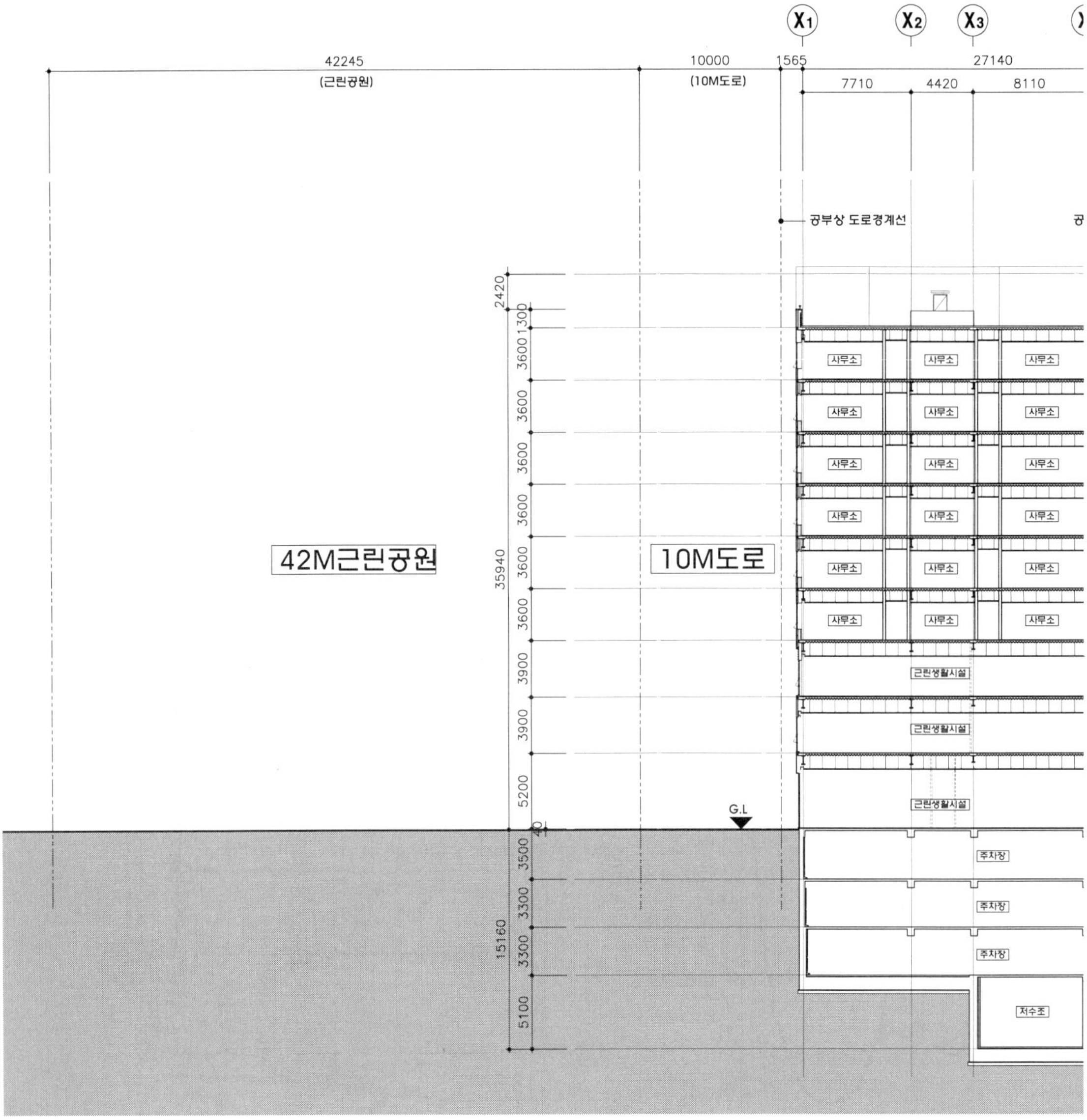

1 A 대 지 횡 단 면 도
축 척 1/400

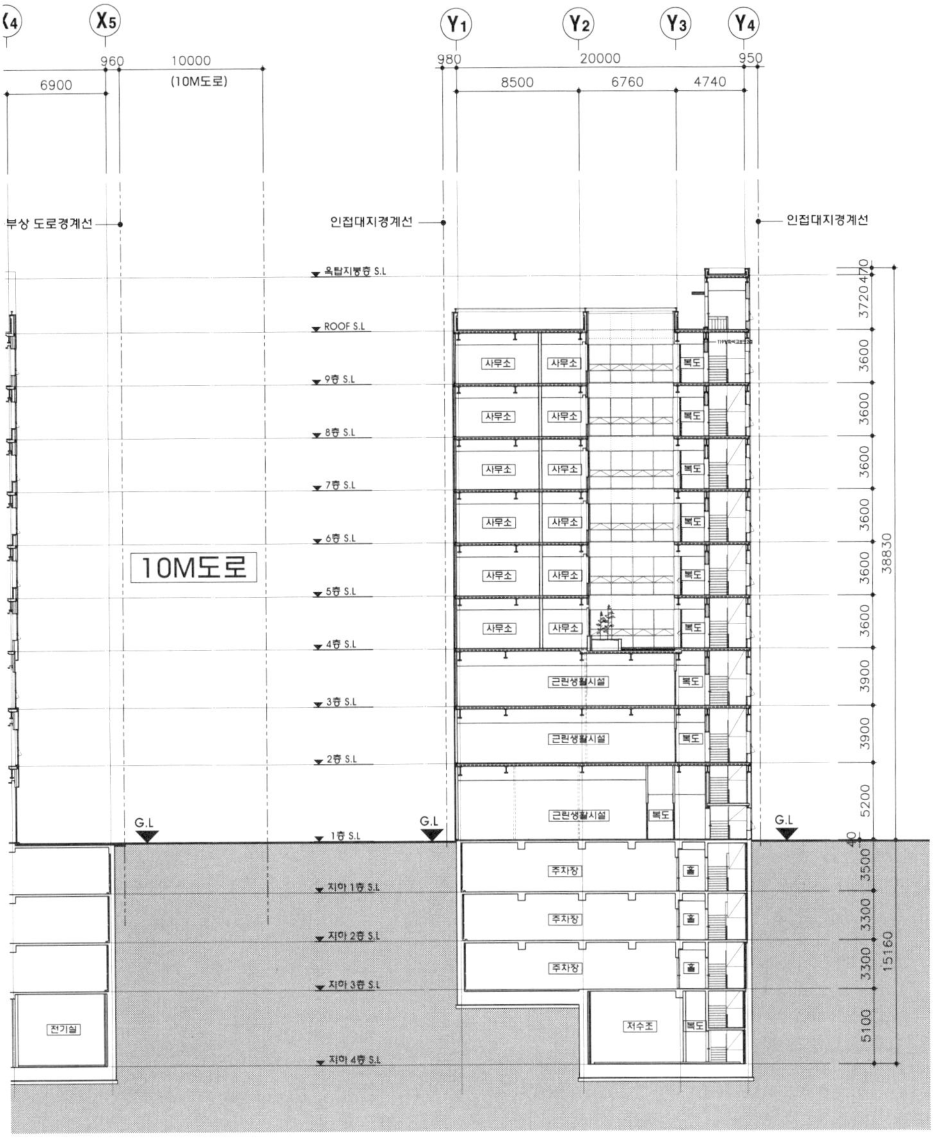

1 A 대지종단면도
축척 1/400

3-2-3 가중 지표면 산출표

A-06	가중 지표면 산출표
정의 및 목적	지표면의 높이가 일정하지 않는 대지에서 해당 건축물의 기준이 되는 지표면을 산정하는 근거를 제시 도면
확인사항	- 건축물에 전체 둘레에 면하는 모든 지표면 산정. 누락 여부 체크 - 지하층 법적 인정 여부 확인

■ 가중 지표면

가중지표면이란, 지표면 즉, 땅의 겉면이 일정하지 않아 건축물의 기준이 되는 지표면을 잡기 어려운 점을 감안하여 가상의 지표면을 정한 것으로, 실제 각 건축물이 땅에 얼마나 면하는지 그 정도에 따라 지표면의 위치를 가중하는 가상의 땅의 표면이다.

■ 지하층의 인정

통상적으로 지하층은 실이 지표면 아래 묻혀있는 층을 말한다. 단, 현행 건축법에서는 지표면과 해당 층의 층고를 비교하여 해당 층 층고의 반 이상이 지표면 아래에 위치하는 층을 지하층으로 정의한다. 따라서, 지하층 기준 요소는 해당층의 층고와 지표면 2가지 요소로 결정된다.

어떤 층을 지하층으로 인정 받느냐 못 받느냐의 문제는 건축물의 층수, 지상 지하 바닥면적의 구분, 용적률 등 각종 법의 적용에 매우 주요한 쟁점이다. 건축허가 신청 시 이러한 쟁점을 보다 정확히 하기 위해 이를 도식화 도면이 바로 가중지표면 산출표이다.

■ 가중 지표면 산출방법

가중 지표면 산출은 말 그대로 지표면에 많이 묻혀있는 만큼 그 정도를 가중하여 선정하는 것으로 쉽게 땅에 묻혀있는 건축물의 수직면을 펼쳐서 그 면적을 둘레로 나누어 평균 높이를 산정하는 것이다.

즉, 건축물의 형태가 직육면체이고 이를 높낮이가 다른 땅에 묻었다고 가정했을 때, 흙높이를 수평으로 동일하게 평평히 다졌을 때 그 높이가 가중 지표면이 된다. 즉, 직육면체의 6개 면 중에서 바닥과 지붕을 제외한 4개의 전개도 중, 흙에 묻혀져 있는 부분의 면적을 구하고 이를 4개 면의 둘레로 나누어 나온 높이가 가중 높이이며, 이 지점이 가중지표면 지점이다.

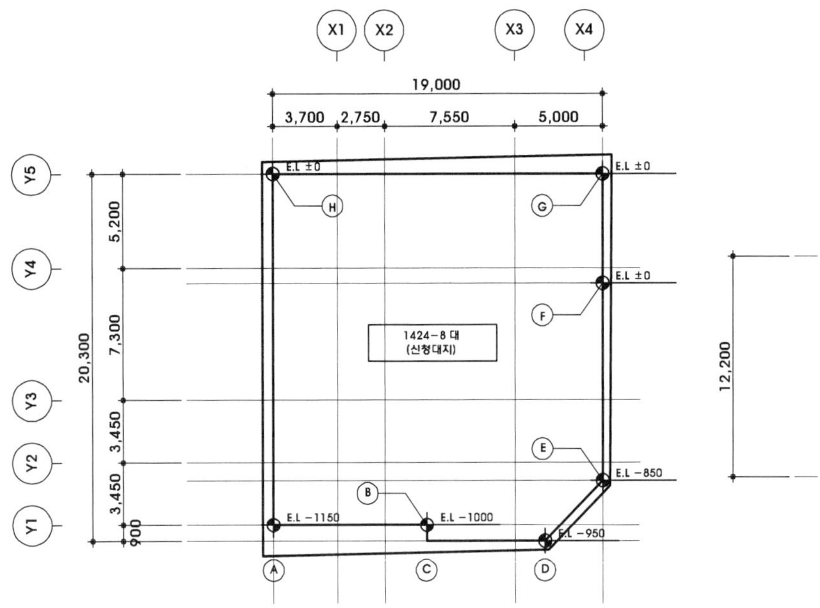

■ 신청대지 가중평면 지표면 : EL. −480

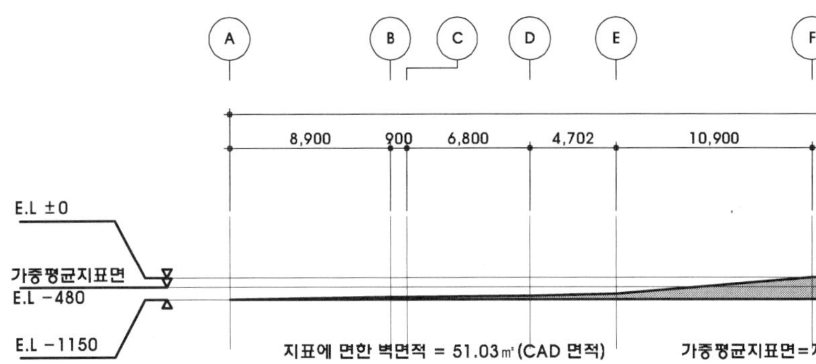

■ 인접대지 가중평면 지표면 : EL. +1090

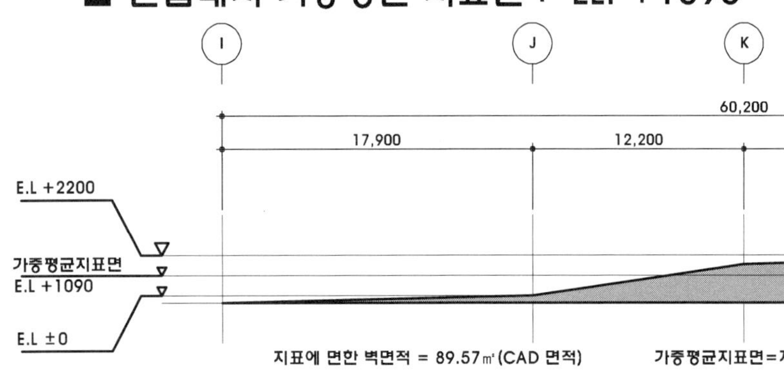

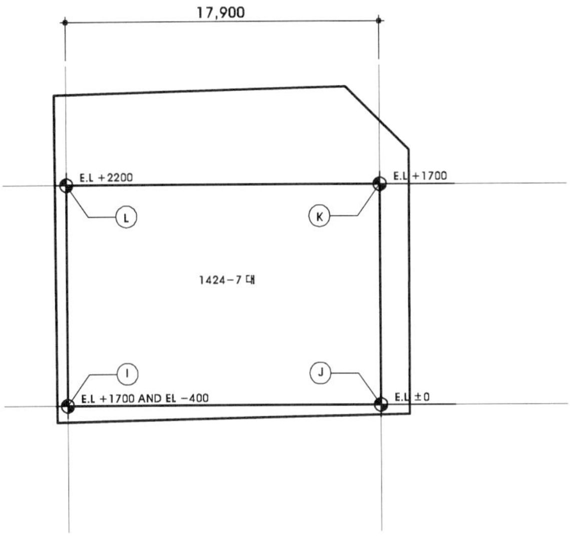

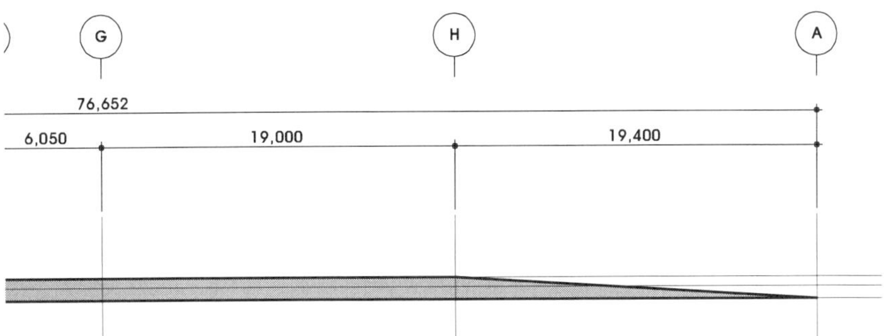

표에 면한 벽면적 ÷ 건물길이= 51.03 ÷ 76.652 = 0.67 M= EL.-480

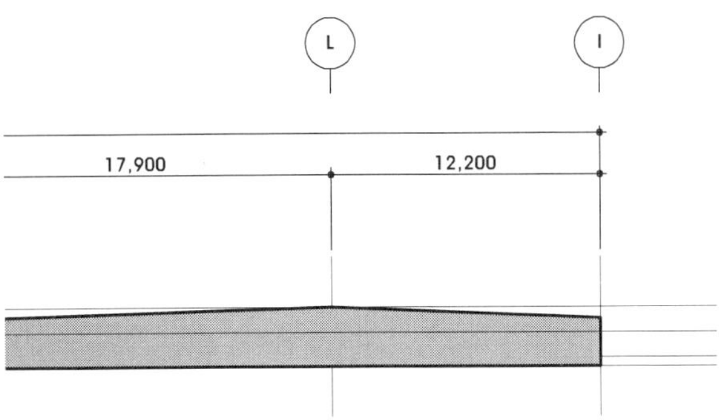

표에 면한 벽면적 ÷ 건물길이= 89.57 ÷ 60.20 = 1.49 M = EL.+1090

3-2-4 배치도

A-07	배치도
정의 및 목적	건축물의 모양을 지붕 위 시점에서 대지에 수평하게 겹쳐서 본 도면으로 대지 내 건축물과 주변현황을 종합적으로 표현
확인사항	- 대지경계선 확인 - 도로경계선 확인 - 건축선 등 각종 건축한계선 검토 - BM(Benchmark) 표시 확인 - 부지 인접건물 및 시설물현황 표시 - 대지의 레벨을 고려한 설계 확인 - 건물위치 확인 및 규제선 침범 여부 확인 - 공사구분, 범위 및 한계의 표시 - 우·오·배수 계획의 적정성 확인 및 관로 분류식, 합류식 구분 표기 확인 - 출입구위치의 적합성과 동선관계 확인 - 장애인 및 노약자의 진·출입에 대한 고려 확인 - 옥외 소화전, 장비 반입구 등의 장비 접근 확보 확인 - 주차구획의 적정배치 여부 확인 - 공개공지의 적정배치 - 정화조 위치, 각종 맨홀 등 표기 - 조경 계획 및 각종 포장계획 확인 - 담장의 유무 및 담장 타입

■ 배치도의 역할

배치도는 건축설계 도면 중 가장 중요한 도면 중 하나로 건축물의 모양을 지붕 위 시점에서 대지에 수평하게 겹쳐서 본 도면이다.

배치도는 건축물이 위치하는 대지의 방위, 주변 도로와의 관계, 대지 내 건축물이 차지하는 범위, 옥외공간들의 구성, 대지와 건축물과의 보행진입, 차량 진입진출 관계, 옥외 주차장 위치, 조경 등 건축물 주변에 대한 모든 관계를 하나의 도면에 표현하는 것이 배치도이다.

■ 배치도의 주요 내용

배치도에 표현될 것은 크게 배치계획 내용과 법적 내용으로 나눌 수 있다.

배치계획 내용에는 인접도로에서 대지에서의 진입로, 대지에서 건물 출입구, 대지 내 옥외공간 계획, 조경계획, 보행자 동선계획, 차량 동선계획, 주차계획, 건물의 형태 및 위치 등이 있다. 이외에 법적 내용으로는 인접대지 경계선, 도로경계선, 일조권 제한선, 건축한계선, 기타 법규 제한선 등)이 있다.

■ 설계진행 단계에 따른 배치도의 표현

배치도는 설계의 단계에 따라 표현내용이 다소 다르다. 계획설계 단계에서 배치도는 건축계획에 기본이 되는 각종 법규검토에 대한 사항 뿐 아니라, 배치계획을 포함한 건축계획에 관련된 모든 아이디어를 압축적으로 표현한다. 즉 인접 도로에서 건축물의 접근은 어떻게 이루어는지, 전체 대지 중 건축물이 차지하는 범위는 어떻게 되고, 대지 내 녹지, 광장, 주차 공간 등으로 구성된 옥외공간은 사용자에게 어떻게 사용되는지 등 건축물을 포함한 대지 전체의 이용 계획을 표현한다. 특히 계획설계에서는 각 층의 평면의 수평범위를 겹쳐서 표현함과 동시에 수평매스에 그림자를 표현하는 기법을 이용하여, 건축물의 조형성을 입체적으로 표현한다. 이로써 계획설계에서의 배치도는 대지주변과 대지 내의 토지 이용계획 및 건축물의 조형까지를 종합적으로 평가하는 주요 역할을 한다.

중간설계단계이후의 배치도는 계획설계 단계에서 표현한 배치계획적 내용과 더불어 법적인 내용을 더욱 명확히 표현하여야 한다. 축척 및 방위, 건축선, 대지경계선 및 대지가 정하는 도로의 위치와 폭, 건축선 및 대지경계선으로부터 건축물까지의 거리, 신청건물과 기존건물과의 관계, 대지의 고저차, 부대시설물과의 관계 등 해당 건축물의 법적 내용을 검토할 수 있는 기본사항이 명확히 제시되어야 한다.

실시설계 단계에서는 배치계획 내용과 법적내용을 보다 현실적으로 표현하여야 한다. 즉, 대지경계선, 도로경계선, 건축선 등 각종 건축한계선 뿐 아니라, 실제 공사를 위한 BM (Benchmark)[4]은 표시하여야 한다. 대지 인접건물 및 시설물 현황, 인접대지 혹은 도로와 대지의 정확한 레벨 표시와 공사구분 또는 공사범위 및 한계의 표시, 정화조 위치, 각종 맨홀, 오배수관로 표기, 장애인 및 노약자의 진.출입로 등에 대한 내용이 보다 상세히 기입되어야 한다.

4) BM은 Benchmark의 약자로 지형이나 구조물 등의 높이를 측정하는 기준이 되는 점, 공사기준점을 말함

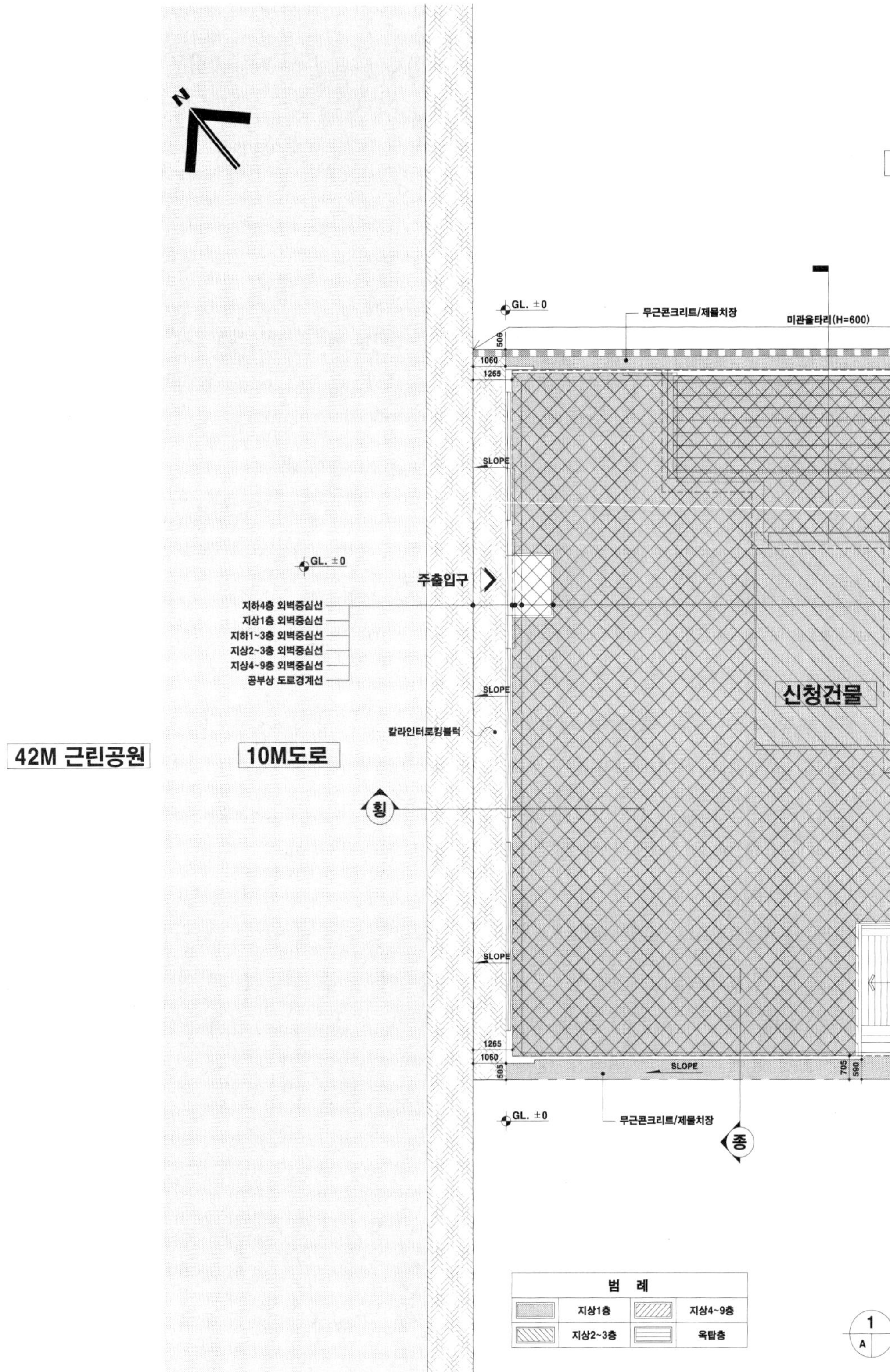
GL. ±0
무근콘크리트/제물치장
미관울타리(H=600)
SLOPE
주출입구
지하4층 외벽중심선
지상1층 외벽중심선
지하1~3층 외벽중심선
지상2~3층 외벽중심선
지상4~9층 외벽중심선
공부상 도로경계선
칼라인터로킹블럭
42M 근린공원
10M도로
횡
신청건물
종
범 례
지상1층
지상4~9층
지상2~3층
옥탑층

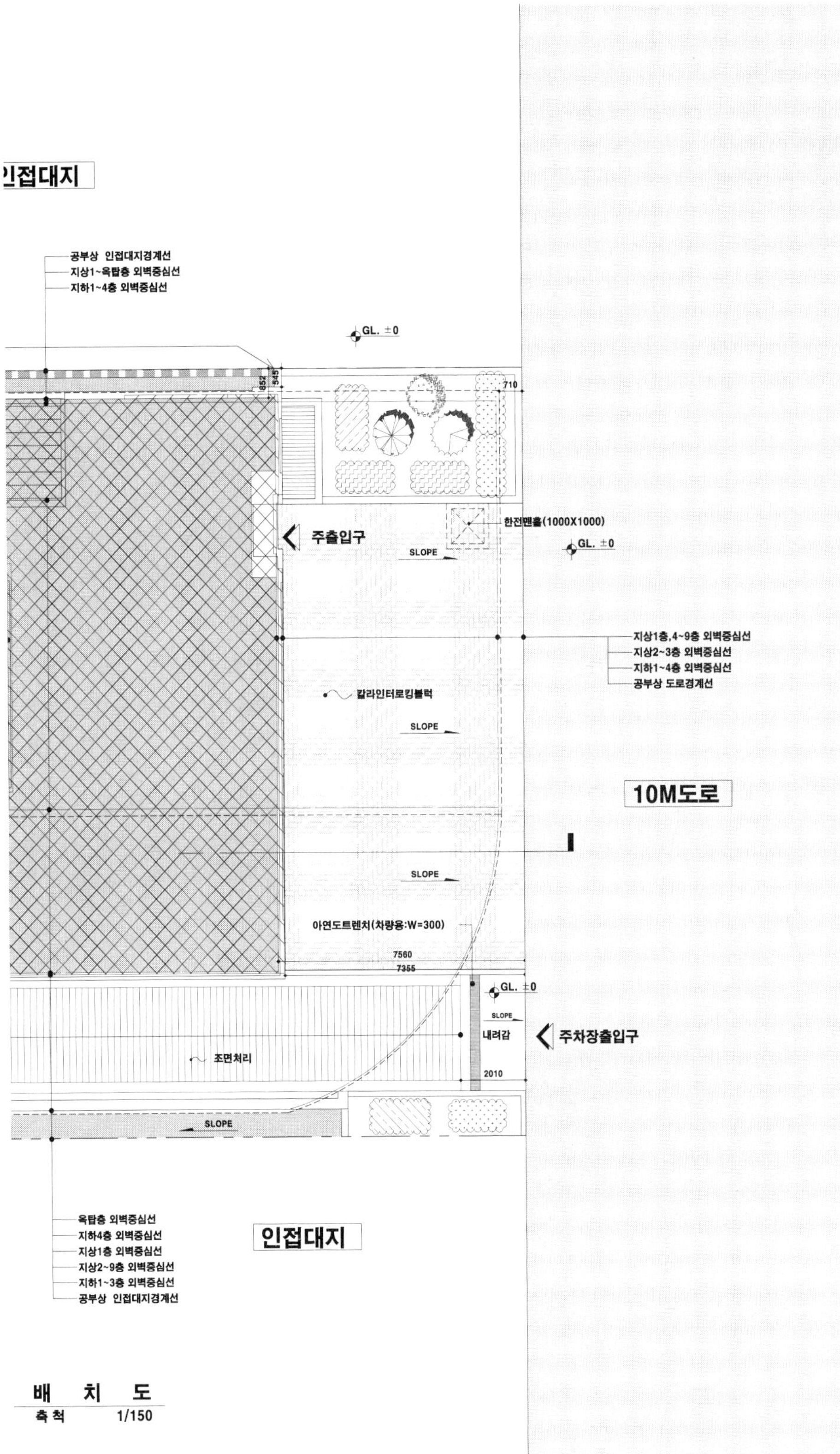
인접대지
공부상 인접대지경계선
지상1~옥탑층 외벽중심선
지하1~4층 외벽중심선
GL. ±0
852
545
710
한전맨홀(1000X1000)
주출입구
SLOPE
GL. ±0
지상1층,4~9층 외벽중심선
지상2~3층 외벽중심선
지하1~4층 외벽중심선
공부상 도로경계선
칼라인터로킹블럭
SLOPE
10M도로
SLOPE
아연도트렌치(차량용:W=300)
7560
7355
GL. ±0
SLOPE
내려감
주차장출입구
조면처리
2010
SLOPE
옥탑층 외벽중심선
지하4층 외벽중심선
지상1층 외벽중심선
지상2~9층 외벽중심선
지하1~3층 외벽중심선
공부상 인접대지경계선
인접대지
배 치 도
축 척 1/150

3-2-5 조경 계획도

A-08	조경 계획도
정의 및 목적	대지 내 조경 시설의 위치, 면적, 수종 등을 표현함
확인사항	- 건축법 및 지자체 조례에 의한 법적 조경 면적 준수 여부 - 지자체 조례에 의한 수목 종류 및 수목 종류별 비율 준수 여부

■ 조경 계획도 등의 구성

조경 계획도에는 대지 내 조경 계획에 대한 모든 내용을 표현한다. 즉 조경 시설의 위치, 조경 면적, 식재 계획, 수목 수량 등이 표기되어야 한다.

한 장의 도면에 조경 계획도, 조경 계획표, 식재 계획표 등이 함께 구성되기도 한다.

■ 조경 계획도

대지 내 조경이 이루어지는 구획의 위치를 표현하고, 각 수목별 식재 현황 및 수량 등을 전반적으로 표시한다. 일반적으로 대지 경계선과 대지 내 건물위치가 표현되어 있는 배치도와 같은 축척의 도면을 바탕으로 식재 내용을 표현한다.

조경 계획 시에는 식재의 종류과 성장을 고려하여 계획한다. 냉난방 부하 절감을 고려하여 건축물 남측에는 낙엽수 등의 교목을 식재하는 것이 바람직하다.

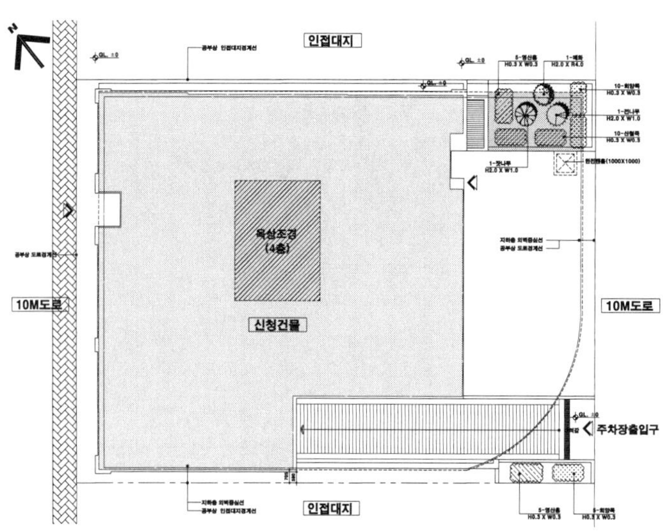

조경 계획도 예시

■ 조경 계획표

건축법과 각 자지단체 조례에 의하여 해당 대지 면적에 따른 일정 비율을 조경면적으로 제공하여야 한다. 이에 대한 계산 근거를 표로 작성한 것이다. 아래 사례는 법적 조경 면적이 대지면적의 5% 이상 되어야 하는 경우의 조경 계획표이다.

조경 계획표 예시

대지면적	651.80m²	
조경면적	자치조례 조경면적	651.80m²×5%=32.59m²
	계획 조경면적	37.80m²(대지면적의 5.80%)

■ 식재 계획표

조경 면적에 따라 어떤 종류의 나무가 얼마나 계획되었는지를 보여주는 표이다. 특히 건축법과 각 자치단체 조례에 의하여 해당 대지 면적에 따라 교목[5]과 관목[6]의 법정수량이 정해지므로 이에 적법하도록 계획되어야 한다. 아래 사례는 법적 조경면적 1㎡ 마다 0.1주의 교목과 1.0주의 관목을 심어야 함으로 법정 수량이상을 계획했음을 보여주며, 각 교목과 관목의 상록수와 낙엽수의 비율도 검토하여 그 이상을 계획하였음을 표로 나타낸다.

식재 계획표 예시

구분	산출근거		법정수량	계획수량	비고
교목	32.59m²×0.1주/m²		3주	5주	
	상록교목	50%	1.5주	3주	
	낙엽교목	50%	1.5주	2주	
	특정수종	5%		1주	전나무
관목	32.59m²×1.0주/m²		33주	40주	
	상록교목	50%	16.5주	20주	
	낙엽교목	50%	16.5주	20주	
	특정수종	10%		10주	철쭉꽃나무

5) [식물] 줄기가 곧고 굵으며 높이 자란 나무. 줄기와 가지의 구별이 뚜렷하고, 줄기는 한 개이며, 땅에서부터 가지 밑부분에 이르는 줄기의 높이가 높다. 소나무, 향나무, 감나무 따위가 있다. daum 국어사전

6) [식물] 일반적으로 사람의 키보다 작고 원줄기와 가지의 구별이 분명하지 않으며 밑동에서 가지를 많이 치는 나무. 무궁화, 진달래, 앵두나무 따위이다. daum 국어사전

■ 수목 수량표

조경 면적과 식재 계획에 따라 보다 실제 계획된 수종의 이름과 수를 구체적으로 표기한 표이다. 각 나무의 구체적인 이름과 크기[7] 를 적고, 조경 계획표 상의 표기 범례를 함께 기입한다.

수목 수량표 예시

성상	기호	수종명	규격	단위	수량	비고
상록 교목		잣나무	H2.0×W1.0	주	1	
		전나무	H2.0×W1.0	주	1	
		소계		주	2	
낙엽 교목		매화	H2.0×R4.0	주	3	
		소계		주	3	
상록 관목		회양목	H0.3×W0.3	주	20	
		소계		주	20	
낙엽 관목	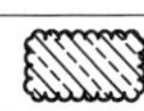	영산홍	H0.3×W0.3	주	10	
	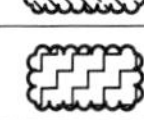	산철쭉	H0.3×W0.3	주	10	
		소계		주	20	
기타		지피류				

7) 나무의 크기를 나타내는 단위는 R,L,W,B 등이며, R – 목대의 굵기(줄기의 밑의 굵기),. H – 나무의 높이(키), L – 길이(눈향 등의 누운 길이), W – 너비(둥근주목등의 위의 너비), B – 가슴 높이에서 나무의 굵기를 말함

TIP

조경면적을 산정하는 법적 근거는 '건축법' 내에 '대지의 조경'항목을 참고하고,
각 지자체별 '건축조례'에 따라 구체적인 식재 면적 및 수종을 산정하세요.
식재수량 및 규격은 국토교통부 고시에 의한 조경기준을 참고하면 됩니다.

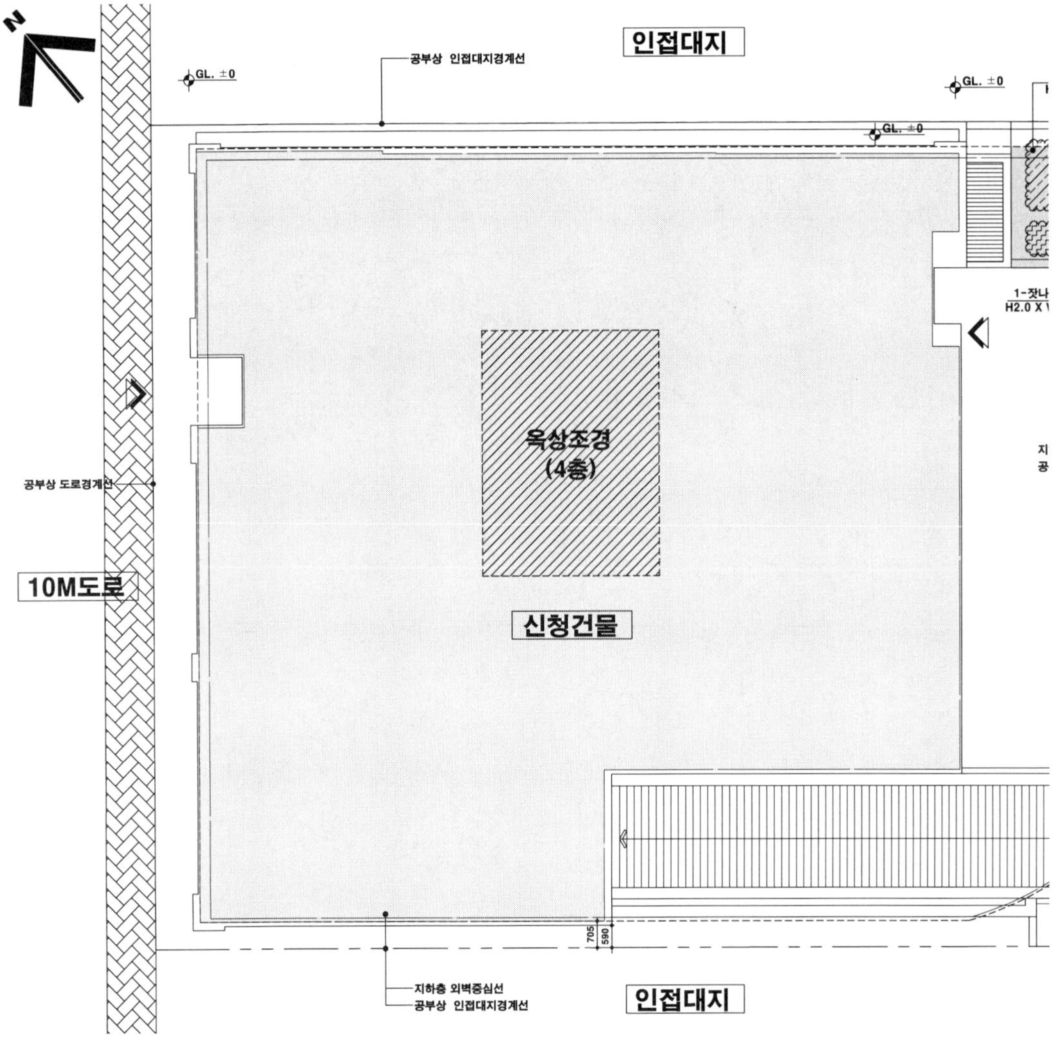
N
인접대지
공부상 인접대지경계선
GL. ±0
GL. ±0
GL. ±0
1-잣나
H2.0 X
옥상조경
(4층)
공부상 도로경계선
10M도로
신청건물
705
590
지하층 외벽중심선
공부상 인접대지경계선
인접대지

◪ 옥상조경

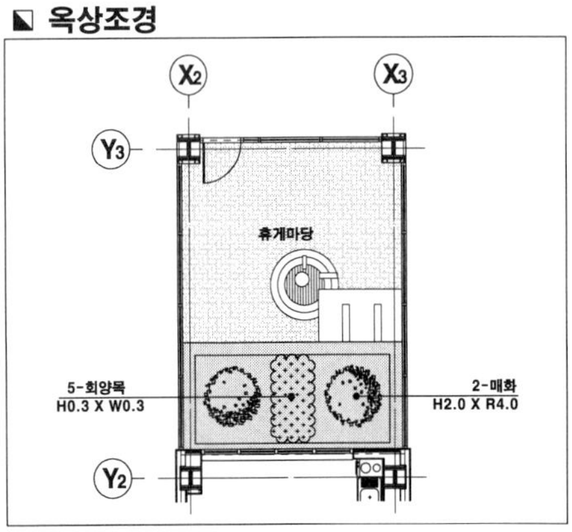
X2
X3
Y3
휴게마당
5-회양목
H0.3 X W0.3
2-매화
H2.0 X R4.0
Y2

◪ 조경 구적표

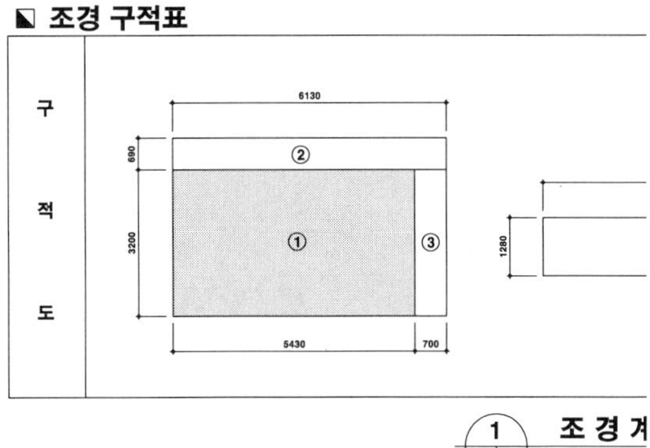
구
적
도
6130
690
②
3200
①
③
5430
700
1280
1
A
조 경 계
축 척

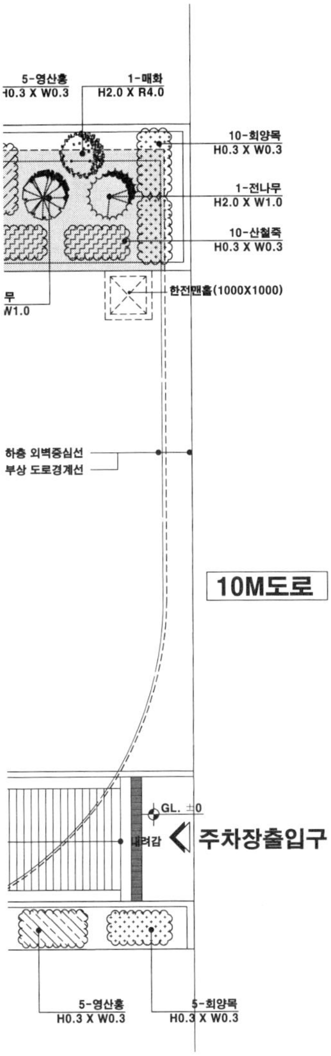

조경 계획표

대 지 면 적	651.80 M^2	
조 경 면 적	자치조례 조경면적	651.80 M^2x 5% = 32.59 M^2
	계획 조경면적	37.80 M^2(대지면적의 5.80%)

식재 계획표

구 분	산출근거		법정수량	계획수량	비 고
교 목	32.59 M^2 x 0.1주 /M^2		3 주	5 주	
	상 록 교 목	50%	1.5 주	3 주	
	낙 엽 교 목	50%	1.5 주	2 주	
	특정수종	5%		1 주	전나무
관 목	32.59 M^2 x 1.0주 /M^2		33 주	40 주	
	상 록 관 목	50%	16.5 주	20 주	
	낙 엽 관 목	50%	16.5 주	20 주	
	특정수종	10%		10 주	철쭉꽃나무

수목 수량표

성 상	기 호	수종명	규 격	단 위	수 량	비 고
상록 교목		잣나무	H2.0 X W1.0	주	1	
		전나무	H2.0 X W1.0	주	1	
		소 계			2	
낙엽 교목		매 화	H2.0 X R4.0	주	3	
		소 계		주	3	
상록 관목		회양목	H0.3 X W0.3	주	20	
		소 계		주	20	
낙엽 관목		영산홍	H0.3 X W0.3	주	10	
		산철쭉	H0.3 X W0.3	주	10	
		소 계		주	20	
기타		지피류				

NOTE

: 인공지반

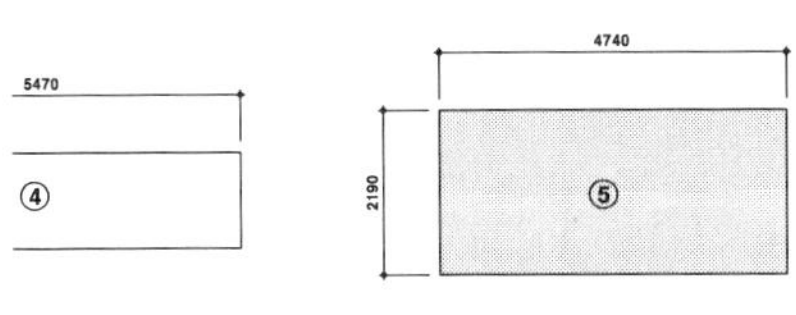

구 분		계 산 식	면적(M2) 인공지반	면적(M2) 자연지반
지반조경	1	5.43 X 3.20	17.38	
	2	0.69 X 6.13		4.23
	3	0.70 X 3.20		2.24
	4	5.47 X 1.28		7.03
	합 계	30.88	17.38	13.50
옥상조경	5	4.74 X 2.19	10.38	
	실면적	10.38 X 2 / 3	6.92	
	합 계	6.92	6.92	
총 합 계		37.80	24.30	13.50

획 도

1/150

3-2-6 우 · 오수 계획도

A-09	우·오수 계획도
정의 및 목적	대지내 우수와 오수를 어떻게 처리하고, 해당 건축물이 위치하는 지역의 기존 상하수와의 연결관계를 보여주는 도면
확인사항	- 우·배수 물처리 - 부위별 우·배수 처리계획 - 옥상 루프드레인 및 선홈통의 규격, 재질 - 옥상의 배수구배도가 표시 - 지하층 배수구배도가 표시 - 옥상파라펫 상부 물처리 - 옥상정원의 물주입 및 배수여부

■ 우 · 오수 배수 계획도의 역할 및 구성

우·오수 배수 계획도는 대지 내 우수(雨水)와 오수(汚水)[8]를 어떻게 처리하고, 해당 건축물이 위치하는 지역의 기존 상하수와의 연결관계를 보여주는 도면이다. 위 도면 작성시 중요한 사항은 해당 지역의 하수처리 시스템을 파악하는 것이다. 해당 지역에 공공하수처리시설이 있는지 그렇지 않는지를 미리 확인 후 하수처리시설이 있는 경우에는 오수와 우수를 분리하여 분류식 하수관거에 연결하여 배출하여야 한다. 그렇지 않을 경우에는 단지 내 별도의 오수처리시설 또는 정화조를 설치하여 대지 내에서 우선 처리 후 시하수관에 연결시켜야 한다. 하나의 도면에 우·오수 배수 계획도와 관련 상세도를 함께 표현하기도 한다.

■ 우 · 오수 배수 계획도

일반적으로 대지경계선과 대지 내 건물 위치가 표현되어 있는 배치도와 같은 축척의 도면을 바탕으로 우수처리, 배수처리 내용을 표현한다.

8) 우수(雨水)는 빗물을 말하고 하수(下水)는 설거지나 빨래 따위를 하고 난 뒤에 남는 더러워진 물 생활하수를 말하며, 오수(汚水) 화장실에서 나오는 용변 처리한 물을 말함

구체적으로 오수관과 하수관의 크기 및 대지 내 매립 위치를 표현하고, 대지 내 맨홀의 크기와 위치를 표현한다. 배관의 크기는 우수의 용량, 하수나 오수의 특성에 따라 결정한다. 맨홀은 각 배관의 원활한 흐름을 위하여 배관이 꺾이는 지점이나 서로 모이는 지점 등 적절한 위치에 설치한다. 맨홀은 사각형, 원형 그 크기도 다양하나, 건축에서 쓰이는 맨홀은 설치위치가 협소하거나 수량이 적은 곳에는 주로 사각형 600×600, 대지 내 집수정으로 쓰이는 경우에는 1,000×1,000을 사용한다.

■ 오 · 배수 상세도 및 맨홀단면 상세도

오·배수 계획도에는 오·배수 배관에 필요한 관련 상세도를 함께 표현하기도 한다.
상세도에서는 맨홀 제작에 필요한 철근과 맨홀의 매입 깊이, 맨홀의 크기, 맨홀에 인입된 파이프의 기울기와 맨홀 뚜껑 등의 사양을 표현한다. 최근에는 기성품으로 제작된 맨홀을 사용하기도 한다.

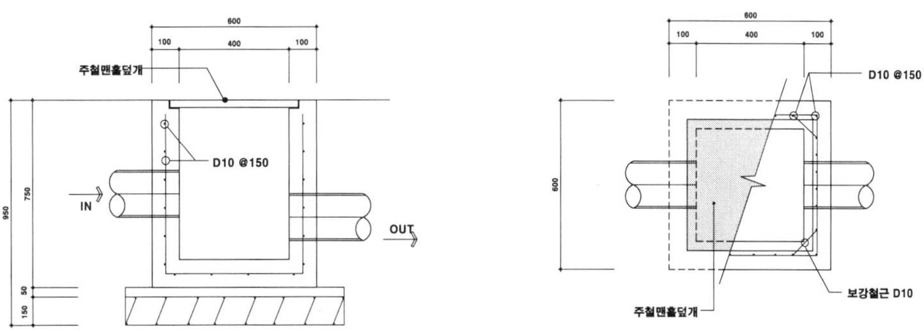

맨홀 단면 상세도 예시

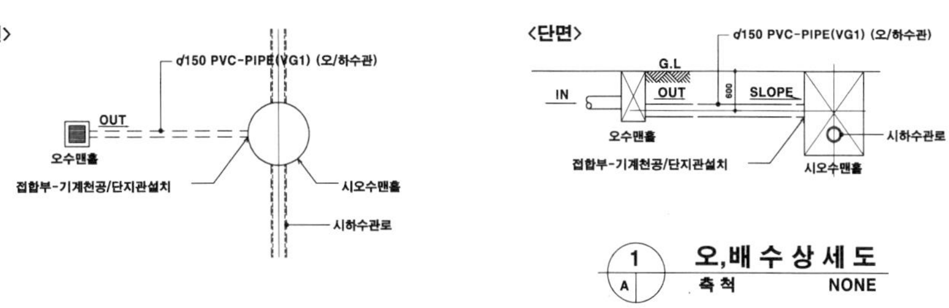

오배수 상세도 예시

TIP

'하수', '하수도' 등 관련 용어는 하수도법에 더 정확히 정의되어 있어요.

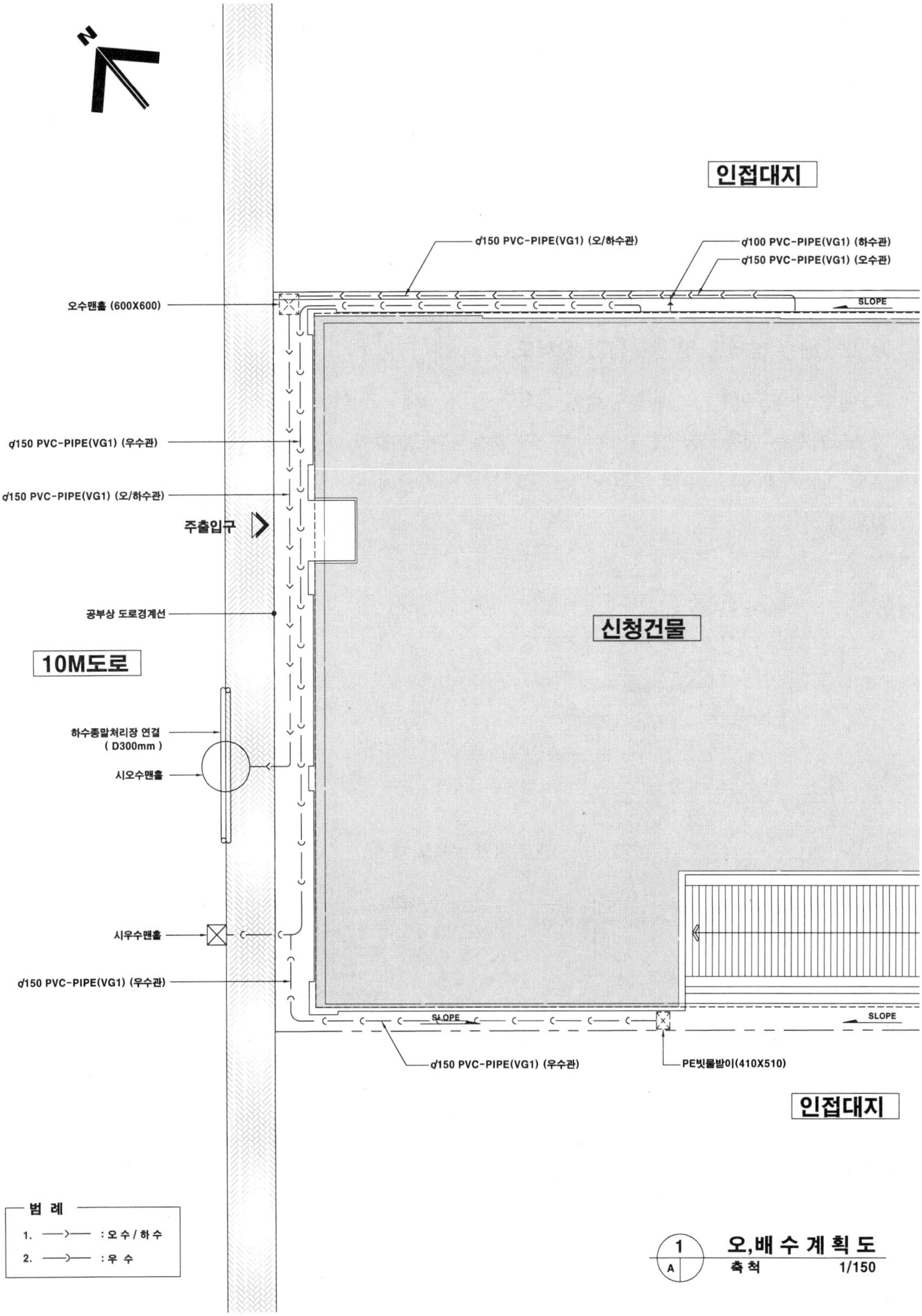
인접대지
ɸ150 PVC-PIPE(VG1) (오/하수관)
ɸ100 PVC-PIPE(VG1) (하수관)
ɸ150 PVC-PIPE(VG1) (오수관)
SLOPE
오수맨홀 (600X600)
ɸ150 PVC-PIPE(VG1) (우수관)
ɸ150 PVC-PIPE(VG1) (오/하수관)
주출입구
공부상 도로경계선
신청건물
10M도로
하수종말처리장 연결
(D300mm)
시오수맨홀
시우수맨홀
ɸ150 PVC-PIPE(VG1) (우수관)
SLOPE
SLOPE
ɸ150 PVC-PIPE(VG1) (우수관)
PE빗물받이(410X510)
인접대지
범 례
1. —›— : 오 수 / 하 수
2. —›— : 우 수
1
A
오,배 수 계 획 도
축 척 1/150

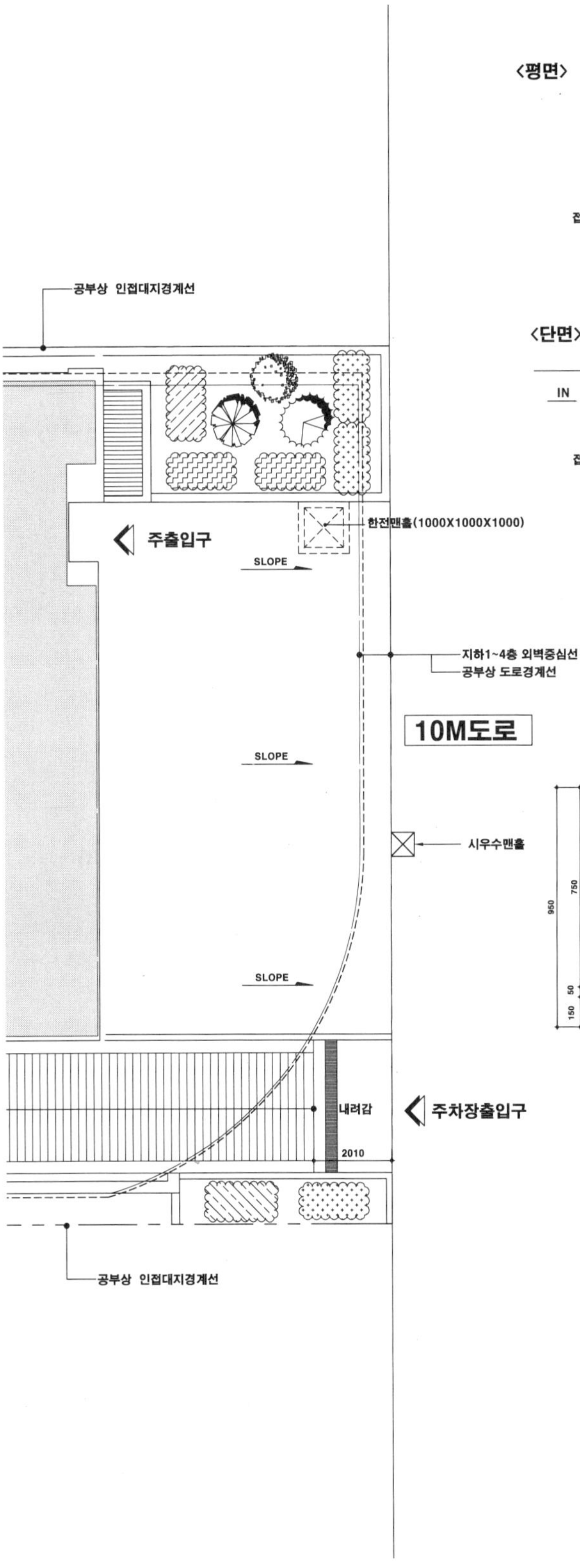
공부상 인접대지경계선
주출입구
한전맨홀(1000X1000X1000)
SLOPE
지하1~4층 외벽중심선
공부상 도로경계선
10M도로
SLOPE
시우수맨홀
SLOPE
내려감
2010
주차장출입구
공부상 인접대지경계선

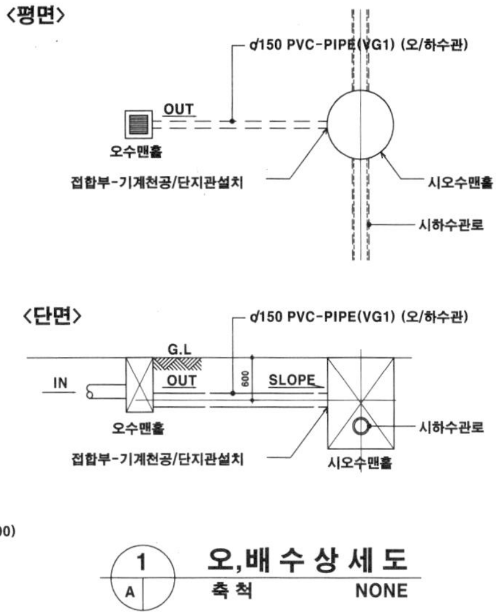
<평면>
ø150 PVC-PIPE(VG1) (오/하수관)
OUT
오수맨홀
접합부-기계천공/단지관설치
시오수맨홀
시하수관로
<단면>
ø150 PVC-PIPE(VG1) (오/하수관)
G.L
IN
OUT
600
SLOPE
오수맨홀
접합부-기계천공/단지관설치
시오수맨홀
시하수관로
1
A
오,배 수 상 세 도
축 척
NONE

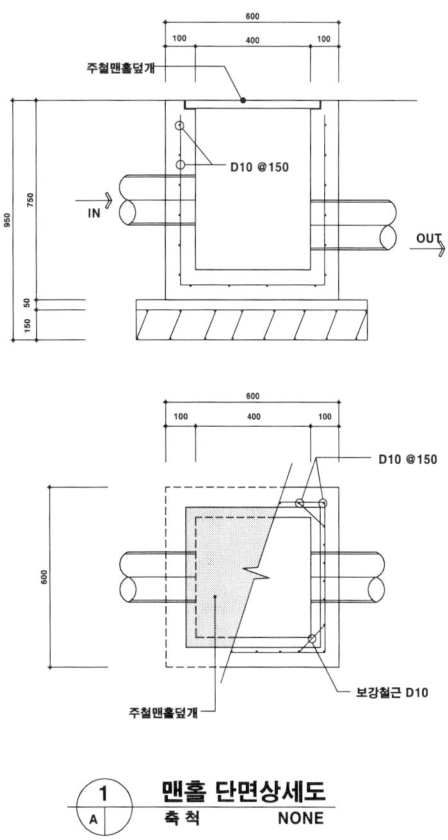
600
100
400
100
주철맨홀덮개
D10 @150
IN
OUT
950
750
50
150
600
100
400
100
D10 @150
600
보강철근 D10
주철맨홀덮개
1
A
맨홀 단면상세도
축 척
NONE

3-2-7 장애인 편의시설 계획도

A-10	장애인 편의시설 계획도
정의 및 목적	장애인의 이용 및 접근에 불편하지 않도록 하는 관련법의 내용을 명확하게 도면에 작성
확인사항	- 장애인 주차 및 안내표지판 설치 - 복도는 휠체어사용공간 최소 1.7m이상, 보행장애인 최소 1.2m이상 - 사무실출입문 벽 1.5m 높이 실명 점자표지판 설치 - 시각장애인용 시설 설치여부 - 장애인용 엘리베이터 설치 - 휠체어리프트, 경사로 등 - 장애인용 열람석, 관람석, 작업대, 매표소, 판매기 고려확인 - 장애인용 교통시설, 공중전화 등

■ '장애인 · 노인 · 임산부 등의 편의증진보장에 관한 법률'의 적용

장애인 편의시설 계획도는 민간건물보다는 공공건물 등을 대상으로 하는 설계에 들어가는 도면이다. 이는 현행 법인 '장애인·노인·임산부 등의 편의증진보장에 관한 법률'에 의거하여 장애인의 접근 편의성을 확보하기 위하여 공공건물 및 공중이용시설, 공동주택 등 법에서 정한 대상건물의 인허가 과정에 필수적인 도면이다.

■ 도면의 작성

개략적인 평면도를 바탕으로 그 위에 장애인용 경사로, 주차, 엘리베이터, 유도 블럭 등의 위치와 현황이 적법하게 계획되었음을 표시한다.

TIP

장애인 편의시설에 대한 상세한 내용은 '장애인 · 노인 · 임산부 등의 편의증진보장에 관한 법률 시행규칙'의 '별표 편의시설의 구조 · 재질 등에 관한 세부기준' 의 자세한 내용을 참고하세요.

memo

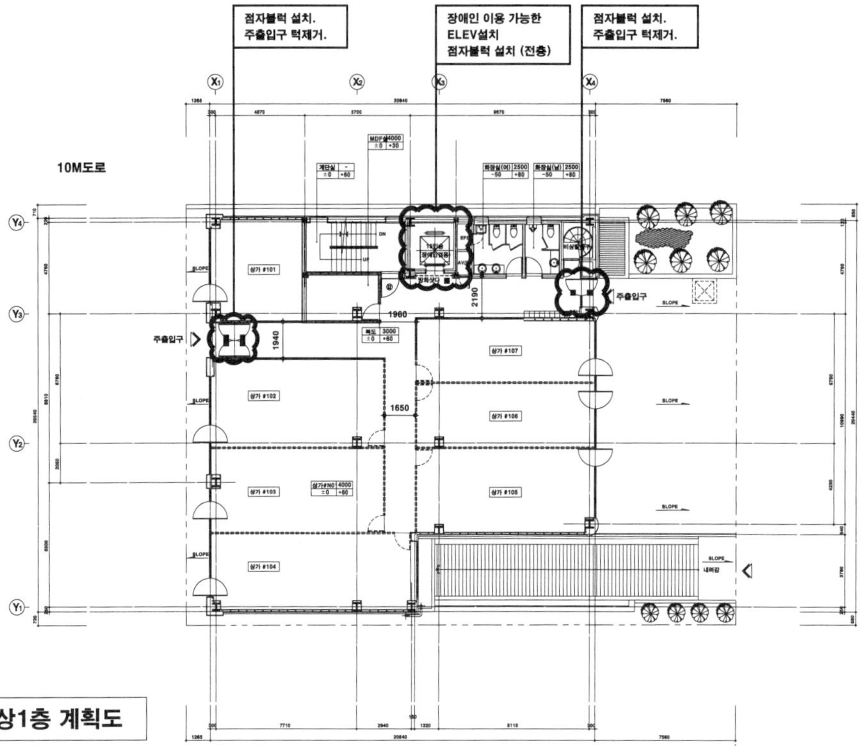

지상1층 계획도

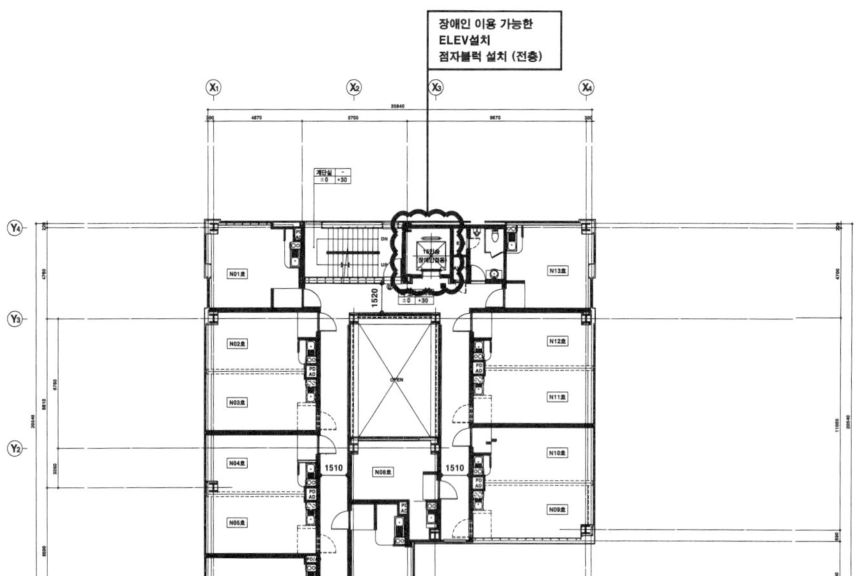

지상5~9층 계획도

1 A 장애인 편의시설 축척

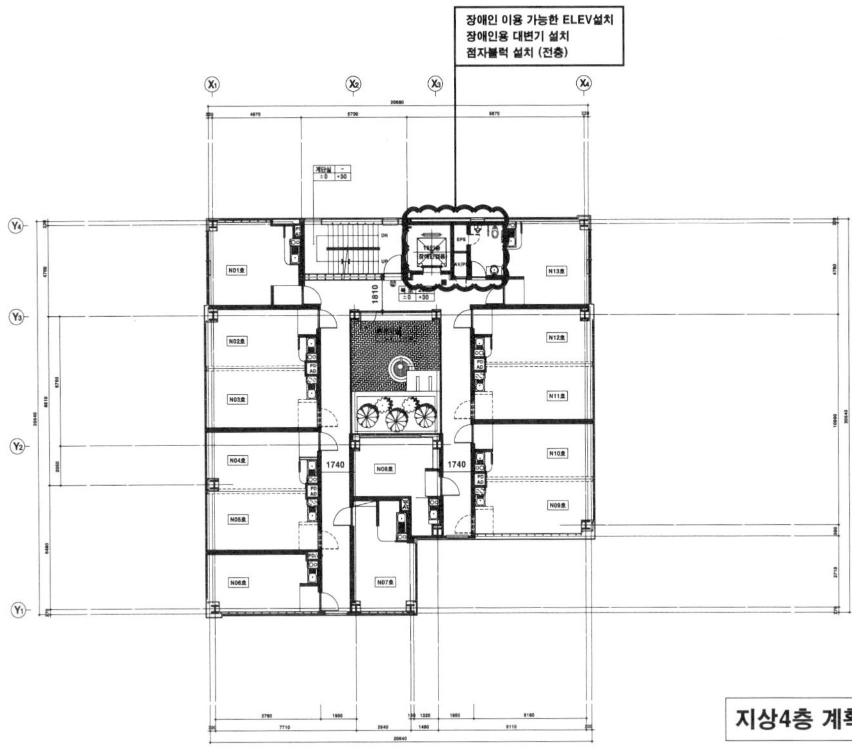

지상4층 계획도

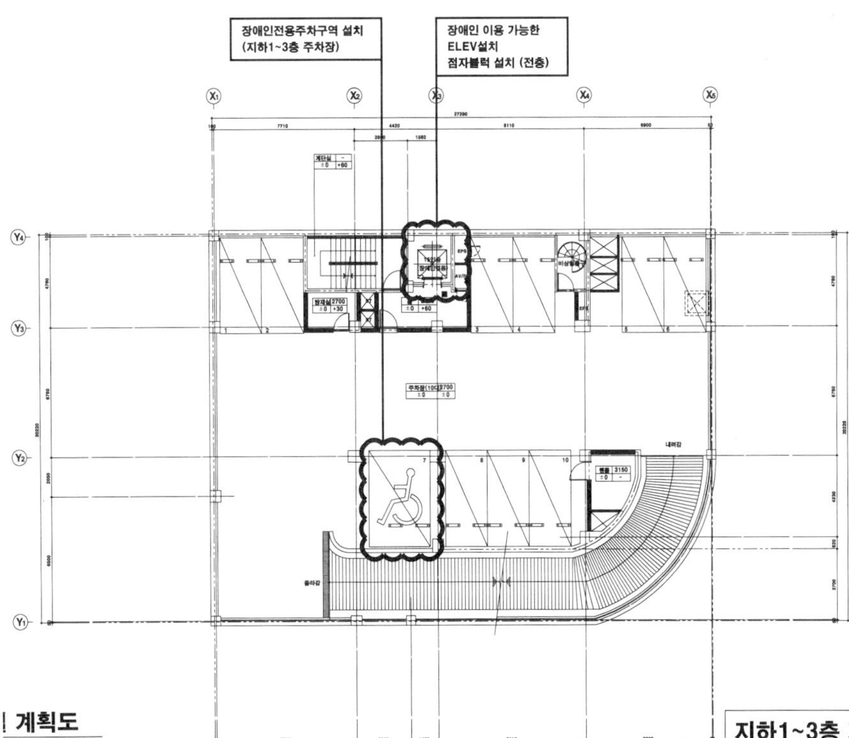

지하1~3층 계획도

| 계획도
1/300

3-3 주차·방수·방화·단열계획도

3-3-1 주차 계획도

A-11	주차 계획도
정의 및 목적	차량의 진출입, 주차 현황 , 주차 동선 등 전반적 주차 계획을 한 눈에 파악할 수 있도록 작성
확인사항	- 건물 규모 및 용도에 맞는 주차대수 산정 - 최적의 주차방식인지 확인 - 램프의 길이와 기울기의 적합성 - 출입구 위치 통로폭의 적합성 - 주차 회전반경 검토 - 차량 진출입 및 통행 동선 검토 - 대형차량의 진출입 고려 여부 - 자전거거치대 고려

■ 주차대수의 산정 및 표기

건축물의 규모 및 용도에 맞도록 건축법 및 주차장 법에 따라 주차 대수를 산정하고 대수 및 위치를 도면에 표기한다.

■ 차량의 진출입 및 주차 현황 표기

주차장 주 출입구 또는 주 입구(car in)와 주 출구(car out)의 위치를 표기 한다. 주차 현황 파악을 위해 주차범위를 알아보기 쉽게 표기한다.

■ 주차장 법 관련내용 표기

건축법 및 주차장법에 의한 차로의 회전 반경 및 차로의 폭 등 법에 명시된 내용을 도면에 표시한다.

■ 주차방식 등의 고려

주차계획 시 가장 중요한 내용은 적합한 주차 방식을 이용하여 많은 양의 차를 수용하고, 원활한 흐름을 유지하는 것이다. 주차 계획 시에는 옥내와 옥외 주차장의 문제, 자주식과 기계실의 선택의 문제, 진출입구의 분리 여부, 직각주차와 평행주차의 문제 등을 모두 고려한다. 이러한 계획 상 결정 내용은 모두 도면에 표기된다.

TIP

용도별 주차대수 확보 기준은 주차장법에 의거하여 해당 지자체별로 '주차장 설치 및 관리 조례'를 확인하세요.
건축물 지하에 설치되는 지하 주차장의 구조 및 기준에 관한 자세한 내용은 '주차장법 시행규칙' 내용을 참고하세요.

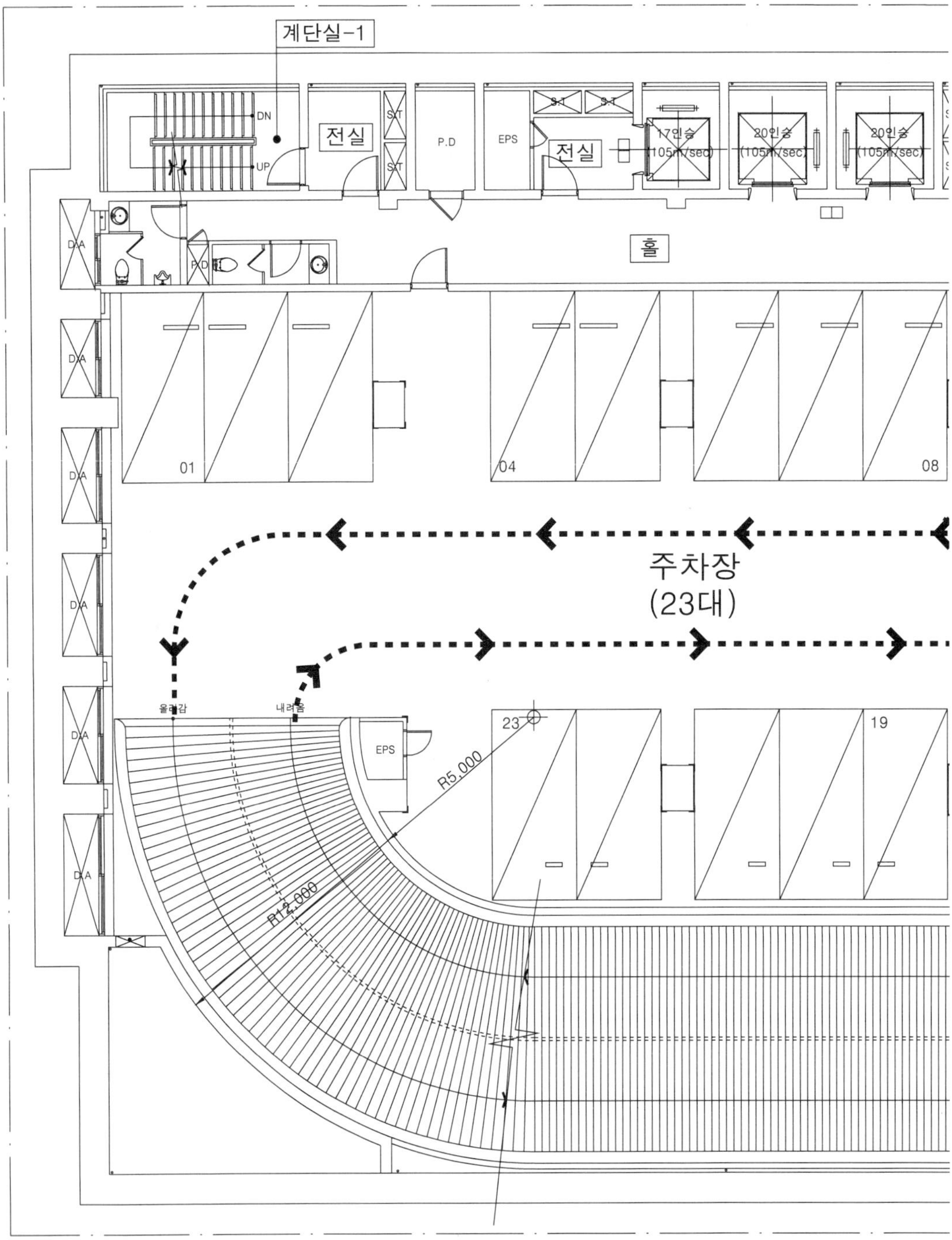
계단실-1
DN
UP
전실
S.T
P.D
EPS
전실
17인승 (105m/sec)
20인승 (105m/sec)
20인승 (105m/sec)
홀
D.A
01
04
08
주차장 (23대)
올라감
내려옴
23
19
EPS
R5,000
R12,000

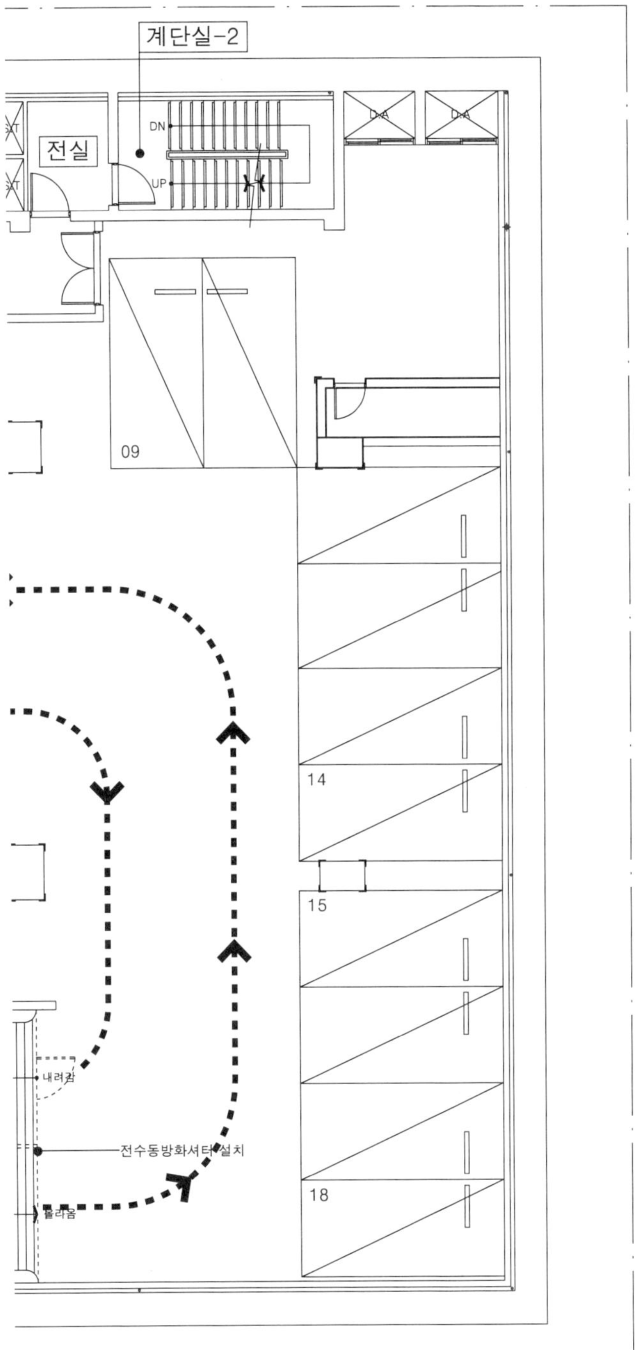

1 A 007 지하4층 주차계획평면도

축척 : 1/300

3-3-2 방수 계획도

A-12	방수 계획도
정의 및 목적	전체 건물의 방수의 범위, 공법, 자재 등 전반적 방수 계획을 구체적으로 제시
확인사항	- 방수자재, 방수공법, 방수범위의 적정성 검토 - 부위별 방수계획 확인 - 지하, 옥상, 화장실, 주방의 방수공법 적정 여부 - 방수 계획도와 평면도, 단면도, 상세도에 표시된 방수공법 일치 여부 확인

■ 방수 계획의 표현

방수 계획도는 전체 건물의 방수계획을 구체적으로 제시하는 것으로 방수의 범위, 공법 자재를 명확히 명시하여야 한다. 방수 계획도는 기본적으로 각층 평면도를 바탕으로 각 바닥방수의 범위를 표시한다.

■ 방수공법별 시공 범위 표현

방수 종류별로 설계도면에 그 범위가 명확히 표시되었는지 살펴보고, 특히 평면도, 단면도, 관련 상세도에 표시된 방수범위와 공법이 일치되는지 확인한다.

■ 방수자재 및 방수공법 선정의 적정성 검토

방수자재와 방수공법 선정은 자재의 특성, 용도, 시공성, 공법 및 신뢰성, 시공비 등을 종합하여 판단해야 한다. 지붕부분의 방수 종류, 화장실·샤워실 등의 방수, 주차장에서의 방수 등 각각의 용도에 맞게 방수의 특성을 충분히 고려하여 선정한다.

■ 방수재의 종류

방수재의 종류에는 액체방수, 침투성방수, 도막방수(우레탄, 고무화 아스팔트), 복합방수 (시트+도막방수), 자착식 방수 등이 있다.

■ 방수관련 부분 상세도 확인

외부에 면하거나, 이질재료가 만나는 연결부분 등 방수에 특별히 더 고려해야 하는 각 주요 부분에 대해 상세도를 통하여 구체적으로 명시하여야 한다. 1층 외부 및 방풍실 바닥의 방수, 옥상조경 부분 방수, 건물과 접한 플랜트박스 방수, 외부 캐노피 및 드라이에리어 방수, 건물연결 브릿지 이음부위 방수, 익스팬션 조인트부분 방수 등은 더욱 면밀히 작성하여야 한다.

TIP

방수재의 종류 및 시공방법은 건축시공 책이나 표준시방서 등에서 확인할 수 있지만, 최신 정보는 실제 시장에서 생산 판매되는 판매자 홈페이지에를 참고하는 것이 도움이 될 수 있어요.

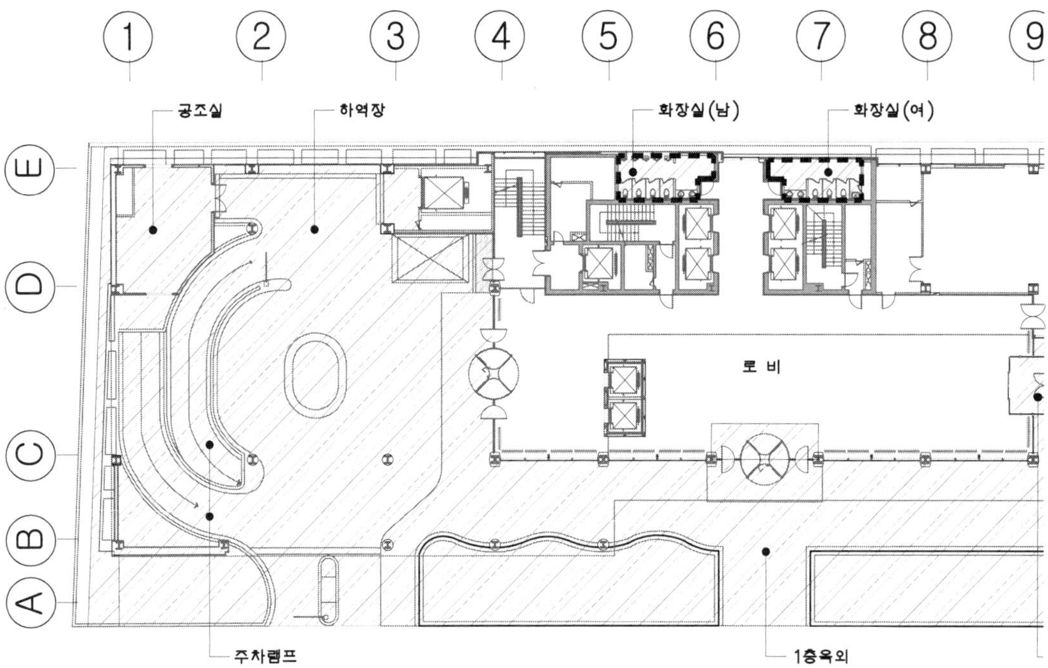
1
2
3
4
5
6
7
8
E
D
C
B
A
공조실
하역장
화장실(남)
화장실(여)
로 비
주차램프
1층옥외

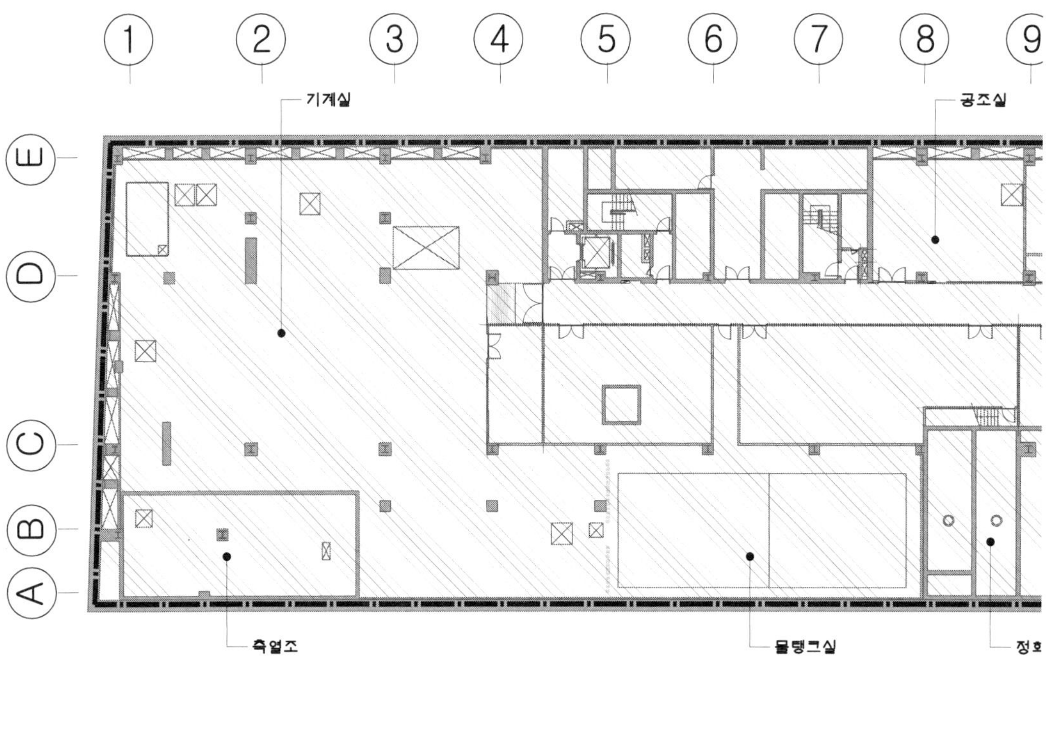
1
2
3
4
5
6
7
8
E
D
C
B
A
기계실
공조실
축열조
물탱크실

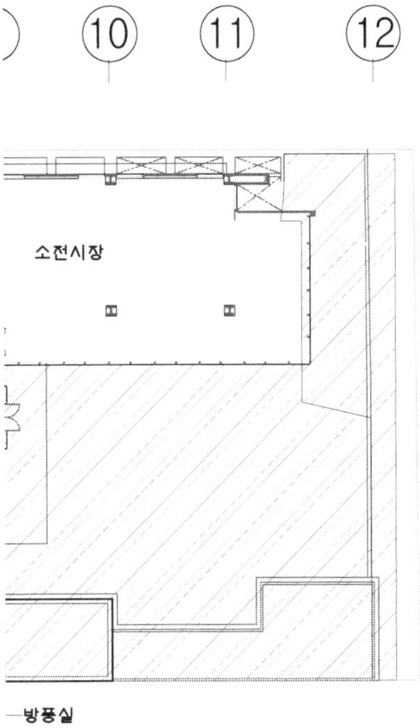

1. 범례

범 례	위 치	재 료 명
	바 닥	탄성도막방수
	벽	
	바 닥	침투성 방수
	벽	
	바 닥	고무아스팔트 도막방수

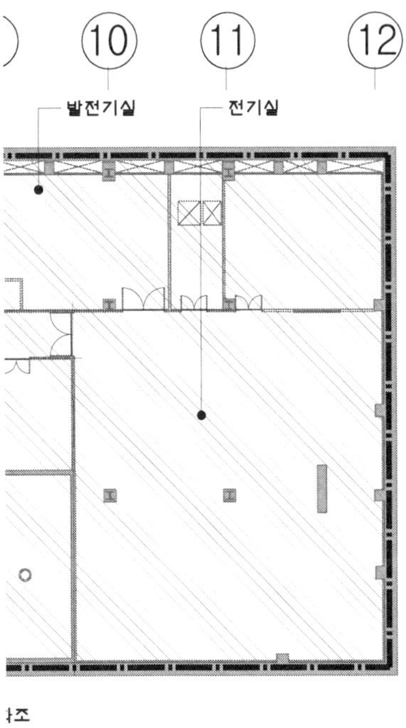

3-3-3 단열 및 흡음 계획도

A-13	단열 및 흡음 계획도
정의 및 목적	전체 건물의 단열 및 흡음의 범위, 공법이나 대책, 자재 등 전반적 단열 및 흡음계획을 구체적으로 제시
확인사항	- 단열 및 흡음대책, 공법선정 - 부위별 단열 및 흡음계획이 도시 여부 - 단열재의 종류 및 두께의 법적기준 준수 - 단열재 재질 확인 - 단열재 지정 및 설치위치 표기 - 단열 및 흡읍재료 범례 작성

■ 단열 및 흡음 계획 표기

단열 및 흡음 계획도는 전체 건물의 단열 및 흡음의 범위, 공법이나 대책, 자재 등 전반적 단열 및 흡음 계획을 구체적으로 나타내는 도면이다. 이를 위해 우선적으로 단열 및 흡음에 대한 대책이나 공법을 선정한다. 도면은 평면을 바탕으로 하여 각 실의 기능에 따라 단열이나 흡음의 범위를 표현하고 각각의 공법을 기입한다. 단열재의 종류 및 재료 등을 선정할 때는 법적 기준을 준수하는 지를 확인하여 도면에 기입한다.

■ 단열재 검토사항

특히 단열재의 경우, 단열재의 재질을 확인하고, 단열재의 설치시 외부에 면한 지하층 상부나 결로 우려가 있는 부분을 면밀히 검토하고, 열교 방지를 위한 연속시공 및 틈새처리 및 겹침처리 등을 고려하여 표기한다. 단열재의 지정 및 설치위치 검토시에는 에너지 절약기준과 비교 검토하고, 물, 습기 흡수율 등을 검토함으로써 효율성을 높이도록한다.

■ 결로 방지를 위한 고려사항

참고로, 결로 우려성 있는 부분의 고려사항은 다음과 같다.

- 철재 및 알루미늄 창틀이 단열바인지 확인
- 철재문은 보온처리되었는지 확인
- 창호틀 주위 단열재 충진
- 난방시설이 없거나 사용하지 않는 실에 면한 벽 검토
- Cold Bridge(냉교), Heat Bridge(열교) 부위 보온처리
- 외부에 면한 기둥 보 부분의 보온처리
- 커튼월, 외벽패널 및 철재프레임과 연결철물 보온
- 습기가 많이 발생하는 실의 환기시설 적정 확인
- 실내를 통과하는 배관의 결로 처리
- 실외에 노출되는 배관의 보온 처리
- 우각부(철근 콘크리트벽의 개구부 모퉁이에서 발생하는 경사 균열을 방지하기 위하여 보강하는 철근) 단열재 보강 시공

TIP

단열재의 성능에 대한 자세한 기준은 국토교통부 고시 '건축물의 에너지절약설계기준' 의 '별표' 등을 참고하세요.

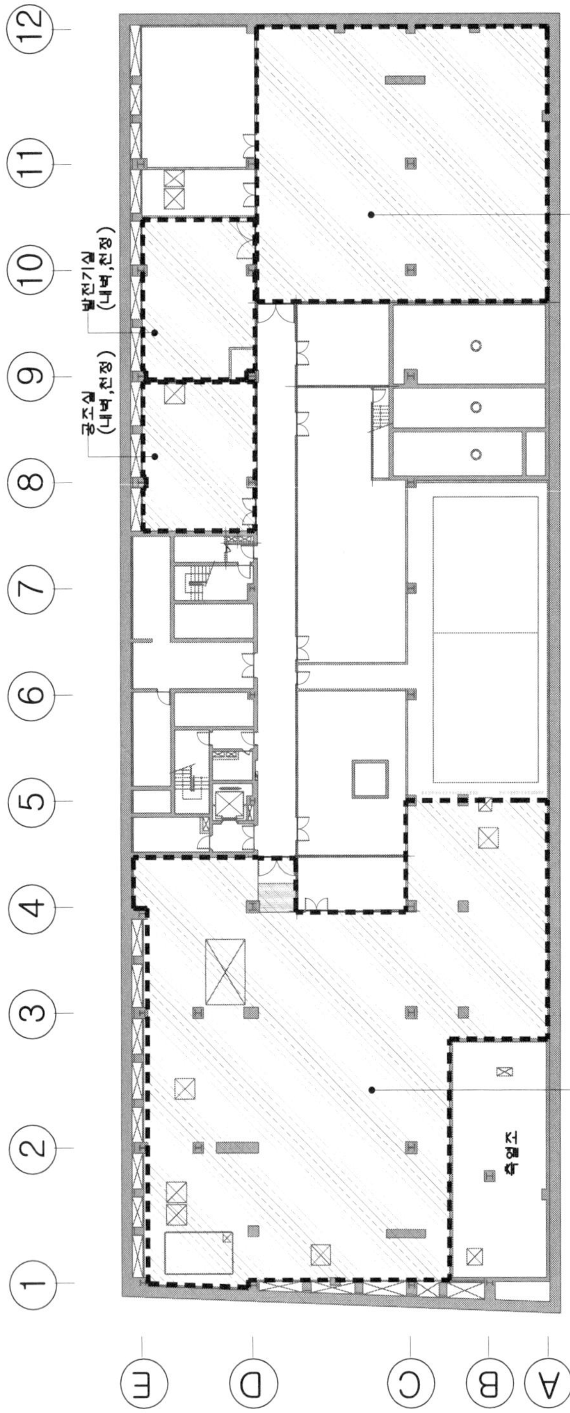
전기실
(내벽,천정)
발전기실
(내벽,천정)
공조실
(내벽,천정)
기계실
(내벽,천정)
축열조

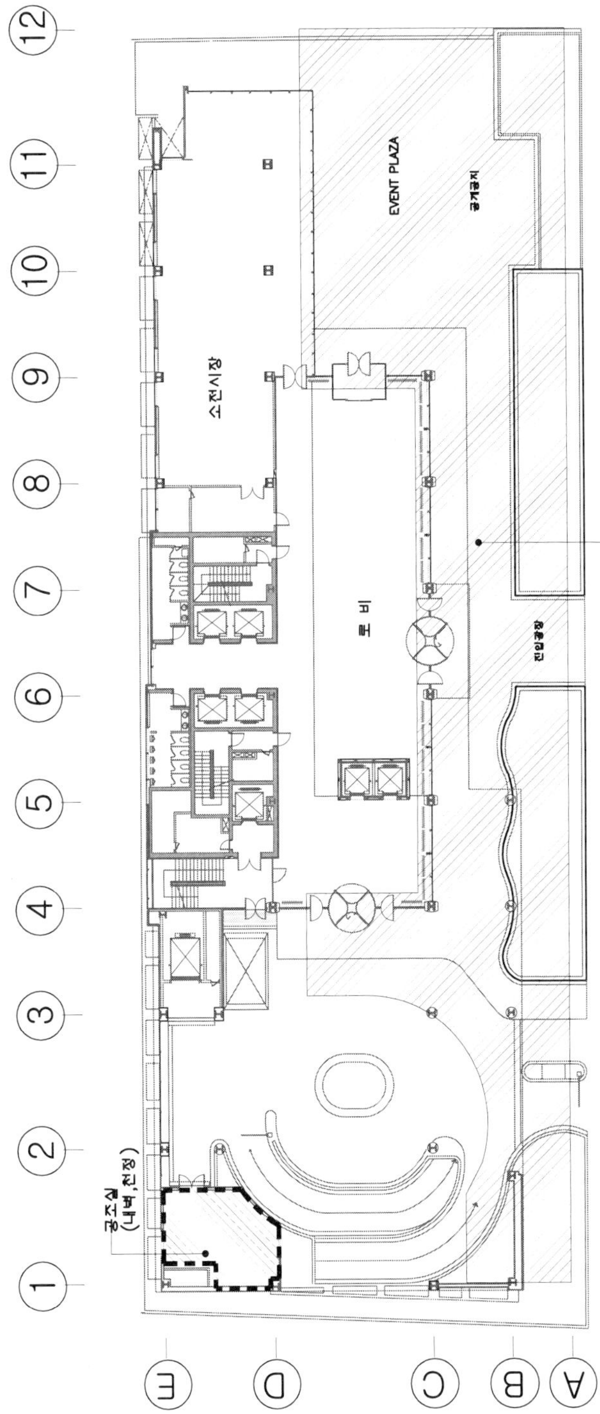
EVENT PLAZA
소전시장
로 비
1층 옥외
(슬래브하부)
공조실
(내벽,천정)

3-3-4 방화 계획도

A-14	방화 계획도
정의 및 목적	전체 건물의 방화구획 범위, 방법 등 전반적 방화 계획을 법과 규정에 맞도록 명확하게 제시
확인사항	- 층별, 면적별, 용도별 방화구획이 법과 규정에 적합한지 검토 - 방화구획 부위 창호설치 및 개폐방향 적법 여부 - 배연창 설치 필요 여부 및 설치 위치 확인 - 완강기 설치 필요 여부 및 설치 위치 확인 - 방화구획의 벽 및 문, 셔터 구조의 적합 여부 - 방화벽 셔터 설치 여부

■ 관련법에 의한 방화 계획

방화 계획도는 전체 건물의 방화구획 범위 방법 등 전반적인 방화 계획 내용을 나타낸다. 특히 방화구획에 대한 내용은 모두 관련법에 의해 규정되고 있기 때문에 이 규정에 적합하게 표기하는 것이 매우 중요하다.

■ 방화구획 등의 표기

도면은 평면을 바탕으로 하여 각 법 규정에 따라 층별 면적별 방화구획을 표시하고, 방화구획에 설치되는 갑종 또는 을종 방화문, 방화셔터 등의 종류도 함께 표시한다.
그 외에 배연창이나 각종 완강기 설치 여부를 검토하고 필요시 설치위치를 명확히 표기하여야 한다. 또한 방화문과 방화구획 부위의 창호는 그 개폐여부가 피난방향에 맞도록 표기하여야 한다.

■ 방화계획시 유의할 사항

그 외에 방화 계획에서 유의할 사항은 아래와 같다.

- 각종 덕트 설치 검토
- 커튼월 부분의 방화구획 검토
- 건식방화구획 재료 및 틈새 방화 코킹여부
- 지하주차장, 에스컬레이터 주변, 슬래브 OPEN부분 등 방화구획을 관통하는 배관주위 틈새 충진

TIP

방화구획 등에 대한 규정은 '건축법 시행령' 및 '건축법 시행규칙'을 참고하세요.

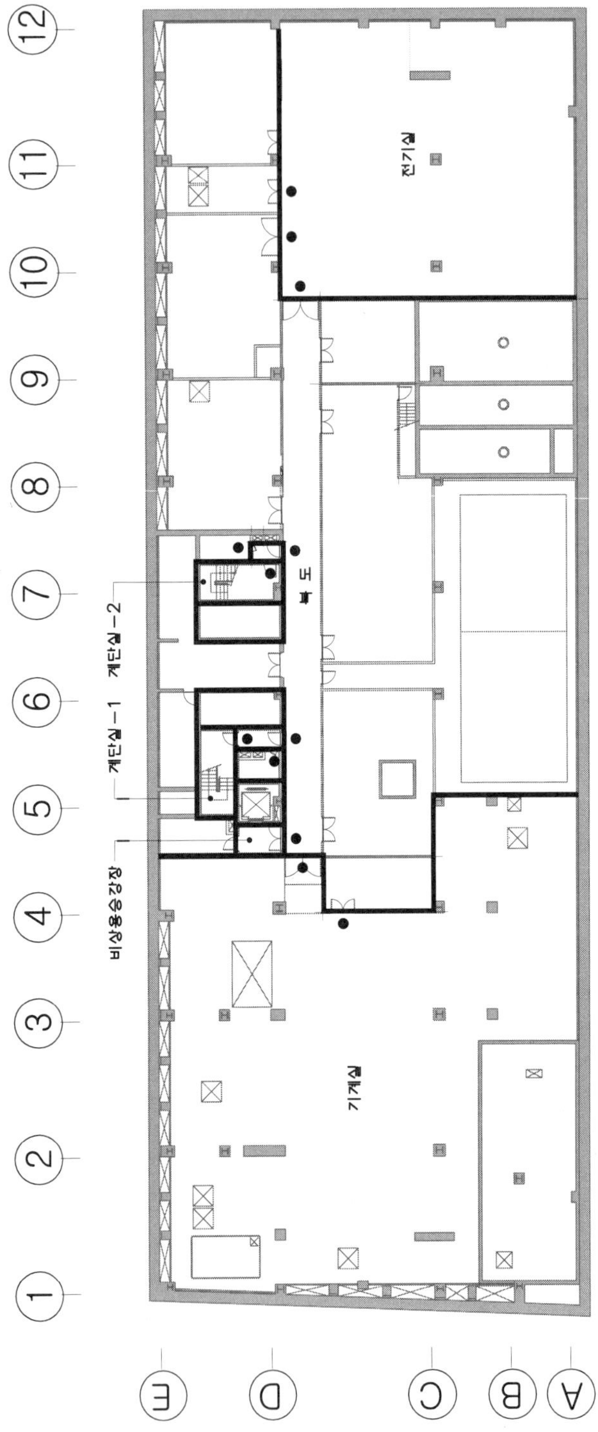

전기실
복도
계단실－2
계단실－1
비상용승강장
기계실
1
2
3
4
5
6
7
8
9
10
11
12
A
B
C
D
E

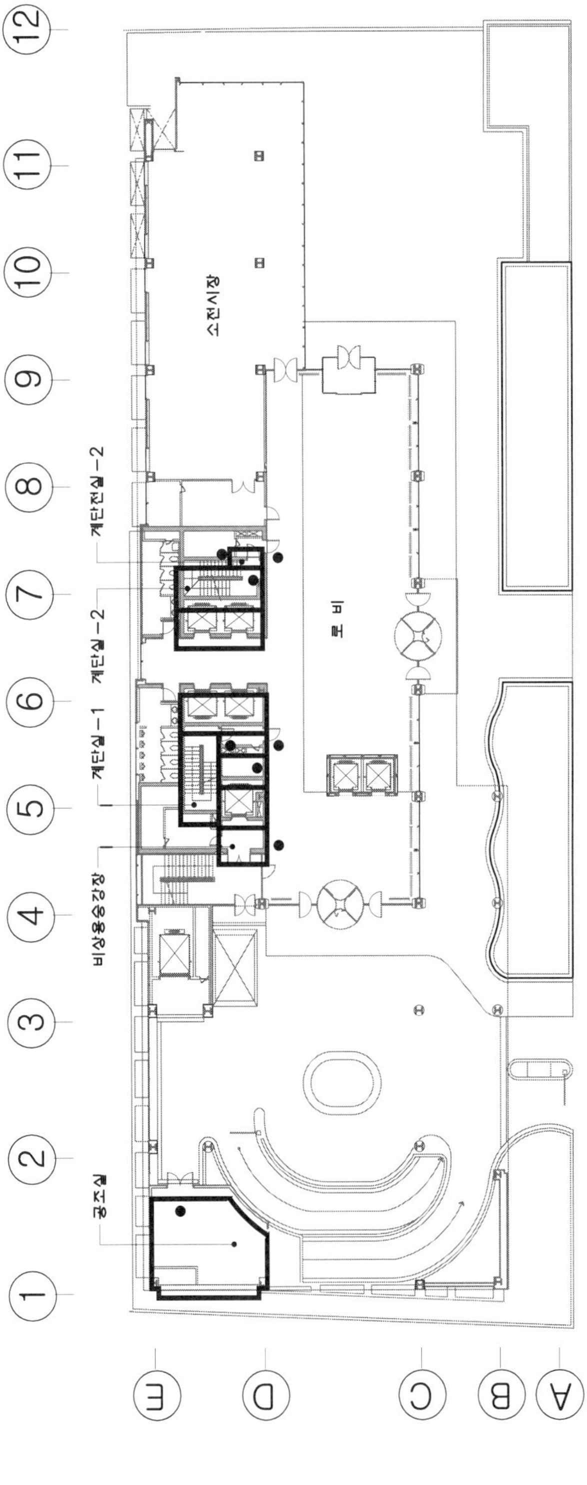

소전시장
로 비
계단전실-2
계단실-2
계단실-1
비상용승강장
공조실

3-4 마감 상세 관련 도면

3-4-1 실내 재료 마감표

A-15	실내 재료 마감표
정의 및 목적	전체 실내에 사용되는 바닥, 걸레받이, 벽, 천장의 마감 재료를 한 눈에 볼 수 있도록 표로 정리
확인사항	- 각 실별 용도 및 규모에 맞는 마감재료의 선정 여부 - 각 실별 용도 및 규모에 맞는 바탕처리 여부 - 각 층별, 실별, 부위별 실내 마감표 누락 여부 - 마감높이의 적정 여부 - 관련 실내 마감 상세도 표기 여부

■ 실내 재료 마감표 구성

실내 재료 마감표는 건물 내부에 사용되는 모든 마감 재료를 한눈에 볼 수 있도록 정리하는 역할을 한다. 주요 구성내용은 층별, 실번호, 실명, 바닥, 걸레받이, 벽, 천장의 바탕, 마감자재, 마감두께, 마감높이, 상세도 번호 등의 내용이 표시된다. 보통 층별로 해당 층에 있는 모든 실의 마감을 기록하는데, 바닥, 걸레받이, 벽, 천장의 재료를 나누어 표기한다. 마감을 하기 전 단계인 바탕처리도 함께 기입한다.

층별	실번호	구분 실명	바닥				걸레받이	
			바탕	마감	두께	상세	바탕	마감
지하1층	B01	계단실	침투식액체방수/T45방습파레트/ 무근콘크리트(섬유보강재)	T30 시멘트몰탈/ T30 화강석판석 물갈기	200	F-1	T18 시멘트몰탈	세라민 페인트
	B02	홀/복도	침투식액체방수/T45방습파레트/ 무근콘크리트기계미장(섬유보강재)	T3 비닐계타일	150	F-2	T18 시멘트몰탈	세라민 페인트
	B03	발전기실	침투식액체방수/T45방습파레트/ 무근콘크리트기계미장(섬유보강재)	에폭시방진 페인트	150	F-3	콘크리트 면처리 또는 블럭치장쌓기	에폭시방진 페인트
	B04	전기실	침투식액체방수/T45방습파레트/ 무근콘크리트기계미장(섬유보강재)	에폭시방진 페인트	150	F-3	콘크리트 면처리 또는 블럭치장쌓기	에폭시방진 페인트
	B05	창고 1	침투식액체방수/T45방습파레트/ 무근콘크리트기계미장(섬유보강재)	에폭시방진 페인트	150	F-3	콘크리트 면처리 또는 블럭치장쌓기	에폭시방진 페인트

■ 실내 재료 마감표와 실내 재료 마감 상세도와의 관계

실내 재료 마감표는 실내 재료의 상세한 마감 공사방법을 표현하는 실내 재료 마감 상세도의 번호도 함께 기입하여, 공사시 편의를 제공한다. 마감의 두께는 구조체에서부터 마감까지의 높이를 말하는데, 이는 실내 재료 마감 상세도에서 자세히 나타난다.

■ 마감의 선정

마감의 선정은 무엇보다도 각 실의 용도 및 규모에 맞춰서 결정한다. 다수의 사람이 많이 왕래하는 엘리베이터 홀인 경우에는 내구성과 건물의 품격에 따라 석재종류를 사용한다. 물 처리를 하여야 하는 화장실에서는 내수성을 고려한 재료가 선정되고, 각종 방수를 위한 바탕처리 내용이 함께 고려되어 마감높이가 결정된다.

■ 마감재의 법적 고려사항

건축법 등 관련 규정에 의하면, 일정 용도 및 규모의 건축물의 내부 마감재료는 방화에 지장이 없는 재료로 하되, 「다중이용시설 등의 실내공기질관리법」에 따른 실내공기질 유지기준 및 권고기준을 고려하도록 정하고 있다. 따라서 마감재 선정 시 위 내용을 검토할 필요가 있다.

TIP

실내재료 마감표 작성 시, '건축물의 피난·방화구조 등의 기준에 관한 규칙'에 제시되어 있는 불연재료, 준불연재료 등의 사용 부위를 참고하세요.

		벽			천장			천장고
두께	상세	바탕	마감	상세	바탕	마감	상세	
100	B-1	침투식액체방수/ T18 시멘트몰탈	친환경 수성 페인트	W-1	콘크리트 면처리	친환경 수성 페인트	C-1	-
100	B-1	T18 시멘트몰탈	친환경 수성 페인트	W-6	경량철골천정틀 ((M-BAR)	T12 암면흡음텍스	C-4	2,700
100	B-5	콘크리트 면처리 또는 블럭치장쌓기	수성 페인트	W-9	콘크리트 면	T10 질석계흡음재 뿜칠	C-3	-
100	B-5	콘크리트 면처리 또는 블럭치장쌓기	수성 페인트	W-9	콘크리트 면	T10 질석계흡음재 뿜칠	C-3	-
100	B-5	콘크리트 면처리 또는 블럭치장쌓기	수성 페인트	W-9	콘크리트 면처리	수성 페인트	C-2	-

■ 실내 재료 마감표－1

층 별	실번호	실 명 (구분)	바닥 바탕	바닥 마감	바닥 두께	바닥 상세	걸레받이 바탕	걸레받이 마감	걸레받이 높이	걸레받이 상세
지하 1층	B01	계 단 실	침투식액체방수 / T45방습파레트 / 무근콘크리트(섬유보강재)	T30 시멘트몰탈 / T30 화강석판석 물갈기	200	F-1	T18 시멘트몰탈	세라민 페인트	100	B-1
	B02	홀 / 복도	침투식액체방수 / T45방습파레트 / 무근콘크리트기계미장(섬유보강재)	T3 비닐계타일	150	F-2	T18 시멘트몰탈	세라민 페인트	100	B-1
	B03	발전기실	침투식액체방수 / T45방습파레트 / 무근콘크리트기계미장(섬유보강재)	에폭시방진 페인트	150	F-3	콘크리트 면처리 또는 블럭치장쌓기	에폭시방진 페인트	100	B-5
	B04	전 기 실	침투식액체방수 / T45방습파레트 / 무근콘크리트기계미장(섬유보강재)	에폭시방진 페인트	150	F-3	콘크리트 면처리 또는 블럭치장쌓기	에폭시방진 페인트	100	B-5
	B05	창 고 1	침투식액체방수 / T45방습파레트 / 무근콘크리트기계미장(섬유보강재)	에폭시방진 페인트	150	F-3	콘크리트 면처리 또는 블럭치장쌓기	에폭시방진 페인트	100	B-5
	B06	기 계 실	침투식액체방수 / T45방습파레트 / 무근콘크리트기계미장(섬유보강재)	에폭시방진 페인트	150	F-3	콘크리트 면처리 또는 블럭치장쌓기	에폭시방진 페인트	100	B-5
	B07	지하주차장	침투식액체방수 / 무근콘크리트기계미장(섬유보강재)	에폭시방진 페인트	150	F-3	콘크리트 면처리 또는 블럭치장쌓기	안전페인트	1,000	B-2
	B08	중수처리장	침투식액체방수 / T45방습파레트 / 무근콘크리트기계미장(섬유보강재)	에폭시방진 페인트	150	F-3	콘크리트 면처리 또는 블럭치장쌓기	에폭시방진 페인트	100	B-5
	B09	저 수 조	침투식액체방수 / T45방습파레트 / 무근콘크리트기계미장(섬유보강재)	에폭시방진 페인트	150	F-3	콘크리트 면처리 또는 블럭치장쌓기	에폭시방진 페인트	100	B-5
		PIT	침투식액체방수 / T30보호몰탈	쇠흙손마감						
		하부창고	침투식액체방수 / T45방습파레트 / 무근콘크리트기계미장(섬유보강재)	에폭시방진 페인트	150	F-3	콘크리트 면처리 또는 블럭치장쌓기	에폭시방진 페인트	100	B-5
지상 1층	101	계 단 실	T30 시멘트몰탈	T30 화강석판석 물갈기	60	F-4	T18 시멘트몰탈	세라민 페인트	100	B-1
	102	로비및민원대기실	T40 시멘트몰탈	T20 인조대리석물갈기	60	F-4		T20 화강석판석 물갈기	100	B-3
	103	민 원 실	T30 시멘트몰탈	T30 인조대리석물갈기	60	F-4		T20 화강석판석 물갈기	100	B-3
	104	동 장 실	T27 시멘트몰탈	T3 비닐계타일	30	F-7	T18 시멘트몰탈	세라민 페인트	100	B-1
	105	탕 비 실	침투식액체방수 / T52시멘트몰탈	T8 자기질 바닥타일	60	F-8			－	－
	106	문 서 고	T27 시멘트몰탈	T3 비닐계타일	30	F-7	T18 시멘트몰탈	세라민 페인트	100	B-1
	107	MDF 실	ACCESS FLOOR	T3 전도성타일	150	F-5	T18 시멘트몰탈	세라민 페인트	100	B-1
	108	방 재 실	ACCESS FLOOR	T3 전도성타일	150	F-5	T18 시멘트몰탈	세라민 페인트	100	B-1
	109	직원휴게실	패널히팅	T8 강화마루	150	F-6	T18 시멘트몰탈	T9 합성목 걸레받이	120	B-1
	110	직원탈의실	T27 시멘트몰탈	T3 비닐계타일	30	F-7	T18 시멘트몰탈	세라민 페인트	100	B-1
	111	문서창고	T27 시멘트몰탈	T3 비닐계타일	30	F-7	T18 시멘트몰탈	세라민 페인트	100	B-1
	112	상 담 실	T27 시멘트몰탈	T3 비닐계타일	60	F-7	T18 시멘트몰탈	세라민 페인트	100	B-1
	113	수 유 실	T27 시멘트몰탈	T3 비닐계타일	60	F-7	T18 시멘트몰탈	세라민 페인트	100	B-1
	114	화장실(남)	침투식액체방수 / T52시멘트몰탈	T8 자기질 바닥타일	60	F-8			－	－
	115	화장실(여)	침투식액체방수 / T52시멘트몰탈	T8 자기질 바닥타일	60	F-8			－	－
	116	북카페 및 어린이놀이방	T27 시멘트몰탈	T3 비닐계타일	60	F-7	T18 시멘트몰탈	세라민 페인트	100	B-1
		방 풍 실	T30 시멘트몰탈	T30 인조대리석물갈기	60	F-4				
지상 2층	201	계 단 실	T30 시멘트몰탈	T30 화강석판석 물갈기	60	F-4	T18 시멘트몰탈	세라민 페인트	100	B-1
	202	홀 및 복도	T27 시멘트몰탈	T3 비닐계타일	30	F-7	T18 시멘트몰탈	세라민 페인트	100	B-1
	203	다목적실	T27 시멘트몰탈	T3 비닐계타일	30	F-7	T18 시멘트몰탈	세라민 페인트	100	B-1
	204	강사대기실	T27 시멘트몰탈	T3 비닐계타일	30	F-7	T18 시멘트몰탈	세라민 페인트	100	B-1
	205	강좌실 1	T27 시멘트몰탈	T3 비닐계타일	30	F-7	T18 시멘트몰탈	세라민 페인트	100	B-1
	206	강좌실 2	T27 시멘트몰탈	T3 비닐계타일	30	F-7	T18 시멘트몰탈	세라민 페인트	100	B-1
	207	강좌실 3	T27 시멘트몰탈	T3 비닐계타일	30	F-7	T18 시멘트몰탈	세라민 페인트	100	B-1
	208	강좌실 4	T27 시멘트몰탈	T3 비닐계타일	30	F-7	T18 시멘트몰탈	세라민 페인트	100	B-1
	209	창 고	T27 시멘트몰탈	T3 비닐계타일	30	F-7	T18 시멘트몰탈	세라민 페인트	100	B-1
	210	휴 게 실	T27 시멘트몰탈	T3 비닐계타일	30	F-7	T18 시멘트몰탈	세라민 페인트	100	B-1
	211	예비군동대	T27 시멘트몰탈	T3 비닐계타일	30	F-7	T18 시멘트몰탈	세라민 페인트	100	B-1
	212	동대창고	T27 시멘트몰탈	T3 비닐계타일	30	F-7	T18 시멘트몰탈	세라민 페인트	100	B-1
	213	화장실(남)	침투식액체방수 / T52시멘트몰탈	T8 자기질 바닥타일	60	F-8			－	－
	214	화장실(여)	침투식액체방수 / T52시멘트몰탈	T8 자기질 바닥타일	60	F-8			－	－
		방 풍 실	T27 시멘트몰탈	T3 비닐계타일	30	F-7				

벽			천 장			천장고
바 탕	마 감	상세	바 탕	마 감	상세	
침투식액체방수 / T18 시멘트몰탈	친환경 수성페인트	W-1	콘크리트 면처리	친환경수성페인트	C-1	-
T18 시멘트몰탈	친환경 수성페인트	W-6	경량철골천정틀(M-BAR)	T12 암면흡음텍스	C-4	2,700
콘크리트 면처리 또는 블럭치장쌓기	수성 페인트	W-9	콘크리트면	T10 질석계흡음재 뿜칠	C-3	-
콘크리트 면처리 또는 블럭치장쌓기	수성 페인트	W-9	콘크리트면	T10 질석계흡음재 뿜칠	C-3	-
콘크리트 면처리 또는 블럭치장쌓기	수성 페인트	W-9	콘크리트 면처리	수성 페인트	C-2	-
콘크리트 면처리 또는 블럭치장쌓기	수성 페인트	W-9	콘크리트면	T10 질석계흡음재 뿜칠	C-3	-
콘크리트 면처리 또는 블럭치장쌓기	수성 페인트	W-3	콘크리트면	T10 질석계흡음재 뿜칠	C-3	-
콘크리트 면처리 또는 블럭치장쌓기	수성 페인트	W-9	콘크리트면	수성 페인트	C-3	-
콘크리트 면처리 또는 블럭치장쌓기	수성 페인트	W-9	콘크리트면	수성 페인트	C-3	-
침투식액체방수 / T18보호몰탈	쇠흙손마감			콘크리트면처리		
콘크리트 면처리 또는 블럭치장쌓기	수성 페인트	W-9	콘크리트 면처리	수성 페인트	C-2	-
T18 시멘트몰탈	친환경 수성페인트	W-1	콘크리트 면처리	친환경수성페인트	C-1	-
	T25 화강석판석 물갈기	W-4	경량철골천정틀(M-BAR)	T15 암면흡음텍스	C-4	3,000
	T25 화강석판석 물갈기	W-4	경량철골천정틀(M-BAR)	T15 암면흡음텍스	C-4	3,000
T18 시멘트몰탈	친환경 수성페인트	W-6	경량철골천정틀(M-BAR)	T12 암면흡음텍스	C-4	2,700
침투식액체방수(H=1,200) / 시멘트몰탈	T10 폴리싱타일 (300X600)	W-7	경량철골천정틀(CLIP-BAR)	열경화성수지 천정재 (300X300)	C-7	2,400
T18 시멘트몰탈	친환경 수성페인트	W-6	경량철골천정틀(M-BAR)	T6 무석면텍스	C-5	2,700
T18 시멘트몰탈	수성 페인트	W-2	경량철골천정틀(M-BAR)	T6 무석면텍스	C-5	2,700
T18 시멘트몰탈	수성 페인트	W-2	경량철골천정틀(M-BAR)	T6 무석면텍스	C-5	2,700
T18 시멘트몰탈	친환경 수성페인트	W-6	경량철골천정틀(M-BAR)	T9.5석고보드2겹 / 친환경수성페인트	C-6	2,700
T18 시멘트몰탈	친환경 수성페인트	W-6	경량철골천정틀(M-BAR)	T12 암면흡음텍스	C-4	2,700
T18 시멘트몰탈	친환경 수성페인트	W-6	경량철골천정틀(M-BAR)	T6 무석면텍스	C-5	2,700
T18 시멘트몰탈	친환경 수성페인트	W-6	경량철골천정틀(M-BAR)	T12 암면흡음텍스	C-4	2,700
T18 시멘트몰탈	친환경 수성페인트	W-6	경량철골천정틀(M-BAR)	T12 암면흡음텍스	C-4	2,700
침투식액체방수(H=1,200) / 시멘트몰탈	T10 폴리싱타일 (300X600)	W-7	경량철골천정틀(CLIP-BAR)	열경화성수지 천정재 (300X300)	C-7	2,400
침투식액체방수(H=1,200) / 시멘트몰탈	T10 폴리싱타일 (300X600)	W-7	경량철골천정틀(CLIP-BAR)	열경화성수지 천정재 (300X300)	C-7	2,400
T18 시멘트몰탈	친환경 수성페인트 (낙서방지용 페인트 H=1200)	W-5	경량철골천정틀(M-BAR)	T9.5석고보드2겹 / 친환경수성페인트	C-6	2,700
				알미늄 천정재		3,000
T18 시멘트몰탈	다채무늬 도료	W-1	콘크리트 면처리	친환경수성페인트	C-1	-
T18 시멘트몰탈	친환경 수성페인트	W-6	경량철골천정틀(M-BAR)	T12 암면흡음텍스	C-4	2,700
T18 시멘트몰탈	친환경 수성페인트	W-6	경량철골천정틀(M-BAR)	T12 암면흡음텍스	C-4	2,700
T18 시멘트몰탈	친환경 수성페인트	W-6	경량철골천정틀(M-BAR)	T12 암면흡음텍스	C-4	2,700
T18 시멘트몰탈	친환경 수성페인트	W-6	경량철골천정틀(M-BAR)	T12 암면흡음텍스	C-4	2,700
T18 시멘트몰탈	친환경 수성페인트	W-6	경량철골천정틀(CLIP-BAR)	T12 암면흡음텍스	C-4	2,700
T18 시멘트몰탈	친환경 수성페인트	W-6	경량철골천정틀(M-BAR)	T12 암면흡음텍스	C-4	2,700
T18 시멘트몰탈	친환경 수성페인트	W-6	경량철골천정틀(M-BAR)	T12 암면흡음텍스	C-4	2,700
T18 시멘트몰탈	친환경 수성페인트	W-6	경량철골천정틀(M-BAR)	T6 무석면텍스	C-5	2,400
T18 시멘트몰탈	친환경 수성페인트	W-6	경량철골천정틀(M-BAR)	T12 암면흡음텍스	C-4	2,700
T18 시멘트몰탈	친환경 수성페인트	W-6	경량철골천정틀(M-BAR)	T12 암면흡음텍스	C-4	2,700
T18 시멘트몰탈	친환경 수성페인트	W-6	경량철골천정틀(M-BAR)	T6 무석면텍스	C-5	2,400
침투식액체방수(H=1,200) / 시멘트몰탈	T10 폴리싱타일 (300X600)	W-7	경량철골천정틀(CLIP-BAR)	열경화성수지 천정재 (300X300)	C-7	2,400
침투식액체방수(H=1,200) / 시멘트몰탈	T10 폴리싱타일 (300X600)	W-7	경량철골천정틀(CLIP-BAR)	열경화성수지 천정재 (300X300)	C-7	2,400
				알미늄 천정재		2,700

3-4-2 실내 재료 마감 상세도

A-16	실내 재료 마감 상세도
정의 및 목적	각 실내 재료별로 구조체부터 마감까지의 공법을 상세히 표현한 도면
확인사항	- 실내 재료 마감표와 재료와 두께 등의 일치 여부 - 실제 시공가능한 지 확인 - 바탕처리, 마감 등의 구체적 도시 여부 - 자재 재질 및 두께나 규격 등 구체적 도시 여부 - 주기 표기 여부 - 단면도 등 타 관련도면과의 일치 여부 확인

■ 마감 부분의 공법 표기

앞의 실내 재료 마감표가 각 재료 마감의 종류를 나열한 것인데 비해, 실내 재료 마감 상세도는 각각의 재료가 구조체에서부터 어떻게 공사되는지의 공법을 제시한다. 이를 위해 도면작성은 축척 1/10을 기준으로 한다. 벽과 천장을 함께 표현하고, 바닥과 벽을 함께 표현하다. 이는 재료마감표 상에 흔히 빠지는 벽과 천장이 만나는 몰딩 부분 등에 대한 내용을 보완하고, 걸레받이에 대한 구조체와의 마감 치수 및 공법을 더 상세히 표현하기 위함이다.

■ 재료 마감표와 일치여부 확인

앞의 재료 마감표에 표기된 상세도 부호와 마감상세도 부호가 맞게 명기되었는지 반드시 확인한다. 재료 마감상세도에 표시된 마감두께, 걸레받이 높이 등이 재료 마감표와 일치되는 지 확인한다.

■ 마감 재료별 시공성의 검토

재료별로 표기된 마감두께가 실제 시공하는데 문제가 없는지 시공성도 검토한다. 석재를 붙이기 위한 붙임몰탈 혹은 건식 고정철물의 두께, 방수를 하고 구배를 잡기 위한 두께, 억세스 플로어(Access Floor) 시공을 위한 적정 높이 등을 확인 후 작성한다.

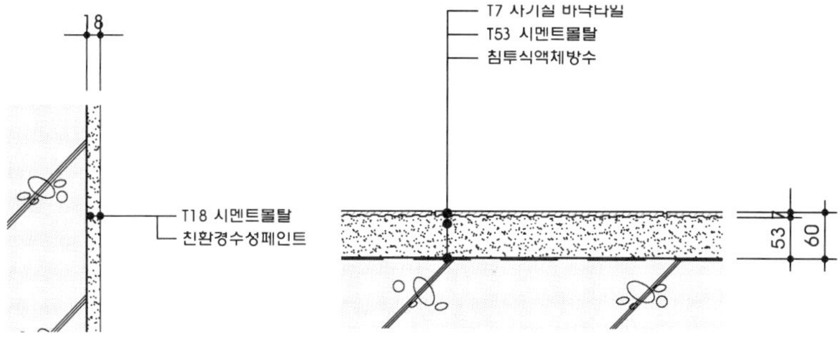

실내 재료 마감 상세 표현 예시

■ 단면도와의 일치여부 확인

걸레받이 높이 등 마감 상세도상에 표기된 마감 높이와 기본 단면도 혹은 내벽 혹은 외벽 단면 상세도에 표기된 높이와 일치되는지 반드시 확인한다.

■ 마감 재료별 마감 상세도 검토

무석면 타일류, 타일, 석재타일, 목재후로어링, 카펫, 억세스 플로어(Access Floor) 등 각종 마감재에 따라서 각각의 자재규격 및 시공성 등을 반드시 검토한다.

■ 실내 재료 마감 상세도(바닥, 천장)

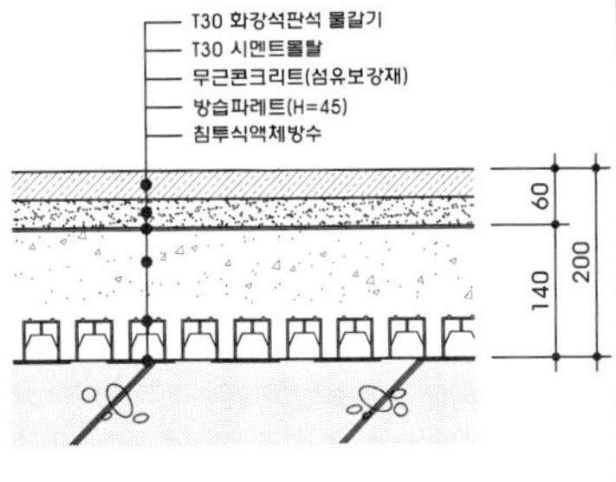

F-01 지하층 계단실

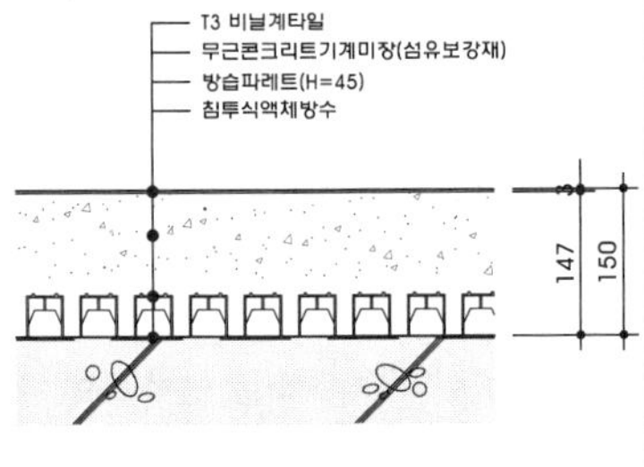

F-02 지하층 홀/복도

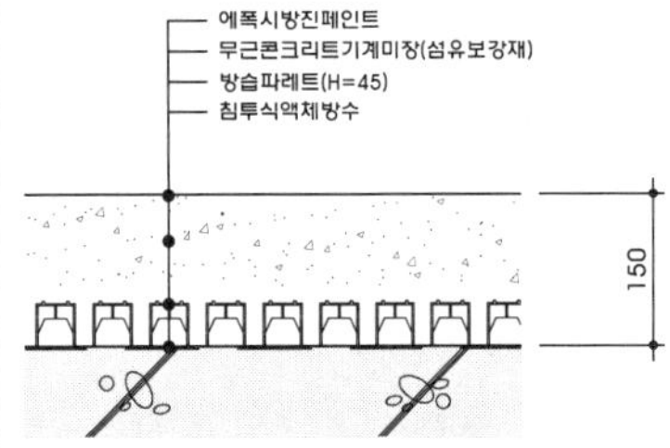

*지하주차장은 방습파레트 없슴.

F-03 기계실,전기실,발전기실,저수조,지하창고,제설기구창고,지하주주차장,중수처리장

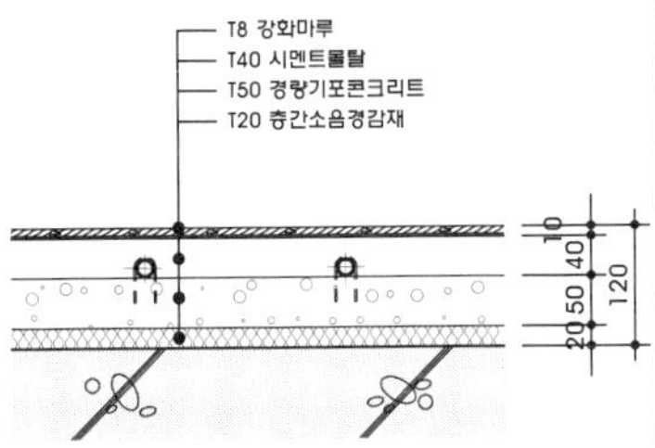

F-06 탈의실

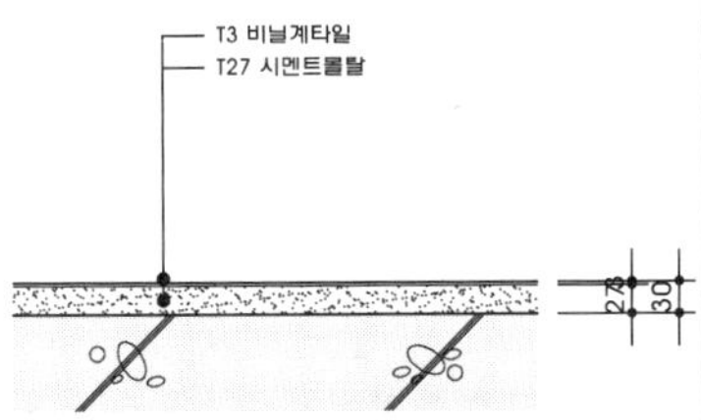

F-07 문서창고,직원휴게실,직원탈의실,문서고,동장실,2~3홀및복도,상담실,강좌실 강사대기실,휴게실,창고,다목적실,예비군동대,식당,다목적실,대회의실,북카페

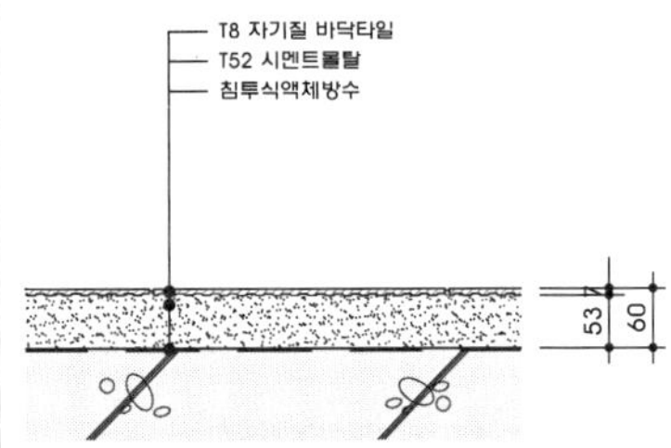

F-08 화장실,탕비실,주방,샤워실

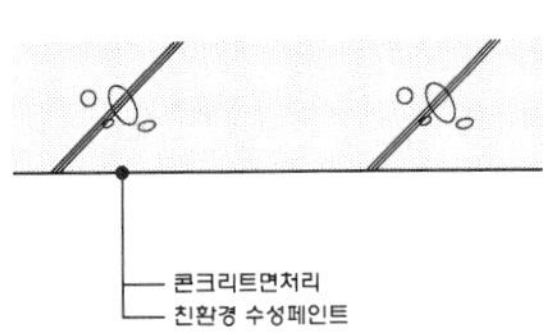

C-01 계단실

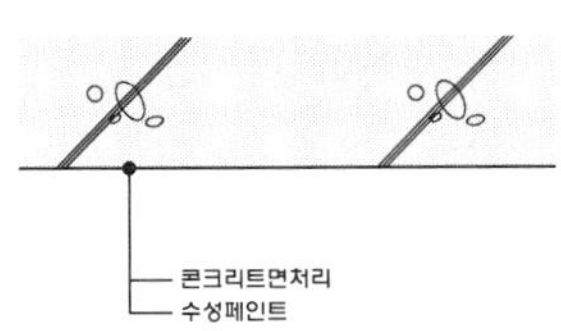

C-02 지하창고,제설기구창고,저수조,중수처리장

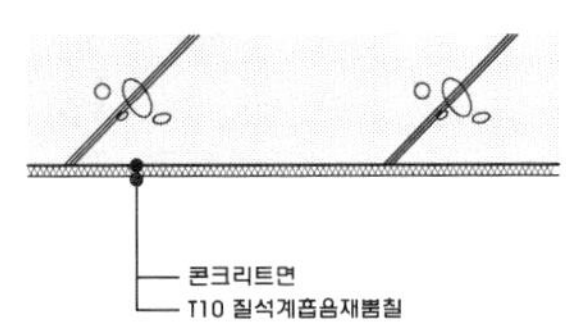

C-03 기계실,전기실,발전기실,지하주차장

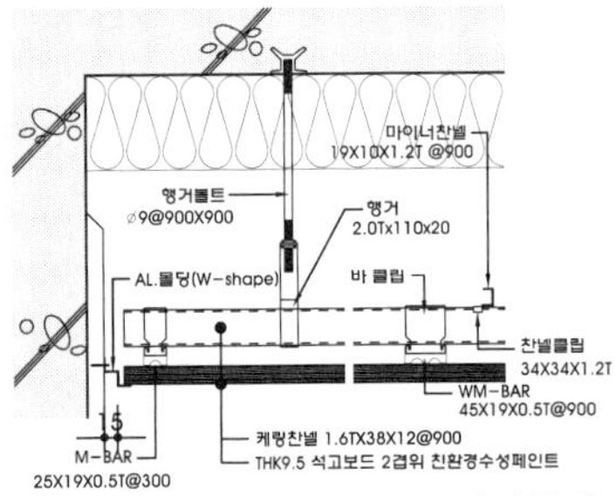

C-06 휴게 및 보육시설

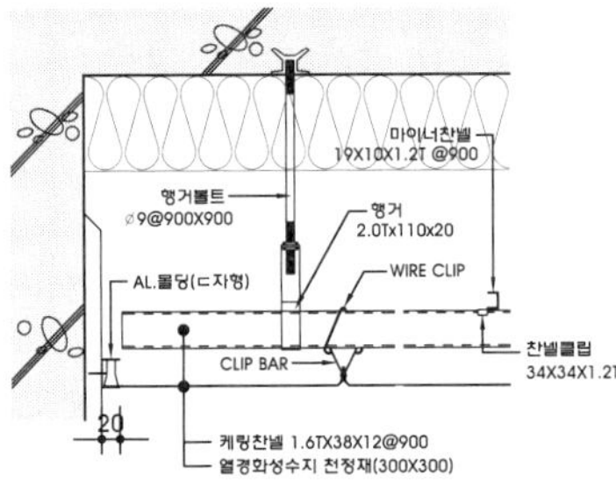

C-07 남녀화장실,주방,샤워실

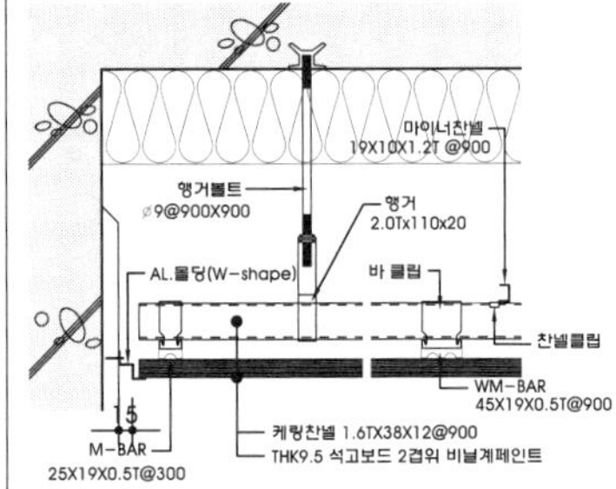

C-08 탈의실

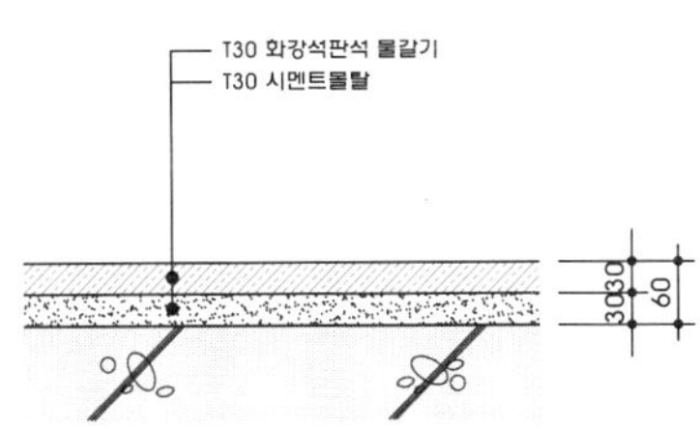

F-04 지상1층 홀,지상1층방풍실,계단실,민원실,민원대기실

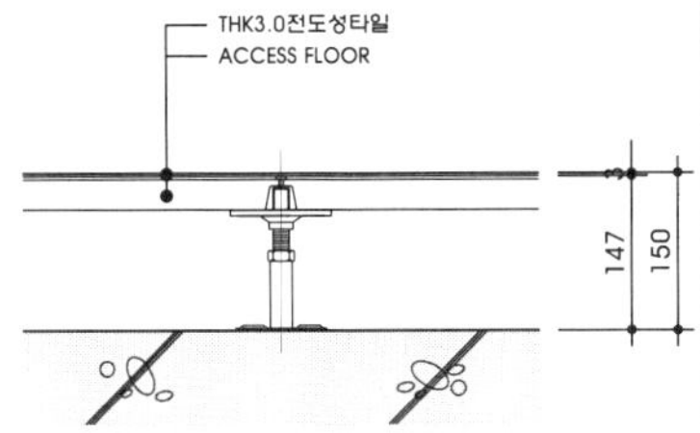

F-05 1층 MDF실 , 방재실

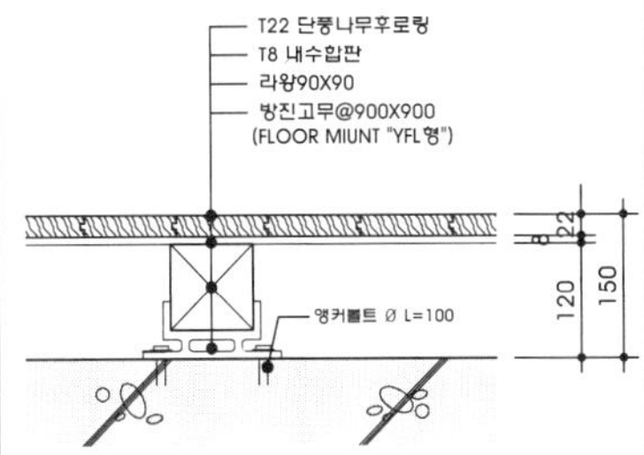

F-09 다목적프로그램실

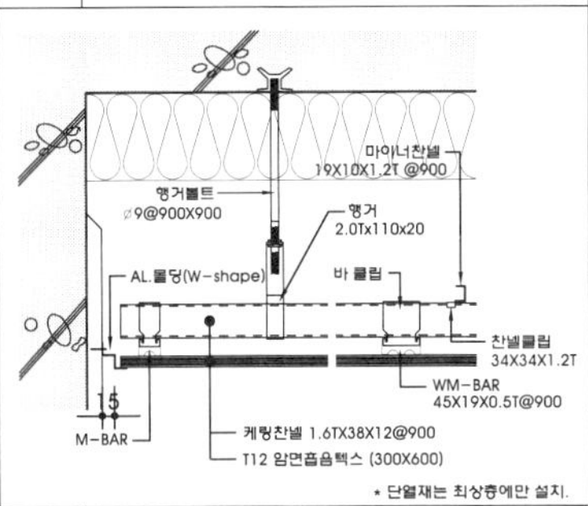

C-04 홀/복도,민원대기실,민원실,상담실,직원휴게실,강사대기실,강좌실,예비군동대,휴게실,다목적실,직원식당,대회의실,댄스스포츠실

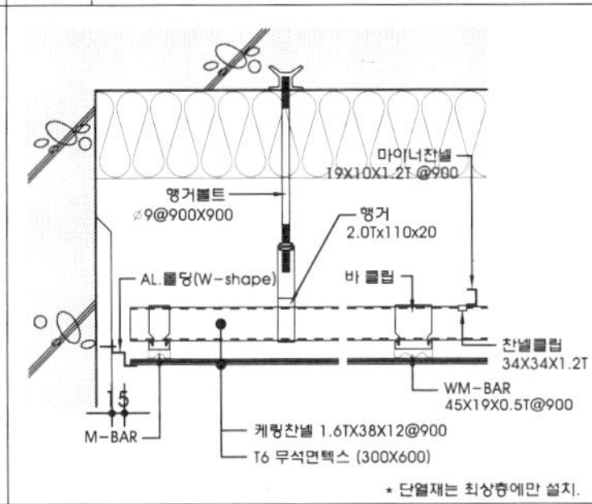

C-05 MDF실,방재실,문서창고,문서고,지상층창고,직원탈의실,계단실(최상층)

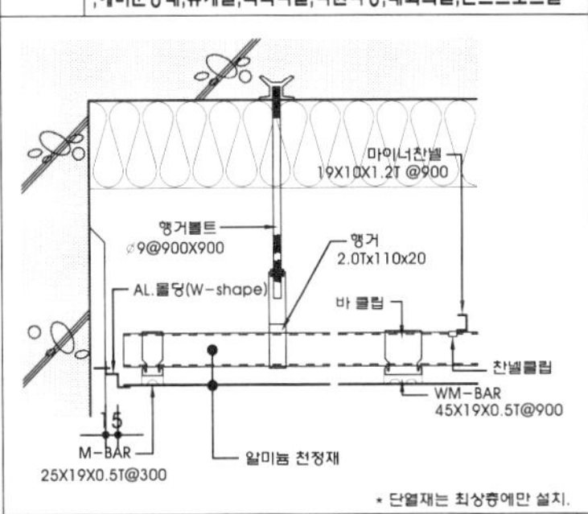

C-08 방풍실

3-5 평면도

3-5-1 지하4층 평면도

A-17	지하4층 평면도(기계실 전기실 부분)
정의 및 목적	- 평면도 : 건축물을 건물의 바닥면으로부터 1.2m~1.5m 정도의 높이에서 절단하여 나타낸 도면 - 기계실 전기실 부분 평면도: 기계실 및 전기실 부분의 평면도로서 기계 전기장비 설치에 대응하는 각종 건축부분의 시설계획을 나타냄
확인사항 (기계실 전기실 등의 확인사항)	1. 기계실 - 기계 평면도와 건축평면도 일치여부 확인 - 장비배치, 배관높이, 패드설치 확인 - 급,배기를 위한 DA와의 연결 확인 - 내부마감이 불연재인지 확인 - 방화구획 및 방화벽 적용 여부 - 소음,진동대책은 적정 여부
	2. 발전기실 - 발전기실 도면과 건축 평면도와의 일치여부 확인 - 설치될 발전기의 종류 및 규격에 따른 적정 규모 확인 - 발전기와 벽, 천장과의 이격거리 확인(전면:2~2.5m, 측면 1~1.5m, 배면 : 1~1.5m) - 천장높이, 급.배기관, 연도설치, 연료탱크설치공간 확인 - 방진설계, 바닥배수 확인 - 전력배선을 위한 트렌치 설치 - 장비반입, 운전 및 보수편리성 확인
	3. 축전기실 - 변압기, 배전반실에 근접한 위치에 설치 - 축전기실은 독립적으로 설치 - 실내마감은 내산성으로 설계 - 방수,환기,조명시설 적정확인 ▶ 방수재료는 내산 혹은 내알카리성으로 사용 - 적정실내온도 유지(5~25도) - 축전기실내 씽크대설치(오염된 기구 및 피부세척)

■ 기계실 시스템 및 면적의 결정

건물의 냉난방시스템은 규모와 용도에 따라 적용하는 시스템이 다르다. 기계실은 냉난방설비의 종류와 선정된 장비 기종에 따라 실의 필요유무와 소요면적의 변화폭이 매우 크다. 따라서 계획설계 단계에서는 전반적인 설비의 종류와 용량을 우선 선정하여, 개략적인 위치와 면적을 적용한다. 초기 계획단계에서 기계전기실 면적은 전체 연면적의 5~5.5%정도로 개략 적용할 수 있다.

■ 기계실의 도면 작성

실시설계시 전기·기계설비설계자와 협의하여 최종 시스템을 확정한 후 전기·기계설비설계자들이 장비 배치를 통해 결정한 면적과 위치를 도면화한다. 특히 단면상의 레벨차이가 있는 부분은 공사 편의성을 위하여 단면상세도를 별도로 그려준다. 이때 기본평면도와 상세도 내용이 서로 상이하지 않도록 유의한다.

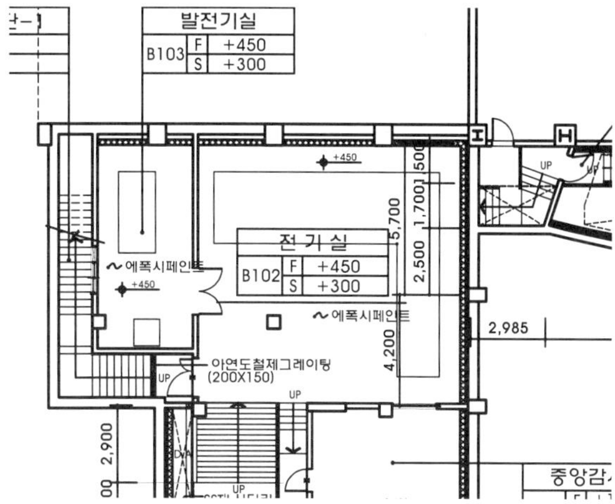

전기실 부분 평면도 예시

■ 전기실과 발전기실의 침수 및 배수

전기실과 발전기실은 특히 침수와 배수에 유의하여야 한다. 건물 전체 지하 침수를 대비하여 일반적으로 인접 설치하는 기계실과 물탱크실보다 바닥을 200mm 이상 높은 위치에 두어야 한다. 전기실 바닥에 누수가 발생되는 경우 기계실이나 물탱크실로 배수처리되도록 한다. 전기실 위층에는 물을 사용하는 실을 두지 않도록 하고, 전기실 상부층의 바닥 방수도 최대한 안전하게 계획되도록 한다.

■ 전기실과 발전기실의 하중 계산 및 방진

발전기실은 발전기, 기름 탱크 등 무거운 하중물의 적재와 진동이 발생하므로 구조적으로 안전해야 한다. 즉, 발전실의 장비 빛 가동하중이 구조계산에 고려되었는지 확인하여야 한다. 또한 엔진 가동에 의한 진동 방지를 하기 위해, 일반적으로 건물 기초 또는 구조체와 분리시키고 방진 조인트 설치 또는 특수 장치를 설치하여야 한다.

■ 발전기실의 배연 설치

지하에 설치된 발전기실에는 되도록 DA와 굴뚝을 인접하여 설치한다. 그렇지 않을 경우, 발전기 가동시 공기공급을 위한 덕트나 배연덕트를 추가로 연결해야 함으로 공간의 낭비를 유발한다. 이때 배연 덕트의 지상 배출구 위치도 점검하여 배연에 의해 지상 보행자들에게 피해가 발생하지 않도록 확인하여야 한다.

■ 중앙감시실의 설치

중규모 이상의 건축물에는 기계실과 전기실의 통합관리를 위해 두 실의 중간에 중앙감시실을 둔다. 이 중앙감시실에 창과 문을 설치하여 감시와 관리를 하고, 기계실과 전기실의 출입문은 장비 이동 등에만 활용한다.

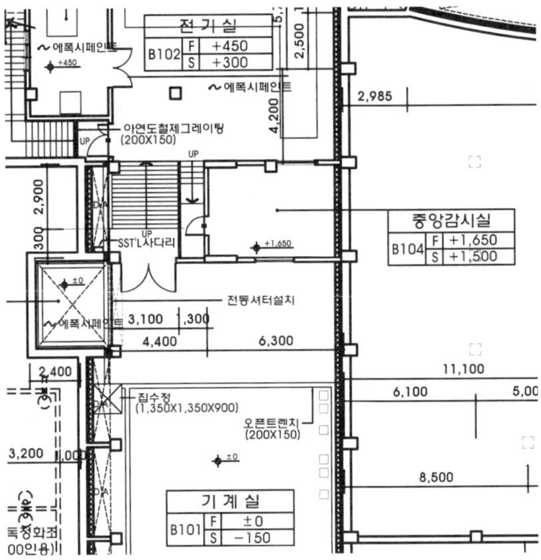

중앙감시실 부분 평면도 예시

■ 방재실의 설치

소규모 건축물에서는 중앙감시실을 설치하지 않고 방재실에 그 기능을 더한다.

■ 기계실 계획시 고려사항

기계실의 위치는 일반적으로 코어 하부에 두는 것이 유리하다. 기계실 환기를 위하여 D.A(Dry Area)를 고려하며, 가능한 한 배관거리를 짧게 할 수 있는 위치에 기계실을 배치한다. 기계실 바닥은 배수를 위해 배수용 트렌치와 집수정 및 펌프를 설치한다. 기계실에 설치되는 대형 장비들을 위하여 장비 반입로와 장비 반입구를 확보하여야 한다.

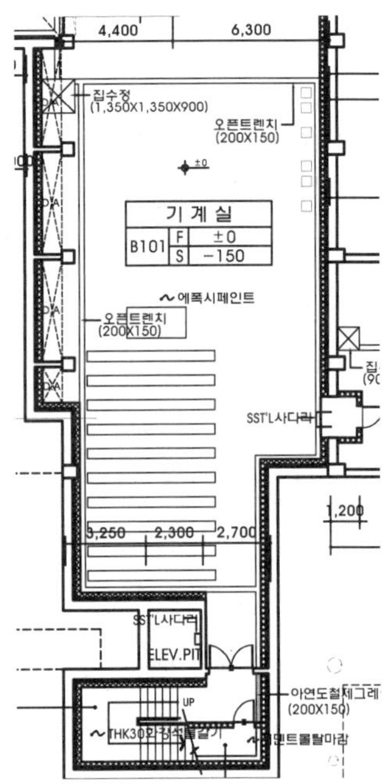

기계실 부분 평면도 예시

■ 지하층의 외벽선 선정시 고려사항

도심 건축물의 지하층 외벽선을 설정하는데 있어서 주요 고려사항은 지하의 시공성과 지하 매설물의 현황이다. 지상과 달리 용적율, 건축물의 높이, 대지안의 공지 등 법적 제한을 상대적으로 덜 받는 지하층의 경우에는 흙막이공사에 필요한 중장비 작업에 의해 주변 건물들의 기초 등에 손상을 가져오지 않도록 인접대지 경계선에서 충분한 작업공간을 확보하여야 한다.
지하층 외벽과 대지경계선 사이에 토목 및 우수 처리를 위한 공간과 건물규모에 따라 전력과 통신 인입 맨홀이나 가스정압실 등이 설치될 수도 있으므로 이 점도 고려하여야 한다.

■ 지수판과 배수판의 설치

지수판은 토목과 건축 분야에서 침수와 누수를 방지하기 위해 사용됩니다. 지수판은 주로 건설 콘크리트 재질로 되어 있어 물을 저장하는 제방/댐 등의 시설물에서 콘크리트가 굳어 부피가 줄거나, 급격한 온도의 변화로 틈이 발생할 경우 물이 유입하는 것을 막기 위해 구조물을 연결할 때 끼워 넣는 판입니다.[9)]
배수판은 침수나 누수로 부터 내부 벽이나 바닥 면을 보호하기 위해 최하층 바닥이나 지하 벽체에 설치한 판이다.

지수판

배수판

9) https://catcom.tistory.com/316 인용

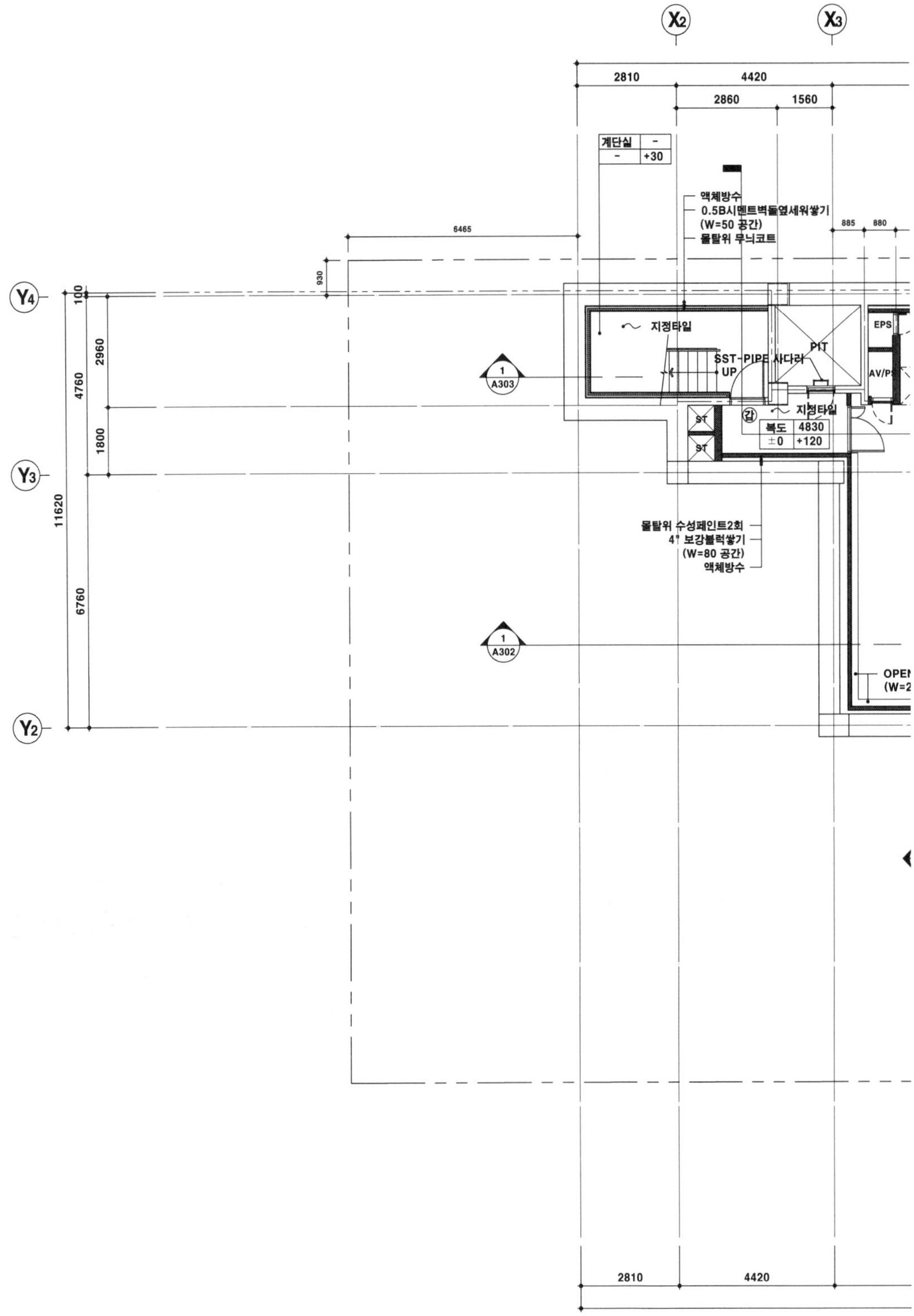
X2
X3
Y4
Y3
Y2
2810
4420
2860
1560
계단실
+30
액체방수
0.5B시멘트벽돌옆세워쌓기
(W=50 공간)
몰탈위 무늬코트
6465
885
880
930
100
4760
2960
1800
11620
6760
지정타일
SST-PIPE 사다리
UP
PIT
EPS
A303
ST
복도
4830
±0
+120
몰탈위 수성페인트2회
4" 보강블럭쌓기
(W=80 공간)
A302

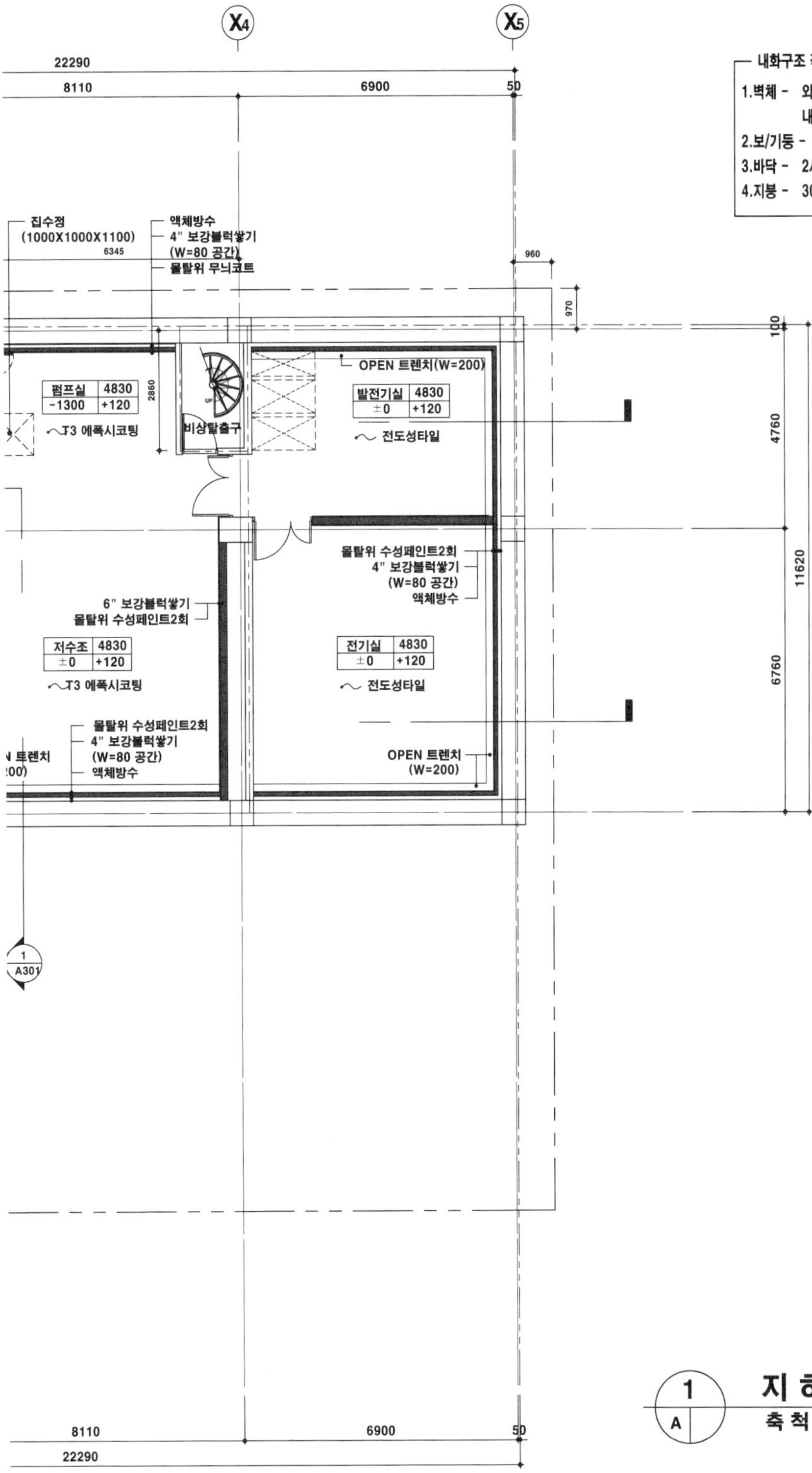

내화구조 적용기준

1.벽체 - 외벽: 1시간 이상(비내력벽)
내벽: 1시간 30분 이상(비내력벽)
2.보/기둥 - 2시간 이상
3.바닥 - 2시간 이상
4.지붕 - 30분 이상

1.

실명	천정고
SL	FL

1
A

지 하 4 층 평 면 도

축척 1/120

3-5-2 지하 주차장 평면도

A-18	지하1층 평면도(주차장부분)
정의 및 목적	평면도 : 건축물을 건물의 바닥면으로부터 1.2m~1.5m 정도의 높이에서 절단하여 나타낸 도면 주차장 부분 평면도: 지하 주차장으로 사용되는 부분의 평면도로서 주차를 위한 진입부, 차로 및 주차부분과 주위시설의 계획을 보여 줌
확인사항 (주차장부분)	- 주차방식 및 주차 대수 확인 - 경사로 바닥마감 적정성확인 - 차로의 폭 - 주차 램프 트렌치 설치 여부 - 회전반경은 법적인 규정 검토 - 스토퍼 설치 확인 - 사인물 설치계획 확인

■ 지하주차장 기둥간격과 전체 건물 span의 결정

건물의 주용 용도에 적합한 기둥 간격과 주차구획에 의한 기둥간격을 비교하여, 해당 건물에서 어떤 부분이 더 주요하고 민감한가를 고려하여 전체 건물의 최종 기둥간격을 결정한다. 특히 대부분의 주차를 건물 지하로 계획하여야 할 경우에는 주차구획에 의한 기둥간격이 전체 건물의 기둥간격 span에 영향을 미친다.

■ 주차계획의 도면화

주차장이 있는 지하층 평면도에는 주차계획 내용을 표현한다. 주차계획은 대부분 주차장법에 의해 규정됨으로 평면 작성시에는 관련 항목을 적법여부를 명확히 도시하여야 한다. 주차장 계획에 대한 내용은 기본 평면도 뿐 아니라 '주차 경사로 평단면 상세도' 등에 함께 표기됨으로 서로 내용이 다르지 않도록 주의하여야 한다.

■ 법적 요건 확인

주차장의 계획은 대부분 주차장법에서 정한 치수에 의해 결정된다. 주차장 계획을 위해 주차장법 및 주차장법 시행규칙의 요건을 정확히 확인하여 작성하여야 한다.

■ 주차장 평 · 단면 상세도와의 연계

주차장 경사로 관련 도면은 일반적으로 1/50이상의 관련 평·단면 상세도를 작성하여 자세히 표현한다. 기본 평면도에 나타나는 주차장도면에서는 주차면의 수, 차로의 치수, 주차장 경사로의 시작점과 끝점, 회전반경, 배수 트렌치 등이 표기되고, 이보다 자세한 내용은 주차경사로 평·단면 상세도에서 표현된다.

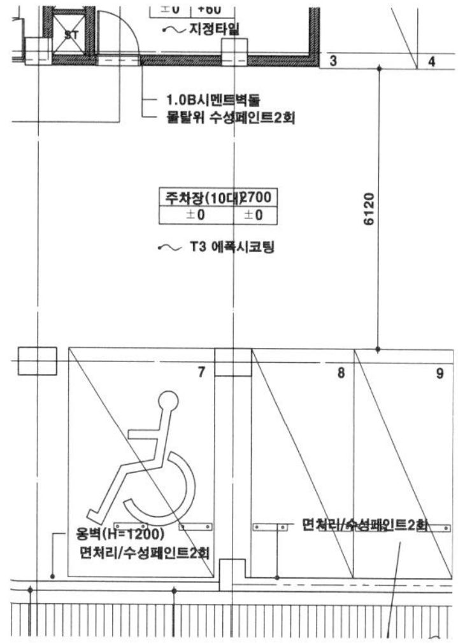

장애인 주차구획 예시

■ 주차대수 표기

주차장법과 지자체의 주차조례에 의해 해당 용도 및 규모에 따라 주차대수가 산정된다. 여기에 사용자 편의를 고려하여 최종 주차대수를 선정한다.

■ 장애인 주차 표기(장애인 · 노인 · 임산부등의편의증진보장에관한법률)

주차장 법 및 관련법에 의하면 주차장 중 일부를 장애인전용주차구역으로 지정해야 한다. 이때 주차구역의 위치는 장애인의 진입이 용이하도록 계획한다.

■ 주차 구획의 크기 및 주차 차로의 폭 표기

주차구획은 주차장법 및 관련 법령에서 평행주차 직각주차등의 방식에 따른 주차 1개 면의 크기가 정해져 있다. 이와 함께, 차로의 폭 역시 관련 법령에서 지정하고 있으므로, 반드시 이 내용을 검토하고 도면화 하여야 한다.

■ 자동차용 승강기 설치시(주차장법 시행규칙 참조)

자동차용 승강기로 운반된 자동차가 주차구획까지 자주식으로 들어가는 주차장의 경우에는 주차대수 30대마다 1대의 자동차용 승강기를 설치하여야 한다. 자동차용 승강기의 출구와 입구가 따로 설치되어 있거나 주차장의 내부에서 자동차가 방향전환을 할 수 있을 때에는 진입로를 설치하고 전면공지 또는 방향전환장치를 설치하지 아니할 수 있다.

TIP

용도별 주차대수 확보 기준은 주차장법에 의거하여 해당 지자체별로 '주차장 설치 및 관리 조례'를 확인하세요.
건축물 지하에 설치되는 지하 주차장의 구조 및 기준에 관한 자세한 내용은 '주차장법 시행규칙' 내용을 참고하세요.

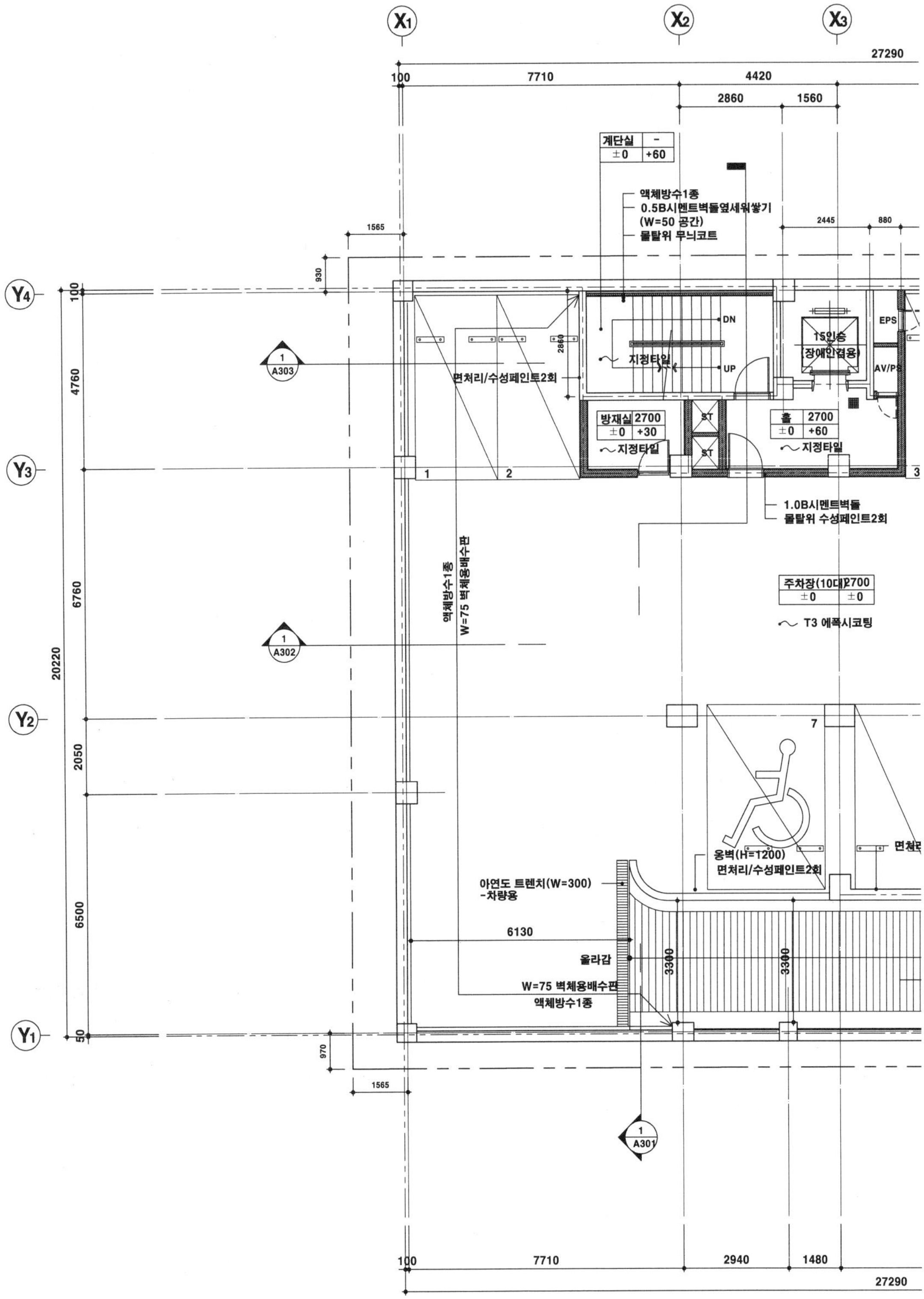
X1
X2
X3
Y1
Y2
Y3
Y4
27290
100
7710
4420
2860
1560
2445
880
1565
930
970
4760
6760
2050
6500
20220
50
2940
1480
6130
3300
2860
계단실 -
±0 +60
액체방수1종
0.5B시멘트벽돌옆세워쌓기
(W=50 공간)
물탈위 무늬코트
DN
UP
지정타일
15인승
장애인겸용
EPS
AV/PS
면처리/수성페인트2회
방재실 2700
±0 +30
지정타일
ST
홀 2700
±0 +60
지정타일
1.0B시멘트벽돌
물탈위 수성페인트2회
주차장(10대) 2700
±0 ±0
T3 에폭시코팅
액체방수1종
W=75 벽체용배수판
A303
A302
A301
옹벽(H=1200)
면처리/수성페인트2회
아연도 트렌치(W=300)
-차량용
올라감
W=75 벽체용배수판
액체방수1종
7

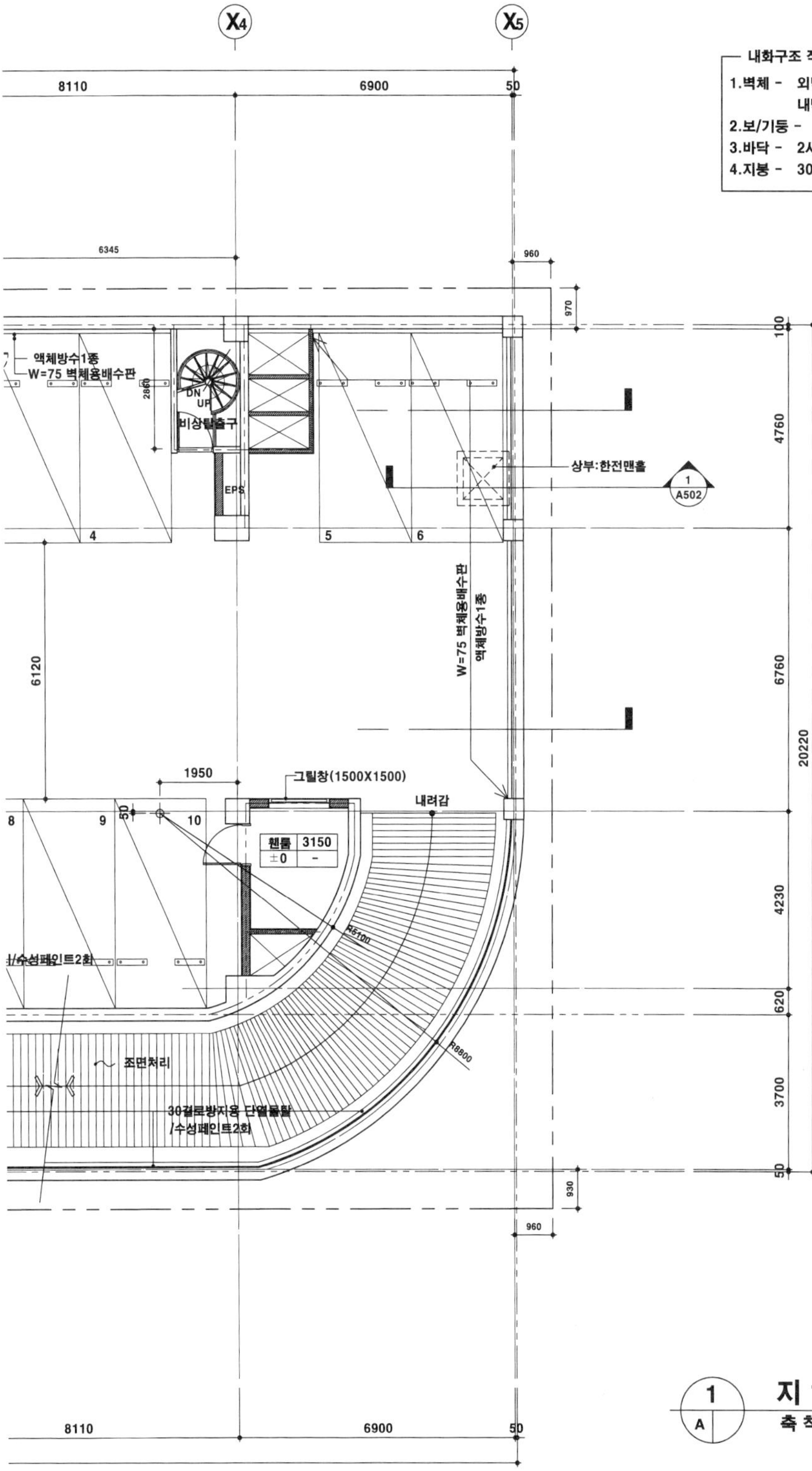

— 내화구조 적용기준 —

1.벽체 - 외벽: 1시간 이상(비내력벽)
내벽: 1시간 30분 이상(비내력벽)
2.보/기둥 - 2시간 이상
3.바닥 - 2시간 이상
4.지붕 - 30분 이상

1.

실명	천정고
SL	FL

1 / A **지 하 1 층 평 면 도**

축 척 1/120

3-5-3 1층 평면도

A-19	1층 평면도(주 진입층 부분)
정의 및 목적	- 평면도: 건축물을 건물의 바닥면으로부터 1.2m~1.5m 정도의 높이에서 절단하여 나타낸 도면 - 주 진입층 부분 평면도: 주 진입부분을 나타낸 평면도로서 지상 옥외 부분과 실내 부분이 함께 표현됨
확인사항	1. 배수, 물처리 관련사항 - 토목 도면과 비교 검토 - 오픈트렌치 물흐름 고려 - 실외기 위치 및 배수 - 출입구 캐노피, 차양 표기
	2. 지상 1층 실외부분 - 바닥 포장 및 디자인 확인 - 각종 인입구 및 맨홀의 위치 및 마감 - 조경과 화단의 구조 및 마감
	3. 지상 1층 실내부분 - 방풍실 형태, 크기 - 방풍실까지 방수마감 고려 - 각용도별 수위실 등 관리실 규모, 위치 적정확인 - 방범 및 보안을 고려한 시설 - 데스크 및 각종안내판 설치 위치 및 디자인

■ 주출입구의 표기

일반적으로 외부에서 건물 내부로 주출입이 이루어지는 곳이 1층 평면이다. 그래서 1층 평면에서는 주출입구 및 부출입구 부분 등 출입관계를 쉽게 알 수 있도록 별도 표기(▲)를 한다.

■ 주출입구 바닥, 캐노피 등의 표기

주출입구가 형성되는 외부 바닥은 흔히 1층 내부와 레벨차이가 나는데, 이런 부분도 레벨이나 경사정도를 표기하여야 하며, 출입구 상부에 설치된 캐노피도 1층 평면에 점선으로 표기한다.

■ 옥외부분의 표기

이렇게 1층 평면도에서 다른 평면도와 달리 옥외부분이 함께 표현되게 됨으로 옥외에 설치되는 내용을 명기하여야 한다. 즉 옥외 바닥의 재료, 옥외 부분의 레벨, 옥외에 설치되는 조경부분, 우수관, 맨홀 등을 표기한다.

■ 관련 상세도와 일치 여부 확인

이 때 각 부분의 상세도가 별도로 그려지는 경우에는 상세도와 일치하는지 여부를 확인하고, 상세도가 그려지는 부분은 표시하며, 기본 평면도에서는 상세한 명기를 생략해도 된다.

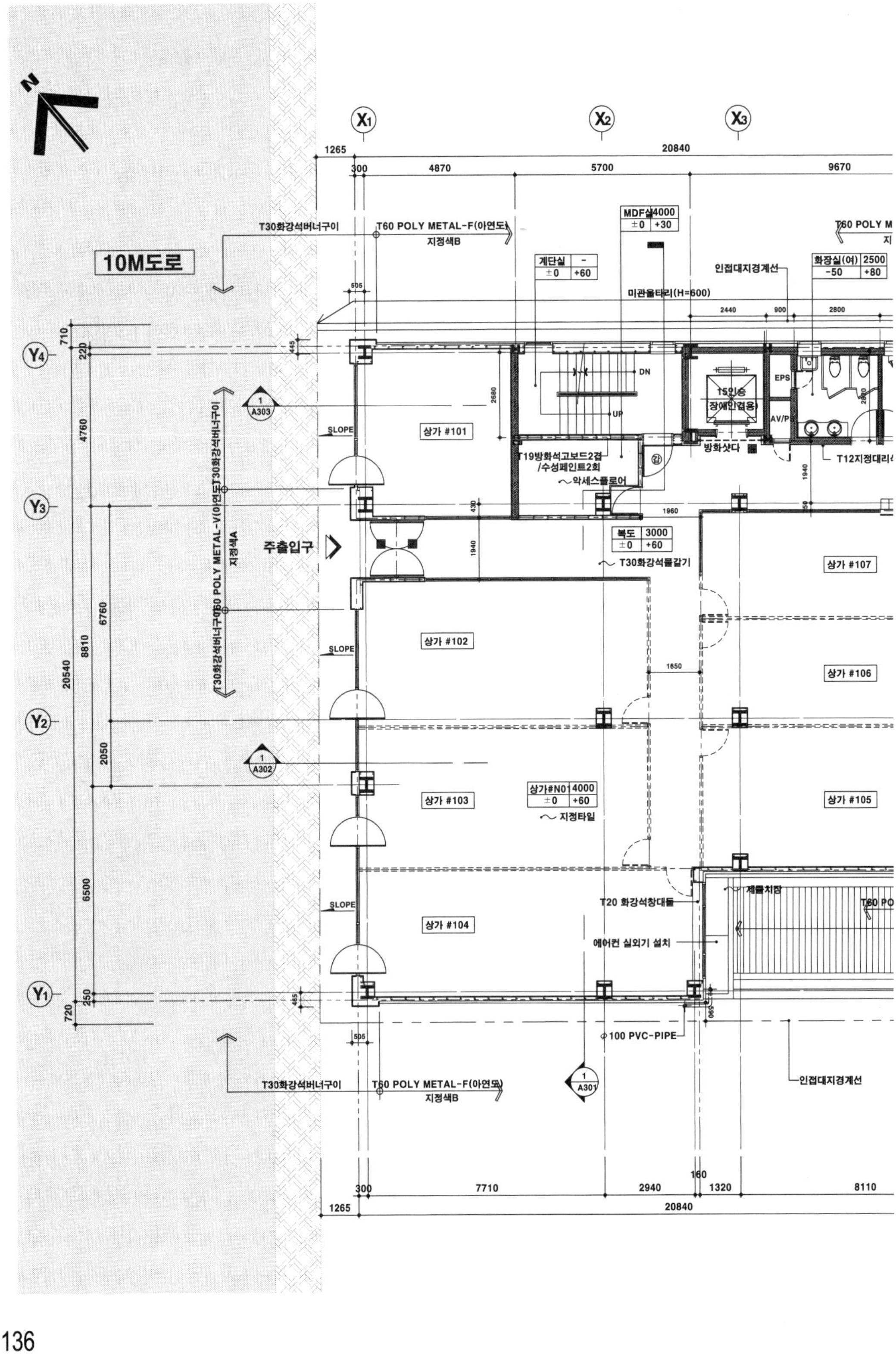
10M도로
주출입구
상가 #101
상가 #102
상가 #103
상가 #104
상가 #105
상가 #106
상가 #107
계단실
MDF실
복도
화장실(여)
인접대지경계선
미관울타리(H=600)
T30화강석버너구이
T60 POLY METAL-F(아연도)
지정색B
T19방화석고보드2겹
/수성페인트2회
악세스플로어
T30화강석물갈기
지정타일
T20 화강석창대돌
에어컨 실외기 설치
φ100 PVC-PIPE
방화샷다
15인승
장애인겸용
EPS
AV/PS
T12지정대리석
1265
20840
300
4870
5700
9670
7710
2940
1320
8110
20540
8810
6760
2050
6500
4760

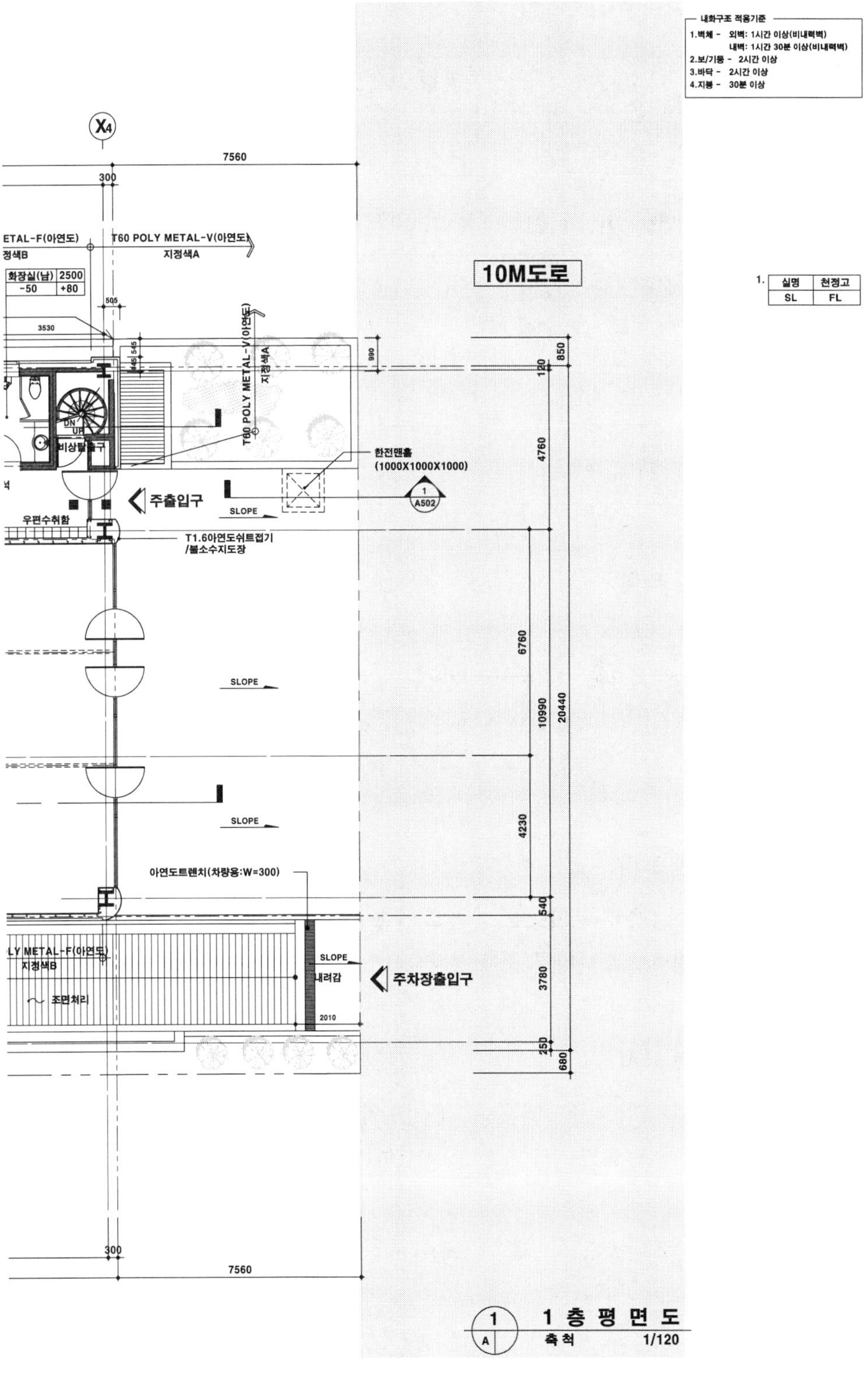
내화구조 적용기준
1.벽체 - 외벽: 1시간 이상(비내력벽)
내벽: 1시간 30분 이상(비내력벽)
2.보/기둥 - 2시간 이상
3.바닥 - 2시간 이상
4.지붕 - 30분 이상
X4
7560
300
T60 POLY METAL-V(아연도)
지정색A
화장실(남) 2500
-50 +80
10M도로
1. 실명 천정고
SL FL
비상탈출구
한전맨홀
(1000X1000X1000)
주출입구
SLOPE
우편수취함
T1.6아연도쉬트접기
/불소수지도장
아연도트렌치(차량용:W=300)
내려감
주차장출입구
조면처리
850
120
4760
6760
10990
20440
4230
540
3780
250
680
1 층 평 면 도
축척 1/120

3-5-4 기준층 평면도

A-20	기준층 평면도
정의 및 목적	- 평면도 : 건축물을 건물의 바닥면으로부터 1.2m~1.5m 정도의 높이에서 절단하여 나타낸 도면 - 기준층 평면도 : 동일한 평면구조를 갖는 여러 층을 보여주는 한 개층의 평면도
확인사항	- 기준층의 정확한 층 범위 표기 - 축의 기준이 되는 축열 선의 확인 - 기준되는 치수 확인 - 실명칭 및 실번호 확인 - 바닥 레벨 표시 확인 - 안내 표기 정확도 확인

■ 기준층 평면도의 정의 및 역할

기준층 평면도란 1개 이상의 층이 동일한 평면구조를 가지고 있어서, 하나의 평면도로 몇 개 이상의 평면을 설명할 수 있을 경우에 그 하나의 평면도를 기준층 평면도라 지칭한다. 기준층은 하나의 도면으로 다른 많은 층에 적용됨으로 이때 정한 축열, 치수 등의 모든 표기가 전체 도면의 기준이 된다.

■ 기준층의 정확한 층 범위 표기

동일한 평면구조를 갖는 층이 2층부터 10층일 경우, 도면명에 '기준층 평면도(2층 ~10층 평면도)' 라고 명기하여 기준층 평면도로 나타낸 층이 정확히 어느 층인지 알 수 있도록 한다.

■ 축의 기준이 되는 축열선 표시

도면작성부터 공사까지 전체과정의 기준이 되는 X, Y 방향의 축선을 정확히 정하여 작도한다. 설계사무소에 따라 양방향을 X1, X2..., Y1, Y2...로 기입하는 경우와 A, B... 1,2... 로 나타내는 경우가 있다.

■ **기준되는 치수 확인**

축의 기준이 되는 축열선의 정확한 표기와 함께 각 축열선 사이의 치수를 정확히 표현하는 것이 중요하다. 이 때 정해진 치수는 건축에서의 기본도면, 상세도면 뿐 아니라, 구조 도면 및 기타 관련 협력업체의 모든 도면의 기준 치수가 됨으로 신중하고 정확하게 표기하여야 한다.

■ **실명칭 및 실번호 확인**

평면도에는 실명칭과 실번호 등을 표기하는 데, 표기 방법은 설계사무소 마다 다소 차이가 있다. 실명만을 표기하는 경우와 실명과 실번호를 표기하고 바닥 레벨을 표기하는 경우, 또는 실명 과 실번호와 천정고 등을 표기하는 방법 등이 있다.

■ **바닥 레벨 표시 확인**

평면도에 바닥 레벨을 표기한 경우에는 관련 단면도, 마감상세도의 내용과 일치하는지 여부를 반드시 확인하도록 한다.

■ **안내 표기 정확도 확인**

실시도면 평면도에는 확대 상세도나 단면도 등의 작도 위치를 표현해주는 안내 표기를 한다. 이 때 각각의 상세도의 범위 및 위치가 정확한지, 도면번호가 제대로 표기되었는지 확인하도록 한다.

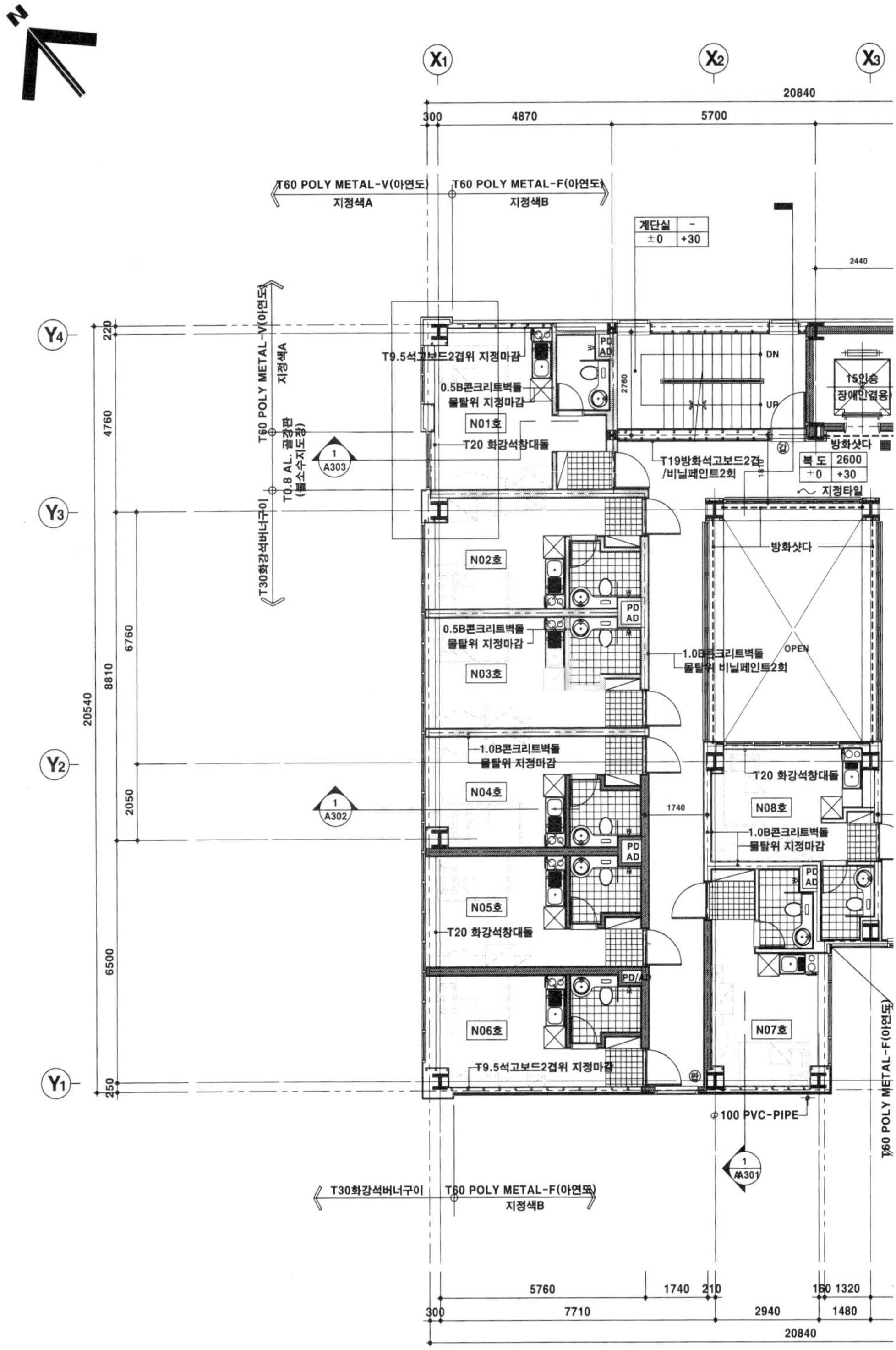

X1
X2
X3
Y4
Y3
Y2
Y1
20840
300
4870
5700
T60 POLY METAL-V(아연도)
지정색A
T60 POLY METAL-F(아연도)
지정색B
계단실
±0
+30
2440
T9.5석고보드2겹위 지정마감
0.5B콘크리트벽돌
몰탈위 지정마감
N01호
T20 화강석창대돌
DN
UP
15인승
장애인겸용
방화샷다
T19방화석고보드2겹
/비닐페인트2회
복도
2600
지정타일
N02호
N03호
N04호
N05호
N06호
N07호
N08호
1.0B콘크리트벽돌
몰탈위 비닐페인트2회
OPEN
1.0B콘크리트벽돌
몰탈위 지정마감
1740
PD
AD
PD/AD
T0.8 AL. 골강판
(불소수지도장)
T30화강석버너구이
20540
4760
8810
6760
2050
6500
220
250
2760
A303
A302
A301
100 PVC-PIPE
T30화강석버너구이
T60 POLY METAL-F(아연도)
지정색B
5760
1740
210
160
1320
7710
2940
1480

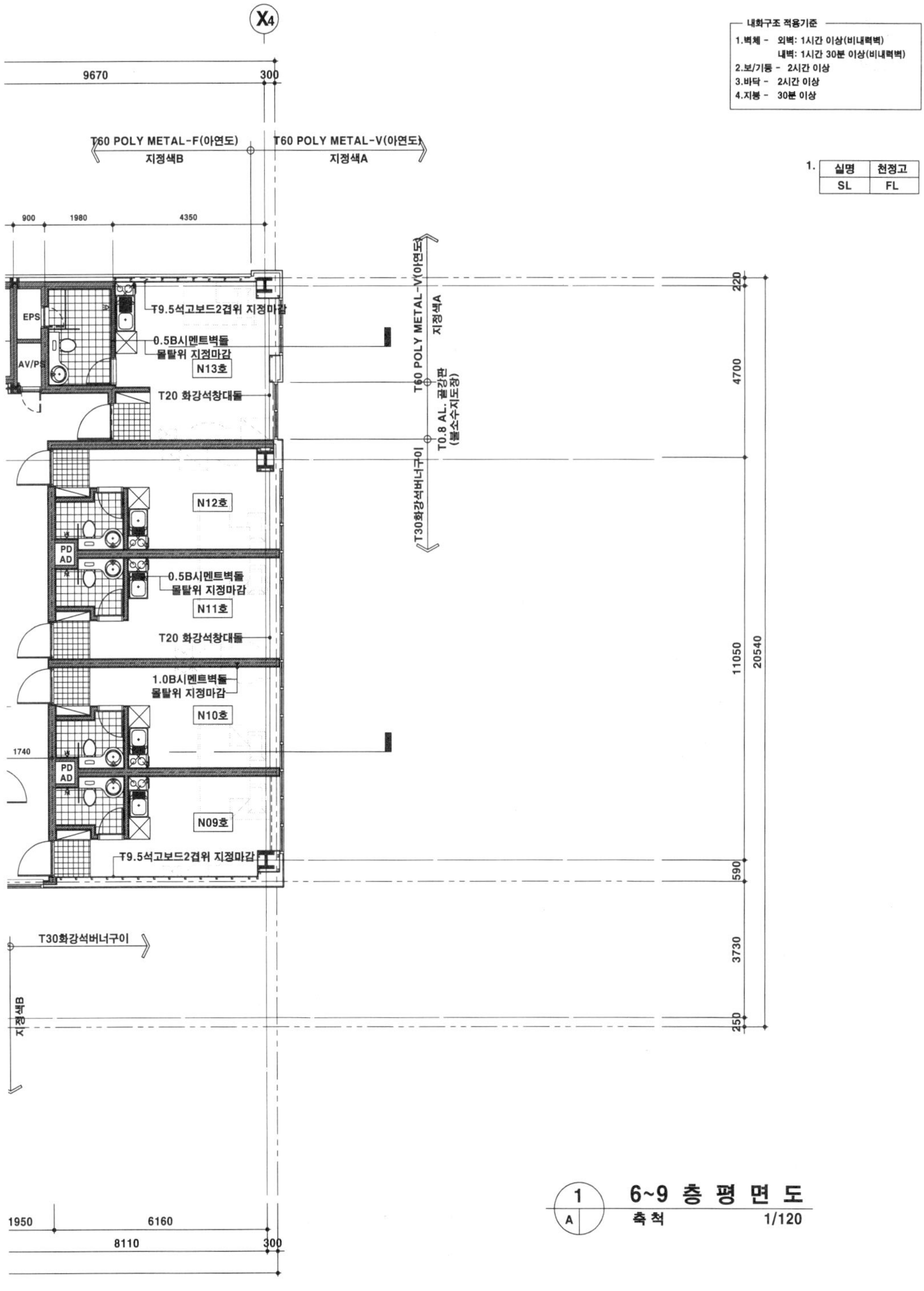

1 A 6~9 층 평 면 도
축 척 1/120

3-5-5 옥탑층 평면도

A-21	옥탑층 평면도
정의 및 목적	- 평면도 : 건축물을 건물의 바닥면으로부터 1.2m~1.5m 정도의 높이에서 절단하여 나타낸 도면 - 옥탑층 평면도 : 옥탑층의 실내 공간 및 옥외 계획 내용을 보여주는 평면도
확인사항	- 옥탑에 설치되는 각종 장비 기초 표현 - 엘리베이터 기계실, 물탱크 실 등의 표현(해당시) - 옥상 바닥 신축줄눈 표현 - 배수를 위한 구배, 트렌치(trench) 혹은 RD(Roof Drain) 표기 - 파라펫(parapet), 청소용 고리 등의 표현

■ 옥탑층의 일반적 구성 및 표현

옥탑층은 건축물의 지붕층 아래있는 주택이나 빌딩 따위의 건물 맨꼭대기에 설치된 공간이다. 옥탑층의 바닥 면적은 건물 건축면적의 1/8을 초과할 수 없으므로, 바닥면적에 산입되는 실과 그 나머지는 노출된 옥상공간이다. 벽으로 구획된 부분은 주로 계단실이나 엘리베이터기계실, 물탱크실 등 설비관련 지원시설 등으로 구성된다. 옥상 외부에는 건물의 설비에 필요한 냉각기, 물탱크 등 각종 장비들이 설치되며, 이러한 시설들의 정확한 위치가 표현되어야 한다. 옥탑층 외부 슬래브는 건물 최상층의 지붕 역할을 하며, 우수나 기온 변화에 노출되므로, 이러한 환경을 고려한 도면 작성이 필요하다.

■ 엘리베이터 기계실, 물탱크실 등의 표현

엘리베이터가 설치되는 건물의 경우에는 옥탑층에 엘리베이터 기계실이 설치되기도 한다. 엘리베이터의 기계실을 엘리베이터의 사양에 따라 다르므로 반드시 해당 엘리베이터 제작 업체의 사양을 검토해야 한다. 엘리베이터 기계실의 높이와 샤프트와의 단면상의 위치 관계를 파악하기 위하여 단면도와 교차 검토하여야 한다. 옥탑층에 설치된 엘리베이터의 기준층 부분이 별도의 평면 상세도에 표현되기도 한다. 이 경우에는 관련 평·단면상세도와 교차 검토하여야 한다.

옥탑층에 설치된 물탱크실(고가수조)은 저수량에 따른 구조검토가 있어야 하며, 이를 바탕으로 받침대 설계가 되어야 한다. 물탱크의 용량 설정은 설비 분야와 협의하여야 한다. 물탱크 주변에는 관리를 위한 적정공간이 필요하며, 물탱크 주변의 배수를 위한 구배와 드레인 또는 트렌치 설치를 표현하여야 한다. 물탱크실의 레벨이 옥탑층과 차이가 있을 경우에는 반드시 평면상에 레벨을 표현하고, 계단이나 사다리가 필요한 경우에 누락되지 않도록 주의한다.

■ 각종 장비의 기초 표현

옥탑층에 설치되는 장비 기초는 계단실, 기계실처럼 명확히 벽으로 구획된 실이 아니라, 단순히 물탱크나 냉각기 등을 놓기 위한 시설의 기초로 계획설계 단계에서는 표시되지 않는다. 특히, 냉각기를 설치하는 건축물에서는 실시설계 단계에서 놓치지 않도록 냉각기 기초를 반드시 검토하여 표현하여야 한다. 이의 정확한 위치는 해당 설비 분야와 협업하여 결정하여야하고, 정해진 위치는 반드시 구조검토 후 구조 도면과 교차 검토하여야 한다. 각종 장비 기초상세도가 작성된 경우에는 본 옥탑층 평면도의 기재 내용과 맞는지 확인하여야 한다.

■ 옥상 바닥의 배수 및 신축 줄눈 처리

외부에 노출된 옥상 바닥에는 빗물 배수처리를 위한 구배와 경사방향을 화살표로 기입하고, 루프드레인(RD : Roof Drain)의 위치를 표기한다. 옥상 바닥은 외부 온도 차에 의한 신축 변형이 발생할 수 있으므로, 각 바닥 마감재에 맞는 신축줄눈(익스펜션조인트 : expansion joint)을 표기하여야 한다.

■ 옥상난간, 청소용 고리 등의 표현

옥탑층에는 난간(파라펫 : parapet)이 설치되고 이 내용을 옥탑층 평면도에 표현한다. 건물 입면의 청소나 운반을 위해 설치된 청소용 고리도 옥탑층 평면에 표현된다. 청소용 고리의 경우, 공법이나 설치의 내용은 상세도를 작성하나, 개소나 위치에 대한 내용은 옥탑층 평면도 이외의 별도 표기가 없을 수 있으므로 누락되지 않도록 한다.

■ 옥상조경

옥상에 조경을 설치하는 경우, 특별히 식재토양의 하중을 고려하여 구조분야와 협업하여 도면을 작성하여야 한다. 식재를 위한 배수 부분도 고려하여 설비 배관에 유의하여야 한다. 바닥부분의 방수에 유의하여 건물 내부의 피해를 최소화하여야 한다. 옥탑층 평면도에서는 기본적 조경의 위치와 면적이 표현되고, 나머지 상세한 부분은 별도의 상세도로 작성하여야 한다.

TIP

옥탑층의 층수 산정 및 면적산정의 법적 근거는 건축법 및 건축법 시행령의 '면적 등의 산정방법' 내용을 참고하세요.

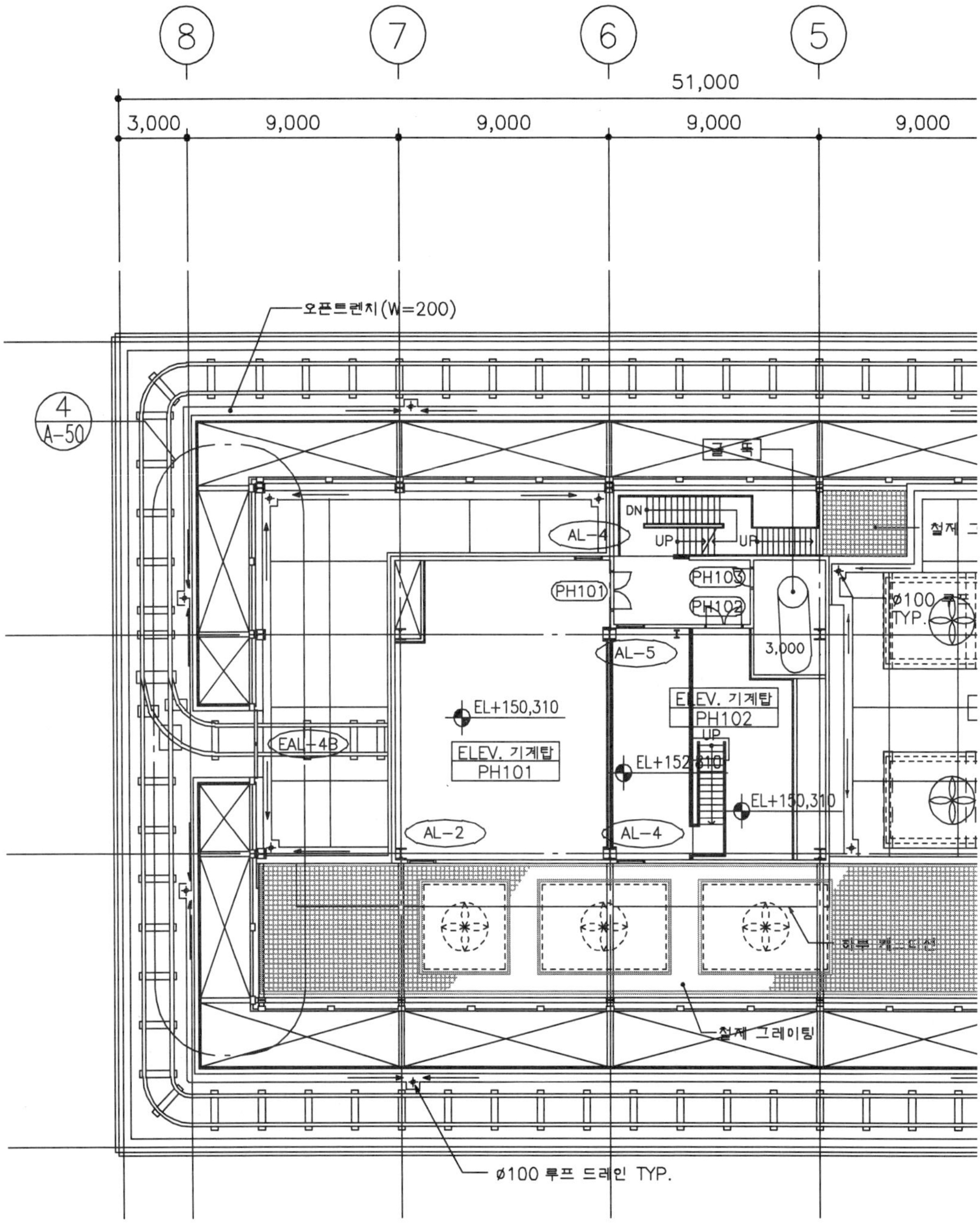

4 옥탑 1층, 지붕 평

축 척 1

NOTE : 표기되지 않은 외벽 루버는 EA

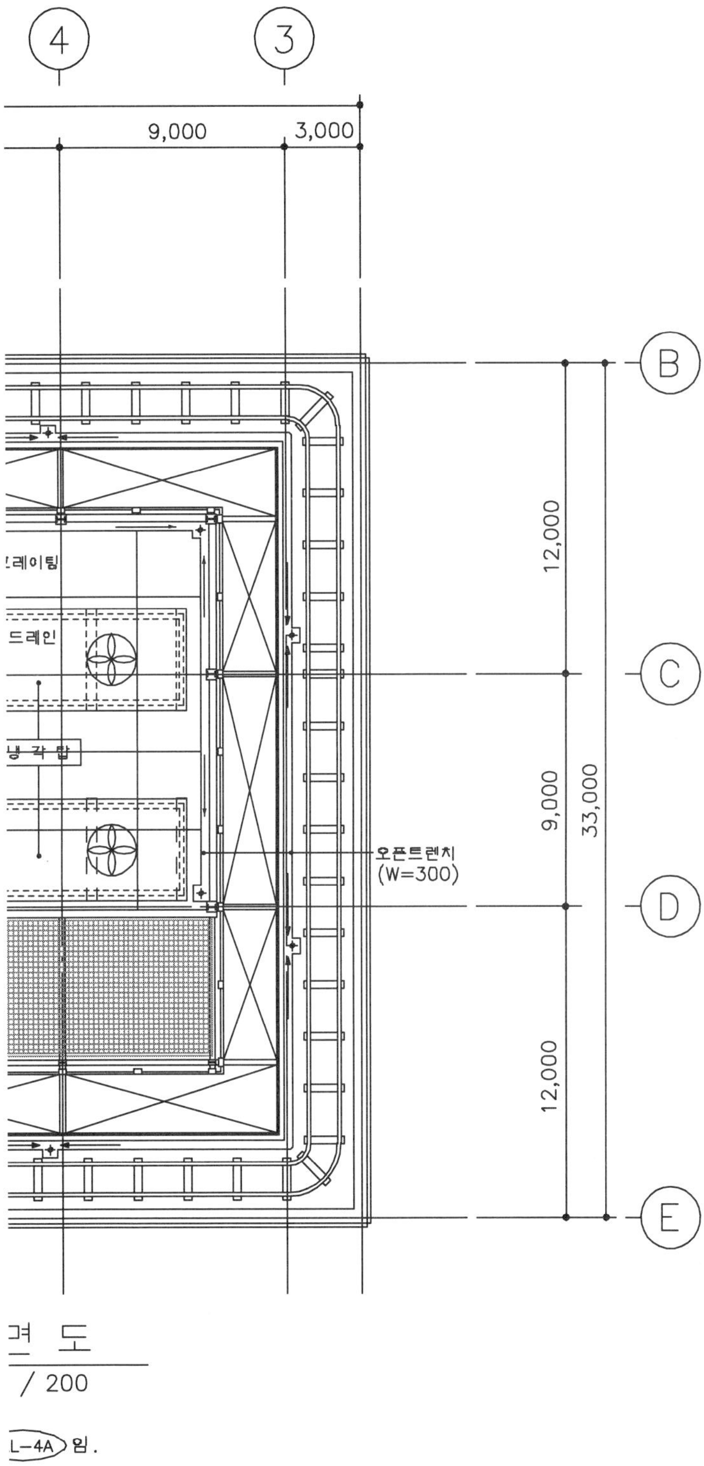
4
3
9,000
3,000
B
C
D
E
12,000
9,000
12,000
33,000
레이팅
드레인
냉각탑
오픈트렌치
(W=300)
/ 200
L-4A 임.

3-6 입면도

건물 외부를 표현하기 위한 도면인 입면도는 계획설계 단계에서는 주로 전체 건물의 형태를 이해하는 데 도움을 준다. 이후 중간설계 단계에서는 주요 외장재료와 인허가와 관련된 건축물의 높이에 대한 내용을 더 명확히 표현하며, 실시설계 단계에서는 실제 시공을 위해 필요한 외장 재료 및 건축물과 그 부속물까지를 표현하게 된다.

3-6-1 정면도

A-22	정면도	
정의 및 목적	건물의 외부 형태 및 외부 재질(외장재)을 표현하기 위한 도면. 정면도는 주진입로에서 보이는 모습으로 주출입구가 있는 면을 주로 나타냄	
확인사항	계획설계	- 건물 형태의 정확한 표현 여부 - 타 도면(평면도 및 타 입면도)와 일치 여부
	중간설계	- 지표면(G.L : Ground Level)에서의 건축물의 높이 표기 - 정확한 층수 및 높이의 표기 - 주요 외장 재료의 표기
	실시설계	- 실제 시공될 건축물 형태와 기타 건축물 부착물 등의 정확한 표현 - 모든 외장 재료와 마감 방법 표기 - 재료별 해당 범위의 표기 - 각 재료별 줄눈 표기 - 건축물의 층수 및 높이 표기

■ 도면명의 표현

입면도는 건물의 외부 형태 및 그 재질을 표현하기 위해 그리는 도면이다. 대지 내 건물의 입면도는 대부분 4개의 면을 각각 그려서 나타낸다. 현재 현장에서는 이 4개의 입면도 이름을 표기하는 방법으로 몇 가지가 혼용되고 있다. 흔히 방위에 따라 남측면도, 북측면도 등으로 나누거나 정면성이 강한 경우에는 정면도, 우측면도, 좌측면도, 배면도로 쓴다. 위 2가지로도 표현하기 어려운 경우에는 입면도-1, 입면도-2 등으로 나타낸다.

■ 정면도의 특성

보통 정면도라 함은 대지의 주진입로에서 보는 건물 입면으로 해당 건물의 얼굴과 같은 대표 이미지를 나타내며, 주출입구가 형성되어 있는 경우가 대부분이다.
따라서 정면도에는 그 외 입면도에서 표기되는 외장재료 뿐 아니라, 정면성을 강조하기 위한 재료의 차별화, 주출입구 주위 캐노피 디자인 등이 추가됨으로 이에 대한 표기가 필요하다

■ 건축물의 높이, 축열의 표현

지표면(GL)에서 건축물의 전체 높이 및 각 부위의 높이를 표기하고 층을 표현한다. 또한 도면의 기준이 되는 축열을 표현한다.

■ 외장재 등의 표현

전체 건물 형태를 구성하는 각 부분의 외장재를 부위별로 표기해야 한다. 외벽의 재료 및 창호의 재료, 지붕의 재료를 명확히 표기하고, 창호, 캐노피, 파라펫의 두겁돌, 우수 홈통 등 입면에 부착된 각종 부속품 등의 재질도 빠짐없이 기입하여야 한다.

TIP

도면에서 주로 사용하는 레벨 표현인 GL은 Ground Level이고, EL은 Earth Level의 약자입니다만 건축도면에서는 공사의 기준이 되는 레벨이라는 같은 의미로 쓰입니다.
단면에서 주로 쓰이는 레벨 표기인 SL은 Structural Level 과 FL은 Finished Floor Level로 구조체를 기준으로 하는 레벨과 마감재를 기준으로 하는 레벨을 각기 표현하는 용어입니다.

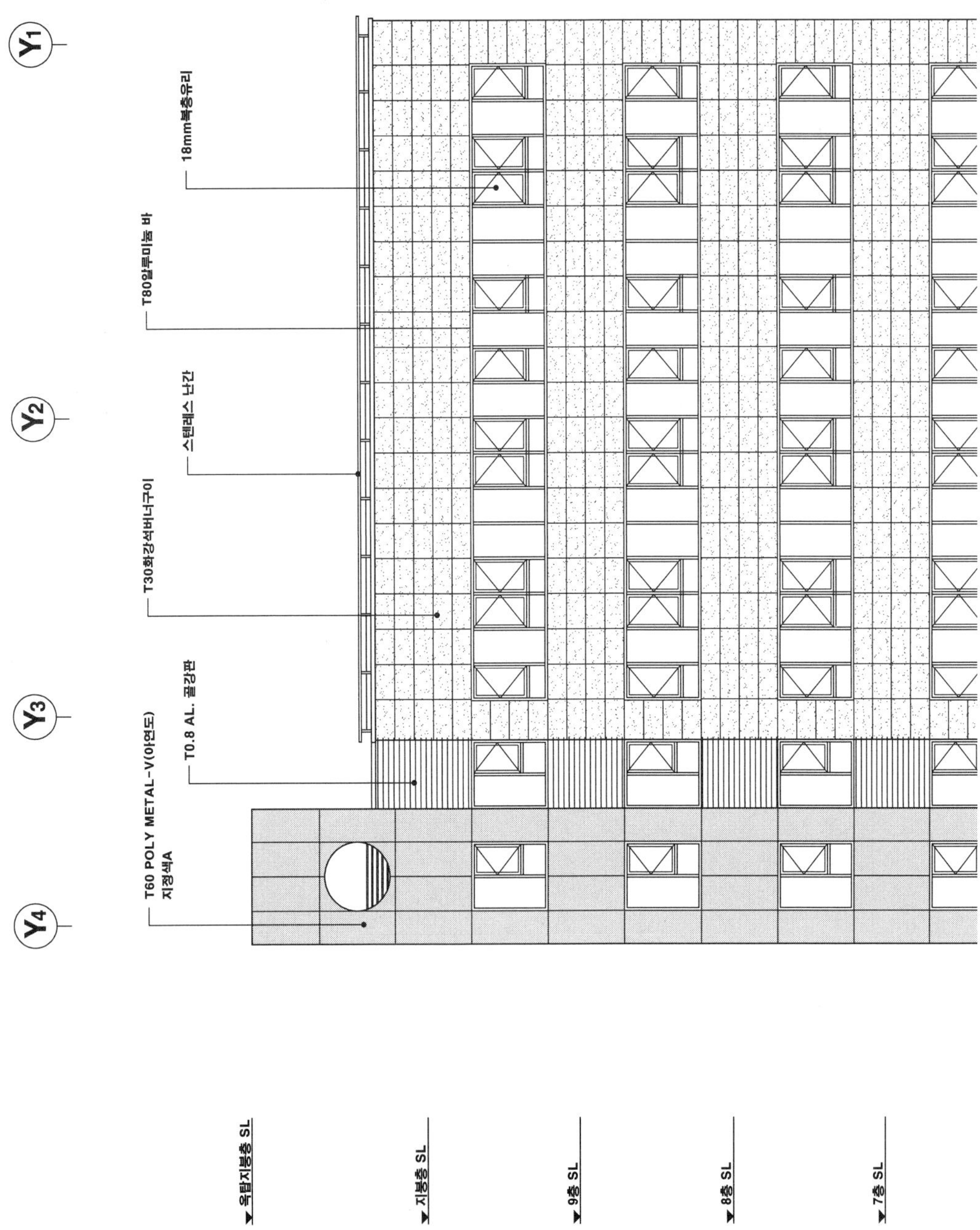

Y1
Y2
Y3
Y4
18mm복층유리
T80알루미늄 바
스텐레스 난간
T30화강석버너구이
T0.8 AL. 골강판
T60 POLY METAL-V(아연도)
지정색A
옥탑지붕층 SL
지붕층 SL
9층 SL
8층 SL
7층 SL

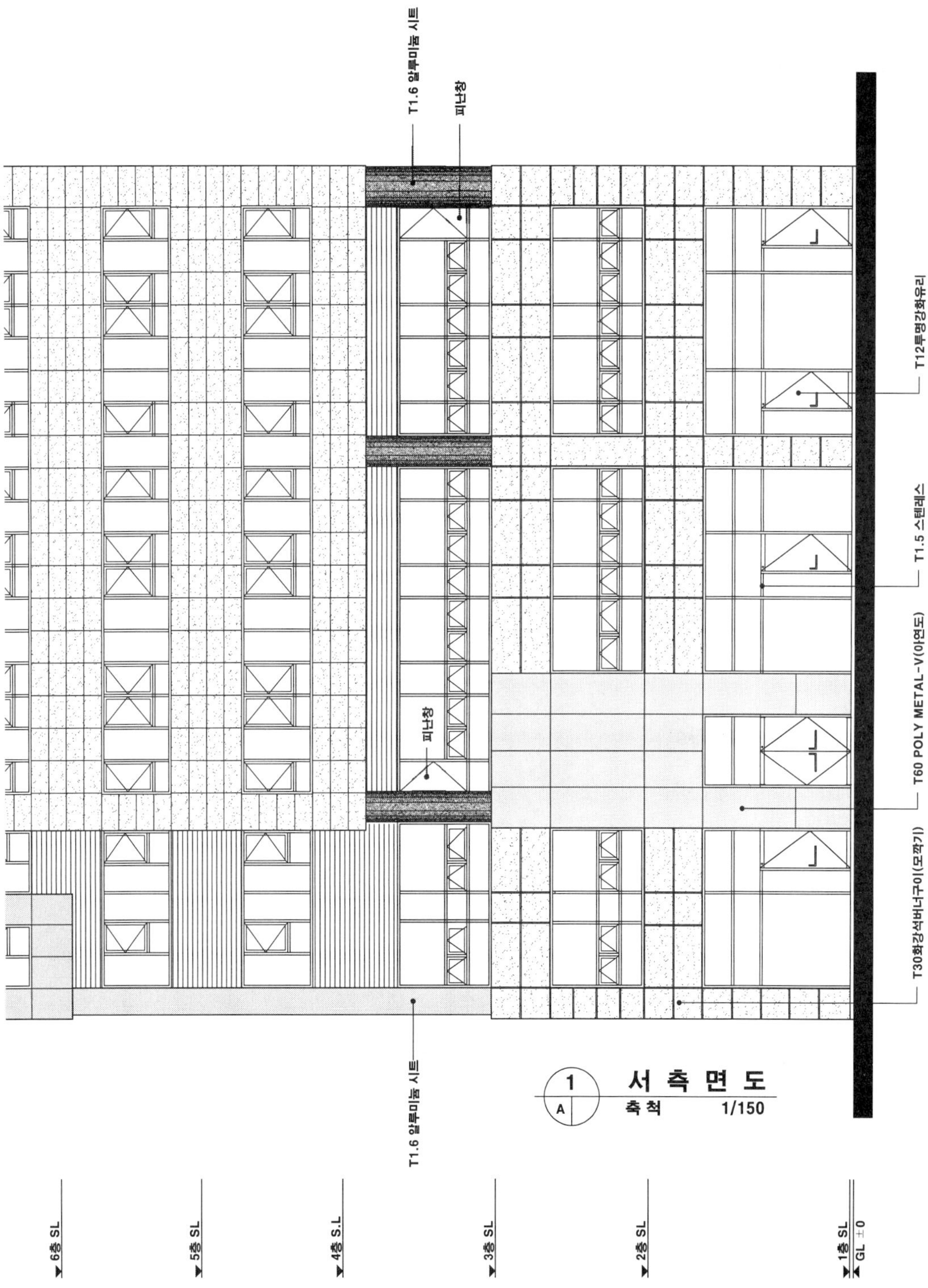
T1.6 알루미늄 시트
피난창
T12투명강화유리
T1.5 스텐레스
T60 POLY METAL-V(이연도)
지정색A
T30화강석버너구이(모각기)
피난창
T1.6 알루미늄 시트
1
A
서 측 면 도
축 척 1/150
6층 SL
5층 SL
4층 S.L
3층 SL
2층 SL
1층 SL
GL ±0

3-6-2 측면도

A-23	측면도	
정의 및 목적	건물의 외부 형태 및 외부 재질(외장재)을 표현하기 위한 도면.	
확인사항	계획설계	- 건물 형태의 정확한 표현 여부 - 타 도면(평면도 및 타 입면도)와 일치 여부
	중간설계	- 지표면(G.L : Ground Level)에서의 건축물의 높이 표기 - 정확한 층수 및 높이의 표기 - 주요 외장 재료의 표기
	실시설계	- 실제 시공될 건축물 형태와 기타 건축물 부착물 등의 정확한 표현 - 모든 외장 재료와 마감 방법 표기 - 재료별 해당 범위의 표기 - 각 재료별 줄눈 표기 - 건축물의 층수 및 높이 표기

입면도에서 각 외장 재료를 표기할 때에 치수, 재질, 마감을 텍스트로 정리하고, 도면에 그 재질이 사용되는 위치 및 범위를 표시하여야 한다.

■ 정면도와 측면도의 차이

정면도가 그 건물을 대표하는 입면도라고 하면, 측면도는 말 그대로 정면과 맞닿은 측면을 표현한 입면도이다. 정면도에는 주출입구와 이에 딸린 캐노피 등이 표현된다. 반면 측면도에는 건물 계획에 따라 주출입구 이외에 출입구가 있을 수 있고, 정면도와 다른 형태의 창호 등이 표현되기도 한다. 재료의 사용에 있어서도 상대적으로 고급스러운 재료를 사용하는 정면과 달리 측면도에서는 경제적인 재료를 사용하기도 한다.

■ 계획설계, 중간설계, 실시설계에서의 입면의 표현

보통 계획설계에서는 전체 건물의 형태를 개략적으로 예측할 수 있는 2면이상의 입면도를 작성한다. 중간단계에서는 위 계획설계의 내용을 발전시켜 보다 구체적인 재료 등이 표현된 2면 이상의 입면도를 작성한다. 실시설계에서는 시공을 위하여 모든 방향에서 보는 4면의 입면도를 작성하며, 각각의 창호의 형태, 외장재료의 범위와 줄눈 등의 세세한 내용을 도면에 나타낸다.

memo

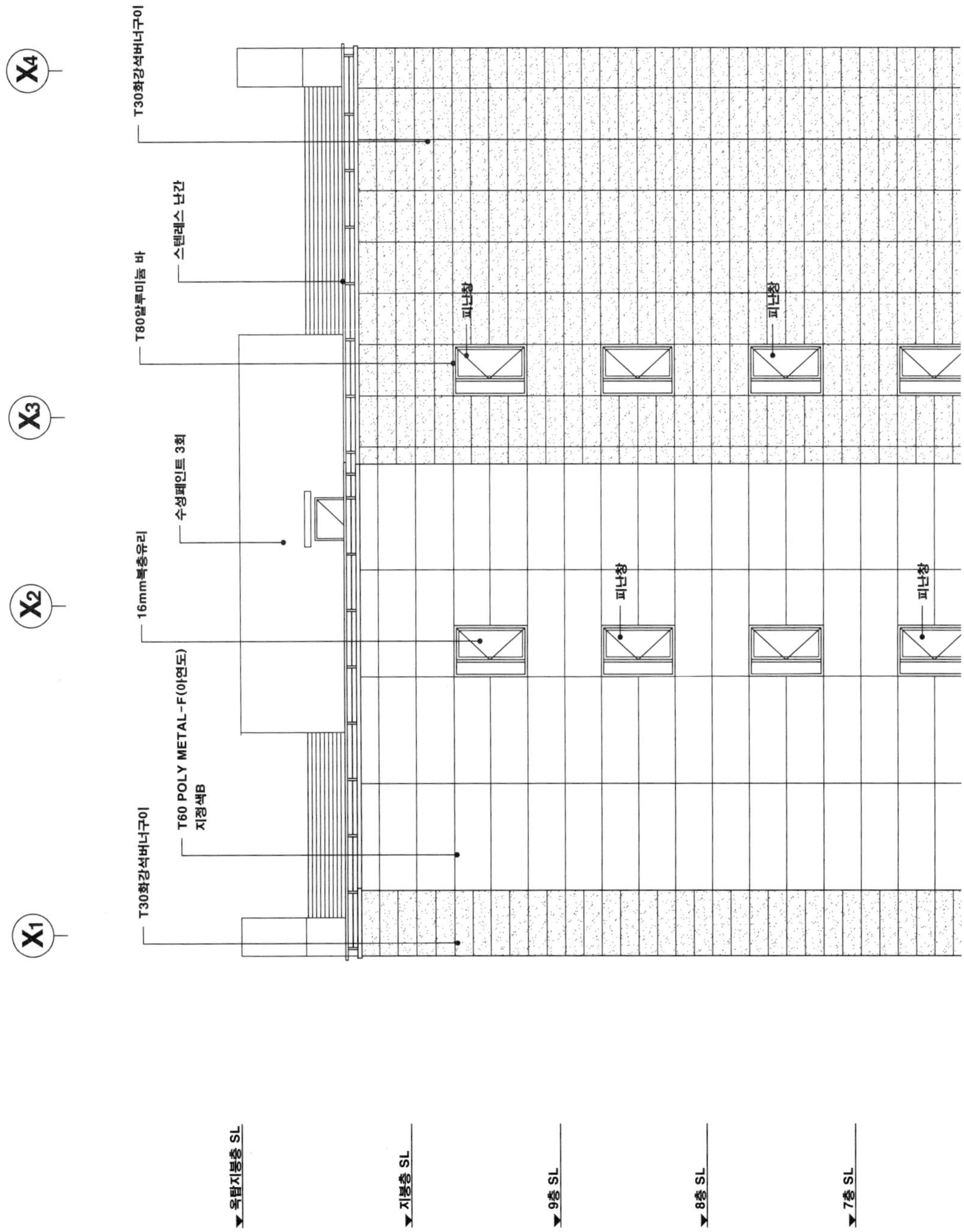
X4
X3
X2
X1
T30화강석버너구이
스텐레스 난간
T80알루미늄 바
수성페인트 3회
16mm복층유리
T60 POLY METAL-F(아연도)
지정색B
T30화강석버너구이
피난창
피난창
피난창
피난창
옥탑지붕층 SL
지붕층 SL
9층 SL
8층 SL
7층 SL

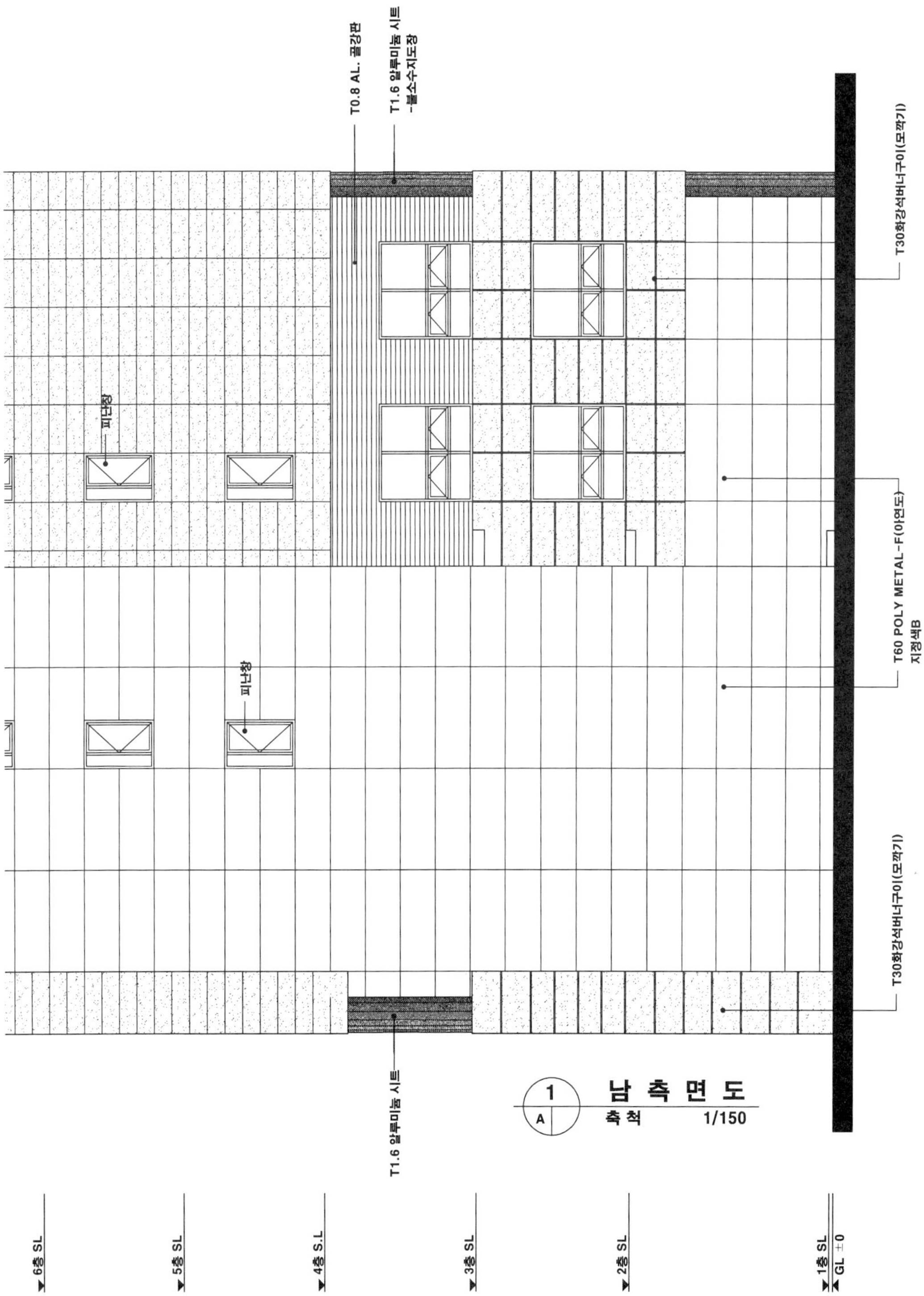
T0.8 AL. 골강판
T1.6 알루미늄 시트
-불소수지도장
T30화강석버너구이(모깍기)
피난창
T60 POLY METAL-F(아연도)
지정색B
피난창
T30화강석버너구이(모깍기)
T1.6 알루미늄 시트
1
A
남 측 면 도
축 척 1/150
6층 SL
5층 SL
4층 S.L
3층 SL
2층 SL
1층 SL
GL ±0

3-7 단면도

3-7-1 주 단면도

A-24	주 단면도
정의 및 목적	전체 건물을 수직 방향으로 절단해서 그 내부의 수직구조를 보여주는 도면
확인사항	- 각층의 층고 및 천정고, 지표면에서의 레벨 표기 확인 - 입면도에서의 형태와 단면도에서의 형태 일치 여부 확인 - 단면도 벽의 위치와 평면도 및 입면도의 위치 일치 여부 - 내력벽의 위치 크기 및 기초 표기 내용이 구조도와 일치하는지 여부 - 단면상세도와 주 단면도 표기 내용 일치 여부 - 주단면도의 천정고에 따른 창호의 크기 및 위치 확인

■ 단면도의 표현

전체 건물을 수직 방향으로 절단해서 그 내부를 나타내는 도면이 단면도이다.
단면도는 건물 내부의 전체 수직 구조 및 수직 공간감을 가장 잘 표현하는 도면이다.
일반적으로 단면도는 건물을 2개의 직교하는 방향으로 절단하여 나타내는데, 평면도를 기준으로 세로방향으로 절단하는 도면을 종단면도, 가로방향은 횡단면도로 명기하거나 주단면도-1, 주단면도-2로 쓴다. 단면도의 가로축에는 각 축열과 축열간 치수와 중심선을 표현하고, 세로축에는 지상 지하 각 층의 층고, GL에서 층 레벨, 건축물 높이, GL에서 지하 최하층까지의 치수 등을 표기한다. 각 층에는 해당 층별로 표현되는 공간의 실명을 기입한다.
단면도로 나타내는 부분은 일반적으로 전체 건물 중 중심부분을 표현한다. 전체 건물을 이해하는데 도움을 주기 위해서, 경우에 따라 내부 공간의 수직변화가 많이 있는 곳과 평면만으로 이해하기 어려운 곳 등을 절단해서 보여주기도 한다. 단면의 절단면이 꺾일 경우, 평면상에 그 위치가 어느 부분인지를 나타내주는 key plan을 단면도에 함께 표현한다.

■ 단면도의 역할 및 중요성

단면도의 중요성은 단면계획의 중요성을 말한다. 평면계획이 중요한 이유는 평면계획에 따라 개별공간이 그 용도와 기능에 맞도록 전체 공간에 배치되기 때문이다. 이와 마찬가지로, 단면계획은 개별공간이 그 용도 및 기능에 따라 전체 건물에 수직적으로 어떻게 배치되는 지를 결정하는 매우 중요한 역할을 한다. 단면도를 이러한 건물의 수직공간계획을 한눈에 보여주는 역할을 한다.

■ 계획설계, 중간설계, 실시설계에서의 단면도

계획설계에서의 단면도는 단면공간계획의 내용을 주로 표현한다. 즉, 건물의 전체 형태에 따라 건물 내부의 공간형태가 어떻게 되어있는지를 보여주며, 용도에 따라 어느 실이 어느 층에 배치되는가를 결정하여 나타낸다. 또한 각 실의 용도에 맞는 천정고를 결정하며, 개략적인 층고를 결정한다.

중간설계에서는 계획설계의 단면계획을 발전시켜 종횡 2개의 단면도로 표현한다. 이때 계획설계에서 고려한 용도별 각 실의 천정고를 결정하며, 여기에 설비방식에 따른 천정 내 배관공간, 재료에 따른 바닥 마감치수, 기본적인 구조체의 치수를 감안하여 구체적인 층고를 결정한다. 이를 바탕으로 전체 건축물의 높이를 기입한다.

실시설계에서는 계획설계와 중간설계에서 결정된 천정고, 층고 등을 각 설비시스템과 구조계산 내용을 확인하고, 시공성을 검토하여 최종 확정한다. 또한 주단면도를 기본으로 계단단면상세도, 외벽상세도, 지하내벽상세도 등이 작성된다. 따라서 단면도 작성 시에는 각각의 상세한 내용을 미리 감안하여 작성하되, 추후 작성되는 상세도 내용을 검토하여 서로 상이하지 않도록 조정하여야 한다.

■ 단면도와 타 도면들과의 검토

동일한 부분을 나타내는 모든 도면들의 표기 내용은 항상 동일하여야 한다. 단면도의 경우에도 마찬가지이다. 기본도면인 단면도는 평면도에 표현된 벽체 등의 위치를 동일하게 표기하여야 하며, 입면도에 표현된 형태에 따라 그 수직 내부를 보여줌으로써 입면도의 내용과도 일치되어야 한다.

실시설계에서는 기본도면인 단면도를 바탕으로 각종 단면상세도가 작도된다. 특히 단면도를 강조하는 경우는 단면도에는 구조체인 슬래브, 보 등이 표현되므로, 구조 도면에 표기되는 내용을 반드시 확인하여야 한다. 또한 천정고와 층고와 함께, 천정 내 배관공간이 표현된다. 따라서 단면도를 바탕으로 하는 단면상세도에서는 구조도 및 설비 관련 도면과의 내용을 반드시 확인하여 작성하여야 한다.

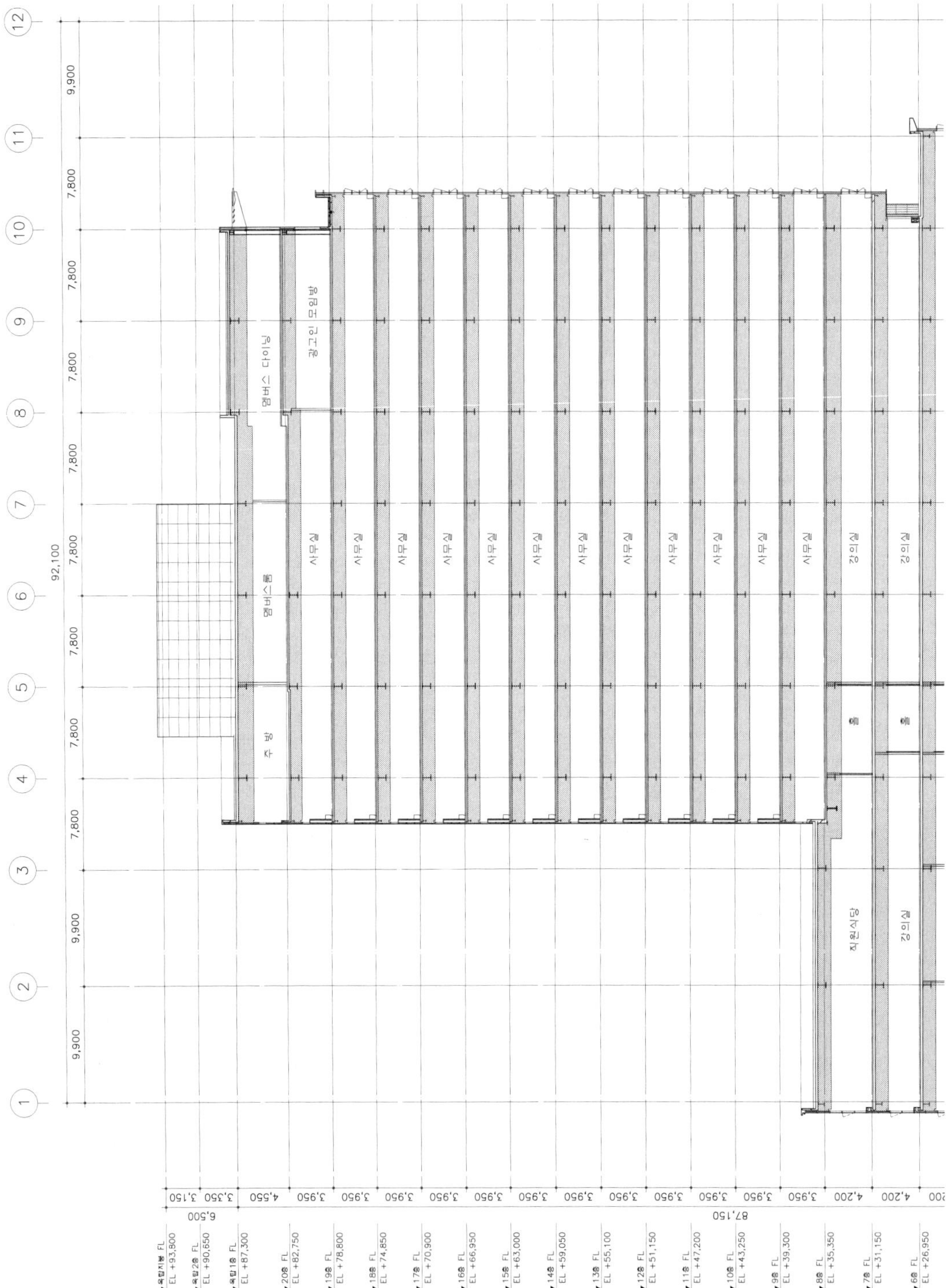

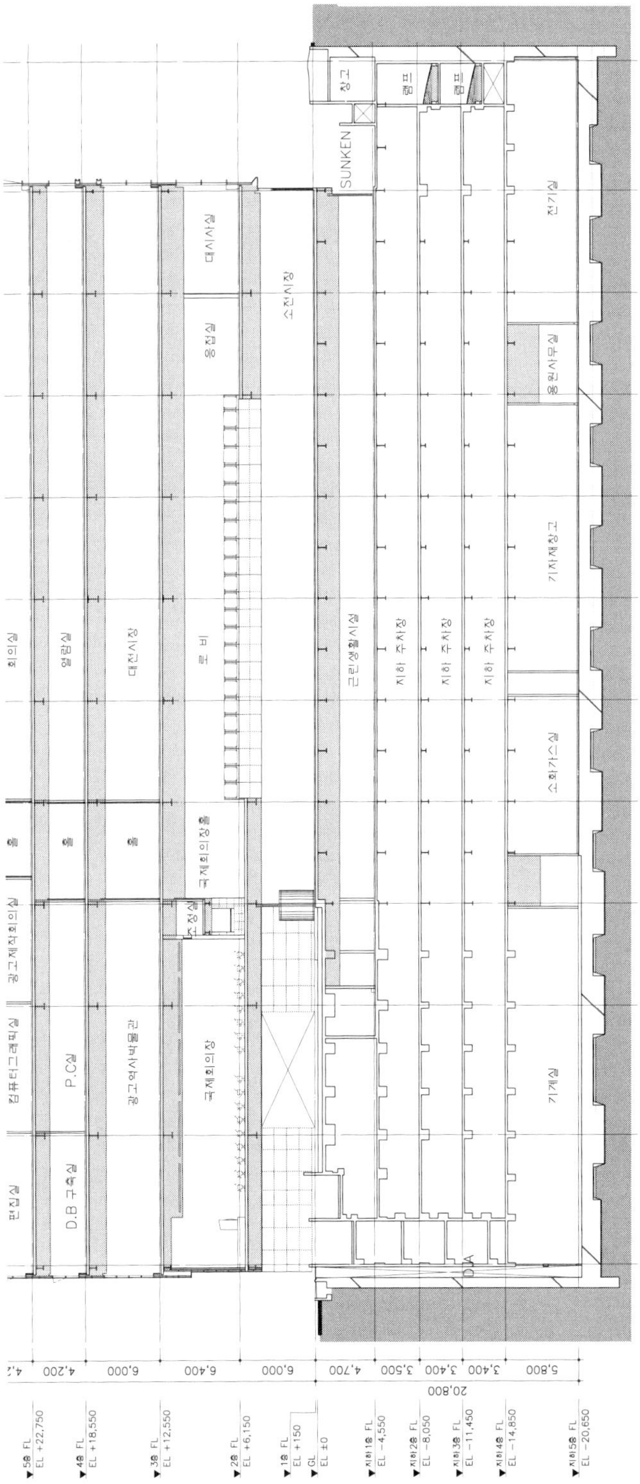
창고
SUNKEN
전기실
용원사무실
기자재창고
소화가스실
기계실
근린생활시설
지하 주차장
소전시장
대시사실
로 비
국제회의장
열람실
대전시장
회의실
P.C실
D.B 구축실
편집실

1. KEY PLAN

3-8 수직 동선 관련 상세도

3-8-1 코어 평면 상세도

A-25	코어 평면 상세도
정의 및 목적	코어계획에 필요한 모든 요소를 시공 가능하도록 상세히 표현한 도면
확인사항	- 코어 평면도와 각층 기본 평면도의 일치 여부 - 코어 내력벽 위치 및 두께와 구조도와의 일치 여부 - 코어 상세도에 표시된 마감자재와 마감목록표의 마감과 일치 여부 - 각종 설비 개구부의 크기가 관련 구조, 전기, 설비도면과 일치하는지 여부 - 각종 shaft 공간과 기둥, 보 등의 구조와의 간섭 여부 확인

■ 건축물의 코어

코어(core)란 건축물 각층에서 공통적으로 사용되는 수직동선부분과 설비공간 등을 한 곳에 집중시켜 만든 공간으로서, 엘리베이터, 홀, 계단과 같은 동선공간과 설비관련 수직 공간인 A.D(Air Duct : OA/EA/Chimny), P.S(Pipe Shaft), A.V(Alarm Valve), E.P.S(Electric Power Supply), T.P.S(Telecommunication Power Supply), 화장실 등으로 구성된다.

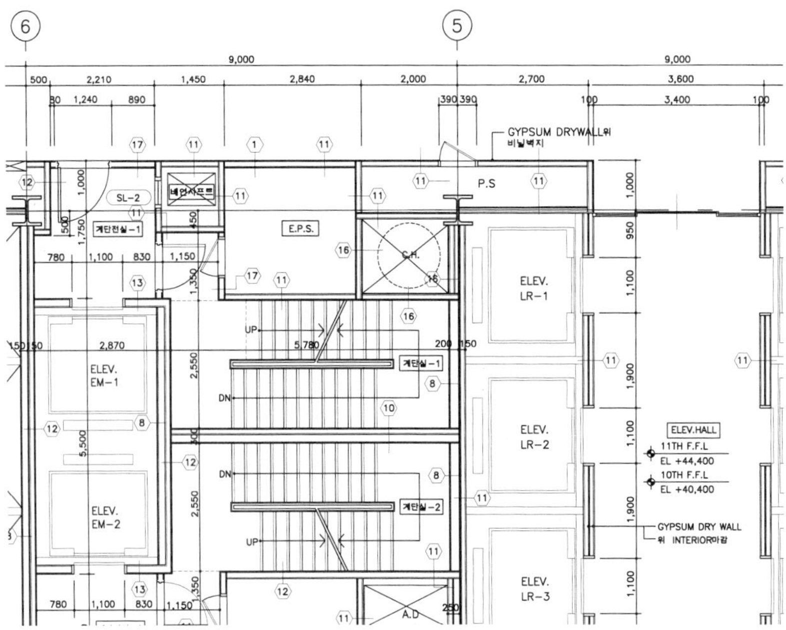

코어 구성요소 예시

■ 코어 상세도의 작성

일반적으로 코어 상세도는 중간설계 단계 이후, 즉 실시설계 단계에서 작성된다. 따라서 이전 단계에서 평면도에 표현된 코어계획을 바탕으로 실제 시공에 적합하도록 코어 구성 요소인 계단, 엘리베이터, 각종 샤프트 들의 용량 및 크기 등을 구체적으로 검토하여 작성한다.

■ 코어 상세도의 축척 및 구성

코어 평면 상세도의 축척은 1/5~1/50까지 다양하게 표현할 수 있지만, 일반적으로 축척 1/50로 작성한다. 가끔씩 코어 면적이 너무 넓어 도면배치가 어려운 경우에는 1/60을 쓰기도 한다.
코어에 화장실, 계단이 함께 있는 경우 평면 상세도에 일반적으로 함께 표현하지만, 편의에 따라 코어 평면 상세도와 화장실평면, 계단평면 상세도를 나누어 그릴 수 있다. 이때 화장실 평면과 화장실 전개도를 함께 표현하거나, 계단평면상세를 계단단면상세와 함께 표현하기도 한다. 중요한 것은 공사하는 사람이 도면의 내용을 쉽게 이해할 수 있도록 각 상황마다 가장 적합한 도면배치를 하는 것이다.

■ 계단의 계획

계단의 위치 및 개수 등은 대부분 기본계획에서 결정된다. 그러나 보다 상세한 계단참의 치수 계단의 단높이, 단너비 등의 상세한 내용은 실시설계의 평·단면 상세도에서 최종 결정된다.

■ 계단의 법적 요건 확인

계단은 용도 및 규모에 따라 건축법 등에서 정한 직통계단, 피난계단 또는 특별피난계단으로 설치하여야 한다. 또한 법에 정한 일부 용도에 대해서는 계단의 폭, 너비, 난간 등에 대한 상세한 설치 기준, 구조 등도 규정되어 있으므로, 관련 법령 등을 반드시 확인하여야 한다. 피난계단 등에서는 피난층인지 아닌지에 따라 출입문의 개폐방향 등 세세한 내용이 관련법에 제시되어 있으므로 확인 후 작성한다. 계획설계 단계에서의 건축법에 따라 피난계단여부, 피난계단의 개수 위치 등을 검토하게 됨으로 실시설계 단계에서는 그보다 자세한 관련법 시행규칙 등을 확인하여 작성한다. 그러나 경우에 따라 법적 최소치보다 계획상의 적정치수를 사용하기도 한다.

■ 엘리베이터 홀

사용자의 편의성과 공간규모 등 계획적 관점에서 접근한다. 일반적으로 양측에 에스컬레이터가 설치되어 있는 홀의 최소너비는 3m 정도를 계획한다.

■ 엘리베이터 대수 및 크기 결정

계획설계 단계에서 결정한 개략적인 엘리베이터 개수를 바탕으로 보다 상세한 용량 즉 인승을 결정한다. 건축법에 의한 대수 산정은 최소치이므로 해당 건물의 용도 및 기능에 따라 적정치를 결정한다. 이때 실제 적용은 설계자가 대수산정 관련식이나 기타 자료를 바탕으로 결정하지만, 대규모 건물 계획시에는 승용승강기 전문회사의 협조를 받아 엘리베이터 대수 및 용량을 결정한다. 이러한 용량에 따라 승강로(elevator Shaft) 크기가 결정되므로 실제 엘리베이터 생산업체에서 해당 엘레베이터의 사양을 확인하여야 한다.

■ 코어에 포함된 화장실

각 층마다 동일하게 계획되는 화장실을 코어에 포함시켜 계획하기도 한다. 계획설계시 결정된 위치와 개략적 크기를 바탕으로 실제 들어가게 되는 대변기 소변기의 개수를 결정하고, 이러한 위생도기들의 실제 크기와 그 사이의 간격 등을 고려하여 계획한다. 일반적으로 대변기의 단변 최소폭은 1,000mm(법적요건)이고 장변은 1,350~1,500mm, 소변기 사이의 간격은 750mm, 세면기 폭은 각 위생도기 사양마다 다소 상이하며, 그 사이 간격은 800mm 정도로 한다. 특히 장애인용 화장실 설치시 해당법의 시행규칙을 확인하여 그 기준치 이상으로 작성한다.

■ 각종 설비 공간 계획

설비용 공간은 바닥면적에 포함되지 않으므로 면적상의 제약은 별로 없으나, 실제 코어 구성에서 면적의 제약이 생길 수 있다. 만약 구성의 여유가 있다면, 시공의 편의성 뿐 아니라, 향후 유지관리의 편의성을 감안하여 여유공간을 고려한다. 또한 최소한의 유지관리를 위한 점검구를 반드시 설치하여야 하는데, 이러한 내용이 상세도에 명기한다. 설비공간은 각 해당 분야 설계자와 협의하여 설정하되 위치와 출입구 등은 건축 평면에 맞춰 조정하고, 천장 내에서 전기배관과 설비배관이 겹치지 않도록 유의한다.

■ 코어에 포함된 설비 관련 용어들

A.D.(Air Duct)는 냉난방 공조시스템을 위한 풍로(風路)로서 급기(OA : Outdoor Air)와 배기(EA : Exhaust Air)용 수직 덕트의 이동통로이다. 필요에 따라 굴뚝(Ch. : Chimney)나 P.S(Pipe Shaft)를 함께 설치한다.

- P.S(Pipe Shaft)는 배관의 수직설치공간으로 급수, 배수, 온수, 오수 및 통기관이 설치된다. A.V(Alarm Valve)는 소방설비의 스프링클러 배관과 여기에 설치된 알람밸브를 점검하기 위

한 수직 배관의 설치공간이다.

- E.P.S(Electric Power Supply)는 전력공급을 위해 각 층에 두는 전력분배 공간으로 가능한 층 평면의 중앙부 등에 설치하여 고른 수평배관거리가 나오도록 한다.
- T.P.S(Telecommunication Power Supply)는 전화와 인터넷선 등의 층내 배설을 위한 공간이다.

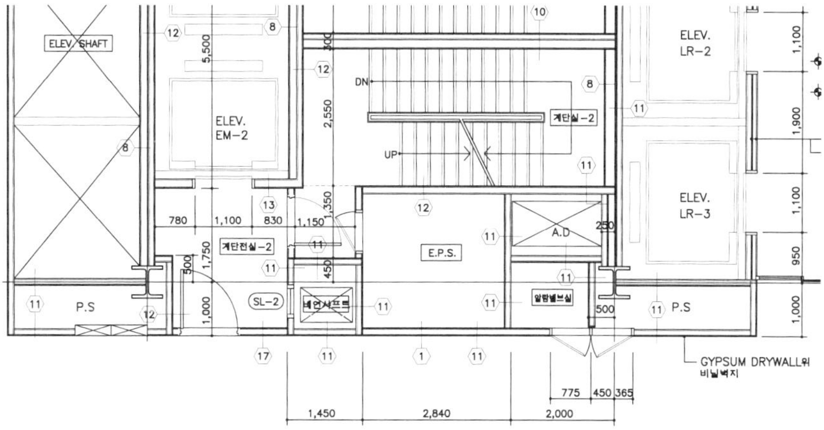

PS, EPS, AD 평면 표기 예시

■ 방화구획

코어 주변에는 방화구획이 설정되어야 하므로 방화벽과 방화문 또는 자동 방화셔터의 설치도 함께 고려한다.

■ 치수의 상세표기

상세도에서는 기본도면에서 표현된 이상의 디테일한 내용이 그려지며 이에 대한 치수가 정확히 표기되어야 한다. 따라서 평면도에서 표현된 축열사이의 치수 이외에 세부 내용에 대한 치수선이 추가된다.

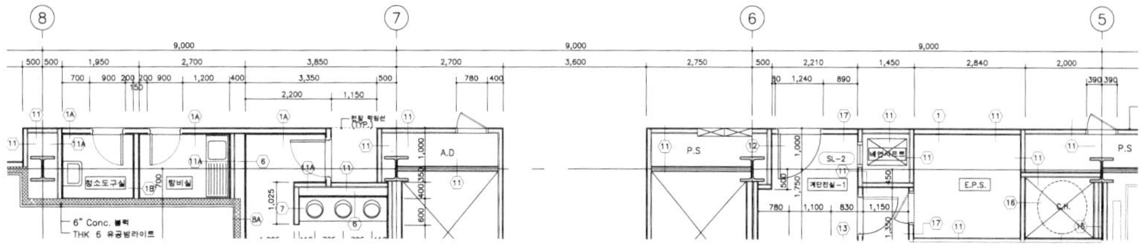

치수의 상세 표기 예시

■ 개구부 등의 부분 치수 표현

상세도에서는 출입문, 점검구 등의 모든 개구부의 위치 및 크기가 상세히 표기되어야 한다. 치수의 표기는 비록 개구부 등 일부분에 대한 표현이더라도 축열 사이 전체 치수를 모두 표기하는 것이 좋다.

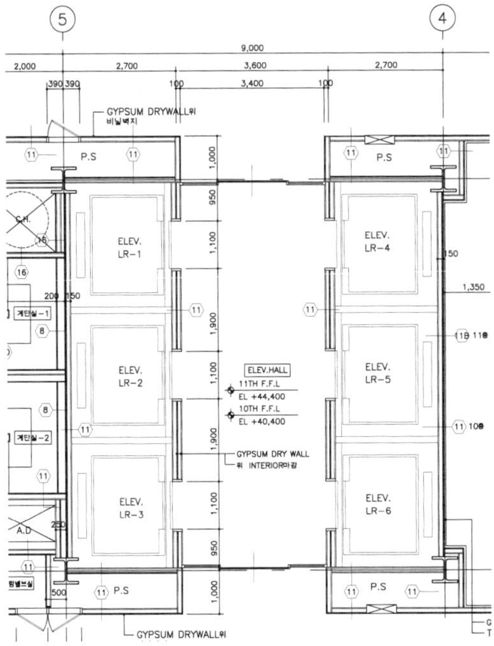

개구부 등 치수 표현 예시

■ 벽체 상세 부분 표기

또한 1/50 이상의 축척을 갖는 상세도에서는 각 벽체의 마감까지도 정확히 표현해주어야 한다. 예를 들어 콘크리트 벽체에 몰탈 위 수성페인트 마감을 하는 경우, 벽체 두께와 몰탈의 두께까지를 표현해야 한다. 건식벽체의 경우에도 그 두께를 나타내야 한다. 만약 1/50 도면에서 벽체의 내용이 표현되지 않을 경우에는 보다 상세한 스케일로 별도 도면을 작성해야 한다.

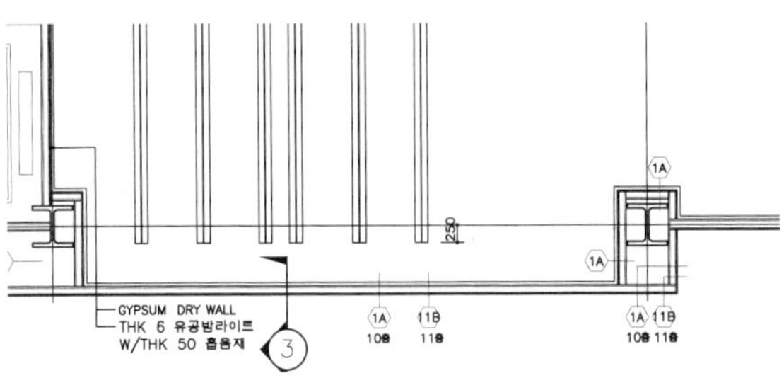

벽체 부분 상세 표기 예시

■ 구조체와의 관계

대부분의 상세도와 마찬가지로 코어 상세도에서 구조체의 표현에 유의하여야 한다. 계획설계 단계와는 달리 실시설계 단계에서는 구조체의 위치 및 치수가 확정됨으로 이를 건축상세도에 정확하게 표현하여 시공자들의 이해를 도와야 한다.

■ 실명과 실번호 구조체 및 마감 레벨의 표현

실시설계 기본 평면도에서 실명과 실번호 등이 표현되는데, 상세도에서는 이를 바탕으로 각각의 레벨을 정확하게 검토 작성하며, 기본도면의 내용과 일치하도록 한다. 가끔 상세도면을 작성시 기본도면의 내용을 변경해야할 필요가 있는데, 이때 반드시 기본도면의 내용을 다시 검토한 후 변경된 내용을 서로 일치시켜야 한다.

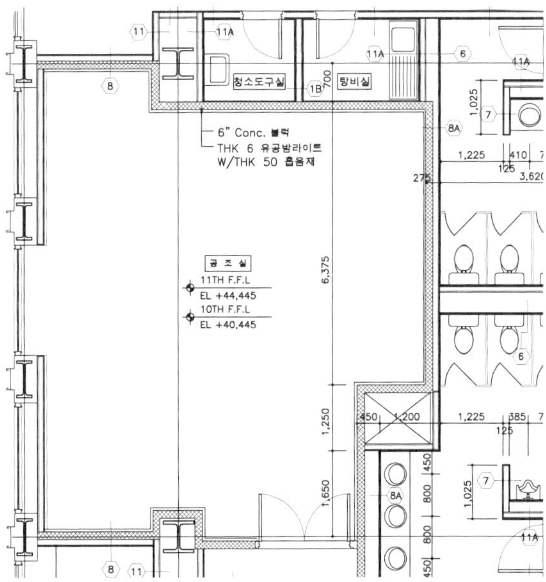

실명, 실번호, 마감 레벨 표기 예시

■ 부속 가구 및 기타 부속품 등의 표현

화장실의 세면대, 대변기, 소변기 등의 위생 도기의 위치와 크기가 명기되어야 하고, 방화셔터 등이 설치되는 경우 점선으로 나타낸다. 옥내소화전이 벽체에 매입되는 경우에도 소방도면을 확인하여 매입위치를 표기하여야 한다.

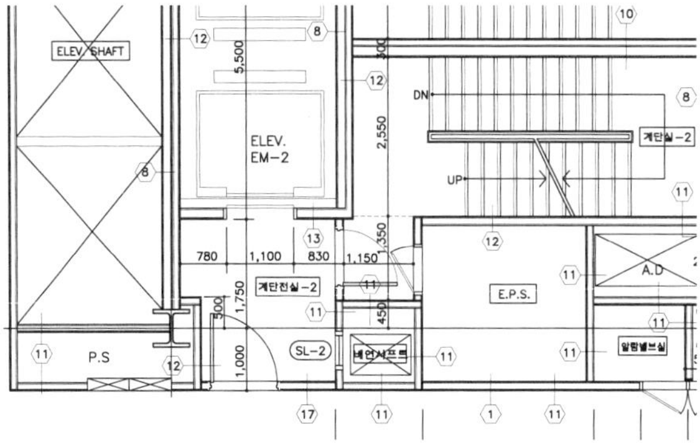

배연사프트, 알람밸브시 옥내소화전 매입 부위 표기 예시

TIP

코어의 주요 요소인 엘리베이터에 대한 법적 기준은 건축법의 승용승강기 설치기준 및 동 시행령 승강기 대수산정에 대한 내용을 참고하세요.

memo

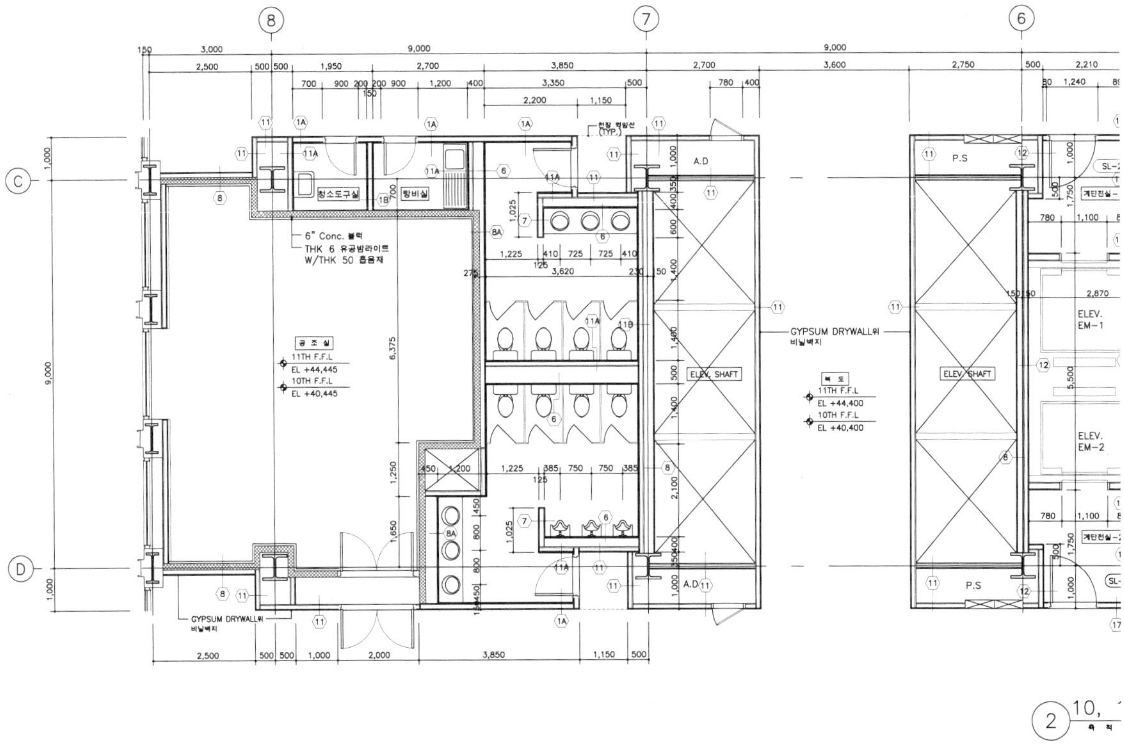
청소도구실
탕비실
6" Conc. 블럭
THK 6 유공발라이트
W/THK 50 흡음재
공조실
11TH F.F.L
EL +44,445
10TH F.F.L
EL +40,445
GYPSUM DRYWALL위
비닐벽지
A.D
ELEV. SHAFT
복도
11TH F.F.L
EL +44,400
10TH F.F.L
EL +40,400
P.S
ELEV.
EM-1
ELEV.
EM-2

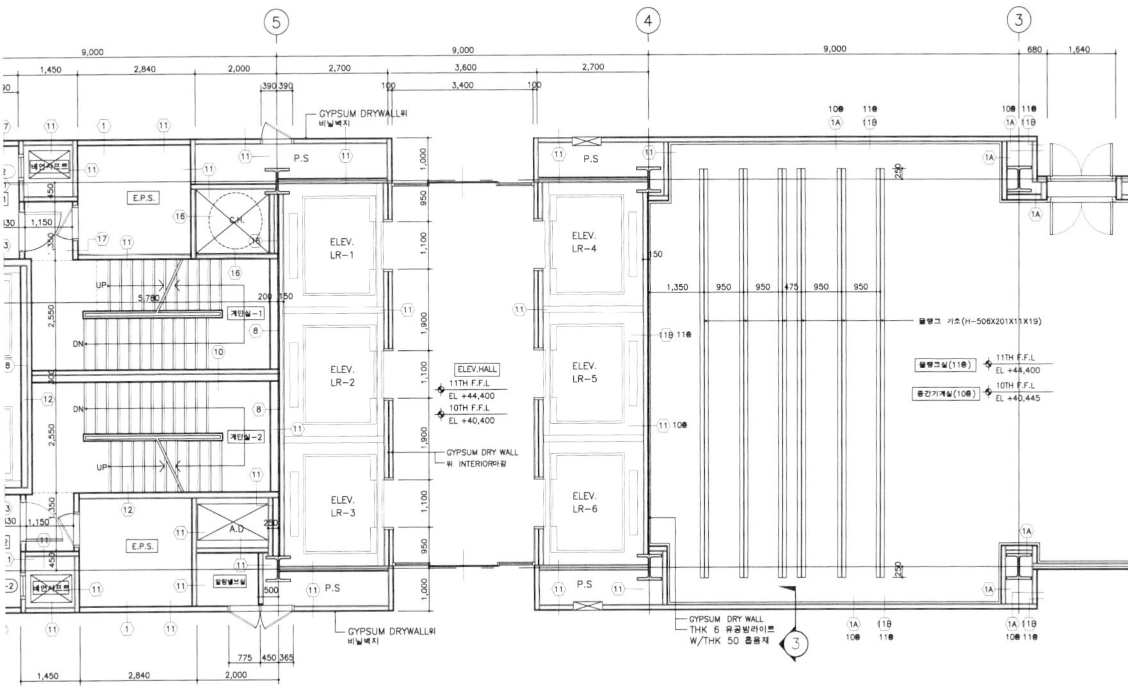

11층 코아 평면도

1/50

3-8-2 코어 단면 상세도

A-26	코어 단면 상세도
정의 및 목적	코어평면 상세도와 함께 코어 계획에 필요한 모든 요소를 시공 가능하도록 수직 단면으로 상세히 표현한 도면
확인사항	- 건축도면의 구조 부분과 구조 도면과 일치 여부 확인 - 각종 shaft 공간 확보여부 확인(보, 기둥 및 기타구조물 간섭확인) - 물침투 방지 및 방화를 위해 shaft 기밀성 구조 여부 확인 - 엘리베이터 기계실, 하부 pit 및 상부 overhead 엘리베이터 설치 계획도와 확인

■ 엘리베이터 하부 pit 부분 표기 및 구조 보강 표기

엘리베이터의 사양에 따라 pit 부분의 치수가 달라진다. 따라서 이 부분은 엘리베이터 사양을 결정한 후 확인하여 작성해야 하며, 시공시 오류를 감안하여 다소 여유있게 계획한다. 또한 pit 설치를 위해 기초부분의 형태가 변경될 경우 이러한 내용이 단면상세도에 구조도와 일치하여 표기되어야 한다.

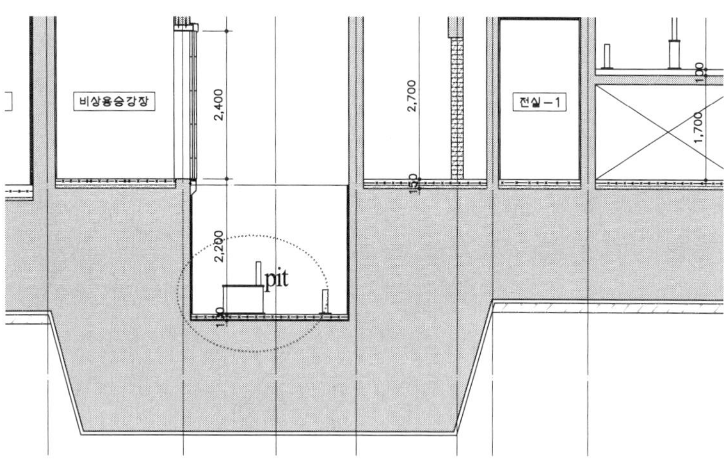

Elevator 하부 pit 단면 예시

■ 엘리베이터 상부 O.H(Overhead) 부분

O.H(Overhead)는 엘리베이터의 운영시 충격을 흡수하기 위한 샤프트 상부에 있는 여분의 공간을 말한다. 엘리베이터 pit와 마찬가지로, 엘리베이터 종류에 따라 상부 overhead 규격에 차이가 있으므로 엘리베이터 사양을 반드시 확인하여야 한다.

■ 엘리베이터 기계실 부분

엘리베이터 기계실은 엘리베이터 overhead 상부에 설치되며, 그 크기가 엘리베이터 샤프트보다 커서 주변 다른 실과 함께 계획하지 않을 경우, 기계실만을 위한 층이 별도로 만들어지게 된다. 이 경우, 유지관리를 위한 계단 또는 점검사다리를 추가해야한다. 이러한 점을 유의하여 엘리베이터 기계실 계획시 평면과 단면을 고려하여야한다. 만약, 별도의 점검용 계단이나 사다리가 필요할 경우 이용상의 편의를 검토한 후 단면상세도에 표기하여야 한다.
또한, 유압식 엘리베이터의 경우에는 기계실의 위치가 하부pit 옆에 설치되는 등 엘리베이터의 종류에 따라 기계실의 위치가 다를 수 있음으로 이점도 확인하여 도면을 작성하여야 한다.

■ 엘리베이터 출입부분 설치 마감재와 구조체 레벨 처리

엘리베이터 홀과 샤프트 출입부가 만나는 부분의 주요 치수를 명기하고, 별도의 확대 상세가 필요한 경우 따로 작성하고 이를 표시한다. 엘리베이터 홀의 마감재가 일반실과 달라 구조체 레벨이 다르게 되는 경우에 특히 엘리베이터 홀 단면에서 마감레벨과 구조체의 레벨을 명확히 하여 도면을 작성한다.

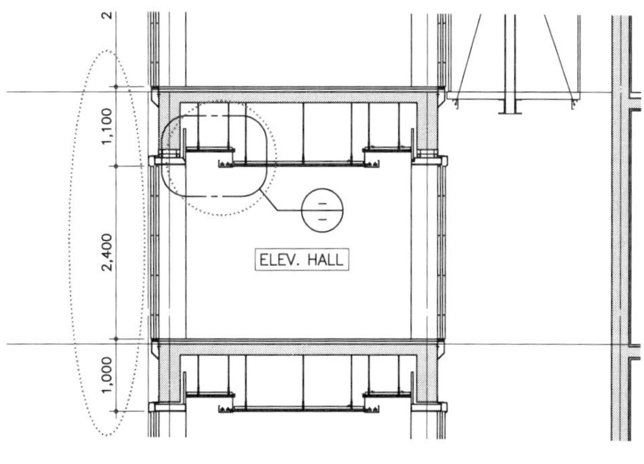

Elevator hall & shaft 단면 예시

■ shaft 벽체의 표현

일반적으로 구조상의 내력을 위해 설비 shaft를 콘크리트 벽체로 계획하나 시공상의 편의를 위하여 일부벽을 조적으로 한다. 이 경우 평면에 맞추어 벽체의 종류를 단면에 표기하도록 한다.

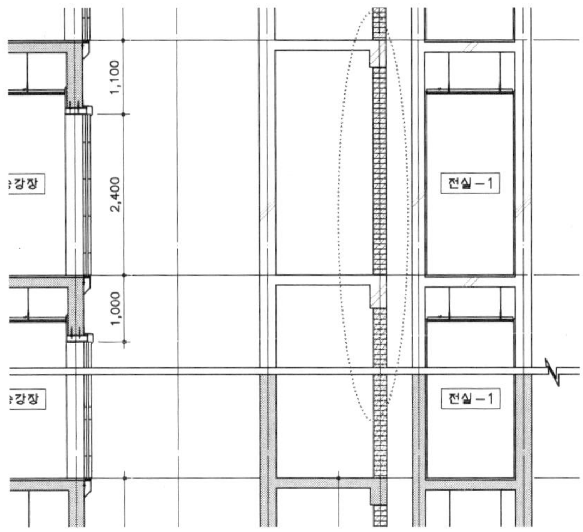

Elevator shaft 단면 예시

TIP

엘리베이터 기계실 및 오버헤드에 대한 사양은 실제 시장에서 제작 판매하는 전문업체에 문의하세요.

memo

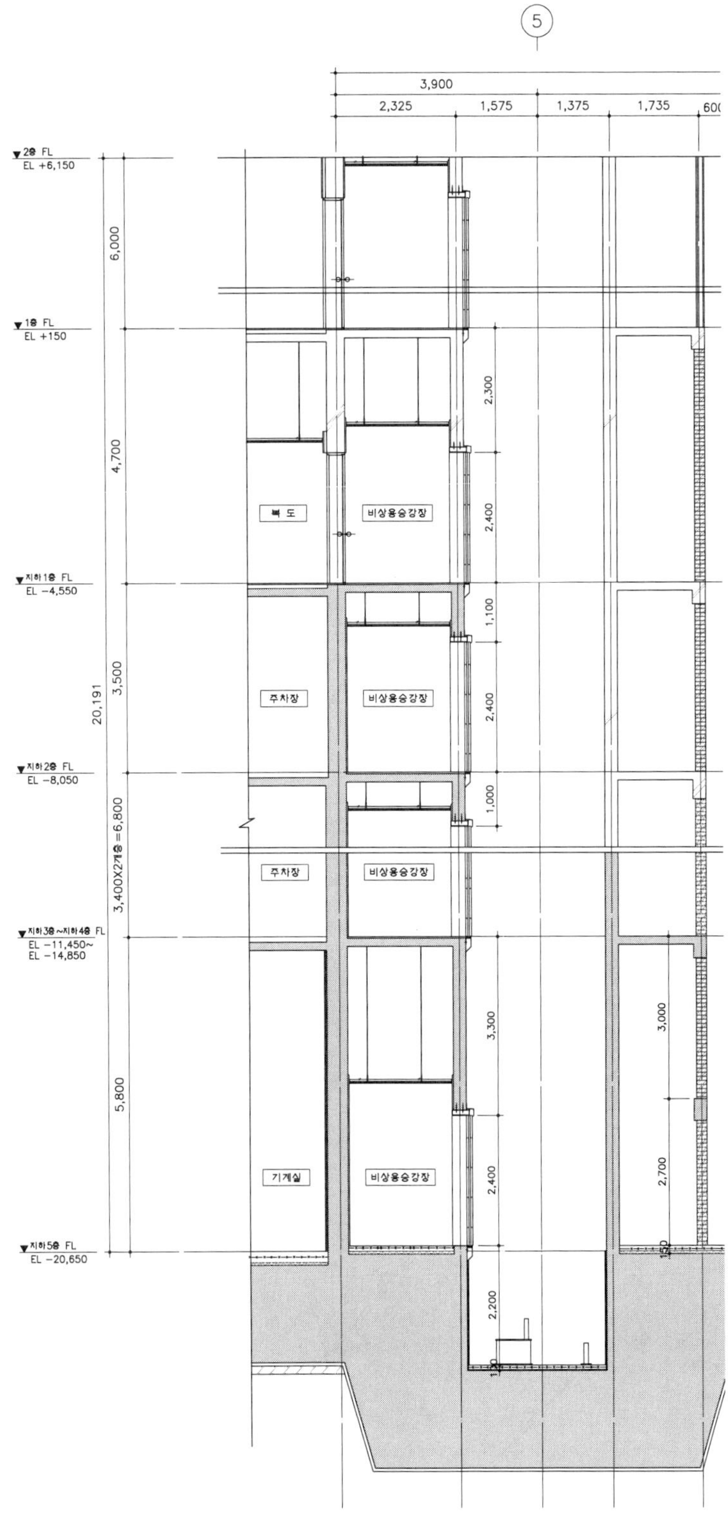

5
3,900
2,325
1,575
1,375
1,735
2층 FL
EL +6,150
1층 FL
EL +150
지하1층 FL
EL -4,550
지하2층 FL
EL -8,050
지하3층~지하4층 FL
EL -11,450~
EL -14,850
지하5층 FL
EL -20,650
6,000
4,700
3,500
20,191
3,400X2개층=6,800
5,800
2,300
2,400
1,100
1,000
3,300
2,200
3,000
2,700
복 도
비상용승강장
주차장
기계실

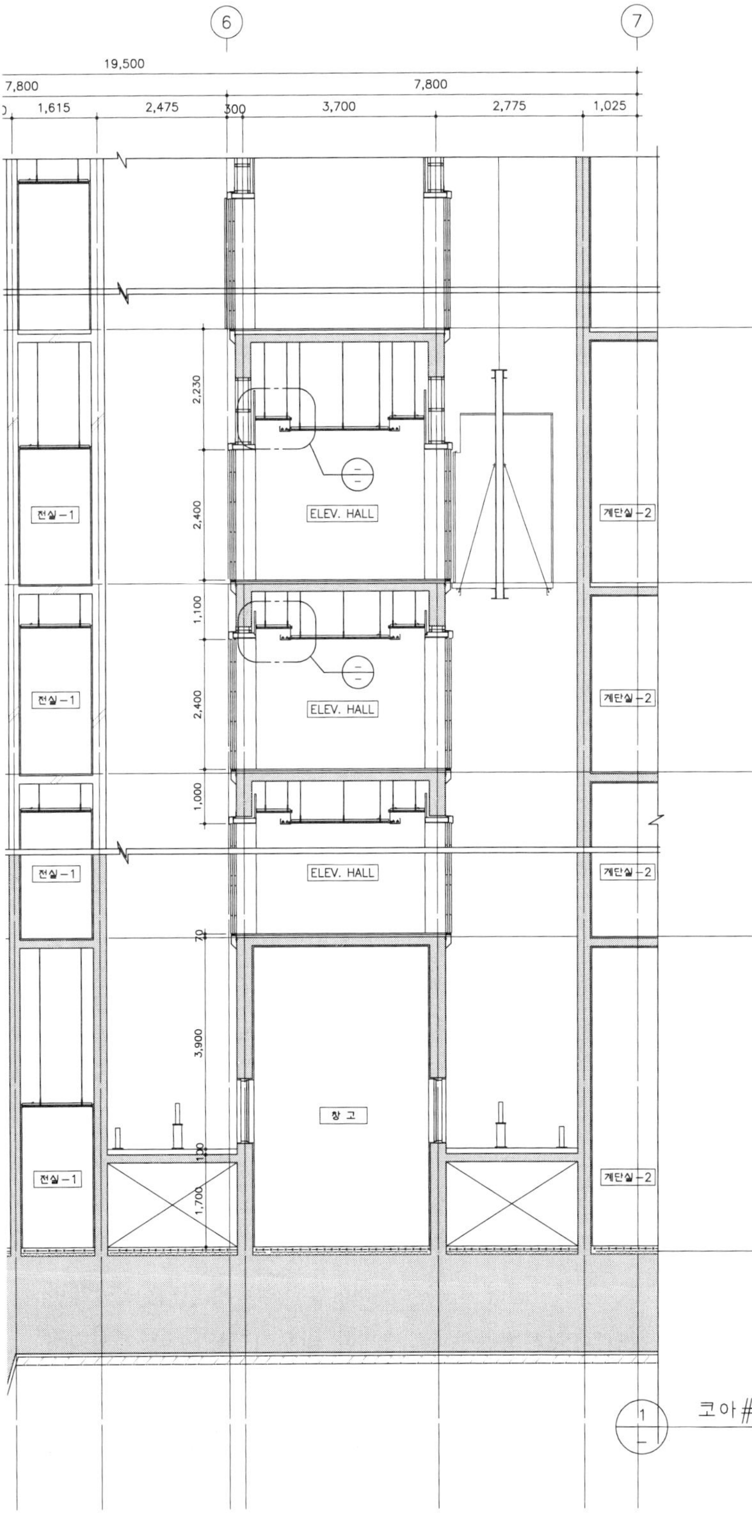

코아#1 확대단면도
축척 1/50

3-8-3 계단 평 · 단면 상세도

A-27	계단 평·단면 상세도
정의 및 목적	실제 시공을 위하여 해당 층고에 맞게 계단의 단개수, 단높이, 단너비, 핸드레일의 높이 등의 상세한 부분을 명확히 도시
확인사항	- 상세 작성부분과 해당 기본평면도와 일치 여부 확인 - 상세 작성부분과 구조평면도와 일치 여부 확인 - 일정한 계단높이 유지를 위한 계단의 구조높이와 마감높이 확인 - 계단의 법적 요건 확인

■ 계단 평 · 단면 상세도의 표기 내용

계단실의 크기 형태 등의 내용은 기본 평면도와 기본 단면도를 통해 알 수 있다. 그러나 계단의 단높이, 단너비, 난간 등은 기본도면만으로 표현하기 어렵다. 따라서 계단 평단면상세도에서는 기본도면에서 결정하기 어려운 보다 자세한 내용을 결정하여 표기하여야 한다.

■ 계단 단높이 등의 계획적 고려

인체공학적 사용자 편의를 고려한 계단의 단높이(R : riser챌판)와 단너비(T : tread 디딤판)의 기준을 적용하되, 어린이와 노약자를 위한 계단이 아닌 일반건물의 일반계단에는 T(260~280mm) × R(165~180mm)적용하지만, 실내용은 T(270~280mm) × R(170~175mm)정도, 현관계단은 T(300mm) × R(150mm)를 목표치로 두고 계획하며 층높이나 계단 높이에 따라 조절한다.

■ 계단의 법적 요건 확인

계단은 용도 및 규모에 따라 건축법 등에서 정한 직통계단, 피난계단 또는 특별피난계단으로 설치하여야 한다. 또한 법에 정한 일부 용도에 대해서는 계단의 폭, 너비, 난간 등에 대한 상세한 설치 기준, 구조 등도 규정되어 있으므로, 관련 법령 등을 반드시 확인하여야 한다. 피난계단 등에서는 피난층인지 아닌지에 따라 출입문의 개폐방향 등 세세한 내용이 관련법에 제시되어 있으므로 확인 후 작성한다. 계획설계 단계에서의 건축법에 따라 피난계단여부, 피난계단의 개수 위치 등을 검토하게 됨으로 실시설계 단계에서는 그보다 자세한 관련법 시행규칙 등을 확인하여 작성한다. 그러나 경우에 따라 법적 최소치보다 계획상의 적정치수를 사용하기도 한다.

■ 난간 등의 안전성 확인

난간의 안전성을 확보하기 위하여 법에서는 계단의 형태 및 구조 뿐 아니라, 설치 기준에 따른 기준들을 제공한다. 난간의 높이, 손잡이 직경, 손잡이와 벽 사이의 치수 등을 확인하여 표기하여야 한다.

■ 일정한 계단 단높이 유지

각 층별 마감재료와 다를 경우 이에 따른 구조체를 낮추거나 높여야 하는 부분이 발생할 수 있다. 이런 부분은 마감재의 마감필요두께에 따라 구조체 높이를 조정하여 전체 계단 높이를 일정하게 유지하도록 도면 작성을 한다.

TIP

현행 건축법 시행령에 따르면 일정 규모 이상의 건축물은 국토교통부령으로 정하는 '건축물의 피난 · 방화구조 등의 기준에 관한 규칙'에 정하는 계단 설치에 관한 내용을 따라야 합니다. 그 내용 참고하세요.

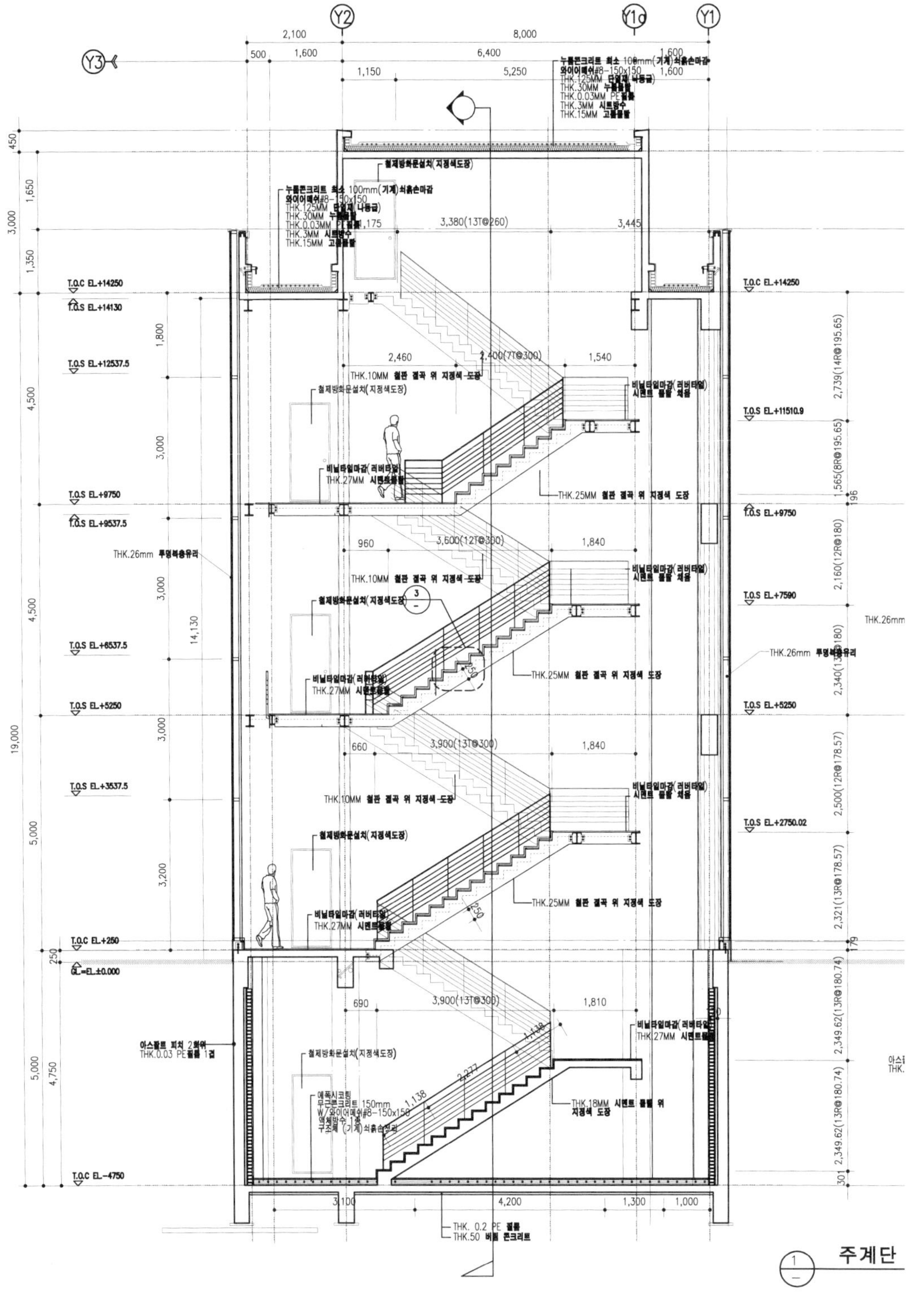
Y3
Y2
Y1a
Y1
T.O.C EL.+14250
T.O.S EL.+14130
T.O.S EL.+12537.5
T.O.S EL.+9750
T.O.S EL.+9537.5
T.O.S EL.+6537.5
T.O.S EL.+5250
T.O.S EL.+3537.5
T.O.C EL.+250
GL=EL.±0.000
T.O.C EL.-4750
T.O.S EL.+11510.9
T.O.S EL.+7590
T.O.S EL.+2750.02
철제방화문설치(지정색도장)
THK.10MM 철판 절곡 위 지정색 도장
THK.25MM 철판 절곡 위 지정색 도장
비닐타일마감(러버타일)
THK.27MM 시멘트몰탈
THK.26mm 투명복층유리
아스팔트 피치 2회위
THK.0.03 PE필름 1겹
THK.18MM 시멘트 몰탈 위 지정색 도장
THK. 0.2 PE 필름
THK.50 버림 콘크리트
3,380(13T@260)
2,400(7T@300)
3,600(12T@300)
3,900(13T@300)

1 주계단

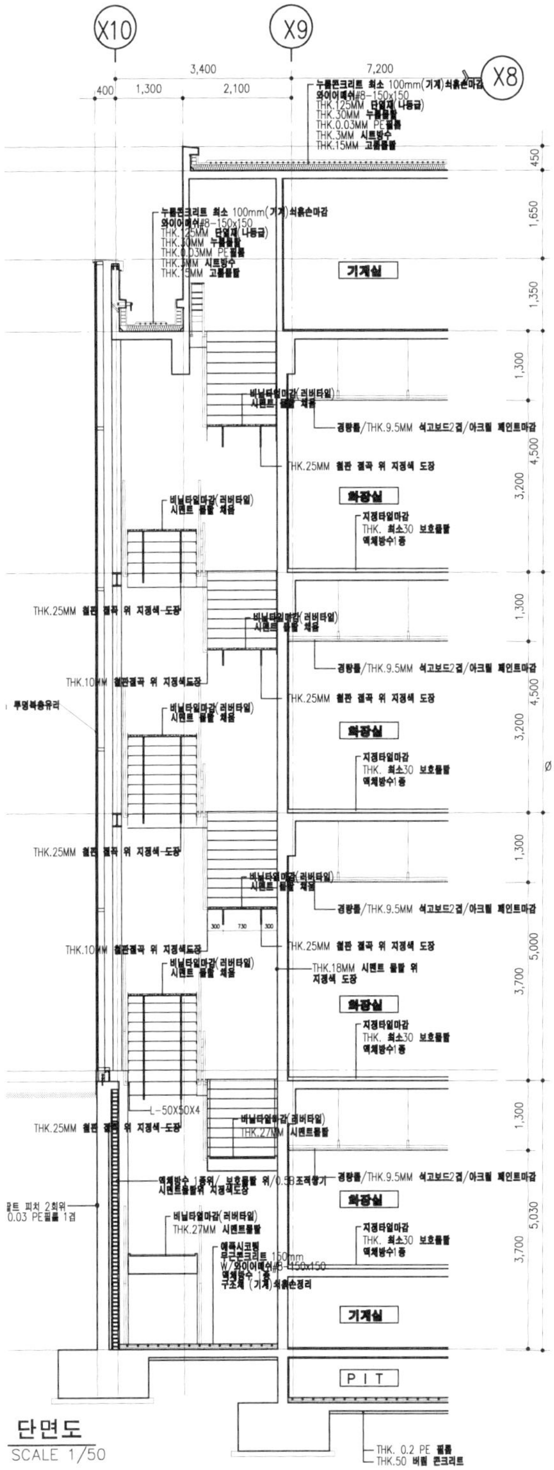

단면도
SCALE 1/50

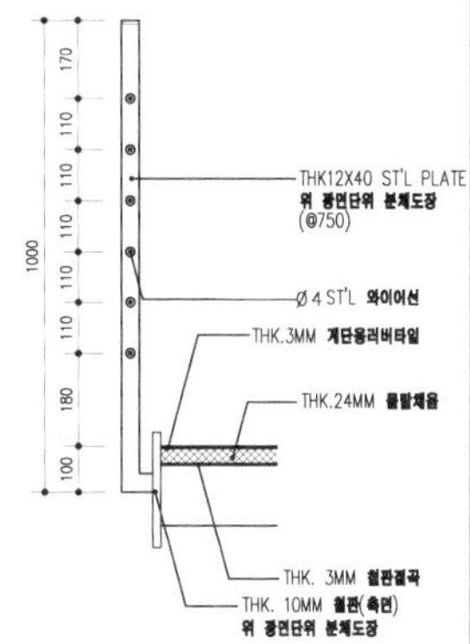

② 핸드레일상세도
SCALE 1/10

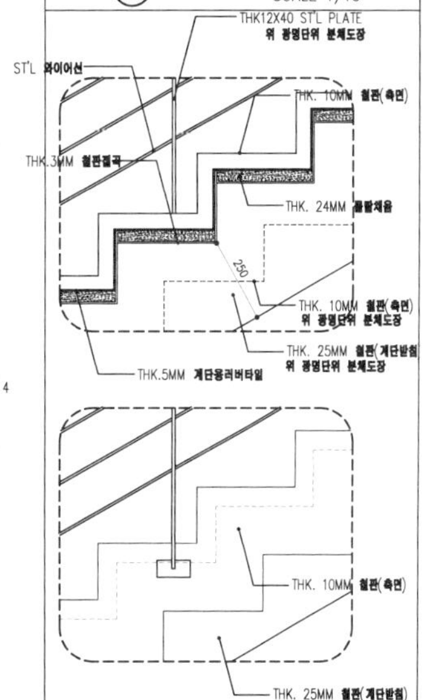

③ 부분 상세도
SCALE 1/10

3-8-4 주차 경사로 평면 상세도

A-28	주차 경사로 평면 상세도
정의 및 목적	주차 경사로의 정확한 시공을 위하여 기울기, 폭, 높이, 회전반경, 마감 등의 상세한 부분을 명확히 표기
확인사항	- 경사로 기울기 및 적정 길이 확보 여부(주차장법 내용) - 회전 반경 검토(주차장법 내용) - 연석 등의 설치 여부(주차장법 내용) - 경사로 바닥 마감 적정성 확인 - 주차 램프 트렌치 설치

■ 법적 요건 확인

주차장의 계획은 대부분 주차장법에서 정한 치수에 의해 결정된다. 주차장 계획을 위해 주차장법 및 주차장법 시행규칙의 요건을 정확히 확인하여 작성하여야 한다.

주차장법에서는 주차장을 크게 노외주차장, 노상주차장, 건축물 부설주차장으로 구분하고 있다. 일반적으로 건축 설계 시 적용되는 주차장은 건축물 부설주차장에 해당된다.

■ 주차장 출입구 (주차장법 시행규칙 참조)

주차장 출입구는 주차장법 시행규칙에 의하여, 출입구 너비 3.5m 이상으로 하며, 주차대수 규모가 50대 이상인 경우에는 출구와 입구를 분리하거나 너비 5.5미터 이상의 출입구를 설치하여 소통이 원활하도록 하여야 한다.

주차대수 400대를 초과하는 규모의 노외주차장의 경우에는 노외주차장의 출구와 입구를 각각 따로 설치하여야 한다. 다만, 출입구의 너비의 합이 5.5미터 이상으로서 출구와 입구가 차선 등으로 분리되는 경우에는 함께 설치할 수 있다.

■ 경사로 차로의 폭 (주차장법 시행규칙 참조)

경사로의 차로 너비는 직선형인 경우에는 3.3미터 이상(2차로의 경우에는 6미터 이상)으로 하고, 곡선형인 경우에는 3.6미터 이상(2차로의 경우에는 6.5미터 이상)으로 하며, 경사로의 양쪽 벽면으로부터 30센티미터 이상의 지점에 높이 10센티미터 이상 15센티미터 미만의 연석(沿石)

을 설치하여야 한다. 이 경우 연석 부분은 차로의 너비에 포함되는 것으로 본다.
주차대수 규모가 50대 이상인 경우의 경사로는 너비 6미터 이상인 2차로를 확보하거나 진입차로와 진출차로를 분리하여야 한다

■ 회전반경(주차장법 시행규칙 참조)

곡선 부분은 자동차가 6미터(같은 경사로를 이용하는 주차장의 총주차대수가 50대 이하인 경우에는 5미터, 이륜자동차전용 노외주차장의 경우에는 3미터) 이상의 내변반경으로 회전할 수 있도록 하여야 한다.

■ 자동차용 승강기 설치시(주차장법 시행규칙 참조)

자동차용 승강기로 운반된 자동차가 주차구획까지 자주식으로 들어가는 주차장의 경우에는 주차대수 30대마다 1대의 자동차용 승강기를 설치하여야 한다. 자동차용 승강기의 출구와 입구가 따로 설치되어 있거나 주차장의 내부에서 자동차가 방향전환을 할 수 있을 때에는 진입로를 설치하고 전면공지 또는 방향전환장치를 설치하지 아니할 수 있다.

■ 경사로의 바탕 처리 및 물처리

외부와 연결된 지하 경사로 등에는 외부의 우수가 유입되지 않도록 적정한 규모의 트렌치를 설치한다. 우수유입이 우려되는 경우에는 차수판을 설치하기도 한다. 주차 램프의 미끄럼 방지 등을 위한 바닥 마감재를 선택하여야 하며, 경우에 따라 외부 노출 부분에 스노우 멜팅(snow melting) 시스템을 고려하기도 한다.

TIP

주차장관련 계획과 도면작성을 위해서는 현행 주차장법을 참고하여야 합니다. 특히 주차경사로에 대한 내용은 현행 주차장법 시행규칙의 자세한 기준을 참고하세요.

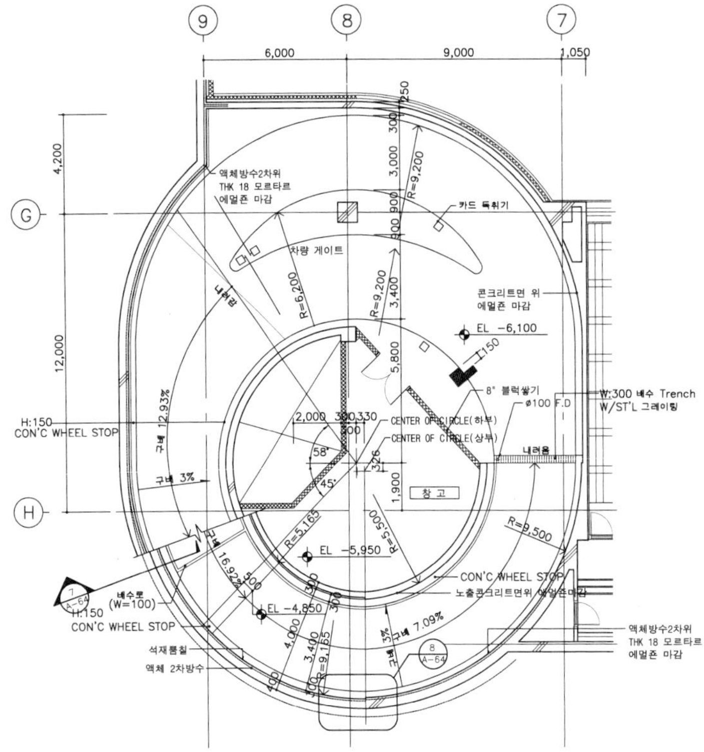

3 경사로 - 1 / 지하1층 평면상세도

축척 1/100

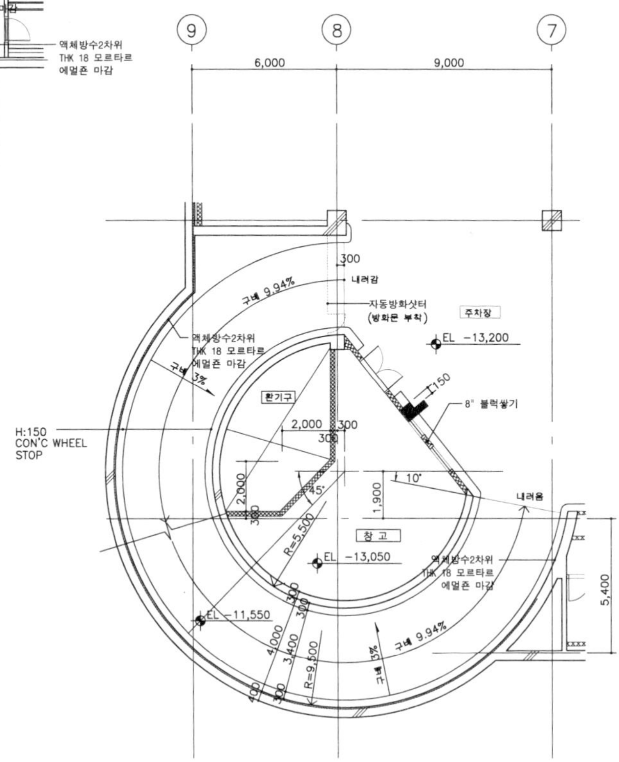

5 경사로 - 1 / 지하3층 평면상세도

축척 1/100

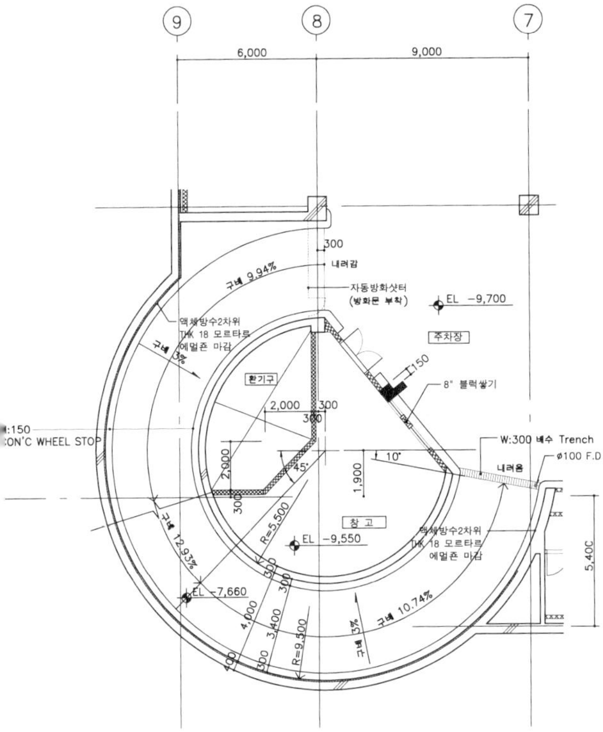

4 경사로 - 1 / 지하2층 평면상세도
축 척 1/100

■NOTE : 경사로 외부 옹벽의 액체방수는 바닥슬라브(상, 하부)및 내부 연결 옹벽의 1m범위까지 연장할 것

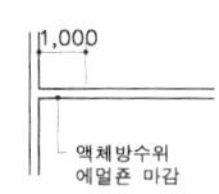

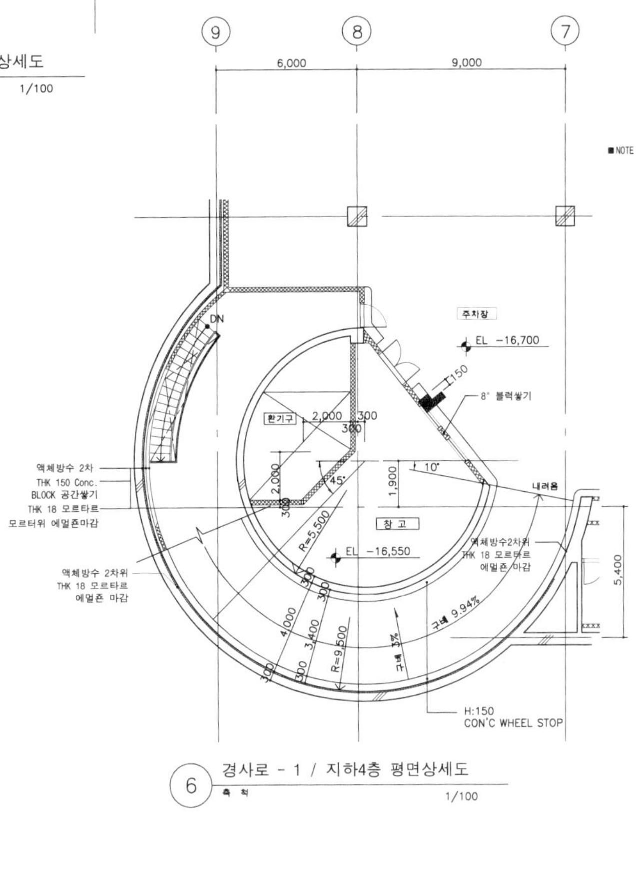

6 경사로 - 1 / 지하4층 평면상세도
축 척 1/100

3-8-5 주차 경사로 단면 상세도

A-29	주차 경사로 단면 상세도
정의 및 목적	주차 경사로의 정확한 시공을 위하여 기울기, 폭, 높이, 회전반경, 마감 등의 상세한 부분을 명확히 표기
확인사항	- 경사로의 단면 기울기 확인(주차장법 내용) - 차로 및 주차구획의 높이 확보(주차장법 내용) - 경사로 연석의 설치(주차장법 내용) - 배수 트렌치 등의 설치 - 방범셔터 설치 공간 표시

■ 법적 요건 확인

주차 경사로 평면 상세도에서 언급한 바와 같이, 주차장의 계획은 대부분 주차장법에서 정한 치수에 의해 결정된다. 주차장 계획을 위해 주차장법 및 주차장법 시행규칙의 요건을 정확히 확인하여 작성하여야 한다. 도면 내용은 대부분 주차 경사로의 평면 상세도와 관련이 있으므로 함께 확인하는 것이 바람직하다.

■ 단면상세도의 표현

축척 1/50의 도면에서는 각각의 구조체와 마감재와의 관계가 비교적 명확히 나타난다. 따라서 구조체와의 관계를 명확히 표현한다. 특히 경사로에서는 기울기를 정확히 계산한 구조체를 작도하는 것 뿐 아니라, 트렌치 설치를 위한 구조체와의 관계도 고려하여 작성하여야 한다.

■ 차로의 높이(주차장법 시행규칙 참조)

주차에 사용되는 부분의 높이는 주차바닥면으로부터 2.1미터 이상으로 하여야 하며, 지하식 또는 건축물식 주차장의 차로 높이는 주차바닥면으로부터 2.3미터 이상으로 하여야 한다.

■ 경사로 단면 기울기(주차장법 시행규칙 참조)

경사로의 종단경사도는 직선 부분에서는 17퍼센트를 초과하여서는 아니 되며, 곡선 부분에서는 14퍼센트를 초과하여서는 아니 된다.

■ 경사로 연석의 설치(주차장법 시행규칙 참조)

주차 경사로의 차로 부분과 벽면이 만나는 부분에는 완충작용을 하는 연석이 있다. 법에 의하면, 경사로의 양쪽 벽면으로부터 30센티미터 이상의 지점에 높이 10센티미터 이상 15센티미터 미만의 연석(沿石)을 설치하여야 한다.

TIP

주차장관련 계획과 도면작성을 위해서는 현행 주차장법을 참고하여야 합니다. 특히 주차경사로에 대한 내용은 현행 주차장법 시행규칙의 자세한 기준을 참고하세요.

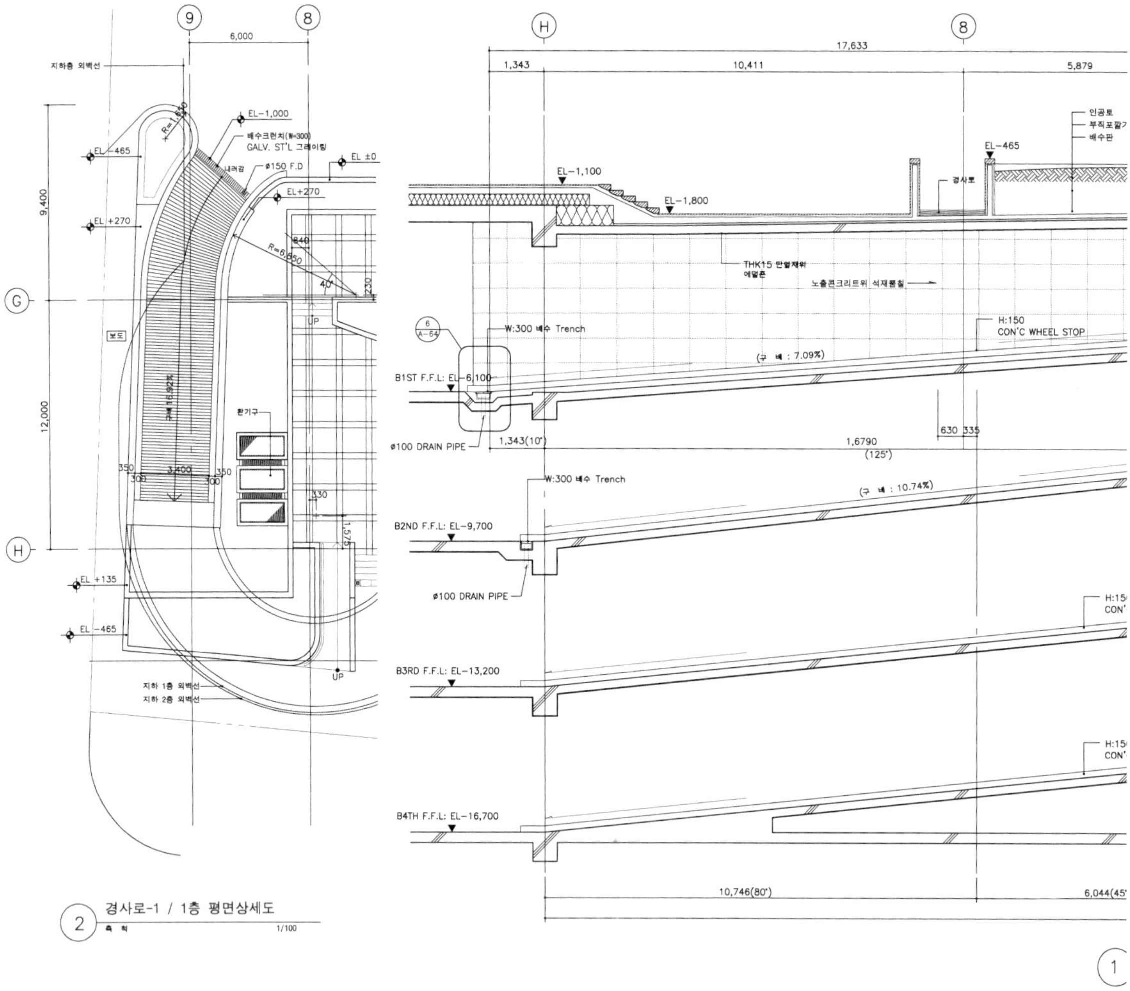

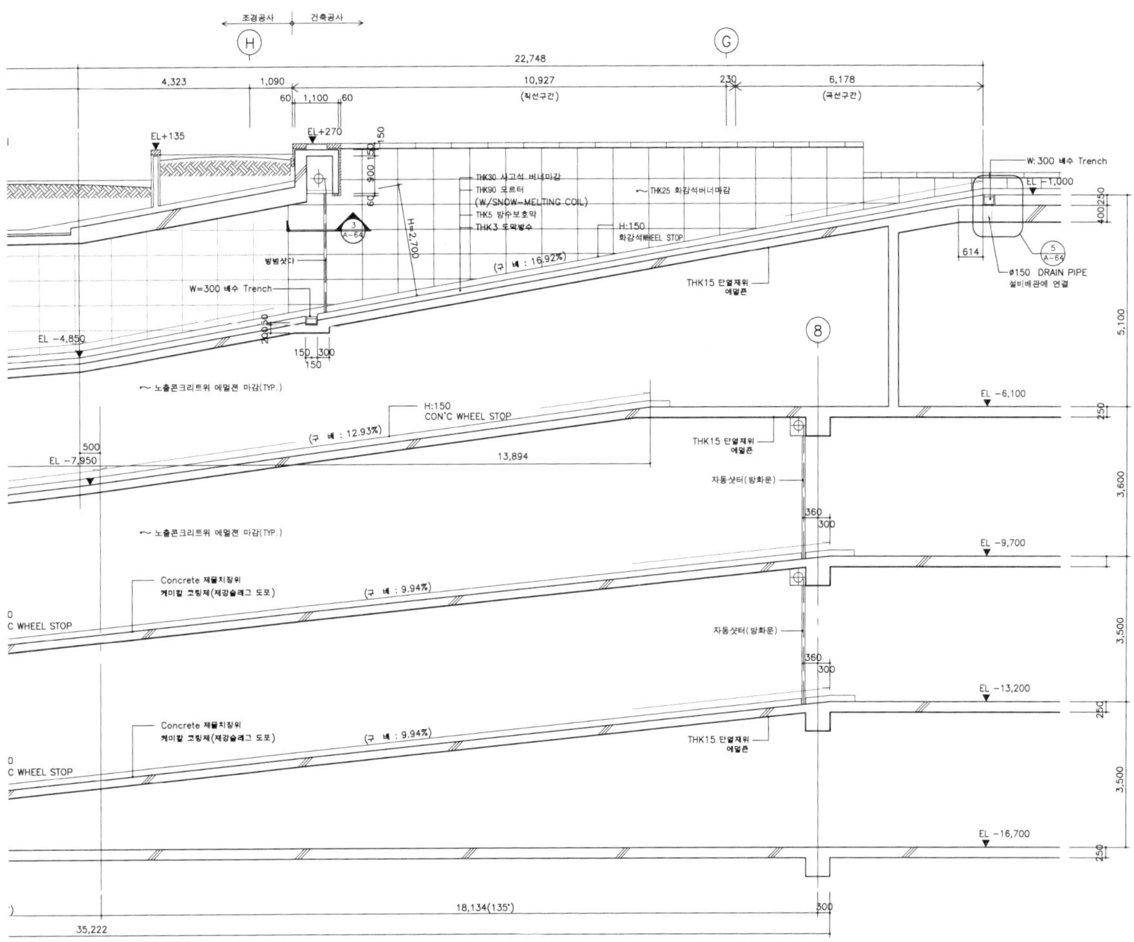

경사로 - 1 종단면상세도
축 척 1/50

3-9 주요 부분 평·입·단면 상세도

3-9-1 주 · 부출입구 평 · 입 · 단면 상세도

A-30	주(부)출입구 평·입·단면상세도
정의 및 목적	주(부)출입구의 정확한 시공을 위하여 방풍실, 출입구, 캐노피의 상세한 위치 및 크기와 전면 외벽과 출입구 바닥 마감 등을 명확하게 도시한 평면, 입면, 단면도
확인사항	- 기본 평·입·단면도와 일치 여부 - 구조 도면과 구조체 부분 일치여부 확인 - 캐노피 설치 위치 평면, 입면 단면 상세에서 일치여부 확인 - 방범셔터 표기누락 등 확인 - 출입부 부분 우수 및 침수 방지를 위한 단 설치 혹은 경사 여부 확인 - 지상 외부와 면하는 지하 부분 단열 및 결로와 방수 여부 확인 - 캐노피 등 본 건물에 추가되는 부재의 부착 공법 확인 - 추가 확대 상세 부분 작성 여부 확인. 작성시 작성부위 도면에 표기

■ 평면, 입면, 단면을 종합적으로 고려

방풍실처럼 넓지 않은 공간의 상세한 도면을 작성할 때는 평면, 입면, 단면을 한꺼번에 고려하는 것이 도면 작성시에도 편리하고, 시공할 때도 쉽게 이해할 수 있다.

1) 주출입구 평면 상세도

■ 방풍실의 설치

에너지 절약을 위해서 일정규모 이상의 건축물 출입구에는 관련법에 의해 방풍실을 설치하여야 한다. 방풍실의 크기는 건축물 전체 규모에 따라 좌우된다. 방풍실 진입부 폭은 전체 입면 계획시 함께 고려되어지며, 출입문이 열고 닫히는데 필요한 공간과 출입하는 사람들이 서로 부딪히거나 정체되지 않을 정도의 깊이로 계획한다.

■ 캐노피(canopy)[10]설치

방풍실 상부에 설치되는 캐노피는 일반적으로 방풍실 평면 상세도에 점선으로 표시되며, 그 치수도 함께 기입된다.

---

10) 캐노피(canopy) : 천개(天蓋), 차양, 현관, 문턱, 창문, 니치(龕), 침대, 제단, 설교단, 능묘 등의 위쪽을 가리는 지붕처럼 돌출된 것, 혹은 덮개. 발다키노보다 광의적인 의미를 가지며, 간단하고 가설(假設)적인 것에 사용됨. 네이버 지식백과

■ 점자 블록 등의 표기

장애인의 편의를 위하여, 관련법에 의한 공공의 건축물 등에는 장애인 출입을 도와주는 점자 블록을 설치하도록 규정되어 있다. 평면 상세에서는 장애인 편의에 적합하도록 점자블럭의 위치를 표기하고 점자블럭과 바닥 마감재가 어우어지도록 바닥의 마감재의 줄눈등을 함께 고려하여 표시한다.

■ 바닥마감의 표기

주출입구는 상대적으로 많은 사람들이 이용하는 시설로 그 바닥재 선정시 내구성을 특히 고려하여 선정한다. 평면 상세에서는 이러한 마감재료의 두께, 재질, 마감방법을 정확하게 표기한다. 예를 들어 'T 30 화강석 물갈기'는 두께 30mm(두께)인 화강석(재질)을 물갈기 방식으로 마감하여 시공한다' 라는 것을 말한다. 보다 상세한 도면에서는 마감재의 크기 뿐 아니라 마감재 사이의 줄눈도 표기한다.

■ 재료별 접합 부분 표기

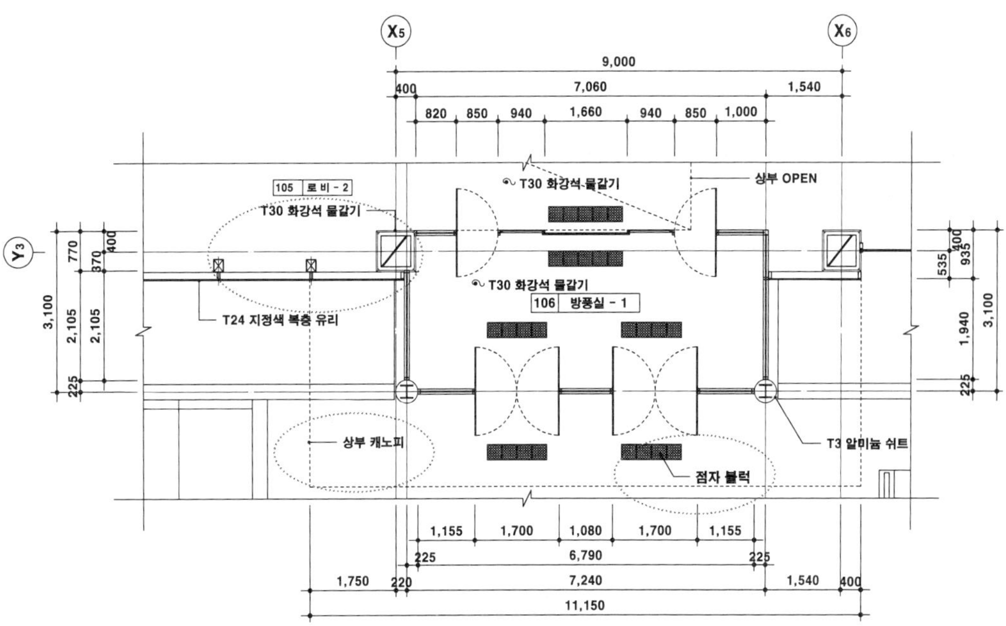

방풍실 평면 상세 예시

축척 1/50 정도의 평면 상세에서는 각 이질 재료의 접합부분이 간단히 표시된다. 즉, 콘크리트 기둥에 석재를 붙이는 것인지, 철골기둥에 알미늄 쉬트를 감싼 것인지 정도는 명확히 표기 된다. 창호의 경우에도 멀리온(mullion)[11] 의 위치가 유리 전면부에 있는지 내부에 숨어있는지 정도를 표현된다. 물론 이에 대한 자세한 공법은 보다 상세한 축척의 도면에서 표기된다.

2) 주출입구 입면상세도

■ 외장 재료의 표기 및 줄눈의 표현

건물의 주요 외장 재료는 기본 입면도에 표기된다. 축척 1/50정도의 입면상세도에서는 외장재료별로 구체적 범위가 표시된다. 즉 T30 화강석물갈기, T30 화강석 버너마감, T24 복층유리 등 재료별 범례를 정해 입면상세도에 표기한다. 그리고 시공을 위해 각 외장 재료의 단위크기가 얼마이고, 각각 몇 개씩 붙이는지도 도면에 표기한다. 단위크기의 외장재료들을 막힌 줄눈이 되도록 붙일 것인지, 수평으로만 연속된 줄눈을 가질 것인지 등을 고려하여 상세도를 작성하여야 한다.

■ 방풍실 및 주출입문의 표기

방풍실을 구성하고 있는 외부 입면의 전체 형태가 표기되고, 구체적으로 어느 부분은 석재인지, 고정(fix)된 유리인지, 열린 유리인지 등이 정확히 표현되어야 한다. 출입문의 위치가 도면에 표기되고, 출입문의 재질이 강화유리인지 등도 명기하여야 한다.

■ 캐노피의 크기 및 재료 표기

주출입구 상부에 설치되는 캐노피의 정확한 크기 및 위치, 재질은 주출입구 평입단면 상세도에서 가장 자세히 표기되어야 한다. 캐노피는 주출입구의 차양과 같은 역할을 함으로 방풍실보다 일반적으로 그 크기가 크므로, 캐노피가 방풍실에서 얼마 정도 나왔는지, 캐노피를 지지하는 기둥의 형태가 어떤지 등이 표기되어야 한다. 특히 입면상세도에서는 캐노피의 높이와 층과의 관계, 캐노피의 두께 등을 명확히 적어야 한다.

---
11) 멀리온(mullion) : 중간 문설주 창틀 또는 문틀로 둘러 싸인 공간을 다시 세로로 세분하는 중간 선틀. 출처건축용어사전, 현대건축관련용어편찬위원회, 2011.1.5, 성안당, 네이버 지식백과에서 재인용

■ 레벨 표기

외부에서 바로 진입하는 주출입구는 외부와의 레벨차이가 있으므로, 이를 반드시 명기하여야 한다. 외부에서 진입레벨차가 많은 경우에는 계단이 형성됨으로 이에 대한 내용이 입면상세도에 함께 명시되어야 하며, 이에 부속되는 난간 등이 설치되는 경우에도 입면 상세도에 표기되어야 한다.

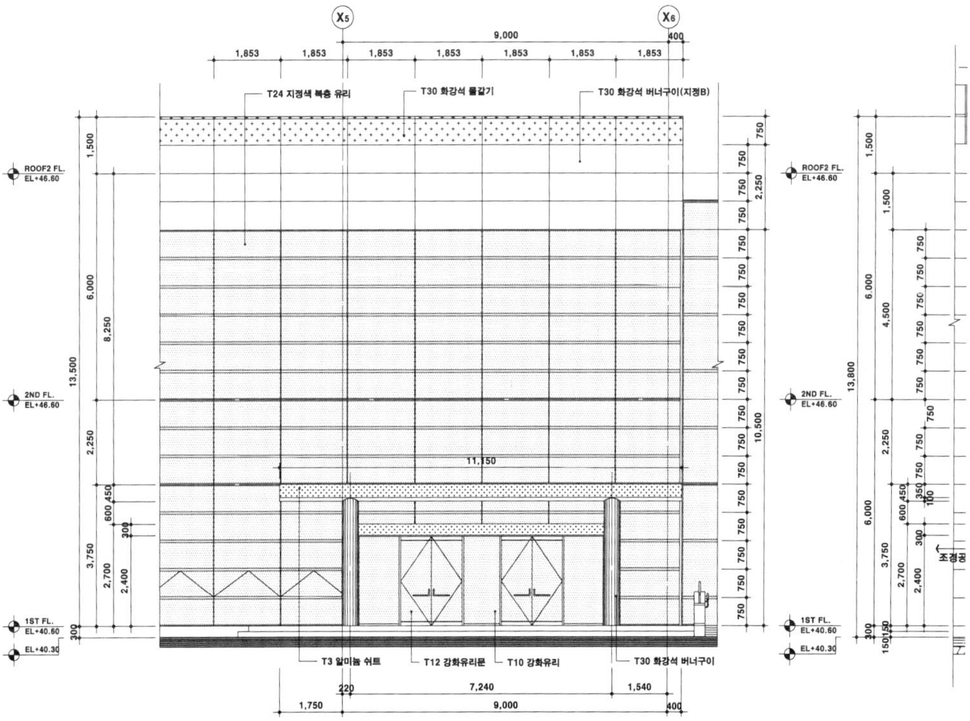

주출입구 입면 상세도 예시

3) 주출입구 부분 단면상세도

■ 주출입구 진입 계단 및 레벨 표기

주출입구 부분은 외부에서 빗물 등이 역류되는 것을 막기 위해, 레벨차를 형성한 후 에 만든다. 어떻게 레벨차가 만들어져 공사되는지를 구체적으로 보여주는 것이 단면상세도이다. 건물의 여건에 따라 지하층 구조체가 변형되거나, 아래 사례처럼 지하층이 없는 곳에는 별도의 무근콘크리트를 쳐서 주출입구 부분을 만들기도 한다.

■ 방풍실 상부 표기

방풍실은 평면이 크지 않고 단순한 출입의 용도로 쓰이므로 대부분 천장고가 높지 않다. 또한 방풍실은 모두 건물 주요 로비와 맞닿아 있으므로, 아주 소규모 건물을 제외하고는 방풍실 천장이 본 건물과 별도로 형성된다. 따라서 방풍실의 천장, 상부 부분이 어떻게 시공될 것인지 보여주는 것이 단면상세도의 매우 중요한 역할이다. 건축물에 따라 방풍실이 건물 내부에 형성되기도 하고, 건물 외부에 있기도 하는데, 외부에 형성되는 경우에는 특히, 방수와 단열 등을 고려하여야 한다.

■ 캐노피의 표기

캐노피는 단순히 빗물을 막아주는 차양의 역할이외에 건물의 정면성과 상징성을 나타내는 건물 입면의 주요 요소이다. 따라서 캐노피의 크기, 위치, 재질 등을 충분히 고려하여 단면상세도에 명확히 표기하여야 한다. 축척 1/50정도의 단면상세도에서 캐노피를 어떻게 지지할 것인지, 본 건물과의 접합은 어떻게 하며, 마감은 무엇으로 할 것인지 등이 표기된다. 이보다 자세한 각 재료별 접합, 가공 공법 등을 제시할 필요가 있다면, 보다 자세한 축척의 확대 상세도를 통해 추가로 명기하여야 한다.

■ 바닥 마감 및 천장 마감의 표기

사람들의 진입동선에 따라, 외부 바닥, 주 출입구 외부 바닥, 방풍실 바닥, 건물 내부 로비 바닥 등의 마감재료의 상호 관계를 고려하여 재료를 선정한다. 또한 외부에서부터 내부까지 이어지는 바닥의 레벨을 사람의 통행에 불편하지 않도록 맞춰야 한다. 이를 위해서는 각 부분의 마감재와 방수 등의 공법 등을 고려하여 각 부분의 구조체 레벨을 맞추어야 하며, 이를 단면상세도에 정확히 표기하여야 한다.

■ 공법의 표기 및 상세도와의 연계

단면상세도는 일반적으로 축척 1/50을 기준으로 작성한다. 이 축척에서는 벽, 바닥 천장을 형성하는 구조체와 이를 감싸는 마감재의 관계를 명확히 보여줄 수 있다. 그러나 예를 들어, 건식 벽체, 목재 바닥, 철재캐노피, 금속창호 등의 내부 자체의 시공법은 표기할 수 없다. 따라서 일반단면도에서 표기하기 어려운 상세한 내용에 대해서는 반드시 추가 확대상세도를 작성하여야 하며, 이를 일반단면도에서 표시하여야 한다.

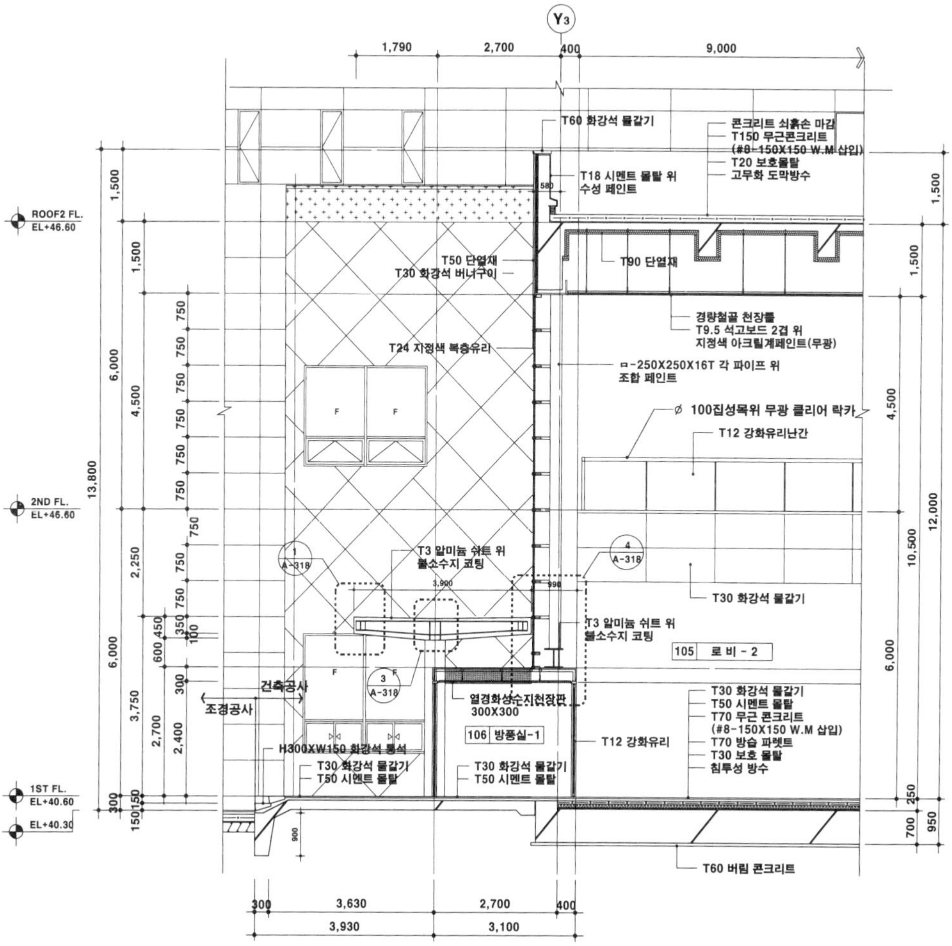

캐노피 및 방풍실 단면 상세도 예시

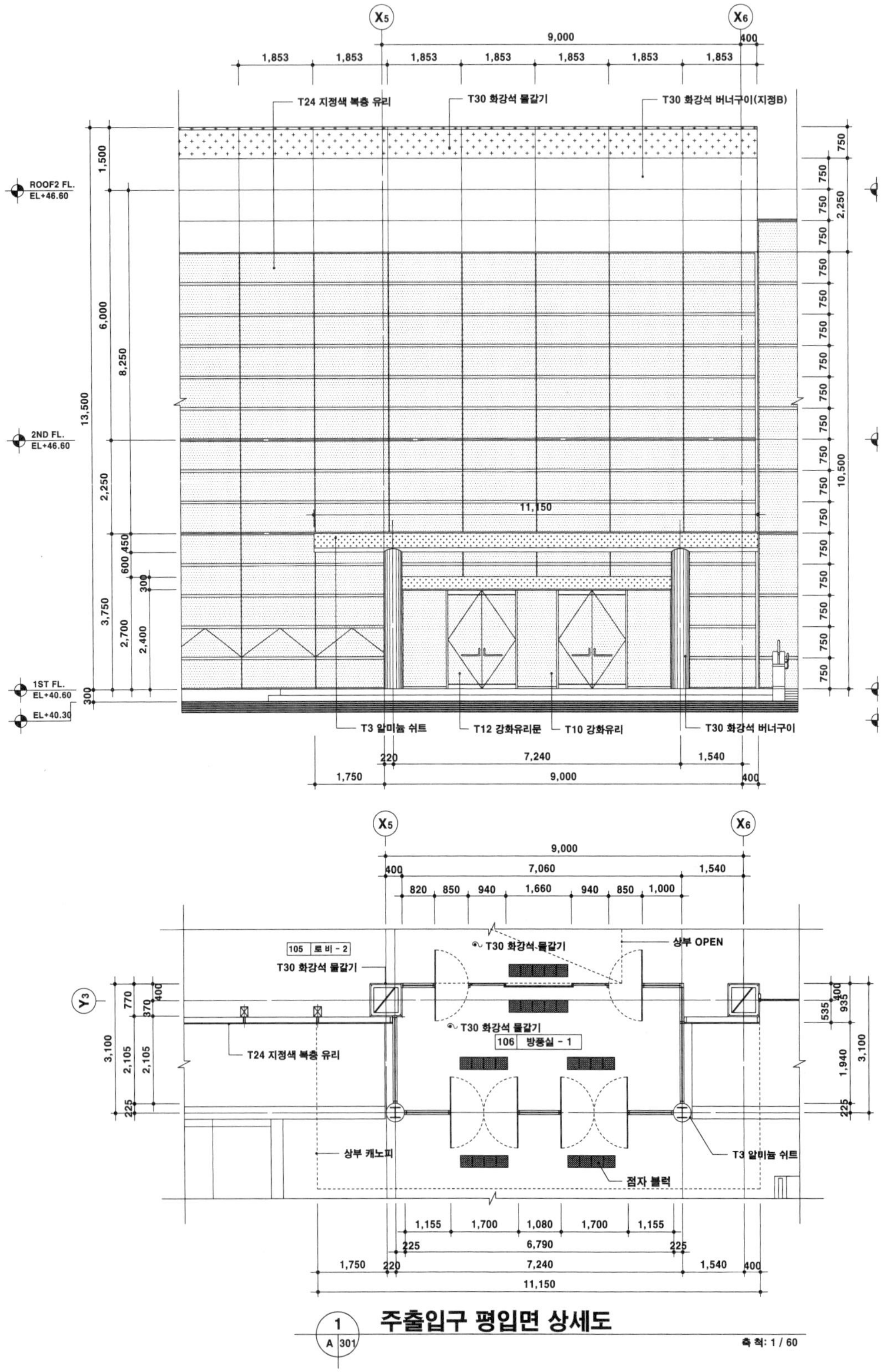

주출입구 평입면 상세도

축 척: 1 / 60

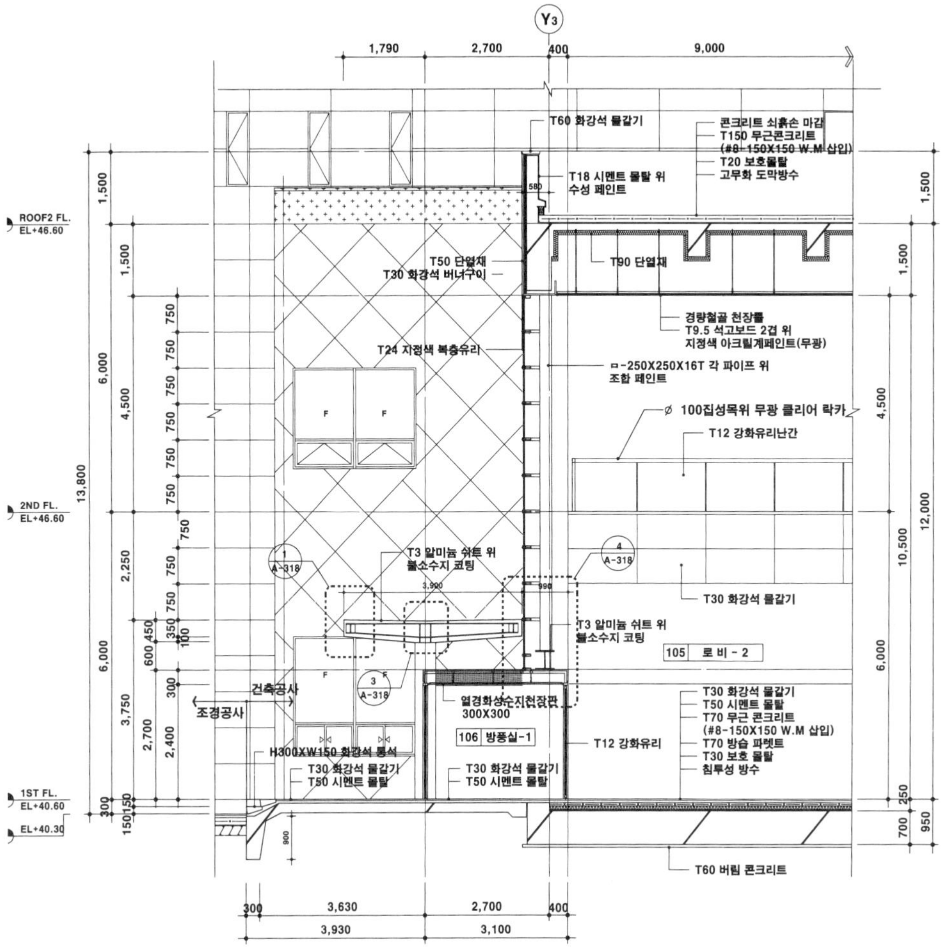

주출입구 단면 상세도

2 A 301

축 척: 1 / 60

3-9-2 지하층 단면 상세도

A-31	지하층 단면 상세도
정의 및 목적	지하에 설치되는 내외벽의 정확한 시공을 위하여, 벽, 바닥, 기초의 형태, 결로 및 단열처리, 방수처리 등을 상세한 단면으로 명확히 도시
확인사항	- 기본 단면도와 일치 여부 확인 - 바닥, 벽, 천정, 외부 바닥 등 각 부분 마감 일치 여부 확인 - 구조 도면과 구조체부분 일치 여부 확인 - 단열, 결로 등의 처리 확인 - 추가 확대 상세 부분 작성 여부 확인. 작성시 작성부위 도면에 표기

■ 각 부분의 바닥 마감, 벽체 마감, 천장마감의 표기

단면도에서는 도면에 그려지는 바닥, 벽체, 천장 부분에 대한 재료의 마감을 표기한다. 축척 1/50정도의 단면상세도에서는 벽, 바닥, 천장을 형성하는 구조체와 이를 감싸는 마감재의 관계를 구조체, 마감재의 시공순서에 맞춰서 명기한다. 이 때 각 재료의 종류, 두께, 마감의 방식 등을 명확히 하여야 한다. 또한 동일한 부분을 표시하는 타 도면의 재료 마감표현과 상이하지 않도록 유의한다.

■ 구조체의 정확한 표현

기본 단면도와 달리, 축척 1/50정도의 단면상세도에서는 구조와의 관계를 보다 정확히 보여준다. 특히 지하층은 저수조, pit 등의 적정크기를 확보하기 위해 구조체를 변형시키는 경우가 생긴다. 지하층 단면상세도는 이런 꺾인 부분의 벽체 또는 기초 등이 어떤 크기와 모양이 되는지, 여기에 방수, 단열 등의 마감처리는 어떻게 되는지를 명확히 보여주어야 한다.

■ 지표면과의 맞댄 부분의 처리

지하층 상부 중 지상 외부와 맞닿은 부분 구조체는 외부의 레벨이나 구배, 마감에 따라 구조체의 형태가 만들어진다. 외부와 맞닿는 곳에는 우수 침투 등을 막기 위한 방수 처리가 필요하며, 방수를 위한 마감 두께는 외부 바닥 공사 마감시 함께 고려된다. 외부와 맞닿은 부분은 단열 및 결로에 취약함으로 단열재 시공 등을 반드시 명기하여야 한다.

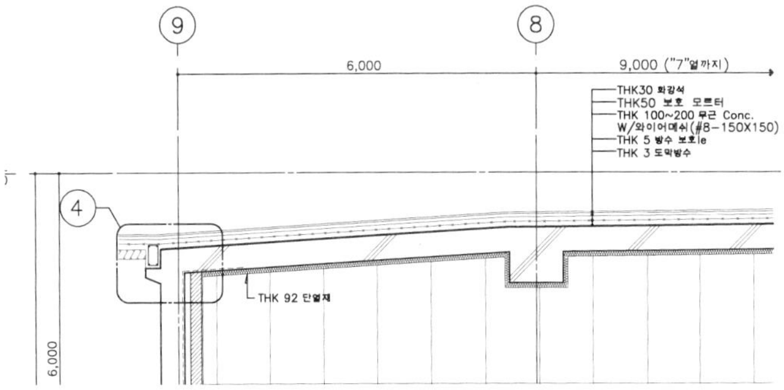

지표부위 단면 예시 1

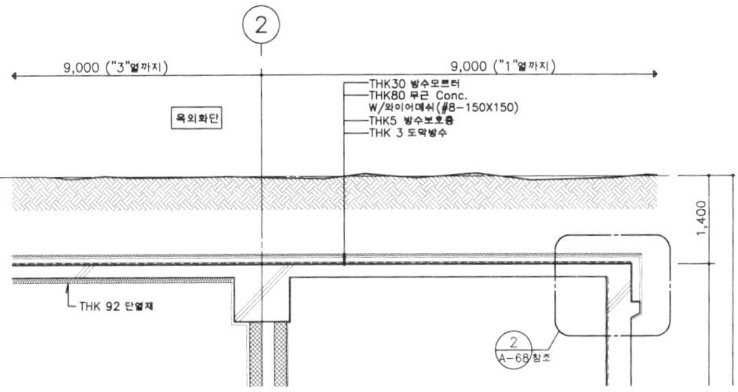

지표 부위 단면 예시 2

■ 추가 확대 상세도와의 연계

축척 1/50 의 지하 단면상세도에서 표기되기 어려운 부분은 반드시 추가 확대 상세도를 작성하여 견적에 누락되거나 시공에 어려움이 발생하지 않도록 한다. 이 경우 외벽상세도에 표시하여 추가 확대 상세도를 쉽게 이용할 수 있도록 한다.

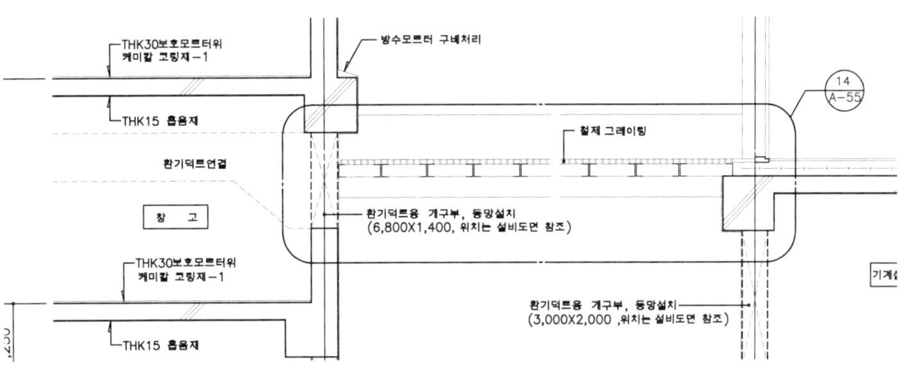

추가확대 상세도 연계 표기 예시

■ 기초부분의 표현

지하층 외벽단면상세도에서는 지하 최하부에 위치한 기초의 크기 및 형태가 구조도를 참조하여 정확히 표현되어야 한다. 건축물의 상황에 따라서 지하 기초 부분의 형태가 변형되는 경우가 있다. 즉, 지하 집수정, pit 등이 설치되거나 혹은 지하층 수가 부분적으로 달라지는 경우에는 해당 부분의 기초와 지하외벽의 형태 및 위치 등을 자세히 명기하여야 한다.

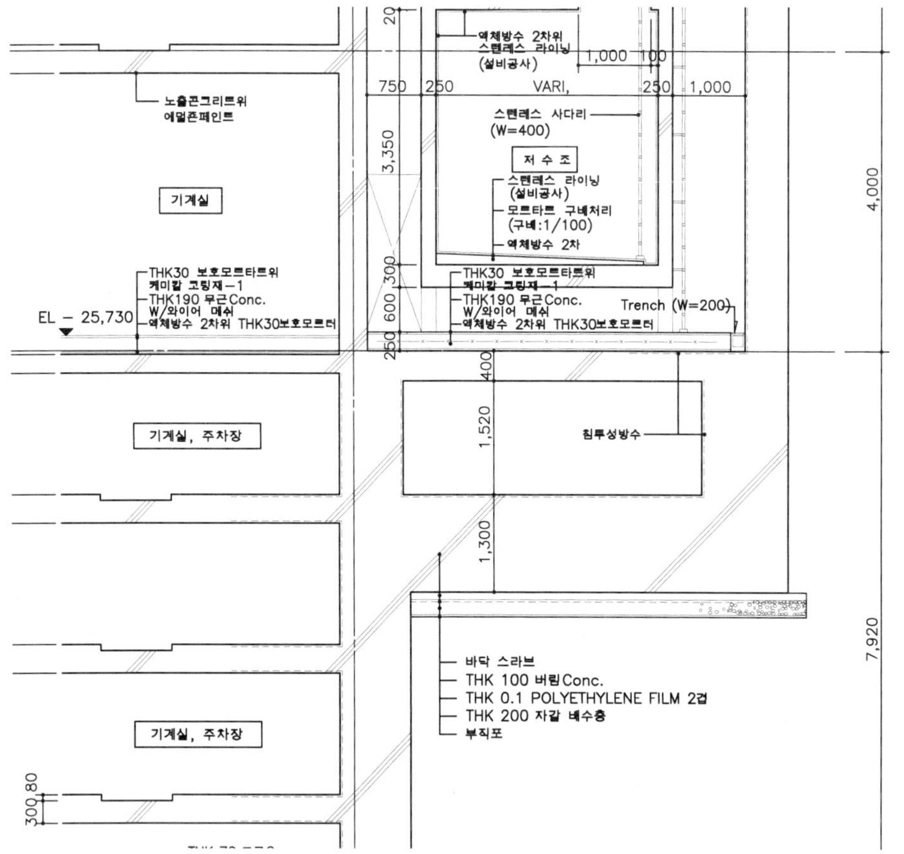

기초 부분 단면 작성 예시

■ 단열과 결로를 위한 중공벽 부분 처리

지하 외벽에는 흙에서 전달되는 습기와 온도차에 의한 결로 등을 더 면밀히 검토하여야 한다. 지하 외벽에는 항상 습기를 위한 방수와 결로 방지를 위한 중공벽을 설치하게 되는데, 이에 대한 내용이 지하 단면상세도에 반드시 명기되어야 한다. 중공벽[12]은 일반적으로 콘크리트 외벽에 100mm 정도의 공간을 남기고 실내 쪽에 조적으로 벽을 형성하여 만든다. 외벽에 방수처리를 하며, 이 2개의 벽 사이로 공기층이 형성되어 일부 단열의 역할을 한다. 외벽을 타고 내려오는 결로수가 건물 내부로 유입되지 않도록 조적벽 하부에 방수턱을 설치한다.

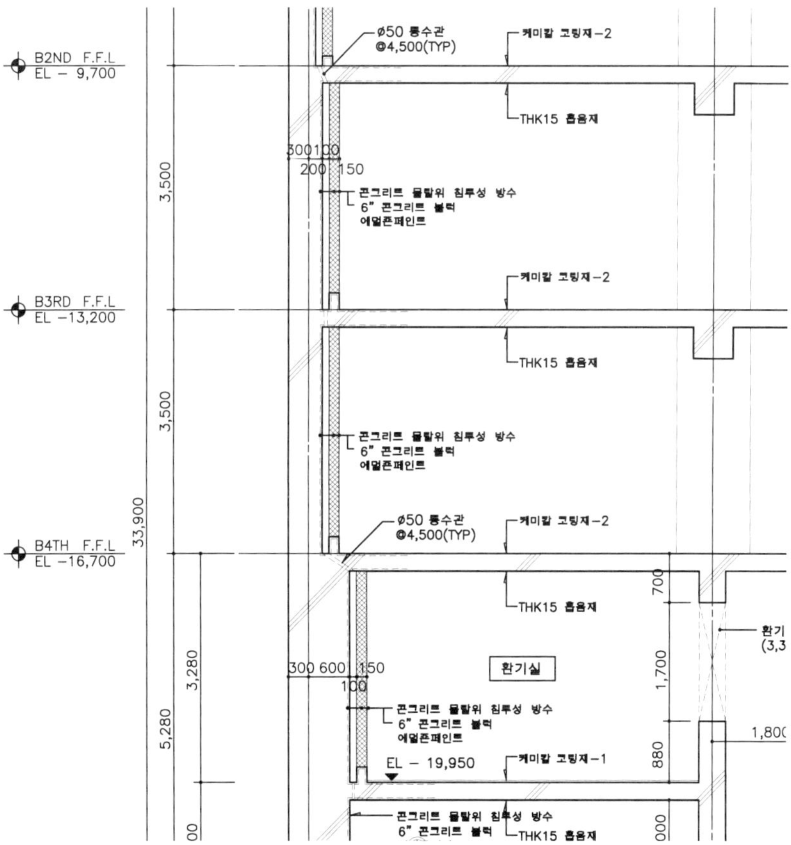

중공벽 부분 단면 작성 예시

12) 중공벽(中空壁) 〈건설〉 벽이 두 겹으로 분리되어 그 사이에 공기층을 가진 벽. 단열 효과가 있다. [비슷한 말] 공벽2(空壁). 네이버 국어사전

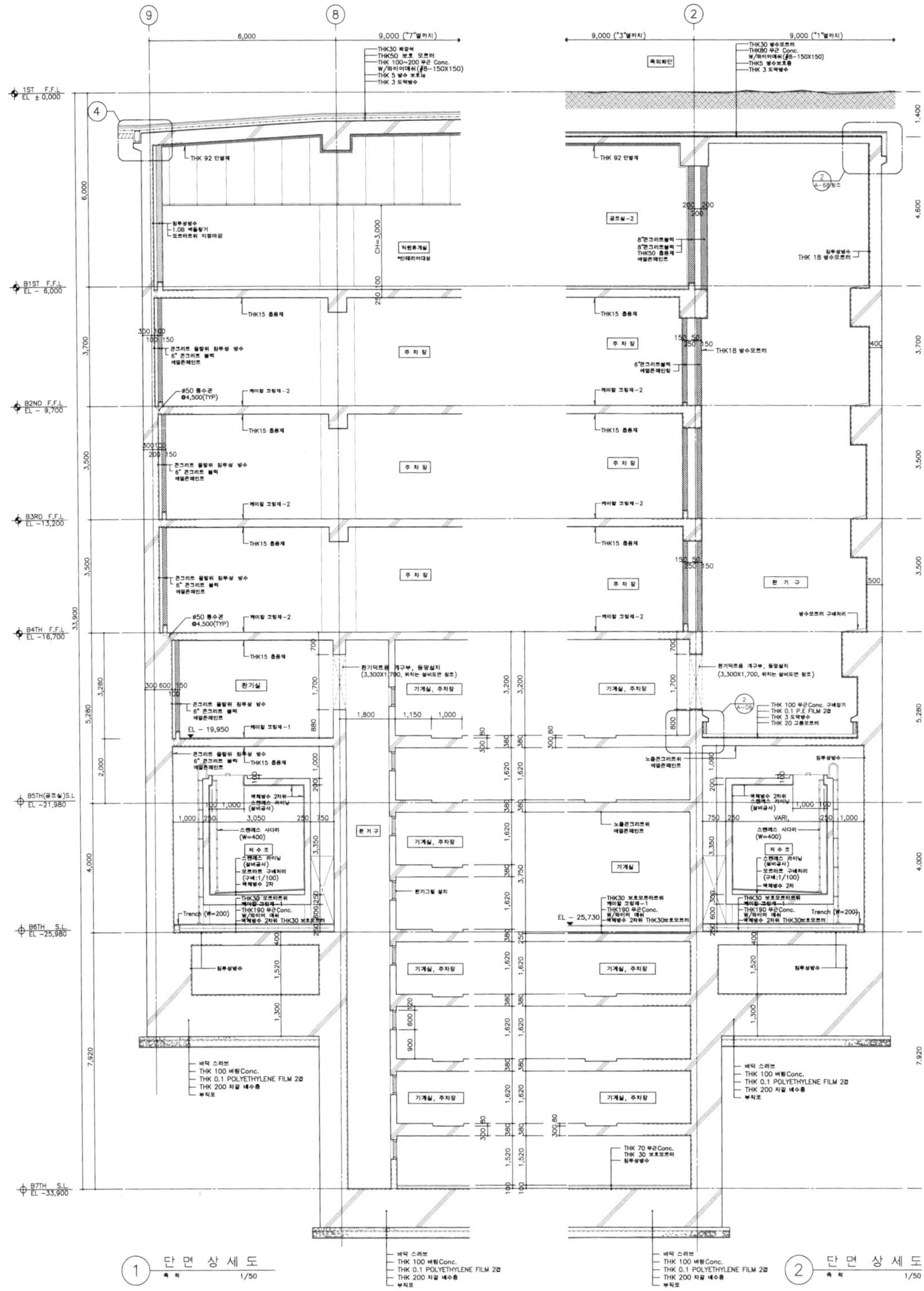

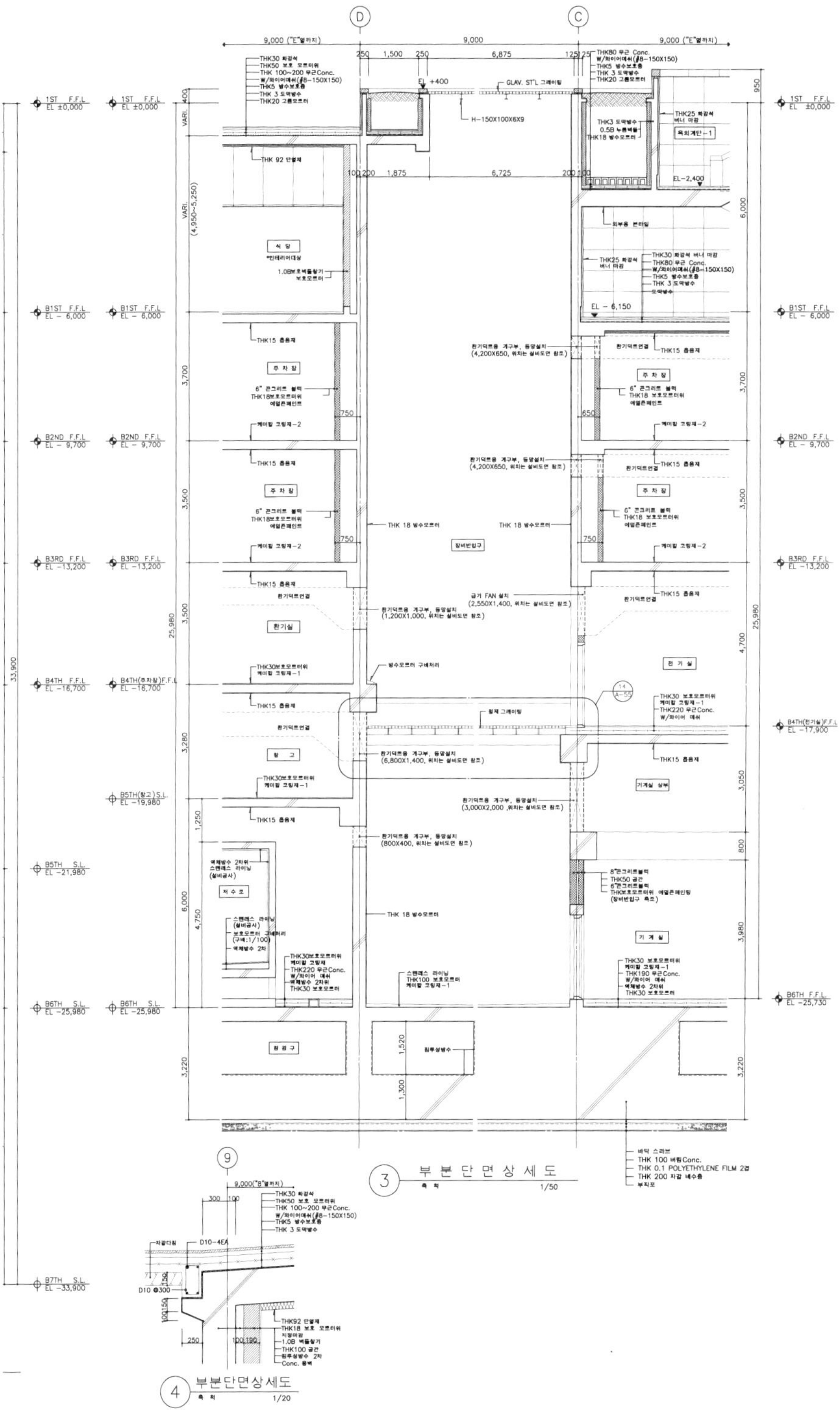
부 분 단 면 상 세 도
축 척 1/50
부분단면상세도
축 척 1/20

3-9-3 지상층 외벽 평 · 입 · 단면상세도

A-32	지상층 외벽 입·단면상세도
정의 및 목적	지상층 외벽의 정확한 시공을 위하여, 외장재료와 창호의 크기 및 위치와 공법을 상세한 입면과 단면으로 명확히 표기
확인사항	- 기본 입면도와 일치 여부 확인 - 평면 상세도, 입면상세도, 단면상세도 상호 일치 여부 확인 - 창호도와 일치 여부 확인 - 부분 상세도와의 일치 여부 확인

■ 입면 디자인의 표현

지상층 외벽 평·입·단면 상세도는 기준층 평면도와 같이 입면의 가장 대표적인 부분을 보여준다. 입면 디자인을 실제 시공하기 위한 평면, 입면, 단면을 상세히 나타내는 것이다. 따라서 계획 설계시 개략적으로 그려진 입면이 실제 시공 후에 어떻게 보여지는지 여부는 바로 이 외벽 평·입·단면상세도에 달려있다.

■ 동일 도면에 평 · 입 · 단면 상세도 작성

일반적으로 평면도, 입면도, 단면도, 상세도 등이 각각 한 장의 도면에 표현되는데 반해, 외벽 평·입·단면상세도는 표현할 범위가 너무 넓어 한 도면에 들어가지 않는 경우를 제외하고 하나의 도면에 작성한다. 이는 도면을 작성시 평면과 입면 그리고 단면의 상황을 한꺼번에 검토함으로써 더 정확한 도면을 작성하고자 함이다. 뿐 아니라, 시공할 때에도 평면과 입·단면을 한꺼번에 보는 것이 그 형태를 이해하는데 도움이 된다.

■ 외장 재료의 상세한 표기

기본 입면도에 표기된 건물의 주요 외장재료에 대한 보다 상세한 내용이 표현된다. 즉, 입면도에 제시된 주요 재료들의 재료별 범위, 실제 시공을 위한 유리 혹은 석재 등의 단위크기, 재료별 마감의 표시 등이 표현된다. 이러한 내용은 평면과 단면상에서 그 재료의 정확한 시공 위치와 시공 방법을 제시한다.

■ 구조체 및 설비관련 내용의 표현

외벽 평·입·단면상세도의 일반적인 축척은 1/50정도이다. 이 축척에서는 벽, 바닥, 천장을 구성하는 구조체와 이를 감싸는 마감재의 관계가 명확히 보여진다. 따라서 구조도 상의 크기 및 위치와 서로 상이하지 않도록 작성하여야 한다. 경우에 따라서는 설비관련 내용도 외벽 평면상세도, 단면상세도에 표기된다. 따라서 관련된 설비부분과 교차검토가 필요하다.

■ 확대 상세도와의 연계

계획설계에서의 입면 디자인을 실제 구체화하기 위해서는 외벽 평·입·단면상세도 뿐아니라,세세한 부분의 시공 방법을 보다 구제적으로 보여줄 보다 확대 상세도가 필요하다. 확대 상세도는 기타 상세도 혹은 잡상세도에 표현되기도 한다. 외벽 평·입·단면상세도 이러한 부분이 어느 곳인지 표기하고 그 도면번호 등을 나타내기도 한다. 또한 확대 상세도와 내용이 일치하는지를 확인한다.

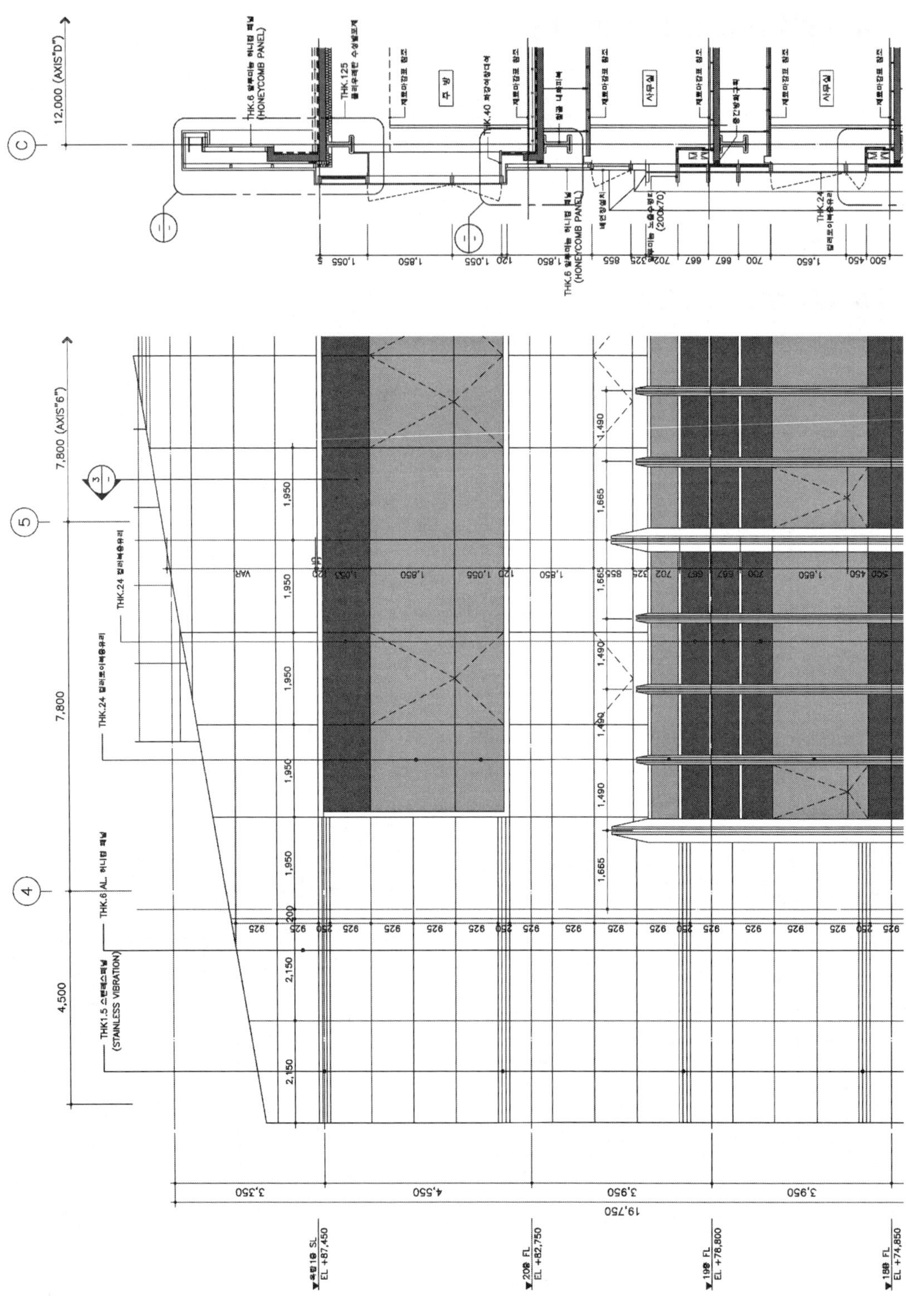
12,000 (AXIS"D")
7,800 (AXIS"6")
7,800
4,500
THK.24 컬러복층유리
THK1.5 스텐레스패널
(STAINLESS VIBRATION)
(HONEYCOMB PANEL)
19,750
EL +87,450
EL +82,750
EL +78,800
EL +74,850

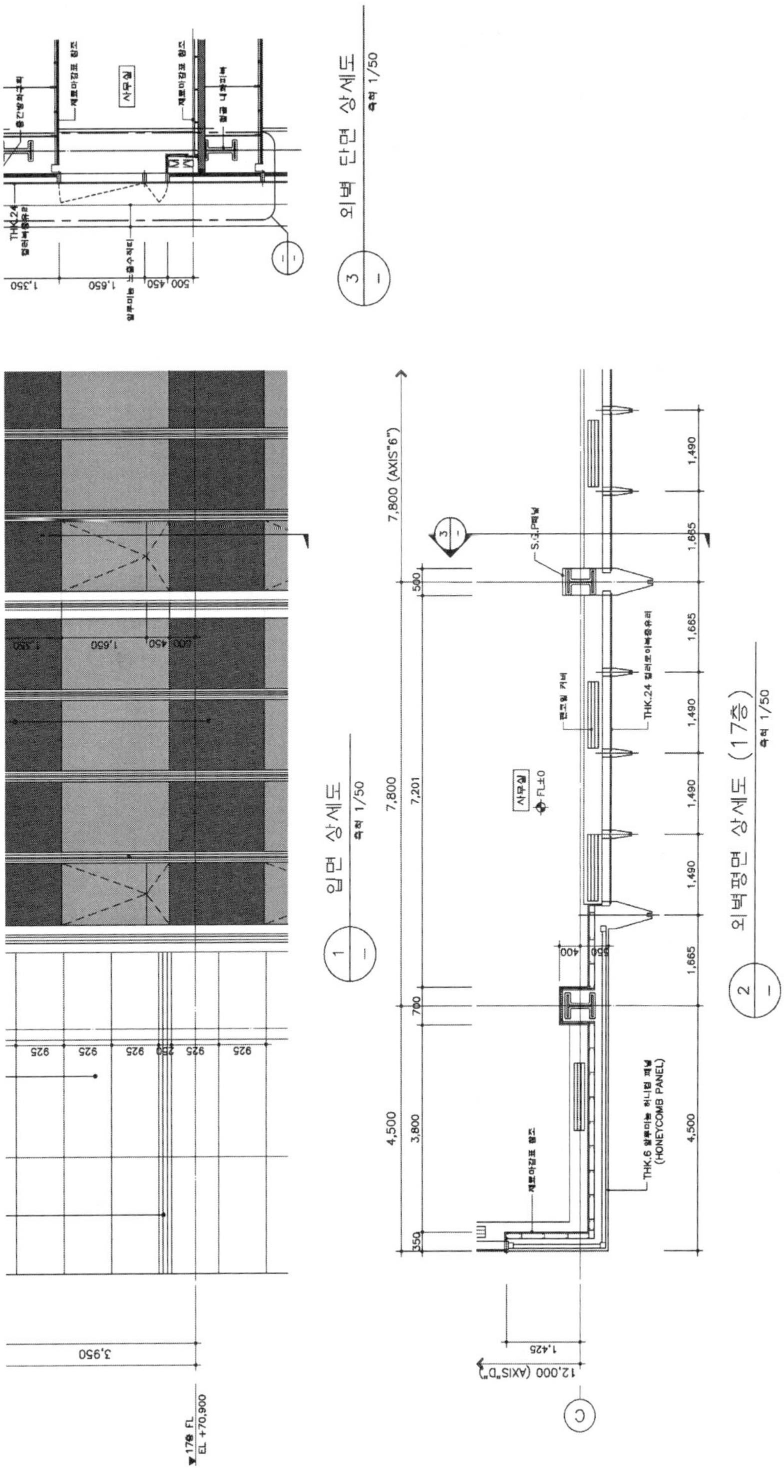

입면 상세도 축척 1/50

외벽평면 상세도 (17층) 축척 1/50

외벽 단면 상세도 축척 1/50

3-10 창호 관련 상세도

3-10-1 창호 평면도

A-33	창호 평면도
정의 및 목적	건물에 설치되는 창과 문의 위치를 정확히 표현하기 위해, 각 창호의 고유번호를 각 층 평면도 상에 모두 표기
확인사항	- 고유번호가 누락된 창호가 있는지 확인 - 창호 일람표와의 일치 여부 확인

■ 모든 층의 창호 고유번호 부여

건물 내에 설치되는 모든 창호가 누락되지 않도록 모든 층의 창호에 각각의 고유번호를 부여하여 꼼꼼히 표현한다. 이때 창호의 형태와 재질 등이 동일한 창은 같은 고유번호를 부여한다.

■ 평면도의 활용

창호 부호를 쉽게 누락되지 않도록 표기하기 위해서는 평면도를 활용한다. 기본 평면도를 바탕도면으로 하는데, 도면을 이해하기 위한 벽체와 창호외의 표현은 삭제시켜 바탕도면을 너무 복잡하지 않도록 만들어 사용한다.

■ 창호 부호의 표현

창호의 표기 방법은 우선 문과 창을 구분하여 표기한다. 즉 문(door)은 영어 약자 'D'로 표기하고, 창(Window)는 'W'로 나타낸다. 여기에 각각의 재료를 표기하는데, 목재(Wood)는 'W' 철재(Steel)은 'S', 알루미늄(Aluminium)은 'A' 등으로 표기한다. 이 2가지를 합하여, 나무 문은 WD, 알루미늄 창은 AW 로 간단히 표기하며, 같은 나무 문 중에서 크기와 마감등이 달라 서로 다른 문으로 표시할 경우에는 일련번호 1,2,3을 붙여서 WD-1, WD-2....로 표시한다. 마찬가지로 알루미늄 창인데 그 형태와 크기 가 다를 때에도 AW-1, AW-2... 등으로 표시한다.

창문번호 / 재료기호 / 창, 문 구분기호	1 WW	2 WD	1 SSW
	목재창	목재문	스테인리스 스틸 창
1 SSD	2 AD	2 SW	1 SD
스테인리스 스틸 문	알루미늄 문	철재창	철재문
1 AW	1 SS	2 GD	1 FD
알루미늄 창	철재셔터	유리문	방화문

지하4층 창호 평면도

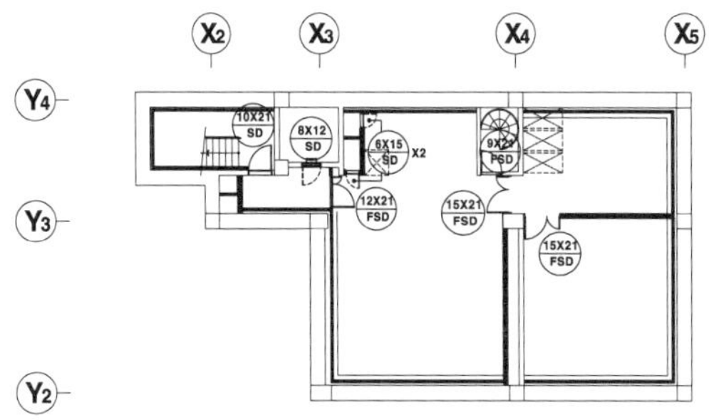

지하3층 창호

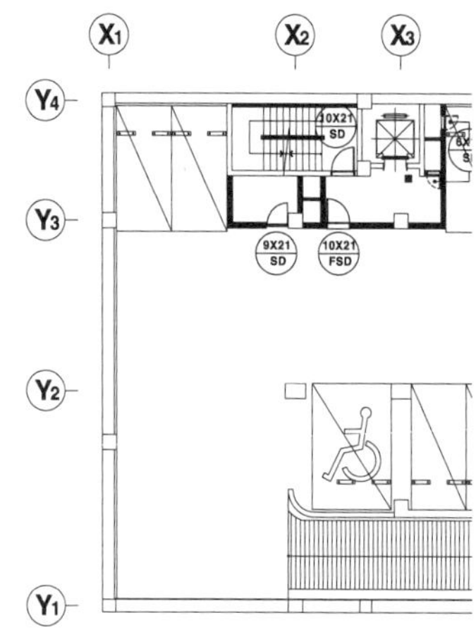

1층 창호 평면도

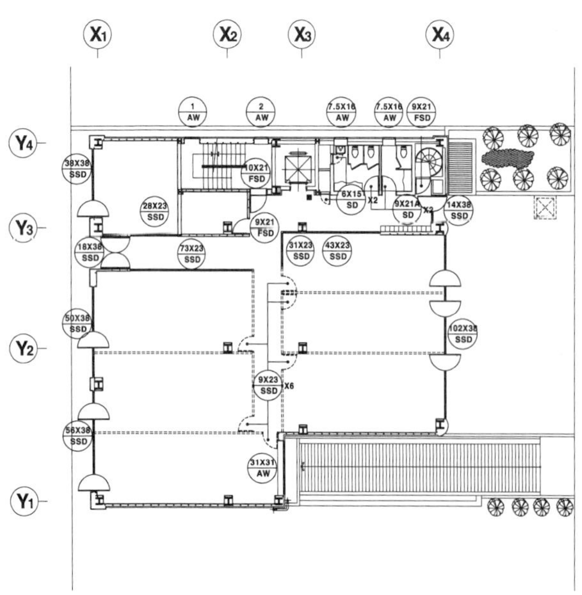

2층 창호 평

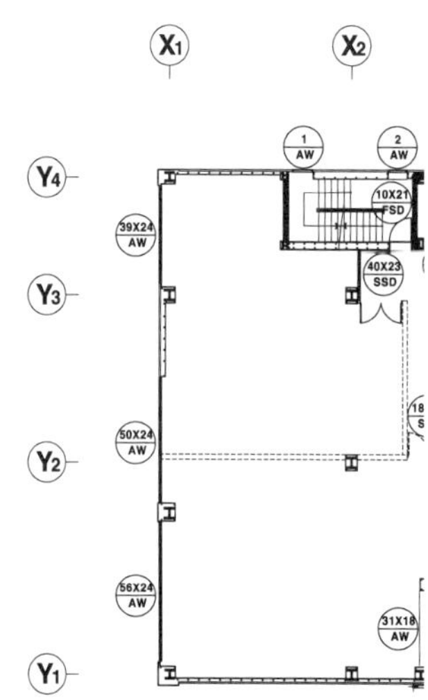

평면도

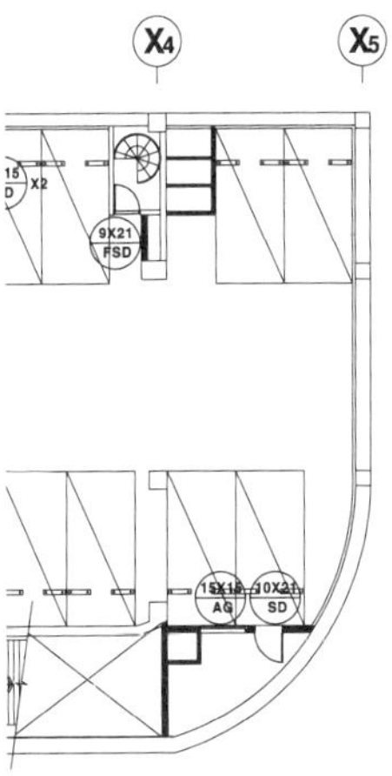

지하1~2층 창호 평면도

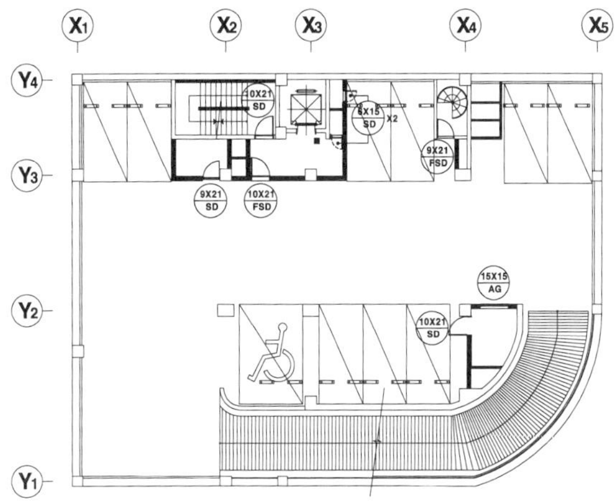

면도

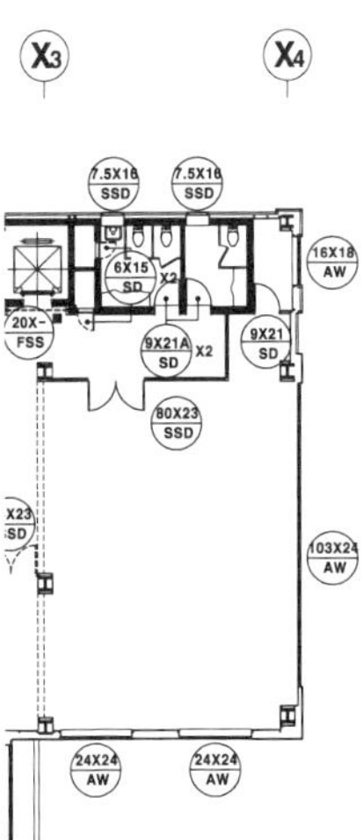

3층 창호 평면도

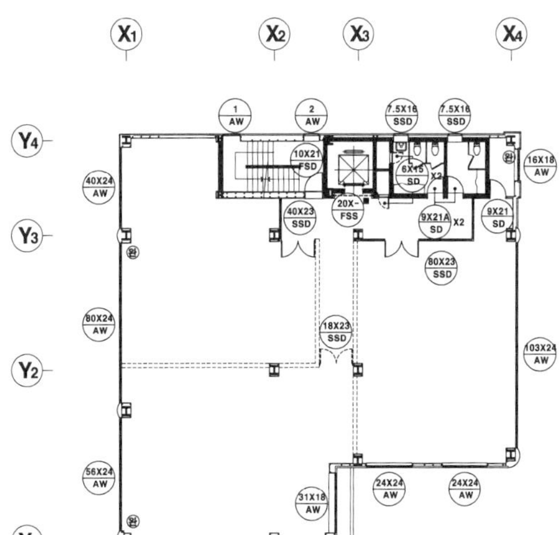

3-10-2 창호 일람표

A-34	창호 일람표
정의 및 목적	건물에 시공되는 모든 창과 문, 셔터의 형태, 위치, 재질, 마감, 부품 등을 명확히 알 수 있도록 위 내용을 각 고유번호와 함께 표로 정리
확인사항	- 창호 평면도와 일치여부 확인 - 건물 내 모든 창호 포함 여부 확인(견적시 누락 방지) - 창호별 위치 및 개소 확인 - 형태, 재료, 개폐방식 등의 표기 확인

■ 창호일람표의 표기 내용

창호 일람표에는 각 창호의 부호와 함께 그 창호가 설치되는 위치와 개소, 그리고 장호의 형태, 창틀의 재료, 유리, 마감의 내용을 표로 작성한다.

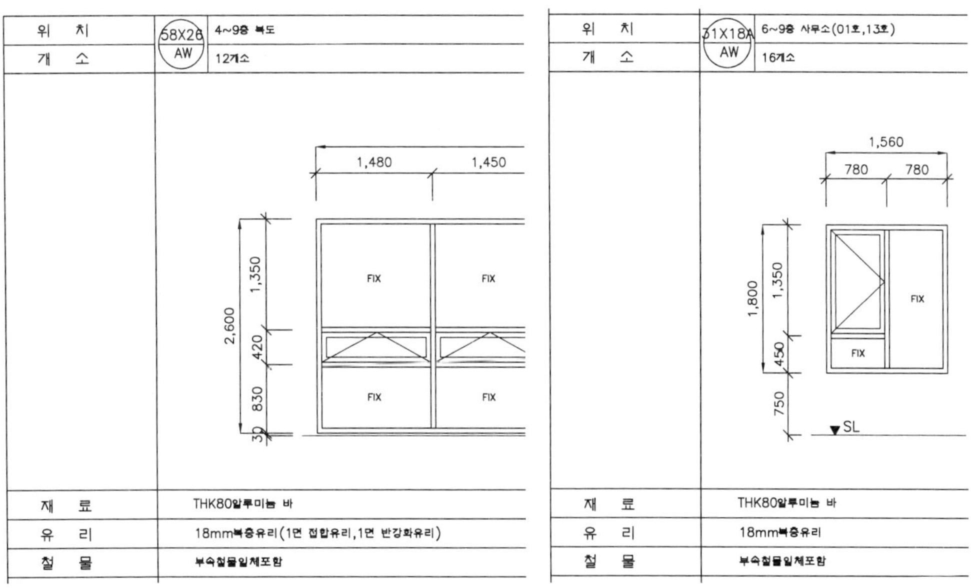

창호일람표 예시

■ 위치 및 개소의 표현

동일한 창호별고, 해당 창호가 설치되는 곳의 실명을 쓰며, 동일한 창호가 전체 건물에서 몇 개 사용되는지 그 수를 합산하여 기록한다.

■ 형태의 표기

창호의 형태에는 각 창의 크기와 개폐형식을 그림으로 표현하며, 축척은 1/50 정도를 사용하며, 그 치수를 명기한다. 특히 보다 정확한 설치 위치를 표현하기 위해서 구조체 혹은 마감재와 창호 사이의 간격을 표시하기도 한다. 창호의 손잡이, 고정물(hinge) 등도 누락되지 않도록 꼼꼼이 기입한다.

■ 재료의 표기

재료에는 창호를 구성하는 주요 재질로 창문의 경우에는 유리를 제외한 창틀의 재료를 그 두께와 함께 'THK 80 알루미늄 바' 등으로 표기한다. THK는 Thinkness 두께의 약자로 T 라고 쓰기도 하며, 80은 유리를 잡고 있는 바(bar)의 두께로 80mm를 말한다.

■ 개폐방식의 표현

창호의 개폐방식은 고정철물이 있는 곳에서 열리는 쪽으로 '〈' 표기한다. 창호 현장에서는 개폐방식에 따라 sliding door, swing door, pull-down 창, 프로젝트 창 등의 명칭을 쓰기도 한다. 열리지 않는 고정창은 개폐방식 대신 fix 라고 기입하여 표기한다.

■ 유리 및 철물 마감의 표기

유리가 들어가는 창호에서는 유리의 종류 및 두께를 표현한다. '18mm 복층 유리', 혹은 '12mm 강화유리'에서 복층유리[13]와 강화유리는 유리의 종류이며, 숫자는 유리의 두께를 말한다. 창에 들어가는 철물은 매우 다양하여 일반적으로 창호일람표에는 '부속철물일체'라 표기하고 보다 자세한 내용은 창호 상세도에서 나타낸다. 문의 경우에는 각각의 고정물의 종류와 손잡이의 종류를 나타낸다.

---

13) 복층유리는 두 장의 유리를 일정한 간격으로 하여, 주위를 접착제로 접착해서 밀폐하고, 그 중간에 완전 건조 공기를 봉입한 유리. 단열·차음·결로 방지 등의 효과가 있다. 페어 글라스(pair-glass)라고도 한다. 네이버 지식 백과

마감은 창호에 들어가는 마감 방식으로 해당 창호의 마감방식을 정확히 표기하도록 한다. 일반적으로 스테인레스 스틸의 경우, 헤어라인(hairline) 마감이나 미러(mirror) 마감 등을 사용하고, 알루미늄은 불소수지 코팅, 철재문의 경우 녹막이 후 조합페인트 등을 사용한다.

■ 셔터의 표현

창호 일람표에는 셔터에 대한 내용도 표기해야 함으로 누락되지 않도록 주의한다. 셔터에는 셔터의 종류와 각각의 크기 및 위치 개소를 명기해야 한다. 셔터에는 셔터가 감겨 올라가는 셔터박스 부분이 필요하다. 이 부분에 대한 내용도 창호 일람표에 표기한다. 또한 출입구의 크기에 따라 다양한 셔터가 제작될 수 있으므로, 필요한 치수와 개소 기입에 유의하며, 시공상의 오차가 발생될 수 있으니, 이점도 따로 명기한다.

20X– FSS	2~9층 ELEV / 8개소	41X26 FSS	4~9층 복도 / 6개소	60X26 FSS	4~9층 복도 / 12개소

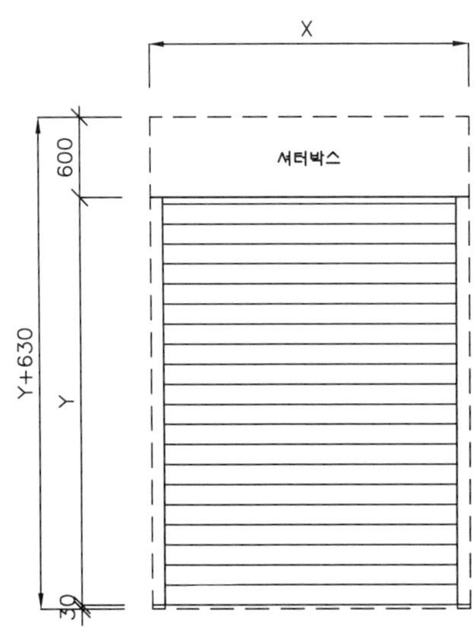

기 호	X	Y	위 치	수 량
20X26	2000	2600	4~9층 ELEV	6개소
20X27	2000	2700	2~3층 ELEV	2개소
41X26	4100	2600	4~9층 복도	6개소
60X26	6000	2600	4~9층 복도	12개소

*현장실측후 제작할 것.

제작자일식

셔터 일람표 예시

memo

위 치	58X26 AW	4~9층 복도	40X24 AW	3층 근생시설
개 소		12개소		1개소

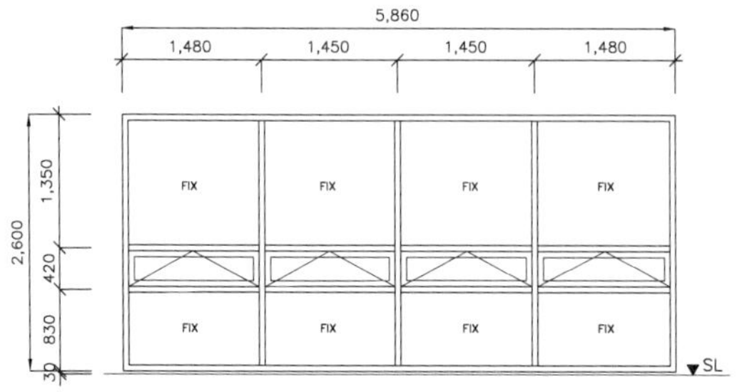

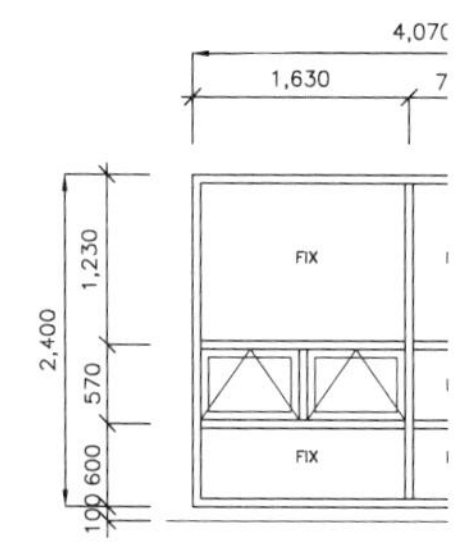

재 료	THK80알루미늄 바	THK80알루미늄 바
유 리	18mm복층유리(1면 접합유리,1면 반강화유리)	16mm복층유리(1면 접합유리,1면 반강화유리)
철 물	부속철물일체포함	부속철물일체포함
마 감	불소수지코팅	불소수지코팅

위 치	38X18 AW	4~5층 사무소(01호,13호)	31X31 AW	1층 근생시설(104호)
개 소		4개소		1개소

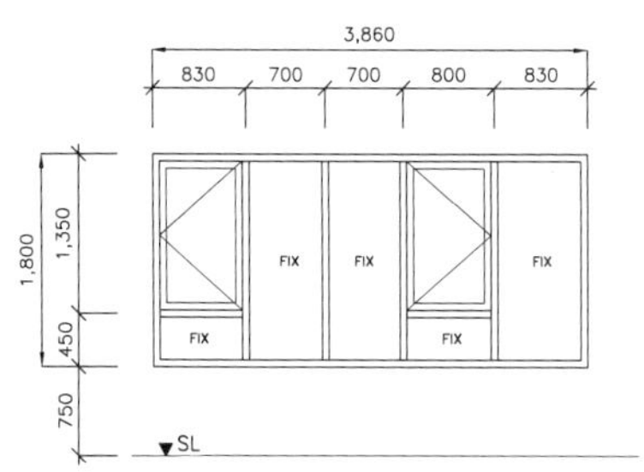

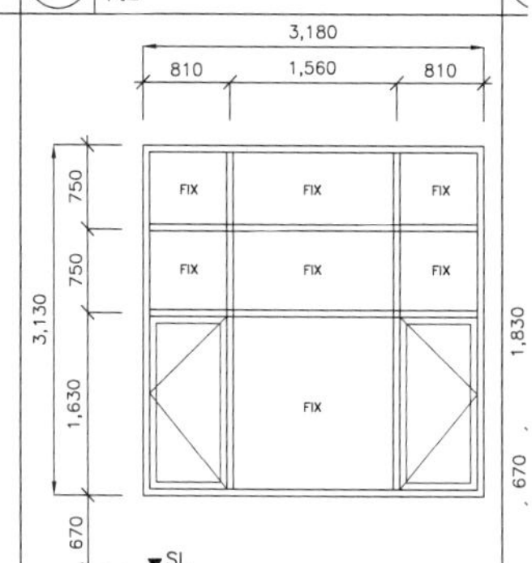

재 료	THK80알루미늄 바	THK80알루미늄 바
유 리	18mm복층유리	16mm복층유리
철 물	부속철물일체포함	부속철물일체포함
마 감	불소수지코팅	불소수지코팅

위 치	31X18A AW	6~9층 사무소(01호,13호)	12X18 AW	4~9층 복도	7.5X16 AW	1~3층 화장실
개 소		16개소		12개소		6개소

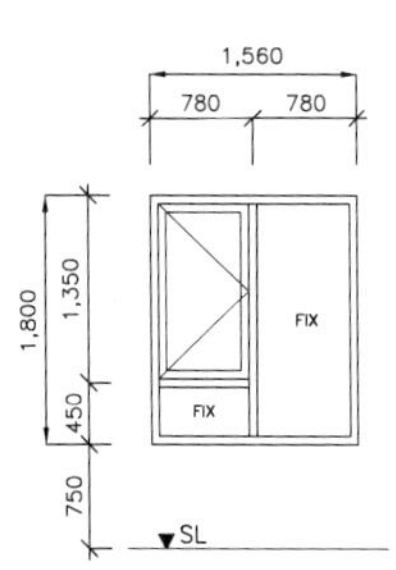

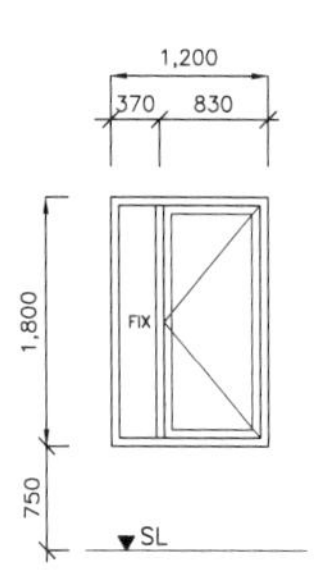

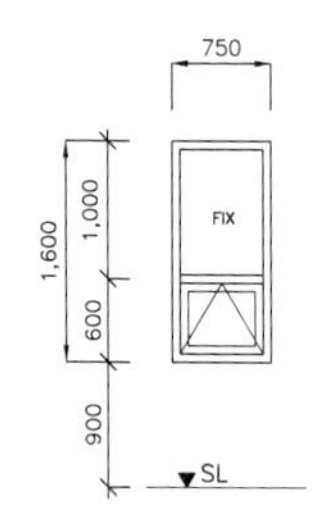

재 료	THK80알루미늄 바	THK80알루미늄 바	THK80알루미늄 바
유 리	18mm복층유리	18mm복층유리	16mm복층유리
철 물	부속철물일체포함	부속철물일체포함	부속철물일체포함
마 감	불소수지코팅	불소수지코팅	불소수지코팅

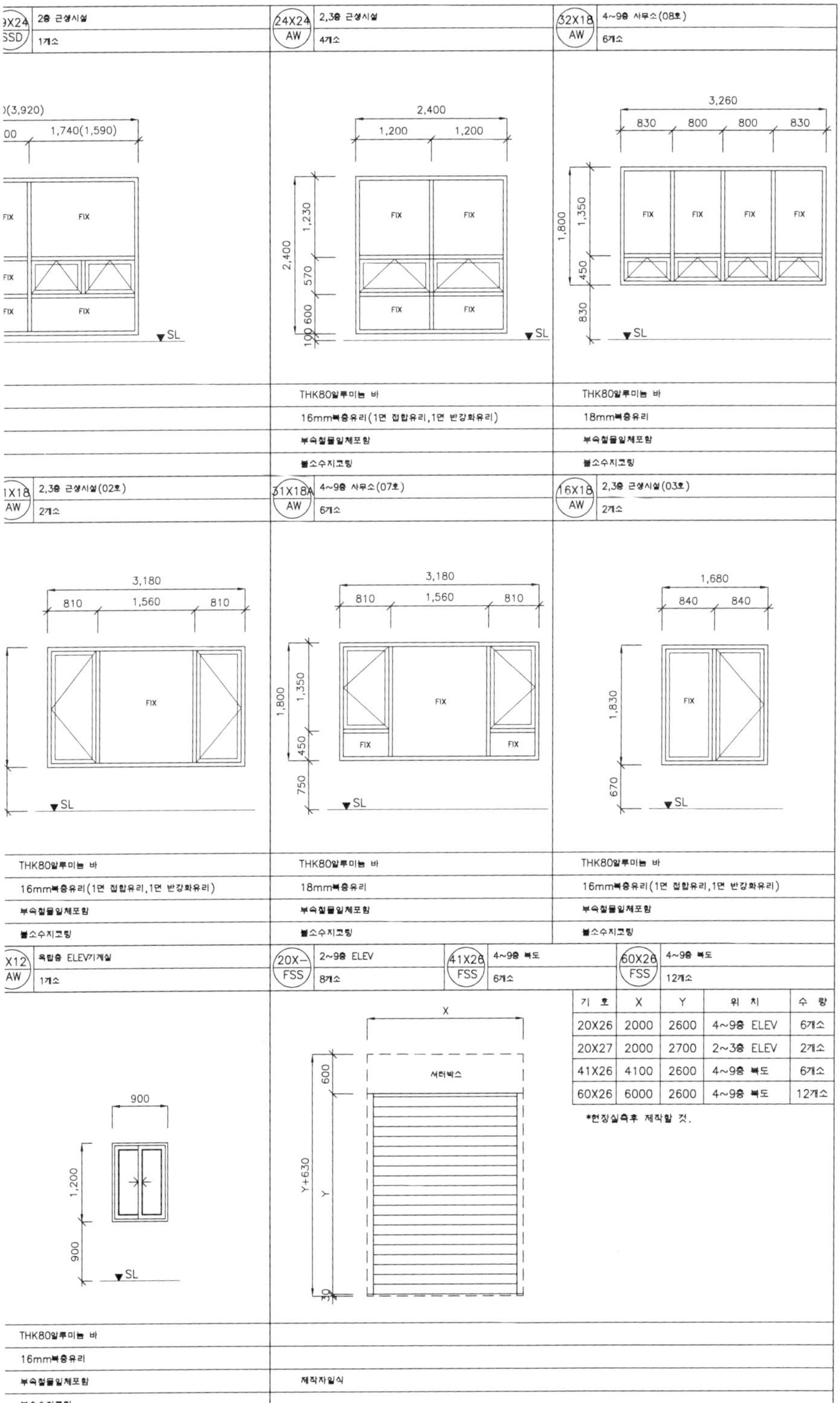

기 호	X	Y	위 치	수 량
20X26	2000	2600	4~9층 ELEV	6개소
20X27	2000	2700	2~3층 ELEV	2개소
41X26	4100	2600	4~9층 복도	6개소
60X26	6000	2600	4~9층 복도	12개소

*현장실측후 제작할 것.

3-10-3 창호 상세도

A-35	창호 상세도
정의 및 목적	창호 틀의 제작을 위한 공법, 유리 및 frame의 재질, 창호와 벽체 혹은 바닥과의 접합 등을 보다 상세하게 도시
확인사항	- 특수 창 등 필요한 창호의 부분 상세 작성 여부 확인 - 창호의 재질, 사양 등의 확인 - 창호의 부착공법 등의 관련 창호 일람표, 단면도, 입면도와 일치 여부 확인

■ 창호 상세도의 축척

창호 상세도는 창호를 건축물의 벽이나 바닥에 부착시키는 부분에 대한 상세도로 앞의 창호 일람표보다 훨씬 상세하게 표현한다. 벽과 바닥 및 걸레받이의 마감을 표현하는 실내재료 마감 상세도와 같이 약 축척 1/10 정도를 사용한다.

■ 도면작성 및 검토

창호 상세도는 창호 제작에 대한 전문적인 지식이 필요하다. 일반적으로 창호 전문업체에 의뢰하여 작성하게 한 후 설계 사무소에서 검수한다. 이때 쓰고자 하는 창호의 재질이 맞게 명기되었는지, 해당 건축물의 벽체 마감이나 바닥마감과 부착 위치가 맞는지 등을 확인한다. 특히, 단열성능을 요하는 창호의 경우에는 단열바의 사양을 확인하고, 방화구획에 의한 방화문의 제작 사양은 더욱 면밀하게 확인하도록 한다.

건축물의 개별 상황에 따라 특수 창호가 제작될 때에는 특수 창호의 부착 위치 등을 관련도면들과 일치하는 지 확인한다.

memo

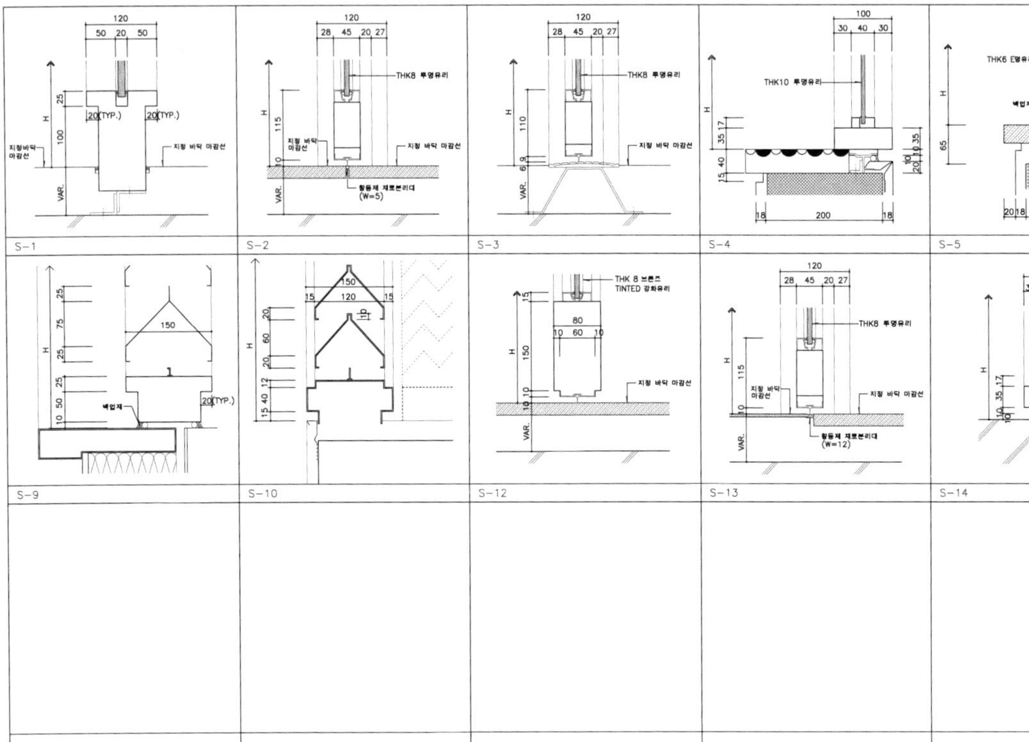

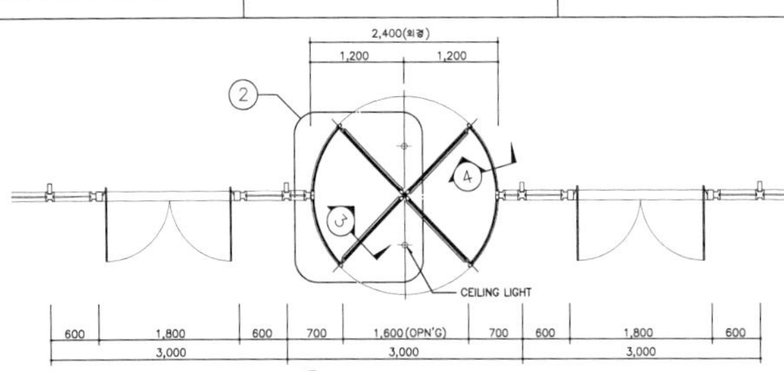

1 회전문 평면 상세도
축척 1/30

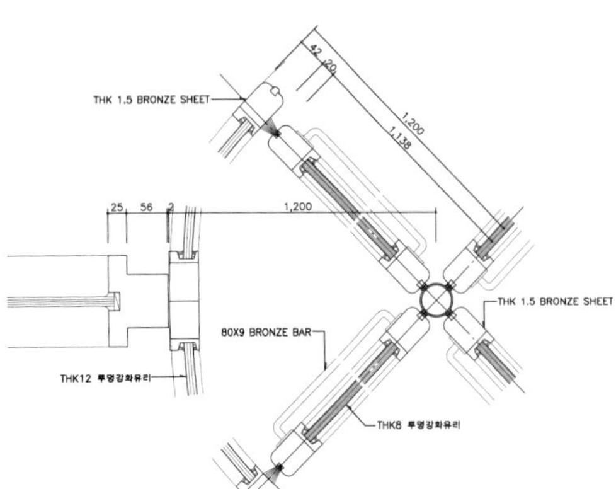

2 회전문 부분 상세도
축척 1/3

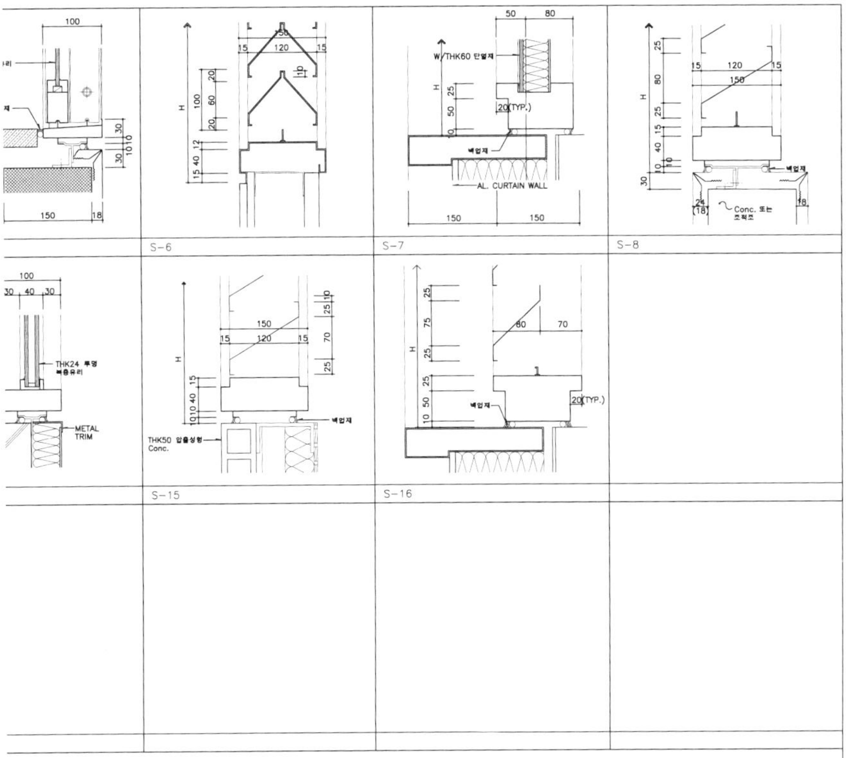

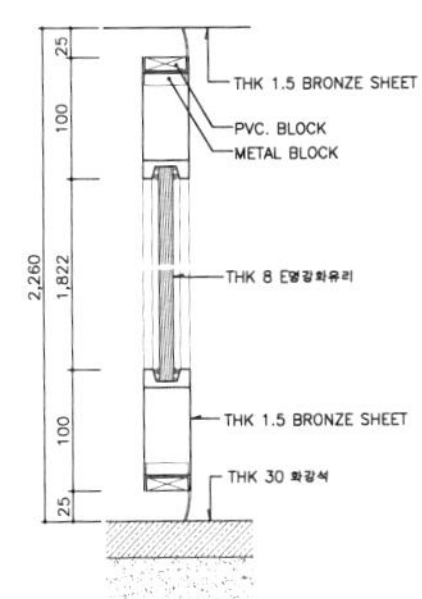

③ 회전문 단면 상세도
축척 1/3

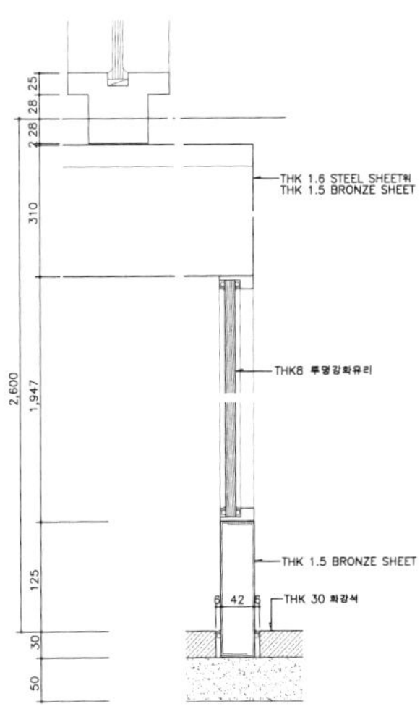

④ 회전문 단면 상세도
축척 1/3

3-11 천장 관련 상세도

3-11-1 천장 평면도

A-36	천장 평면도
정의 및 목적	천장에 설치되는 소방설비기구, 조명, 냉난방기기 등과 마감재의 크기 위치 및 개수를 평면상에 투영하여 명확히 도시
확인사항	– 기계 설비, 전기 설비와의 교차 검토 – 실내 재료 마감표와 재료 일치 여부 확인 – 천장 개구부 등의 확인(해당시) – 커튼 박스 등의 위치, 크기, 재질 등의 표기

■ 천장 평면도 그리는 방법

천장 평면도는 천장에 들어가는 조명기구, 냉난방기구, 감지기, 디퓨저, 스프링클러, 스피커 등과 천장텍스 등을 기본 평면도에 수평 투영한 모습으로 작도한다.

■ 천장도에 표기되는 내용

천장평면도에는 우선적으로 천장을 구성하는 텍스 등의 천장마감재와 조명기구를 표기한다. 이외 천장 매입형 냉난방기구 혹은 공기조화방식에 따른 디퓨저(diffuser)가설치되는 시설에는 각각 냉난방기구와 디퓨저를 표기하고, 소방법에 의하여 열감지기 및 연기감지기 또는 스프링클러 등이 설치될 시에는 이것도 도면에 빠뜨리지 않고 명기한다. 필요에 따라 천장형 스피커가 설치되는 경우도 있다.

■ 설비, 소방 등 타 분야 도면과의 교차 검토

위와 같이, 천장 평면도에는 설비, 소방, 전기 분야의 기구들이 표기된다. 따라서 해당 분야의 도면을 바탕으로 작성되어야 하며, 경우에 따라서 각 분야들 간의 설치 위치 등을 조율하여 작성한다.

■ 천장의 디자인

특별한 인테리어 디자인이 아니더라도, 천장 평면도 작성에는 천장 마감재와 조명기구들의 배열을 고려하여야 한다. 천장의 가장 넓은 면을 만드는 것이 천장 마감재이다. 주택을 제외하고 사람들이 생활하는 대부분의 천장에 쓰이는 일반적인 재료가 텍스이다. 천장평면도에서는 조명기구 등의 설치 부분과 텍스설치 부분의 형태를 디자인하여 작성한다. 이때 조명기구의 형태 및 종류와 어울리는 텍스를 선정한다.

■ 조명기구 등의 표현

천장 평면도에 표기되는 조명기구의 범례는 다음과 같다.

천장 평면도에 표기되는 기구 예시

■ 천장재의 종류

주택을 제외한 많은 건축물 내부 천장재는 주로 텍스를 사용한다. 텍스는 이를 만드는 재료에 따라 친환경 석고텍스, 무기질 텍스, 암면 흡음텍스 등이 있고, 그 두께도 각각 상이하다. 반드시 해당 제품의 사양을 확인한 후 도면에 표기하도록 한다.

이외에 노출 천장에 주로 쓰는 품칠재와 알루미늄 스테인레스 스틸 등의 금속재, 열경화성 수지 등으로 만들어진 천장재도 있으며, 최근에는 실의 성격에 따라 타공판이나 expanded metal[14]을 사용하기도 한다.

---

14) 얇은 열연강판 또는 코일을 소재로 하여 일정한 간격으로 절산한 뒤 직각 방향으로 잡아당겨 늘려서 그물 모양으로 만든 제품. http://www.samkwangele.com/html/pro06.html 인용함

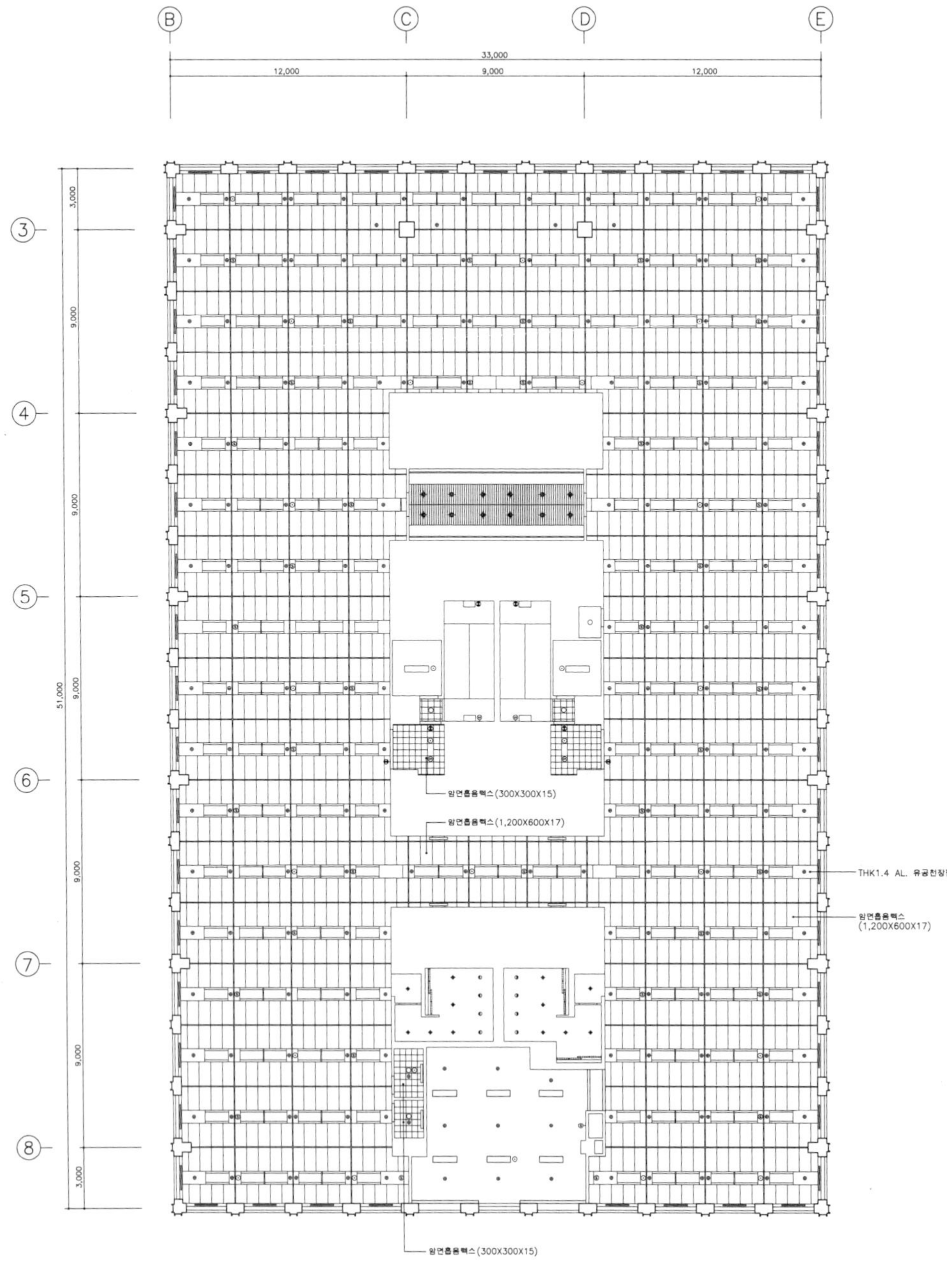

1 19층 천장 평면도
축척 1 / 100

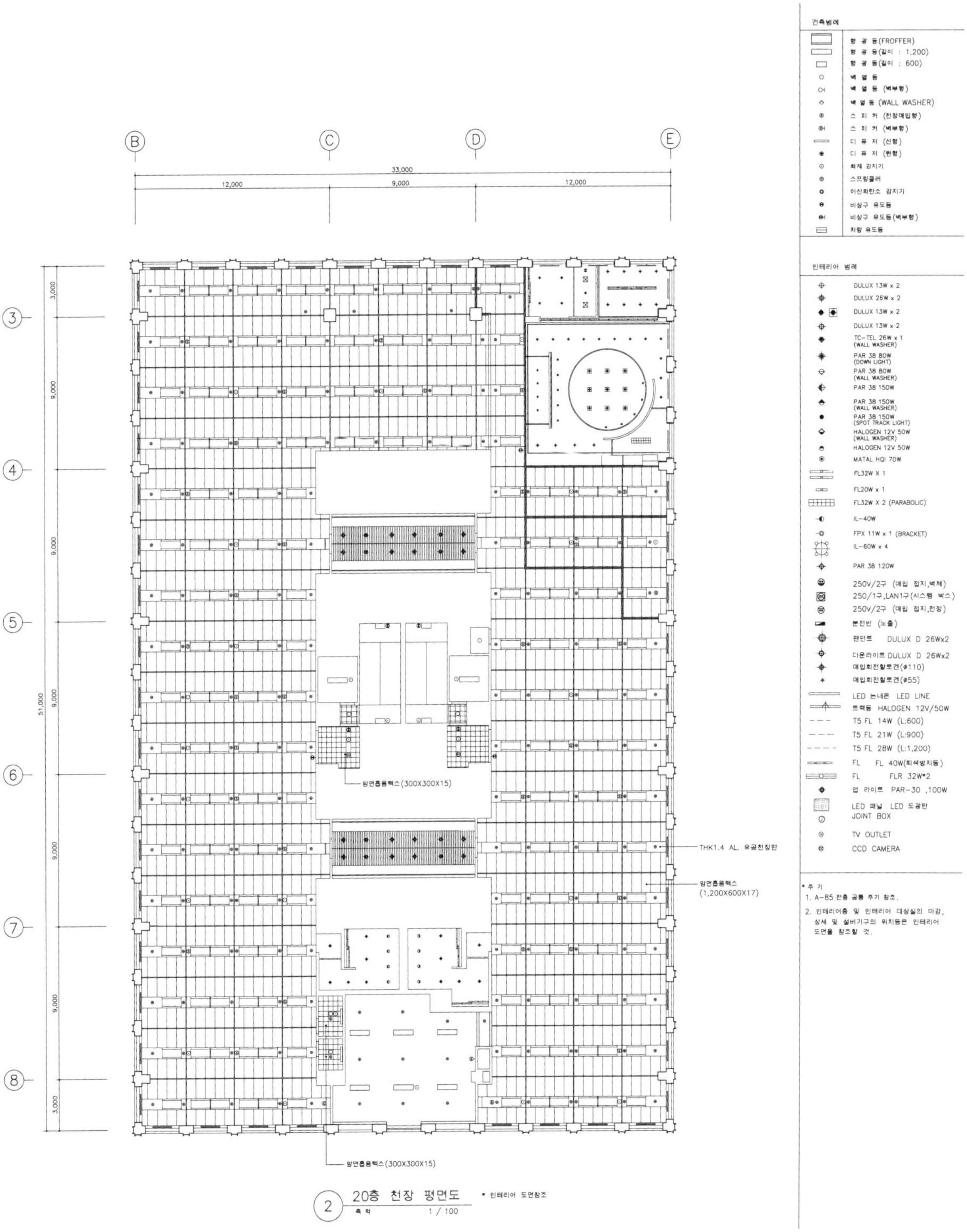
B
C
D
E
33,000
12,000
9,000
12,000
3
4
5
6
7
8
3,000
9,000
9,000
9,000
9,000
9,000
3,000
51,000
암면흡음텍스(300X300X15)
THK1.4 AL. 유공천정판
암면흡음텍스
(1,200X600X17)
암면흡음텍스(300X300X15)
2
20층 천장 평면도
축 척 1 / 100
* 인테리어 도면참조
건축범례
형 광 등(FROFFER)
형 광 등(길이 : 1,200)
형 광 등(길이 : 600)
벽 열 등
벽 열 등 (벽부형)
벽 열 등 (WALL WASHER)
스 피 커 (천정매입형)
스 피 커 (벽부형)
디 퓨 저 (선형)
디 퓨 저 (원형)
화재 감지기
스프링클러
이산화탄소 감지기
비상구 유도등
비상구 유도등(벽부형)
차량 유도등
인테리어 범례
DULUX 13W x 2
DULUX 26W x 2
DULUX 13W x 2
DULUX 13W x 2
TC-TEL 26W x 1 (WALL WASHER)
PAR 38 80W (DOWN LIGHT)
PAR 38 80W (WALL WASHER)
PAR 38 150W
PAR 38 150W (WALL WASHER)
PAR 38 150W (SPOT TRACK LIGHT)
HALOGEN 12V 50W (WALL WASHER)
HALOGEN 12V 50W
MATAL HQI 70W
FL32W X 1
FL20W x 1
FL32W X 2 (PARABOLIC)
IL-40W
FPX 11W x 1 (BRACKET)
IL-60W x 4
PAR 38 120W
250V/2구 (매입 접지,벽체)
250/1구,LAN1구(시스템 박스)
250V/2구 (매입 접지,천정)
분전반 (노출)
팬던트 DULUX D 26Wx2
다운라이트 DULUX D 26Wx2
매입회전할로겐(ø110)
매입회전할로겐(ø55)
LED 논네온 LED LINE
트랙등 HALOGEN 12V/50W
T5 FL 14W (L:600)
T5 FL 21W (L:900)
T5 FL 28W (L:1,200)
FL FL 40W(퇴색방지등)
FL FLR 32W*2
업 라이트 PAR-30 ,100W
LED 패널 LED 도광판
JOINT BOX
TV OUTLET
CCD CAMERA
* 주 기
1. A-85 전층 공통 주기 참조.
2. 인테리어층 및 인테리어 대상실의 마감, 상세 및 설비기구의 위치등은 인테리어 도면을 참조할 것.

3-11-2 천장 상세도

A-37	천장 상세도
정의 및 목적	천장재의 부착공법, 조명박스의 제작 공법 등 천장에 설치되는 부품들의 제작 및 설치 공법을 보다 상세하게 도시
확인사항	- 공사시 꼭 필요한 부분의 천장 상세도 누락 확인 - 기계 설비, 전기 설비와의 교차 검토 - 천장 평면 상세도와의 재료 등의 표기 일치 여부 확인

■ 천장 평면도와 천장 평면 상세도

앞의 천장 평면도가 축척 1/100 정도의 기본 평면도를 바탕으로 작성되어 층 전체의 전반적 천장 형태를 나타내는데 비해, 천장 상세도는 그보다 상세한 축척인 1/20~1/50 정도로 천장의 주요 부분만을 확대하여 상세히 작성된다. 이 관계는 기본 평면도와 평면 상세도 사이 관계와 비슷하다.

■ 기준층 천장 평면 상세도

천장 평면 상세도는 모든 부분의 천장을 표현하지 않고, 시공에 꼭 필요한 부분을 나타낸다. 기준층 천장 상세도는 기준층 평면도와 마찬가지로 특별한 명기가 없는 대부분의 천장에 이용되는 천장 상세도라는 것이다. 아래 사례는 3m×3m 기본 모듈 중앙부분에 조명, 스피커 등 설비부분을 묶어서 넣고, 나머지 부분을 텍스로 마감한 것이다.

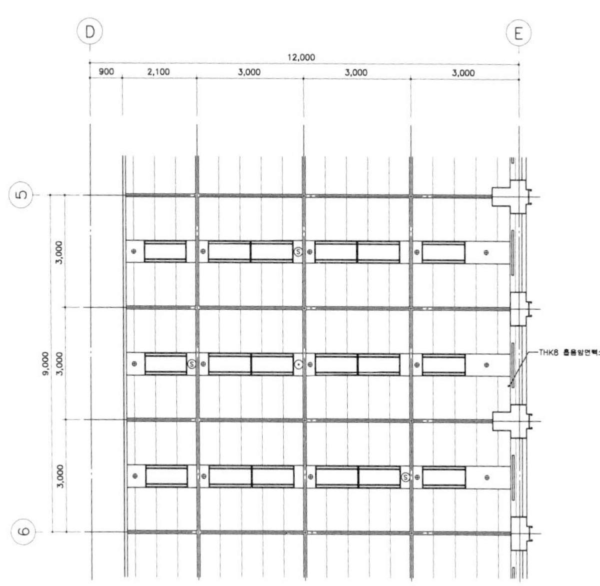

천장 상세도 예시

■ 공사를 위한 추가 상세

축척 1/30 정도의 천장 평면 상세도에서 표기되지 않는 조명박스, 공조등 단면상세는 보다 자세한 확대 상세도를 축척 1/5 ~1/2 정도로 작성한다.

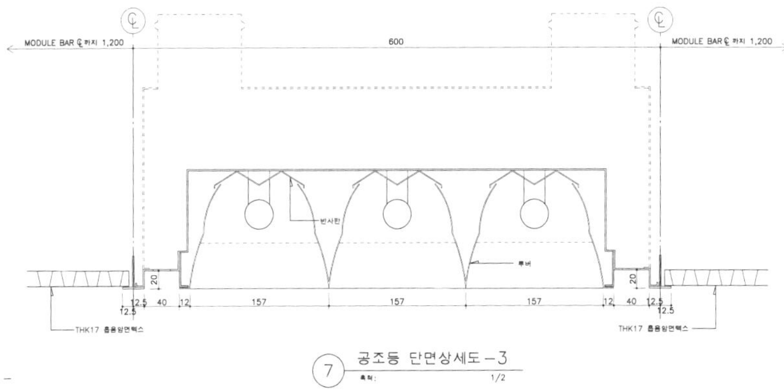

조명등 단면 상세 예시

■ 특수 부분 천장 평면상세

기준층 천장 평면 상세가 해당 건물 일반적인 실에 적용되는 것과 반해 특수 부분 평면상세는 특별한 실의 천정 상세이다. 특수한 실의 특별한 천장의 시공을 위해서는 보다 자세한 시공도면이 필요하다. 따라서 보다 자세한 확대 상세도가 그려지는 경우, 그 확대상세도가 그려지는 곳에 대한 단면 혹은 평면 표기를 아래와 같이 천장 평면 상세도에 기입한다.

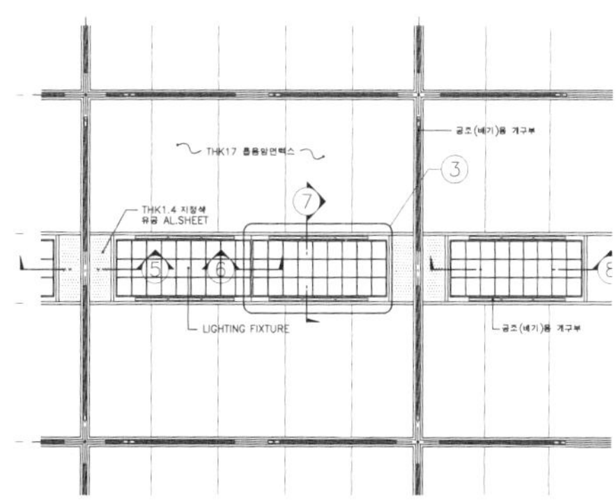

추가 상세 도면 표기 예시

■ 천장 시스템의 종류

천장시스템은 크게 목재 천장틀과 경량 철골 천장틀로 나눈다.

현재에는 규모가 작은 단독주택에는 목재 천장틀을 쓰고 대부분의 건물에는 경량 철골 천장틀을 사용한다. 경량 철골 천장틀을 구성하는 바의 재질은 크게 알루미늄과 스틸이 있다. 바의 모양에 따라 M-bar, T-bar, T&H bar 등이 있다. 이에 대한 자세한 내용은 생산되는 제품에 따라 다르므로, 전문 업체의 제품사양을 참조하는 것이 바람직하다.

TIP

■천장 설치 공법

http://www.byucksan.com/Product/Product.asp · menu2=2&menu3=1 인용

■ M-Bar 공법 (석고보드 하지 공법)

가장 보편적 시스템으로 Double M-Bar, Carrying Channel, Minor Channel, Hanger Bolt 등으로 조립되는 시스템으로 견고하고, 시공이 용이한 장점이 있다.

석고보드 하지공법은 M-Bar에 석고보드와 천장판을 이용한 이중판 붙임으로서 천장재 이음 부분을 밀착 시공함으로 실내공간을 한면 으로 표현 할 수 있으며 또한 우수한 흡음효과를 얻을 수 있다.

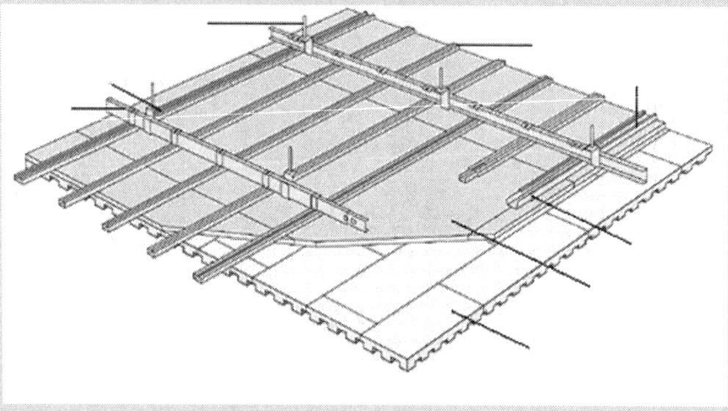

■ T-Bar 공법

Main T-Bar와 Cross T-Bar의 체결로 형성된 천장틀위에 천장재를 얹는 시스템으로 설치가 간편하고 빠르며 시공 완료 후 천장판 어디서나 점검구 역할이 가능해 천장재의 손상이 없이 천장 내부의 배선, 배관 보수 점검이 용이하다.

사용되는 Bar는 15mm Steel Bar, 25mm Steel Bar, Omega Bar, Ultra Bar 등 그 종류가 다양하여 원하는 이미지 창출이 가능하다.

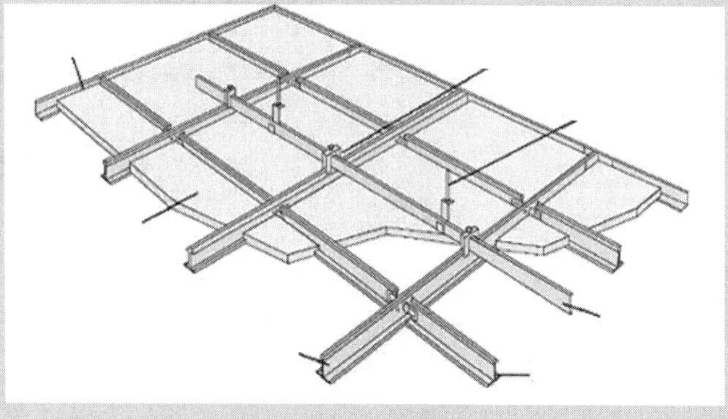

TIP

■ T&H Bar 공법

T-Bar를 메인 방향으로 설치하고 H-Bar를 천장재에 끼워 T-Bar의 크로스 방향으로 얹는 시스템으로 조명기구, 소화설비, 공조설비 등을 동일 라인에 집중화하여 통일된 느낌을 주며 또한 H-Bar가 노출되지 고, Access Hook을 이용한 점검구 처리로 미려한 천장면을 연출할 수 가 있다.

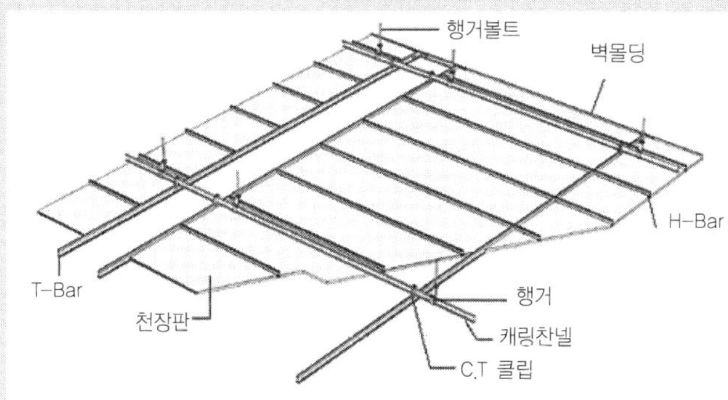

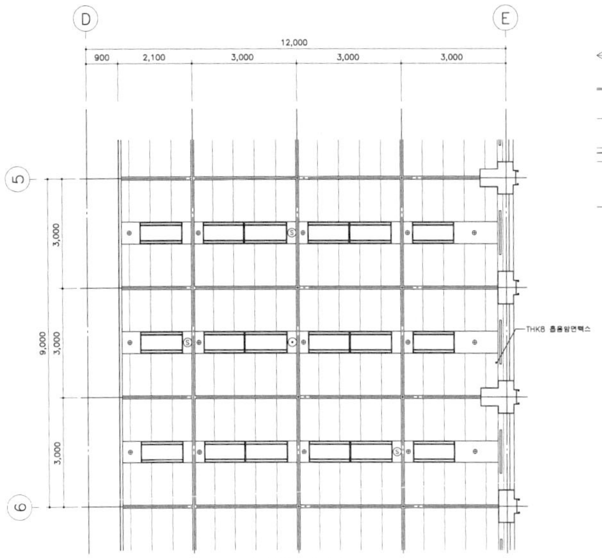

1 기준층 천장 상세도
축척: 1/50

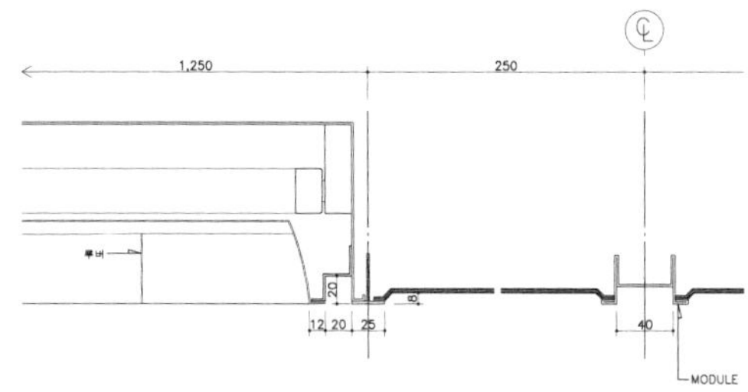

5 공조등 단면상세도 –
축척:

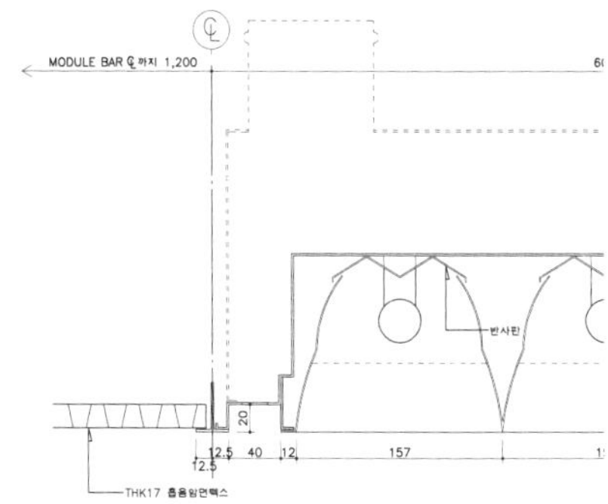

7 공조등
축척:

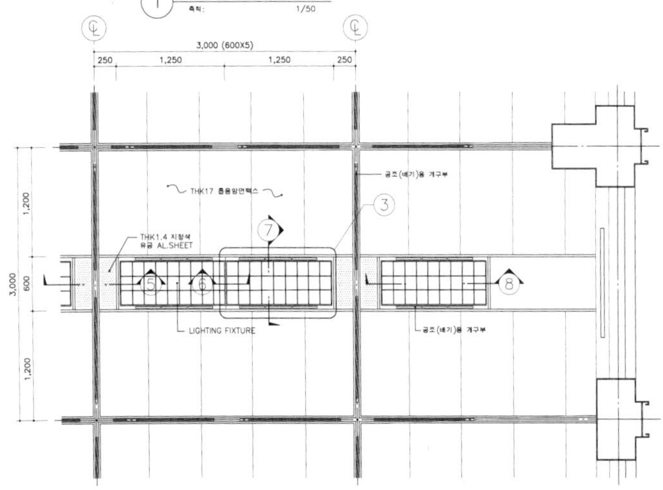

2 단위 천장 상세도
축척: 1/20

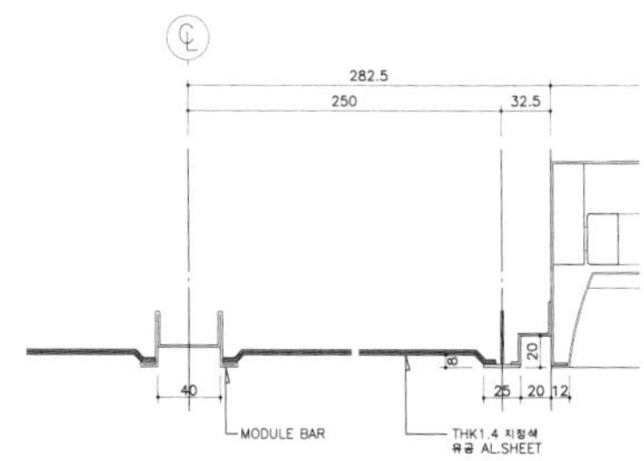

8 공조등
축척:

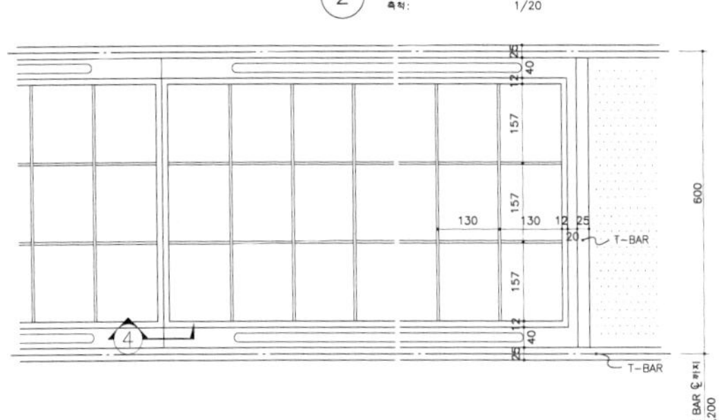

3 공조등 천장 상세도
축척: 1/5

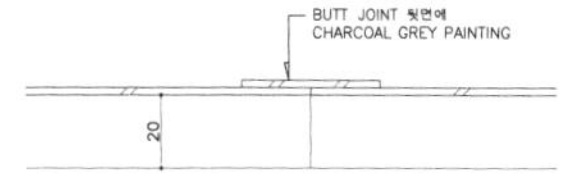

4 단면 상세도
축척: NONE

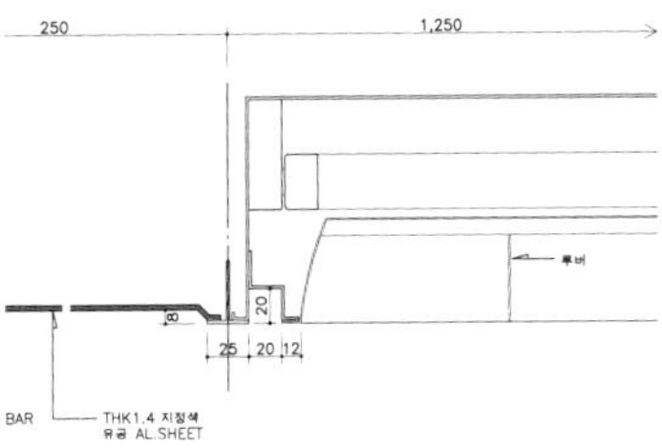

-1
/2

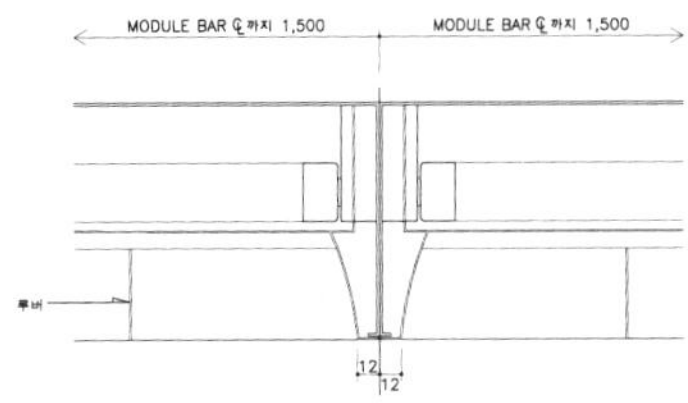

6 공조등 단면상세도 – 2
축척: 1/2

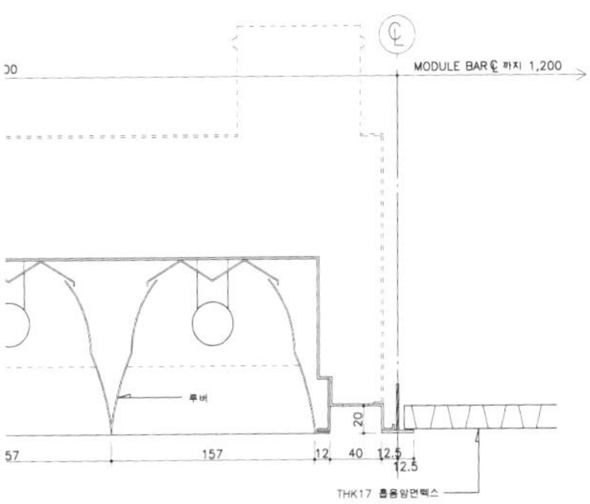

등 단면상세도 – 3
1/2

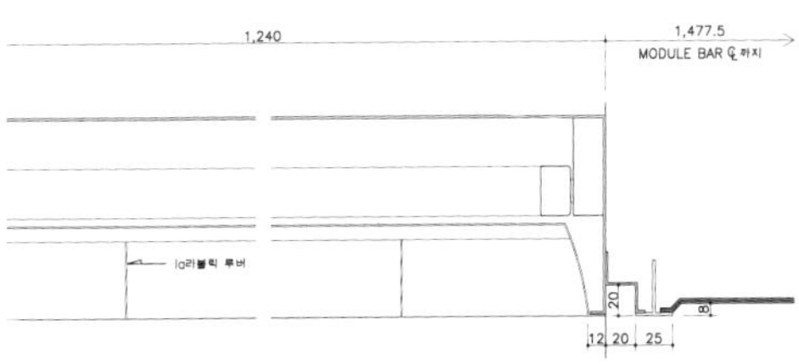

등 단면상세도 – 4
1/2

3-12 내부 전개 상세도

3-12-1 로비 바닥 패턴도

A-38	로비 바닥 패턴도
정의 및 목적	로비 등 주요실의 바닥 패턴의 정확한 시공을 위하여, 위 바닥에 설치되는 마감재의 종류, 위치 및 크기, 마감방법 등을 보다 상세한 평면으로 도시
확인사항	- 별도의 인테리어 공사가 있는지 여부 확인 - 마감 재료의 종류 및 마감공법 명시 여부 - 마감재별 정확한 시공 위치 확인 - 마감재의 균등한 분배

■ 주요실의 바닥패턴도 작성

바닥재료의 표기 만으로 원하는 바닥을 시공하기 어려울 경우, 별도의 바닥패턴도를 작성한다. 일반적으로 주출입구가 있는 로비 등이 이에 해당된다. 단위 재료의 크기, 재료의 종류 및 마감별 시공 위치, 줄눈의 형태 등을 나타낸다.

■ 평면도 활용한 바탕도면

바닥 패턴도를 작성하기 위해서는 평면도를 바탕도면 으로 활용한다. 전체 층의 바닥 패턴을 보여줄때는 일반 평면도를 바탕도면으로 하고, 로비, 엘리베이터 홀 등의 부분 바닥 패턴을 보여줄 경우에는 로비 평면 상세도 혹은 엘리베이터 홀 평면 상세도에 함께 표현하거나 이를 바탕도면으로 사용할 수 있다.

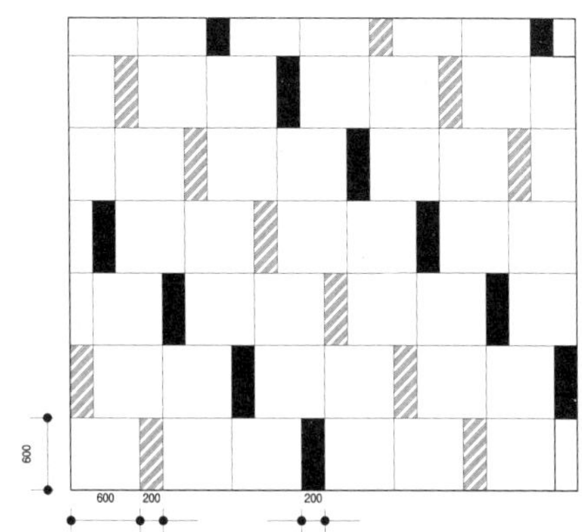

바닥 패턴 작성 예시

■ 인테리어 효과 고려

일반적으로 건축 기본 평면도 계획시에는 상세한 바닥 패턴까지 고려하기 힘들다. 별도의 인테리어 공사가 없는 대부분 경우에는 바닥 패턴도 작성이 곧 바닥 인테리어 디자인이다. 따라서 바닥의 컬러, 진입동선의 방향, 공간 착시 현상 등 인테리어 전반에 대한 사항을 충분히 고려하여 도면 작성을 하여야 한다.

■ 바닥 마감재의 균등 분배

바닥 마감의 균등한 분배는 바닥 마감 시공의 가장 기본적인 내용이지만, 흔히 도면 작성시 쉽게 하는 실수 중에 하나이다. 타일과 같이 재료의 기본 크기가 정해져 있는 경우에는 중앙부분 부터 가장 자리로 단위재료를 분배하여 재료의 크기가 다른 부분이 되도록 눈에 잘 보이지 않도록 한다. 또한 마감 재료의 크기를 임의로 조정할 수 있는 석재와 같은 경우에는 우선 전체 바닥 면적을 임의의 갯수로 균등하게 분배한 후, 재료의 기본 크기를 정하여 전체에 동일한 크기의 재료가 시공되도록 한다.

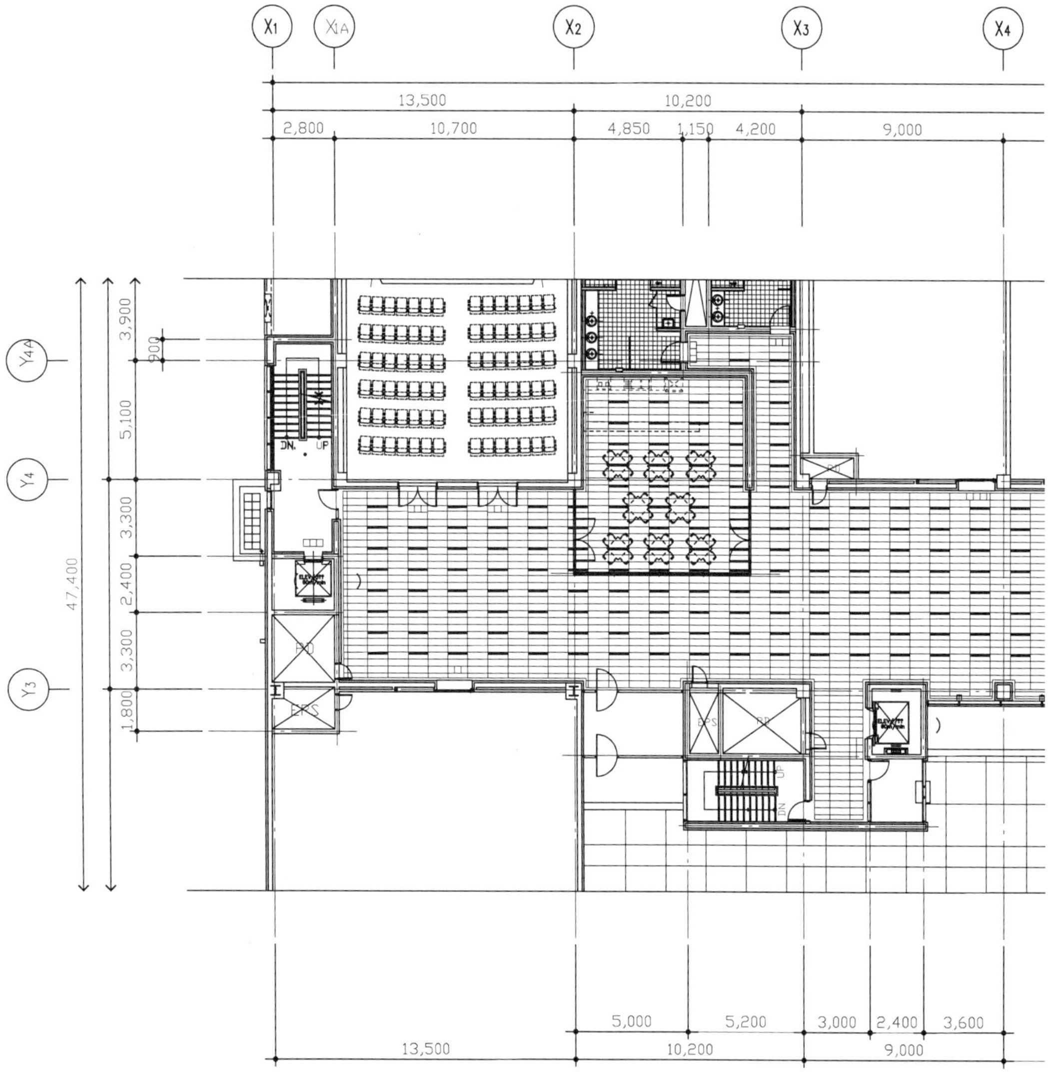
X1
X1A
X2
X3
X4
13,500
10,200
2,800
10,700
4,850
1,150
4,200
9,000
Y4A
Y4
Y3
3,900
900
5,100
3,300
2,400
3,300
1,800
47,400
DN.
UP
PD
EPS
UP
DN
5,000
5,200
3,000
2,400
3,600
13,500
10,200
9,000

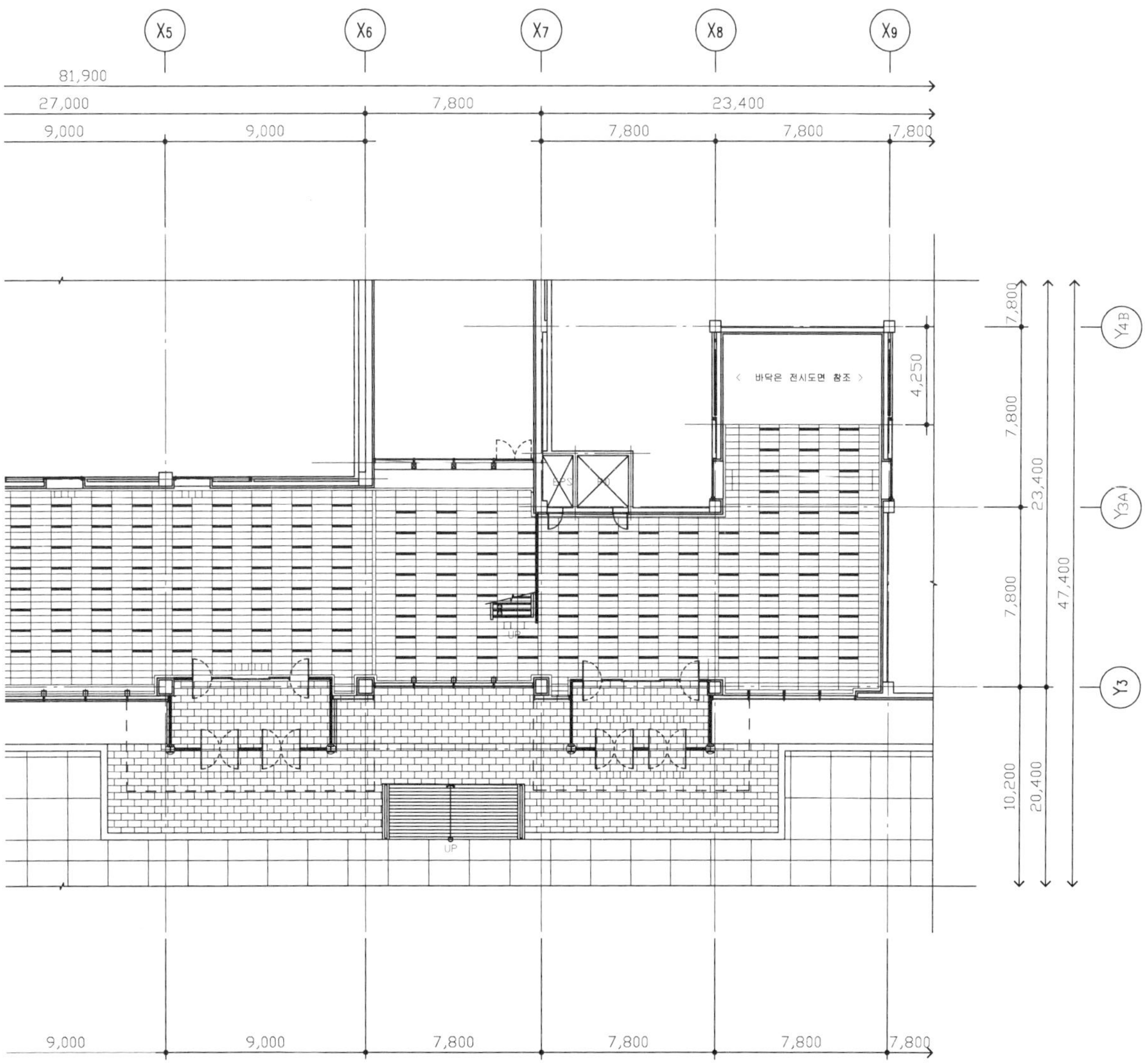

로 비 바 닥 패 턴 도

축 척: 1 / 150

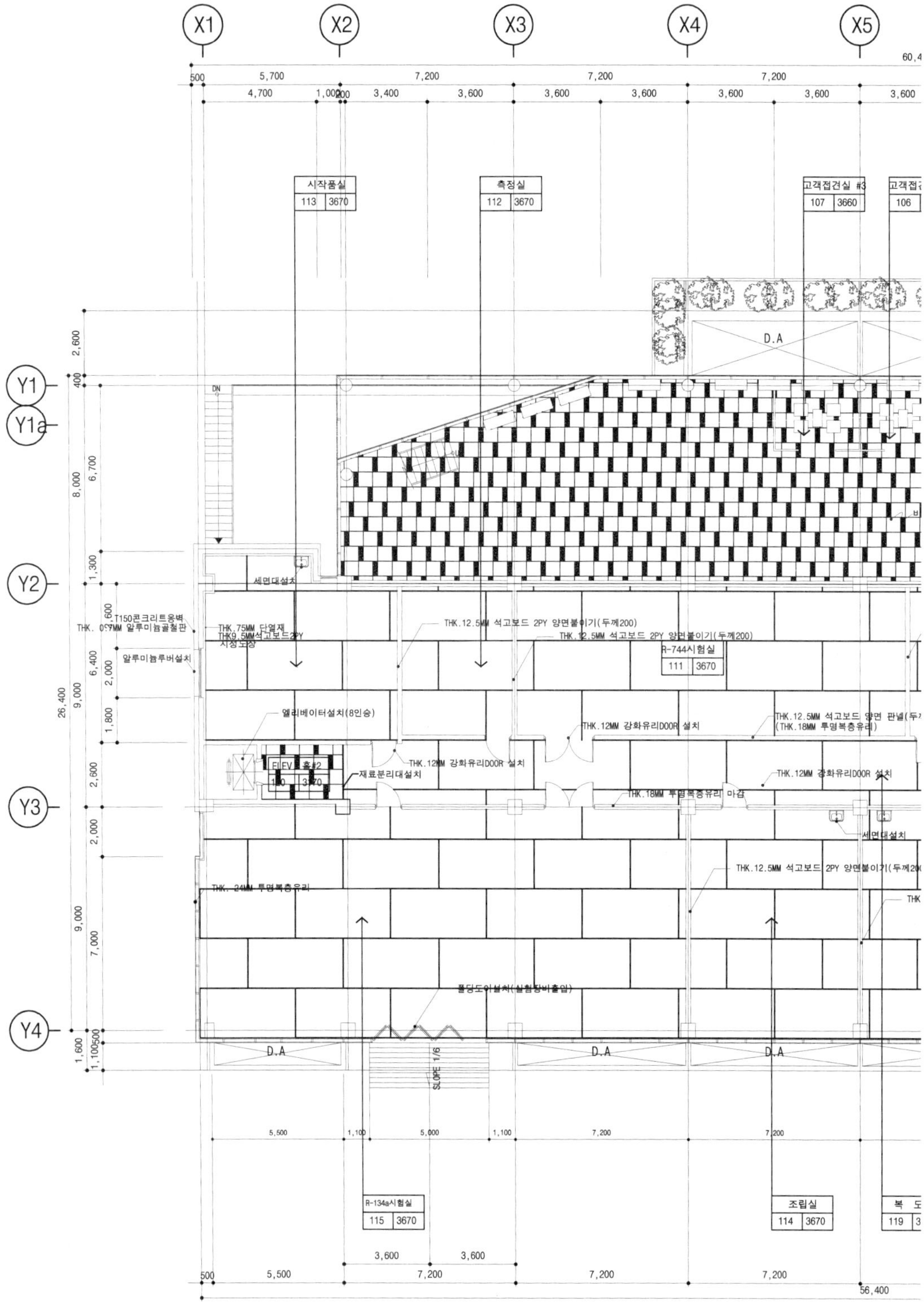
시작품실
113 3670
측정실
112 3670
고객접견실 #3
107 3660
R-744시험실
111 3670
세면대설치
T150콘크리트옹벽
알루미늄루버설치
엘리베이터설치(8인승)
THK.12MM 강화유리DOOR 설치
재료분리대설치
THK.12.5MM 석고보드 2PY 양면붙이기(두께200)
THK.24MM 투명복층유리
폴딩도어설치(실험장비출입)
D.A
R-134a시험실
115 3670
조립실
114 3670

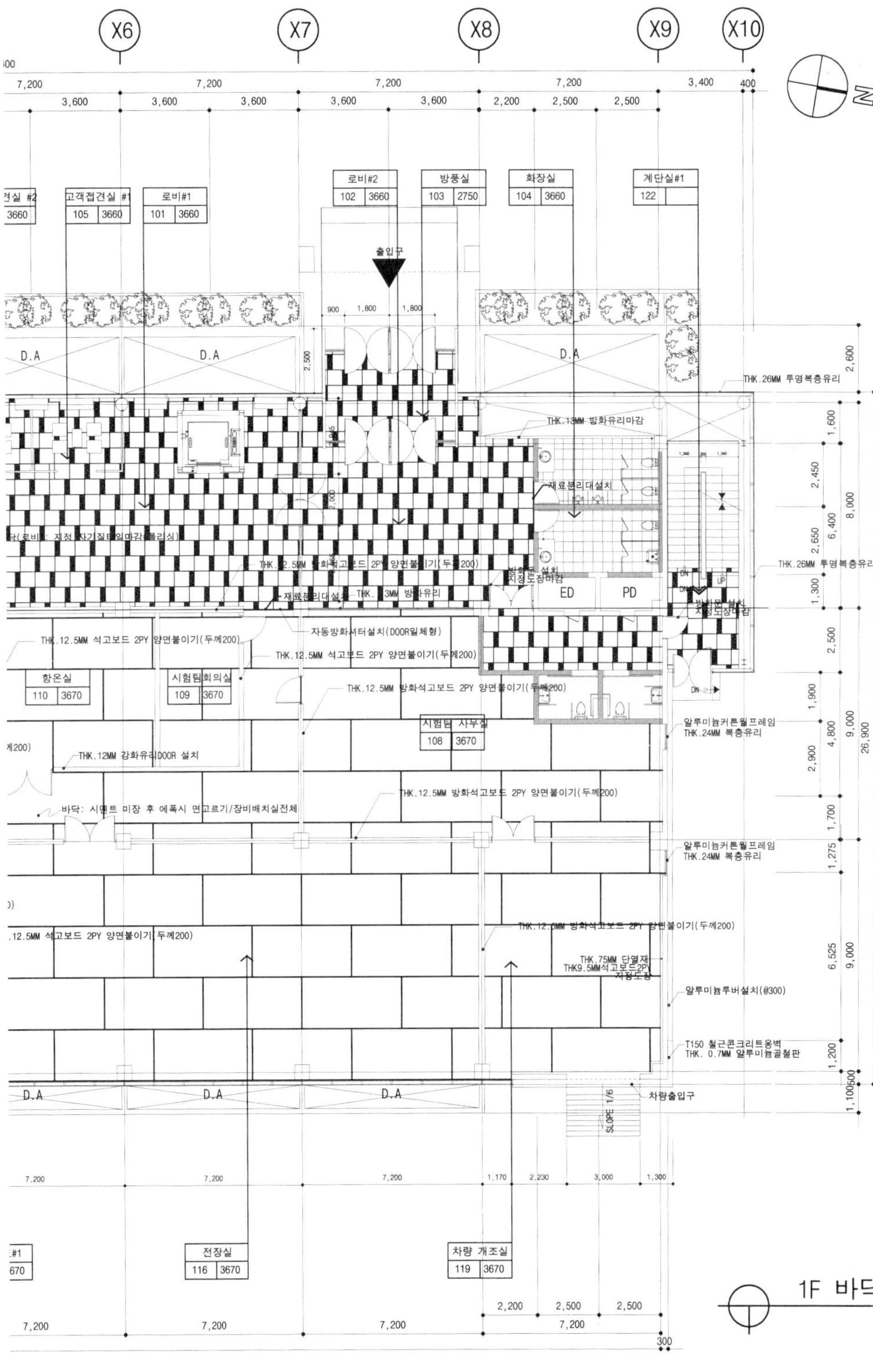

1F 바닥패턴도

SCALE 1/100

3-12-2 엘리베이터 홀 전개도

A-39	엘리베이터 홀 전개도
정의 및 목적	주요 실인 엘리베이터 홀의 내부 벽체의 정확한 시공을 위하여, 벽면 재료의 크기 줄눈 간격, 엘리베에터 출입구 마감, 부속물 매입위치, 재질, 공법 등의 내용을 상세히 도시
확인사항	- 별도의 인테리어 공사가 있는지 여부 확인 - 엘리베이터 출입구 마감과의 관계 확인 - 점검구, 소화전 등의 설비 점검구 위치 고려(해당시) - 추가 확대 상세도 작성시 도면 내용 일치 여부 확인

■ 전개도 작도법

입면도가 전체 건물의 외관을 표현하는 데 비해, 전개도는 건물 내부의 모습을 보여준다. 전개도는 건축물 내부를 둘러싸는 벽체를 입면도와 같이 수직방향으로 투영시켜 작도한다. 입면도는 건물 외부의 한면 한면을 각각 작도해서 보여지는데 비해, 전개도는 일반적으로 실내 여러 면을 하나의 도면으로 펼쳐서 작성한다.

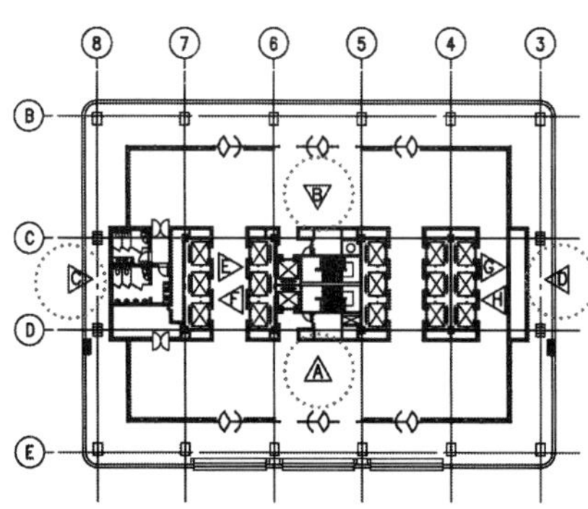

Key Plan 예시

■ 전개도 표기 방식

남측면도 혹은 정면도 등으로 불러지는 입면도는 그 이름만으로 표현되는 외관의 범위가 정해지는데 비해, 전개도는 로비 전개도, 엘리베이터 홀 전개도라고 해도 구체적으로 로비의 어느 쪽 벽인지 명확히 알기 어렵다. 따라서 전개도 작성시에는 평면도에 전개도의 범위를 아래와 같이 표현한다. 또한, 전개도에 직교하는 벽면을 한꺼번에 표현한 경우, 그 꺽이는 부분에 아래와 같이 V 표시를 한다. 간혹 V 표시 사이에 해당 벽이 만나는 각도를 표현하기도 한다.

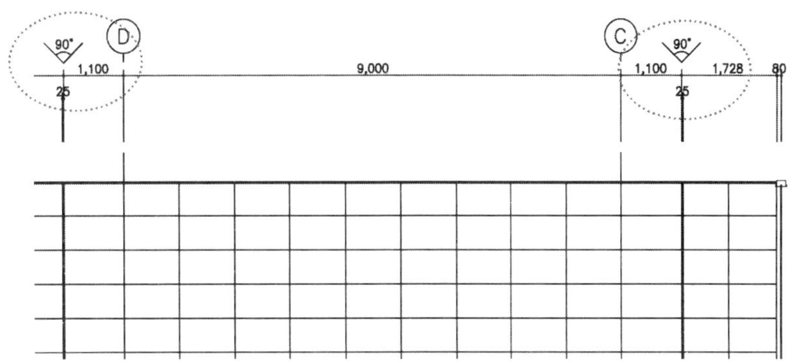

전개도 작도 예시

■ 벽체 마감 및 줄눈의 상세 표현

전개도에는 앞의 바닥 패턴 상세도와 마찬가지로 벽체 마감 재료의 크기 및 줄눈의 형태를 자세히 나타낸다.

■ 기타 장식품 및 부속품의 표현

전개도 작성시 홀 내부에 설치되는 기타 장식품이나 부속품을 정확히 도시한다. 여기에 건축공사시 추가되는 내용인지, 별도 인테리어 공사시에 추가되는 것이지, 혹은 엘리베이터 사양에 따라 달라지는 것인지를 명확히 명시하며, 특히 건축공사에 해당되는 부분이 도면에 빠지지 않도록 주의한다.

■ 추가 확대 상세도와 연계

축척 1/50 정도의 전개도에서 표현되기 어려운 상세한 내용은 축척1/5~1/2 정도의 확대 상세도를 추가로 작성한다. 작성 시 아래와 같이 전개도에 확대 부분 상세도가 작성 범위를 표시하는 것이 좋다.

■ 도면 레이아웃

엘리베이터 홀 전개도를 별도의 도면으로 구성하기도 하고, 크지 않는 건물의 경우에는 코어 평면 상세도와 함께 하나의 도면에 구성하기도 한다. 도면을 구성하는 별도의 원칙은 없다. 도면 구성에서 중요한 것은 어떤 도면을 한 장에 표현했을 때 가장 쉽게 도면을 이해할 수 있느냐 하는 것이다.

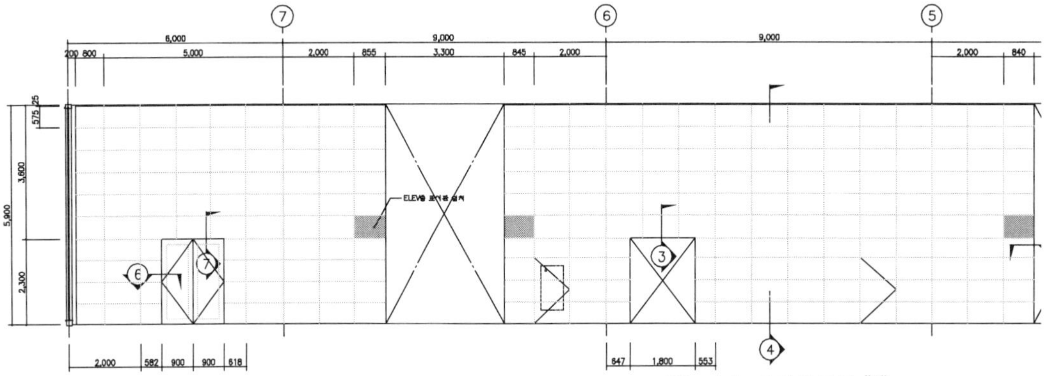

1 1층 코아전개도 "A"
축척 1/50

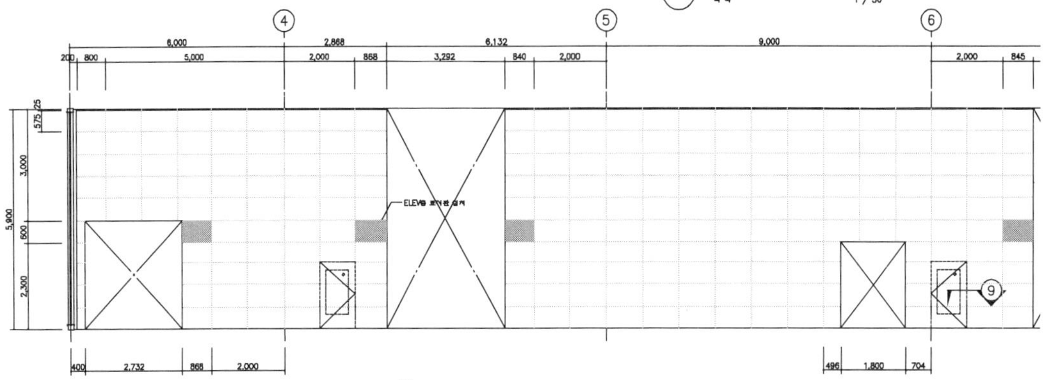

2 1층 코아전개도 "B"
축척 1/50

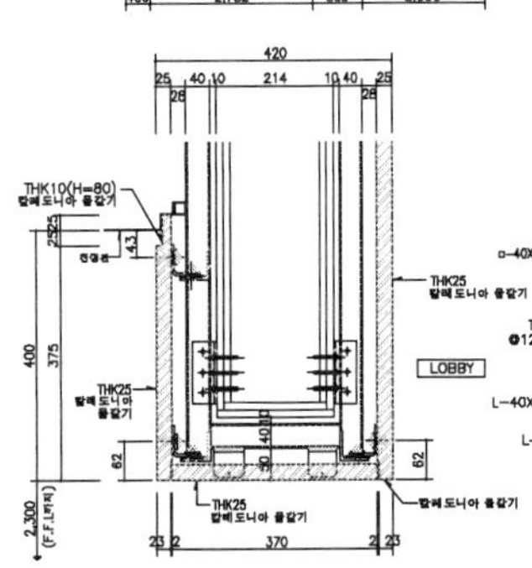

3 부분단면상세도
축척 1/5

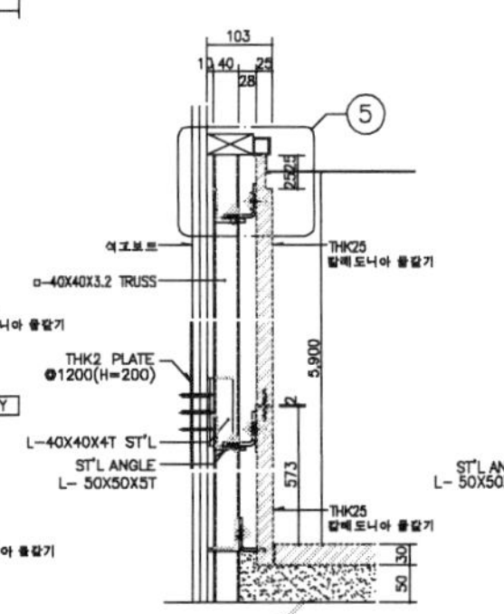

4 부분단면상세도
축척 1/5

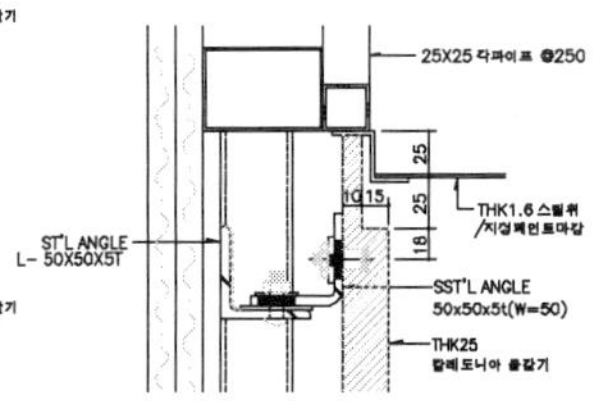

5 부분단면상세도
축척 1/5

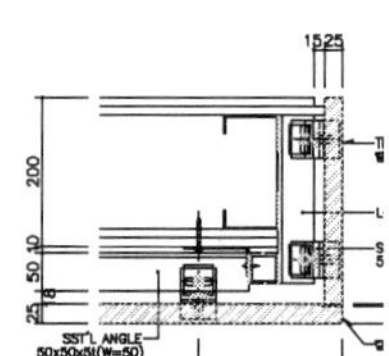

6 부분단면상세도(우편함

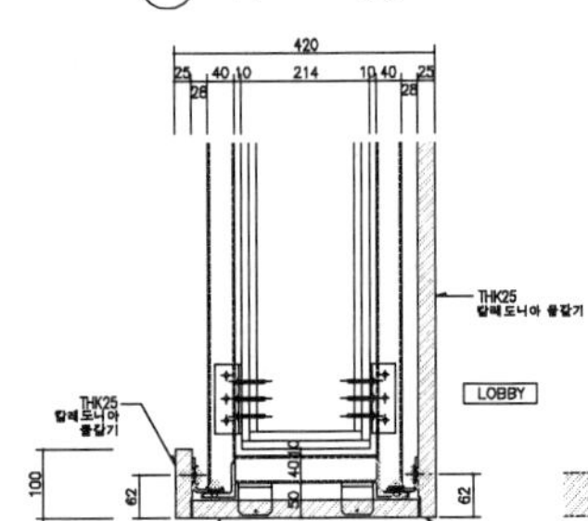

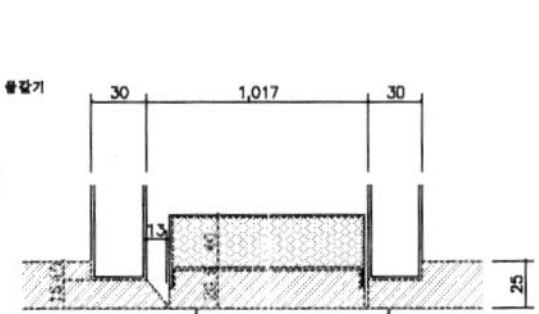

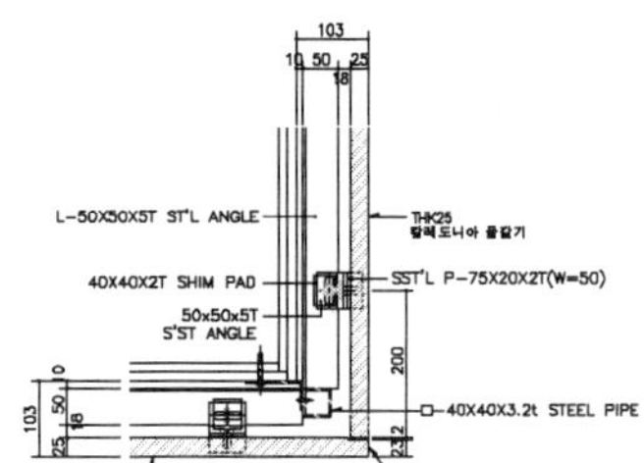

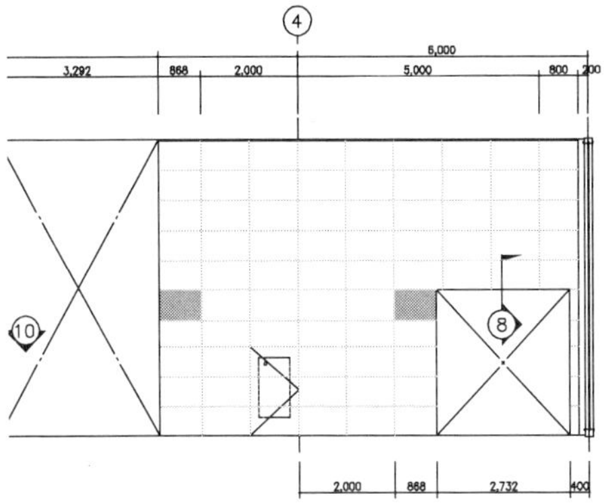

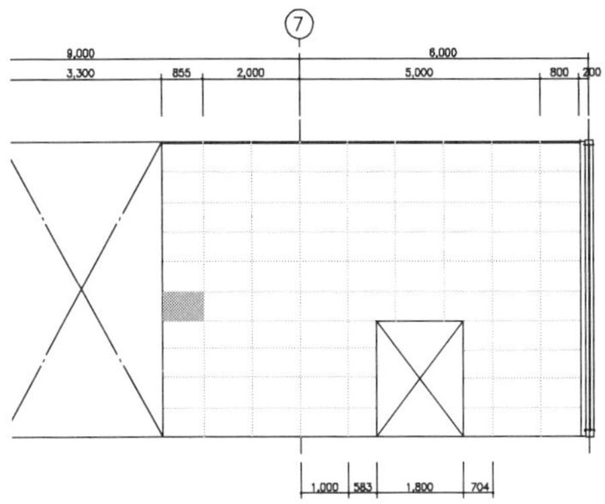

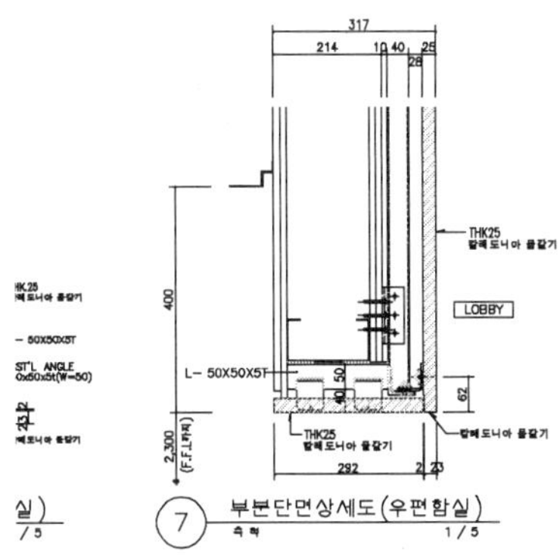
LOBBY
L- 50X50X5T
부분단면상세도(우편함실)
1/5

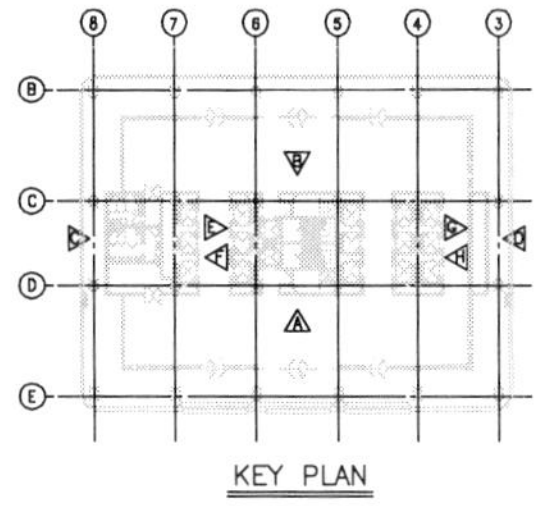
KEY PLAN

3-12-3 화장실 전개도

A-40	화장실 전개도 및 상세도
정의 및 목적	화장실 내부의 정확한 시공을 위하여, 칸막이 및 위생도기의 높이, 마감재의 종류 및 재질, 조명박스 설치 공법, 부속물의 설치 위치 등을 상세히 도시
확인사항	기본 평면도 상의 내용과 평면 상세도 상의 내용 일치 여부 확인 - 배관 샤프트의 표기 - 위생도기의 크기 및 위치 표기 - 화장실 칸막이의 크기 및 위치 표기 - 바닥, 벽의 마감 재료 등 줄눈 표기 - 바닥 재료 분리대 등의 표기 - 바닥 물매 구배 표기 및 FD(Floor Drain) 표기 - 점검구의 표기

■ 도면의 레이아웃

화장실 전개도 및 상세도는 별도의 도면으로 독립적으로 구성하기도 하고, 화장실 평면 상세도와 함께 표현하기도 한다. 각 건축물의 규모 및 도면의 양에 따라 그 구성 방법은 차이가 있다. 중요한 것은 해당 건축물을 가장 쉽게 이해하도록 도면 구성을 하는 것이다.

1) 화장실 평면 상세도(축척 1/50~1/30)

■ 벽체의 표기

코어를 구성하는 벽체는 일반적으로 내력벽인 철근 콘크리트 벽이다. 이런 코어에 속해있는 화장실 벽은 코어 구성에 따라 철근콘크리트 벽이 일부 형성되고, 나머지는 조적벽으로 만들어진다. 구조적 역할이 없는 화장실의 벽체는 조적벽이 일반적이다. 그러나 평면계획상 철근콘크리트 벽체로 일부 구성되기도 한다. 따라서 화장실 평면 상세도에서는 이런 벽체에 대해 구체적으로 도면에 표시한다.

■ 배관 shaft 표기

화장실의 급수와 오수 처리를 위해 배관 shaft가 필요하다. 각종 배관 shaft 는 코어에 함께 구성되는 것이 평면계획상 유리하다. 이와 같은 각 shaft의 용도를 위생용 급배수PS, 전기에서 쓰는 EPS, 굴뚝(Ch) 등을 도면에 구분하여 표기한다.

■ 위생도기의 위치표기

화장실 평면상세에서 가장 중요한 내용 중 하나가 세면기, 소변기, 대변기의 위치 표시이다. 건축에서의 위치 표시에 따라 설비의 배관위치가 결정되므로, 위 내용을 설비도면에서 확인하는 것도 바람직하다.

■ 화장실 칸막이의 크기 표기

화장실 상세도에서는 화장실 대변기 칸막이 또는 소변기 옆 칸막이 등 화장실에 있는 칸막이의 크기 및 위치를 표시하여야 한다.

■ 바닥 마감 재료 및 줄눈 표기

화장실 상세도에는 화장실 바닥에 설치하는 바닥타일 혹은 석재의 재료를 정확히 명기하여야 하며, 그 줄눈의 형태도 표현된다.

■ 바닥 재료분리대/ 문틀의 표기

화장실 내외부 사이에 문틀이 형성되는 경우 화장실 평면 상세도에 문틀이 그려지며, 문이 없고, 내부와 외부의 바닥재가 서로 상이한 경우에는 그 경계에 재료 분리대가 형성된다. 화장실 평면 상세도에서는 바닥에 있는 문틀 혹은 재료 분리대로 명확히 표시하여야 한다.

■ 바닥 물매 구배의 표기

일반적으로 우리나라 화장실 바닥은 물청소와 같이 물을 직접적으로 사용한다. 따라서 그 바닥에 물흐름을 위한 구배를 잡아주어야 한다. 화장실 평면 상세도에는 화장실 배수구와 배수구 까지의 구배 방향과 구배를 명기하여야 한다.

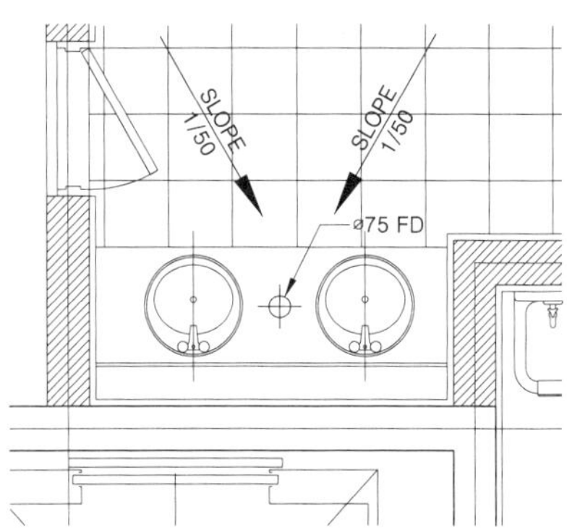

바닥 물매 구배 표기 예시

■ 점검구 등의 표기

화장실 위생용 pipe 점검을 위하여 점검구를 설치하여야 한다. 대부분 PS(Pipe Shaft)가 있는 경우에는 PS 측면에 점검구가 설치되나, 가끔씩 이 점검구가 화장실 천장면에 설치되기도 한다. 도면작성 시 화장실 점검구가 누락되지 않도록 유의한다.

■ 부속품의 표기

화장실에는 수건걸이, 휴지걸이 등의 부속품들이 설치된다. 이와 같은 부속품 중 건설공사에 포함되는 것은 견적시 누락되지 않도록 도면에 꼭 기입하도록 한다.

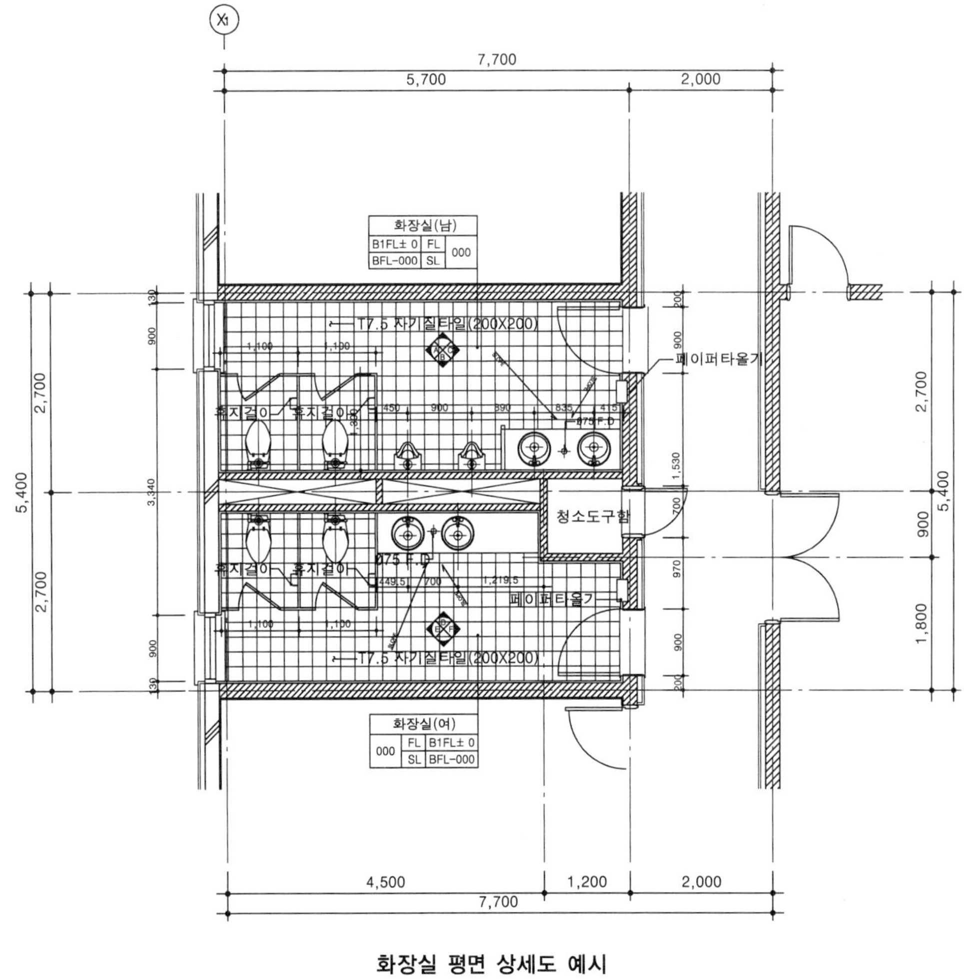

화장실 평면 상세도 예시

2) 화장실 전개도(축척 1/50~1/30)

■ 전개도 작도법

기타 전개도와 마찬가지로 화장실 전개도는 화장실 내부의 벽면을 수직방향으로 투영해서 표시하는 것이다. 화장실에서는 천장의 조명박스, 칸막이, 거울, 세면대 등의 위생도기, 기타 부속품 등이 모두 표기된다.

■ 전개도 표시 부호

전개도의 표시 부호는 평면 상세도에 이와 같이 표기하고, 위 기호D가 가리키는 벽면의 전개도를 전개도–D, 기호에서 E 가 가리키는 부분의 전개도를 전개도–E 등으로 표기한다.

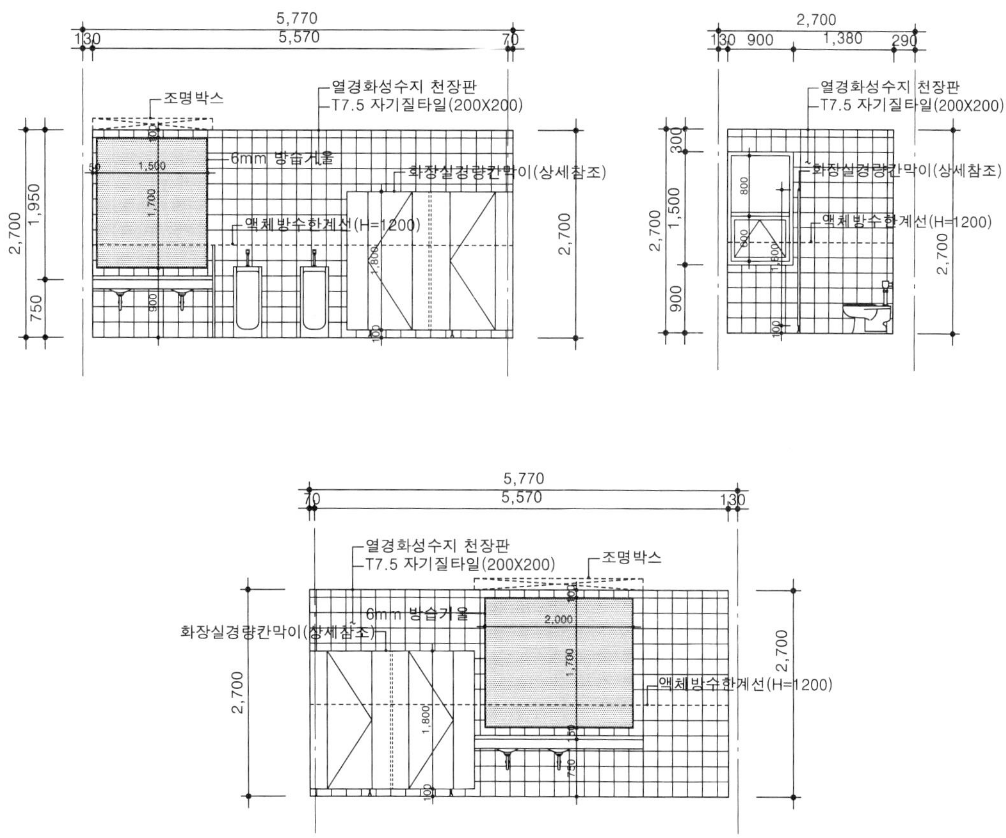

화장실 전개도 예시

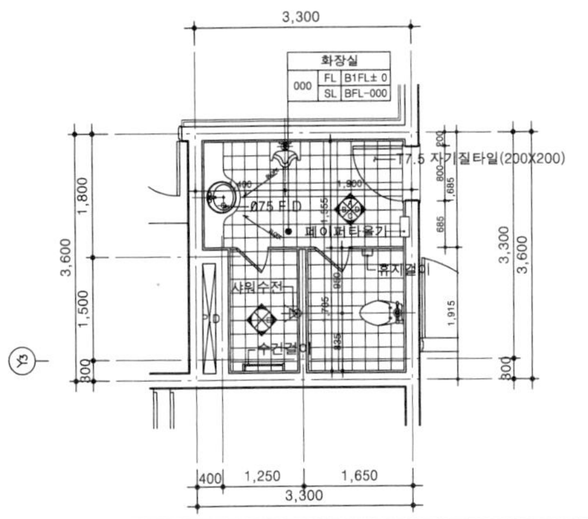

12	지하1층 화장실 평면상세도	축척 : 1/50

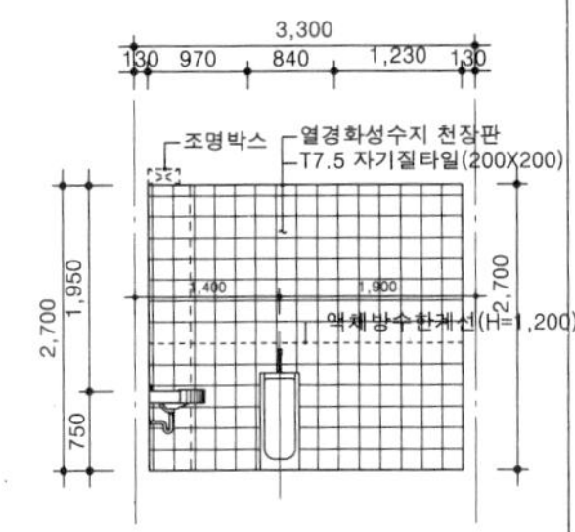

13	지하1층화장실전개도-A

14	지하1층화장실전개도

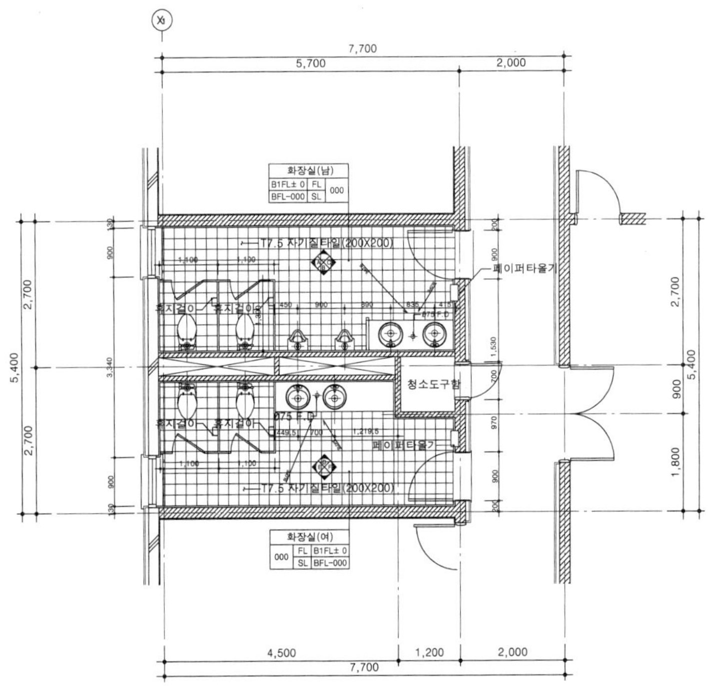

17	3층 화장실 평면상세도	축척 : 1/50

18	2층화

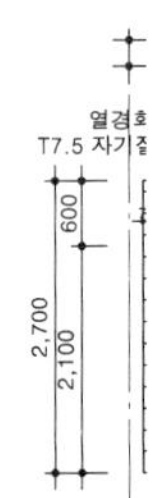

20	2층화

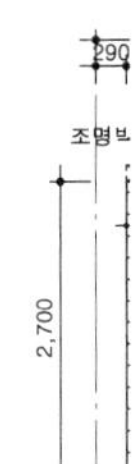

22	2층화

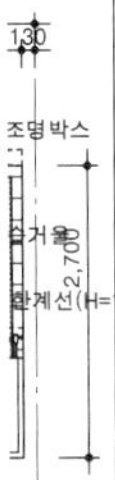

-B

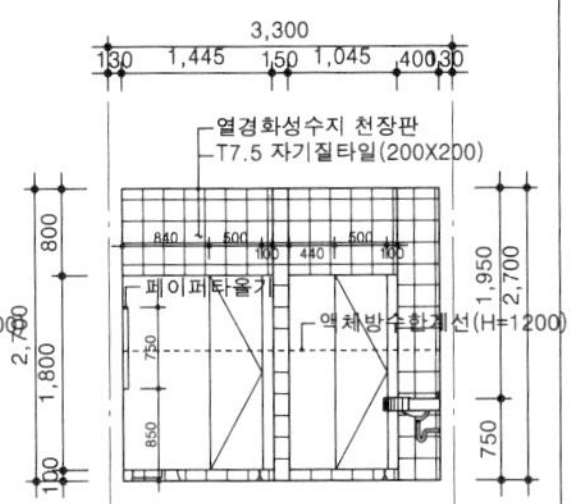

15 지하1층화장실전개도-C

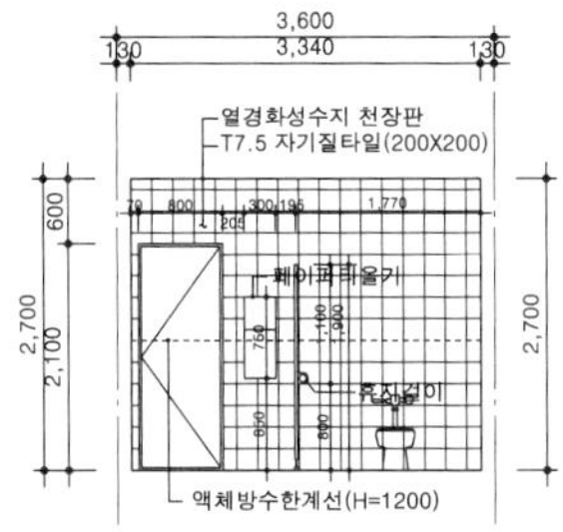

15 지하1층화장실전개도-D

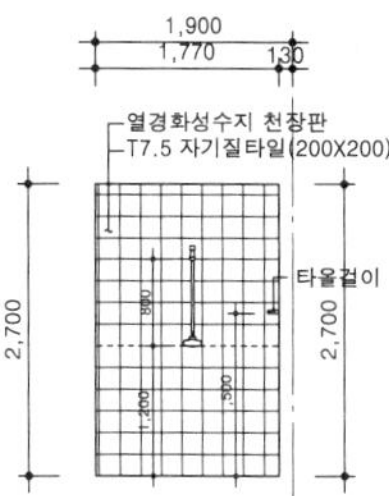

15 지하1층화장실전개도-E

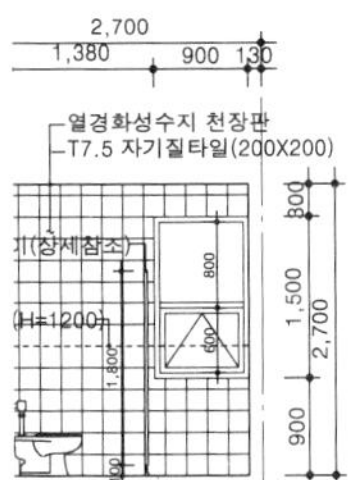

화장실전개도-A

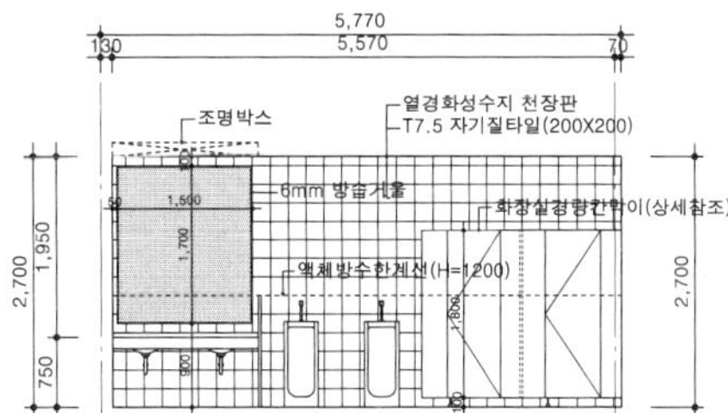

19 2층화장실전개도-B

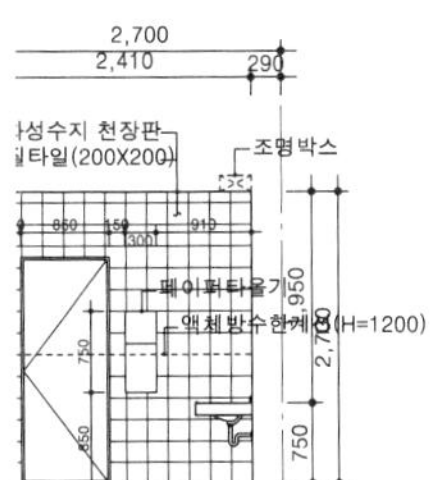

화장실전개도-C

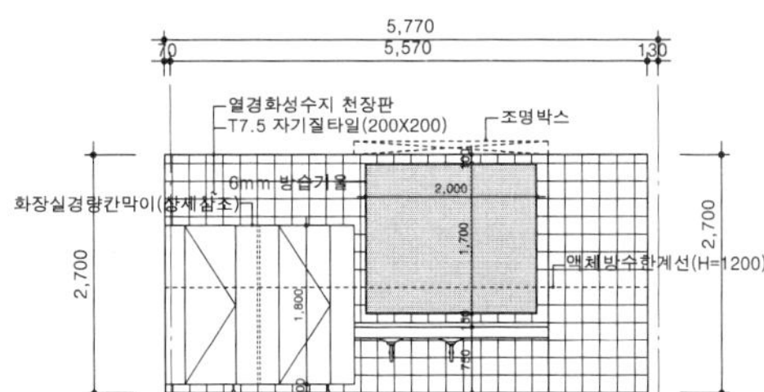

21 2층화장실전개도-D

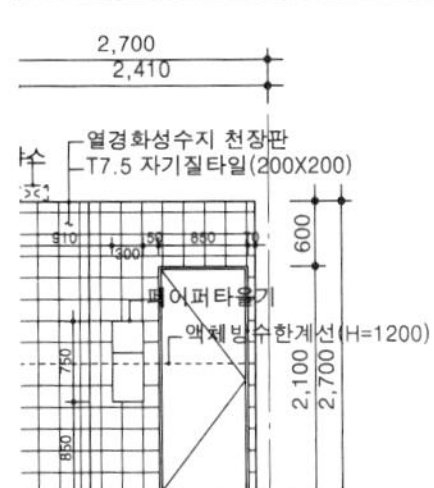

화장실전개도-E

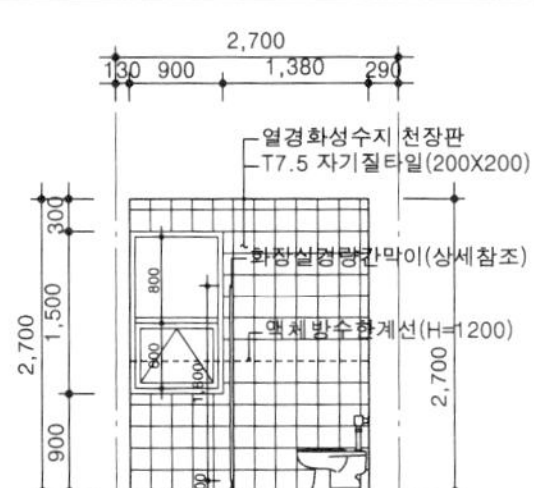

23 2층화장실전개도-F

3-12-4 경량 칸막이 상세도

A-41	칸막이 전개도 및 상세도
정의 및 목적	- 칸막이 전개도 : 칸막이 크기, 위치, 출입부의 크기 위치, 기타 부속물의 설치 위치를 내부 전개로 도시 - 칸막이 상세도 : 칸막이의 방화 혹은 단열 성능을 확보할 수 있는 칸막이 내부의 재질 구성과 이의 설치를 위한 부속철물과 공법 등을 상세히 도시
확인사항	- 각 유형별 경량 칸막이 표기 누락 확인 - 방화벽의 방화성능, 기타 각 실의 요구성능에 맞는 내화 혹은 차음 성능 확인 - 기타 관련 도면인 단면도 및 상세도와의 일치 여부 확인

■ 확대 상세도의 축척

일반적으로 기본도면의 축척은 건물 규모에 따라 1/300~1/100 정도를 사용한다. 코어·화장실 등의 평면 상세도 1/50 기준으로 그 전후 축척으로 한다. 이보다 더 자세히 시공방법을 보여주어야 하는 확대 상세도는 해당부분의 크기 범위에 따라 1/10~1/2까지의 축척을 사용한다.

■ 내력벽, 조적벽이 아닌 건식벽체의 상세

여기에서 말하는 내부 칸막이 벽이라 함은 철근코크리트벽, 조적벽이 아닌 나머지 건식벽을 주로 다룬다. 콘크리트 벽의 공사방법은 구조도에 제시된 철근배근 방법과 일반화된 시공방법을 따르면 되고, 조적벽도 표준시공방법이 있다. 이에 비해 건식벽체는 각각 그 사양이 다르므로 이에 대한 내용을 건축도면에서 명기하여야 한다.

■ 타입별 표기할 내용

건축물에 들어갈 건식 벽체는 그 상황에 따라 몇 가지 타입으로 나눠진다. 각 타입별로 표로 정리하는 것이 보기 좋다. 표에는 내화성능 유무, 스터드 형태, 단열 및 흡음재, 석고보드 마감재, 평면형태 등을 기입한다.

TYPE	A (1층 상가)
내화성능	-
스터드형태	1.0T 100MM @450
단열,차음재	그라스울 64K X 50T , -
석고보드(바탕용-테파드보드)	T-9.5 일반석고보드 (2겹)
평 면	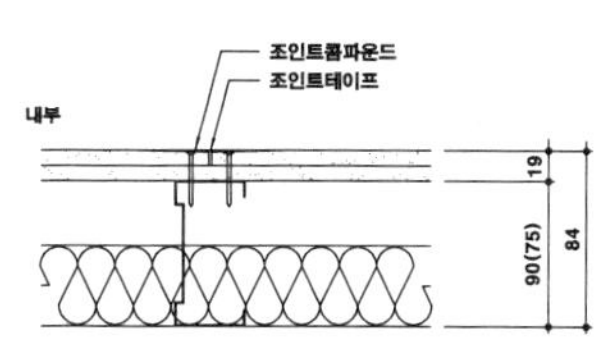

칸막이 타입별 표기 항목 예시

■ 평면 확대 상세

건식 벽체를 구성하는 스터드, 석고보드 등 각각의 요소를 수평으로 잘라 보여준다. 석고보드를 세우는 데 필요한 스터드와 각 부재의 조인트 부분, 특히 벽체의 코너 부분과 같이 단순히 재료명기 만으로 정확한 시공이 어려운 경우에 확대 상세도면을 그린다.

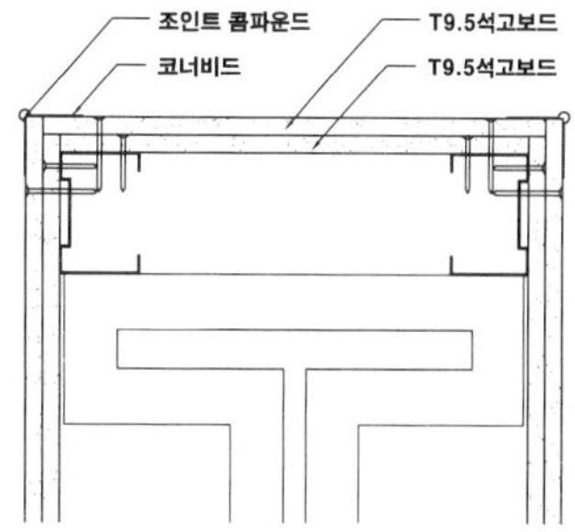

평면 확대 상세 예시

■ 단면 확대 상세

단면 확대 상세도는 벽체를 구성하는 스터드 석보도드 단열재 등의 요소를 단면도와 같이 잘라서 상세하게 보여주는 도면이다. 특히, 바닥과 벽체가 만나는 부분, 천장과 벽체가 만나는 부분 단열재가 붙는 위치 등 단순히 재료명기 만으로 시공하기 힘든 곳을 도면으로 보여준다.

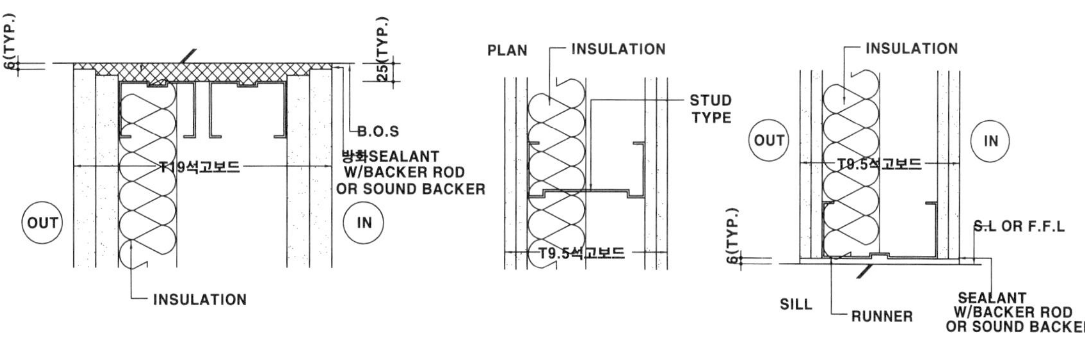

단면 확대 상세 예시

■ 방화벽 평단면 상세

건식벽 중 방화성능을 갖추어야 하는 방화벽은 그 내부가 법에서 요구하는 방화재료와 방화성능을 확보할 수 있도록 그 평단면 구성을 더 자세히 보여주어야 한다.

TYPE	A (1층 상가)	C (계단실)
내화성능	-	2 시간
스터드형태	1.0T 100MM @450	1.0T 65MM @450
단열,차음재	그라스울 64K X 50T , -	그라스울 64K X 50T , -
석고보드(바탕용-테파드보드)	T-9.5 일반석고보드 (2겹)	T-19 일반석고보드 (2겹X2)
평 면	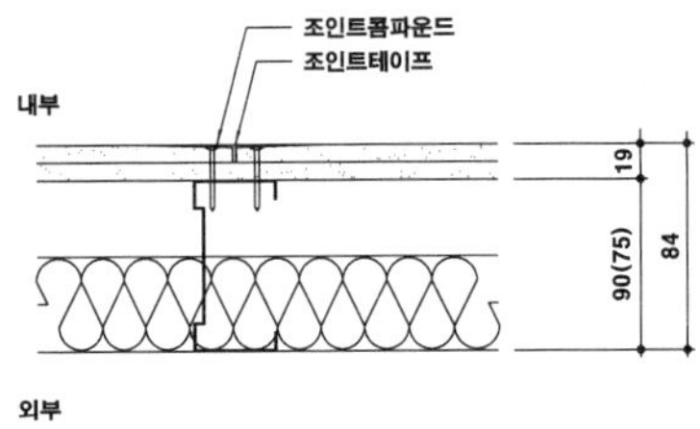	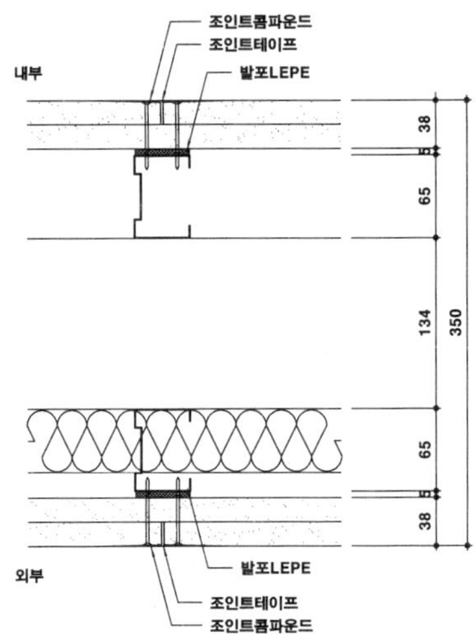

TYPE	B (계단실,2~3상가및 4~9층 사무소)
내화성능	-
스터드형태	1.0T 65MM @450
단열,차음재	그라스울 64K X 50T , -
석고보드(바탕용-테파드보드)	T-9.5 일반석고보드 (2겹)
평 면	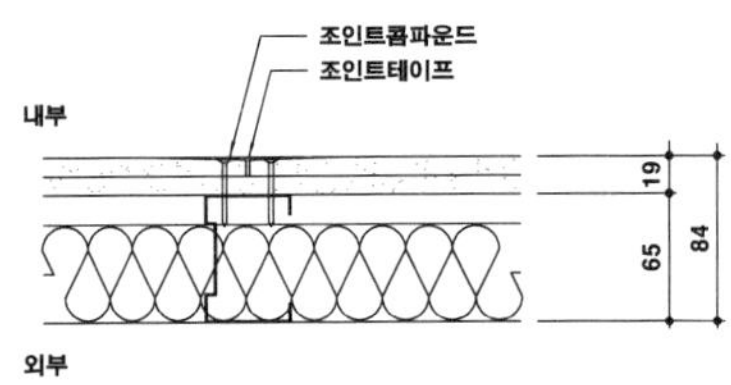

평면상세		
	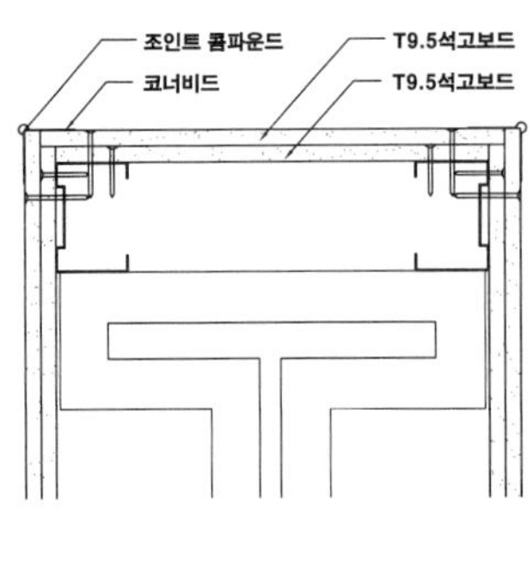	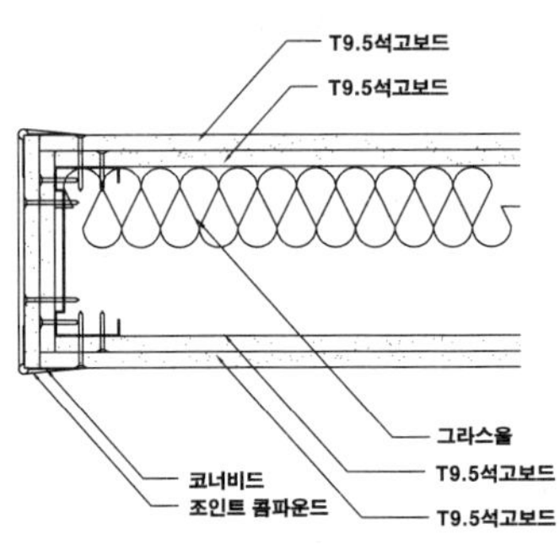

방화벽 평단면 상세	거실부 단면 상세
• GYPSUM DRY WALL TYPICAL DETAIL'S	• GYPSUM DRY WALL TYPICAL DETAIL'S

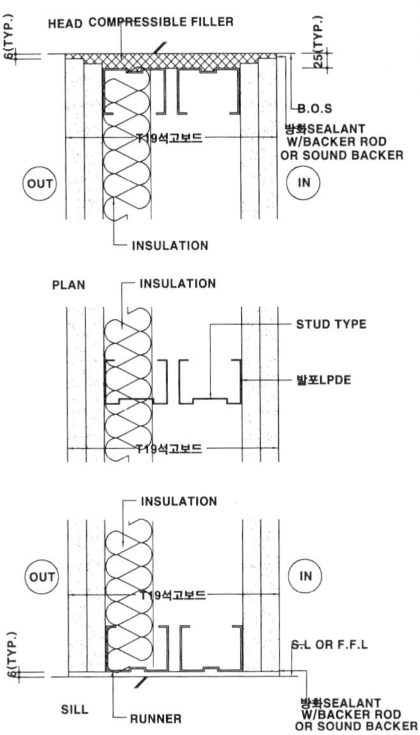

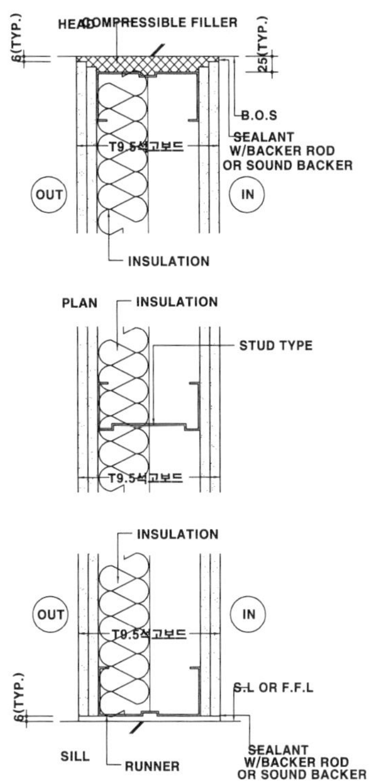

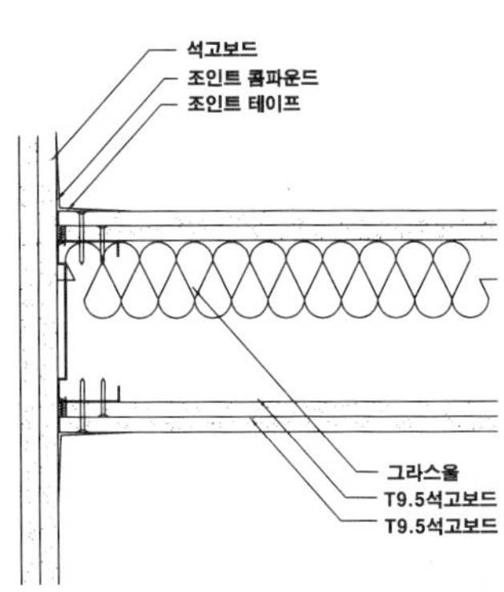

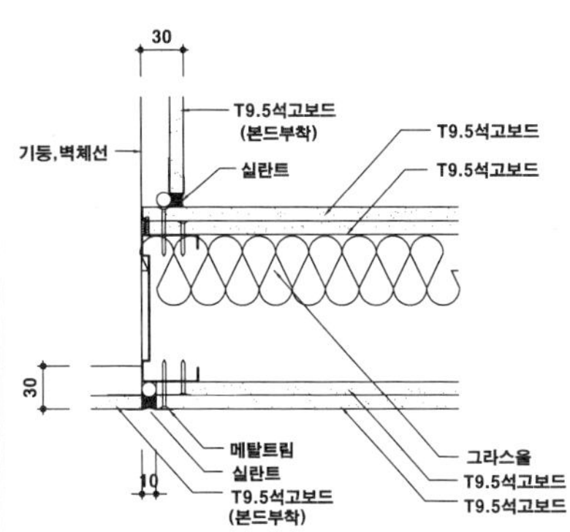

경량칸막이 상세도

축척 NONE

1 A

3-12-5 잡 상세도

A-42	잡 상세도
정의 및 목적	건물 내외부에 들어가는 세세한 부분들의 명확한 시공을 위하여, 파라펫, 루프 드레인, 커텐박스 등의 세세한 부분의 형태, 크기 재질, 공법 등의 내용을 상세히 도시
확인사항	- 잡 상세도에 작성된 마감이 실내 재료 마감표나 기타 단면도에 표기된 내용과 일치하는 지의 여부 - 기둥, 보 등 구조체와의 간섭이 있는지 여부, 구조체 위치가 구조도와 일치하는 지 여부 확인 - 잡상세도 설치부분의 단열 및 결로, 방수 및 누수, 수축 및 시공 줄눈 등의 처리 확인 - 기성제품을 사용 부분과 현장 제작이 요한 부분인지 확인 - 현장상황에 맞는 건식 혹은 습식 공법 여부, 고정 및 해체방법 제시여부

■ 공사시 필요한 기타 상세의 도시

잡 상세도는 공사시에 요한 확대 상세 내용을 도시하는 것으로 축척 1/20~1/2까지 해당 부분에서 보여주고자 하는 내용에 맞도록 요한 축척을 이용한다. 잡상세도에는 대부분의 건물 공사에 요한 파라펫 상세, 커텐박스 상세, 루프드레인 상세 등의 일반적 내용과 본 건물에서 특별히 요한 내용 모두 작성한다. 모든 건물에 들어가는 루프드레인 등의 상세도를 작성시 비록 동일한 루프 드레인을 설치한다 하더라도 마감이 상이할 수 있으니, 반드시 해당건물의 상황과 일치되도록 작성한다.

■ 커텐박스(curtain box) 상세

커텐박스의 크기와 재질은 동일하더라도, 설치되는 위치에 따라 그 세세한 부착시공방법이 다르므로 설치되는 위치와 각 벽체의 타입에 따라 작성한다.

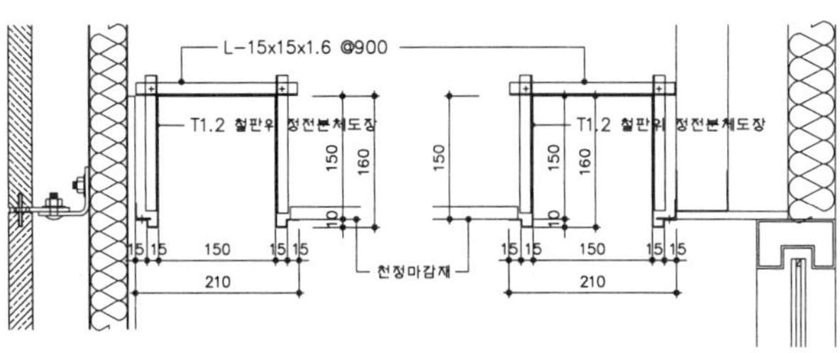

TYPE-1

커텐박스 상세 예시

■ 카스토퍼(Car Stopper), 기둥 보호 범퍼

주차차량의 부딪힘을 막기 위해 설치하는 카스토퍼와 주차장 기둥 코너의 긁힘 방지를 위한 기둥 보호 범퍼는 건축공사에서 제작하지 않고 기성제품을 사용하므로 특별히 별도의 도면작성은 필요치 않으나, 설치 위치 등의 명기가 빠질 경우 견적에 누락될 수 있으므로 유의해야 한다.

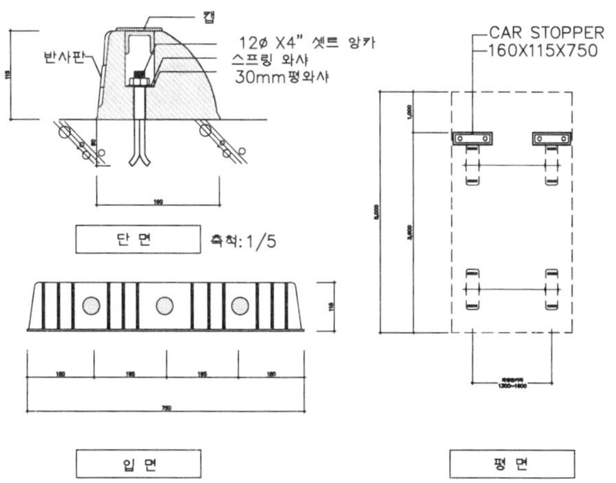

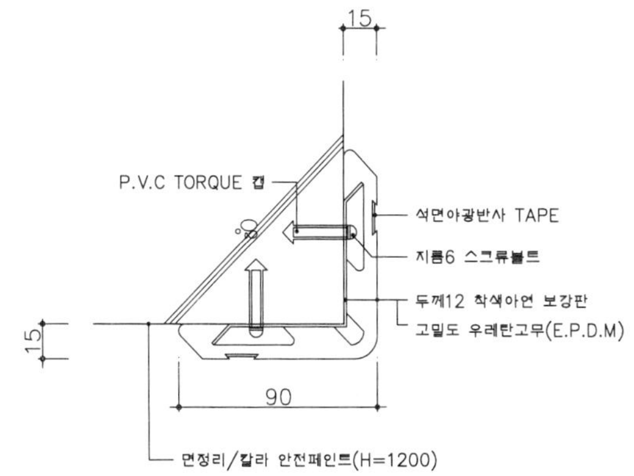

기둥 보호 범퍼 표기 예시

■ 루프 드레인(RD : Roof Drain)

옥상 배수구인(roof drain)은 비록 동일한 루프 드레인을 설치한다 하더라도 마감이 상이할 수 있으니, 반드시 해당건물의 상황과 일치되도록 작성한다.

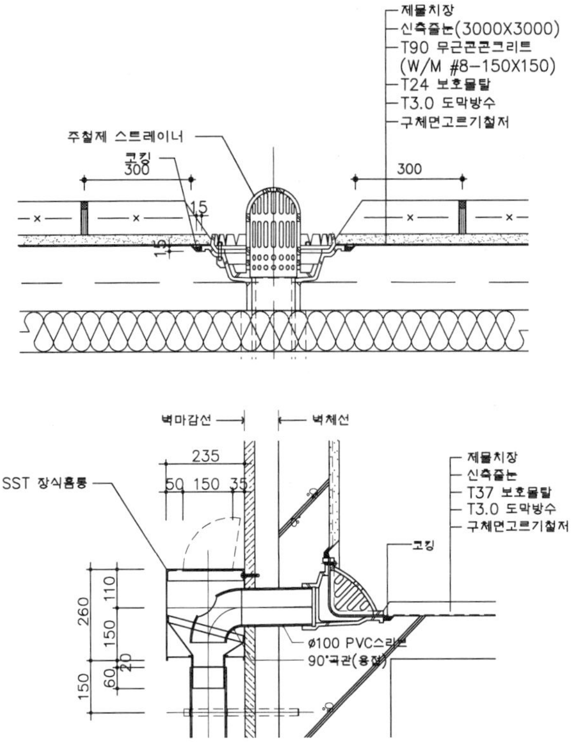

루프 드레인 상세 예시

■ 계단 난간 상세

계단 난간 상세는 경우에 따라 계단 단면상세도와 같은 도면에 작성하기도 한다. 각 계단의 디자인을 잘 살리기 위해서는 정확한 난간 상세도면이 요하다.

참고로, 「건축물의 피난·방화구조 등의 기준에 관한 규칙」에서는 공동주택 등의 용도에 쓰이는 주계단, 피난계단, 특별피난 계단의 난간에 대해 상세히 규정하고 있다.

- 손잡이는 최대지름이 3.2cm 이상 3.8cm 이하인 원형 또는 타원형의 단면으로 할 것
- 손잡이는 벽 등으로부터 5cm 이상 떨어지도록 하고, 계단으로부터의 높이는 85cm가 되도록 할 것
- 계단이 끝나는 수평부분에서의 손잡이는 바깥으로 30cm 이상 나오도록 설치할 것

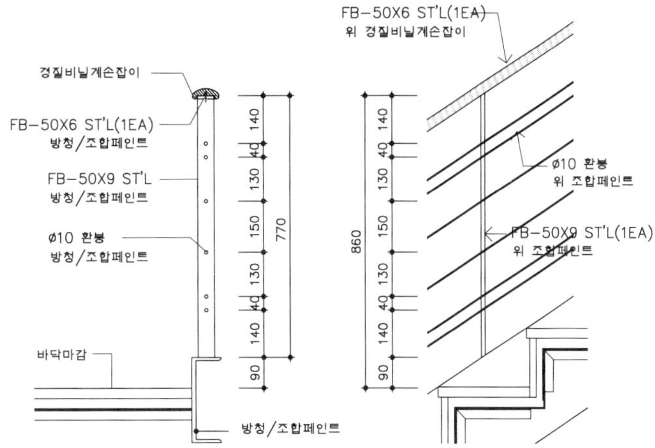

계단 손잡이 상세 예시

■ 파라펫(Parapet) 상세

옥상 난간인 파라펫은 외벽 최상부의 마감과 옥상 난간을 보여주는 주요 도면이다. 더불어 옥상 바닥의 방수와 옥상 가장자리부분의 물처리도 최상층 실내 단열등이 함께 도시된다. 옥상 난간 높이는 법에 정해진 바에 맞추어 계획한다. 이외 외벽 최상부 마감인 두겁돌의 형태와 층간 마무리, 옥상의 가장자리 드레인, 옥상바닥 물매, 옥상 방수처리, 옥상 신축줄눈, 최상층 상부 단열재 등이 정확히 시공될 수 있도록 명확히 작성한다.

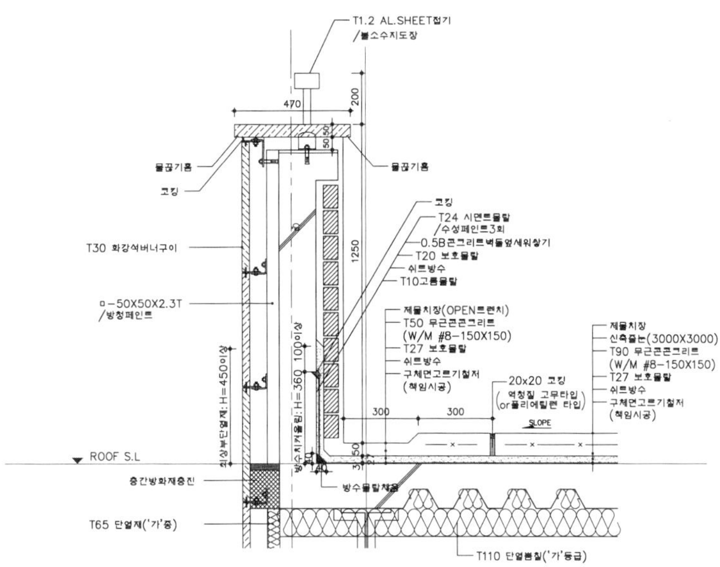

파라펫 상세 예시

04 구조 도면 작성 원리

일러두기

각 항목의 순서는 현장에서 사용하는 실시설계 도면철의 순서로, 각 도면을 2쪽에 걸친 펼친 그림으로 수록하였다.

실제 실시설계 사례도면

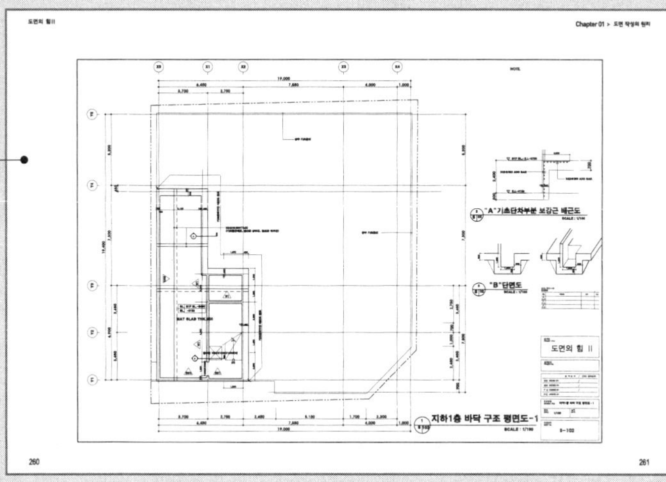

각 도면별로 실시설계에서 쓰는 '구조: S(Structure)의 구분자와 도면번호를 S-01' 등으로 도면명과 같이 표에 기입하였으며, 도면의 '정의 및 목적'과 '확인사항'을 표로 정리하였다.

도면명

도면번호

정의 및 목적

확인사항

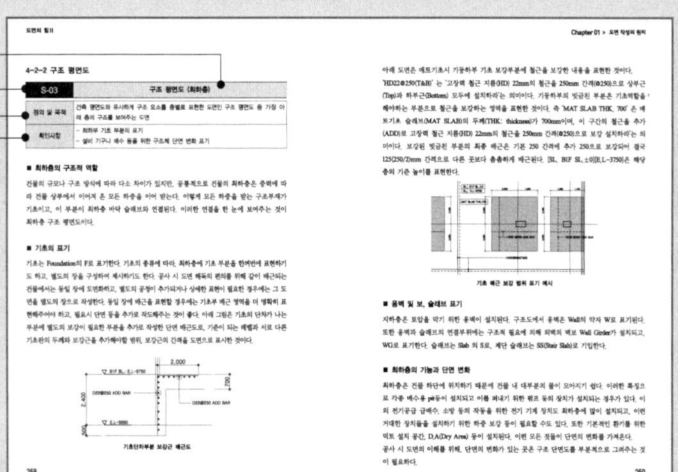

4-1 구조 일반 사항

S-00	구조 일반 사항
정의 및 목적	해당 구조도에 적용되는 기본적인 구조 사항을 정리한 도면
확인사항	- 구조 적용에 필요한 일반적인 사항(철근의 피복두께, 정착 및 이음 길이 등) - 콘크리트 강도 - 철근 강도 - 지내력

■ 구조 일반사항의 내용

구조 도면의 앞 부분에 해당 프로젝트에 필요한 일반적인 구조 사항을 정리해 놓은 도면이 있다. 이를 '(구조) 일반 사항' 이라 한다.

구조설계 및 구조체 시공에서 필요한 사항을 명시하는 도면으로, 콘크리트의 강도, 철근 강도 및 지내력 뿐 아니라, 철근의 피복두께와 간격, 정착 및 이음 길이 등과 같은 철근 배근의 세세한 부분까지 명시하기도 한다. 해당 프로젝의 모든 구조 도면에 공통적으로 적용되는 구조에 대한 대부분의 일반적인 사항을 적는다.

■ 간략화와 필수 기입 요소

구조 일반사항은 도면을 작성하는 사무소마다 이에 대한 내용이 다소 다르고, 사무소에 따라 또는 프로젝에 따라 별도로 구조 일반 사항을 도면화 하지 않는 곳도 있다. 대신 구조계산시 시 고려했던 주요 내용인 콘크리트의 강도, 철근 강도, 지내력 등을 구조 도면의 노트(note)란에 명기하기도 한다.

1-3. 재료강도

① 콘크리트 : f'ck = 24 N/mm^2
② 이형철근 : fy = 400 N/mm^2 (KS D 3504)

1-4. 지반조건

① 파일설계내력 : FE = 150 KN/m2
② 지하수위 : GL-3.0M

note 기입 예시

4-2 주심도 및 구조 평·단면도

4-2-1 주심도

S-01	주심도
정의 및 목적	전체 건물의 모든 기둥들의 위치 관계를 한 눈에 파악할 수 있도록 하나의 도면으로 표현한 것
확인사항	- 전체 건물 모든 기둥 표기 - 개별 기둥 층별 크기 및 위치

■ 전체 건물 기둥의 표기

전체 건물에 있는 기둥들의 위치 관계를 한 눈에 파악할 수 있도록 하나의 도면으로 표현한 것이 주심도이다. 주심도는 각 기둥의 평면 상의 위치를 알 수 있도록 평면도의 축열을 바탕으로 표기한다. 이때 개별 기둥의 층별 크기 변화까지도 모두 한꺼번에 알 수 있도록 표시한다. 기둥을 표현하는 부호는 기둥(Column)의 첫 알파벳을 따서 'C'로 적고, 각각의 일련번호를 부여하여 C1, C2 등으로 표기한다.

■ 개별 기둥 크기 및 위치의 표기

기둥은 각 층별 하중을 받아 기초로 전달하는 수직 구조체로 하부로 갈수록 감당하는 하중이 커지고 그만큼 기둥의 필요 단면적이 커진다. 이러한 단면 상의 기둥의 크기 변화를 한꺼번에 보여주는 것이 주심도이다.
구조계산 상으로는 기둥의 위치는 축열의 중심으로 계산되나 실제 건축 설계시에서는 각 부분의 마감과의 관계를 고려하여 기둥의 위치를 소소하게 조정하기도 한다. 이러한 개별 기둥의 세세한 위치와 개별 기둥의 층별 크기 변화를 주심도에서 같이 보여준다.

■ 주심도의 축척

주심도에서는 기둥의 위치를 표시하기 위해 평면도를 바탕으로 사용한다. 평면도 상의 축열로 기둥의 위치를 표기한다. 따라서 건물 기본도면에서 사용하는 동일한 축척을 기본으로 작성한다. 그러나 기둥의 크기를 동일 축척으로 표기할 경우, 기둥의 크기가 너무 작게 그려져 실제 기둥의 크기를 파악하기 어렵다. 이러한 문제를 해결하기 위해 기둥의 크기는 이보다 더 확대된 축척으로 표현한다.

주심도에 표현된 2가지 축척은 바탕이 되는 평면도의 축적과 확대표현된 기둥의 크기를 나타내는 2가지를 기입한 것이다.

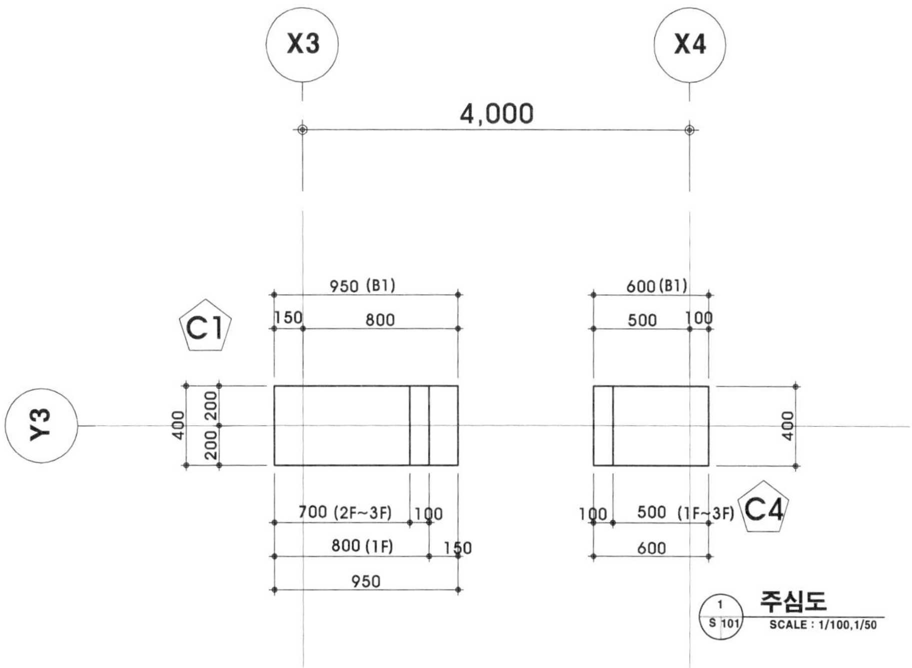

주심도 2가지의 축척 사용 예시

■ 건축 평단면 상세도와의 관계

일반적으로 건축물의 구조체가 먼저 지어지고, 이어서 건축물의 마감이 진행된다. 즉, 구조 도면에 의해 구조체가 지어지고 그 구조체 바탕위에 건물 마감공사가 진행된다. 이 마감공사를 위해 참고하는 도면이 건축상세도이다. 따라서 대부분의 구조 도면과 건축물의 상세도는 서로 그 치수 관계가 정확히 명시되어야 한다. 주심도는 이러한 구조 도면 중 기둥에 대한 가장 정확한 도면으로, 건축물 평면 상세도 작성 시 우선적으로 확인해야 할 도면이다.

Modelling용 구조 도면

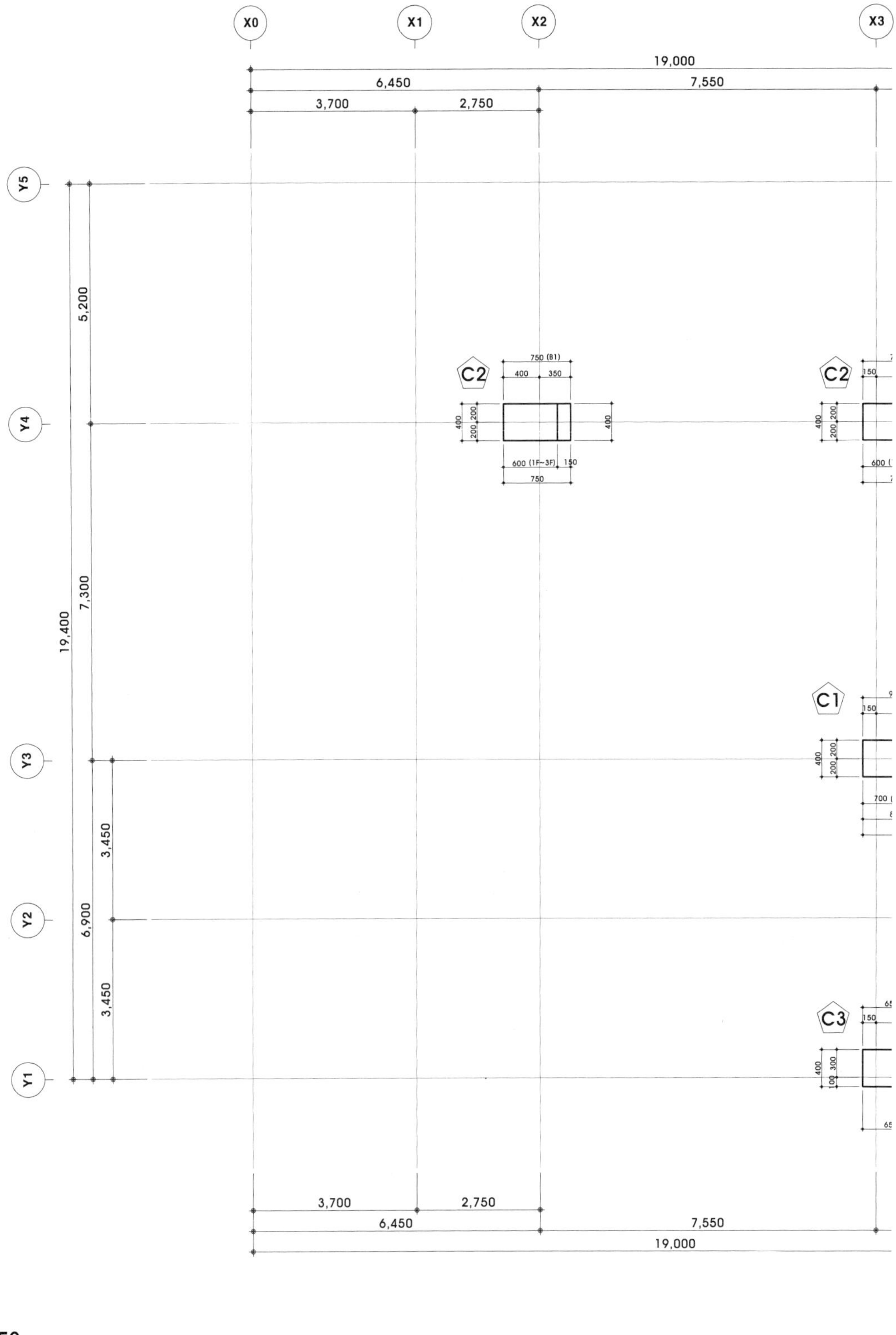

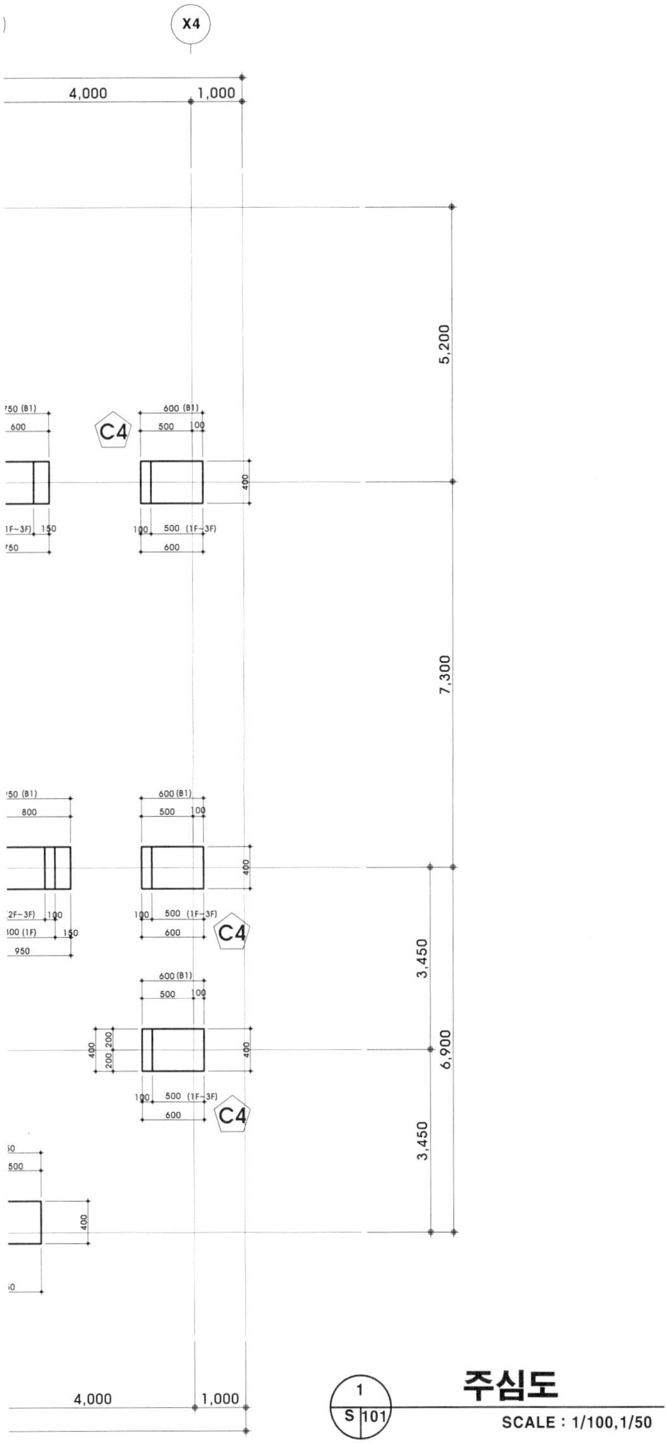

주심도

1 S 101

SCALE : 1/100,1/50

4-2-2 구조 평면도

S-03	구조 평면도 (최하층)
정의 및 목적	건축 평면도와 유사하게 구조 요소를 층별로 표현한 도면인 구조 평면도 중 가장 아래 층의 구조를 보여주는 도면
확인사항	- 최하부 기초 부분의 표기 - 설비 기구나 배수 등을 위한 구조체 단면 변화 표기

■ 최하층의 구조적 역할

건물의 규모나 구조 방식에 따라 다소 차이가 있지만, 공통적으로 건물의 최하층은 중력에 따라 건물 상부에서 이어져 온 모든 하중을 이어 받는다. 이렇게 모든 하중을 받는 구조부재가 기초이고, 이 부분이 최하층 바닥 슬래브와 연결된다. 이러한 연결을 한 눈에 보여주는 것이 최하층 구조 평면도이다.

■ 기초의 표기

기초는 Foundation의 F로 표기한다. 기초의 종류에 따라, 최하층에 기초 부분을 한꺼번에 표현하기도 하고, 별도의 장을 구성하여 제시하기도 한다. 공사 시 도면 해독의 편의를 위해 같이 배근되는 건물에서는 동일 장에 도면화하고, 별도의 공정이 추가되거나 상세한 표현이 필요한 경우에는 그 도면을 별도의 장으로 작성한다. 동일 장에 배근을 표현할 경우에는 기초부 배근 영역을 더 명확히 표현해주어야 하고, 필요시 단면 등을 추가로 작도해주는 것이 좋다. 아래 그림은 기초의 단차가 나는 부분에 별도의 보강이 필요한 부분을 추가로 작성한 단면 배근도로, 기준이 되는 레벨과 서로 다른 기초판의 두께와 보강근을 추가해야할 범위, 보강근의 간격을 도면으로 표시한 것이다.

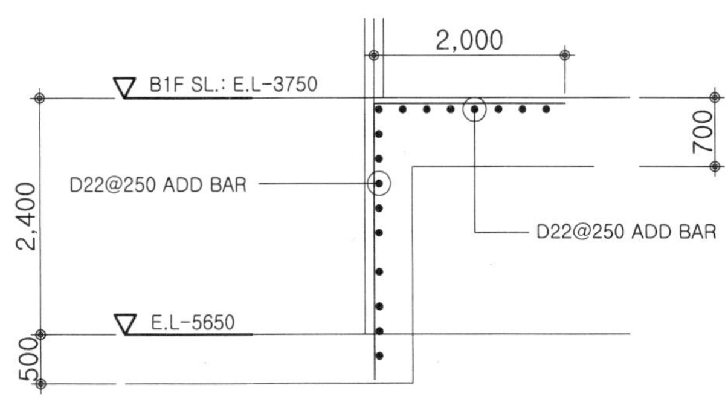

기초단차부분 보강근 배근도

아래 도면은 매트기초시 기둥하부 기초 보강부분에 철근을 보강한 내용을 표현한 것이다. 'HD22@250(T&B)' 는 '고장력 철근 지름(HD) 22mm의 철근을 250mm 간격(@250)으로 상부근(Top)과 하부근(Bottom) 모두에 설치하라'는 의미이다. 기둥하부의 빗금친 부분은 기초역할을 해야하는 부분으로 철근을 보강하는 영역을 표현한 것이다. 즉 'MAT SLAB THK. 700' 은 매트기초 슬래브(MAT SLAB)의 두께(THK : thickness)가 700mm이며, 이 구간의 철근을 추가(ADD)로 고장력 철근 지름(HD) 22mm의 철근을 250mm 간격(@250)으로 보강 설치하라'는 의미이다. 보강된 빗금친 부분의 최종 배근은 기본 250 간격에 추가 250으로 보강되어 결국 125(250/2)mm 간격으로 다른 곳보다 촘촘하게 배근된다. [SL. B1F SL.±0][E.L−3750]은 해당층의 기준 높이를 표현한다.

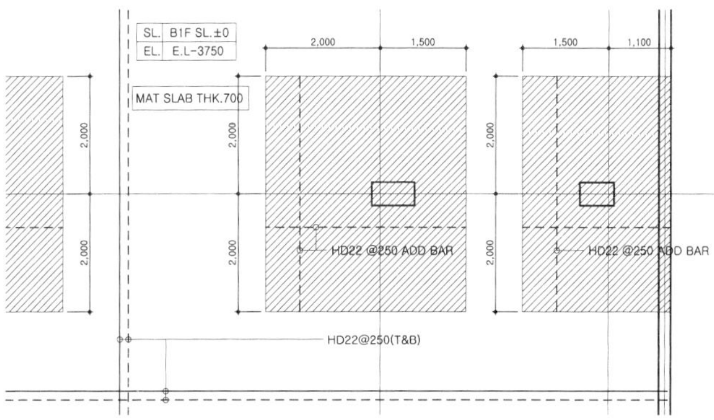

기초 배근 보강 범위 표기 예시

■ 옹벽 및 보, 슬래브 표기

지하층은 토압을 막기 위한 옹벽이 설치된다. 구조도에서 옹벽은 Wall의 약자 W로 표기된다. 또한 옹벽과 슬래브의 연결부위에는 구조적 필요에 의해 외벽의 벽보 Wall Girder가 설치되고, WG로 표기한다. 슬래브는 Slab 의 S로, 계단 슬래브는 SS(Stair Slab)로 기입한다.

■ 최하층의 기능과 단면 변화

최하층은 건물 하단에 위치하기 때문에 건물 내 대부분의 물이 모아지기 쉽다. 이러한 특징으로 각종 배수용 pit등이 설치되고 이를 퍼내기 위한 펌프 등의 장치가 설치되는 경우가 있다. 이외 전기공급 급배수, 소방 등의 작동을 위한 전기 기계 장치도 최하층에 많이 설치되고, 이런 거대한 장치들을 설치하기 위한 하중 보강 등이 필요할 수도 있다. 또한 기본적인 환기를 위한 덕트 설치 공간, D.A(Dry Area) 등이 설치된다. 이런 모든 것들이 단면의 변화를 가져온다.
공사 시 도면의 이해를 위해, 단면의 변화가 있는 곳은 구조 단면도를 부분적으로 그려주는 것이 필요하다.

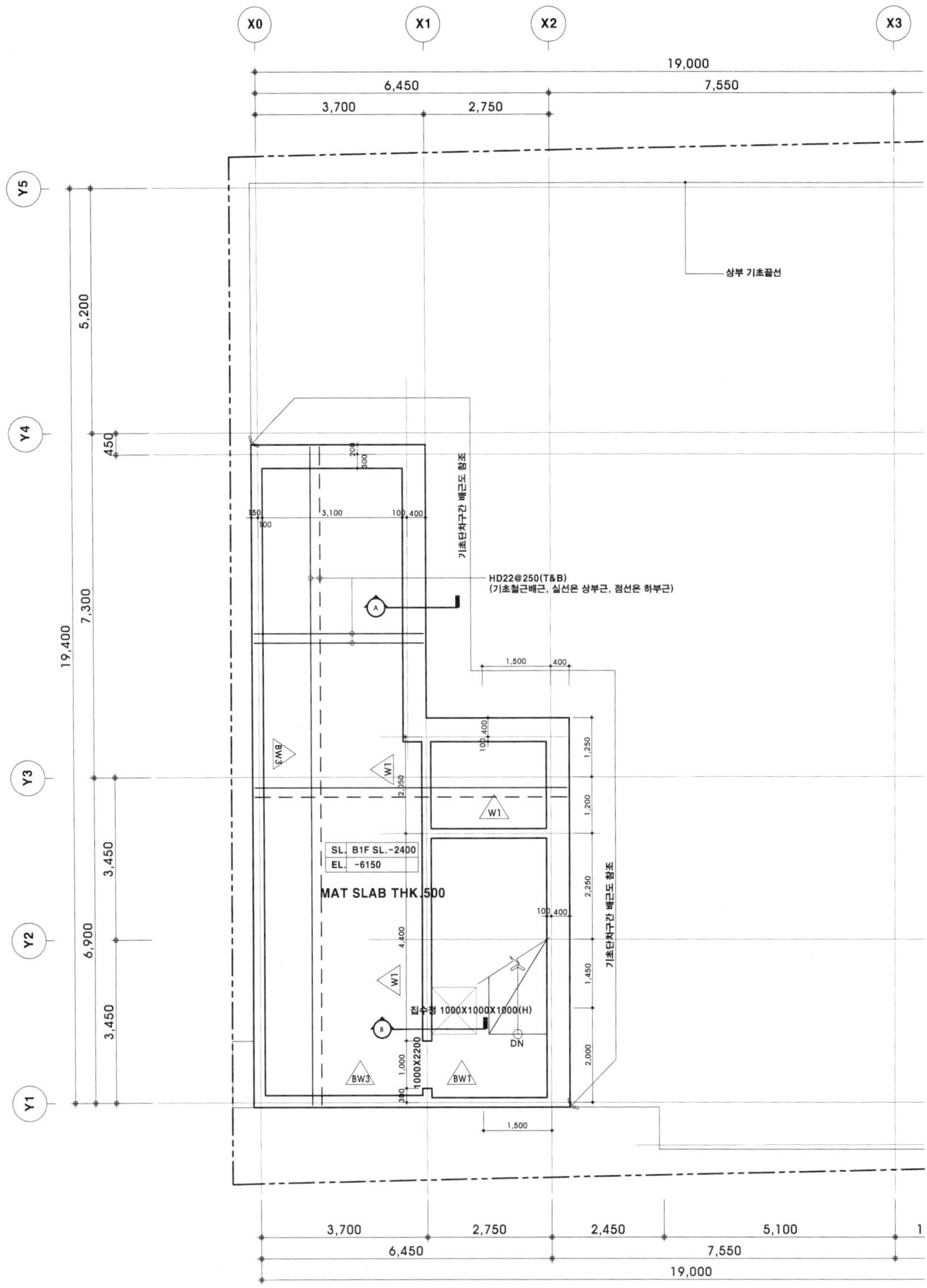
X0
X1
X2
X3
19,000
6,450
7,550
3,700
2,750
Y5
Y4
Y3
Y2
Y1
5,200
450
19,400
7,300
3,450
6,900
3,450
상부 기초끝선
기초단차구간 배근도 참조
HD22@250(T&B)
(기초철근배근, 실선은 상부근, 점선은 하부근)
SL. B1F SL.-2400
EL. -6150
MAT SLAB THK.500
집수정 1000X1000X1000(H)
DN
1000X2200
BW3
W1
BW1
2,450
5,100

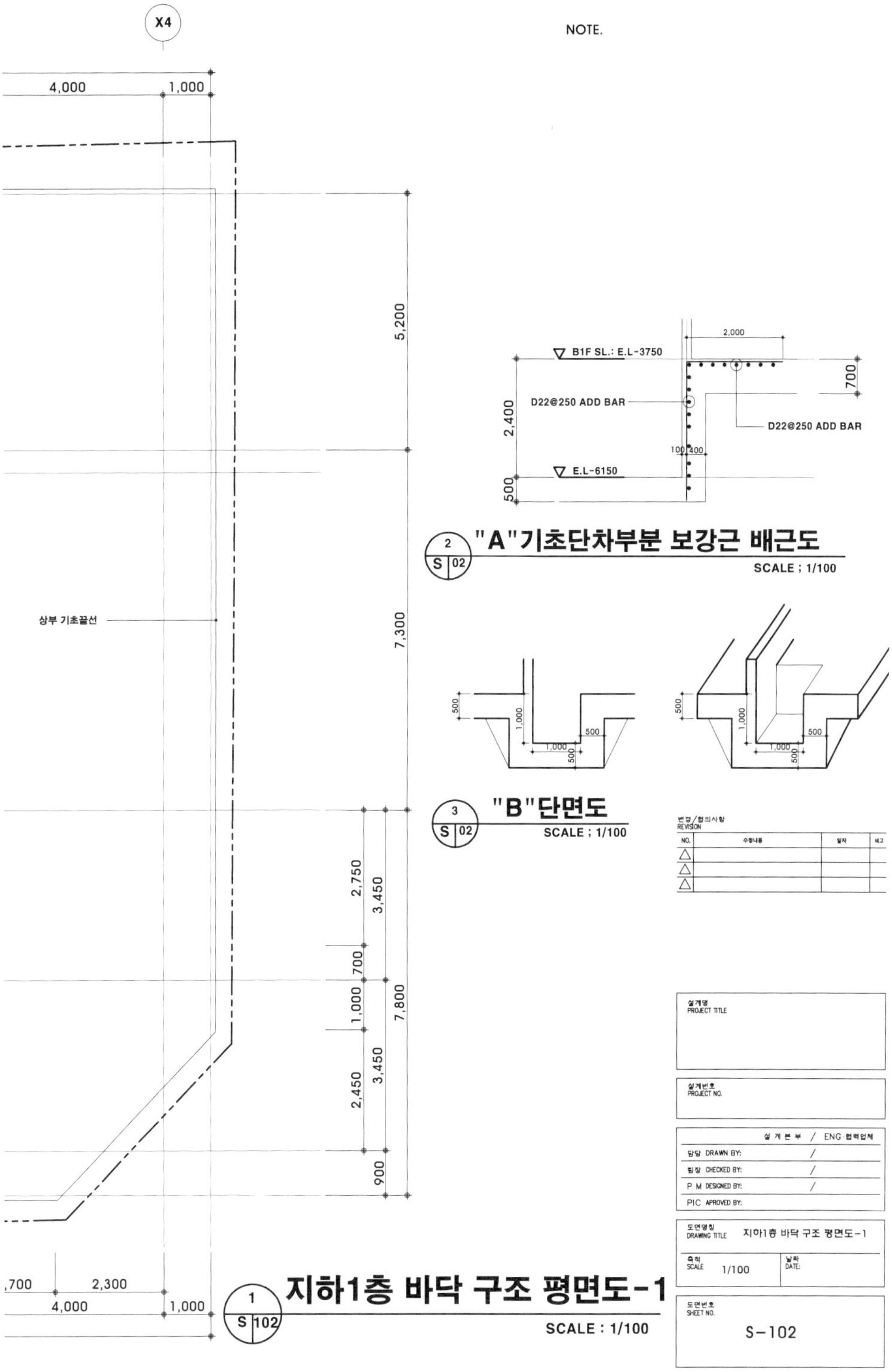
X4
NOTE.
4,000
1,000
5,200
7,300
2,750
3,450
700
1,000
7,800
2,450
3,450
900
상부 기초끝선
B1F SL.: E.L-3750
2,000
700
D22@250 ADD BAR
2,400
D22@250 ADD BAR
100
400
E.L-6150
500
2 S 02
"A"기초단차부분 보강근 배근도
SCALE ; 1/100
500
1,000
500
1,000
500
3 S 02
"B"단면도
SCALE ; 1/100
REVISION
NO.
PROJECT TITLE
PROJECT NO.
ENG 협력업체
DRAWN BY:
CHECKED BY:
P M DESIGNED BY:
PIC APROVED BY:
DRAWING TITLE
지하1층 바닥 구조 평면도-1
SCALE
1/100
DATE:
SHEET NO.
S-102
,700
2,300
4,000
1,000
1 S 102
지하1층 바닥 구조 평면도-1
SCALE : 1/100

S-04	구조 평면도
정의 및 목적	건축 평면도와 유사하게 구조 요소를 층별로 한 눈에 알 수 있게 표현한 도면
확인사항	- 해당 층의 보 및 슬래브, 구조 벽체 등의 부호 표기 - 계단 슬래브, 슬래브 오픈 부분, 슬래브 레벨 차이 부분 표기

■ 구조체 표기 방법

구조 평면도는 해당 층에 관련된 모든 구조 내용을 표기하는 것으로, 슬래브 부호, 보의 부호, 구조 벽체 부호 등을 기본적으로 표현한다. 구조 평면도 작도는 건축 평면도가 사람 눈높이인 1.2~1.5m 사이 높이에서 수평으로 자른 기준을 가정하여 작도하는 것처럼, 구조 평면도 역시 위 높이 지점에서 수평으로 자른다는 가정하에 그 하부에 보여지는 모든 구조 내용을 표기한다. 이런 기준으로, 옹벽은 실선으로 그 벽체 두께를 표현하고, 보는 슬래브 하부에 가려져 있어서 그 보폭 만큼을 점선으로 표현한다. 하지만, 최근 일부 건축사사무소에서는 구조 도면에서는 보폭이 잘 보이지 않는다는 점을 개선하기 위해 점선이 아닌 실선으로도 표기한다.

■ 구조체 부호의 표기

기둥의 부호가 기둥(Column)의 첫 알파벳을 따서 'C'로 표현된 것 처럼, 슬래브(Slab)의 부호는 'S', 벽체(Wall)는 'W', 큰보(Girder)는 'G', 작은보(Beam)은 'B' 로 나타내며 각각 고유의 일련번호와 함께 적는다. 단 수직부재인 기둥이나 벽체와 달리, 수평부재인 슬래브, 보들은 각각 부호 앞에 각층의 숫자를 붙여 표기한다. 예를 들어, 1층의 큰보 3번은 '1G3'으로 표기한다.

■ 구조 단면의 변화 표현

건축에서 평면도가 해당 층의 대부분 내용을 보여주는 것처럼, 구조 평면도 역시 해당 층의 구조에 대한 내용을 한꺼번에 보여주는 것이 바람직하다. 특히 주요한 구조 단면상의 내용을 별도의 구조 단면도로 표현하는 것과 달리, 구조체의 세세한 단면상의 변화는 구조 평면도에서 바로 표시한다. 예를 들어, 일부 슬래브 오픈된 곳은 'X'마크로 표기하고, 기준 레벨보다 슬라브가 다운된 부분 은 '빗금' 표시 등으로 나타낸다.

■ 건축 마감과의 관계 반영 표기

동일한 층의 슬래브라고 하더라도 그 레벨은 동일하지 않는 경우가 많다. 이는 건축에서의 마감재와 그에 따른 공법, 방수 여부 등에 따라 구조체에서 마감재 바닥까지의 필요 높이가 다른데, 이런 마감 간격을 미리 계산하여 구조체인 슬래브에서 기준면과 기준면에서 일부 내려간 (down된) 면을 표기한다.

아래 그림은 각각 기준이 되는 1층 슬래브로 부터 60mm가 내려간(SLAB DN-60)과 100mm가 내려간(SLAB DN-100) 사례 도면의 일부와 범례 예시이다.

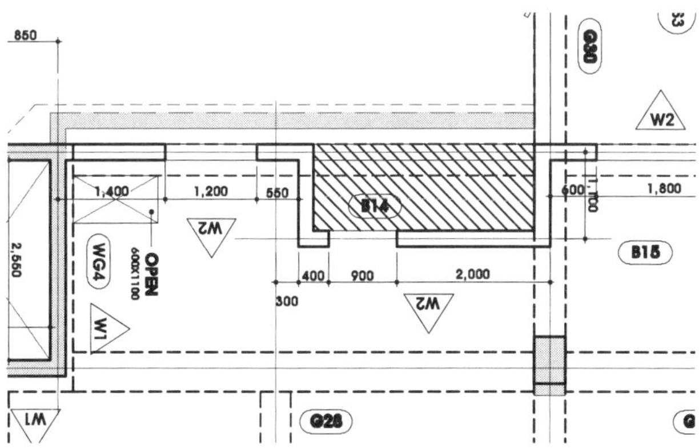

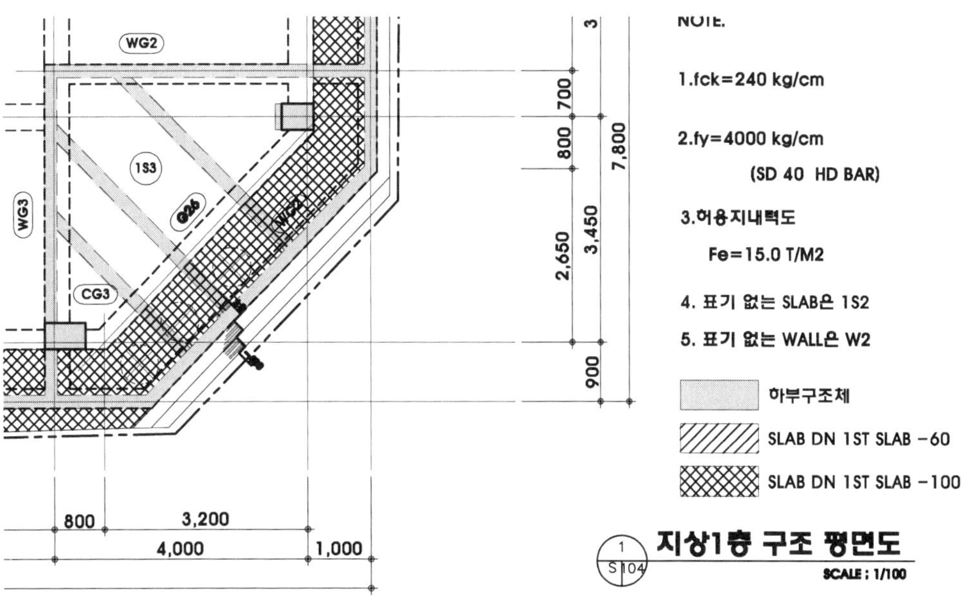

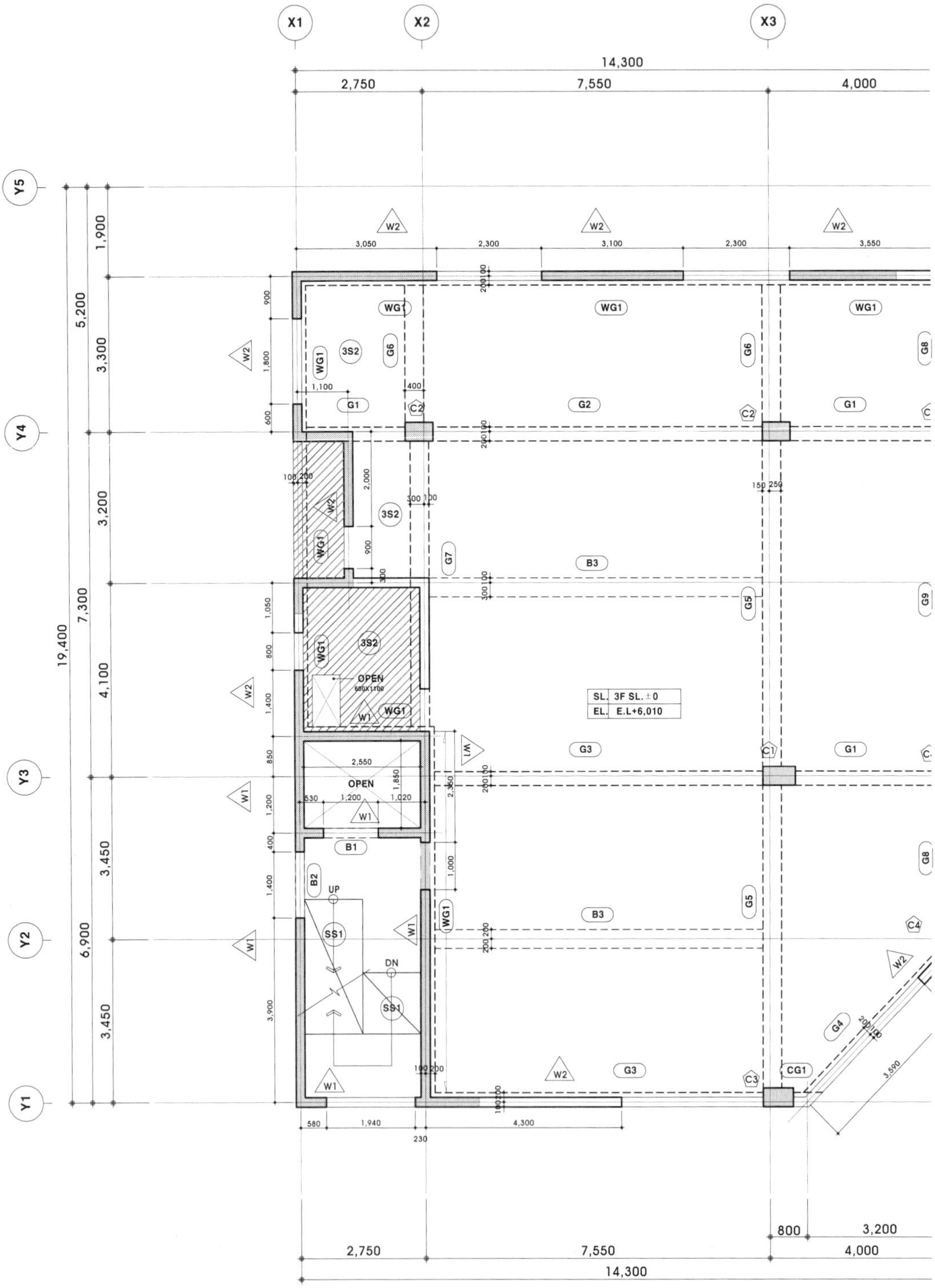
X1
X2
X3
Y1
Y2
Y3
Y4
Y5
14,300
2,750
7,550
4,000
19,400
5,200
7,300
6,900
1,900
3,300
3,200
4,100
3,450
3,450
OPEN
SL. 3F SL. ±0
EL. E.L+6,010
UP
DN
800
3,200

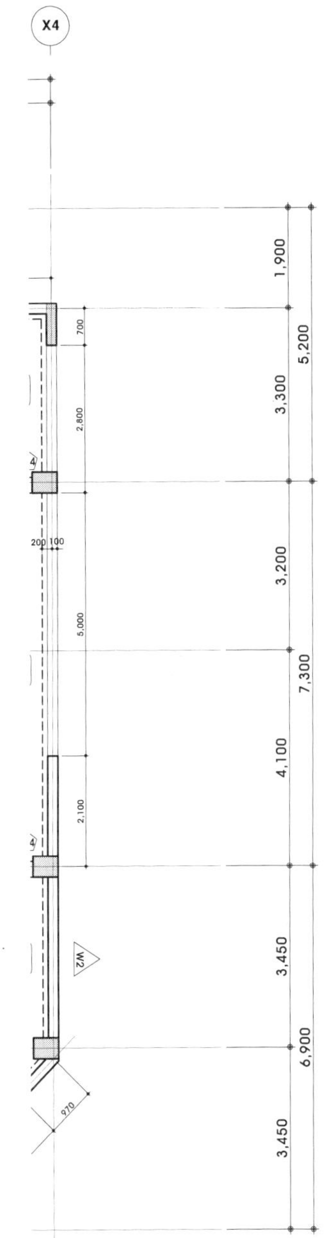

NOTE.

1. 표기 없는 SLAB은 3S2
2. 표기 없는 WALL은 W2
3. LEVEL

SLAB DN 3rd SLAB -60

하부구조체

변경/협의사항
REVISION

NO.	수정내용	일자	비고
△			
△			
△			

설계명
PROJECT TITLE

설계번호
PROJECT NO.

	설계본부 / ENG·협력업체
담당 DRAWN BY:	/
팀장 CHECKED BY:	/
P M DESIGNED BY:	/
PIC APROVED BY:	

도면명칭
DRAWING TITLE 지상3층 바닥 구조 평면도

축척
SCALE 1/100

날짜
DATE:

도면번호
SHEET NO.
S-106

1 S 106 **지상3층 바닥 구조 평면도**

SCALE : 1/100

4-2-3 구조 단면도

S-05	구조 단면도
정의 및 목적	- 건축 단면도와 마찬가지로 건축물의 구조체를 수직면으로 잘라 표현한 도면 - 건물구조체 형태가 복잡하여 구조체를 이해하기 어려운 부분만을 주로 단면도로 작성함
확인사항	- 각 구조요소인 벽, 보, 슬래브와의 연결관계 정확히 확인 후 도면 작성 - 건축 단면 상세도 등과의 합치 여부 확인

■ 구조 단면도의 역할

구조 단면도는 건축 단면도와 마찬가지로 건축물의 수직관계를 파악하기 위한 도면이다. 단, 건축물의 전반적인 수직관계를 파악하는 건축 단면도와 달리, 구조 단면도는 구조체만의 수직관계를 파악하기 위한 도면이다.

구조체 공사는 완료 이후 수정이 어려워 정확한 구조체 시공이 필요하다. 또한 건축물의 형태를 좌우하므로, 건축 마감을 위한 레벨의 변화, 각종 설비 시설을 위한 개구부 등도 미리 고려하여 진행되어야 한다. 따라서, 건물의 형태가 복잡하고 변화가 많은 건축물에서는 구조 단면에 대한 시공 전 체크가 매우 중요하다. 구조 단면도는 시공 전에 구조체 전체를 보다 쉽게 파악할 수 있도록 도와주는 역할을 한다.

■ 구조 단면도의 작성

비교적 형태가 간결한 건축물의 경우에는 건축도면과 구조 평면도 등으로 형태를 파악한 후, 구조체 공사를 진행한다. 그러나 건축물의 형태가 복잡한 건축물 공사 시에는 건축도면이나 구조 평면도 등 만으로는 구조체의 형태 변화를 가져오는 수직 레벨 차이, 구조체 오픈 등을 파악하기 쉽지 않다. 이런 경우에는 별도의 구조 단면도를 그리게 되는데, 건축 단면도와 동일한 축척으로 전체 구조 단면도를 그리는 것보다는 구조체의 변화가 심한 부분을 중심으로 확대하여 구조 부분 단면도로 작성한다. 이런 이유로, 별도의 구조 단면도를 하나의 도면으로 작성하기도 하지만, 구조 평면도에 부분 구조 단면도를 포함하여 그리기도 한다.

■ 구조 단면도의 주요 표기 내용

가장 기본이 되는 구조체의 높이 레벨 변화를 표기한다. 이때 기준이 되는 층 레벨에서 얼마나 위로 또는 아래로 변화되는가 그 치수를 표기한다. 또한 여러 이유로 필요한 슬래브의 일부 오픈 부분도 같이 표현한다. 벽의 일부가 오픈된 부분도 표기한다.

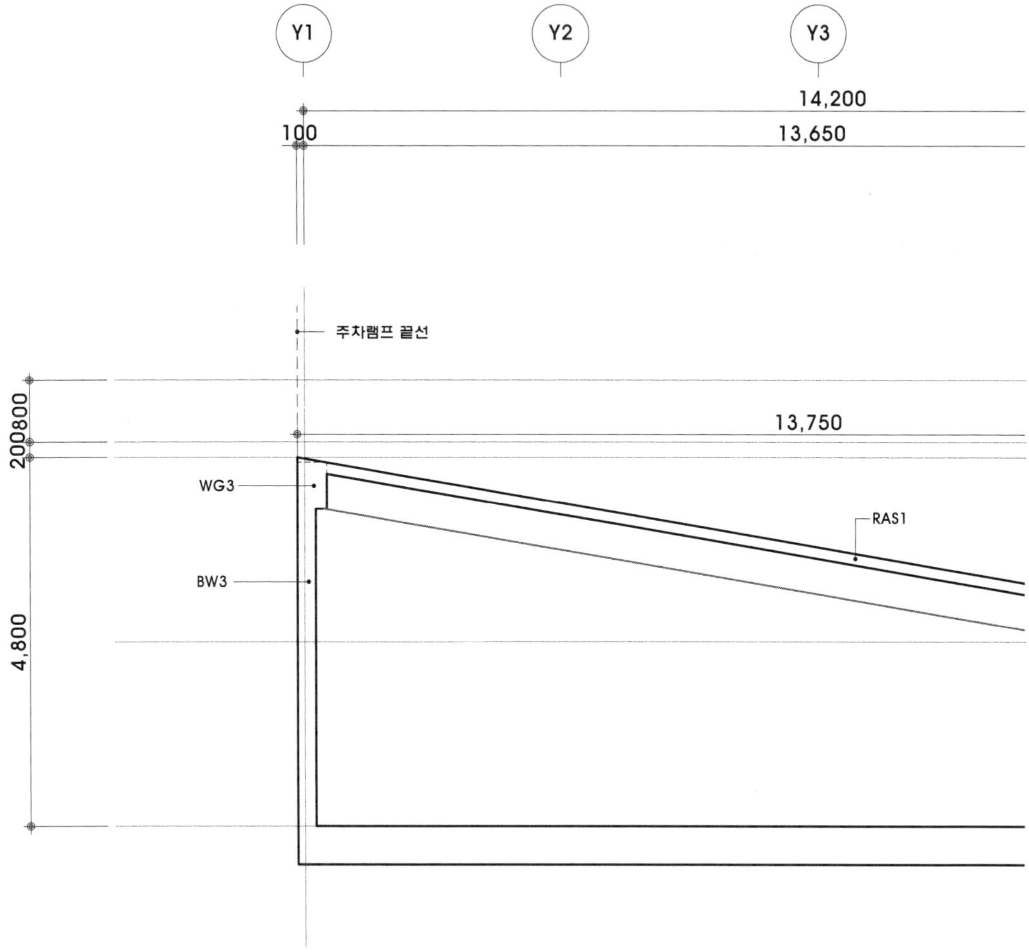
Y1
Y2
Y3
14,200
100
13,650
주차램프 끝선
200
800
13,750
WG3
RAS1
BW3
4,800

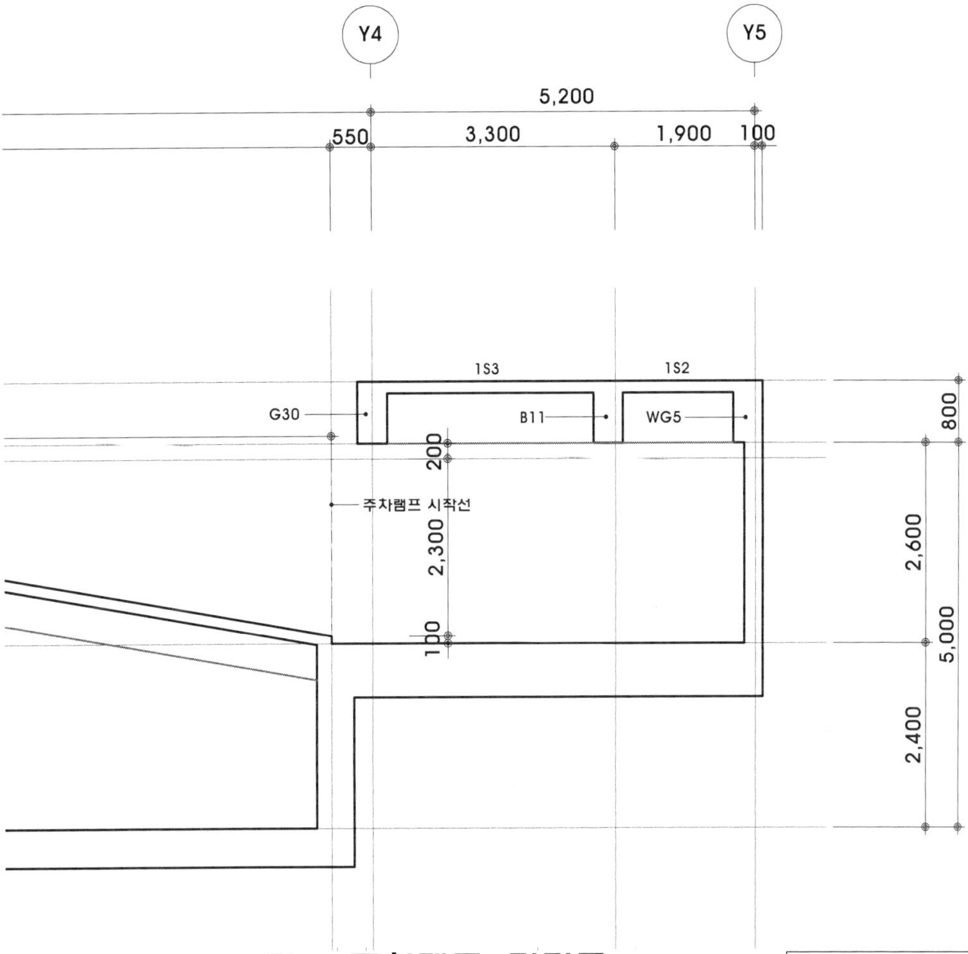

1 / S 111 **주차램프 단면도**

SCALE ; 1/100

변경/협의사항
REVISION

NO.	수정내용	일자	비고
△			
△			
△			

설계명
PROJECT TITLE

설계번호
PROJECT NO.

	설계본부 / ENG·협력업체
담당 DRAWN BY:	/
팀장 CHECKED BY:	/
P M DESIGNED BY:	/
PIC APROVED BY:	

도면명칭
DRAWING TITLE 주차램프 부분 단면도

축척
SCALE 1/100

날짜
DATE:

도면번호
SHEET NO.
S-111

4-3 일람표 및 배근도

4-3-1 기초 일람표

S-06	기초 일람표 / 기초 배근도
정의 및 목적	건축물에 있는 모든 기초의 크기와 배근 상태를 표로 작성한 도면
확인사항	- 구조 계산서의 내용과의 일치 확인 - 기초의 크기 표기 - 기초의 배근 표기

■ 구조 계산서와의 확인

모든 구조 도면 작성에서의 기본은 구조 계산서 내용의 확인에 있다. 기초 일람표 작성시에도 구조 계산서의 내용을 확인하고 작성한다.

■ 기초의 크기 및 배근 표기

구조계산서에서의 기초의 크기를 원칙으로 작성한다. 혹 건축적 상황에 의해 기초크기의 소소한 변경이 있을 경우에는 구조사무소의 확인을 받고 변경된 내용을 작성한다.
기초의 배근 표기 시에는 주배근의 위치가 바뀌지 않도록 유의한다. 중력 방향의 하중을 받는 일반 슬래브와 달리, 토압과 중력 방향 하중을 같이 받는 기초의 배근은 슬래브와 다르므로 이 부분을 유념한다.
기초 목록표에는 기초판의 고유 부호와 그 기초별 상부근과 하부근의 크기와 간격을 표기한다
기초는 Foundation 의 F로 표기하며, 각각의 부호를 붙여서 F1, F2 등으로 명기한다.
독립 기초는 개별 기초판의 크기는 가로와 세로 및 높이를 명기한다.
온통기초인 매트기초는 도면에 MAT 라는 약어로 표현하기도 한다.
배근 표기 예로, 'HD22@250(T&B)'는 '고장력 철근 지름(HD) 22mm의 철근을 250mm 간격(@250)으로 상부근(Top)과 하부근(Bottom) 모두에 설치하라'는 의미이다.

memo

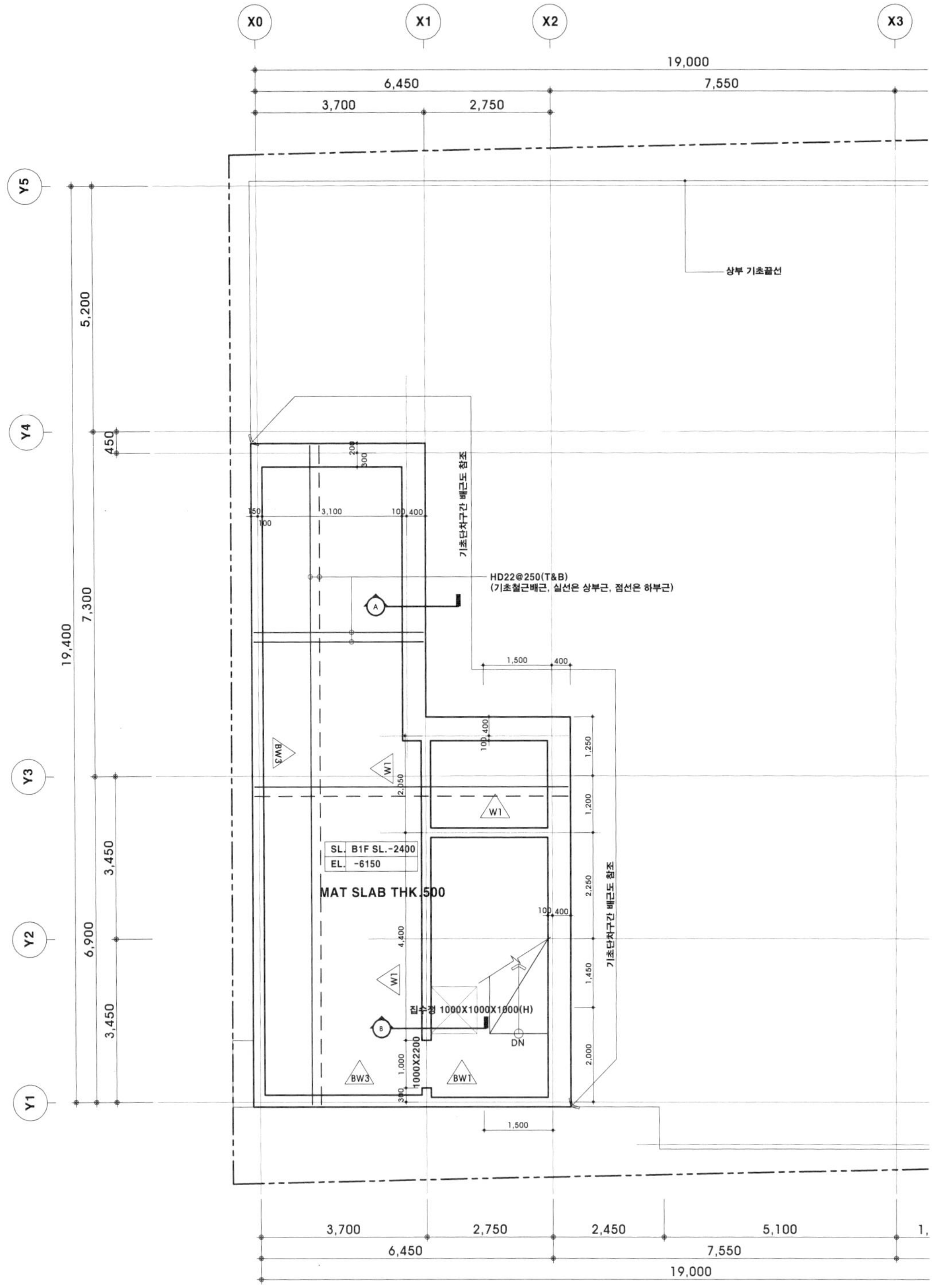
X0
X1
X2
X3
Y5
Y4
Y3
Y2
Y1
19,000
6,450
7,550
3,700
2,750
2,450
5,100
19,400
5,200
7,300
6,900
3,450
450
상부 기초끝선
HD22@250(T&B)
(기초철근배근, 실선은 상부근, 점선은 하부근)
기초단차구간 배근도 참조
SL. B1F SL.-2400
EL. -6150
MAT SLAB THK.500
집수정 1000X1000X1000(H)
1000X2200
DN
BW3
BW1
W1
1,500
400
1,250
1,200
2,250
1,450
2,000
4,400
2,050
3,100

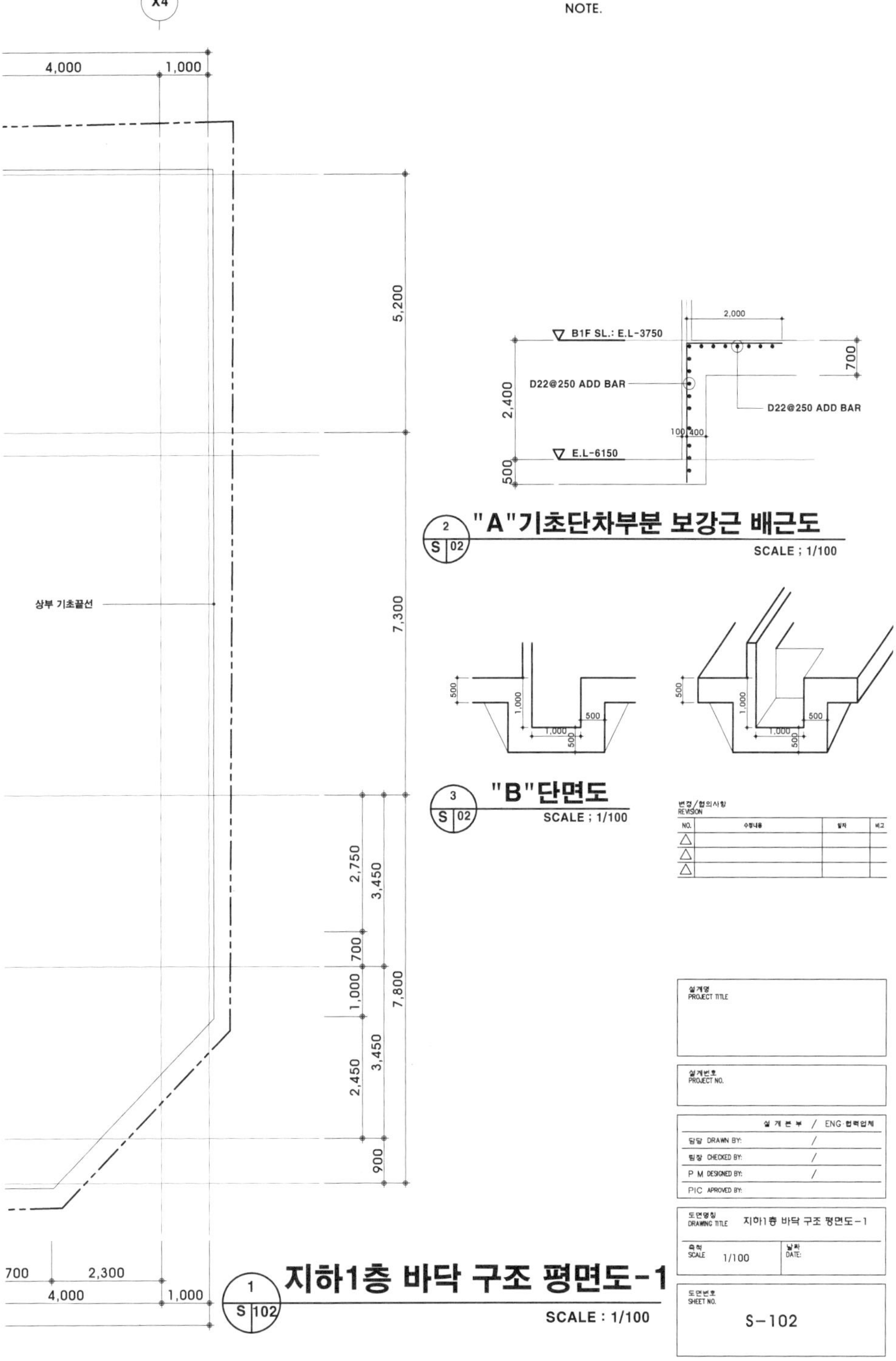
X4
NOTE.
4,000
1,000
5,200
7,300
상부 기초끝선
2,750
3,450
700
1,000
7,800
2,450
3,450
900
700
2,300
4,000
1,000
B1F SL.: E.L-3750
2,000
700
D22@250 ADD BAR
2,400
D22@250 ADD BAR
100
400
E.L-6150
500
"A"기초단차부분 보강근 배근도
SCALE ; 1/100
"B"단면도
SCALE ; 1/100
1,000
500
지하1층 바닥 구조 평면도-1
SCALE : 1/100
변경/협의사항
REVISION
NO.
PROJECT TITLE
PROJECT NO.
ENG·협력업체
DRAWN BY:
CHECKED BY:
P M DESIGNED BY:
PIC APROVED BY:
도면명칭
DRAWING TITLE
지하1층 바닥 구조 평면도-1
축척
SCALE
1/100
DATE:
도면번호
SHEET NO.
S-102

4-3-2 기둥 일람표

S-07	기둥 일람표
정의 및 목적	건축물에 있는 모든 기둥의 크기와 배근 상태를 표로 작성한 도면
확인사항	- 구조 계산서의 내용과의 일치 확인 - 기둥의 형태 및 층별 크기 표기 - 기둥의 배근인 주근, 대근, 보조대근의 크기와 개수, 간격 표기

■ 구조 계산서와의 확인

모든 구조 도면 작성에서의 기본은 구조 계산서 내용의 확인에 있다. 기둥 일람표 작성 시에도 구조 계산서의 내용을 확인하고 작성한다.

■ 기둥의 형태 및 층별 크기 표기

기둥 일람표에는 각 기둥의 크기를 층별로 표기한다. 기둥은 각 층의 하중을 받아 아래로 전달하는 수직 부재로 각 층별 크기 및 배근이 서로 상이하다.

층별 \ 부호		C1
지하 1층	형태	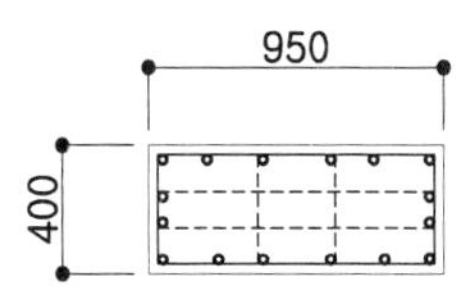
	주근	16-HD22
	대근	HD10@300
	보조대근	HD10@300

기둥의 형태는 잘린 수평면을 기준으로 원형, 정사각형, 직사각형 등이 있다. 목록표에는 그 모양을 그려 그 크기를 표시하고, 배근의 개수와 위치도 같이 그려준다.

아래 그림에서와 같은 기둥 목록표 내용을 보면, 기둥 C1의 층별 내용 중 '지하1층'을 표현하고 있다. 형태는 '직사각형' 이며, 크기는 950*400이다. 주근은 고장력 직경 지름 22mm 인 'HD22'를 16개 세우며, 각각의 위치는 형태에 그려진 모양대로 950mm 변에 6개씩 세우고, 400mm 변 쪽에는 4개가 세워진다.

대근은 지름 10mm 철근으로 300mm 간격으로 기둥 철근 바깥쪽으로 두르고, 주근이 서 있는 중간 중간에 보조 대근을 형태 그림에서 보는 장변 단변으로 각각 2곳씩을 각각 300mm 간격으로 엮는다.

memo

기 둥 일 람 표

층별	부호	C1	C2	C3	C4
지하1층	형 태	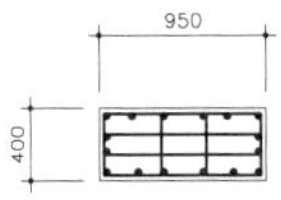	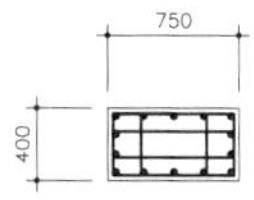	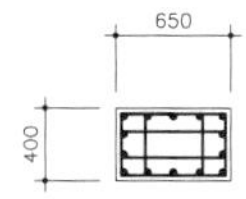	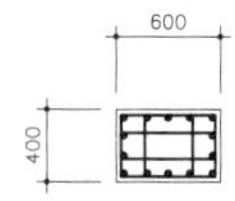
	주 근	16 - HD22	14 - HD22	14 - HD22	14 - HD22
	대 근	HD10@300	HD10@300	HD10@300	HD10@300
	보조대근	HD10@300	HD10@300	HD10@300	HD10@300
지상1층	형 태	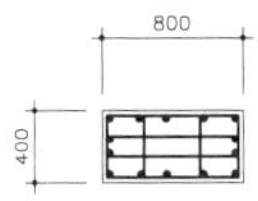	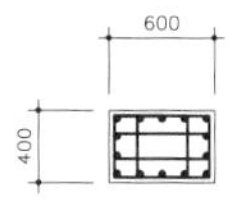	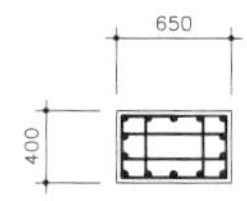	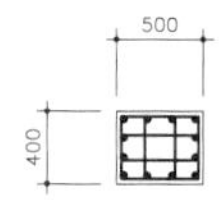
	주 근	14 - HD22	14 - HD22	14 - HD22	12 - HD22
	대 근	HD10@300	HD10@300	HD10@300	HD10@300
	보조대근	HD10@300	HD10@300	HD10@300	HD10@300
지상2층	형 태	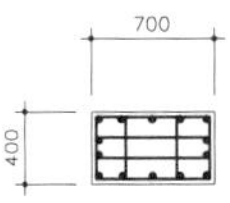	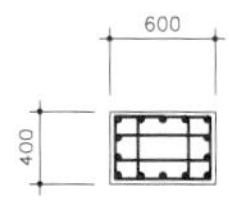	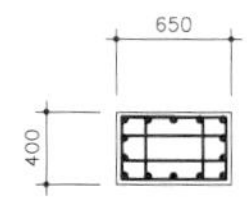	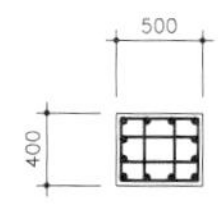
	주 근	14 - HD22	14 - HD22	14 - HD22	12 - HD22
	대 근	HD10@300	HD10@300	HD10@300	HD10@300
	보조대근	HD10@300	HD10@300	HD10@300	HD10@300
지상3층	형 태	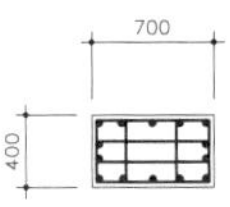	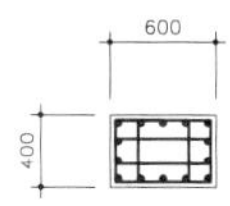	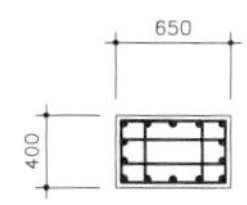	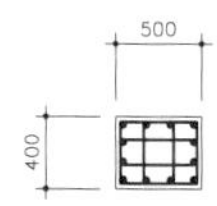
	주 근	14 - HD22	14 - HD22	14 - HD22	12 - HD22
	대 근	HD10@200	HD10@200	HD10@200	HD10@200
	보조대근	HD10@200	HD10@200	HD10@200	HD10@200

변경/협의사항
REVISION

NO.	수정내용	일자	비고
△			
△			
△			

설계명
PROJECT TITLE

설계번호
PROJECT NO.

	설 계 본 부 / ENG·협력업체
담당 DRAWN BY:	/
팀장 CHECKED BY:	/
P M DESIGNED BY:	/
PIC APROVED BY:	

도면명칭
DRAWING TITLE 기둥일람표

축척
SCALE NONE

날짜
DATE:

도면번호
SHEET NO.
S-201

4-3-3 슬래브 일람표

S-08	슬래브 일람표
정의 및 목적	건축물에 있는 모든 슬래브의 크기와 배근 상태를 표로 작성한 도면
확인사항	- 구조 계산서의 내용과의 일치 확인 - 슬래브의 유형 - 슬래브의 단변 또는 장변 방향의 단부 및 중앙부 표기 - 슬래브의 상부근, 하부근의 크기 및 간격 표기

■ 구조 계산서와의 확인

모든 구조 도면 작성에서의 기본은 구조 계산서 내용의 확인에 있다. 슬래브 일람표 작성 시에도 구조 계산서의 내용을 확인하고 작성한다.

■ 슬래브의 배근과 그 표기

슬래브는 그 모양을 직사각형이라 가정하고 변의 길이가 짧은 단변방향과 상대적으로 긴 장변방향으로 구분한다. 일반적으로 변이 길이가 짧은 단변 방향이 길이가 긴 장변방향보다 구조적인 역할을 더 많이 감당하게 된다. 또한 각각의 구조 역할에 따라, 양끝단의 단부와 중앙부로 나뉘는데, 타 부재와 엮어지는 끝단인 단부가 중앙부보다 구조적 역할이 더 크다.

이러한 구조적 역할에 따라 효율적으로 철근을 배근하게 된다. 철근은 상부근(Top Bar), 하부근(Bottom Bar), 절곡근(Bent Bar) 구성된다. 상부근은 말 그대로 슬래브의 윗부분에 배치되는 것이고, 하부근은 슬래브 아랫부분에 놓이게 된다. 절곡근은 슬래브의 구조적 역할에 따라, 힘을 더 많이 받아야 하는 곳에 놓이게 되는데, 단부에서는 상부, 중앙부에서는 하부에 더 많은 힘이 필요하다. 이러한 구조특성에 따라 절곡근은 한쪽 단부의 상부에 놓이다 중앙부로 오며 꺾여서 하부에 놓이게 되고 다시 다른 끝쪽 단부에서 상부로 다시 꺾인다. 다만, 구조상에 문제가 없다는 전제하에, 시공상의 꺾는 번거로움을 줄이기 위해 상부근을 꺽지 않고 양 끝단까지 상부에 놓거나, 중앙부에는 상부근을 놓치 않고, 양 끝단에만 상부근을 놓기도 한다.

슬래브의 두께 및 배근 표기는 다른 구조 도면에서와 동일하다. 즉 슬래브의 두께가 150mm인 경우에는 'THK 150'으로 표기하고, 'HD10@200'은 지름이 10mm인 고장력 철근을 200mm 간격으로 배근하라는 의미이다.

■ 슬래브 배근 유형 표기

슬래브의 배근 방식에 따라 배근 유형을 정한다.

배근 방식은 일단 절곡근(Bent Bar)의 유무에 따라 나눌 수 있다. 상부근(Top Bar)과 하부근 만으로 구성되어 별도의 절곡근(Bent Bar)이 없는 유형과 절곡근이 있는 유형이 있다. 상부근, 절곡근, 하부근(Bottom Bar)으로 구성되어 있는데 상부근이 단부에만 배근된 유형과 양단부와 중앙부에 모두 배근된 유형등이 있다. 이 외에도 슬래브의 구조해석에 배근 방식이 정해지고, 배근 유형에 따라 슬래브 목록을 표로 작성한다.

Name	TYPE	THK. (MM)	단변방향(Lx)					장변방향(Ly)				
			중앙부			단부		중앙부			단부	
			A	B	C	D	E	1	2	3	4	5
PHRS1,4S3, 1S2,2S2,3S2	S	150	HD10@200	HD10@200				HD10@300	HD10@300			

슬 라 브 일 람 표

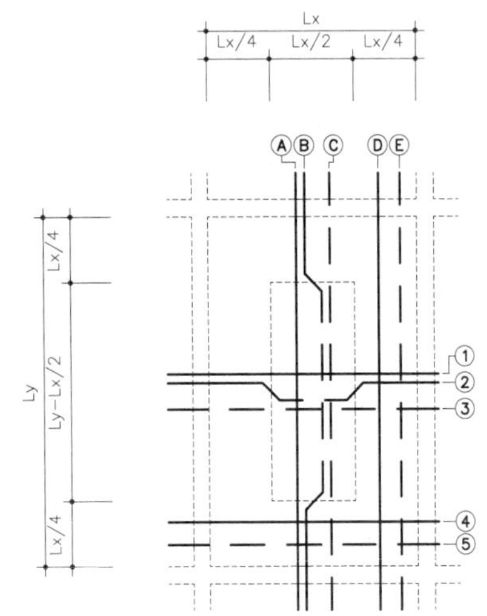

TYPE"R"

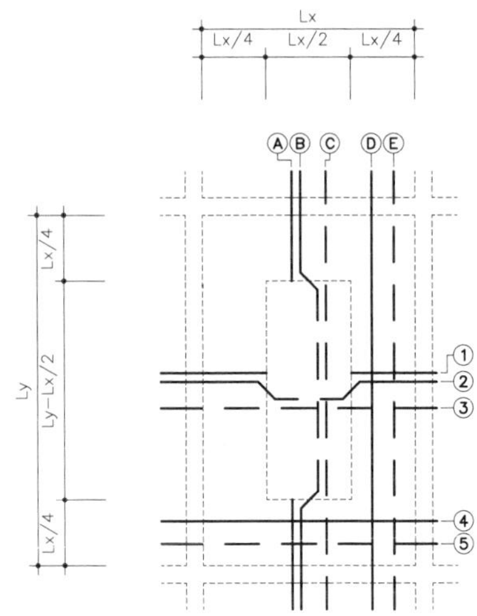

TYPE"T"

NAME	TYPE	THK. (MM)	단변방향(Lx)					
			중 앙 부			단 부		
			1	2	3	4	5	/
PHRS1,4S3, 1S2,2S2,3S2	S	150	HD10@200	HD10@200				HD10@
4S1,RS1	S	150	HD10+13@200	HD10@200				HD10+1.
5S1	S	210	HD10@200	HD10@200				HD10@
4S2	R	150	HD10@300	HD10@300	HD10@300	HD10@300	HD10@300	HD10@
1S1,2S1,3S1	T	150	HD10@300	HD10@300	HD10@300	HD10@300	HD10@300	HD10@
1S3	S	150	HD10@200	HD10@200				HD10@
RAS1	S	150	HD13@150	HD13@150				HD13@

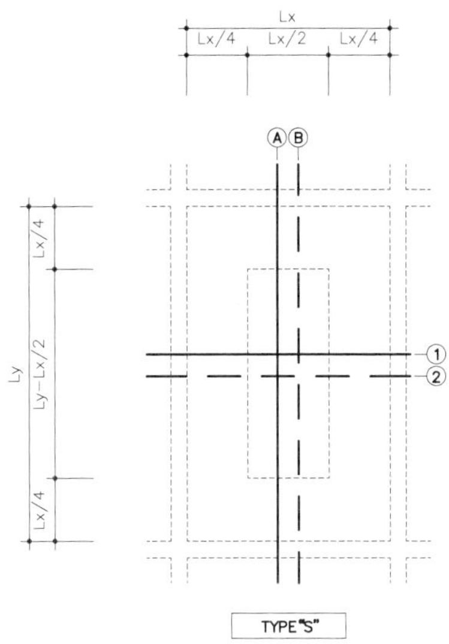

장변방향(Ly)					비 고
중앙부			단 부		
A	B	C	D	E	
@300	HD10@300				
3@200	HD10@200				
@200	HD10@200				
@400	HD10@400	HD10@400	HD10@400	HD10@400	
@400	HD10@400	HD10@400	HD10@400	HD10@400	
@200	HD10@200				
@200	HD13@200				

변경/협의사항
REVISION

NO.	수정내용	일자	비고
△			
△			
△			

설계명
PROJECT TITLE

설계번호
PROJECT NO.

	설계본부 / ENG·협력업체
담당 DRAWN BY:	/
팀장 CHECKED BY:	/
P M DESIGNED BY:	/
PIC APROVED BY:	

도면명칭
DRAWING TITLE 슬라브일람표

축척
SCALE NONE

날짜
DATE:

도면번호
SHEET NO.
S-202

4-3-4 보 일람표

S-09	보 일람표
정의 및 목적	건축물에 있는 모든 보의 크기와 배근 상태를 표로 작성한 도면
확인사항	- 구조 계산서의 내용과의 일치 확인 - 보의 형태 및 크기 - 보의 단부 및 중앙부의 상부근, 하부근, 늑근의 크기 및 간격 표기

■ 구조 계산서와의 확인

모든 구조 도면 작성에서의 기본은 구조 계산서 내용의 확인에 있다. 보 일람표 작성 시에도 구조 계산서의 내용을 확인하고 작성한다.

■ 보의 부위별 구조적 역할 및 배근 유형

수평구조체인 보는 수직 구조체와 엮어지는 끝단부와 중앙부에서 담당하는 힘에서 다소 차이가 있다. 즉, 양끝단의 단부와 중앙부로 나뉘는데 수직제와 엮어지는 끝단인 단부가 중앙부보다 구조적 역할이 더 크다.

이러한 구조적 역할에 따라 효율적으로 철근을 배근하게 된다. 철근은 상부근(Top Bar), 하부근(Bottom Bar), 절곡근 (Bent Bar)로 구성된다. 상부근은 말 그대로 보의 윗부분에 배치되는 것이고, 하부근 역시 보의 아랫부분에 놓이게 된다. 절곡근은 보의 구조적 역할에 따라, 힘을 더 많이 받아야 하는 곳에 놓이게 되는데, 단부에서는 상부, 중앙부에서는 하부에 더 많은 힘이 필요하다. 이러한 구조 특성에 따라 절곡근은 한쪽 단부의 상부에서 놓이다 중앙부로 오며 꺽여서 하부에 놓이게 되고 다시 다른 끝쪽 단부에서 상부로 다시 꺽인다. 또한 수평으로 누인 상부근과 하부근을 둘러 엮어주고 전단력에 대응하는 역할을 하는 늑근이 있다.

이러한 보의 배근을 수직단면으로 잘라보면 몇가지 유형으로 정리된다. 첫번째(아래그림①)는 단부와 중앙부의 배근이 모두 동일하여 보 단면을 1가지로 모두(ALL) 표현할 수 있는 경우이고, 두번째(아래그림②)는 양쪽 단부(BOTH) 와 중앙부(CENTER)의 배근이 서로 달라 2가지 배근이 보이는 경우이며, 마지막은 중앙부와 단부가 각각 달라 한 개의 보 배근을 3가지의 형태로 표현해야 하는 경우이다. 이 마지막(아래그림③)경우에 서로 다른 보의 단면을 각각 축열번호를 명기하여 구분한다. 이 마지막(아래그림③)경우에 보의 단면은 한쪽은 건물 외부에 면한 끝단으로 다른 수평 부재와 연결되지 않으며, 다른 한쪽 끝은 내부의 타 수평 부재와 연결되는 경우가 많다. 이러한 3가지 유형 예시는 아래 그림과 같다.

구분	보 형태 및 배근		
B1	ALL		
	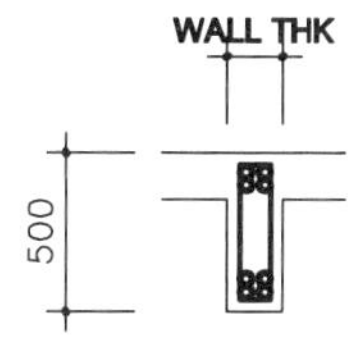		
G9	BOTH	CENTER	
	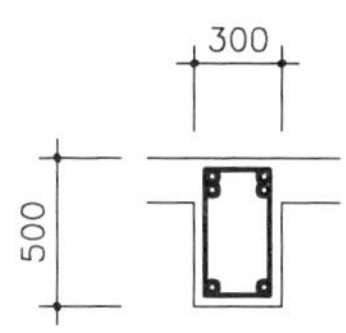	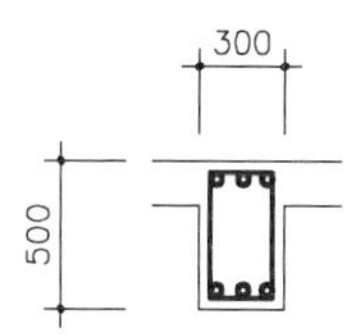	
B4	END(X2열측)	END(X3열측)	CENTER
	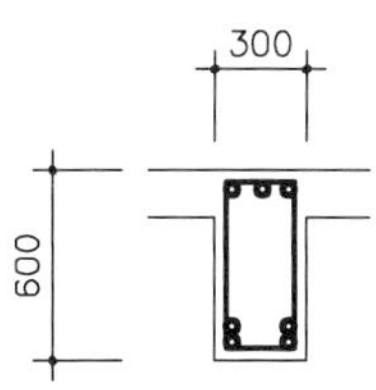	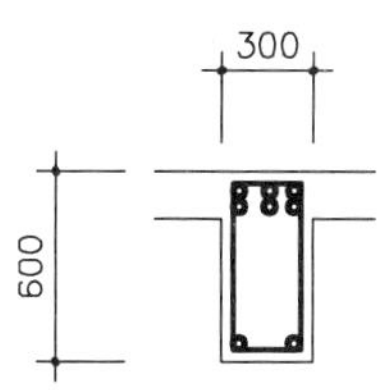	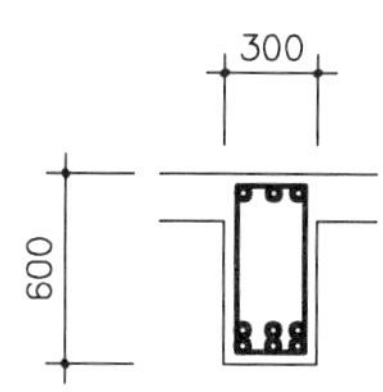

■ 보 크기 및 배근의 표기

보의 두께 및 배근 표기는 다른 구조 도면에서와 동일하다. 즉 보의 크기는 수직면으로 자른 단면을 기준으로 가로(보폭)와 세로(보춤/보높이)로 그 치수를 mm 단위로 표기하고, 상부근 5-HD22, 하부근 3-HD22는 보의 그림에 따라 상부에 지름 22mm인 고장력 철근을 5개를 배치하고, 하부에 지름 22mm인 고장력 철근을 3개를 그림대로 배열한 후, 지름이 10mm인 고장력 철근을 200mm 간격으로 상부근과 하부근 둘레를 묶으라는 의미이다.

형태	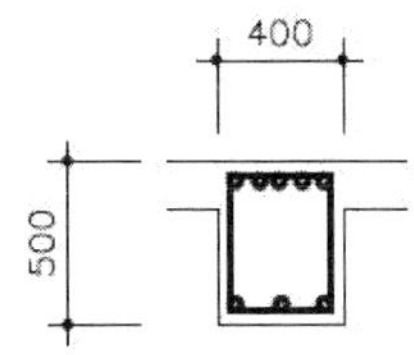
상부근	5-HD22
하부근	3-HD22
늑근	HD10@200

보 배근 표기 예시

memo

보 일 람 표-1

부 호	B1(문인방보)	B2, B3		B4		
	ALL	BOTH	CENTER	END(X2열측)	END(X3열측)	C
형 태	WALL THK 500	400 500	400 500	300 600	300 600	600
상 부 근	4-HD16	3-HD22	3-HD22	3-HD22	6-HD22	3-
하 부 근	4-HD16	5-HD22	8-HD22	4-HD22	2-HD22	6-
늑 근	HD10@150	HD10@200	HD10@200	HD10@150	HD10@120	HD1

부 호	B6			B7		
	EXT END	INT END(B6측)	CENTER	EXT END	INT END	C
형 태	400 600	400 600	400 600	300 600	300 600	600
상 부 근	3-HD22	7-HD22	3-HD22	3-HD22	6-HD22	4-
하 부 근	4-HD22	3-HD22	5-HD22	2-HD22	2-HD22	3-
늑 근	HD10@200	HD10@150	HD10@250	HD10@250	HD10@150	HD1

부 호	B10		B11			
	BOTH	CENTER	EXT END	INT END	CENTER	END
형 태	400 600	400 600	400 800	400 800	400 800	800
상 부 근	3-HD22	3-HD22	4-HD22	10-HD22	4-HD22	10-
하 부 근	5-HD22	7-HD22	4-HD22	3-HD22	6-HD22	3-
늑 근	HD10@250	HD10@250	HD13@250	HD13@150	HD13@150	HD1

B2 (외벽 창문 OPENING 보강)

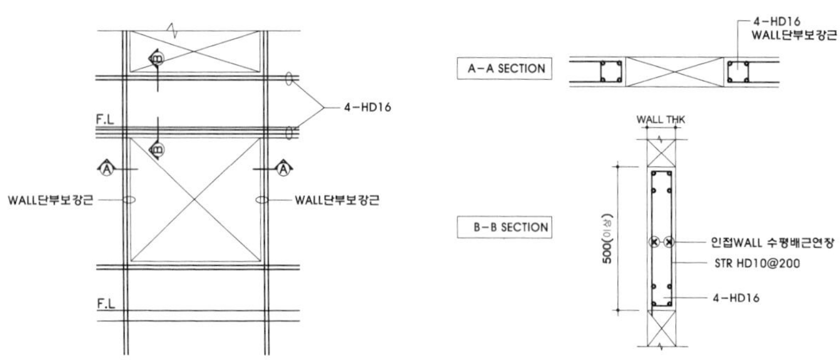

B5			
EXT END	INT END	CENTER	
3-HD22	6-HD22	5-HD22	
2-HD22	2-HD22	2-HD22	
HD10@250	HD10@200	HD10@250	

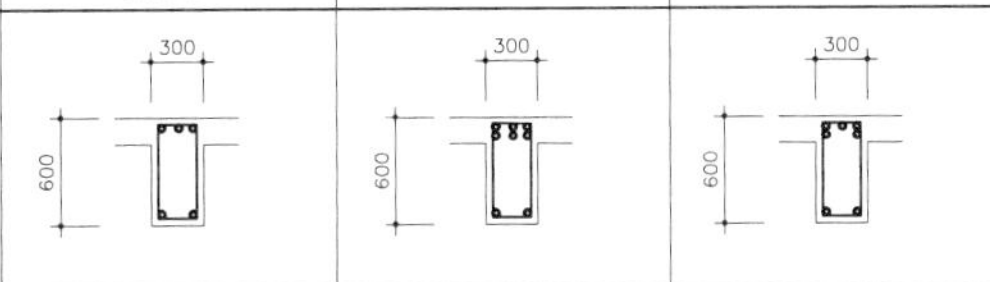

B8			B9
END(Y3열측)	END(Y4열측)	CENTER	ALL
6-HD22	3-HD22	3-HD22	2-HD22
2-HD22	3-HD22	5-HD22	2-HD22
HD10@120	HD10@250	HD10@250	HD10@250

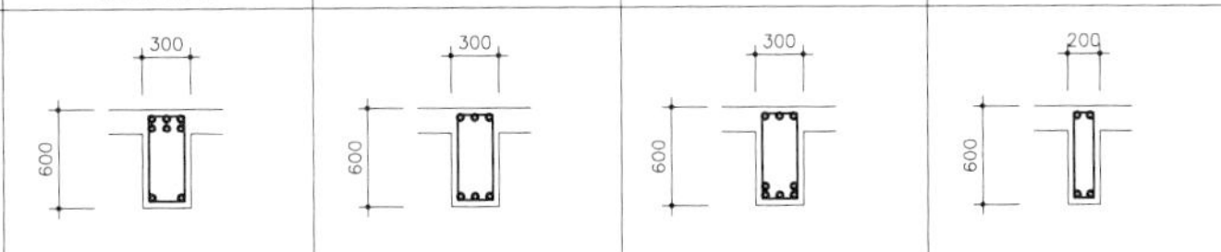

B12		
END(B13측)	CENTER	
8-HD22	3-HD22	
3-HD22	7-HD22	
HD13@150	HD13@150	

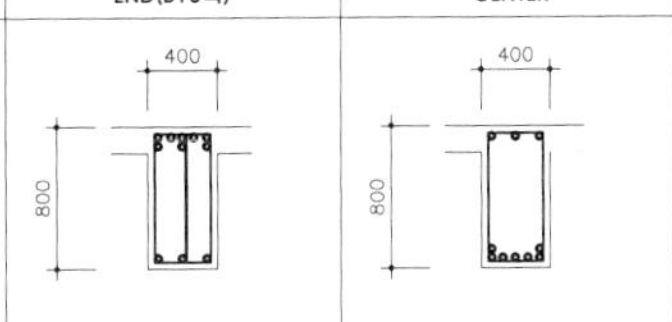

보를 관통하는 슬리브 보강

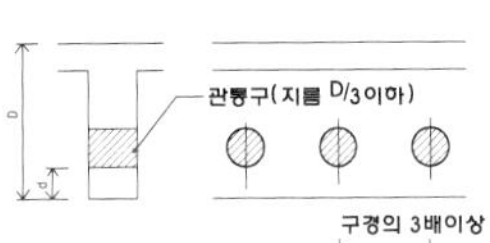

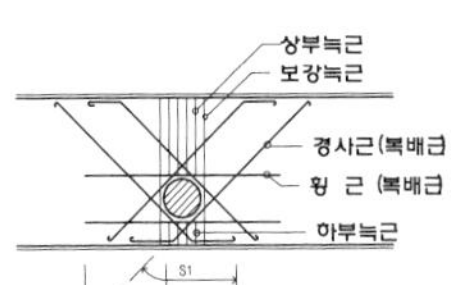

1) 관통구는 보 단부를 피할것

2) 관통구의 위치는 보춤의 중심부근으로 하며, 아래값 이상으로 한다.

D	500~700	700~900	900
d	≧150	≧ 200	≧ 250

3) 관통구의 지름이 보춤의 1/10이하 일때는 보강하지 않아도 좋다

4) 구조설계자와 협의한 후에 위의 사항을 적용할 수 있다.

관통구	경사근	보강늑근	윙 근	상하늑근
100 미만	2-HD13	2-HD13	2-HD13	
100~199	4-HD13	2-HD13	2-HD13	3-HD13
200~299	4-HD16	2-HD16	2-HD16	4-HD13
300~400	4-HD19	2-HD19	2-HD19	6-HD13

* 윙근은 병렬시 해당

변경/협의사항
REVISION

NO.	수정내용	일자	비고
△			
△			
△			

설계명
PROJECT TITLE

설계번호
PROJECT NO.

설 계 본 부 / ENG 협력업체

담당 DRAWN BY: /

팀장 CHECKED BY: /

P M DESIGNED BY: /

PIC APROVED BY:

도면명칭
DRAWING TITLE 보일람표-01

축척
SCALE NONE

날짜
DATE:

도면번호
SHEET NO.
S-203

4-3-5 기타 배근도

S-10	기타 배근도
정의 및 목적	건축물에 있는 옹벽, 계단판, 파라펫 등 별도의 일람표로 작성되지 않은 모든 구조 부재의 크기와 배근 상태를 작성한 도면
확인사항	- 구조 계산서 내용과의 일치 확인 - 주요 배근도에서 누락된 부분 모두 명기

■ 기타 배근도의 작성 내용

기타 배근도에서는 공사를 위해 필요한 배근 내용이나, 주요 구조 도면이나 목록표에서 표기되지 않는 내용 들을 모아서 별도의 장으로 구성한 도면으로, 건축물의 규모나 구조 방식, 작성하는 사무소의 작성 스타일에 따라 매우 다양하게 구성된다.
주로 작은 건물에서는 계단배근도, 옹벽배근도, 파라펫 배근도 등을 하나의 도면으로 작성하며, 이를 기타 배근도라 명명한다.

■ 구조 계산서와의 확인

모든 구조 도면 작성에서의 기본은 구조 계산서 내용의 확인에 있다. 기타 배근도 작성 시에도 구조 계산서의 내용을 확인하고 작성한다.

memo

기타 배근도

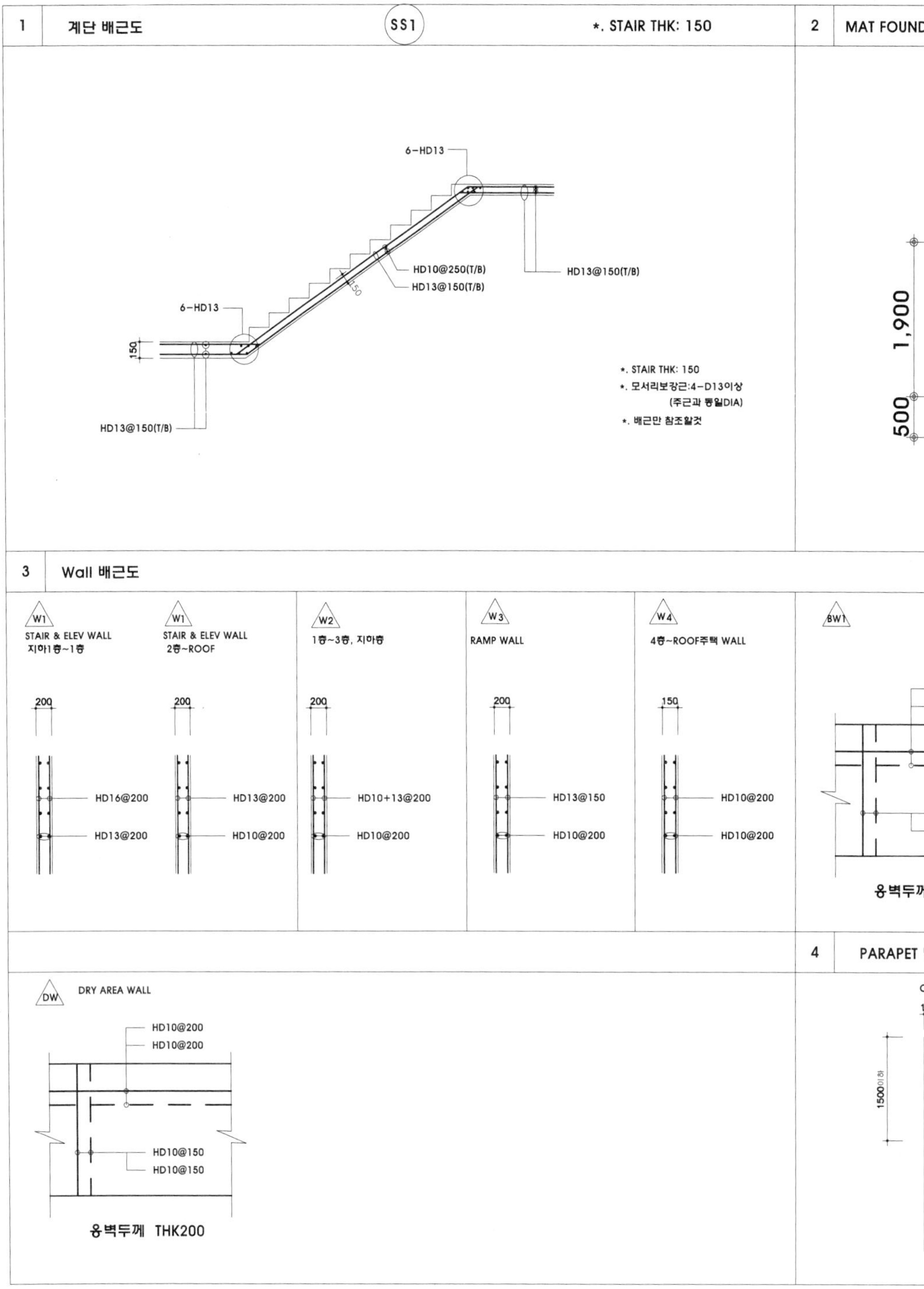
1
계단 배근도
SS1
*. STAIR THK: 150
2
MAT FOUNDA
6-HD13
HD10@250(T/B)
HD13@150(T/B)
HD13@150(T/B)
6-HD13
150
150
HD13@150(T/B)
*. STAIR THK: 150
*. 모서리보강근:4-D13이상
(주근과 동일DIA)
*. 배근만 참조할것
1,900
500
3
Wall 배근도
W1
STAIR & ELEV WALL
지하1층~1층
200
HD16@200
HD13@200
W1
STAIR & ELEV WALL
2층~ROOF
200
HD13@200
HD10@200
W2
1층~3층, 지하층
200
HD10+13@200
HD10@200
W3
RAMP WALL
200
HD13@150
HD10@200
W4
4층~ROOF주택 WALL
150
HD10@200
HD10@200
BW1
옹벽두께
4
PARAPET 및
DW
DRY AREA WALL
HD10@200
HD10@200
HD10@150
HD10@150
옹벽두께 THK200
1500이하

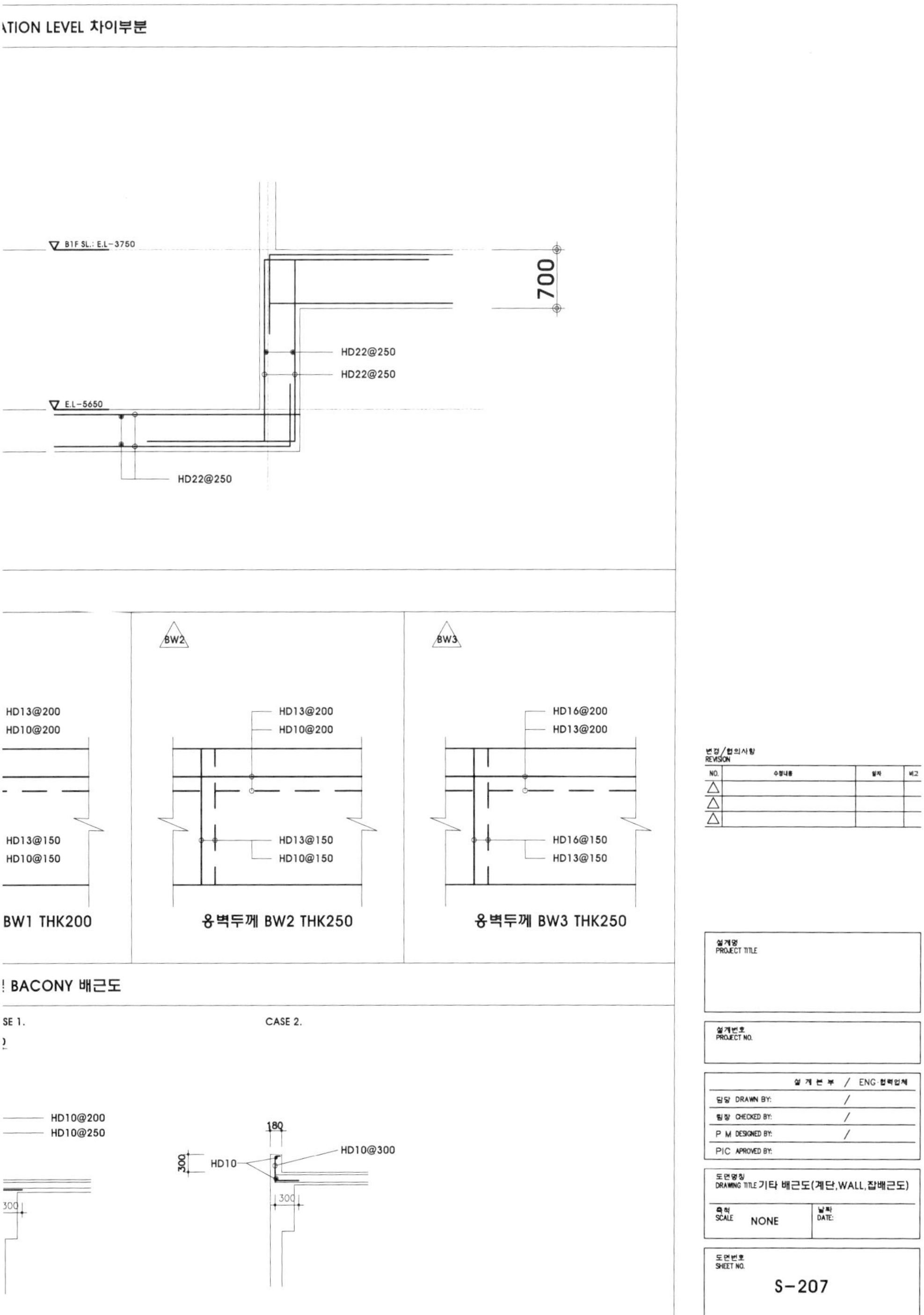
ATION LEVEL 차이부분
B1F SL.: E.L-3750
700
HD22@250
HD22@250
E.L-5650
HD22@250
BW2
BW3
HD13@200
HD10@200
HD13@150
HD10@150
BW1 THK200
HD13@200
HD10@200
HD13@150
HD10@150
옹벽두께 BW2 THK250
HD16@200
HD13@200
HD16@150
HD13@150
옹벽두께 BW3 THK250
BACONY 배근도
SE 1.
CASE 2.
HD10@200
HD10@250
300
180
300
HD10
HD10@300
300
변경/협의사항
REVISION
NO.
설계명
PROJECT TITLE
설계번호
PROJECT NO.
설 계 본 부 / ENG·협력업체
담당 DRAWN BY: /
팀장 CHECKED BY: /
P M DESIGNED BY: /
PIC APROVED BY:
도면명칭
DRAWING TITLE 기타 배근도(계단,WALL,잡배근도)
축척
SCALE NONE
날짜
DATE:
도면번호
SHEET NO.
S-207

memo

Chapter 02 Modelling

01 철근콘크리트 구조 Modelling

Modelling 일러두기

철근콘크리트 구조의 구조 도면을 이해하는 방법으로 모형 제작 (Modelling)을 해보기로 한다.
구조 부재와 구조 평면도를 이해하고 기초부터 지붕까지 구조체를 Modelling하여 시공되는 순서와 방법을 이해한다. 책의 구성은 시공되는 순서대로 모형제작 순서를 맞추었다. 각 층별로 확인단계가 있다. 확인단계에 있는 순서대로 구조 도면을 체크하고, 각 부재의 이음과 구조체가 세워지는 순서를 고려하여 모형을 제작한다.
본 구조 도면은 모델링을 위해 작성된 도면이며 지하1층, 지상5층의 규모이다. 하부는 보와 기둥으로 하중을 버티는 라멘구조이고, 상부는 벽식 구조로 되어 있는 트랜스퍼 (transfer)구조로서 구조 변환이 있다. 모델링에 필요한 건축 도면과 구조 도면은 참고도면에 첨부하였다. 각 도면은 모형제작과 건축설계도면을 이해하기 위한 자료로만 활용하기 바란다

1-1 구조 Modelling 프로세스

다음은 건물의 부재별로 구조 Modelling 프로세스를 구성하였다. 모형을 만들기 전 전체적인 흐름을 먼저 이해하기 바란다.

철근콘크리트 구조에서는 철근을 배근하고, 거푸집을 설치하고, 콘크리트 타설을 하여 구조체를 완성해 간다. 구조체가 완성되면 구조체에 기능적, 미적으로 적합한 내부 마감재와 외부 마감재를 붙인다. 또, 설비시설을 설치하여 우리가 사용할 수 있는 건축물이 된다.

1-2 구조 Modelling은 기초부터 지붕까지 구조체를 만들어 가는 과정이다. 우리가 만들어볼 도면은 지하 1층과 지상 1층~지상 5층 그리고 옥탑으로 구성되어 있다. 지하는 레벨 차이가 있어 '지하 1층 구조-1'과 '지하 1층 구조-2'로 나누었다.

각 층별 바닥 구조 평면도를 보고 평면도에 표현되어있는 부재를 하중 경로를 생각하면서 만든다. 하중은 위에서 아래로 작용하지만 구조를 Modelling할 때는 역으로 생각하여야 한다. 구조 Modelling은 아래에서부터 만들기 시작하기 때문이다. 하중 경로를 이해하면 각 부재가 어디에 정착되는지 생각할 수 있다. 슬래브는 작은보에 정착이 되고 작은보는 큰보에 정착이 되며, 큰보는 기둥에 정착된다. 이는 모형을 만들 때 부재와 부재를 연결할 때 적용하여야 한다.

지하 1층 (최하층) 구조 Modelling은 '지하 1층 바닥 구조 평면도'를 확인하여 기초, 기둥, 벽 순으로 구조체를 만들고, 지상 1층 구조를 Modelling하기 위해 '지상 1층 바닥 구조 평면도'를 확인한다. '지상 1층 바닥 구조 평면도'에서 1층 바닥에 있는 보, 1층 슬래브, 1층 기둥, 1층 벽의 부재를 확인할 수 있다. 지상 1층 구조 Modelling은 '지상 1층 바닥 구조 평면도'에 표현되어있는 부재를 만드는 것이다. 이런 방법으로 한 층씩 만들어나가면 하나의 구조체가 완성이 된다.

바닥 구조 평면도에 표기된 부재들은 각각의 일람표에서 규격을 알 수 있다. 'Chapter 01 도면 작성의 원리'의 구조 도면 작성 원리 부분에서 일람표 보는 방법을 자세히 설명하였으므로 참고 바란다.

현장에서 구조체 공사를 할 때 구조 도면만 참고하는 것은 아니다. 구조 Modelling을 할 때도 마찬가지이다. 구조 도면과 건축 도면을 함께 찾아야 할 때가 많이 있다. 예를 들어 개구부와 관련하여서는 창호도와 실내 마감 상세도를 확인하여야 한다. 하나의 건물을 구조 도면과 건축 도면으로 나누어 있으므로 구조 Modelling할 때 구조 도면과 건축 도면을 함께 참고하길 바란다.

구조 Modelling을 통해 각 바닥 구조 평면도의 표현 방법을 이해하고, 구조체를 이해할 수 있다. 구조체를 이해하는 것은 건물의 형태를 이해하는 것이고, 건축 설계 도면 이해의 바탕이 된다.

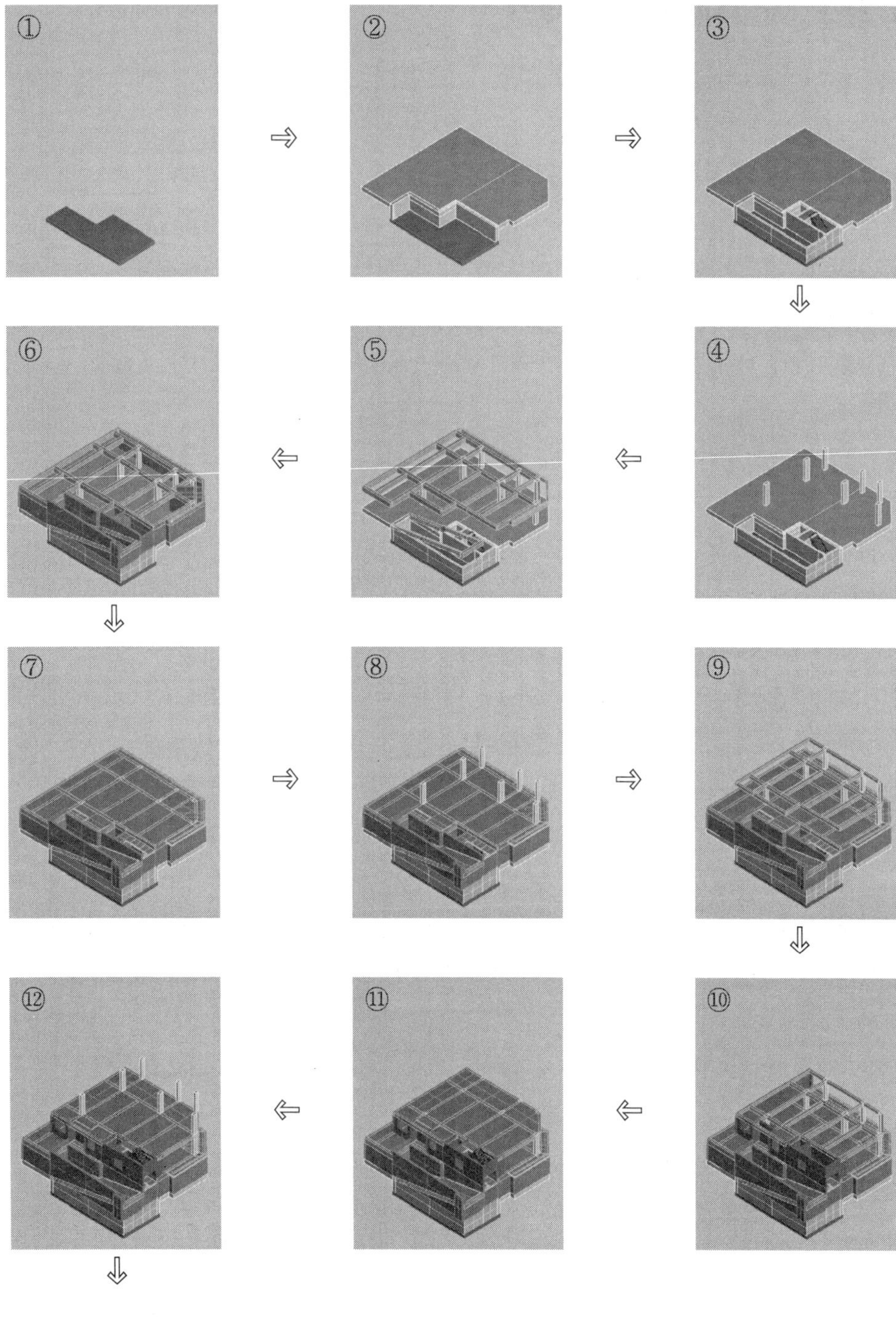
①
②
③
④
⑤
⑥
⑦
⑧
⑨
⑩
⑪
⑫

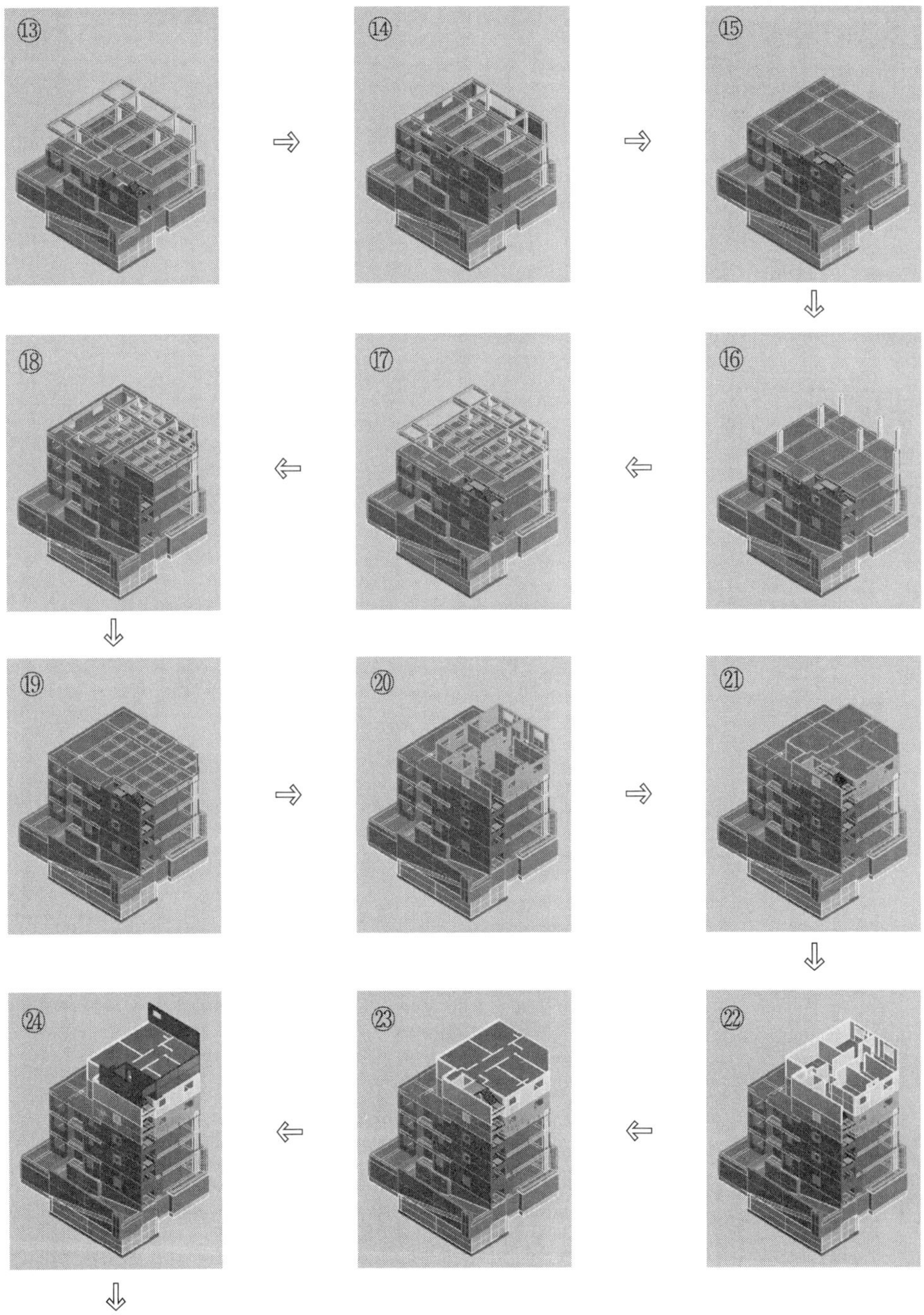
⑬
⑭
⑮
⑯
⑰
⑱
⑲
⑳
㉑
㉒
㉓
㉔

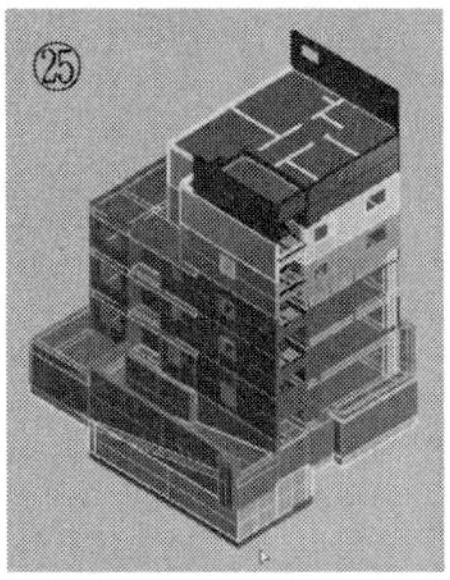

위 모델링 과정은
다음 QR코드 링크로 볼 수 있다.

1-2 구조 Modelling

1-2-1 지하1층 구조 Modelling

1-2-1-①	지하 1층 구조 -1
개요	'지하 1층 바닥 구조 평면도-1'를 보고 지하1층 경사로 하부 공간을 Modelling한다.
확인 단계	1. 레벨차이가 있는 지하 1층 (기초 단차 구간) 2. 기초 두께 3. 옹벽 두께 (BW1, BW3, W1) 4. 개구부 크기 확인 (가로X세로) 5. 집수정 확인

아래의 '지하 1층 바닥 구조 평면도-1' 도면을 보며 다음 단계에 따라 모델링을 진행한다. 첨부된 도면은 이책의 뒷부분에 수록된 참고도면의 'Modelling용 구조도면'에서도 확인 할 수 있다.

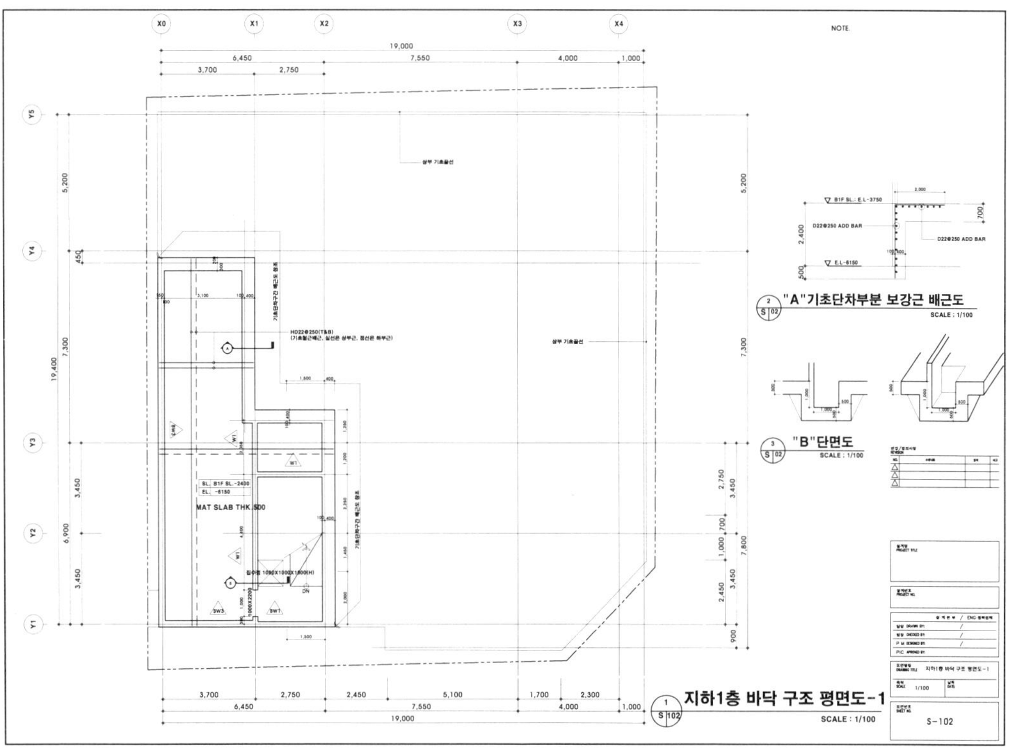

지하1층 바닥 구조 평면도-1

1. 레벨차이가 있는 지하 1층 (기초 단차 구간)

지하1층의 경사로 하부 바닥을 낮추어 물탱크실로 사용하고 있다. 따라서 지하 1층의 바닥 레벨차이가 발생된다. 도면명 '지하1층 구조 평면도-1'은 경사로 하부와 계단실, 엘리베이터 PIT 부분의 구조평면이다.

1) 지하1층 레벨 확인

경사로 하부 SLAB LEVEL (기초바닥레벨)은 지하1층 SLAB LEVEL-2,400이고, EL[1]-6,150이다. 다시 말해 지하1층 바닥에서 2,400이 낮고, EL.기준으로는 6,150 아래의 레벨이다. '기초단차부분 보강근 배근도'를 참조하면 바닥기초 두께 (500)로 꺾여서 지하 1층 기초와 만나는 것을 알 수 있다.

2. 기초 두께

기초는 온통기초 (MAT기초)로 되어있다. 두께는 도면에 'MAT SLAB THK 500'으로 표기 되어 있어 500임을 알 수 있다. 건축에서 단위는 mm이므로 단위는 생략하기로 한다.

3. 옹벽두께

1) 벽두께 확인

바닥이 완성되면 벽을 세워야 한다. X0열은 WALL 번호가 BW3이고, Y1열은 BW3, BW1이다. 또 내부 벽은 W1이다. 벽의 두께는 도면명 '기타배근도'의 WALL 배근도를 보면 알 수 있다. BW3은 250, BW1은 200, W1은 200이다.

2) 벽 세우기

① 벽을 세울 때는 중심선에서 양쪽으로 어떻게 나누어 있는지 확인이 필요하다. X0열의 BW3은 중심선을 기준으로 외부 (좌측)쪽으로 150, 내부 (우측)으로 100으로 나누어져 250의 벽체가 세워져 있다.

② 옹벽의 높이는 도면명 '지하1층 구조 평면도-1'의 기초 단차부분 보강 배근도의 단면에서 알 수 있다. 또, '지하1층 구조 평면도-1'의 바닥레벨표시에서도 SL[2]=B1F SL-2,400, EL-6,150으로 표기 되어 있다. 따라서 벽체는 EL-6,150에서 EL-3,750까지 기초상단에서 2,400 높이 만큼 세워진다.

---

1) EL.은 수직 높이를 나타내는 하나의 기준이다.
2) SL.은 슬래브 상단의 높이, 콘크리트 바닥 레벨이다.

4. 개구부 크기 확인

벽체를 세울 때는 개구부의 위치와 크기를 확인해야 한다. 도면명 '지하1층 구조 평면도-1'에서는 X1열에 1개의 문이 설치된다. 이는 건축 도면의 창호도를 확인해야 한다. 구조 도면에 개구부 사이즈를 표기한 경우도 건축 도면의 창호도와 일치 여부를 확인해야 한다. 이때 개구부의 높이는 마감높이와 SLAB 바닥 높이를 확인하고 슬래브 바닥 높이를 기준으로 구조 모델링에서는 적용해야 한다. 개구부 부분은 '1-2-10 개구부 Modelling' 부분에서 자세히 확인할 수 있다.

5. 집수정[3)]확인

- 집수정은 물이 모이는 곳으로 바닥에서 움푹 들어가 있다.
  가로, 세로, 높이의 치수를 확인한다. 집수정의 바닥, 벽은 기초 두께가 꺾인 형태로 한다.
  도면명 '지하1층 바닥 구조 평면도-1'의 "B" 단면도를 참조 한다.

6. Modelling

레벨 낮은 기초판 (바닥) → 기초 단차 부분 (꺾인 기초) → 외부벽 → 내부벽 (창호) 순으로 Modelling한다.

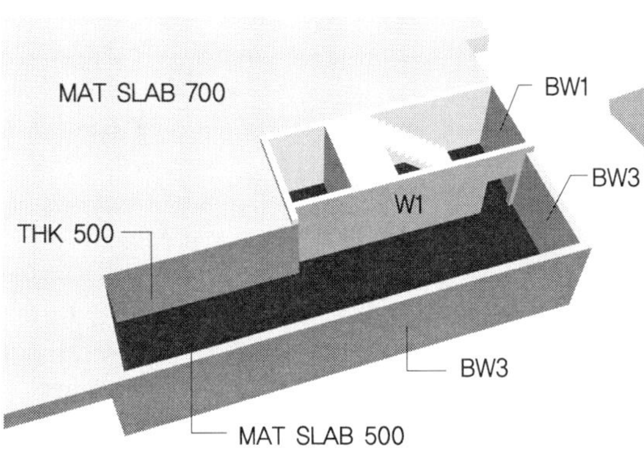

지하1층 경사로 하부-1

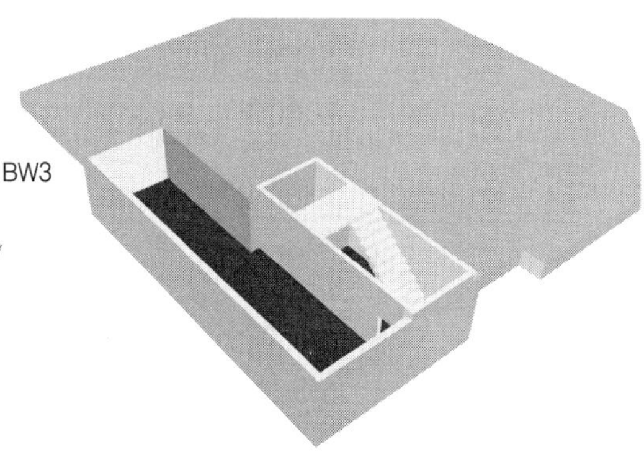

지하1층 경사로 하부-2

3) 집수정 (集水井) : 물을 모으는 우물이란 한자어로 건축에서는 건물 내 결로수 등을 모아 외부로 보내는 역할을 하는 곳을 말함. 주로 최하층 하부 바닥에서 그 일부를 움푹하게 아래로 따서 만듦

1-2-1-②	지하1층 구조-2
개요	'지하1층 바닥 구조 평면도-2' 를 보고 지하1층 공간을 Modelling한다.
확인 단계	1. 건물 전체 길이 (X열, Y열) 2. 기초 두께, 바닥 레벨 (단차 부분 확인) 3. 경사로 (RAS1, WG2) 4. 기둥 위치와 크기 (C1, C2, C3, C4) 5. 벽 (BW1, BW2, BW3, W1, W2, W3)

아래의 '지하1층 바닥 구조 평면도-2' 도면을 보며 다음 단계에 따라 모델링을 진행한다.

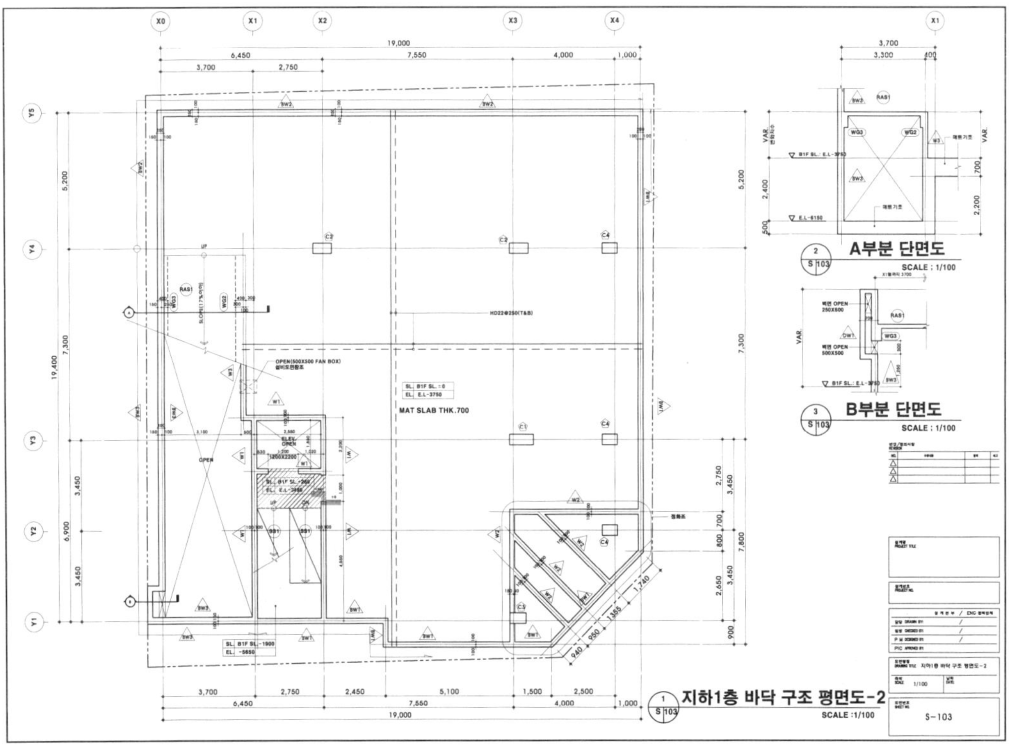

지하1층 바닥 구조 평면도-2

1. 건물 전체 길이 (X열,Y열)

X열과 Y열의 전체 길이를 파악한다.

도면을 보면 가로방향으로 X열, 세로 방향으로 Y열이 있다. X열은 X0~X4열까지 있고, Y열은

Y1~Y5열까지 있다. X열의 전체길이는 중심선 기준으로 19,000이고, Y열은 19,400이다. X0열의 벽인 BW2는 외부 (좌측)쪽으로 150, 내부 (우측)으로 100으로 나누어져 250의 벽체이다. X4열 바깥쪽의 벽인 BW1는 외부 (우측)쪽으로 100, 내부 (좌측)으로 100으로 나누어져 200의 벽체이다. 따라서 X열의 전체 길이는 150+19,000+100=19,250임을 알 수 있다. 같은 방법으로 Y열의 전체 길이는 100+19,400+100=19,600이다.

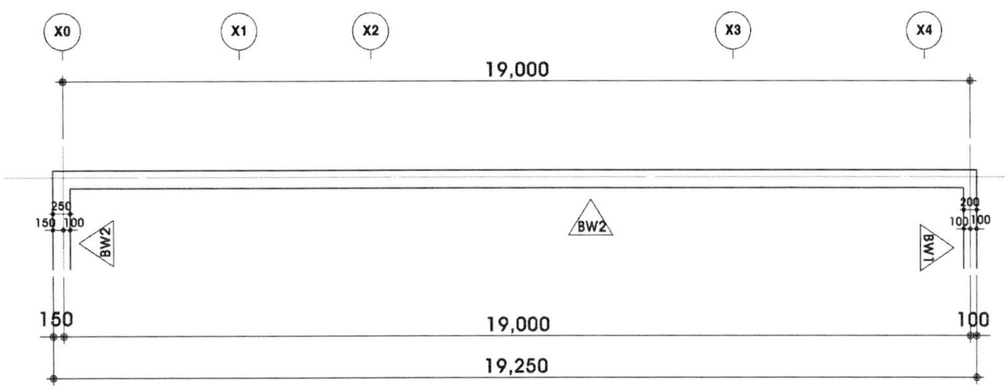

지하1층 바닥구조 평면도-2 (옹벽)

2. 기초 두께, 바닥 레벨 (단차 부분 확인)

1) 기초 두께 확인

지하1층 바닥 슬래브의 레벨은 EL.-3,750이고, 지하1층 바닥 슬래브인 매트기초 (온통 기초)의 두께는 700 (MAT SLAB THK 700)이다. 경사로 하부 SLAB LEVEL에서 2,400올라 온 레벨이 지하1층 바닥 슬래브 상단이 된다.

2) 바닥 단차 부분 확인

X2열의 계단을 보면 바닥 단차 표시가 되어 있다. 계단실의 SL.은 EL.-3,490이고, 주차장의 SL.은 EL.-3,750이므로 260만큼의 단 차이가 있다. 아래 도면과 같이 단 차이 나는 부분의 경계에 +260, 0으로 단 차이가 표현 되어 있고, 레벨이 표현되어 있다.

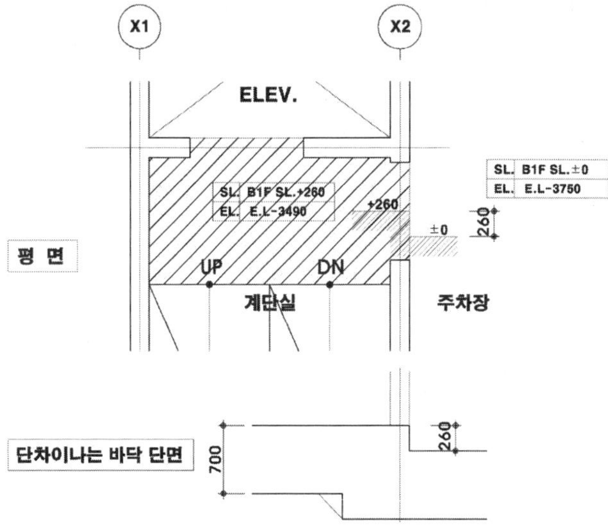

지하1층 바닥구조 평면도-2

3. 경사로 (RAS1, WG2, WG3)

1) 슬래브 확인

X0~X1열 사이에 지하1층에서 지상 1층으로 올라가는 경사로가 있다. 경사로 바닥에 RAS1은 경사로 슬래브의 부호이다. 도면명 '슬래브 일람표'의 RAS1을 찾아 두께 (THK.)를 보면 150이다. 이 경사로의 바닥 두께는 150이고 높이 2,300을 올라가는 경사로이다. 도면명 '주차램프 단면도'를 보면 경사방향의 단면도가 있다. 경사로 시작부분과 끝나는 부분을 확인할 수 있다. 시작부분은 지하1층 바닥에서 100 높이에서 시작되어 수평 길이 13,750에서 경사로는 끝나게 된다. 2,300의 높이를 수평 길이 13,750으로 올라가는 경사로이다.

2) 보 확인

올라가는 방향에서 양쪽 단부에 WG2, WG3의 보가 있다. 도면명 '지하1층 구조 평면도-2'의 'A부분 단면도'를 보면 알 수 있다. 도면명 '보일람표-04'에서 WG2는 보폭이 300이고, 보춤은 600이다. WG3는 보폭이 400이고, 보춤은 600이다. 보 (WG2, WG3)를 먼저 만들고 그 사이에 슬래브 (RAS1)를 끼워 넣는 방식으로 만들어 슬래브의 하중이 보에 전달될 수 있도록 Modelling한다. 슬래브는 (RAS1) Y4열 부근에서 시작되어 (폭 3,300) Y3열 부근에서 (폭 3,700) 400폭 만큼 넓어진다. 그에 따라 WG2가 꺾여 있는 것을 알 수 있다. WG2, WG3에서 WG의 의미는 Wall Girder이다. Wall Girder는 벽을 보의 일부로 취급한 보라고 할 수 있다.

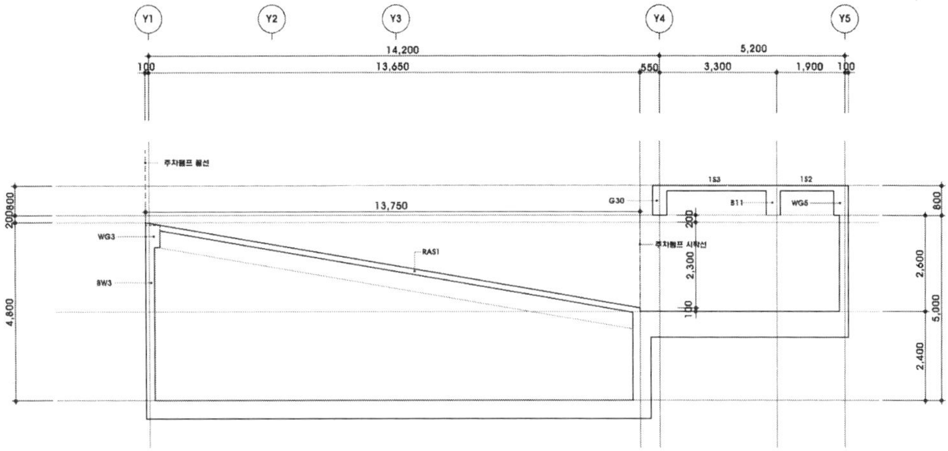

주차램프 단면도

4. 기둥 위치와 크기

기둥은 위치와 크기를 확인하여 Modelling한다.

층별로 같은 부호의 기둥일지라도 층별로 다를 수 있다. 따라서 층별로 확인이 필요하며, 상부 기둥이 기초까지 연결이 되어 있는지 확인한다.

1) 기둥 크기 확인

기둥 위치와 크기는 '지하 1층 바닥 구조 평면도-2'와 중심선을 기준으로 확대하여 표현된 '주심도'를 참고한다. 기둥부호 C1은 X3열, Y3열에 위치하고, 도면명 '기둥 일람표'와 '주심도'를 보면 층별로 크기가 다르다. 옆의 도면은 '주심도'에 표현된 C1이다. 지하 1 (B1)층의 C1의 크기는 950×400이다.

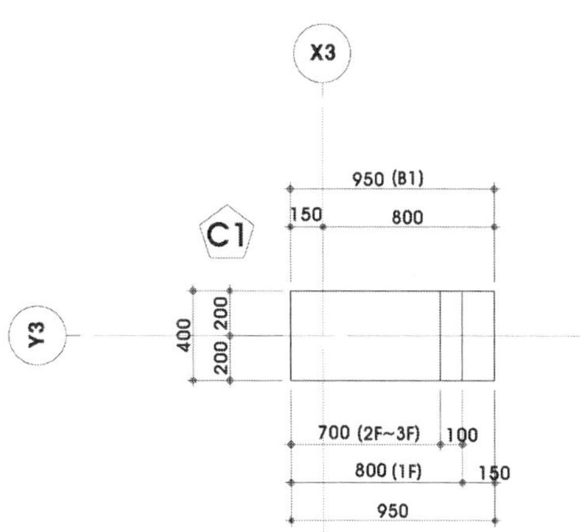

주심도

2) 기둥 배치

C1은 X3열 중심선에서 좌측으로 150, 우측으로 800 배치되어 950이고, Y3열 중심선에서 좌측으로 200, 우측으로 200 배치되어 400이다. C1, C2, C3, C4의 기둥은 '주심도'와 '기둥 일람표'를 참고하여 크기와 중심선 기준으로 위치를 찾고, '지하1층 바닥 구조평면도'에서 기둥 부호를 찾아 배치한다.

3) 기둥 높이

지하1층 기둥의 높이는 지하1층 바닥 슬래브 상단에서 지상1층 바닥 슬래브 상단까지로 한다. 기둥의 높이는 지하1층 바닥 레벨이 E.L–3,750이고, 1층 바닥레벨은 EL.–350이므로 지하1층 바닥에서 3,400높이까지 세워진다. (3,750–350=3,400) 기둥높이는 층고와 동일하다.

5. 벽

1) 벽체 두께 확인

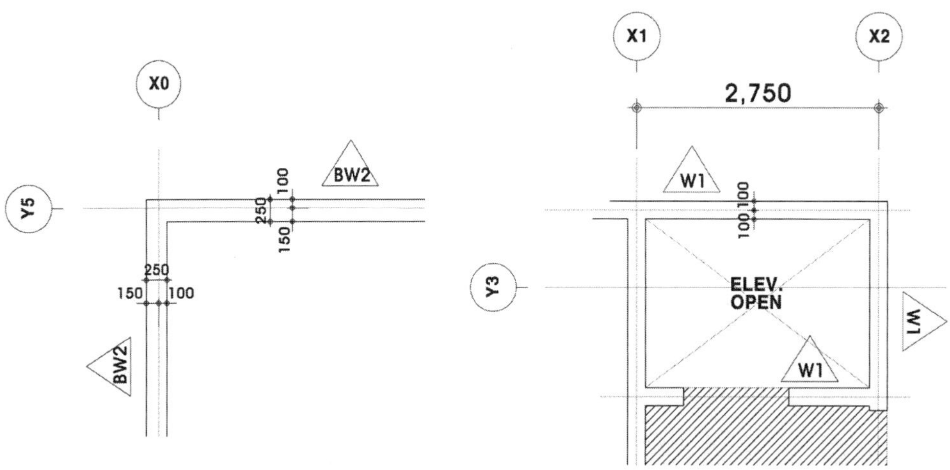

지하1층 바닥구조 평면 확대(벽체 두께)

지하 1층은 토압을 받은 옹벽 중심으로 벽체가 구성되어 있다. 지하1층의 벽체 부호는 BW1, BW2, BW3, W1, W2, W3이다. 외벽은 BW1, BW2, BW3이고, 내벽은 W1, W2, W3은 이다. 도면명 '기타 배근도'의 WALL배근도를 보면 BW1, W1~W3의 벽체 두께는 200이고, BW2와 BW3는 250임을 알 수 있다.

2) 벽 세우기

외벽인 BW2는 X0열 중심선에서는 외부 (좌측)쪽으로 150, 내부 (우측)으로 100으로 나누어져 250의 벽체이고, Y5열 중심선에서는 외부 (우측)쪽으로 100, 내부 (좌측)으로 150으로 나누어져 250의 벽체이다. 같은 두께의 벽이라도 중심선에서 어떻게 배치되는지는 바닥 구조 평면도를 참조하여 벽을 세워야 한다. W1은 내벽으로 중심선에 100씩 나누어져 200의 벽체이다.

6. Modelling

기초판 → 경사로 (보, 슬래브) → 기둥 → 외벽 → 내벽 순으로 Modelling한다.

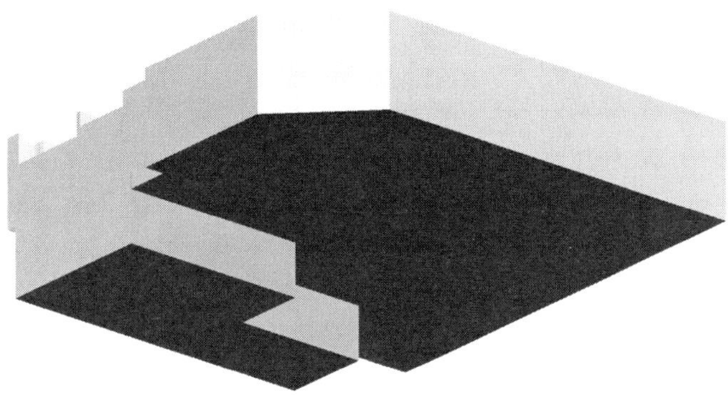

지하1층 바닥, 기초

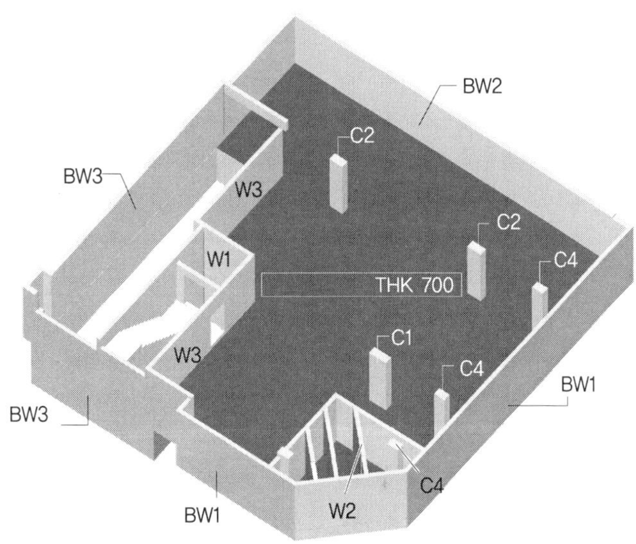

지하1층 기둥과 벽

1-2-2 지상1층 구조 Modelling

1-2-2	지상1층 구조
개요	'지상1층 바닥 구조 평면도' 를 보고 지상1층 공간을 Modelling한다.
확인 단계	1. 1층 바닥보 (큰보, 작은보) 2. 1층 슬래브 3. 1층 기둥 4. 1층 벽 5. 부분 단면

아래의 '지상1층 바닥 구조 평면도' 도면을 보며 다음 단계에 따라 모델링을 진행한다.

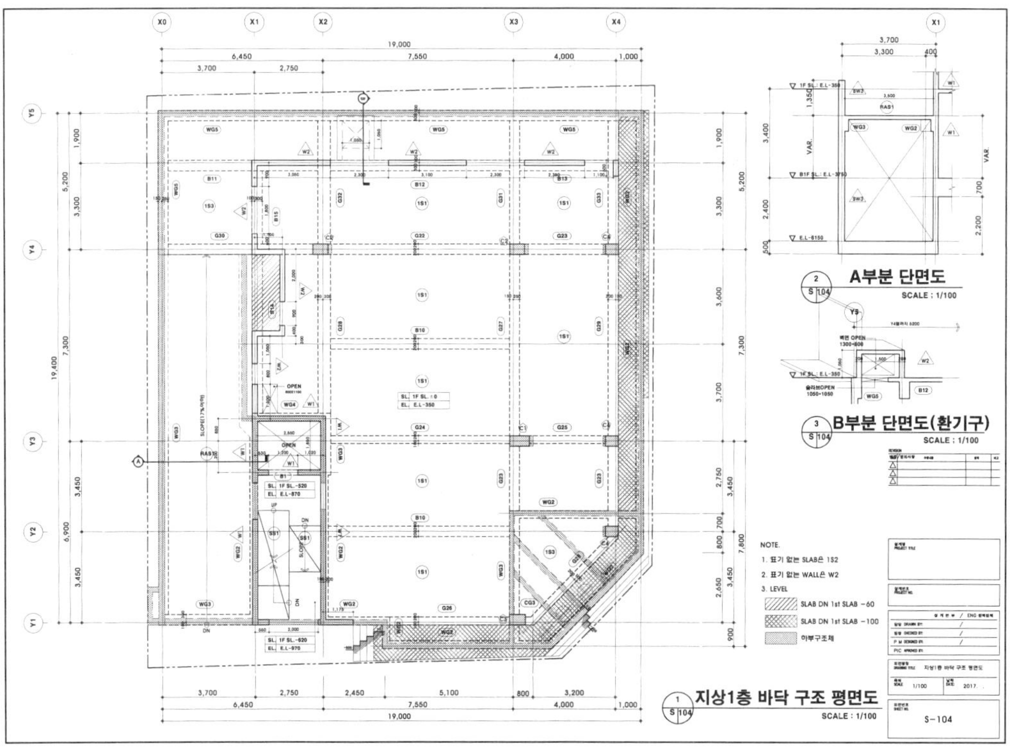

지상1층 바닥 구조 평면도

1. 1층 바닥보 (1층 바닥 구조 평면도에 표현된 보)

1) 보 크기 확인

① 보폭 (보의 가로폭), 보춤 (보의 세로춤)은 도면명 '지상1층 바닥 구조 평면도'에서 보의 부호를 찾고 도면명 '보 일람표'에서 부호를 찾아 크기를 확인한다.

② 도면명 '지상1층 바닥 구조 평면도'에서 Y4열의 G22의 크기를 찾을 경우 보일람표에서 부호 G22를 찾는다. 도면명 '보 일람표-03'에서 G22를 찾을 수 있고, 보폭은 400 보춤은 600임을 확인 할 수 있다. 다른 보들도 이 같은 방법으로 보 크기를 확인한다.

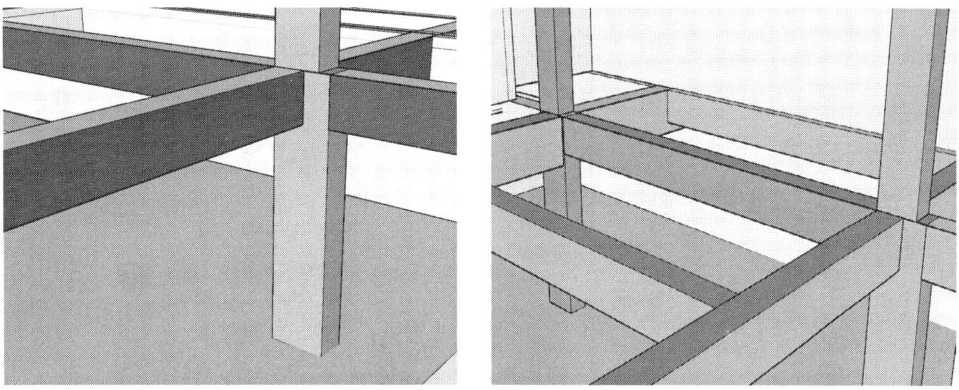

기둥에 연결된 보

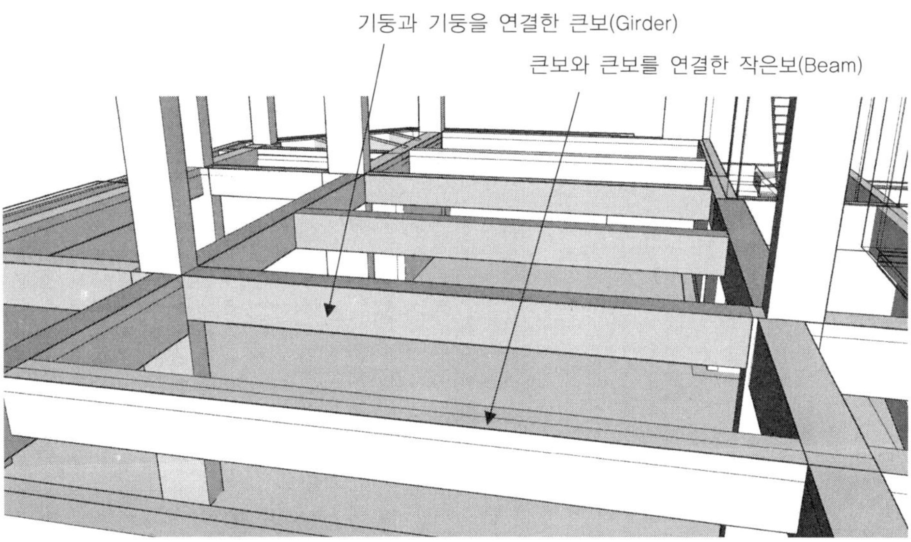

큰보와 작은보

2) 보 세우기

① 기둥과 기둥을 연결하는 큰보 (Girder), 큰보와 큰보를 연결하는 작은보 (Beam)을 구분해 본다.

② 기둥에 큰보를 먼저 연결하고, 그 다음 큰보에 작은보를 연결한다.

③ 1층 바닥 슬래브 상단 높이와 보 상단이 일치하게 한다. 지하1층 바닥 레벨 E.L-3750, 1층 바닥레벨은 EL.-350이므로 지하1층 바닥에서 3,400높이에 보 상단이 있다.

2. 1층 바닥 슬래브

1) 슬래드 두께 확인

① 슬래브는 보에 고정되도록 한다. 대부분 4면이 보에 고정된 4변지지 슬래브다.

② '지상1층 바닥 구조 평면도'에 슬래브 부호가 표시되어 있고, '지상 1층 바닥구조 평면도'의 NOTE를 보면 표기 없는 슬래브는 1S2이다.

③ 슬래브 두께는 도면명 '슬래브 일람표'에서 찾을 수 있다.

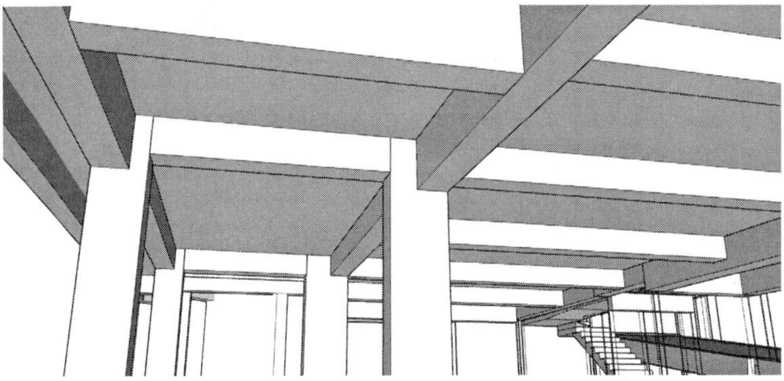

보에 고정된 슬래브-1

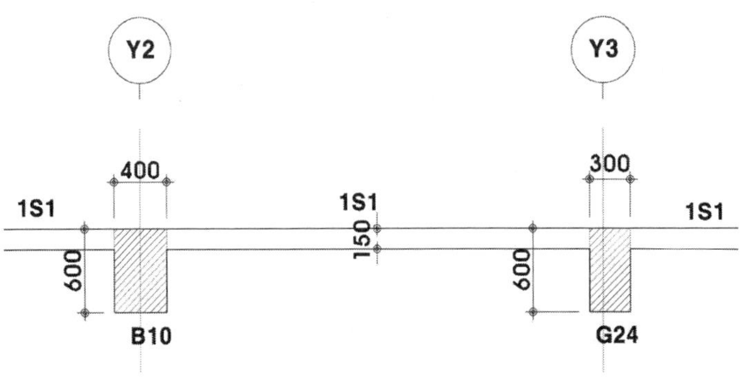

보에 고정된 슬래브-2, 1층 바닥 단면

2) 슬래브 연결하기

① 슬래브 바닥 레벨 차이를 확인한다. 슬래브가 다운되어 있는 부분 확인한다. X1열과 Y4열에 발코니 부분 60 다운이고, X4열 우측으로는 100 다운이다. (도면 NOTE의 LEVEL 참조)

② 바닥 OPEN부분 확인한다. (엘리베이터, 화장실 PS/AV실)

③ 보와 보사이에 슬래브 끼워 넣는다. 하중이 슬래브에서 보로 전달되므로 슬래브는 보에 고정되는 것이다.

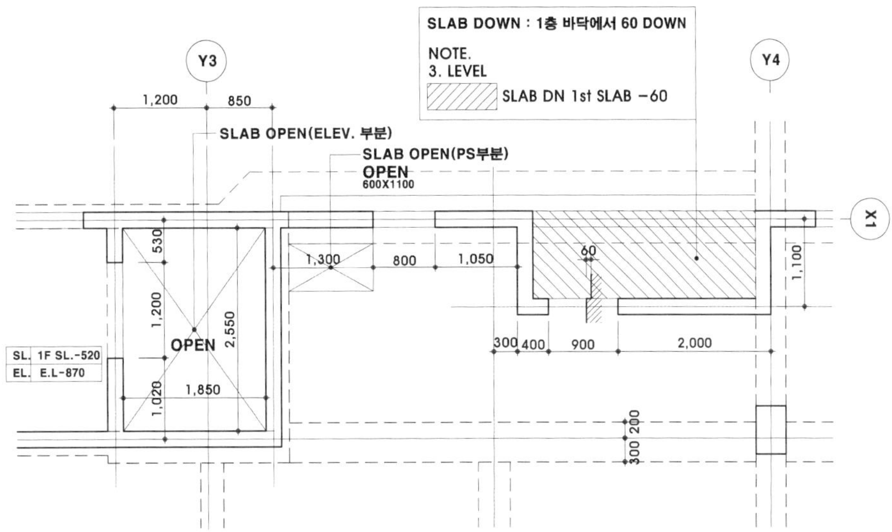

바닥 OPEN과 슬래브 DOWN 부분

3. 1층 기둥

1) 기둥 크기 확인

① 지하1층 기둥이 지상1층에서 크기가 줄어들었는지 확인한다.

② 도면명 '주심도', '기둥 일람표'에서 각 부호에 맞는 기둥을 찾아 크기를 확인한다.

2) 기둥 세우기

① 1층에 세워지는 기둥은 1층 층고와 동일하다. 1층 바닥 슬래브 상단부터 2층 바닥 슬래브 상단까지이다. (1층 층고 : 3,180)

② 기둥의 위치는 '주심도'와 지하층의 기둥위치를 확인하여 지하층 기둥과 연결되게 세운다.

4. 1층 벽

1) 벽 두께 확인

도면명 '지상1층 바닥 구조 평면도'에서 1층에 세워지는 벽 부호를 찾아 도면명 '기타 배근도'의 WALL 배근도에서 벽 두께를 찾는다.

2) 개구부

창과 문 부분은 건축 도면을 참조한다. 도면명 '지상1층 창호 위치도'에서 창문 부호를 찾아 '창호 일람표'에서 창호 크기와 바닥에서의 높이를 찾아본다. 아래 모형 사진에서는 개구부는 고려하지 않았다. (1-2-10 참조)

3) 벽 세우기

도면명 '지상1층 바닥 구조 평면도'에서 벽 위치를 찾아 세운다. 벽의 높이는 1층 층고와 동일하다.

5. 부분 단면 (환기구)

도면명 '지상1층 바닥 구조 평면도'에서 Y5열에 설치된 환기구는 박스 형태로 한쪽 벽이 개구부처럼 OPEN되어 환기관이 설치되는 곳이다. 도면명 '지상1층 바닥 구조 평면도'에서 'B부분 단면도'를 참조한다.

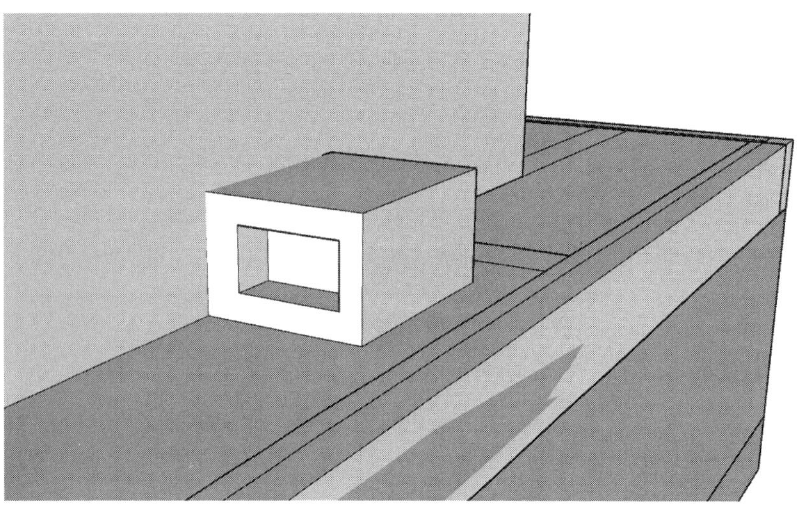

Y5열 환기구 형태

6. Modelling

1층 바닥보 → 바닥 슬래브 → 기둥 → 벽체순으로 Modelling한다.

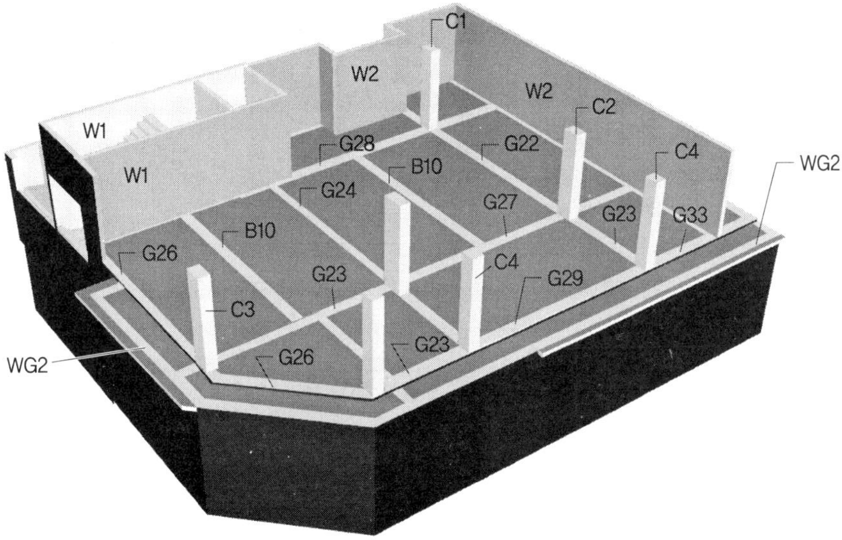

1층 (바닥 보, 슬래브, 기둥, 벽체)-보와 기둥 확인

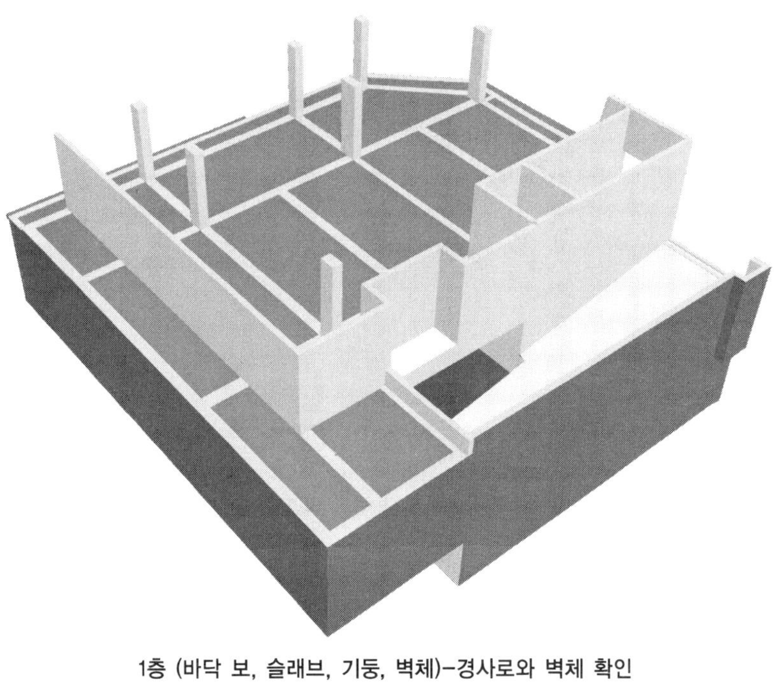

1층 (바닥 보, 슬래브, 기둥, 벽체)-경사로와 벽체 확인

1-2-3 지상2층 구조 Modelling

1-2-3	지상2층 구조
개요	'지상2층 바닥 구조 평면도' 를 보고 지상2층 공간을 Modelling한다.
확인 단계	1. 2층 바닥 보 (큰보, 작은보) 2. 2층 바닥 슬래브 3. 2층 기둥 4. 2층 벽

아래의 '지상2층 바닥 구조 평면도' 도면을 보며 다음 단계에 따라 모델링을 진행한다.

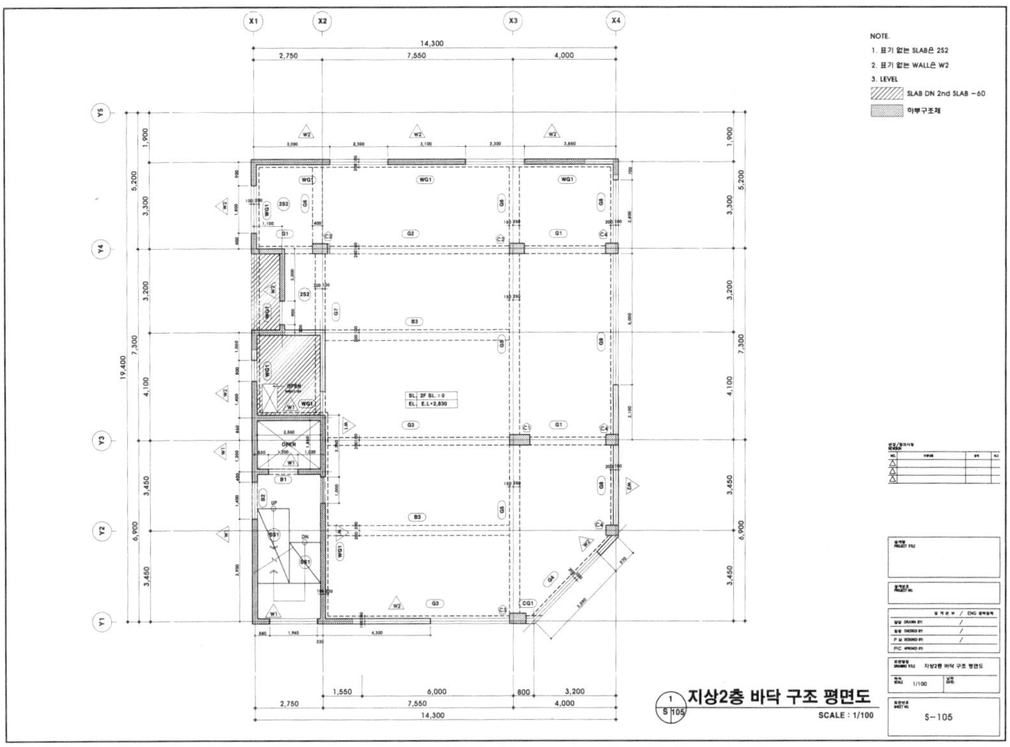

지상2층 바닥 구조 평면도

1. 2층 바닥보 (2층 바닥 구조 평면도에 표현된 보)

1) 보의 크기 확인

① 2층 기둥 위치를 먼저 확인하고 큰보 (G1, G2, G3...)를 확인한다.

② 큰보 위치를 확인하여 작은보 (B3)를 확인한다.

③ 1층 벽 위치를 확인하여 WG1을 확인한다.

④ '보 일람표' 확인하여 보춤과 보폭을 확인한다.

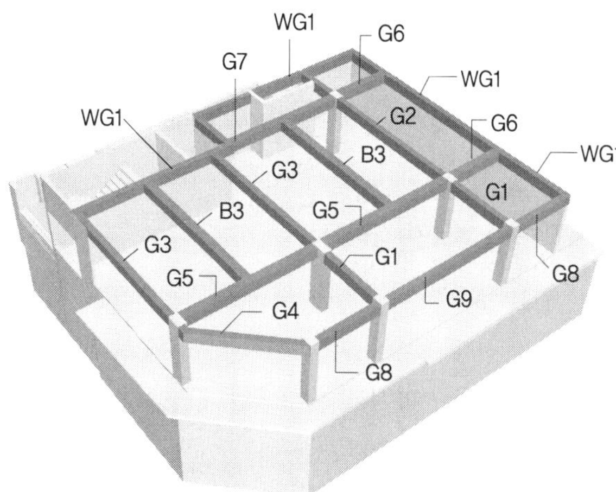

1층 기둥과 기둥을 연결한 2층 바닥보

2) 보 연결하기

① 2층 바닥 레벨에 맞추어 큰보를 기둥과 기둥사이에 연결한다.

② 큰보가 완성되면 큰보와 큰보 사이에 작은보를 연결한다.

③ 벽선에 맞추어 WG1을 연결한다.

거푸집 설치 후 보 배근

2. 2층 슬래브

1) 슬래브 두께 확인

① 2층 바닥보가 완성 되면 '지상2층 바닥 구조 평면도'에서 슬래브 부호를 확인한다.

② 구조 평면도의 NOTE를 확인하여 표기없는 슬래브 부호를 찾는다.

③ 도면명 '슬래브 일람표'에서 부호에 해당하는 슬래브 두께를 확인한다.

2) 슬래브 연결하기

① 슬래브 다운되는 부분은 2층 바닥 구조 평면도 NOTE의 '3. LEVEL'에서 찾아본다. 해치표시 되어 있는 부분 확인하여 60 다운되어 있는 것을 알 수 있다.

② 바닥 OPEN부분 확인한다. (엘리베이터, 화장실 PS/AV실)개구부 OPEN은 '1-2-10 개구부 Modelling'을 참조한다.

③ 보와 보사이에 슬래브를 끼워 넣어 슬래브 하중을 보에 전달한다. 보의 상단과 슬래브 상단은 일치한다.

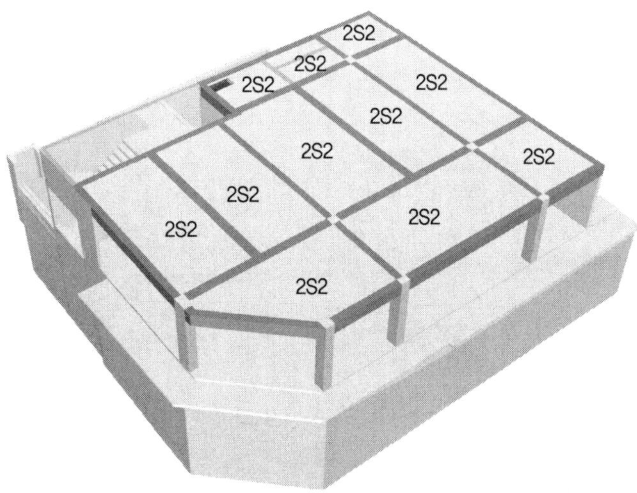

2층 바닥보에 연결된 2층 슬래브

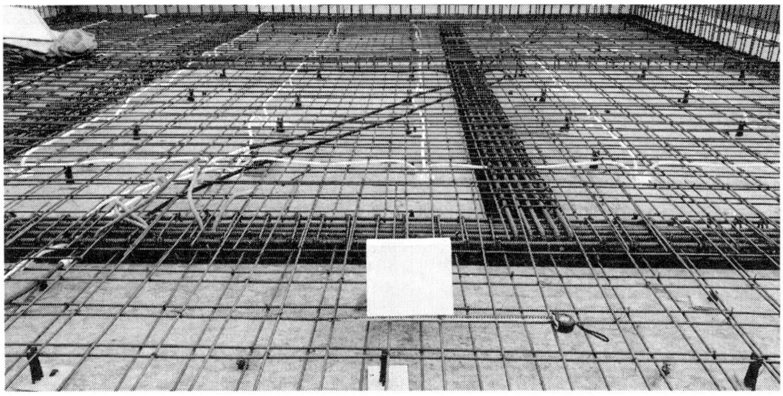

보 배근 후 슬래브 배근

설비배관 통로인 PD의 슬래브 OPEN부분

3. 2층 기둥

1) 기둥 크기 확인

① '주심도'와 '기둥 일람표'를 참고하여 2층의 기둥 크기를 확인한다.

② 1층 보다 크기가 줄어들 경우 어느 방향에서 줄어드는지 '주심도'를 보고 배치한다.

2) 기둥 세우기

① 기둥의 높이는 2층 층고와 동일하다. 2층 바닥 슬래브 상단에서 3층 바닥 슬래브 상단까지 이다.

② 1층에 세워진 기둥과 연결하여 세운다. '주심도'와 '지상2층 바닥 구조 평면도'에서 기둥 위치를 확인하여 세운다.

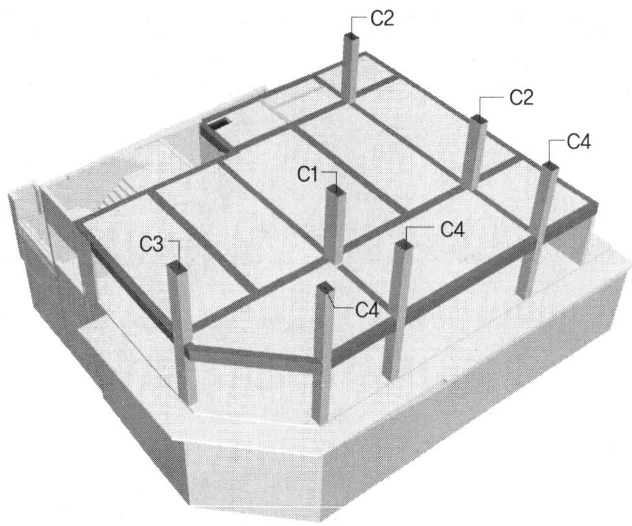

1층 기둥과 연결된 2층 기둥

바닥에 기둥 세우기, 기둥 철근 배근 후 거푸집 설치

4. 2층 벽

1) 벽 두께 확인

W1, W2를 두께와 위치를 확인한다. 도면명 '지상2층 바닥 구조 평면도'에서 위치를 찾고, 도면명 '기타배근도'의 WALL 배근도에서 두께를 확인한다.

2) 개구부

커튼월 등 개구부는 건축 도면 '창호 위치도'와 '창호 일람표'를 참고한다.
아래 모형은 개구부가 일부 반영되어 있지 않다. (1-2-10 참조)

3) 벽 세우기

① 벽 가로길이와 높이 (2층 층고)를 확인하고 개구부 크기만큼 벽을 잘라낸다.
② 도면명 '지상2층 바닥 구조 평면도'에서 기둥과 기둥사이에 벽이 세워지는 것을 확인하고 세운다.
③ 엘리베이터와 계단부분의 벽은 아래층과 동일하게 세운다.

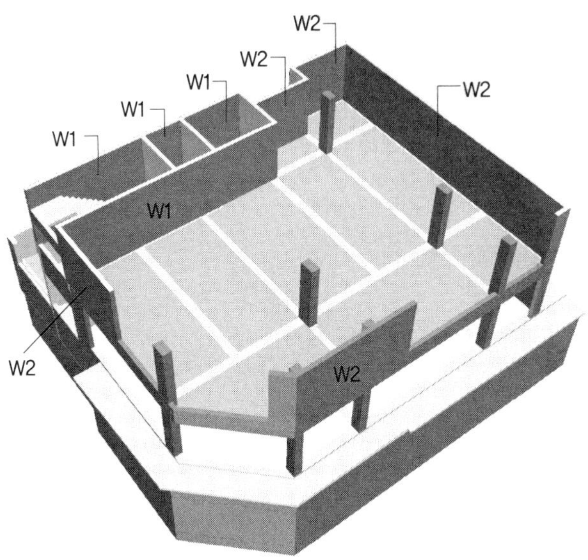

2층 벽 (외벽, 엘리베이터와 계단실 벽)

벽 세우기

5. Modelling

2층 바닥보 → 바닥 슬래브 → 기둥 → 벽 순서로 Modelling한다.

1-2-4 지상3층 구조 Modelling

1-2-4	지상3층 구조
개요	'지상3층 바닥 구조 평면도'를 보고 지상3층 공간을 Modelling한다.
확인 단계	1. 3층 바닥 보 (큰보, 작은보) 2. 3층 바닥 슬래브 3. 3층 기둥 4. 3층 벽

아래의 '지상3층 바닥 구조 평면도' 도면을 보며 다음 단계에 따라 모델링을 진행한다.

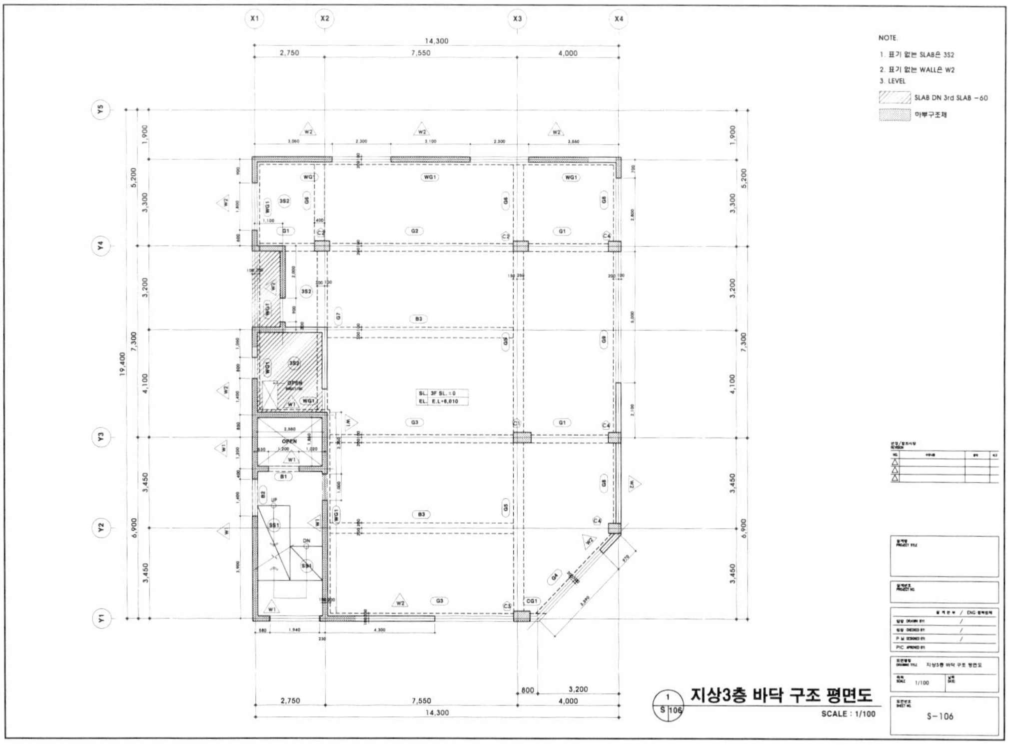

지상3층 바닥 구조 평면도

1. 3층 바닥보 (3층 바닥 구조 평면도에 표현된 보)

1) 보의 크기 확인

'3층 바닥 구조 평면도'에서 보 부호를 찾고, '보 일람표'를 확인하여 보춤과 보폭을 확인한다.

2) 보 연결하기

① 도면명 '지상3층 바닥 구조 평면도'를 보고 보의 위치를 확인한다.

② 2층 기둥에 큰보를 연결한다.

③ 큰보에 작은보를 연결한다.

④ 2층 벽 위치를 고려하여 WG1을 확인한다.

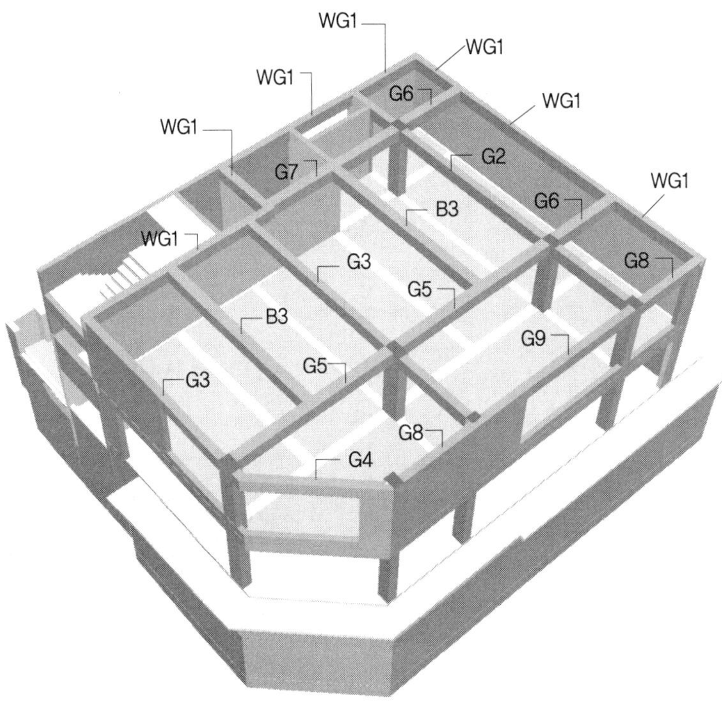

2층 기둥에 연결된 3층 바닥보

2. 3층 슬래브

1) 슬래브 두께 확인

3층 바닥보가 완성이 되면 도면명 '지상3층 바닥 구조 평면도'에서 슬래브 부호를 찾아 '슬래브 일람표'에서 두께를 확인한다.

2) 슬래브 연결하기

① 슬래브 다운되는 부분을 확인하여 바닥을 낮춘다. (Y3~Y4열의 해치부분)

② 바닥 OPEN부분을 확인한다. (엘리베이터, 화장실 PS/AV실)

③ 보와 보사이에 슬래브를 연결한다.

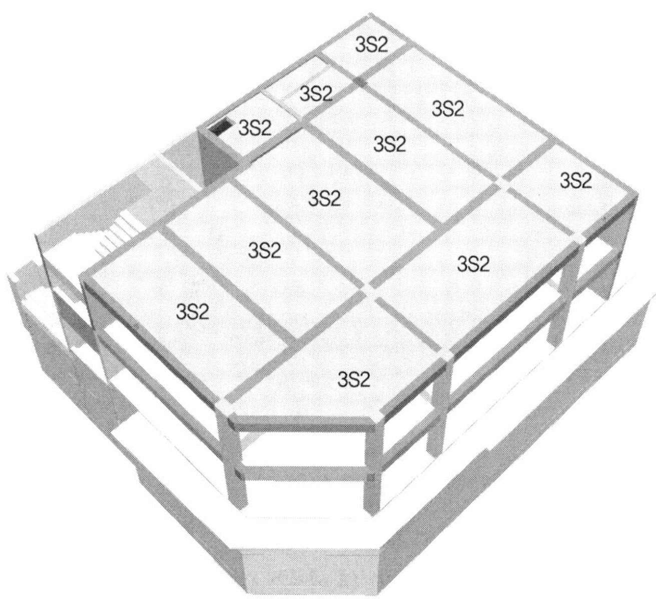

3층 바닥보에 연결된 바닥 슬래브 (바닥 OPEN, 슬래브 다운)

3. 3층 기둥

1) 기둥 크기 확인

'주심도'와 '기둥 일람표'를 참고하여 3층의 기둥 크기를 확인한다.

2) 기둥 세우기

① 기둥의 높이는 3층 층고와 동일하다.

② 2층 기둥 위치에 맞추어 세운다.

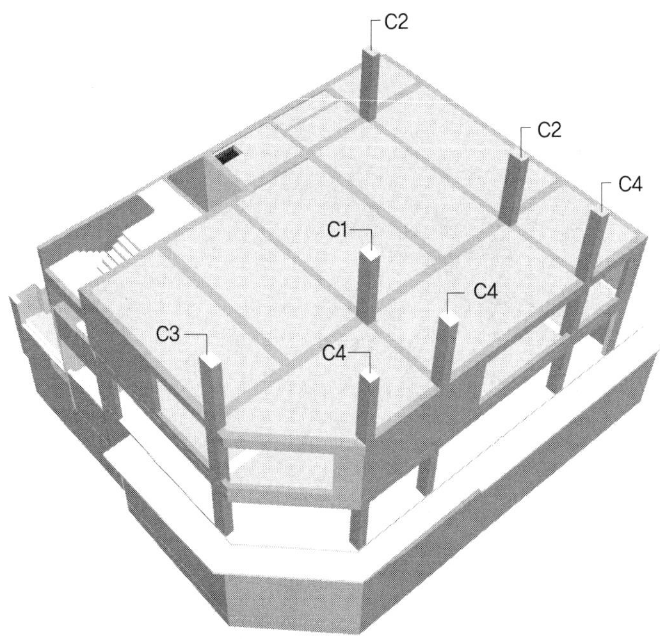

3층 바닥에 세워진 기둥

4. 3층 벽

1) 벽 두께 확인

도면명 '지상3층 바닥 구조 평면도'에서 벽을 찾는다. (W1, W2) 도면명 '기타 배근도'의 WALL 배근도에서 W1, W2의 벽 두께를 확인한다.

2) 개구부

커튼월[4] 부분 확인한다. ('창호 위치도', '창호 일람표' 참고) 커튼월 부분은 개구부처럼 벽체를 세우지 않는다. 2층과 연결된 커튼월 부분은 벽체 없이 3층 바닥보와 슬래브만 표현된다.

3) 벽 세우기

2층 벽체선을 확인하여 3층 벽을 세운다.

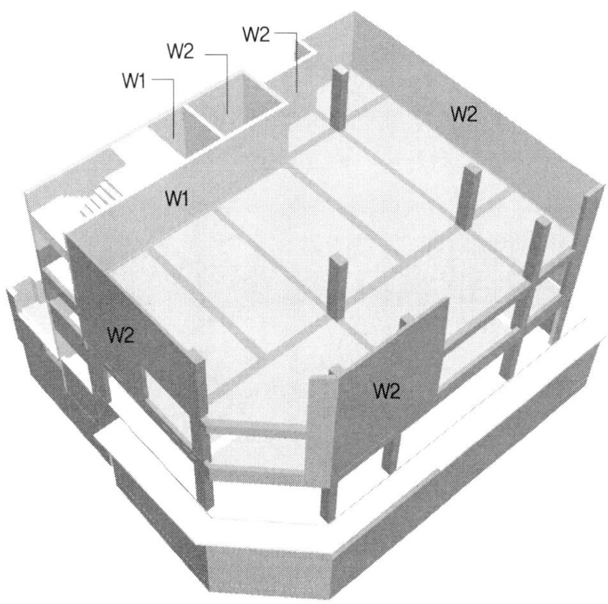

3층 벽체 (커튼월 부분 OPEN)

5. Modelling

3층 바닥보 → 바닥 슬래브 → 기둥 → 벽 순서로 Modelling한다.

4) 커튼월은 하중을 지지하지 않고 단순히 공간을 구획하는 칸막이 역할을 하는 벽체를 말한다. 이책에서는 유리 벽체로 큰 창의 개념이다.

1-2-5 지상4층 구조 Modelling

1-2-5	지상4층 구조
개요	‘지상4층 바닥 구조 평면도’를 보고 지상4층 공간을 Modelling한다.
확인 단계	1. 4층 바닥 보 (큰보, 작은보) 2. 4층 바닥 슬래브 3. 4층 벽

아래의 ‘지상4층 바닥 구조 평면도’ 도면을 보며 다음 단계에 따라 모델링을 진행한다.

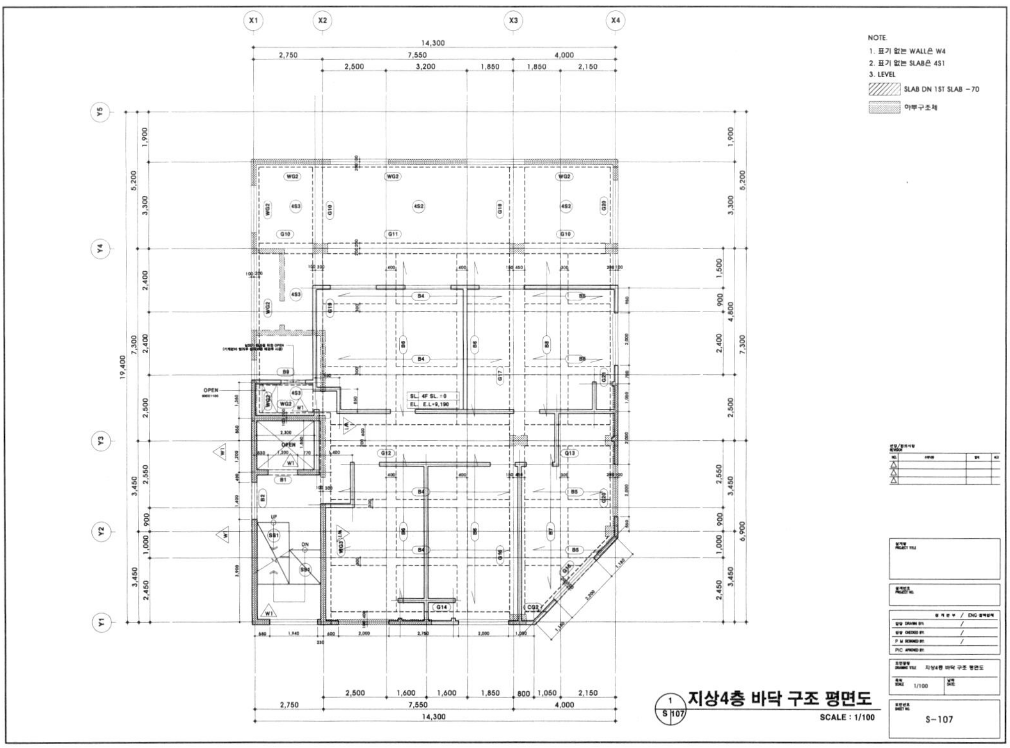

지상4층 바닥 구조 평면도

1. 4층 바닥보 (4층 바닥 구조 평면도에 표현된 보)

1) 보의 크기 확인

① 4층 바닥에 위치한 보 부호를 찾아 '보 일람표'에서 보춤과 보폭을 확인한다.

② 각 보의 보폭, 보춤, 보 길이를 확인한다.

2) 보 연결하기

① 도면명 '지상4층 바닥 구조 평면도'를 보고 보의 위치를 확인한다.

② 3층 기둥에 큰보를 연결한다.

③ 큰보에 작은보를 연결한다. 장변방향의 작은보를 먼저 연결하고 단변방향의 작은보를 연결한다.

④ 4층 벽 위치를 찾고 WG1을 확인한다.

3) 구조 변환

지하 1층부터 지상 3층까지의 라멘구조이고, 4층부터 벽식구조로 전환되므로 4층 바닥의 하중이 다른 층에 비해 크다. 따라서 4층 바닥보는 다른 층에 비해 많이 설계되었다. 큰보와 작은보를 구분하여 빠뜨리지 않도록 한다.

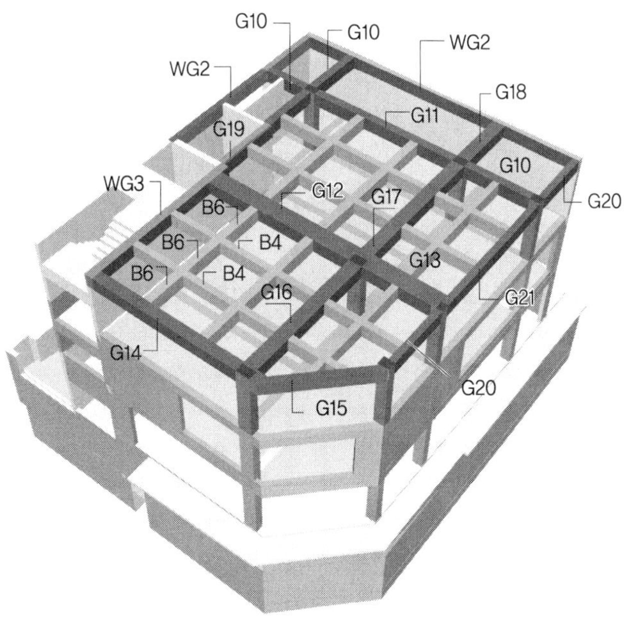

4층 바닥보 (큰보와 작은보)

2. 4층 슬래브

1) 슬래브 두께 확인

4층 바닥보가 완성이 되면 슬래브 부호를 찾아 '슬래브 일람표'에서 두께를 확인한다.

2) 슬래브 연결하기

① 바닥 OPEN부분 확인한다. (엘리베이터, 화장실 PS/AV실)

② 보 상단에 맞추어 보 사이 사이에 슬래브를 연결한다.

③ 슬래브는 작은보에 하중을 전달하고 작은보는 큰보에 하중을 전달한다.

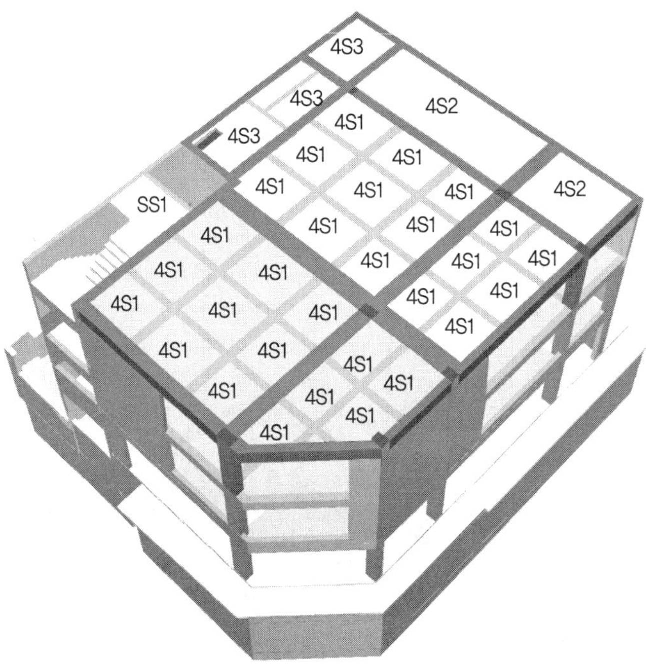

4층 바닥 슬래브

3. 4층 벽

1) 벽 두께 확인

① 도면명 '지상4층 바닥 구조 평면도'를 보고 벽체 위치를 확인한다.

② 도면명 '기타 배근도'의 WALL 배근도에서 벽 두께를 확인한다.

2) 개구부

① 도면명 '창호 위치도'와 '창호 일람표'에서 창과 문의 위치와 규격을 확인한다.

② 개구부 부분을 확인하여 벽체를 OPEN한다. 창문은 바닥 슬래브에서 창문이 시작되는 높이와 창의 크기를 확인하고, 문은 바닥 슬래브에서 문 상단까지의 전체 높이를 확인한다. 개구부 OPEN은 '1-2-10 개구부 Modelling'을 참조한다.

3) 벽 세우기

① 벽 높이는 4층 층고와 동일 함을 확인한다.

② 도면명 '4층 바닥 구조 평면도'의 벽 위치에 맞게 벽을 세운다.

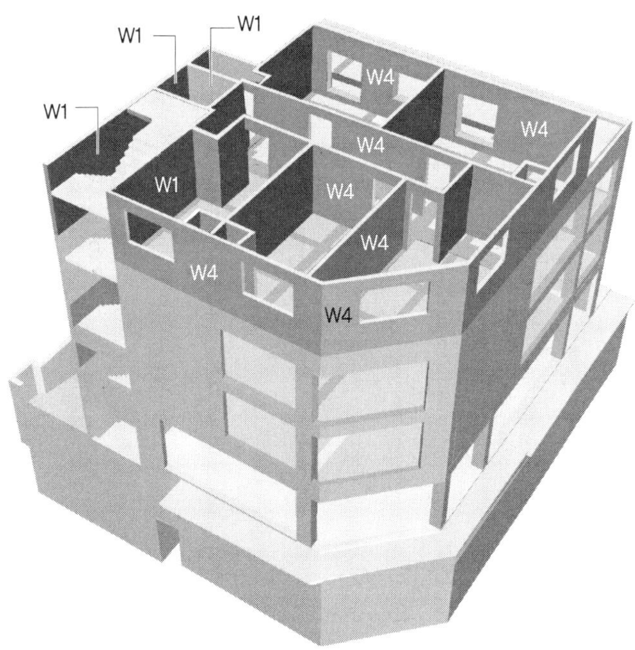

4층 벽체 (창과 문 표현)

4. Modelling

4층 바닥보 → 바닥 슬래브 → 벽 순서로 Modelling한다.

1-2-6 지상5층 구조 Modelling

1-2-6	지상5층 구조
개요	'지상5층 바닥 구조 평면도' 를 보고 지상5층 공간을 Modelling한다.
확인 단계	1. 5층 바닥 슬래브 2. 5층 벽

아래의 '지상5층 바닥 구조 평면도' 도면을 보며 다음 단계에 따라 모델링을 진행한다.

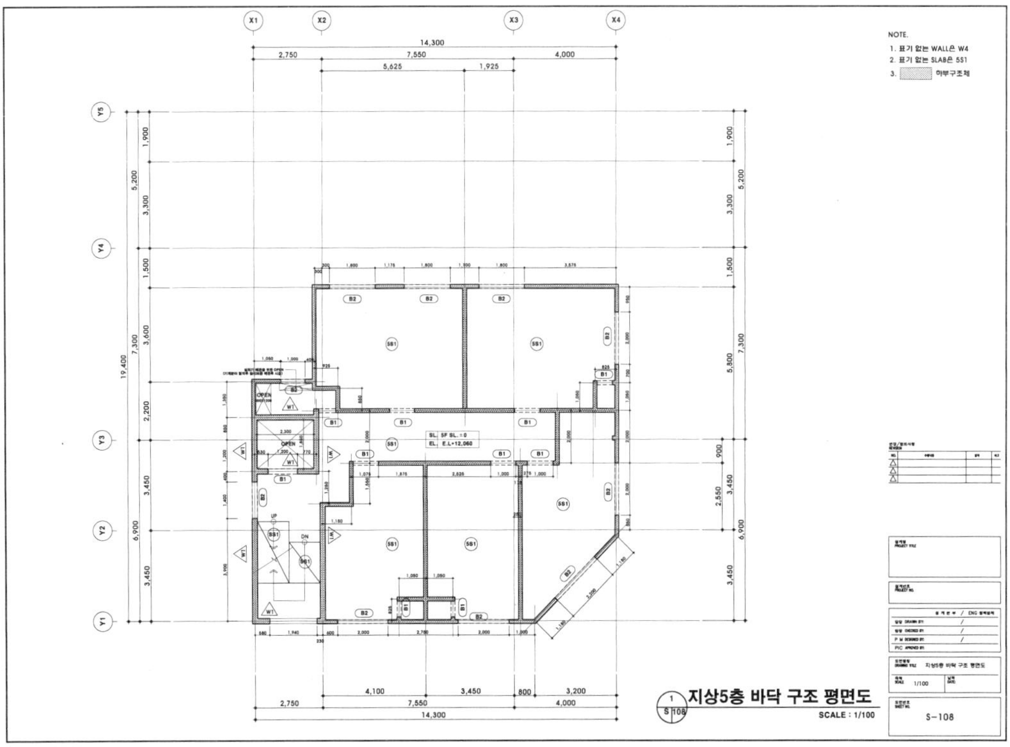

지상5층 바닥 구조 평면도

1. 5층 바닥 슬래브

1) 슬래브 두께 확인

① 4층 벽체 위치를 확인한다.

② 5층 바닥 슬래브 부호를 찾아 '슬래브 일람표'에서 두께를 확인한다.

2) 슬래브 연결하기

① 바닥 OPEN부분 확인한다. (엘리베이터, 화장실 PS/AV실)

② 4층 벽 사이에 슬래브를 연결하여 슬래브 하중이 벽으로 전달되게 한다.

③ 4층부터 벽식구조이므로 5층 바닥에는 보가 존재하지 않는다. 단, 개구부 상부에 인방보 (B_1 B_2)가 존재하는데 이는 보폭이 벽체 두께와 동일하여 따로 표현을 생략한다. 인방보는 개구부 상부에서 오는 하중을 좌우벽으로 전달하기 위한 보이다.

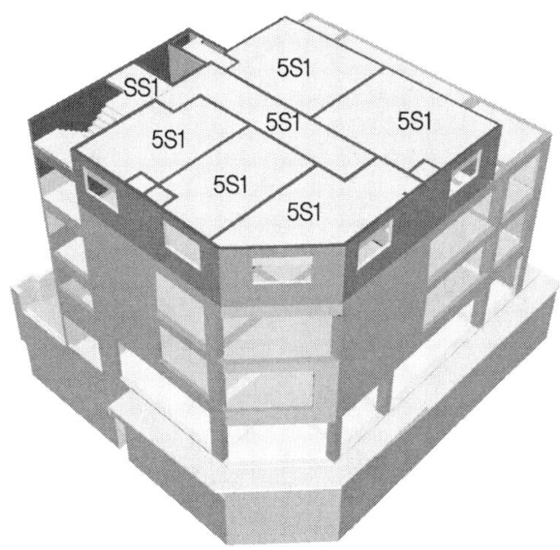

4층 벽에 연결된 5층 바닥 슬래브

2. 5층 벽

1) 벽 두께 확인

① 도면명 '지상5층 바닥 구조 평면도'를 보고 벽체 위치를 확인한다.

② 도면명 '기타 배근도'의 WALL 배근도에서 벽 두께를 확인한다.

2) 개구부

① 도면명 '지상 5층 바닥 구조 평면도'와 '창호 위치도'에서 창호 위치를 확인하고, '창호 일람표'에서 창호 규격을 확인한다.

② 개구부 부분을 확인하여 벽체를 OPEN한다. 개구부 OPEN은 '1-2-10 개구부 Modelling'을 참조한다.

3) 벽 세우기

① 벽 높이는 5층 층고와 동일하다.

② 외벽은 4층과 동일한 위치에 세우고 내벽은 도면명 '지상5층 바닥 구조 평면도'의 벽 위치를 확인하여 세운다.

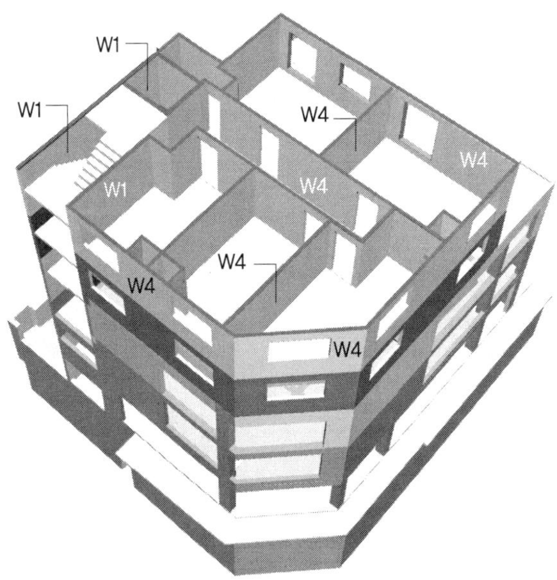

5층 벽체 (개구부 표현)

3. Modelling

5층 바닥보 → 벽 (개구부) 순서로 Modelling한다.

1-2-7 옥탑 구조 Modelling

1-2-7	옥탑 구조
개요	'옥탑 바닥 구조 평면도'를 보고 옥탑 공간을 Modelling한다.
확인 단계	1. 옥탑 바닥 슬래브 2. 옥탑 벽

아래의 '옥탑 바닥 구조 평면도' 도면을 보며 다음 단계에 따라 모델링을 진행한다.

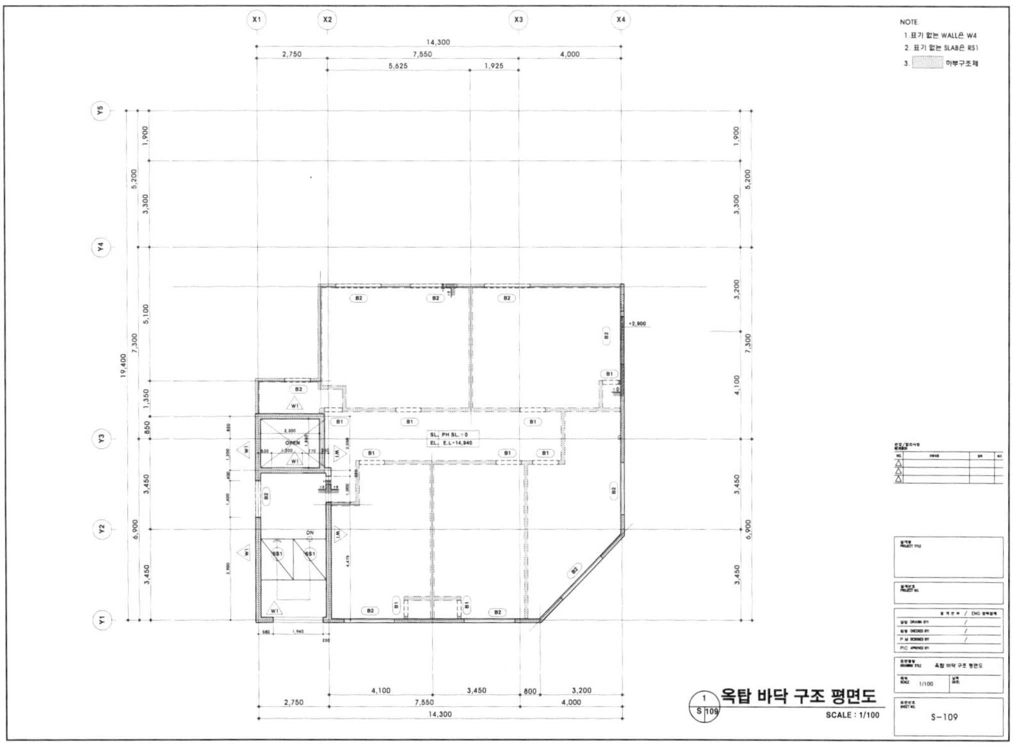

옥탑 바닥 구조 평면도

1. 옥탑 바닥 슬래브

1) 슬래브 두께 확인

① 5층 벽체 위치를 확인한다.

② 옥탑 바닥 슬래브 부호를 찾아 도면명 '슬래브 일람표'에서 두께를 확인한다.

2) 슬래브 연결하기

① 바닥 OPEN부분을 확인한다. (엘리베이터)

② 5층 벽과 벽 사이에 슬래브를 연결한다.

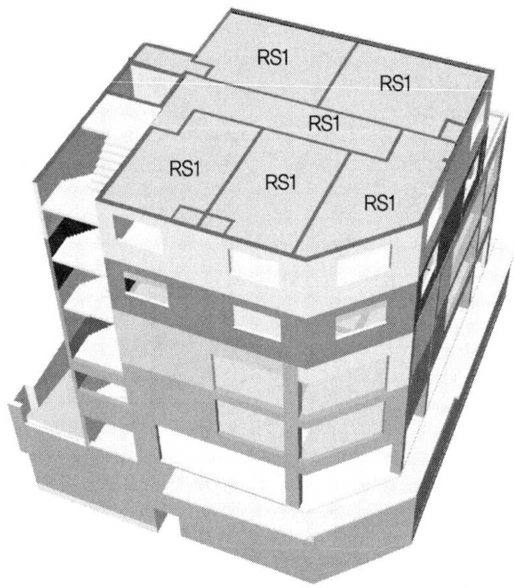

옥탑 바닥 슬래브

2. 옥탑 벽

1) 벽 두께 확인

① 도면명 '옥탑 바닥 구조 평면도'를 보고 벽체 위치를 확인한다.

② 도면명 '기타 배근도'의 WALL 배근도에서 벽 두께를 확인한다.

2) 개구부

① 개구부 부분을 확인하여 벽체를 OPEN한다.

② 옥탑에서 옥외로 출입하는 문은 바닥마감에서 높여 설치하는 경우가 많으므로 '옥탑 바닥 구조 평면도'의 바닥 단차 표시를 확인한다. (+200)

3) 벽 세우기

① 계단식 벽체 높이와 엘리베이터 부분 벽체 높이가 다르므로 도면명 '옥탑 지붕 구조 평면도'의 슬래브 레벨을 참조한다.

② 옥탑 지붕 슬래브 상단까지 벽을 세운다.

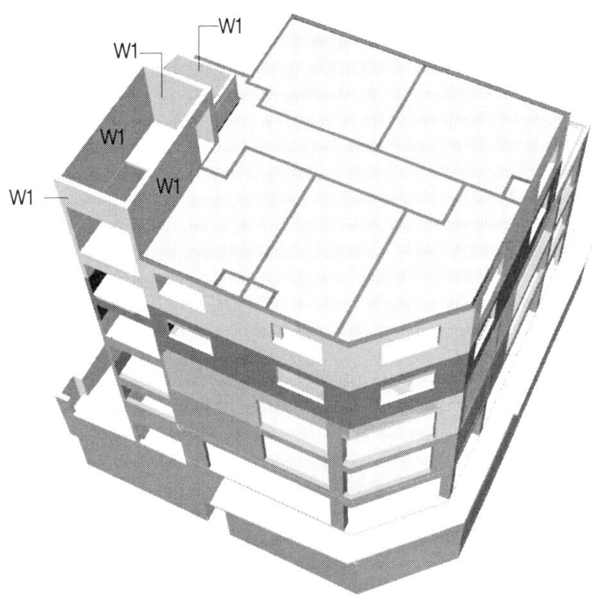

옥탑 벽체 (개구부 표현)

3. Modelling

옥탑 바닥 슬래브 → 벽 순서로 Modelling한다.

1-2-8 옥탑 지붕 구조 Modelling

1-2-8	옥탑 지붕 구조
개요	'옥탑 지붕 구조 평면도' 를 보고 옥탑 지붕을 Modelling한다.
확인 단계	1. 옥탑 지붕 슬래브

아래의 '옥탑 지붕 구조 평면도' 도면을 보며 다음 단계에 따라 모델링을 진행한다.

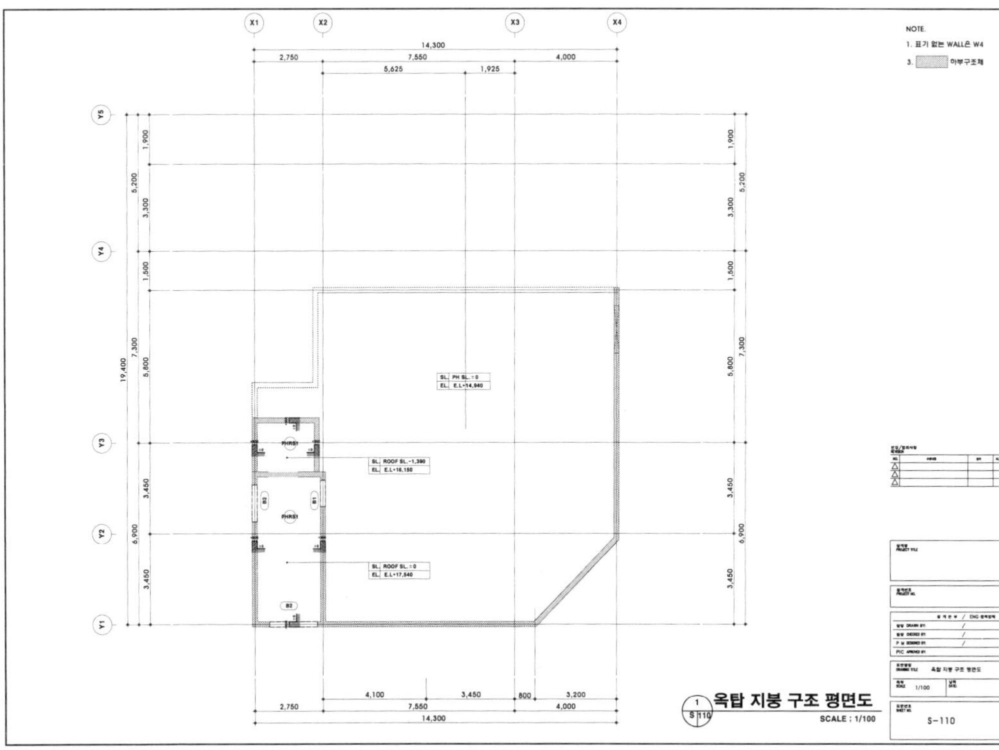

옥탑 지붕 구조 평면도

1. 옥탑 지붕 슬래브

1) 슬래브 두께 확인

도면명 '옥탑 지붕 구조 평면도'에서 슬래브 부호 PHRS1을 확인하고 도면명 도면명 '슬래브 일람표'에서 PHRS1의 두께를 확인한다.

2) 슬래브 연결하기

계단실 벽과 벽사이에 PHRS1의 슬래브를 연결하고, 엘리베이터 벽사이에 또다른 PHRS1의 슬래브를 연결한다.

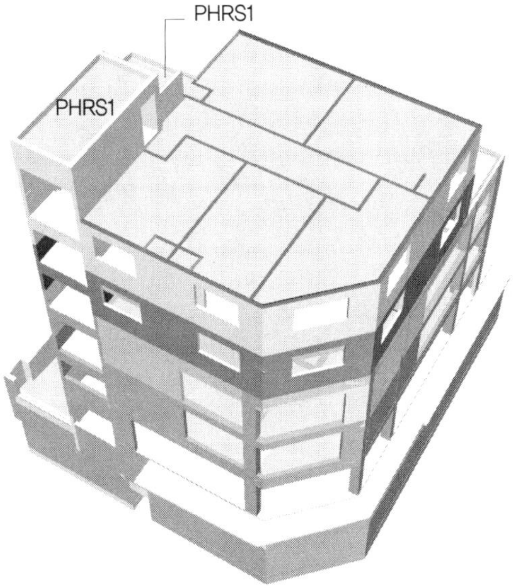

옥탑 지붕 슬래브 (계단실과 엘리베이터 지붕 슬래브)

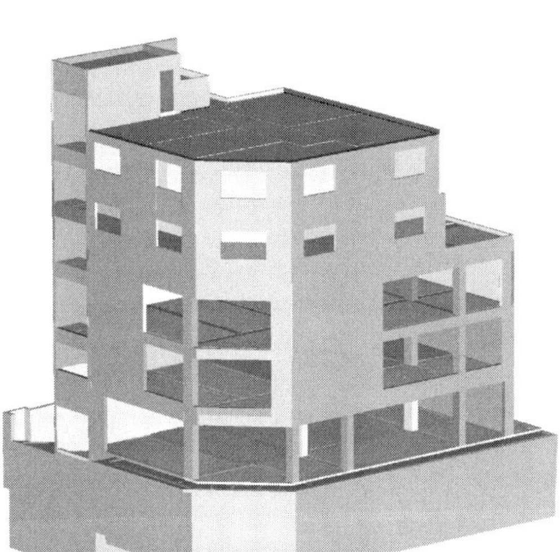

정면과 우측

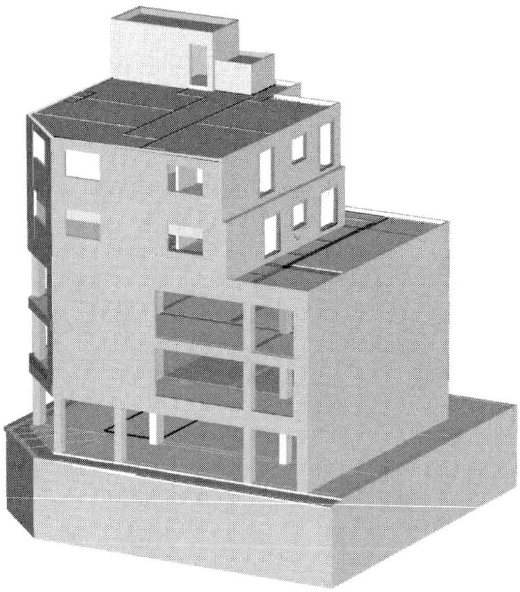

우측과 배면

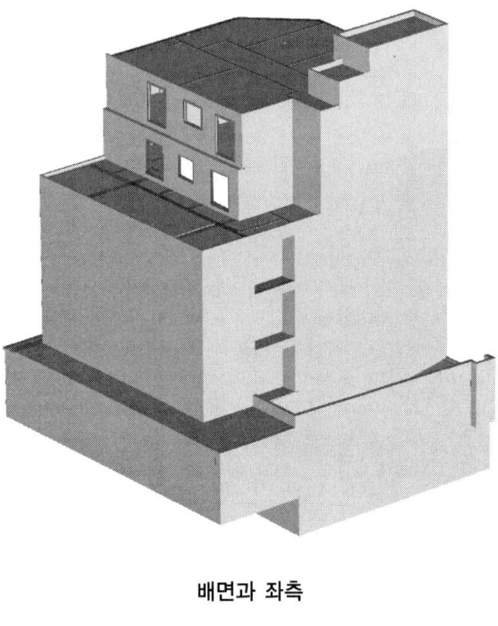

배면과 좌측

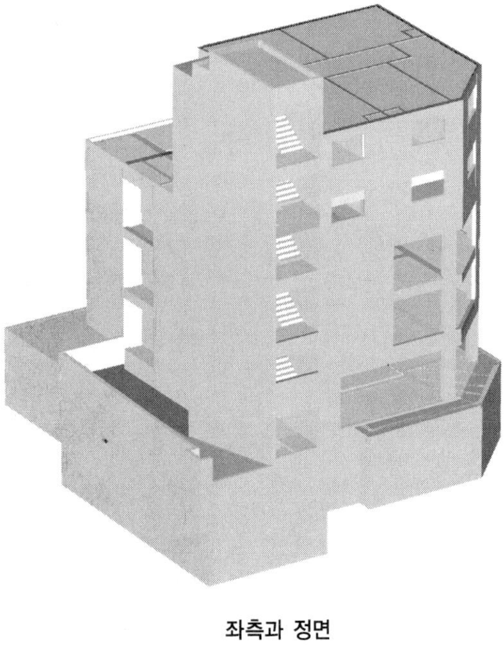

좌측과 정면

1-2-9 계단 Modelling

1-2-9	계단
개요	바닥 구조 평면도의 계단을 Modelling한다.
확인 단계	1. 층고를 확인 2. 계단의 단수 및 단 높이 확인 3. 단너비 확인 4. 단의 시작점 확인

아래의 '바닥 구조 평면도의 계단' 도면을 보며 다음 단계에 따라 모델링을 진행한다.

1. 계단 Modelling

① 각 층에 표시된 바닥 레벨이나 단면도에서 층고를 확인한다.

② 몇 개의 단으로 한 개 층을 올라가는지 단수를 확인한다. (층고/단수=한단의 높이)

③ 단너비를 확인한다. (계단 단면도, 평면도 참조)

④ 단의 시작점을 확인한다.

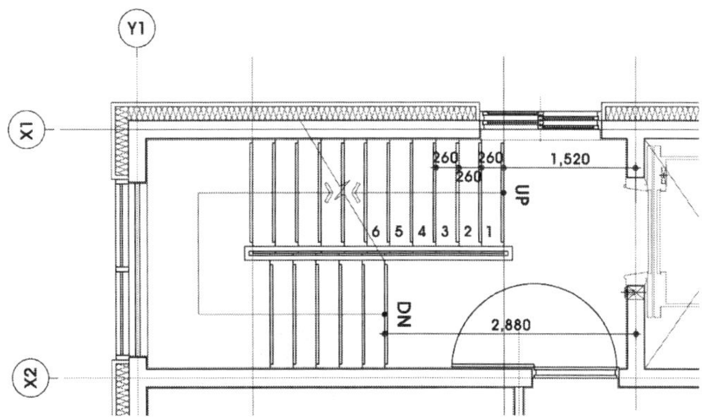

지상3층 계단 평면도

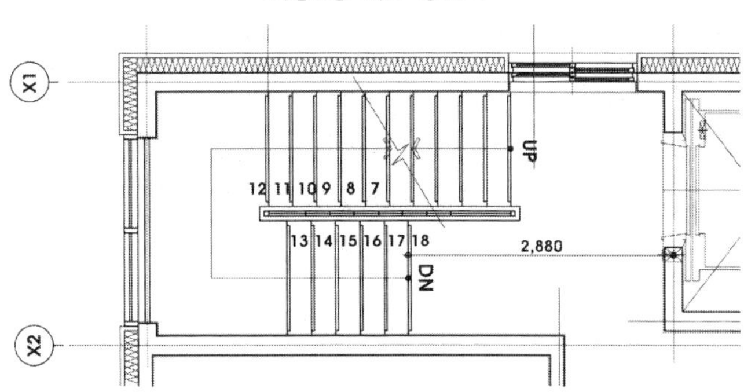

지상4층 계단 평면도

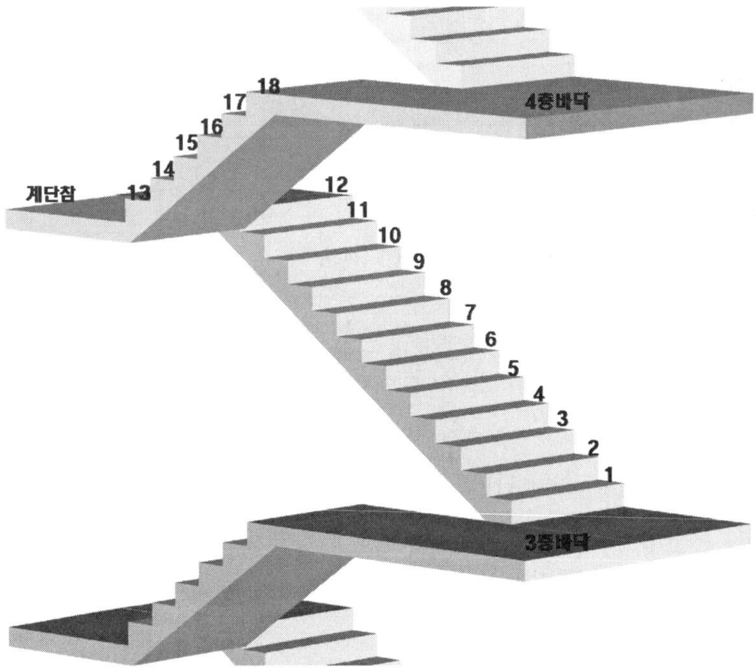

2. 계단 평면도

평면도는 바닥에서 1~1.5m올라간 지점을 수평으로 잘라 아래를 본 도면으로 3층에서 4층으로 올라가는 계단을 이해하기 위해서는 3층과 4층의 계단 평면도를 확인해야 한다. 계단 평면도에 숫자로 표기된 단수를 확인하여 Modelling한다.

계단 거푸집과 철근배근-1

계단 거푸집과 철근배근-2 (계단참)

1-2-10 개구부 Modelling

1-2-10	개구부
개요	바닥 구조 평면도의 개구부 Modelling한다.
확인 단계	1. 바닥 구조 평면도에서 개구부 위치 확인 2. 창호 평면도 (위치도)에서 개구부 부호 확인 3. 창호 일람표에서 개구부 크기확인 4. 바닥 (S.L)에서 개구부 하단까지 높이 (창호 시작부분) 확인

아래의 '바닥 구조 평면도의 개구부' 도면을 보며 다음 단계에 따라 모델링을 진행한다.

1. 개구부 Modelling

① 바닥 구조 평면도와 창호 평면도 (위치도)에서 창호 위치를 확인한다.

② 창호 평면도 (위치도)에 표현된 개구부 부호를 확인한다.

③ 창호 위치도에서 찾은 부호를 창호 일람표에서 찾아 개구부 크기를 확인한다.

④ 개구부 시작점을 찾기 위해 바닥구조 평면도에 표시된 개구부 위치 (가로폭)와 바닥 (S.L)에서 개구부 시작점까지의 높이를 확인하여 개구부를 OPEN한다.

2. 창문 Modelling

도면명 '지상3층 바닥 구조 평면도'의 창문을 Modelling 해보기로 한다.

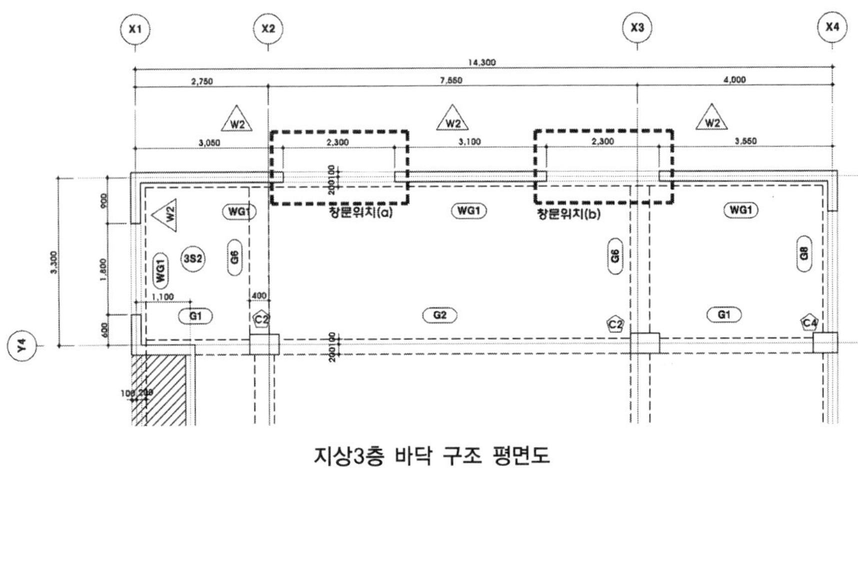

지상3층 바닥 구조 평면도

1) 창문 위치 확인

도면명 '지상3층 바닥 구조 평면도'에서 창문 위치를 확인한다.

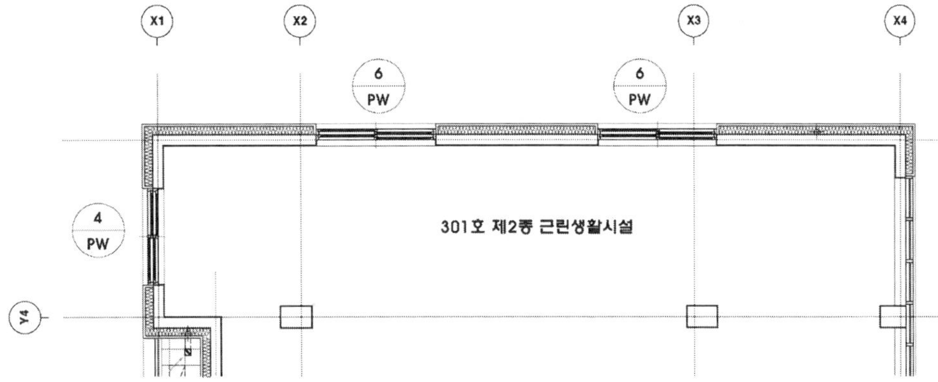

지상3층 창호 평면도

2) 창문 부호 확인

도면명 '창호 평면도 02'의 지상3층 창호 평면도에서 창문 부호를 확인한다.

3) 창문 크기 확인

도면명 '창호 일람표-02'에서 PW-6을 찾아 가로폭, 세로폭, 바닥에서 높이를 확인한다. PW-6은 가로 2,300, 세로 1,300인 창문이고, 바닥 F.L에서 1,000높이에 위치하고 있다.

4) 창문 하단 높이 확인

F.L은 마감 레벨이므로 도면명 '실내재료마감상세-01에서 해당실의 바닥 마감 높이를 확인한다. 3층 근린생활시설의 바닥 마감 높이는 30이므로 S.L (콘크리트바닥)에서는 1,030이 된다.

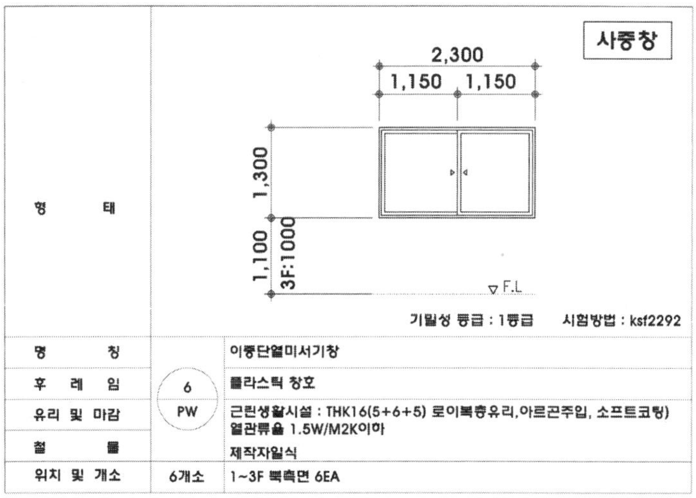

창호 일람표-02

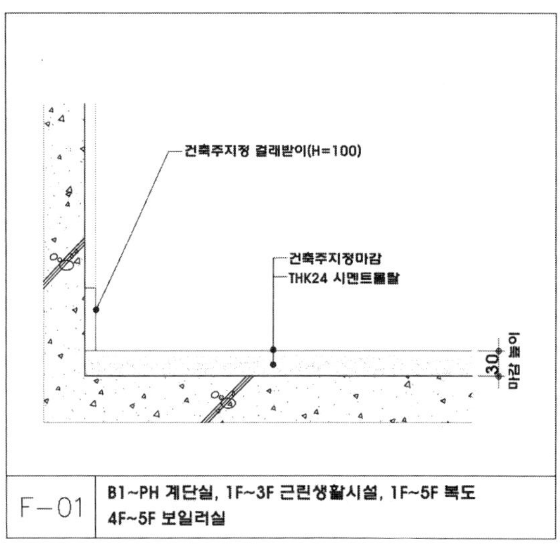

실내재료마감상세-01

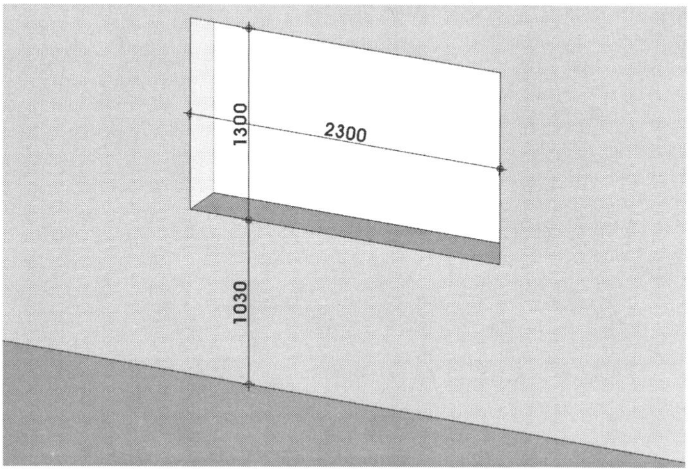

벽체의 개구부

벽체의 개구부 시공-1

벽체의 개구부 시공-2

3. 문 Modelling

도면명 '지상5층 바닥 구조 평면도'의 문을 Modelling 해보기로 한다.

1) 문 위치 확인

도면명 '지상5층 바닥 구조 평면도'에서 문 위치를 확인한다.

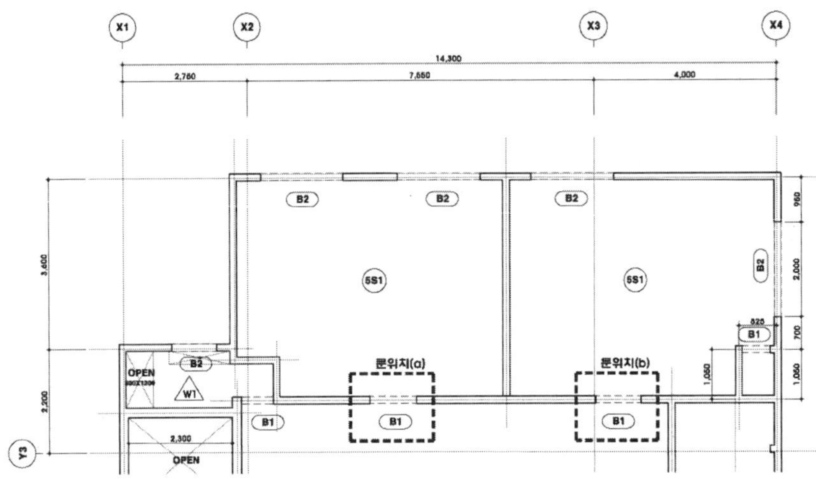

지상5층 바닥 구조 평면도

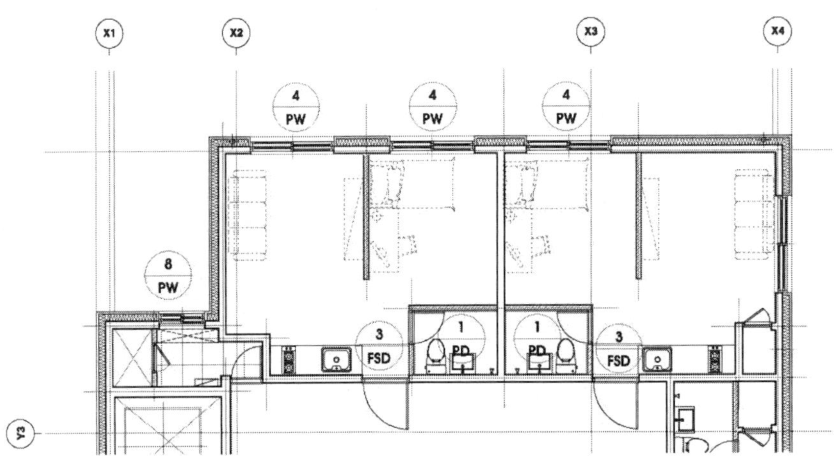

지상5층 창호 평면도

2) 문 부호 확인

도면명 '창호 평면도 03'의 지상5층 창호 평면도에서 문 부호를 확인한다. (FSD-3)

3) 문 크기 확인

도면명 '창호 일람표-01'에서 FSD-3을 찾아 문의 폭과 높이를 확인한다. FSD-3는 폭 1,000, 높이 2,100인 문이다. F.L에서 2,100이므로 바닥 마감에서부터 높이임을 알 수 있다.

4) 바닥 마감 확인

도면명 '실내재료마감상세-01'에서 해당실의 바닥 마감 높이를 확인한다. (마감높이:30)

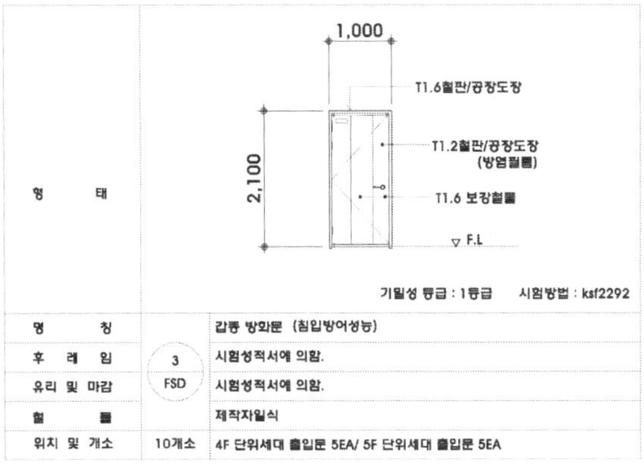

창호 일람표-01

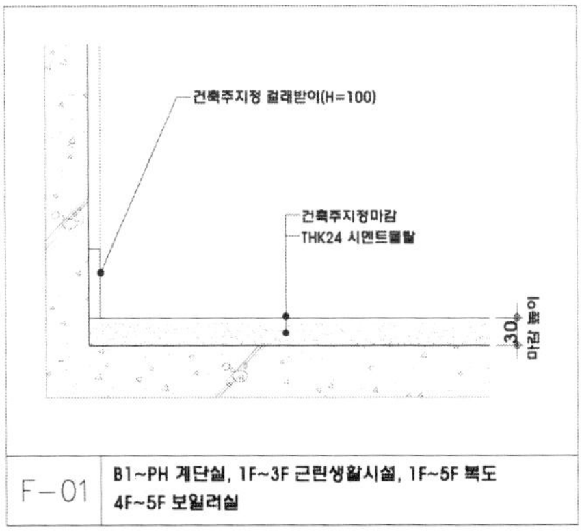

실내재료마감상세-01

5) 문 전체 높이 확인

구조 Modelling에서 문 치수는 콘크리트 슬래브 상단에서부터 높이이다. 따라서 마감높이 30과 문높이 2,100을 더한 2,130으로 OPEN을 하여야 한다. 실제 공사 현장에서는 개구부 치수보다 약간 크게 OPEN하여 시공 오차 발생 시 창호 설치가 가능하도록 하고 있다.

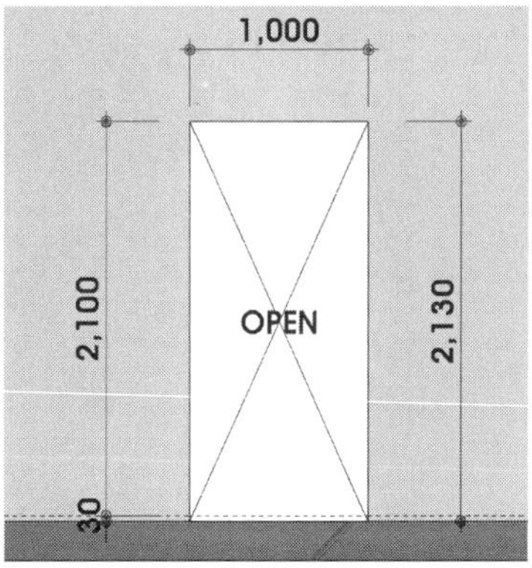

1-2-11 구조 Modelling 정리

구조 Modelling에서 하나의 건축물 지하1층부터 옥탑지붕까지 구조에 대해 알아보았다.
각층 바닥 구조 평면도에 표시되어 있는 보, 슬래브, 기둥, 벽의 표현 방법과 부호를 이해하고, 구조 일람표에서 각 부호를 찾아 크기를 살펴본 후 모형 만들기를 시작한다.
모형 만들 재료를 선택하고 재단하여 기초부터 세워 나간다. 기둥의 위치는 아래에서부터 위까지 연결되어야 하고, 벽체도 같은 면이라면 같은 위치에 세워져야 한다. 각 층별로 모형을 제작하더라도 완성 되었을 때는 하나가 된다.
구조 Modelling을 완성하여 구조체를 이해하고 구조도면과 건축도면을 함께 이해할 수 있다.

지하1층 낮은 레벨 기초

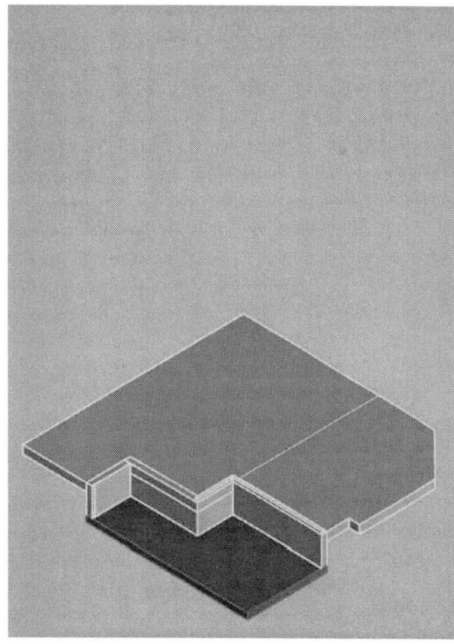

지하1층 기초

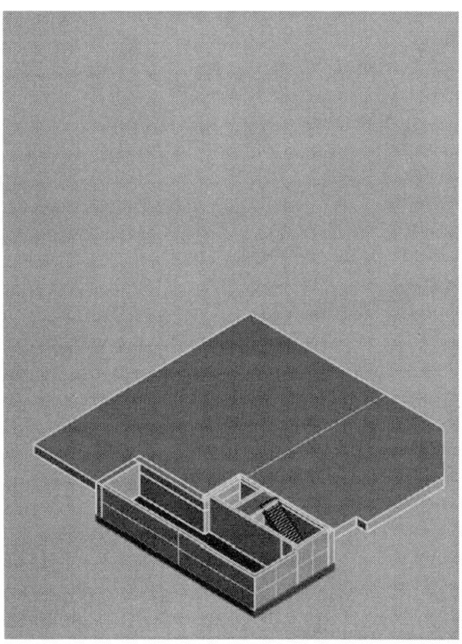

지하 경사로 하부 외벽

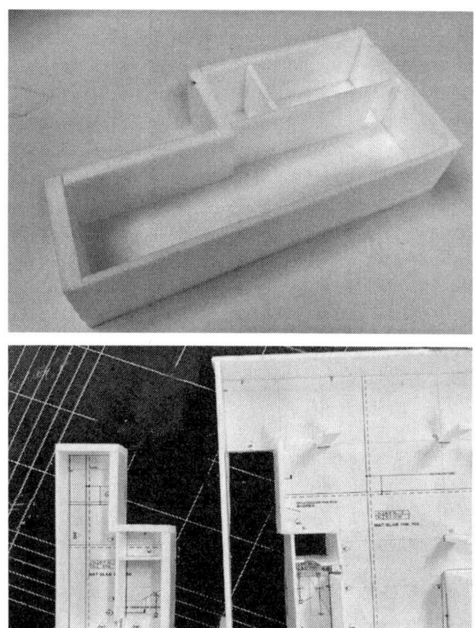

구조 modelling학생작품

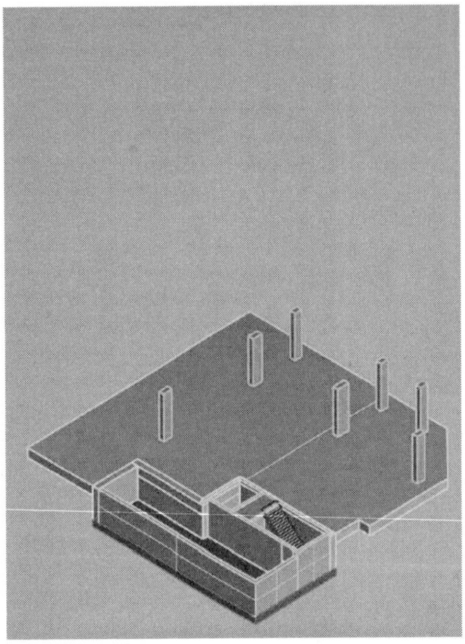

지하1층 기둥

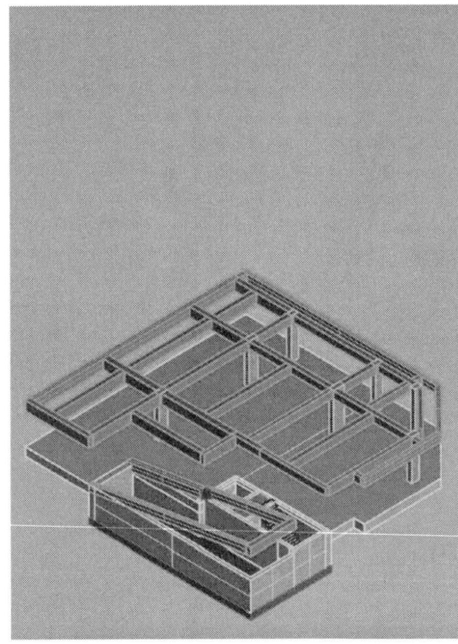

1층 바닥보

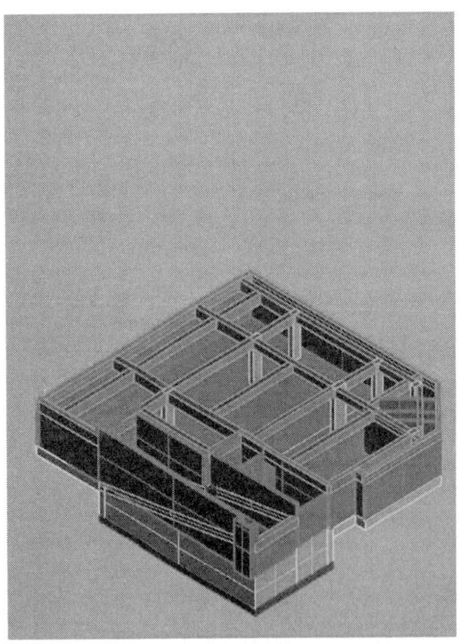

지하1층 벽

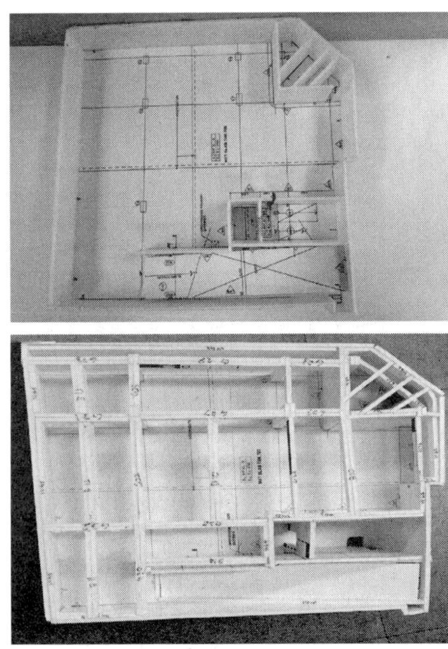

구조 modelling학생작품

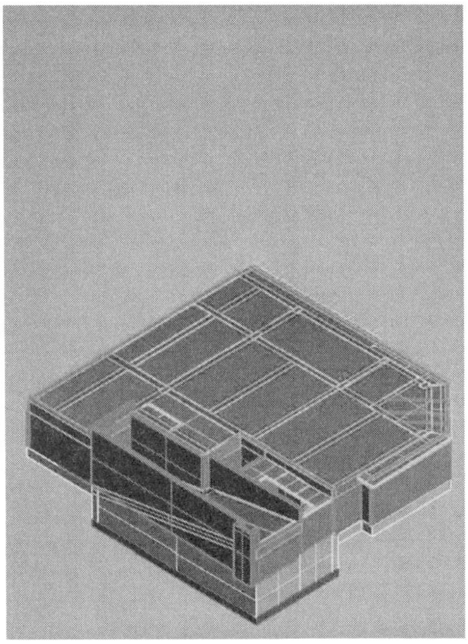

1층 슬래브

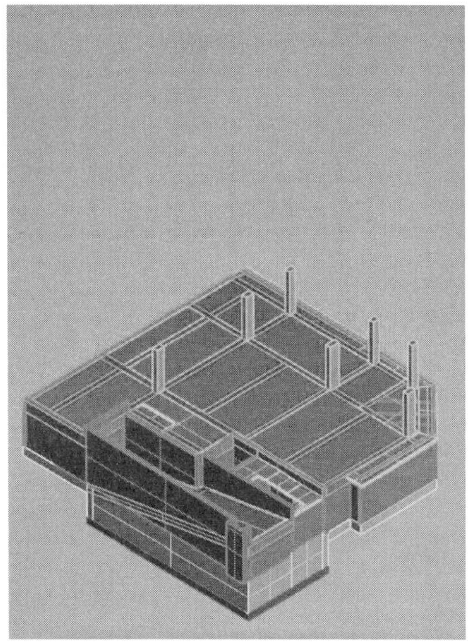

1층 기둥

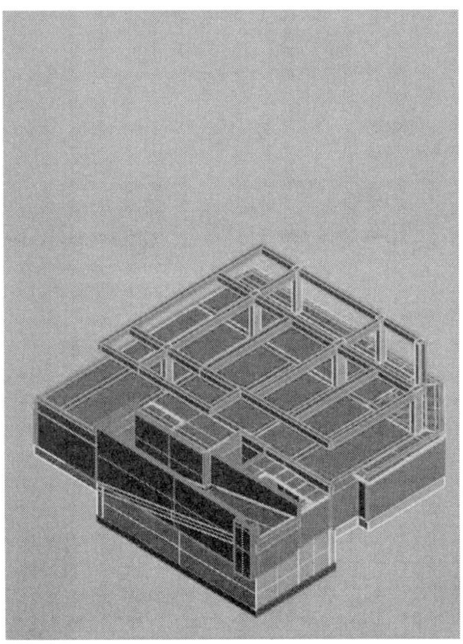

2층 바닥보

구조 modelling학생작품

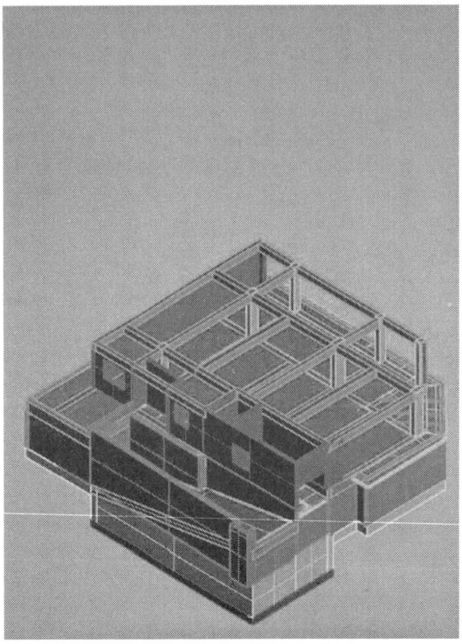

1층 벽

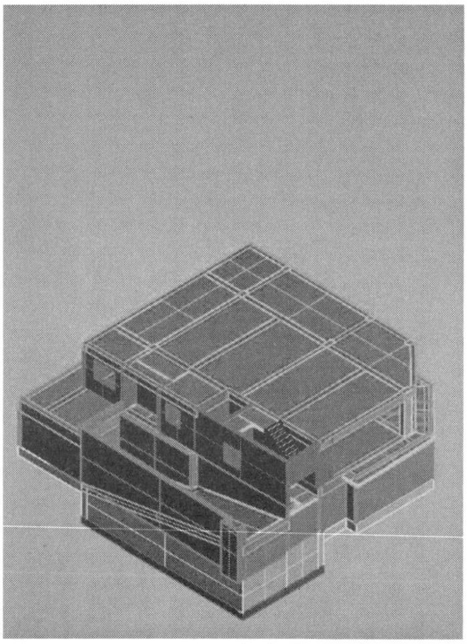

2층 슬래브

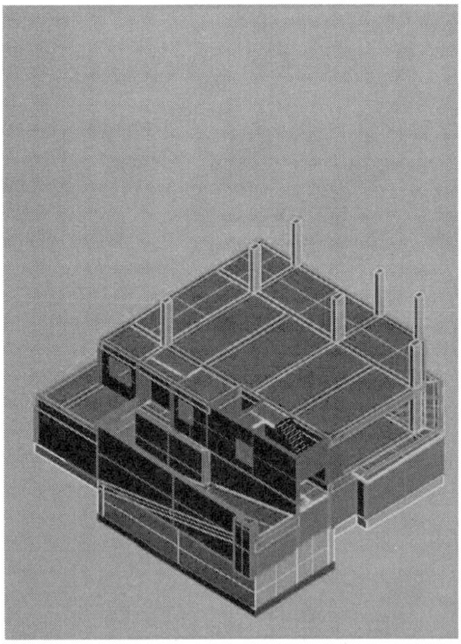

2층 기둥

구조 modelling학생작품

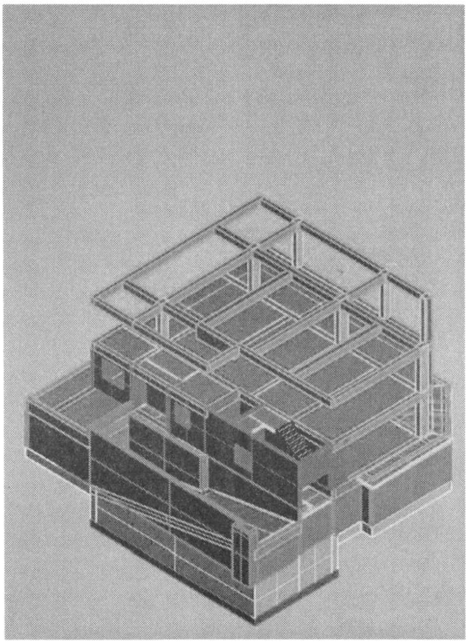

3층 바닥보

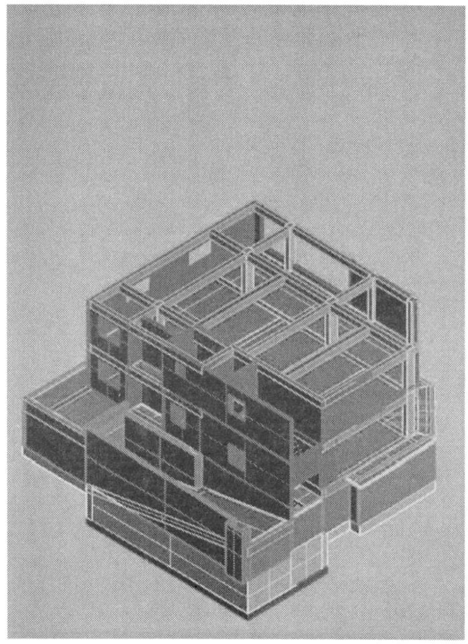

2층 벽

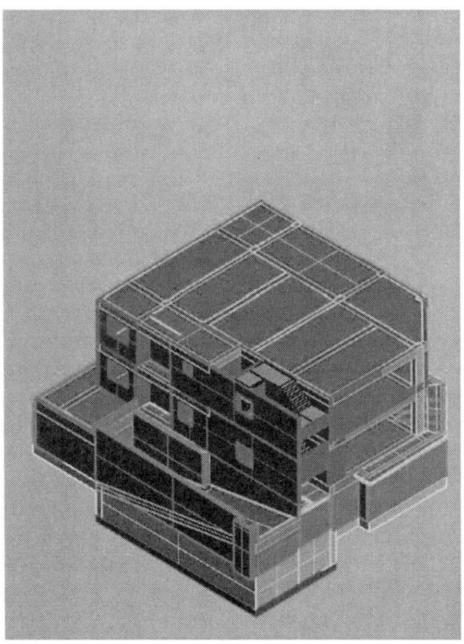

3층 슬래브

구조 modelling학생작품

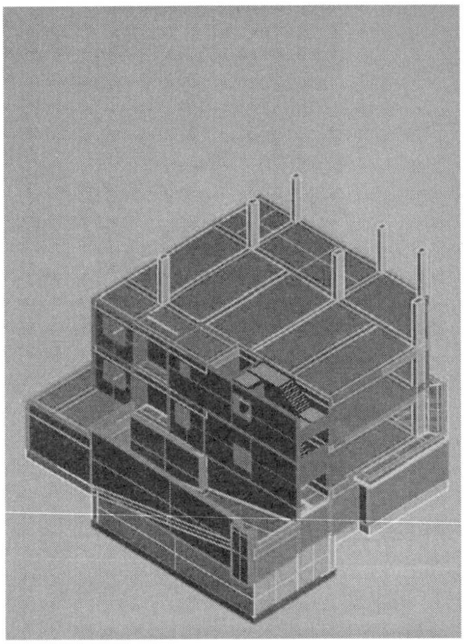

3층 기둥

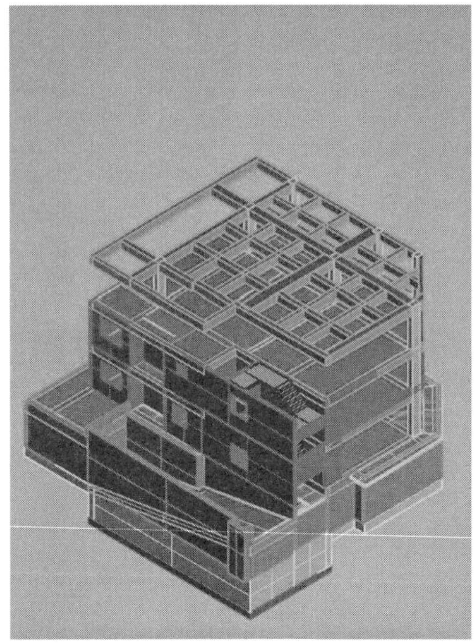

4층 바닥보

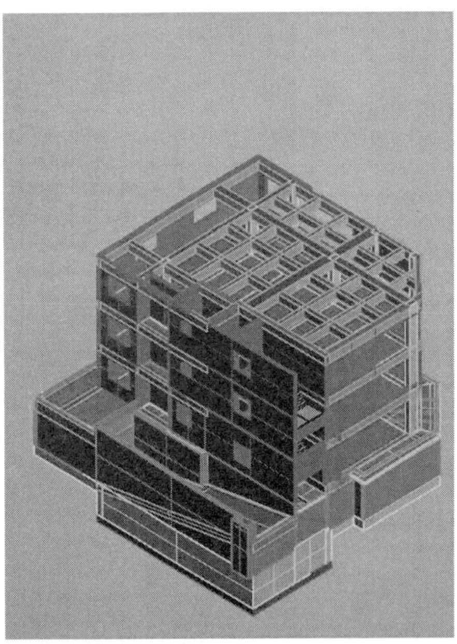

3층 벽

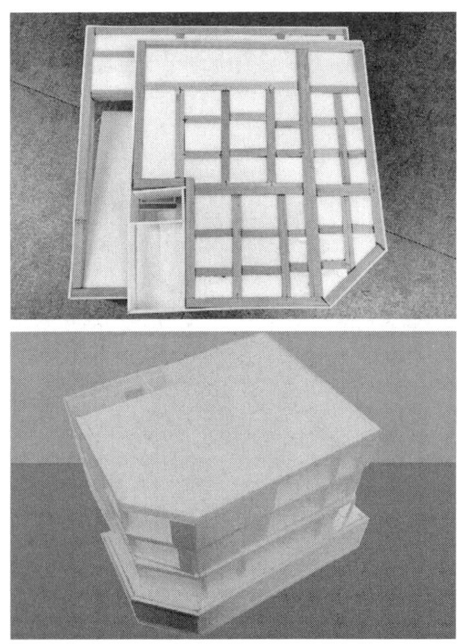

구조 modelling학생작품

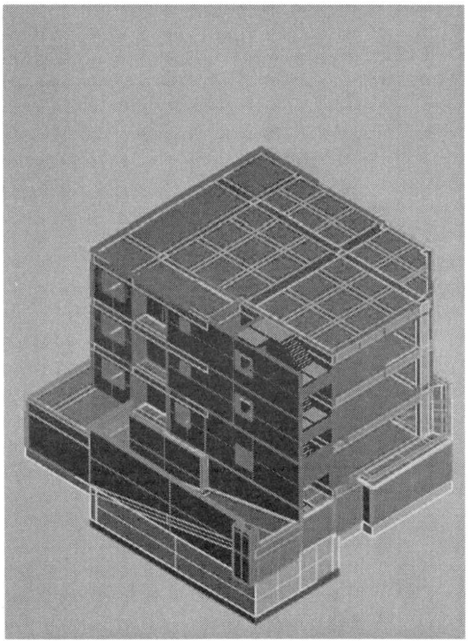

4층 슬래브

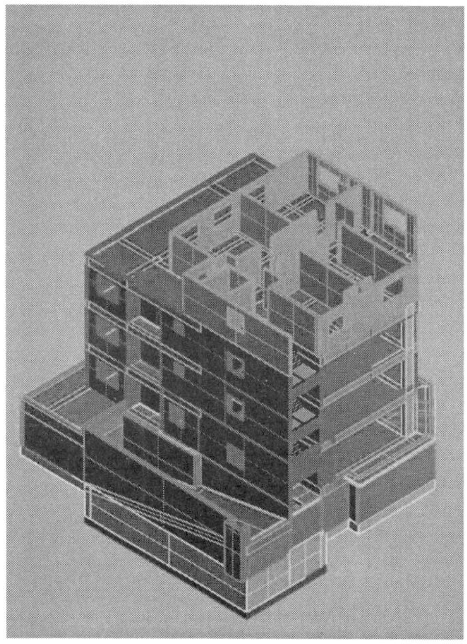

4층 벽

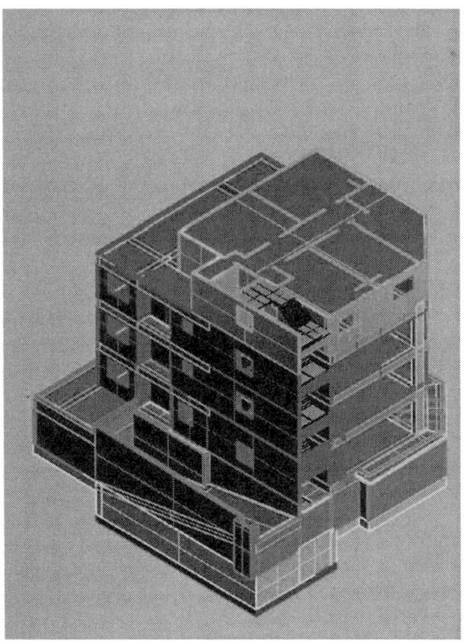

5층 슬래브

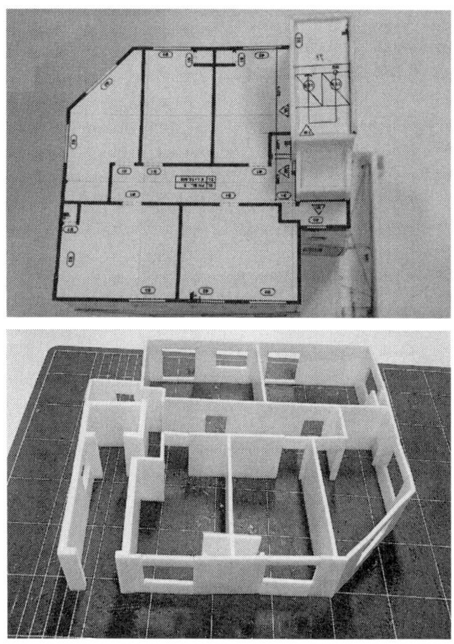

구조 modelling학생작품

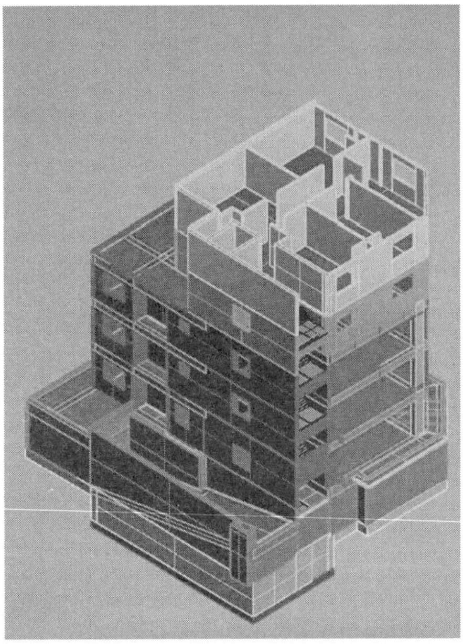

5층 벽

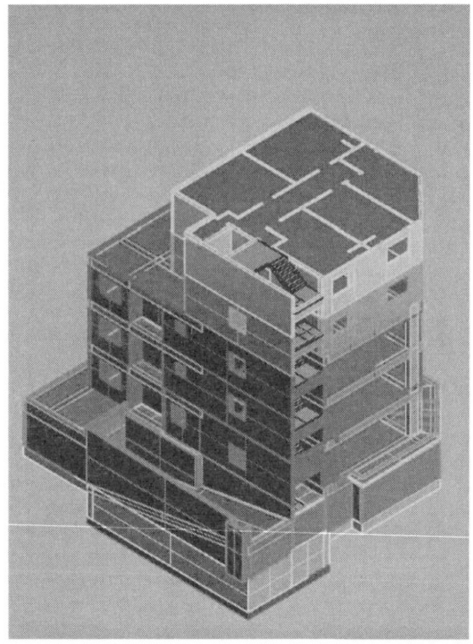

옥탑 슬래브

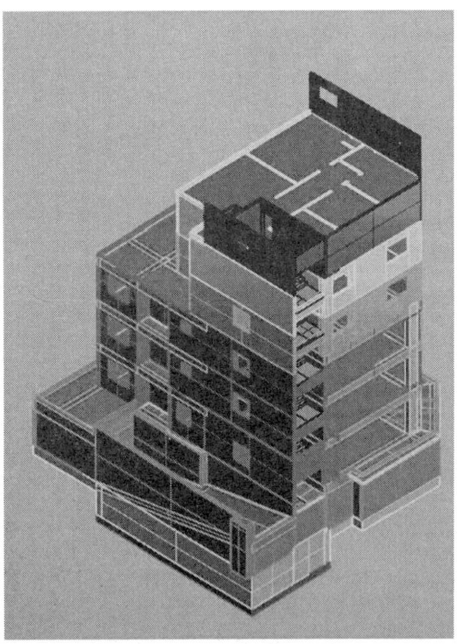

옥탑벽과 파라펫 벽

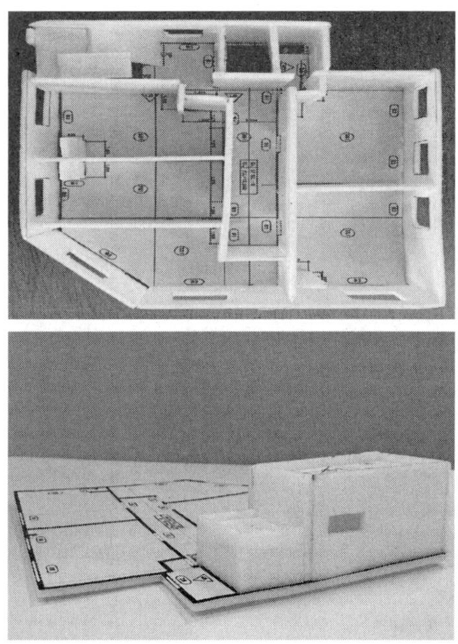

구조 modelling학생작품

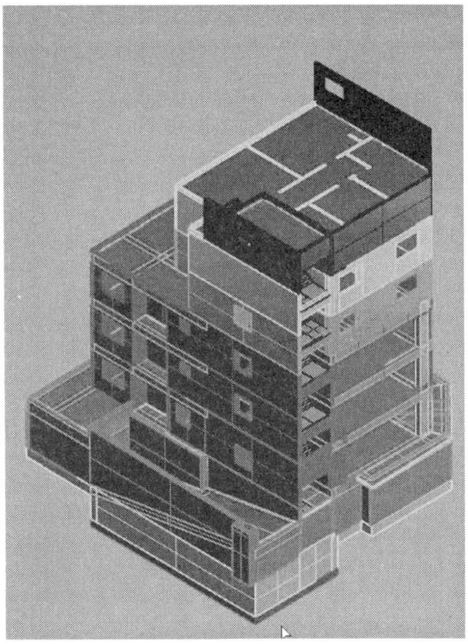

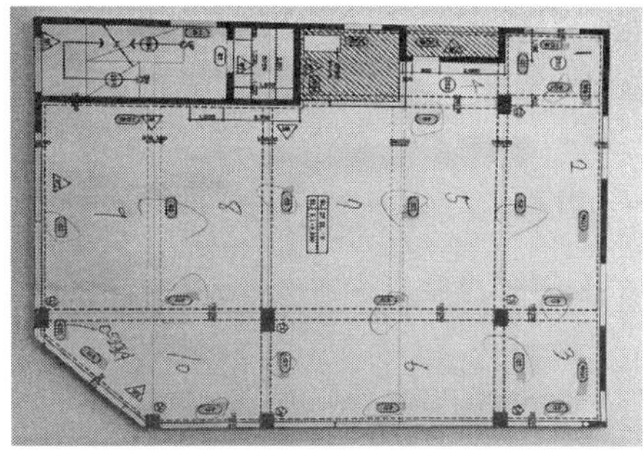

옥탑지붕 슬래브

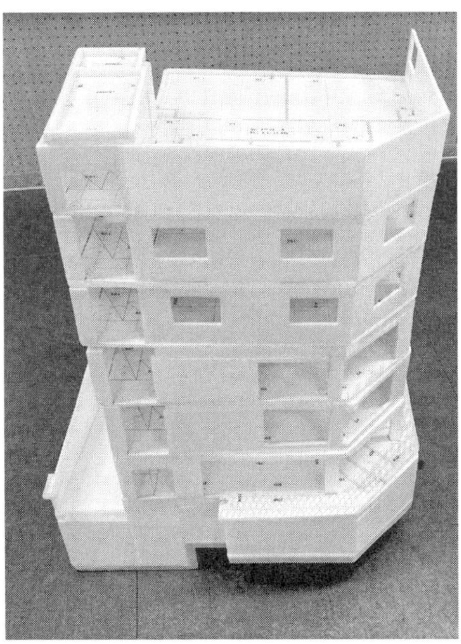

구조 modelling학생작품

02 건축 단면 상세 Modelling

Modelling 일러두기

도면은 계획 단계에서부터 실시설계까지 수많은 시간을 보내며 디자인, 구조, 재료 선정 등에 대한 협의를 통해 결정된 내용의 최종 결과물이라 볼 수 있다. 설계자는 건축물이 완성될 수 있도록 도면을 통해 표현하고, 시공자는 도면 내용을 파악하여 건축물이 계획한 대로 완성되도록 해야 한다. 따라서 설계자와 시공자 모두 도면에 대한 명확한 이해가 필요하다. 여기에서는 2차원 도면을 활용하여 3차원의 단면 모형을 만드는 과정을 설명하고, 이를 통해 도면을 이해하는 데 도움을 주고자 한다.

2-1 건축 단면 상세 Modelling 프로세스

2-1-1 단면 상세 Modelling 부위 선정

건축 상세 모델링을 위해 제공된 건축 설계 도면은 지하 1층, 지상 5층 규모의 철근 콘크리트조 건축물이다. 지하층 용도는 주로 주차장으로 사용되고, 일부 저수조와 정화조로 구성되어 있다. 지상 1층에서 지상 3층은 근린생활시설, 지상 4층에서 지상 5층은 도시형 생활 주택 (원룸형)으로 구성되어 있다. 구조 부분을 검토해 보면 지하층에서 지상 3층까지는 기둥과 보로 구성된 라멘 구조이고, 지상 4층에서 지상 5층까지는 기둥 없이 내력벽으로만 하중을 부담하는 벽식 구조인 트랜스퍼 (Transfer)구조로서 구조적 변환이 있다. 층별, 용도별 내부 마감 재료를 살펴보면, 지하층 주차장 부분은 온도 차에 의한 결로 방지를 위한 배수판과 주차장 경사로를 통해 유입되는 우수 등을 집수하기 위한 트렌치 마감과 지면과 맞닿는 벽과 기초에는 단열, 방수 마감이 되어 있는 특징이 있다. 지상 1층에서 3층까지는 근린생활시설로 입면 디자인 요소인 커튼월 창호가 있으며, 외벽에는 라임스톤 (석재) 외장재로 마감되어 있다. 지상 4층과 5층은 도시형 생활 주택 (원룸형)으로 바닥에는 온수난방이 되어 있고, 슬래브와 온수난방 사이에 층간 소음 방지를 위한 완충재가 설치되어야 한다. 최상층인 5층은 도시형 생활 주택 (원룸형)으로 지붕은 평지붕으로 되어 있다.

건축물에서 환경적 요소와 용도별 구성 요소에 따라 형태와 마감이 달라지는 부분이 생기며, 이러한 특성을 잘 나타내는 부분 세 군데를 선정하여 상세 모델을 만들고자 한다. 단면 상세 모델링할 세 곳은 지하층, 외벽, 지붕층이다.

첫 번째인 지하층 부분에서는 지표면 아래 주차장으로 사용되는 부분을 선정하여, 최하층 기초, 결로 방지 배수판, 지표면과 맞닿은 벽체와 최하층 바닥의 단열, 방수에 관한 내용을 확인할 수 있다. 두 번째인 지상층에서는 커튼월 창호가 설치되는 외벽 부분을 선정하여 커튼월이 구조체에 설치되는 부분, 커튼월 창호와 외장재가 만나는 부분, 외벽의 단열재와 외장재 설치 부분의 내용을 확인할 수 있다. 세 번째인 지붕 부분에서는 평지붕과 옥상 난간이 설치되는 부분을 선정하여 최상층의 단열 및 옥상 방수와 방수 턱 부분이 만나는 부분의 처리, 난간이 설치되는 부분과 외벽의 최상부 마감인 두겁석의 형태도 확인할 수 있다. 지붕 층 외벽에는 주택에 주로 설치되는 창호인 이중 미서기창 (또는 사중창) 상세도 확인할 수 있다.

모델링 부위는 단면도 01의 지하층 부분과 단면도 02에 외벽 및 지붕 부분이 [ ]로 표시되어 있다.

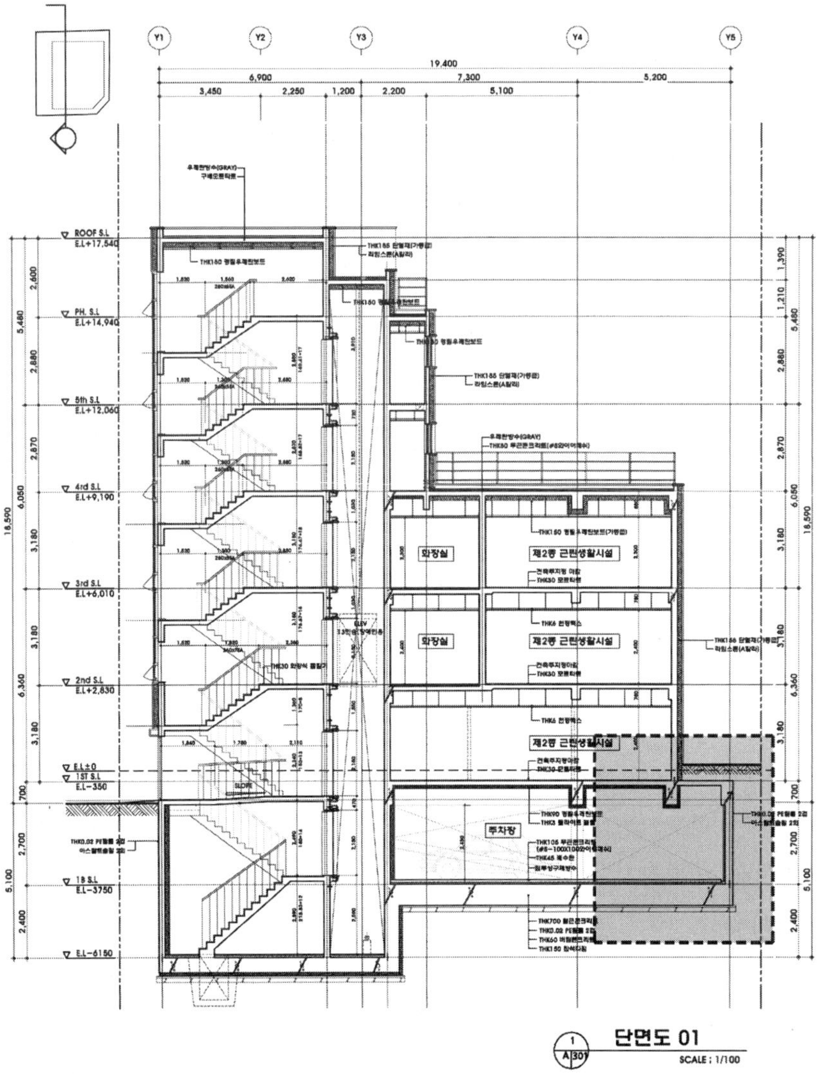

단면도 01 (지하층 단면 상세 모형 제작 부분)

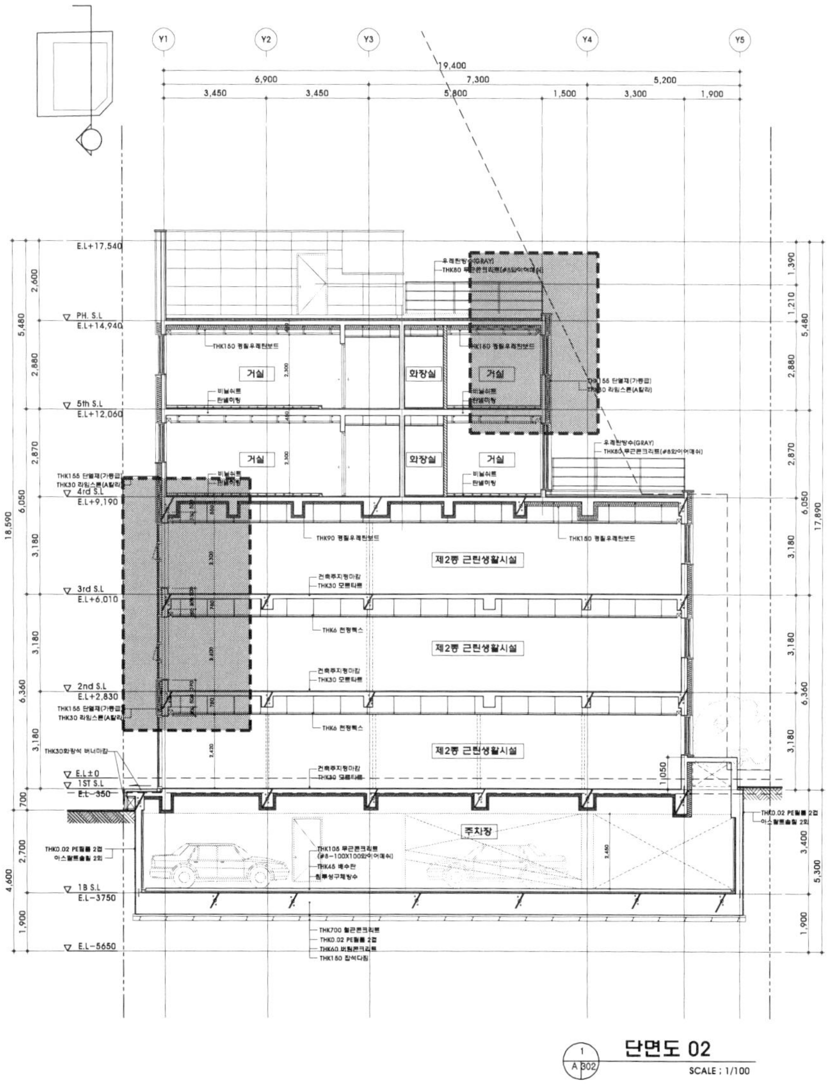

단면도 02 (외벽, 지붕 단면 상세 모형 제작 부분)

2-1-2 건축 단면 상세 모형 제작 순서

모형 제작을 위한 순서는 다음과 같다.

1. 관련된 도면 리스트를 확인한다.
2. 해당 부재의 크기와 위치를 확인한다.
3. 각 층 레벨을 확인하고 층고와 천장 높이 등의 치수를 확인하여 구조체 형태를 파악한다.
4. 구조 단면의 부재 크기와 높이를 반영한 구조 모델링을 한다.
5. 층별 해당하는 실명을 확인한다.
6. 해당 실에 맞는 바닥, 걸레받이, 벽, 천정의 마감재 종류와 두께 및 높이 등을 파악한다.
7. 구조체의 형태를 먼저 만들고 외부, 내부 마감재를 마감 순서에 따라 제작한다.

2-2 지하층 단면 상세 모델링

2-2	지하층 벽, 바닥 상세 모델링
목적	지하에 설치되는 외벽과 바닥의 구조, 마감재, 단열, 방수 등에 대한 치수 및 재료 등에 알맞도록 모형을 제작한다.
확인사항	- 모델링 부분의 구조체 크기 및 두께 - 단면도 01에서 단면의 형태 확인 - 실내 재료 마감표, 마감 상세도에서 적용될 재료의 종류 및 두께
관련 도면 목록	- 지하 1층 바닥 구조 평면도 - 지상 1층 바닥 구조 평면도 - 보 일람표, 슬래브 일람표, 벽체 일람표 - 단면도 01 - 실내 재료 마감표, 실내 재료 마감 상세도

주차장으로 사용하는 지하 1층은 바닥과 벽면이 지면 아래에 있어 방수 마감이 있고, 내부 결로를 방지할 수 있는 배수판 등이 있어 마감을 잘 살펴보고 제작하여야 한다. ⬚표시된 부분이 지하층 단면 상세 모델링할 부분이다.

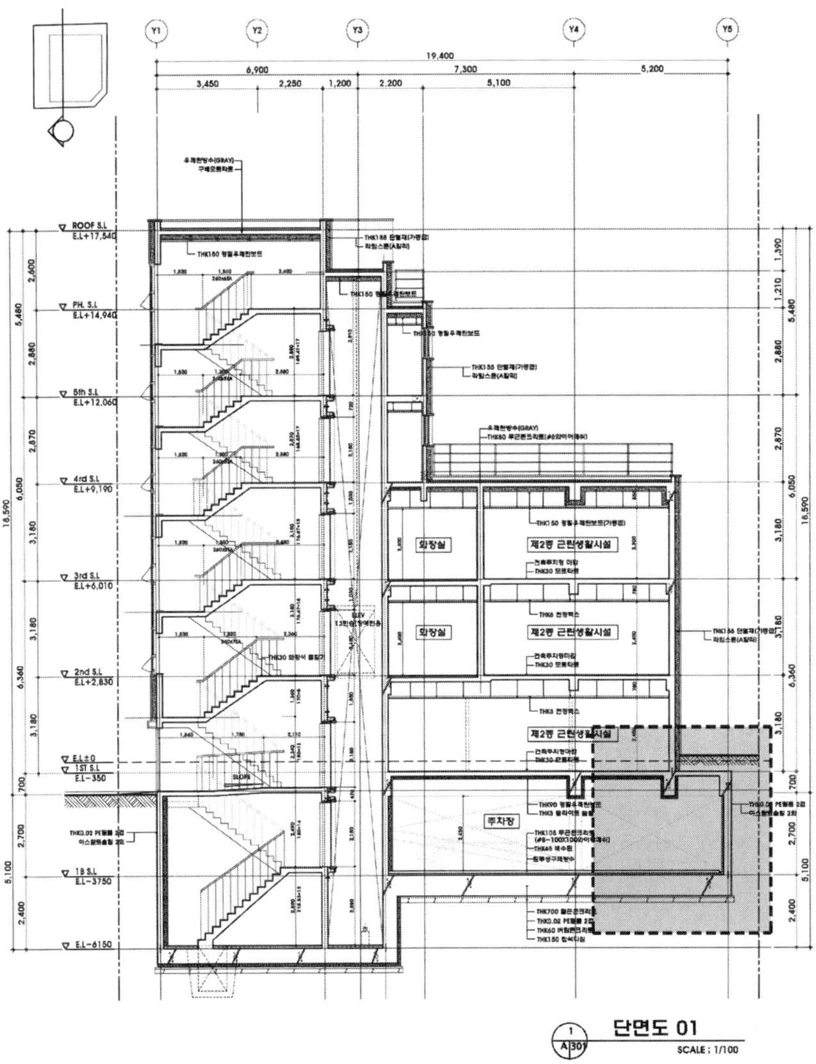

단면도 01 (지하 단면 상세 모형 제작 부분 표시)

2-2-1 구조체 파악하기

1. 구조체 파악하기

1) 기초 두께

① 지하 1층 바닥 구조 평면도-2에 지하 단면 상세 모델링할 부분이 단면 기호로 표기되어 있다. 단면 기호는 Y4 열 ~ Y5 열, X3 열 ~ X4 열에서 확인할 수 있으며, 이 부분의 단면에 해당하

는 부재를 확인하면 모델링할 부분의 구조체 구성을 알 수 있다. 기초는 전체가 온통 기초로 별도의 기초 평면도 없이 지하 1층 바닥 구조 평면도에 기초의 두께만 표시하여 기초 평면도를 대신한다.

② 지하 1층 바닥 구조 평면도-2의 가운데 ⬚ 표기된 부분이고, 기초의 두께는 'MAT SLAB THK 700'으로 표기되어 있음을 확인할 수 있다. 기초가 온통 (MAT) 기초이고, 기초 두께 (THK)가 700임을 알 수 있다. 건축 도면에서의 기본 단위는 mm이므로 도면에서 단위는 생략하여 표시한다.

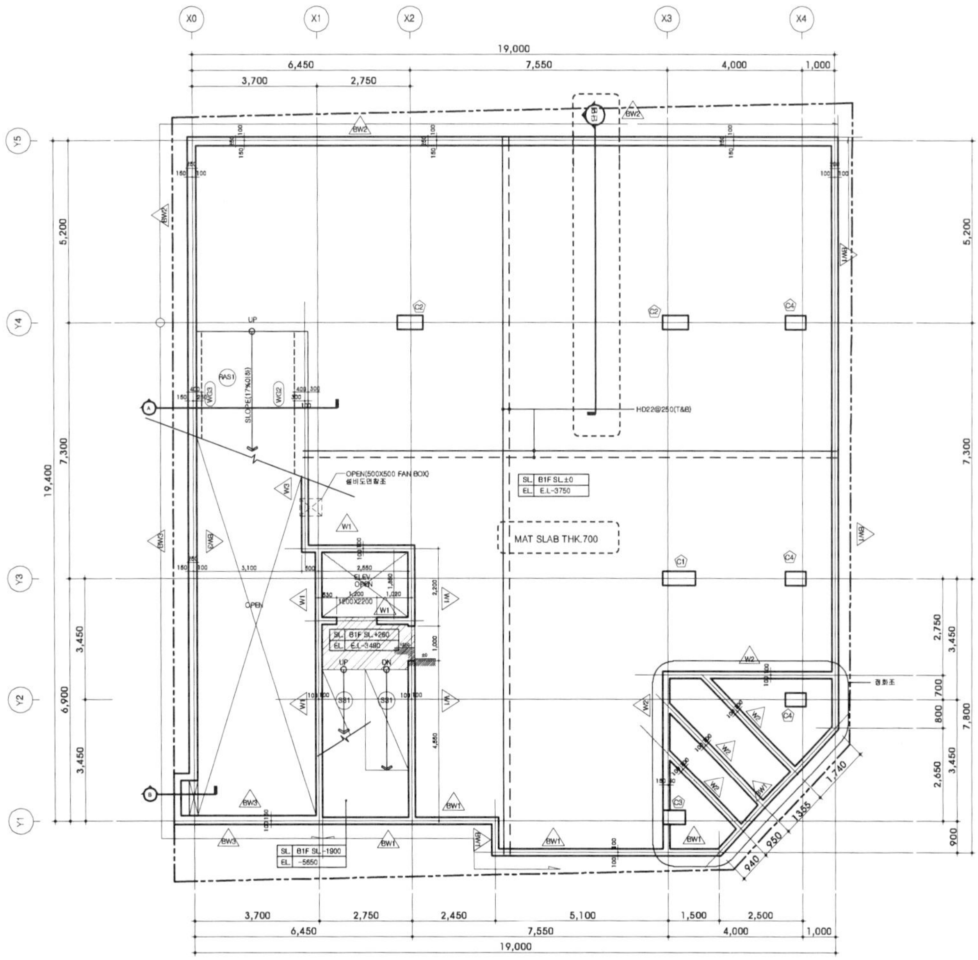

지하 1층 바닥 구조 평면도-2 (BW2)

2) 지하 벽체 두께

① 지하 1층 바닥 구조 평면도-2 부분 확대된 도면에서 단면 모델링할 부분의 벽체의 부호를 확인할 수 있다. Y5 열의 벽체이며, 벽체 부재 부호는 BW2이다. 지하 1층 바닥 구조 평면도-2에 벽체 두께가 250임을 확인할 수 있다.

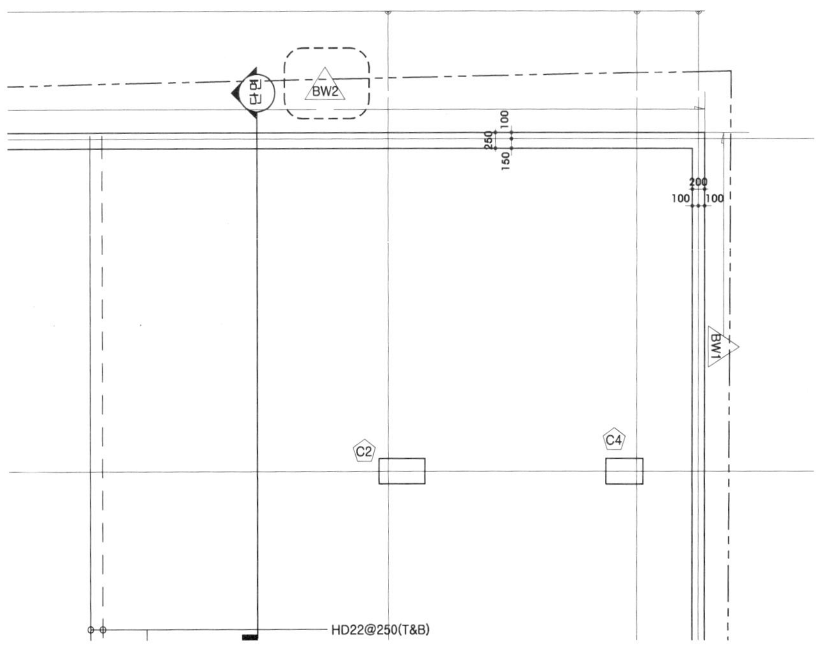

지하 1층 바닥 구조 평면도-2 부분 확대 (BW2)

② 기타 배근도의 벽체 일람표에서도 확인할 수 있는데 기타 배근도 도면에서 ⬚ 표시된 부분이 BW2 벽체 배근도이며, 벽체 두께를 확인할 수 있다. 'BW2 THK 250'으로 되어 있으므로 두께가 250임을 알 수 있다.

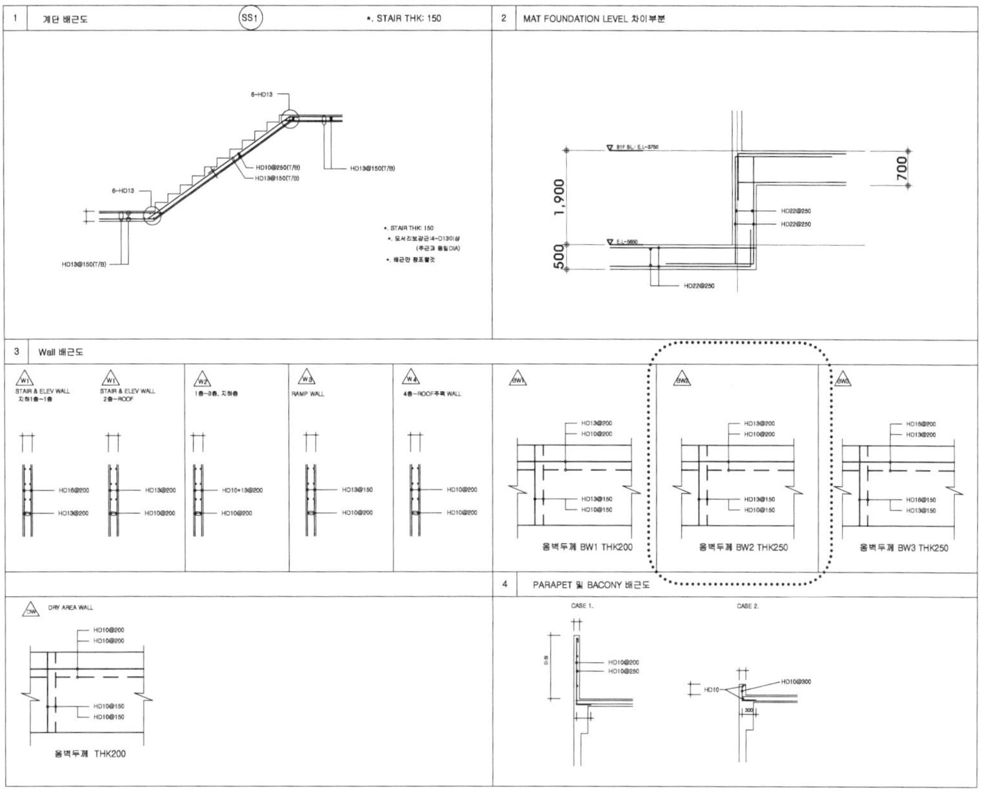

기타 배근도 (⬚ : 지하 벽체 BW2 배근도)

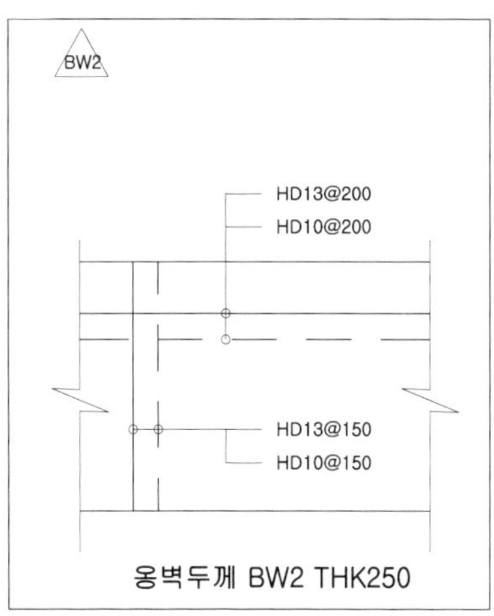

⬚ 표시 부분 확대 (BW2)

3) 1층 바닥 보

① 1층 바닥 구조 평면도에 지하 단면 상세 모델링할 부분이 단면 기호로 표기되어 있다. 단면 상세 해당 부분이 표시된 부분을 보면 보 부호는 B12, G22, WG5임을 확인할 수 있다.

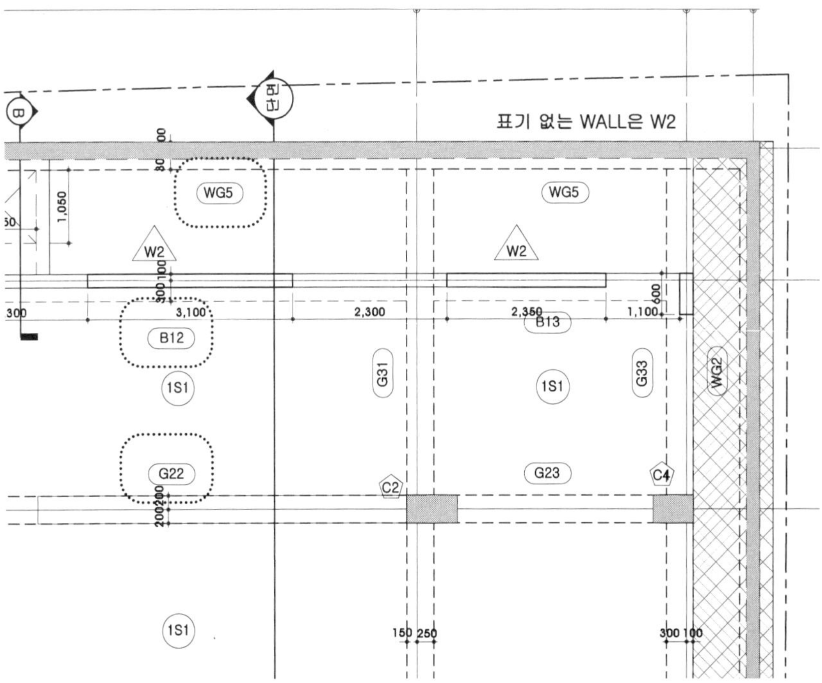

1층 바닥 구조 평면 부분 확대 (B12, G22, WG5)

② 보 일람표-1에서 ⬚ 표시한 부분이 보 B12이고, 보 너비는 400, 보 높이가 800임을 확인할 수 있다.

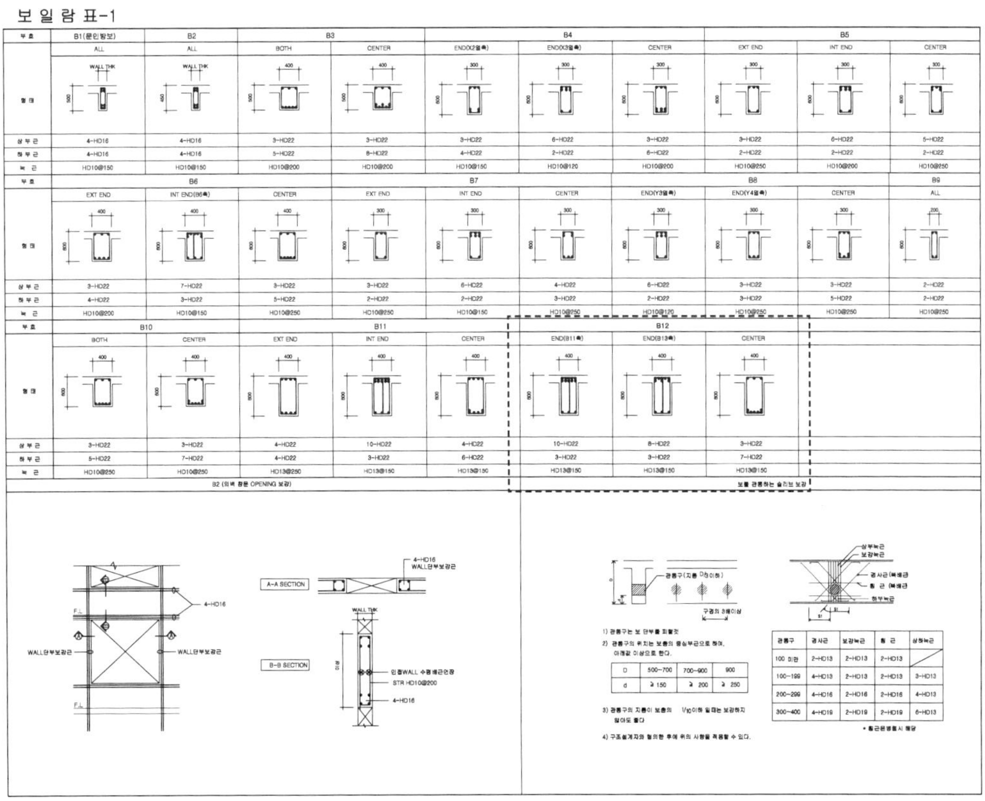

보 일람표-1 (B12)

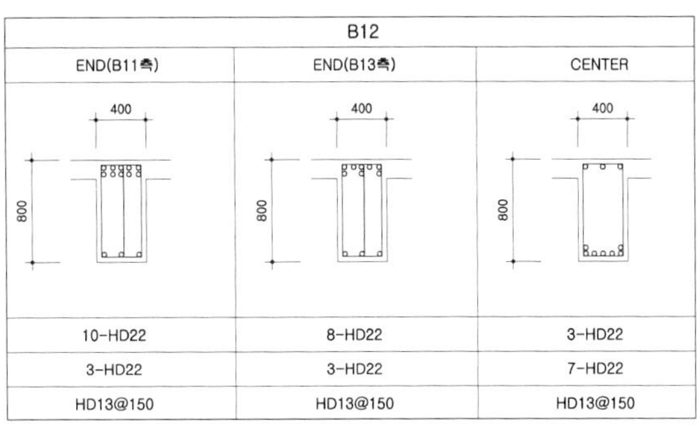

⬚ 표시한 부분 확대 (B12)

③ 보 일람표-3에서 ⬚ 표시한 부분이 보 G22이고, 보 너비가 400, 보 높이가 800을 확인할 수 있다.

보 일람표-3

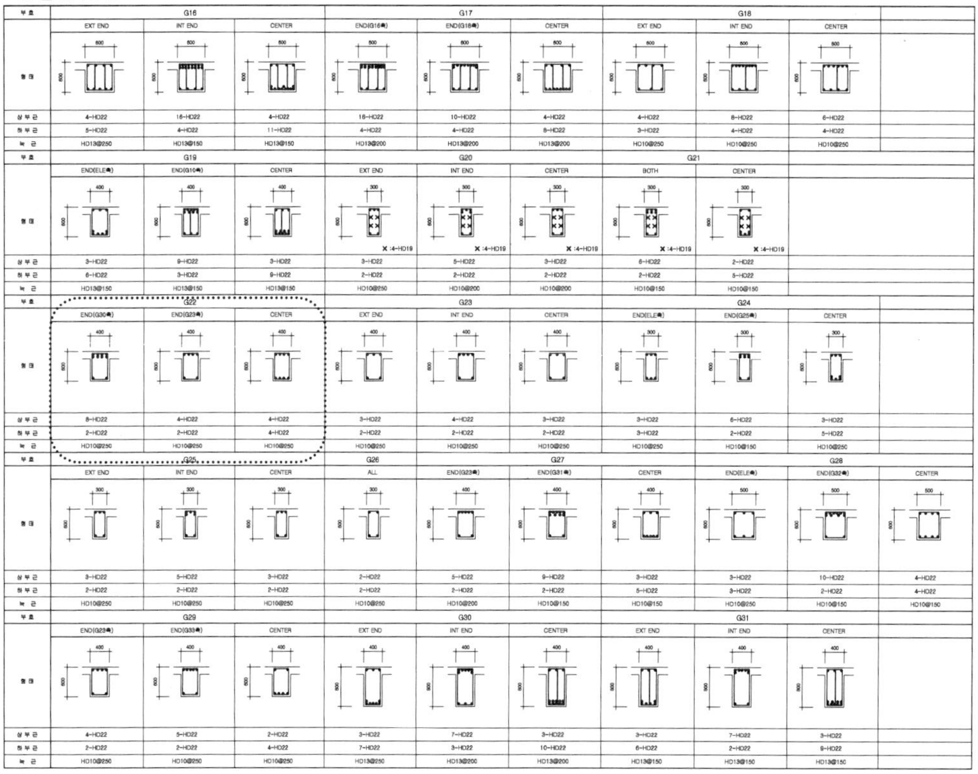

보 일람표-3 (G22)

G22		
END(G30측)	END(G23측)	CENTER
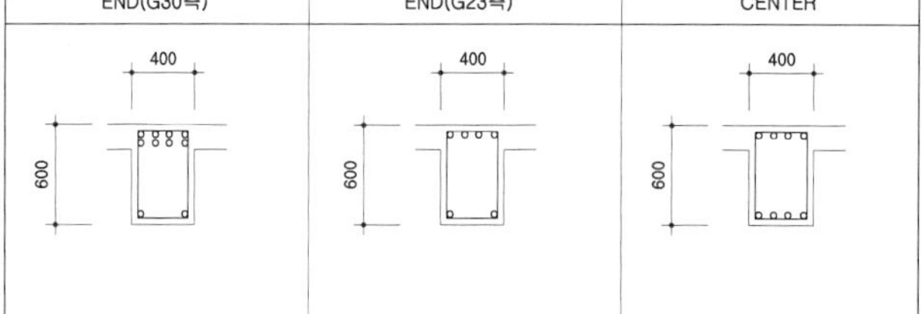		
8-HD22	4-HD22	4-HD22
2-HD22	2-HD22	4-HD22
HD10@250	HD10@250	HD10@250

⬚ 표시한 부분 확대 (G22)

④ 보 일람표-4에서 [점선 표시] 표시한 부분이 보 WG5이고, 보 너비가 400, 보 높이가 800을 확인할 수 있다.

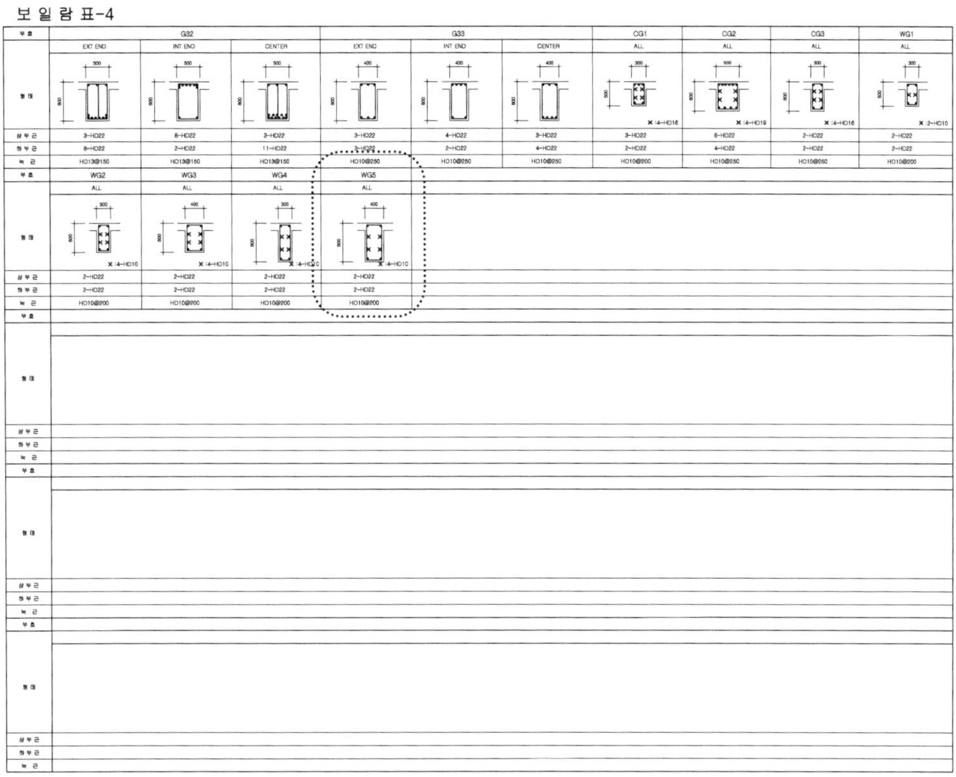

보 일람표-4 (WG5)

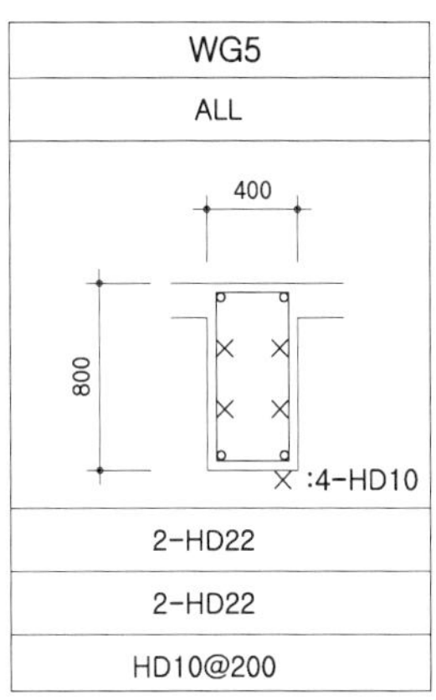

[점선 표시] 표시한 부분 확대 (WG5)

4) 1층 바닥 슬래브

① 지상 1층 바닥 구조 평면도 및 지상 1층 바닥 구조 평면도 부분 확대에서 단면 상세 해당 부분의 슬래브 부호를 확인한다. (1S1)

② 1S1은 슬래브 부분에 표시가 되어 있다. 도면이 복잡할 경우는 부호를 슬래브마다 일일이 표기하지 않고, 도면의 'NOTE'로 표기하며, NOTE의 '표기 없는 SLAB는 1S2'를 보고 표시되지 않은 슬래브 부호가 1S2임을 확인할 수 있다.

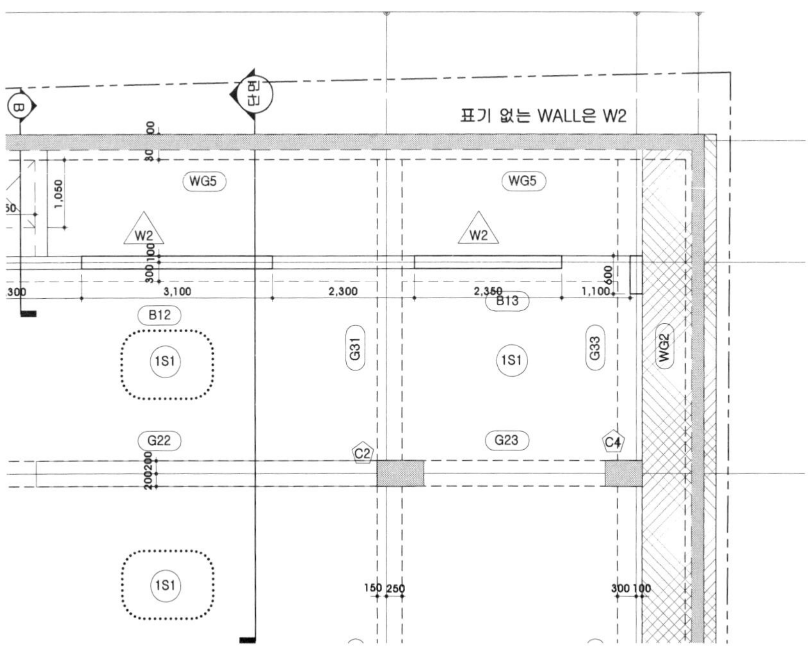

1층 바닥 구조 평면 부분 확대 (1S1, 1S2)

③ 슬래브 일람표에서 [점선 박스] 표시된 부분에 1S1과 1S2가 표기되어 있고, 1S1과 1S2의 두께가 150 임을 확인할 수 있다.

슬라브일람표

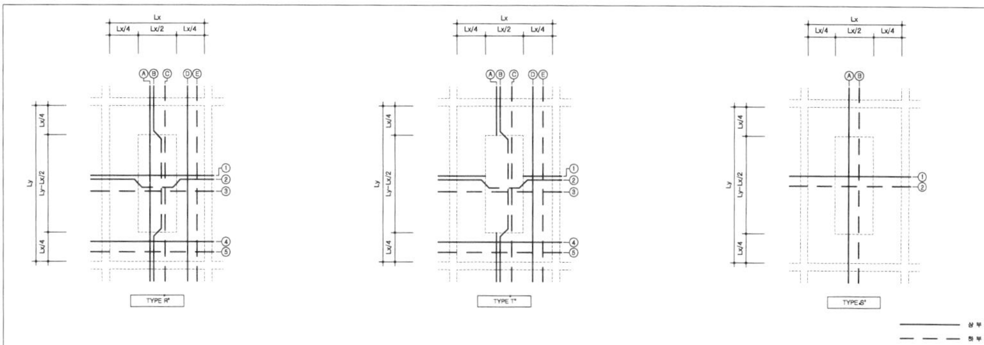

NAME	TYPE	THK. (MM)	단변방향(Lx)					장변방향(Ly)					비고
			중앙부		단부			중앙부		단부			
			1	2	3	4	5	A	B	C	D	E	
PHRS1,4S3, 1S2,2S2,3S2	S	150	HD10@200	HD10@200				HD10@300	HD10@300				
4S1,RS1	S	150	HD10+13@200	HD10@200				HD10+13@200	HD10@200				
5S1	S	210	HD10@200	HD10@200				HD10@200	HD10@200				
4S2	R	150	HD10@300	HD10@300	HD10@300	HD10@300	HD10@300	HD10@400	HD10@400	HD10@400	HD10@400	HD10@400	
1S1,2S1,3S1	T	150	HD10@300	HD10@300	HD10@300	HD10@300	HD10@300	HD10@400	HD10@400	HD10@400	HD10@400	HD10@400	
1S3	S	150	HD10@200	HD10@200				HD10@200	HD10@200				
RAS1	S	150	HD13@150	HD13@150				HD13@200	HD13@200				

슬래브 일람표 (1S1)

NAME	TYPE	THK. (MM)
PHRS1,4S3, 1S2,2S2,3S2	S	150
4S1,RS1	S	150
5S1	S	210
4S2	R	150
1S1,2S1,3S1	T	150
1S3	S	150
RAS1	S	150

[점선 박스] 표시 부분 확대 (1S1)

5) 1층 벽체

① 지상 1층 바닥 구조 평면도 및 지상 1층 바닥 구조 평면도 부분 확대에서 단면 상세 해당 부분의 벽체 부호를 확인한다. (W2)

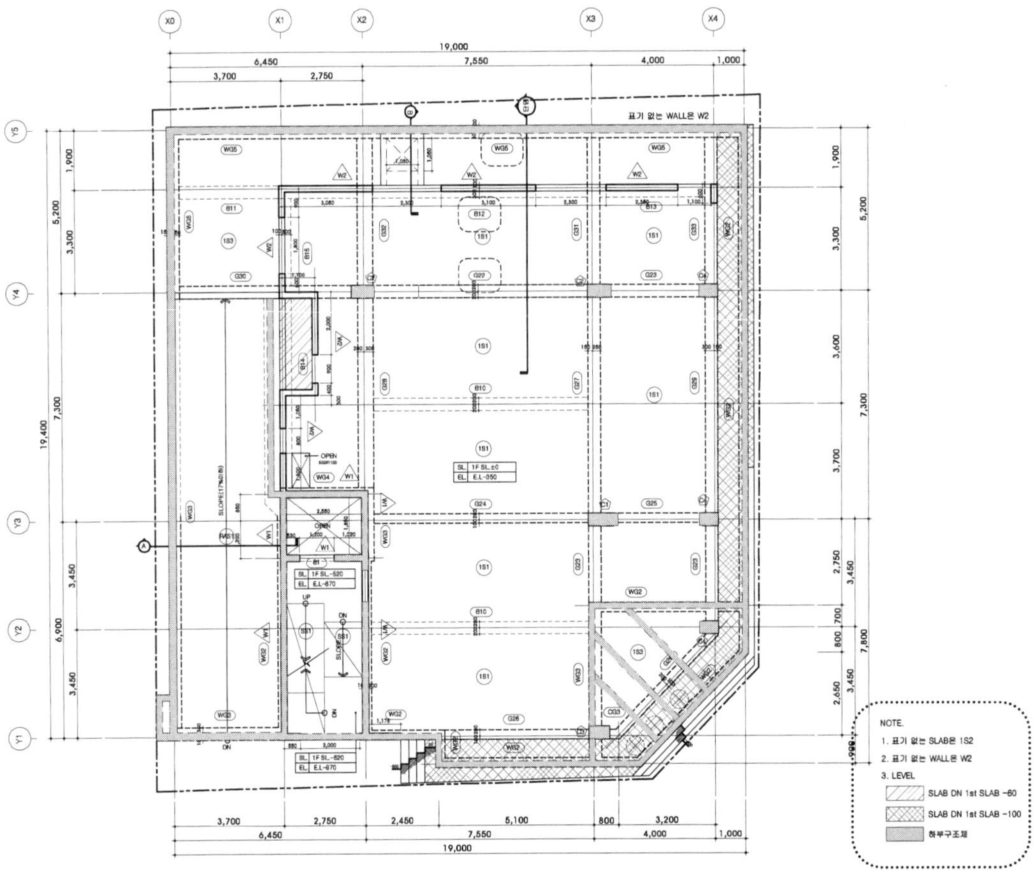

지상 1층 바닥 구조 평면도

② 1층 바닥 구조 평면도의 도면이 복잡할 경우 부호를 일일이 표기하지 않고, 도면의 'NOTE'에 일괄 표기하기도 한다. 'NOTE'에서 바닥 구조 평면도에 표기하지 않은 WALL 부호를 알 수 있다. 표기하지 않은 WALL은 W2임을 알 수 있다.

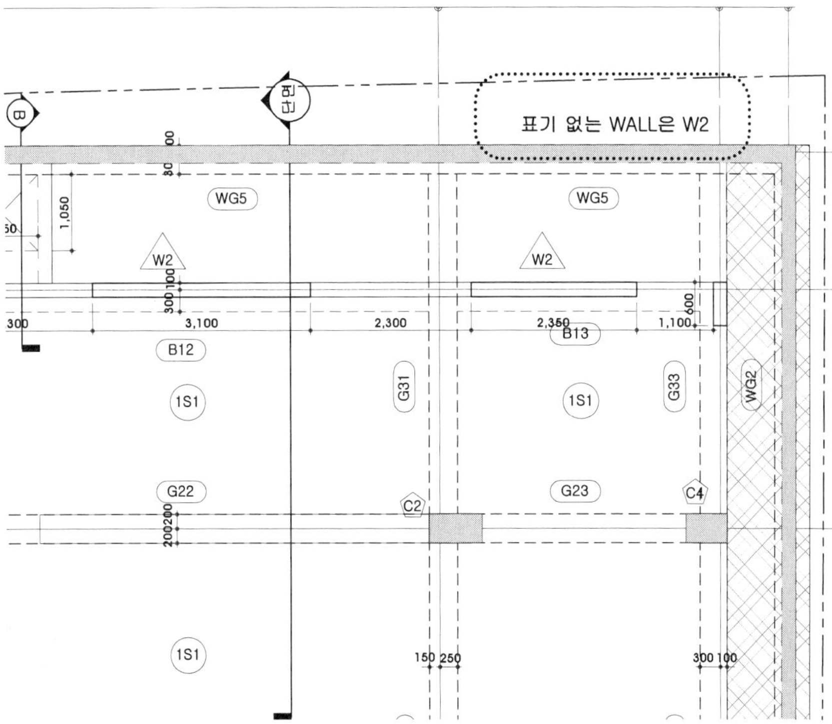

지상 1층 바닥 구조 평면도 부분 확대 (W2)

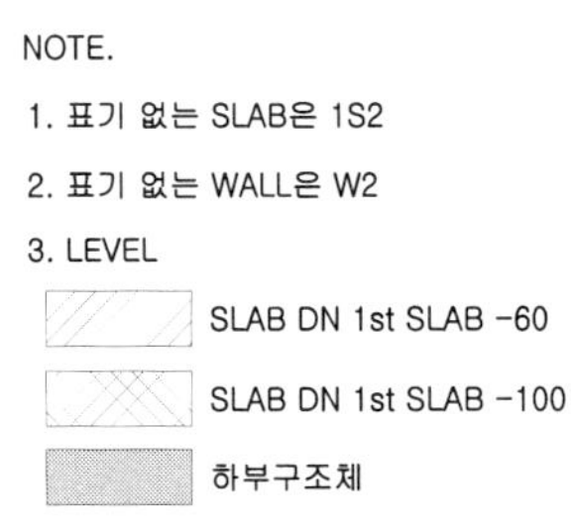

NOTE 부분 확대

③ W2는 기타 배근도 (벽체 일람표)에서 두께와 배근을 확인할 수 있는데 ⬚ 표시된 부분에 W2가 표기되어 있고, 벽체 두께가 200임을 확인할 수 있다.

기타 배근도

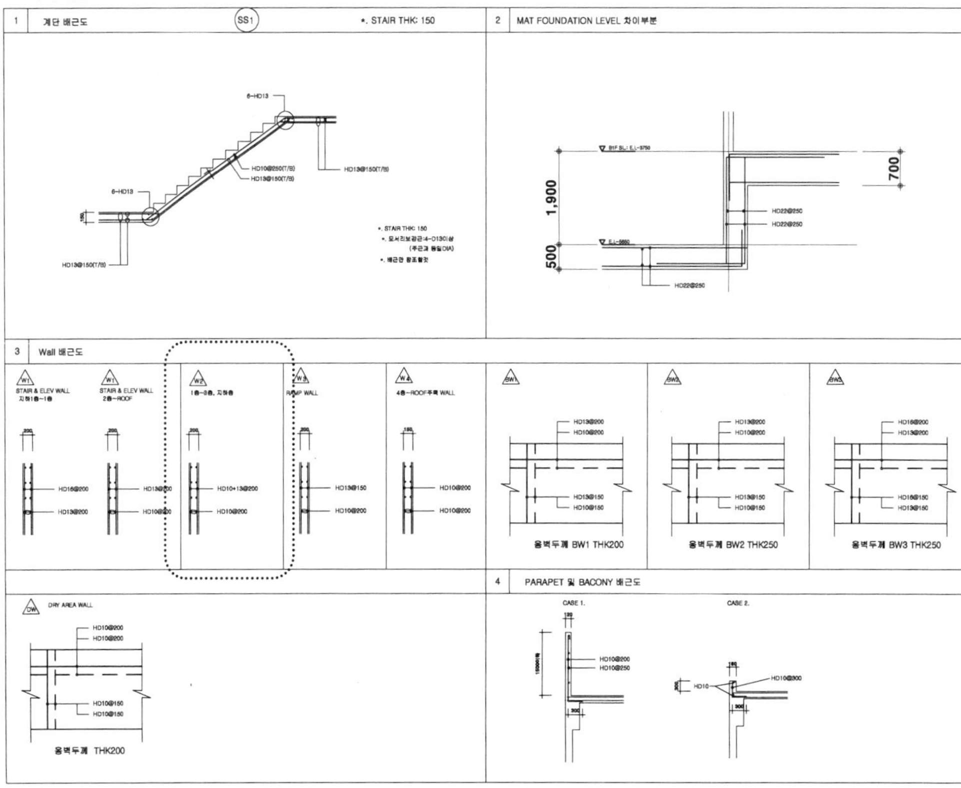

기타 배근도 (W2)

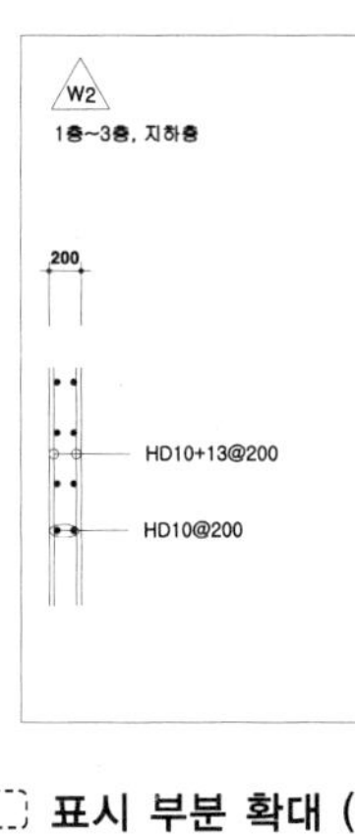

⬚ 표시 부분 확대 (W2)

2. 구조체 형태 파악하기

1) 단면 형태 파악하기

① 단면도 01에서 표시된 모델링할 부분의 지하 단면 부분을 확대하여 단면의 형태를 확인한다.

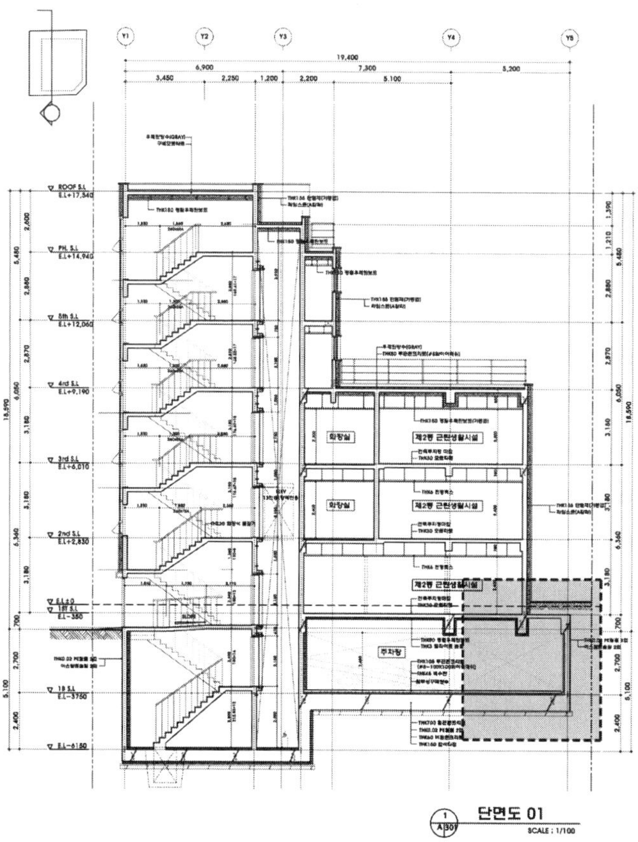

단면도 01

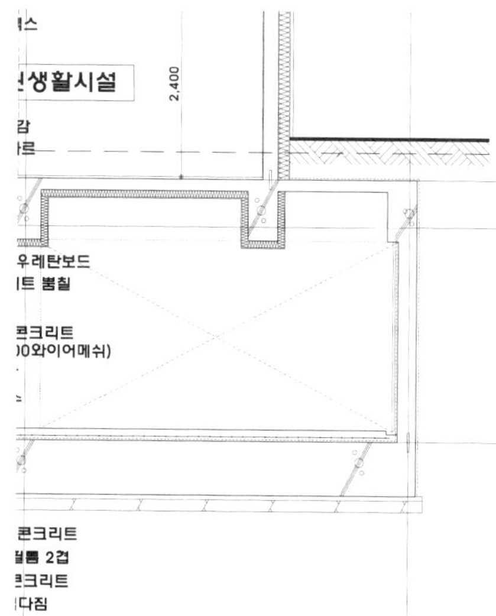

지하 단면 부분 확대

② 부분 확대된 단면도에서 해당 부재의 위치를 확인하고, 구조체 파악하기에서 확인한 기초, 지하 벽체, 1층 바닥 보, 1층 바닥 슬래브의 부호를 해당하는 부재에 적어 모델링할 부재의 위치와 형태를 알 수 있도록 한다.

③ 보 너비가 400이고, 보 높이가 800일 경우,보 높이 800은 보 부재의 상단에서 하단까지의 수직길이를 말한다.

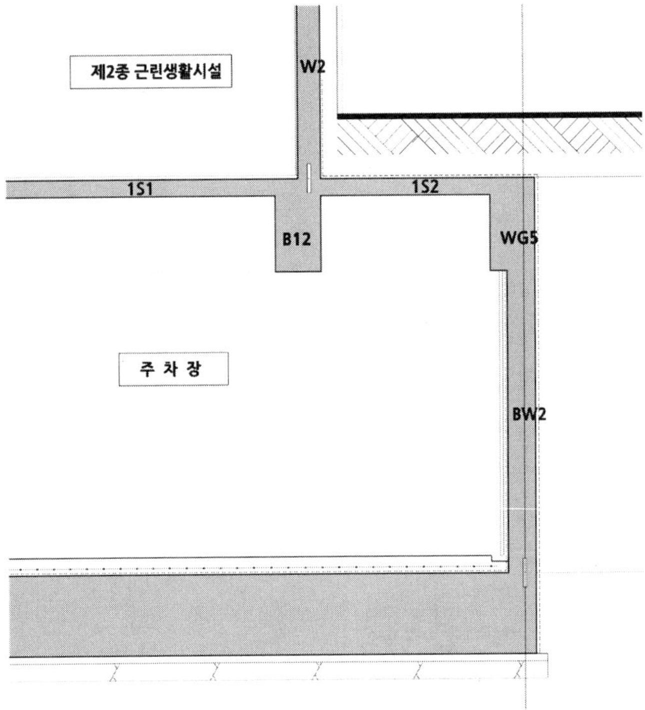

지하층 부분 단면도 (부재 부호 기입)

2) 단면 높이 파악하기

① 단면도 01에서 지하층의 층높이를 확인할 수 있으며, 좌측에 치수와 층별 레벨이 표기되어 있다. 지하층 구조의 기준 레벨 (1B S.L)은 E.L−3,750, 1층 구조의 기준 레벨 (1ST S.L)은 E.L−350이다. 이 레벨의 차이가 지하층 주차장의 층고이며, 3,400이다. 기초의 상부에서 1층 슬래브 상부까지의 높이가 3,400임을 알 수 있다.

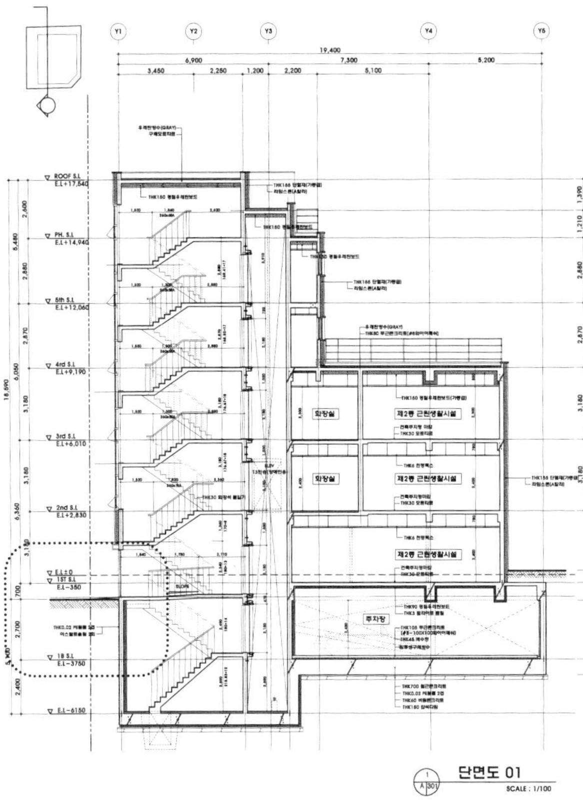

단면도 01

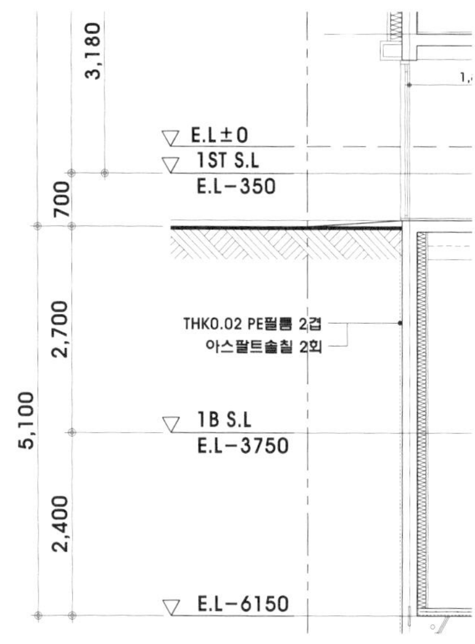

지하 단면 부분 확대 (레벨 확인)

② 지하층 벽체 BW2는 지하층 높이인 3,400에서 WG5의 보 높이 800을 뺀 2,600이며, Y5 열의 중심선에서 내부 (좌측) 150, 외부 (우측) 100 으로 나누어져 두께 250의 벽체로 구성되어 있음을 알 수 있다.

③ 1층 벽체 W2는 1층 바닥 구조 평면도에서 좌측 치수를 보면 Y5 열에서 Y4 열 방향으로 1,900 떨어진 위치에 있다. 중심선에서 내부 (좌측) 100, 외부 (우측) 100 으로 나누어져 200의 벽체가 있음을 알 수 있다.

④ 부분 확대된 단면도에 1층 벽체 위치, 지하층 벽체의 두께와 높이, 기초의 두께 등을 기재하여 모델링할 부재의 전체 크기를 알 수 있도록 한다.

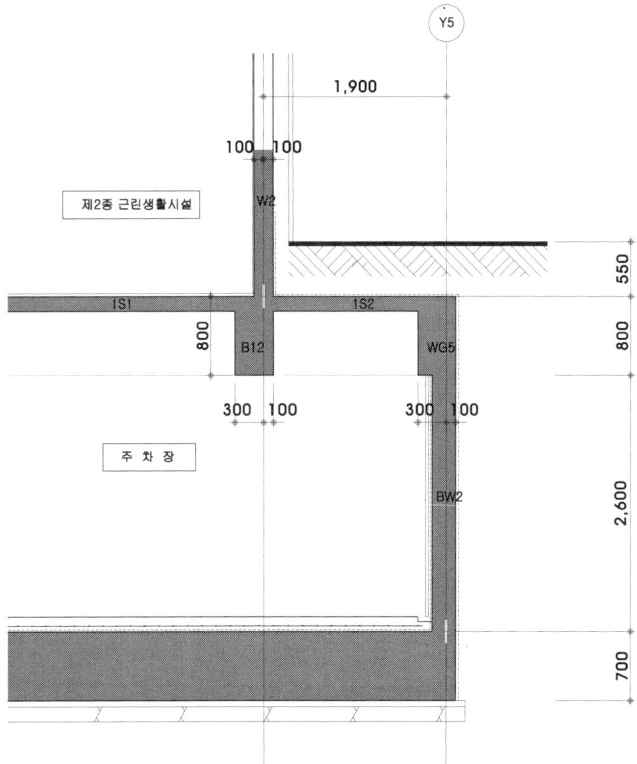

지하층 부분 단면도 (부재 부호 및 치수 기입)

3) 구조 단면 모델링

구조 단면의 부재 크기와 높이를 확인한 후에는 모델링할 부분의 입체적인 스케치를 해보는 것이 좋다. 3D 프로그램 (스케치업)을 활용해 보면 더 정확한 모형 제작이 가능하다.

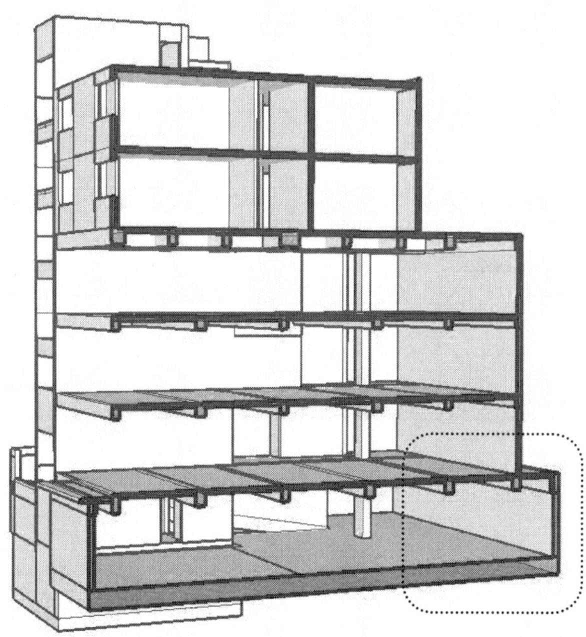

구조 3D 모델링 단면

2-2-2 마감 상세 파악하기

1. 마감 재료 파악하기

1) 지하층 주차장 마감 재료 파악하기

① 단면도와 실내 재료 마감표에서 지하층의 바닥과 벽체 및 천장 마감의 종류 및 두께를 확인한다.

② 단면도에서 지하층 기초 아래의 재료를 확인할 수 있으며, 외부 최하 바닥부터 순서대로 THK 150 잡석 / THK 60 버림 콘크리트 위/ THK 0.02 PE 필름 / 기초 콘크리트 THK 900 이다.

③ 실내 재료 마감표의 층별 구분에서 지하층을 찾고, 순서대로 바닥, 걸레받이, 벽체, 천장 마

감을 확인할 수 있다.

④ 내부 바닥은 기초 콘크리트 위 침투성 구체 방수 / THK 45 PVC 배수판 / THK 90 철근 없는 콘크리트 / THK 0.3 에폭시 페인트, 벽체는 THK 75 배수판 또는 콘크리트 면 처리 / 수성페인트이다. 천장 마감은 1층 근린생활시설과 접하는 부분은 열 손실 방지 기준에 맞는 단열재 THK 90 경질 우레탄 보드 / THK 3 퍼라이트 뿜칠 마감이고, 지반과 접하는 부분에는 THK 3 퍼라이트 뿜칠 마감이다.

1 A-011 실내재료마감표 SCALE : NONE

층별	실명	바닥 바탕	바닥 마감	걸레받이 바탕	걸레받이 마감	높이	상세번호	벽 바탕	벽 마감	상세번호	천정 바탕	천정 마감	천정고	상세번호
지하1층	계단실	THK24 시멘트 몰탈	THK30화강석 물갈기	THK11 시멘트 몰탈	마천석물갈기	100	F-01	THK11 시멘트 몰탈	무늬코트	W-01		콘크리트 면처리 위 무늬코트	-	C-01
	저수조	액체방수 1종/THK93 무근콘크리트	THK0.3 에폭시페인트			-	F-02		콘크리트 면처리	W-02		콘크리트 면처리	-	C-01
	주차장	액체방수 1종/THK93 무근콘크리트	THK0.3 에폭시페인트			-	F-03		THK75 배수판 OR 콘크리트 면처리 위 수성페인트	W-03	THK90경질우레탄보드	THK3 퍼라이트뿜칠	-	C-02
지상1층 ~ 지상3층	계단실	THK24 시멘트 몰탈	THK30화강석 물갈기	THK11 시멘트 몰탈	마천석물갈기	100	F-01	THK11 시멘트 몰탈	무늬코트	W-01		콘크리트 면처리 위 무늬코트	-	C-01
	화장실	액체방수 1종/구배몰탈	자기질타일(건축주지정)			-	F-04	액체방수 1종(H=300)/시멘트몰탈	도기질타일(건축주지정)	W-04	경량철골천정틀(M-BAR)	THK10 PVC천장재(건축주지정)	2,300	C-04
	근린생활시설	THK24 시멘트 몰탈	디럭스 타일 건축주 지정마감	THK11 시멘트 몰탈	세라믹페인트 건축주 지정마감	100	F-01	THK11 시멘트 몰탈	수성페인트 건축주 지정마감	W-01	경량철골천정틀(M-BAR)	THK6 천장텍스(건축주지정)	2,400 (3층은 2,300)	C-03
지상4층 ~ 지상5층	계단실	THK24 시멘트 몰탈	THK30화강석 물갈기	THK11 시멘트 몰탈	마천석물갈기	100	F-01	THK11 시멘트 몰탈	무늬코트	W-01		콘크리트 면처리 무늬코트	-	C-01
	화장실	액체방수 1종/구배몰탈	자기질타일(건축주지정)			-	F-04	액체방수 1종(H=300)/시멘트몰탈	도기질타일(건축주지정)	W-04	경량철골천정틀(M-BAR)	THK10 PVC천장재(건축주지정)	2,300	C-04
	거실	판넬히팅	비닐쉬트	THK11 시멘트 몰탈	합성목재위 목무늬필름	100	F-05	THK11 시멘트 몰탈	건축주 지정벽지 마감	W-05	목재천정틀	THK9.5석고보드위 지정벽지마감	2,300	C-05
	보일러실	THK24 시멘트 몰탈	자기질타일	THK11 시멘트 몰탈	세라믹페인트	100	F-01	THK11 시멘트 몰탈	수성페인트	W-01		콘크리트 면처리위 수성페인트	2,300	C-01
	복도	THK24 시멘트 몰탈	THK화강석 물갈기	THK11 시멘트 몰탈	건축주 지정마감	100	F-01	THK11 시멘트 몰탈	건축주 지정마감	W-01	경량철골천정틀(M-BAR)	THK6 천장텍스(건축주지정)	2,300	C-03
	현관	시멘트몰탈	자기질타일	THK11 시멘트 몰탈	합성목재위 목무늬필름	100		THK11 시멘트 몰탈	건축주 지정벽지 마감	W-05	목재천정틀	THK9.5석고보드위 지정벽지마감	2,300	C-05
옥탑층	계단실	THK24 시멘트 몰탈	THK30화강석 물갈기	THK11 시멘트 몰탈	마천석물갈기	100	F-01	THK11 시멘트 몰탈	무늬코트	W-01	경량철골천정틀(M-BAR)	THK6 천장텍스(건축주지정)	2,200	C-03

외부마감				
외부마감	벽 마감	라임스톤붙(건축주 지정)	유리 / 창호	공동주택 : 열관류율 1.2w/m2k 이하 건축주 지정 근린생활시설 : 열관류율 1.5w/m2k 이하 건축주 지정
	외부바닥마감	화강석 버너붙(건축주 지정)	지붕마감	

A-011

실내 재료 마감표

2) 1층 근린생활시설 마감 재료 파악하기

① 단면도와 실내 재료 마감표에서 1층의 바닥과 벽체 및 외벽 마감의 종류 및 두께를 확인한다.

② 외부 마감은 콘크리트 벽체 (W2) THK 200위 THK 155 단열재 위 THK 30 라임스톤 마감이다.

③ 실내 마감은 바닥이 THK 24 시멘트 몰탈 위 THK 3 디럭스 타일, 걸레받이는 THK 11 시멘트 몰탈 위 세라민 페인트, 벽체는 THK 11 시멘트 몰탈 위 수성페인트 마감이다.

2. 실내 마감 상세 파악하기

실내 재료 마감 상세에서는 바닥, 벽 천정으로 구분하여 마감 상세 부분을 표현하였고, 각 실에 맞는 마감을 찾아보면 상세를 확인할 수 있다. 실내 재료 마감표에 바닥, 벽, 천장의 마감 상세 번호가 표기되어 있으며, 실내 재료 마감 상세에서 상세 번호를 확인하면 해당하는 마감 상세를 쉽게 찾을 수 있다.

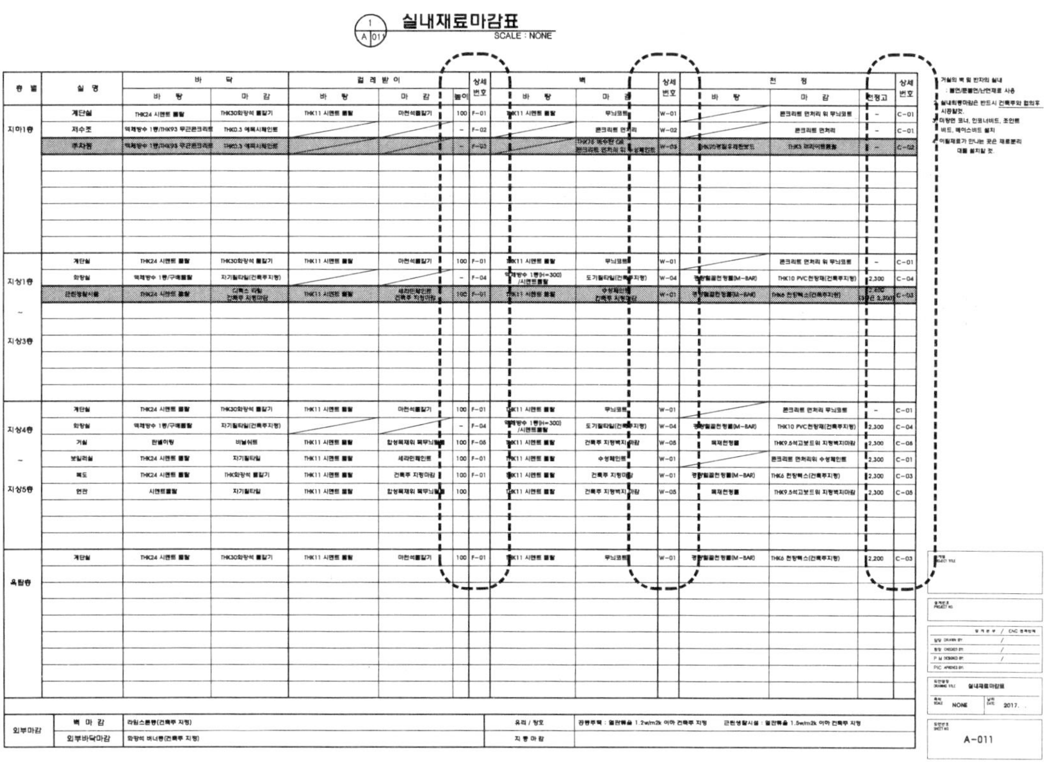

실내 재료 마감표

1) 지하층 실내 재료 마감 상세 파악하기

① 실내 재료 마감표에서 지하 주차장에 해당하는 마감 상세 번호를 확인할 수 있다. 실내 재료 마감표에서 ⬚ 표시된 부분이 상세 번호를 표시한 부분이다. 층별 구분에서 지하층을 찾고, 해당실인 주차장을 찾으면 된다. 지하 주차장은 F-03, W-03, C-02를 확인할 수 있다.

② 실내 재료 마감 상세-01에서 ⬚ 표시된 부분이 주차장 마감 상세 부호 F-03과 W-03으로 바닥과 벽에 해당하는 마감 상세이다.

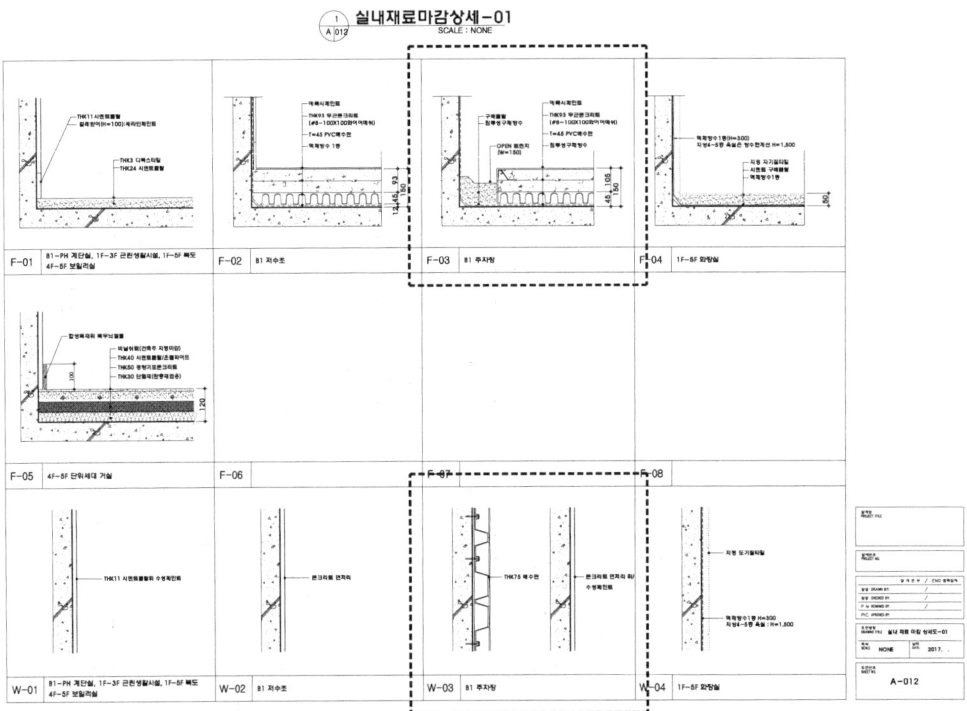

실내 재료 마감 상세 -1 (지하 주차장 바닥, 벽)

③ 벽과 바닥이 만나는 부분의 상세와 트렌치 크기 등을 확인한다. 트렌치는 주차장 경사로를 따라 유입되는 우수와 결로수 등을 집수정으로 보내는 역할을 한다.

④ 습기, 결로 방지를 위한 바닥과 벽체에 설치되는 배수판의 형태와 구성을 확인할 수 있다.

⑤ 철근 없는 콘크리트 내에는 균열을 방지하는 와이어 메시가 있는 것을 확인한다. 실내 마감 상세도에 표기된 #8-100×100 와이어 메시는 8번 철선 (지름 4.0mm)이 가로 100 간격과 세로 100 간격으로 만들어져 있는 철망이다.

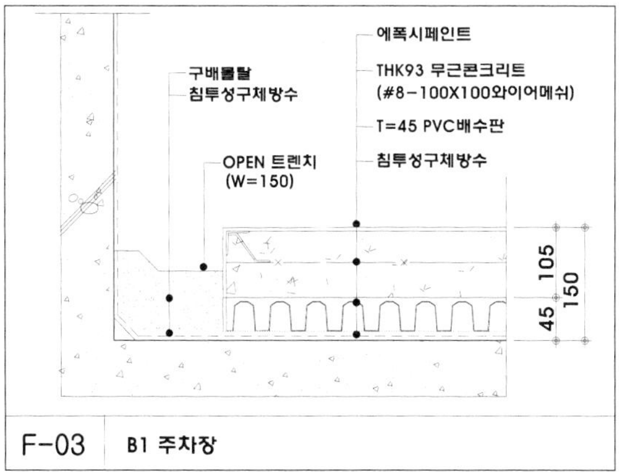

지하 주차장 바닥 마감 상세 (F-03)

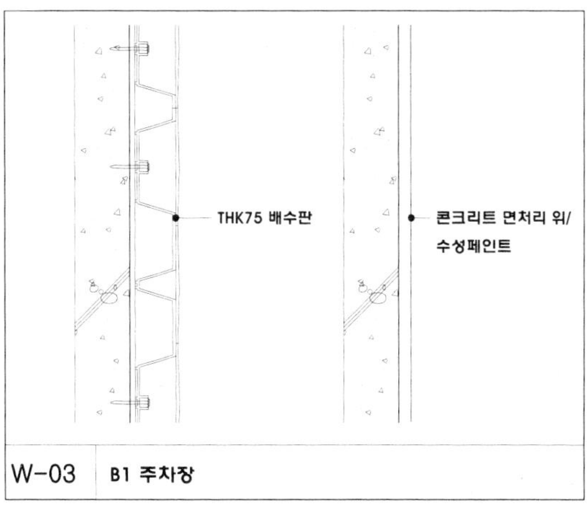

지하 주차장 벽 마감 상세 (W-03)

⑥ 실내 재료 마감 상세-02에서 ⬚ 표시된 부분이 주차장 천장 마감 상세 부호 C-02에 해당하는 마감 상세이다. 지하 주차장은 외기에 노출된 공간으로 냉난방을 하지 않는다. 따라서 1층의 근린생활시설과 접하는 부분은 열 손실 방지 기준에 맞게 단열재를 마감하여 1층 근린생활시설의 열 손실이 없도록 해야 한다. 1층 근린생활시설 아래에 지하 주차장 천장은 단열재 THK 90 경질 우레탄 보드 위 THK 3 퍼라이트 뿜칠 마감이고, 지면과 접하는 부분에는 단열재 없이 THK 3 퍼라이트 뿜칠 마감을 한다.

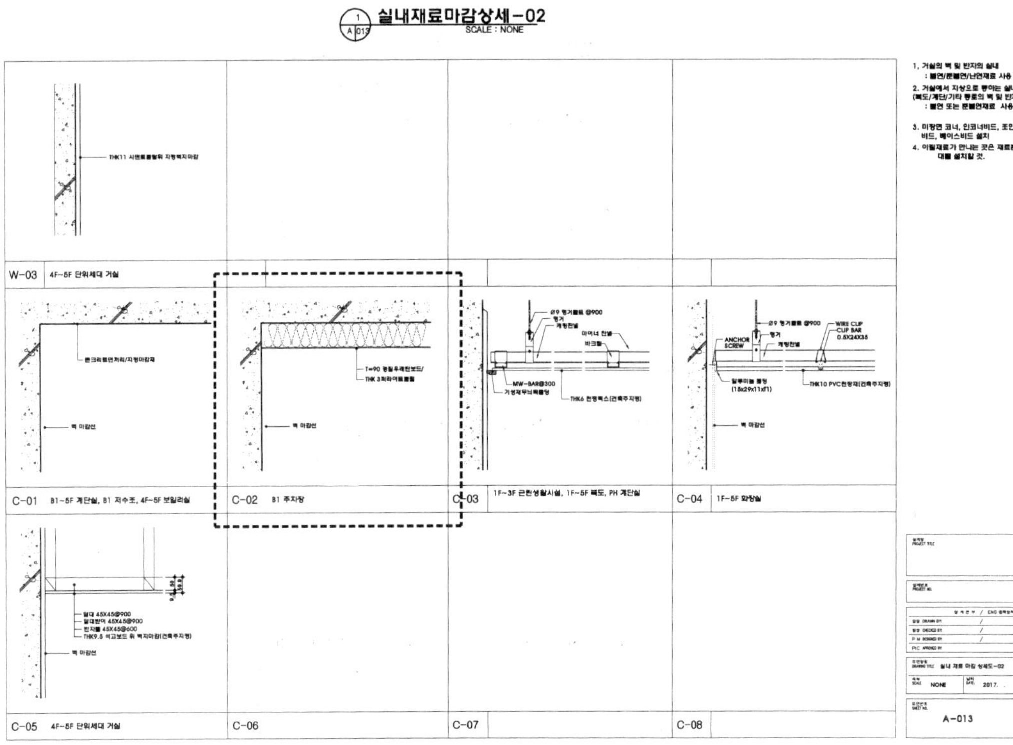

실내 재료 마감 상세 -2 (지하층 주차장 천장, C-02)

2) 1층 실내 재료 마감 상세 파악하기

① 실내 재료 마감표에서 1층 근린생활시설에 해당하는 마감 상세 번호를 확인할 수 있다. 실내 재료 마감표에 바닥, 벽, 천정의 마감 상세 번호가 표기되어 있어 실내 마감 상세도에서 쉽게 찾을 수 있다. 실내 재료 마감표에서 ⬚ 표시된 부분이 상세 번호를 표시한 부분이다. 1층 근린생활시설은 F-01, W-01, C-03을 확인할 수 있다.

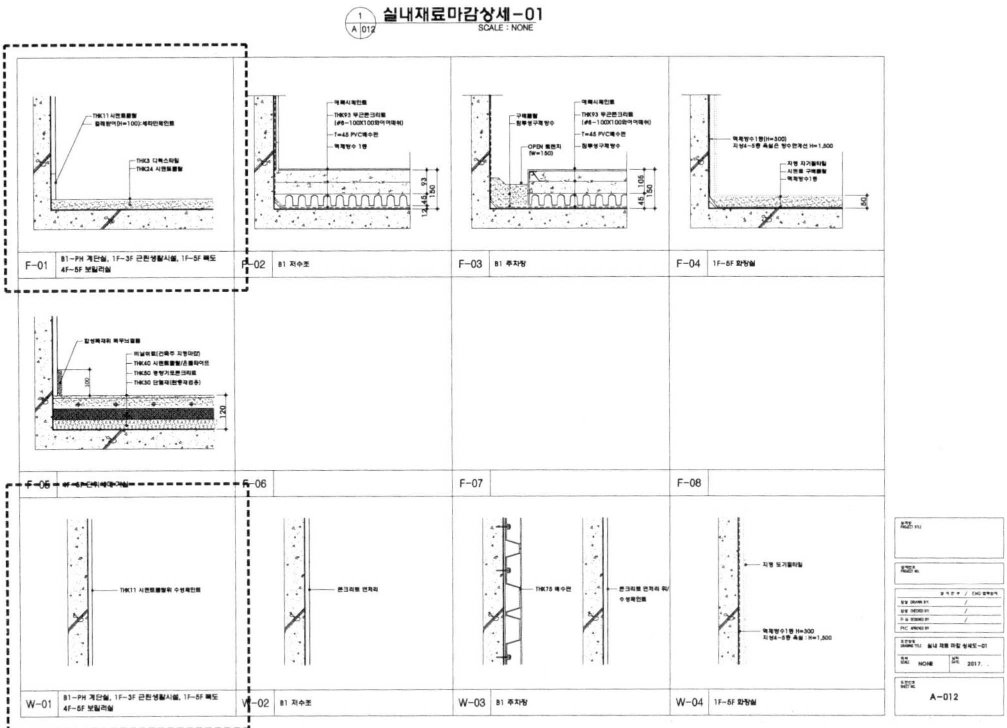

실내재료마감상세-1 (1층 근린생활시설)

② 실내 재료 마감 상세-01에서 ⬚ 표시된 부분이 1층 근린생활시설에 해당하는 마감 상세 부호 F-01, W-01이다.

③ 실내 재료 마감 상세-01의 F-01에서 1층 근린생활시설의 바닥 마감 상세를 확인할 수 있다. 콘크리트 슬래브 위 THK 24 시멘트 몰탈을 바르고 THK 3 디럭스 타일로 마감되어 있다. 그리고 걸레받이 부분의 높이가 100임을 확인할 수 있다.

④ 실내 재료 마감 상세-02의 C-03에서 1층 근린생활시설의 천장의 경량 철골 천장틀의 상세를 확인할 수 있다. 슬래브에 고정되는 행거볼트는 900간격으로 설치되어 있다. 천장과 벽이 만나는 부분에는 기성 무늬목 몰딩이 있고, 천장은 THK 6 텍스로 되어 있음을 확인할 수 있다.

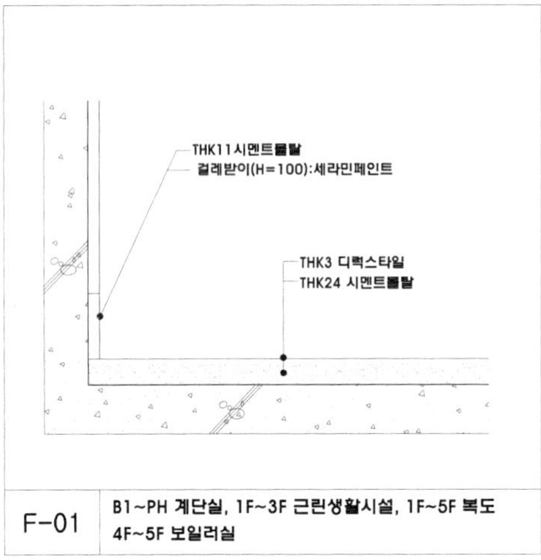

1층 바닥 마감 상세 (F-01)

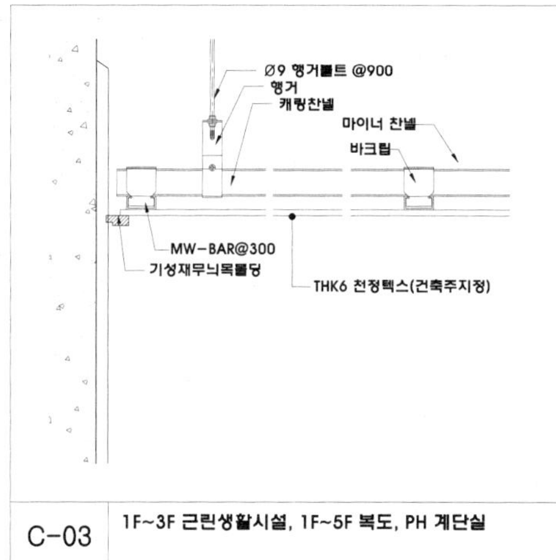

1층 천장 마감 상세 (C-03)

3) 마감 재료 확인하기

① 부분 확대된 단면도에 지하층 바닥, 벽체, 천장 마감재를 상세히 적는다.

② 부분 확대된 단면도에 1층 바닥, 벽체, 천장 마감재를 상세히 적는다.

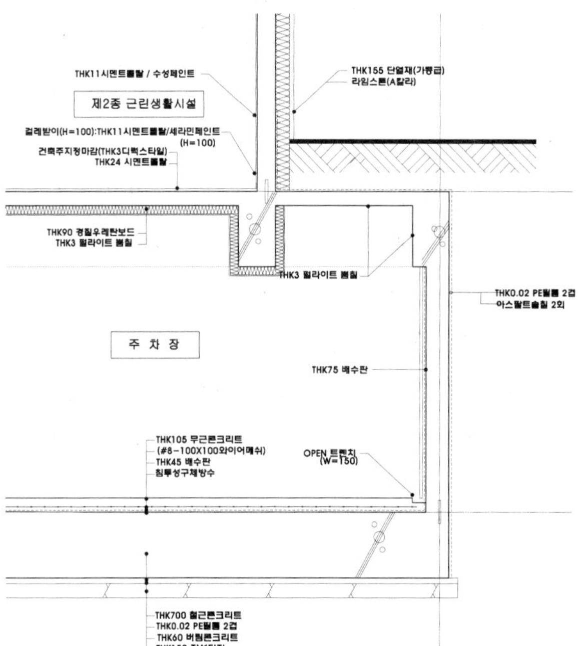

지하층 부분 단면 상세 (마감재료 기입)

4) 마감 재료 참고 사진

지하 주차장 벽, 바닥 상세의 이해를 돕기 위한 마감 자재 사진이다.

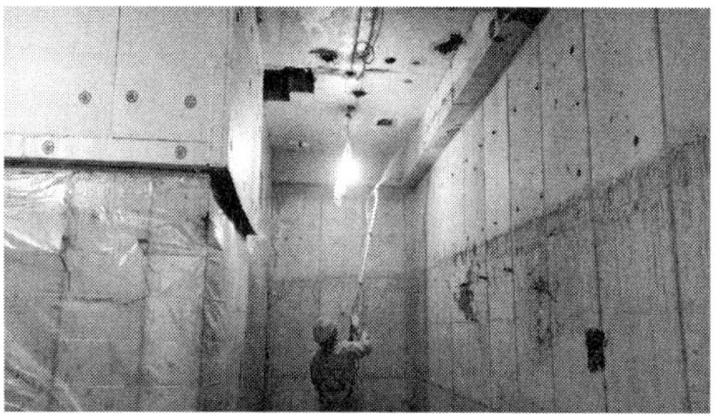

단열재

퍼라이트 뿜칠

바닥 배수판

와이어 메시

벽체 배수판 베이스

벽체 배수판 마감판

아스팔트 프라이머 칠

석재

2-2-3 모형 만들기

1. 모형 만들기

1) 구조체 만들기 순서

① 모형 제작 크기는 가로 30cm × 세로 30cm 가 되도록 한다.

② 모형 제작을 위한 부분 단면의 제작 축척 (Scale :1/10)을 정한다.

③ 지하 단면 상세에 해당하는 부재의 부호와 크기를 확인하였으므로, 제작할 모형의 실제 치수로 단면을 그려본다.

④ 해당 구조 부재를 만들어 기초판 → 지하 벽체 (BW2) → 보 (B12, WG5) → 1층 바닥 슬래브 (1S1) → 1층 벽체 (W2) 순으로 만들어서 조립한다.

⑤ 보 너비가 400이고, 보 높이가 800일 경우, 보 높이 800은 보 부재의 상단에서 하단까지의 수직길이를 말한다. 모형을 제작할 때는 슬래브 상단과 보 상단 레벨을 잘 맞춰 제작하도록 한다.

⑥ 보와 벽체의 세부 치수도 376쪽의 그림 지하층 부분 단면도 (부재 부호 및 치수 기입)를 참조하여 Y5 열에서 좌, 우측 위치를 확인한 후 조립한다.

⑦ 1층 벽체 W2는 Y5 열에서 Y4 열 방향으로 1,900 떨어진 위치에 좌측 100 우측 100으로 위치하도록 조립한다.

2) 실내 마감 재료 만들기 순서

① 모형 제작을 위한 부분 단면 제작 축척 (Scale : 1/10)을 정하고 실제 크기대로 먼저 그려본다.

② 마감 재료의 두께와 마감의 종류가 몇 개인지 확인한다.

③ 마감 재료가 구분될 수 있도록 재질이나 색상을 선택하여 두께에 맞도록 재단하여 만든다.

④ 각각의 재료가 잘 보이도록 어긋나게 재료를 쌓고 해당하는 재료 명을 기재한다.

2. 모형 사진

1) 모형 부분 확대 사진

지하 벽, 바닥 상세의 이해를 돕기 위해 제작된 모형의 사진으로 상세 부분이 잘 보이도록 부분 확대한 사진과 전체 구조를 볼 수 있는 사진이다.

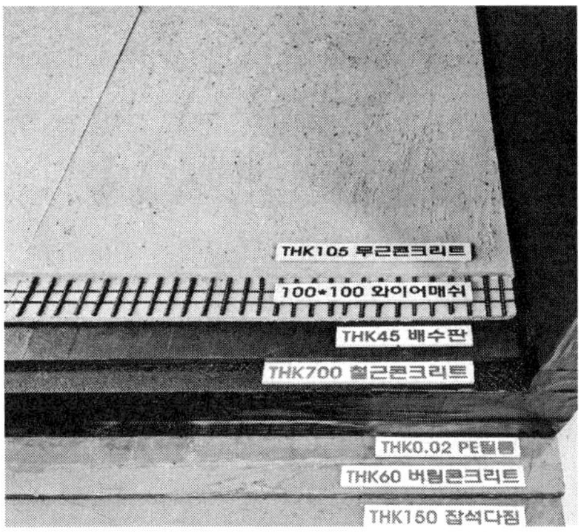

2) 완성 모형 사진

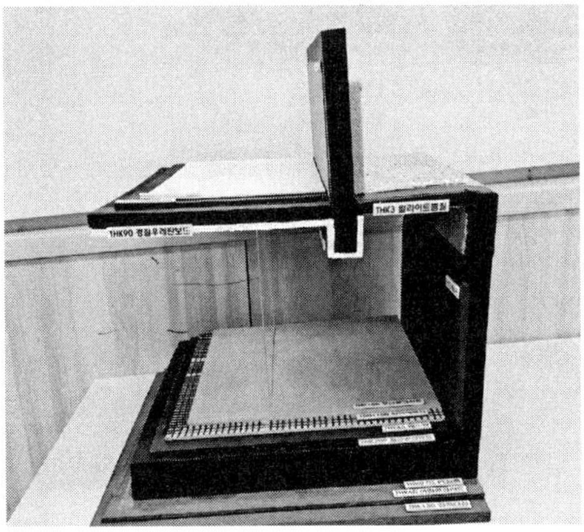

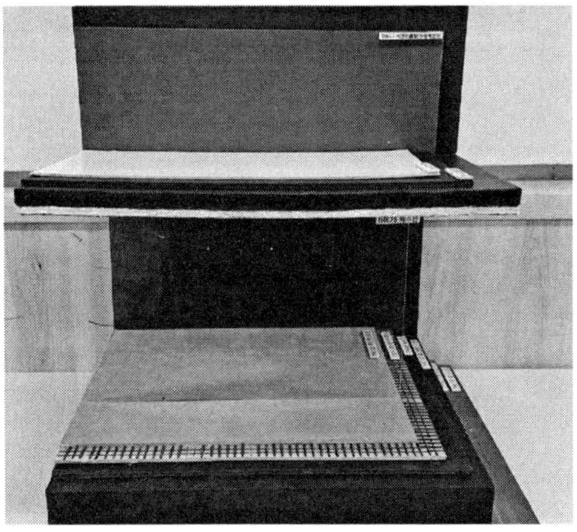

QR 코드 링크에서
모형의 동영상을 볼 수 있다.

2-3 외벽 단면 상세 모델링

2-3	외벽 단면 상세 모델링
목적	지상층의 외벽과 창호 설치 부분의 구조, 마감재, 단열재 등에 대한 치수 및 재료 등에 알맞도록 모형을 제작한다.
확인사항	- 모델링 부분의 구조체 크기 및 두께 - 창호의 크기 및 종류 - 실내 재료 마감표, 마감 상세도에서 적용될 재료의 종류 및 두께
관련 도면 목록	- 지상 2층~4층 바닥 구조 평면도 - 보 일람표, 슬래브 일람표, 벽체 일람표 - 단면도 02 - 실내 재료 마감표, 실내 재료 마감 상세도 - 창호 부호도, 창호 일람표

커튼월 창호가 설치되는 2층과 3층의 근린 생활 시설 (사무실) 외벽과 바닥 마감재 및 4층의 도시형 생활 주택의 바닥 난방 시설이 있는 거실의 바닥 마감재를 구분할 수 있고, 경량 철골 천장틀의 구성을 확인할 수 있다. 단면도 02에서 ⬚표시된 부분이 외벽 단면 상세 모델링할 부분이다.

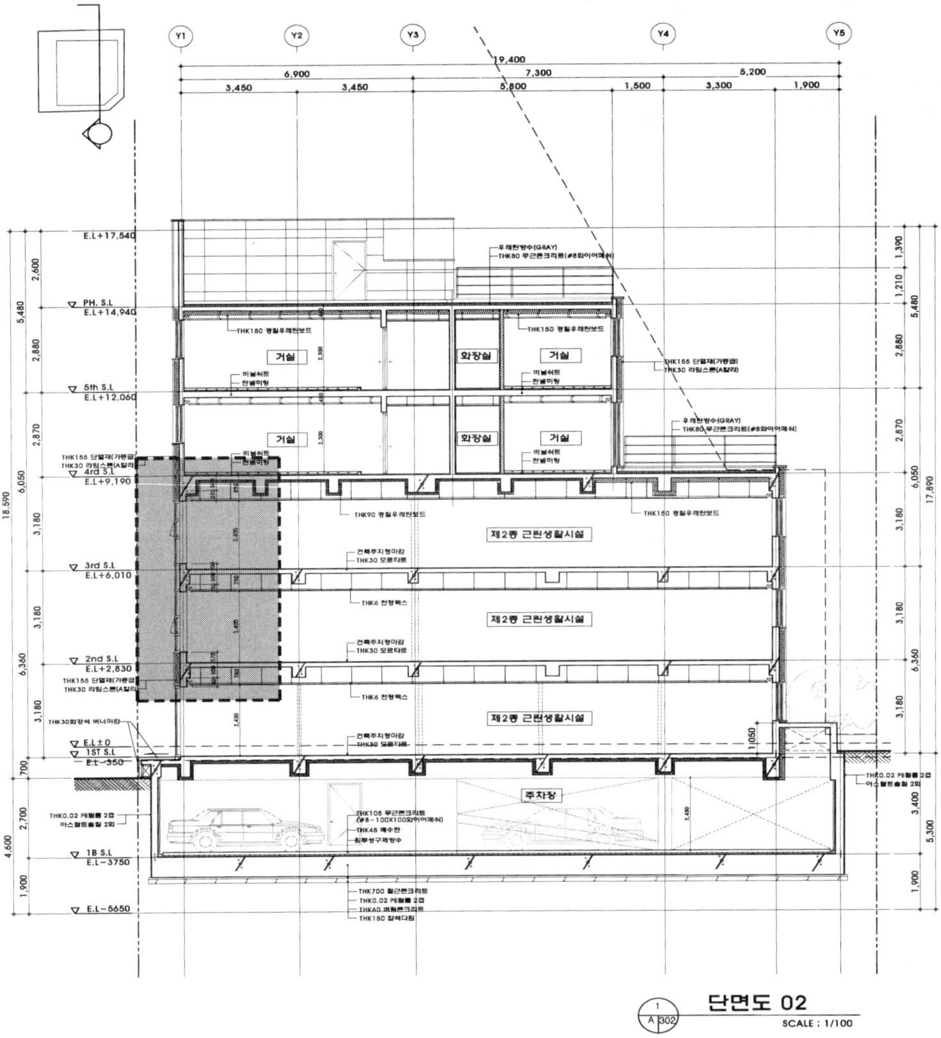

단면도 02 (외벽 단면 상세 모형 제작 부분 표시)

2-3-1 구조체 파악하기

1. 구조체 파악하기

1) 2층 바닥 보

① 2층 바닥 구조 평면도에 외벽 단면 상세 모델링해야 할 부분이 단면 기호로 표기되어 있다. 2층 바닥 구조 평면도에서 점선으로 표현되어 있는것이 2층 바닥보이다.

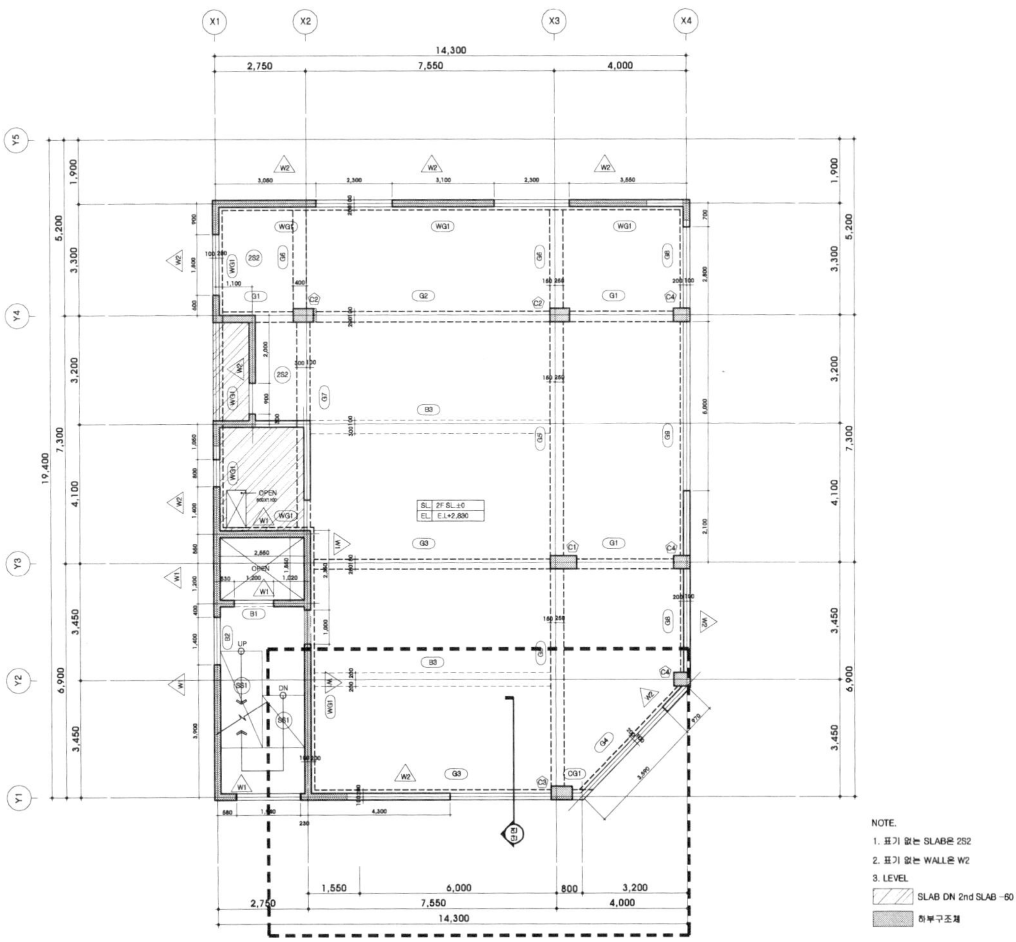

지상 2층 바닥 구조 평면도

② 지상 2층 바닥 구조 평면도 부분 확대에서 단면 상세 해당 부분의 보 부호 (G3)를 확인할 수 있다.

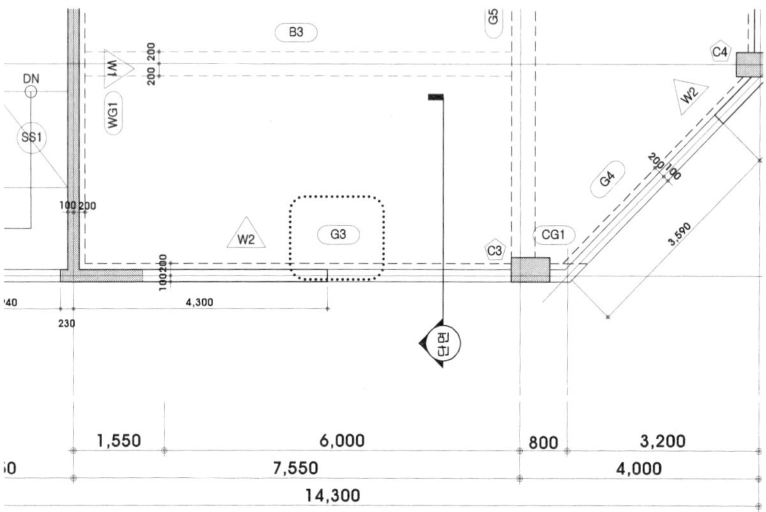

지상 2층 바닥 구조 평면도 부분 확대 (G3)

③ 보 G3은 보 일람표-2에서 보 너비가 300이고, 보 높이가 500을 확인할 수 있다.

보 일람표-2

부호	B13			B14			B15			
	EXT END	INT END	CENTER	END(ELE측)	END(B15측)	CENTER	EXT END	INT END	CENTER	
형태	400 / 800	400 / 800	400 / 800	400 / 800	400 / 800	400 / 800	400 / 800	400 / 800	400 / 800	
상부근	3-HD22	8-HD22	6-HD22	3-HD22	7-HD22	3-HD22	3-HD22	7-HD22	5-HD22	
하부근	2-HD22	3-HD22	3-HD22	4-HD22	2-HD22	6-HD22	2-HD22	2-HD22	2-HD22	
늑근	HD13@250	HD13@150	HD13@250	HD13@200	HD13@150	HD13@250	HD10@250	HD10@150	HD10@250	
부호	G1			G2		G3			G4	
	EXT END	INT END	CENTER	BOTH	CENTER	END(X2열측)	END(X3열측)	CENTER	BOTH	CENTER
형태	300 / 500	300 / 500	300 / 500	300 / 500	300 / 500	300 / 500	300 / 500	300 / 500	300 / 500	300 / 500
상부근	3-HD22	4-HD22	3-HD22	5-HD22	3-HD22	3-HD22	6-HD22	3-HD22	3-HD22	2-HD22
하부근	2-HD22	2-HD22	2-HD22	2-HD22	4-HD22	3-HD22	2-HD22	5-HD22	2-HD22	3-HD22
늑근	HD10@200	HD10@200	HD10@200	HD10@200	HD10@200	HD10@200	HD10@150	HD10@200	HD10@200	HD10@200
부호	G5			G6		G7				G8
	EXT END(G6측)	INT END(G5측)	CENTER	EXT END	INT END	CENTER	END(ELE측)	END(G6측)	CENTER	ALL
형태	400 / 500	400 / 500	400 / 500	400 / 500	400 / 500	400 / 500	400 / 500	400 / 500	400 / 500	300 / 500
상부근	5-HD22	8-HD22	3-HD22	3-HD22	4-HD22	3-HD22	3-HD22	7-HD22	3-HD22	3-HD22
하부근	3-HD22	2-HD22	6-HD22	2-HD22	2-HD22	2-HD22	5-HD22	2-HD22	7-HD22	2-HD22
늑근	HD10@200	HD10@150	HD10@150	HD10@200	HD10@200	HD10@200	HD10@150	HD10@150	HD10@150	HD10@200
부호	G9		G10			G11		G12		
	BOTH	CENTER	EXT END	INT END	CENTER	BOTH	CENTER	END(X2열측)	END(X3열측)	CENTER
형태	300 / 500	300 / 500	400 / 800	400 / 800	400 / 800	400 / 800	400 / 800	800 / 800	800 / 800	800 / 800
상부근	4-HD22	3-HD22	4-HD22	8-HD22	6-HD22	9-HD22	3-HD22	6-HD22	22-HD22	6-HD22
하부근	2-HD22	3-HD22	2-HD22	3-HD22	3-HD22	3-HD22	7-HD22	13-HD22	5-HD22	19-HD22
늑근	HD10@200	HD10@200	HD10@250	HD10@150	HD10@150	HD10@150	HD10@150	HD13@150	HD13@150	HD13@150
부호	G13			G14			G15			
	EXT END	INT END	CENTER	END(X2열측)	END(X3열측)	CENTER	BOTH	CENTER		
형태	800 / 800	800 / 800	800 / 800	500 / 800 X :4-HD19	500 / 800 X :4-HD19	500 / 800 X :4-HD19	300 / 800 X :4-HD19	300 / 800 X :4-HD19		
상부근	6-HD22	19-HD22	13-HD22	4-HD22	8-HD22	4-HD22	3-HD22	2-HD22		
하부근	5-HD22	5-HD22	5-HD22	8-HD22	4-HD22	12-HD22	3-HD22	5-HD22		
늑근	HD10@250	HD10@150	HD10@150	HD10@150	HD10@150	HD10@150	HD10@150	HD10@150		

보 일람표-2

G3		
END(X2열측)	END(X3열측)	CENTER
300 / 500	300 / 500	300 / 500
3-HD22	6-HD22	3-HD22
3-HD22	2-HD22	5-HD22
HD10@200	HD10@150	HD10@200

표시한 부분 확대 (G3)

2) 2층 바닥 슬래브

① 지상 2층 바닥 구조 평면도에서 단면 상세 해당 부분의 슬래브 부호를 확인한다. 2층 바닥 구조 평면도에서는 슬래브의 부호를 찾을 수가 없다. 부재 부호가 많아 복잡할 경우는 부호를 일일이 표기하지 않고, 도면의 'NOTE'에 표기하며, 2층 바닥 구조 평면도에 ⬚ 표시한 부분이 NOTE이다. NOTE의 '표기 없는 SLAB는 2S2'를 보고 슬래브 부호가 2S2임을 확인할 수 있다.

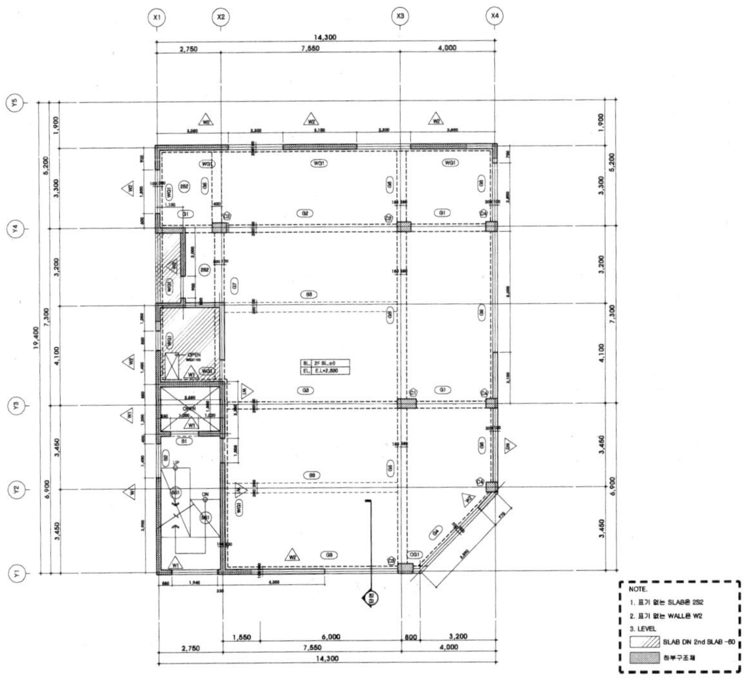

지상 2층 바닥 구조 평면도

NOTE.

1. 표기 없는 SLAB은 2S2

2. 표기 없는 WALL은 W2

3. LEVEL

SLAB DN 2nd SLAB -60

하부구조체

⬚ 표시 부분 확대 (NOTE)

② 슬래브 일람표에서 슬래브 부호 2S2의 두께가 150임을 확인한다.

슬 라 브 일 람 표

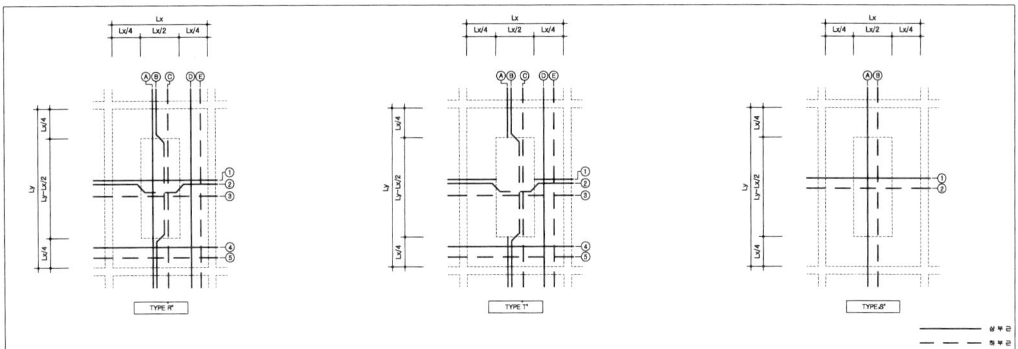

NAME	TYPE	THK. (MM)	단변방향 (Lx)					장변방향 (Ly)					비 고
			중앙부		단부			중앙부		단부			
			1	2	3	4	5	A	B	C	D	E	
PHRS1,4S3, 1S2,2S2,3S2	S	150	HD10@200	HD10@200				HD10@300	HD10@300				
4S1,RS1	S	150	HD10+13@200	HD10@200				HD10+13@200	HD10@200				
5S1	S	210	HD10@200	HD10@200				HD10@200	HD10@200				
4S2	R	150	HD10@300	HD10@300	HD10@300	HD10@300	HD10@300	HD10@400	HD10@400	HD10@400	HD10@400	HD10@400	
1S1,2S1,3S1	T	150	HD10@300	HD10@300	HD10@300	HD10@300	HD10@300	HD10@400	HD10@400	HD10@400	HD10@400	HD10@400	
1S3	S	150	HD10@200	HD10@200				HD10@200	HD10@200				
RAS1	S	150	HD13@150	HD13@150				HD13@200	HD13@200				

슬래브 일람표 (2S2)

NAME	TYPE	THK. (MM)
PHRS1,4S3, 1S2,2S2,3S2	S	150
4S1,RS1	S	150
5S1	S	210
4S2	R	150
1S1,2S1,3S1	T	150
1S3	S	150
RAS1	S	150

표시 부분 확대 (2S2)

3) 2층 벽체

① 지상 2층 바닥 구조 평면도 및 2층 바닥 구조 평면도 부분 확대에서 단면 상세 해당 부분의 벽체 부호 W2를 확인한다.

② W2 벽체는 X2 열에서 4,300 위치까지 표시되어 있으며, X2 열에서 4,300 위치에서부터는 벽체가 없는 부분이며, 창호가 설치되는 위치이다.

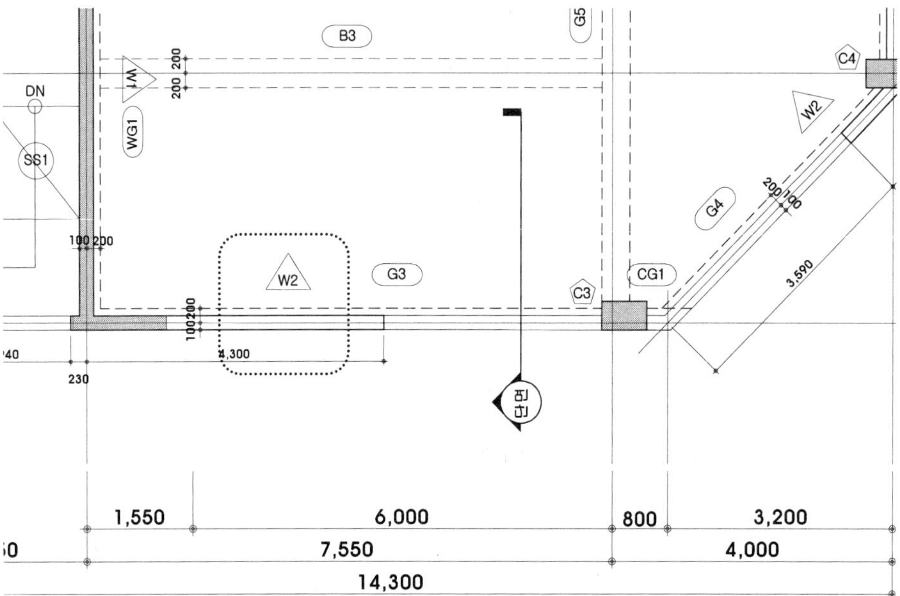

지상 2층 바닥 구조 평면도 부분 확대

③ 기타 배근도 (벽체 일람표)에서 ⬚ 표시된 부분에 W2가 표기되어 있고, 벽체 두께가 200임을 확인할 수 있다.

기타 배근도

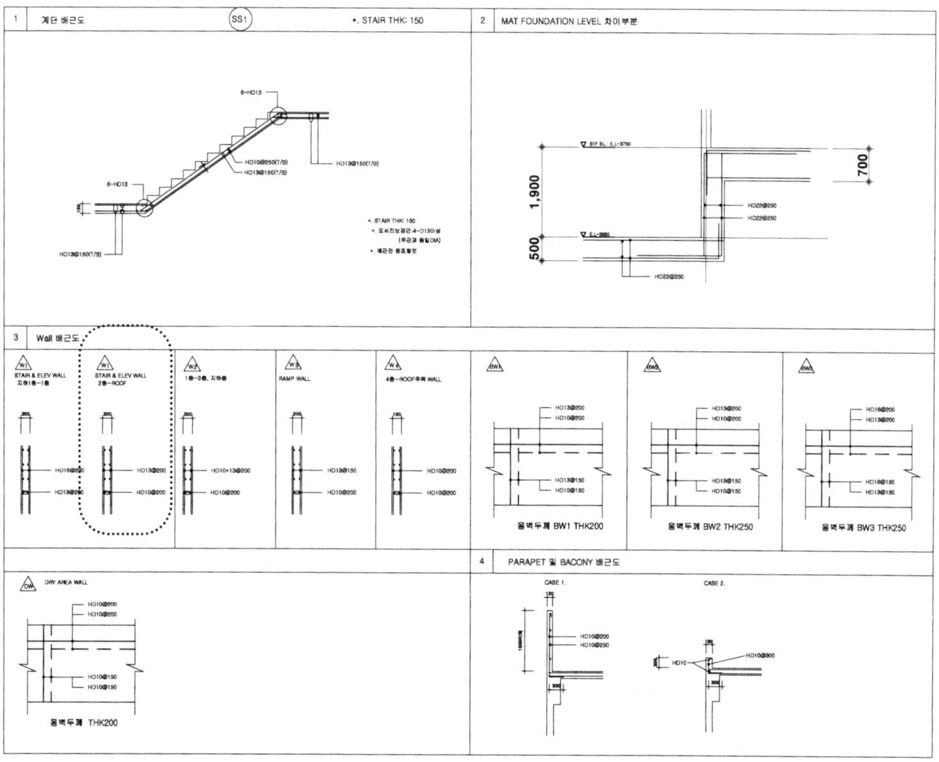

기타 배근도 (W2)

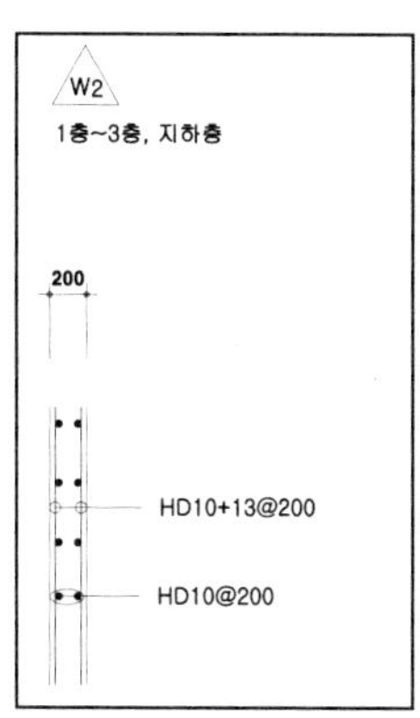

⬚ 표시 부분 확대 (W2)

4) 3층 바닥 보

① 3층 바닥보는 지상 3층 바닥 구조 평면도에서 확인할 수 있으며, 점선으로 표현되어 있는것이 3층 바닥보이다.

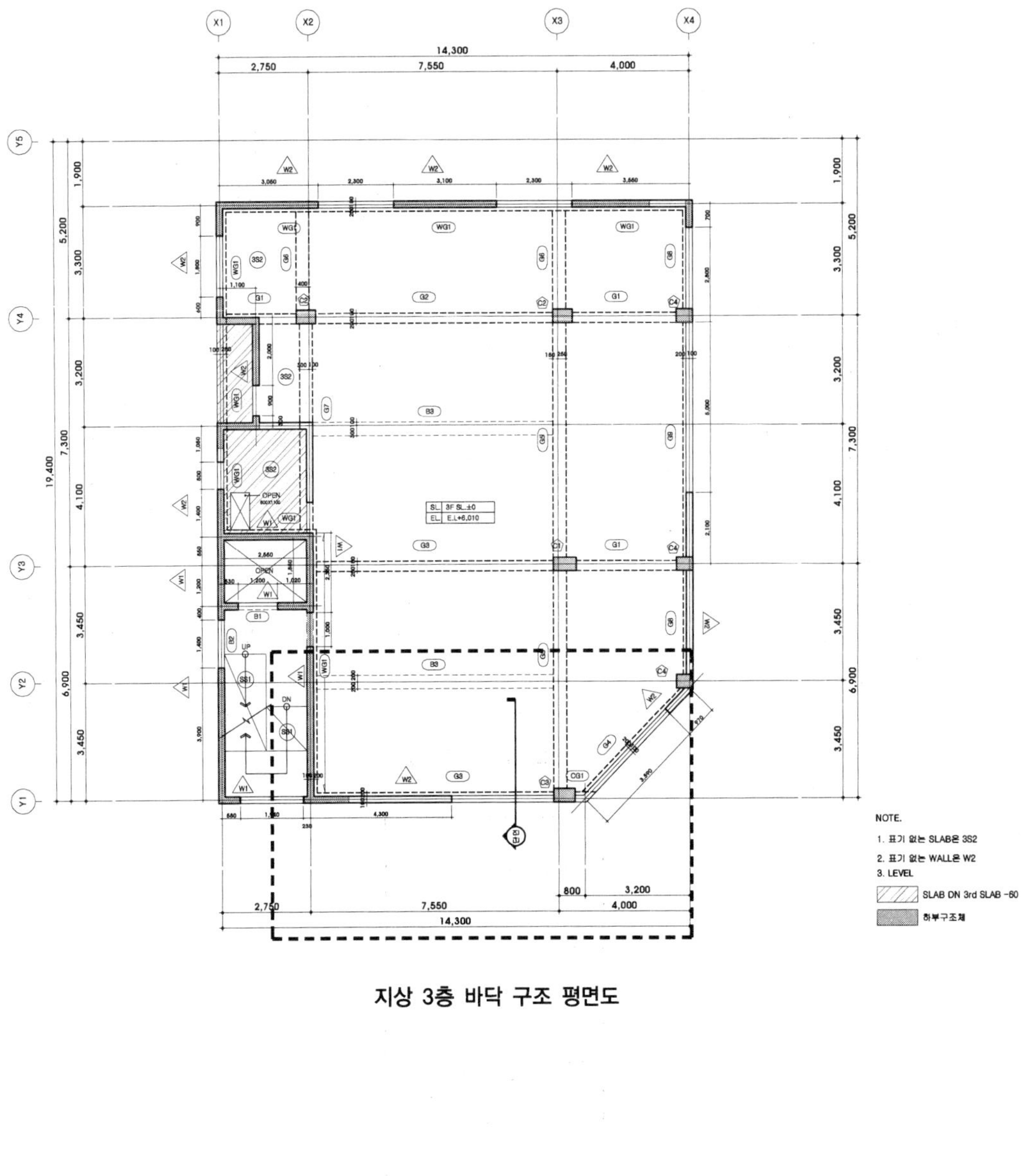

지상 3층 바닥 구조 평면도

② 지상 3층 바닥 구조 평면도에서 ⬚ 표시 부분을 확대한 도면이 지상 3층 바닥 구조 평면도 부분 확대 도면이며, 단면 상세 해당하는 부분의 단면 기호를 확인할 수 있다. 단면으로 잘라지는 부분의 보 부호가 G3임을 확인할 수 있다.

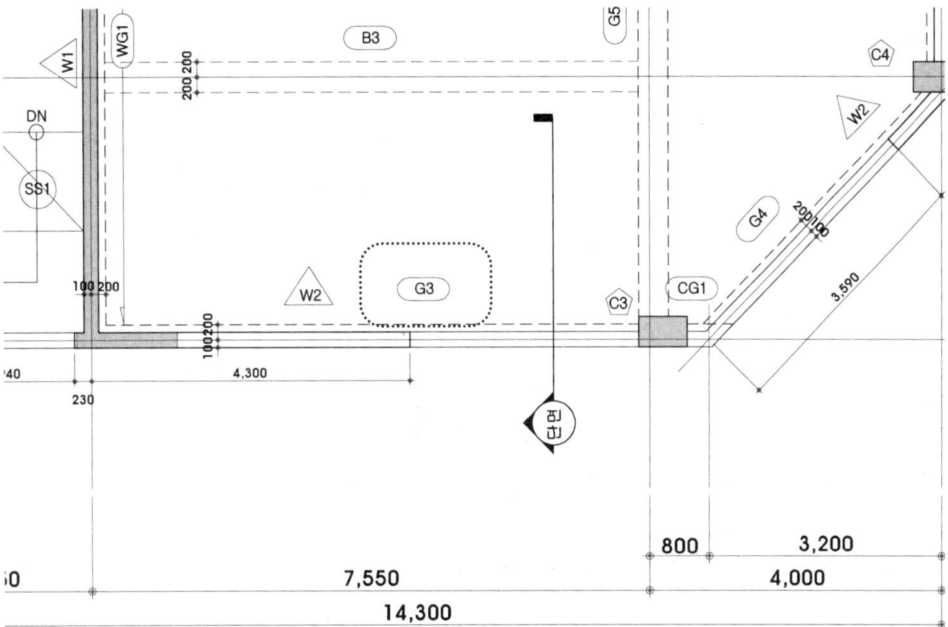

지상 3층 바닥 구조 평면도 부분 확대 (G3)

③ 보 G3의 크기를 확인하려면 보 일람표에서 보 부호를 찾아보아야 한다. 보 일람표-2에서 ⬚ 표시한 부분이 보 G3이고, 보 너비가 300이고, 보 높이가 500을 확인할 수 있다.

보 일람표-2

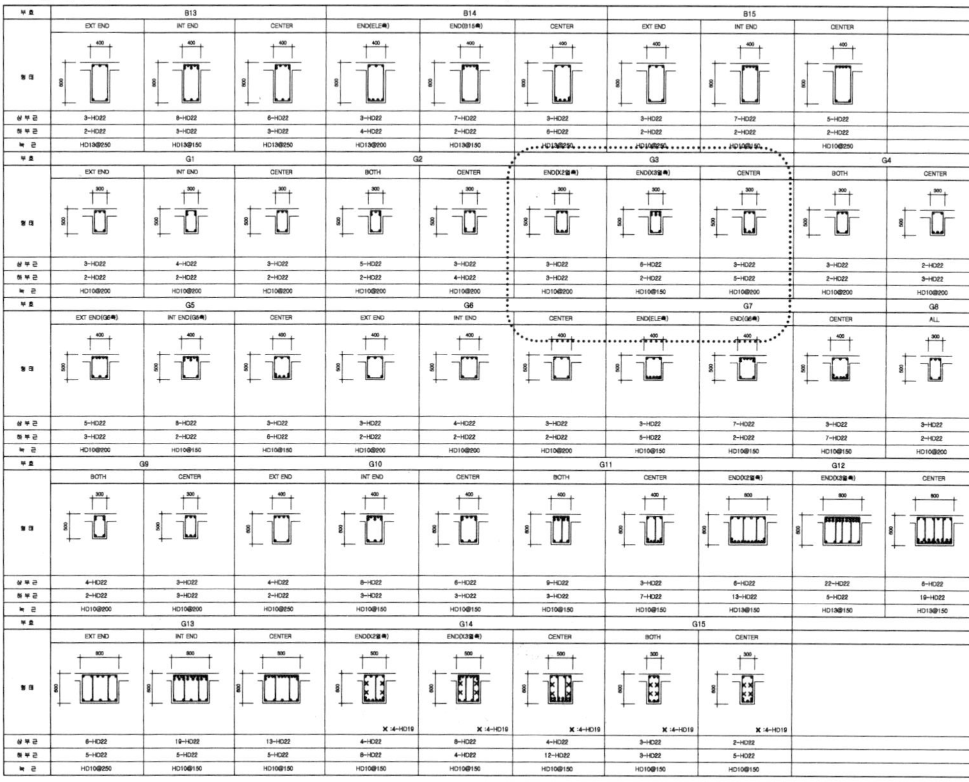

보 일람표-2

G3		
END(X2열측)	END(X3열측)	CENTER
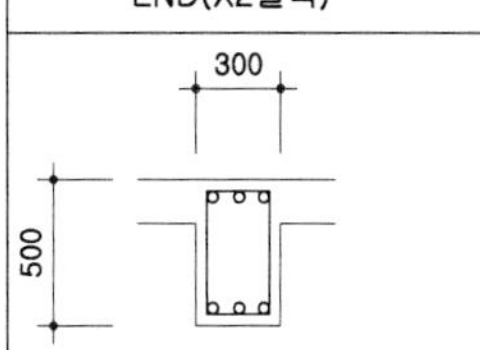	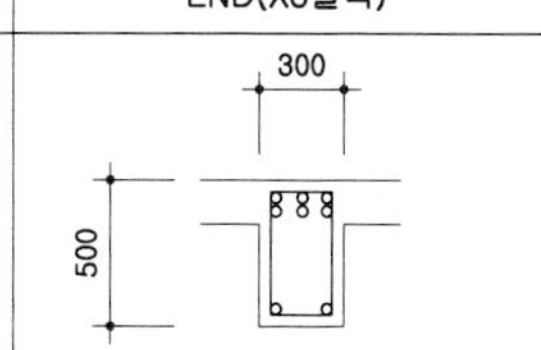	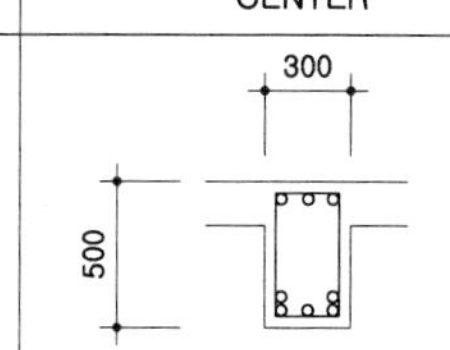
3-HD22	6-HD22	3-HD22
3-HD22	2-HD22	5-HD22
HD10@200	HD10@150	HD10@200

⬚ 표시한 부분 확대 (G3)

5) 3층 바닥 슬래브

① 지상 3층 바닥 구조 평면도 및 3층 바닥 구조 평면도 부분 확대에서 단면 상세 해당 부분의 슬래브 부호를 확인한다.

② 지상 3층 바닥 구조 평면도에는 부호가 표기되어 있지 않으나, NOTE의 '표기 없는 SLAB는 3S2'를 보고 슬래브 부호가 3S2임을 확인할 수 있다.

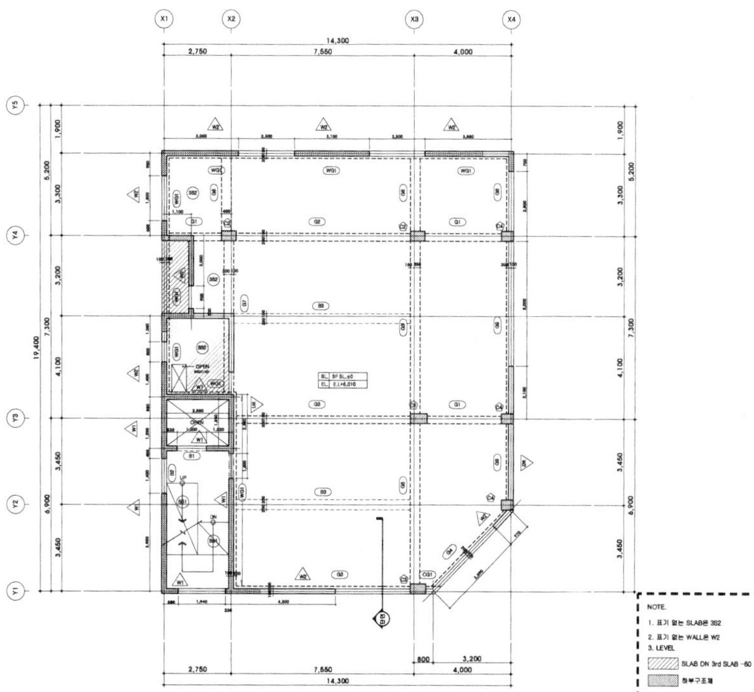

지상 3층 바닥 구조 평면도

NOTE.

1. 표기 없는 SLAB은 3S2

2. 표기 없는 WALL은 W2

3. LEVEL

SLAB DN 3rd SLAB -60

하부구조체

표시 부분 확대 (NOTE)

③ 슬래브의 두께는 슬래브 일람표에서 확인할 수 있다. 슬래브 일람표에 ⬚ 표시된 부분이 3S2이다. 3S2의 두께가 150임을 확인할 수 있다.

슬 라 브 일 람 표

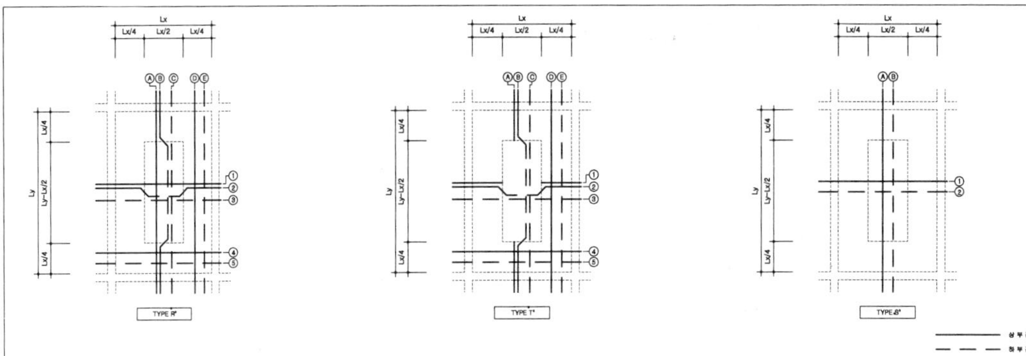

NAME	TYPE	THK. (MM)	단변방향(Lx)					장변방향(Ly)					비 고
			중앙부		단부			중앙부		단부			
			A	B	C	D	E	1	2	3	4	5	
PHRS1,4S3, 1S2,2S2,3S2	S	150	HD10@200	HD10@200				HD10@300	HD10@300				
4S1,RS1	S	150	HD10+13@200	HD10@200				HD10+13@200	HD10@200				
5S1	S	210	HD10@200	HD10@200				HD10@200	HD10@200				
4S2	R	150	HD10@300	HD10@300	HD10@300	HD10@300	HD10@300	HD10@400	HD10@400	HD10@400	HD10@400	HD10@400	
1S1,2S1,3S1	T	150	HD10@300	HD10@300	HD10@300	HD10@300	HD10@300	HD10@400	HD10@400	HD10@400	HD10@400	HD10@400	
1S3	S	150	HD10@200	HD10@200				HD10@200	HD10@200				
RAS1	S	150	HD13@150	HD13@150				HD13@200	HD13@200				

슬래브 일람표 (3S2)

NAME	TYPE	THK. (MM)
PHRS1,4S3, 1S2,2S2,3S2	S	150
4S1,RS1	S	150
5S1	S	210
4S2	R	150
1S1,2S1,3S1	T	150
1S3	S	150
RAS1	S	150

⬚ 표시 부분 확대 (3S2)

6) 3층 벽체

① 지상 3층 바닥 구조 평면도 및 3층 바닥 구조 평면도 부분 확대에서 단면 상세 해당 부분의 벽체 부호 W2를 확인한다.

② W2 벽체는 X2 열에서 4,300 위치까지 표시되어 있으며, X2 열에서 4,300 위치에서부터는 벽체가 없는 부분이며, 창호가 설치되는 위치이다.

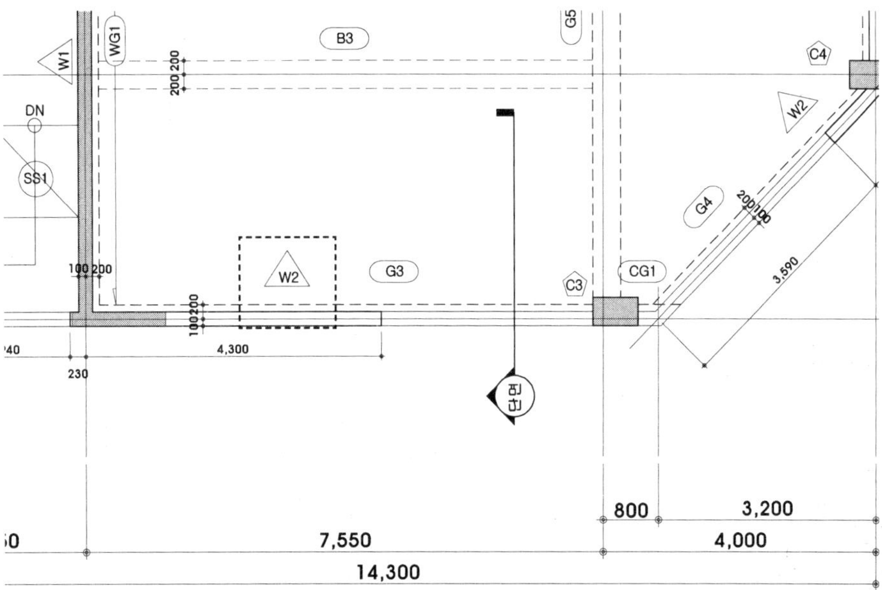

지상 3층 바닥 구조 평면도 부분 확대

③ 기타 배근도 (벽체 일람표)에서 [점선 박스] 표시된 부분에 W2가 표기되어 있고, 벽체 두께가 200임을 확인할 수 있다.

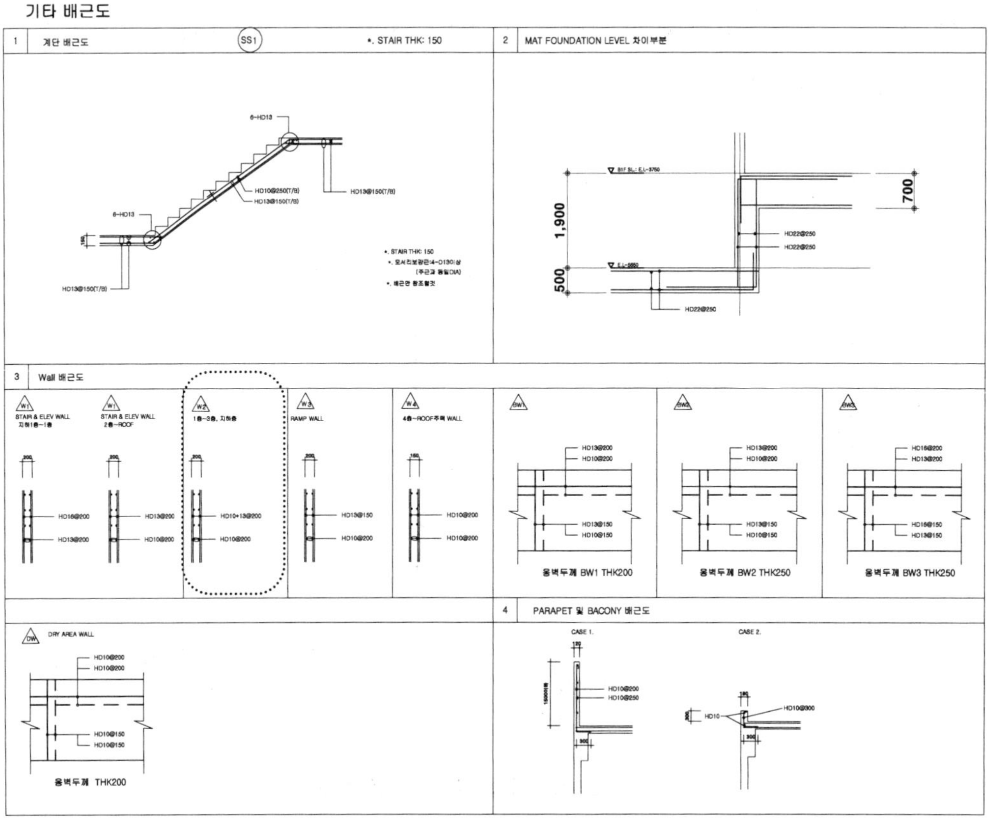

기타 배근도 (W2)

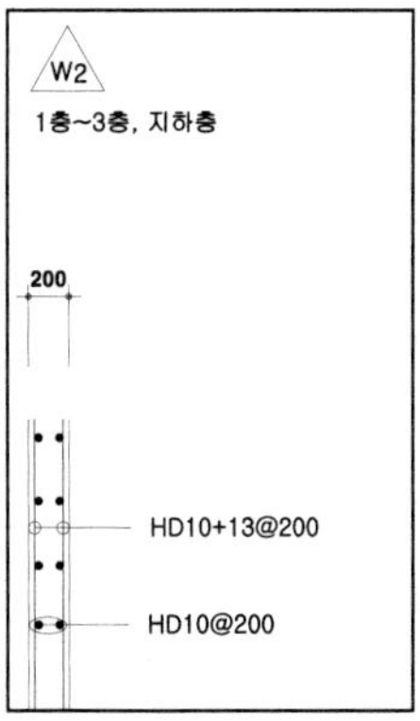

[점선 박스] 표시 부분 확대 (W2)

7) 4층 바닥 보

① 4층 바닥보는 지상 4층 바닥 구조 평면도에서 확인할 수 있다.

② 지상 4층 바닥 구조 평면도에서 점선으로 표현되어 있는 것이 4층 바닥보이다.

③ 4층은 도시형 생활주택이 있는 층으로 세대 간막이 벽이 콘크리트 벽체로 세워지는 부분이 생기므로 그 하중을 받는 보이다. 큰 보와 작은보가 2층~3층과는 다르게 배치되고 보의 폭과 높이가 커진것을 확인할 수 있다.

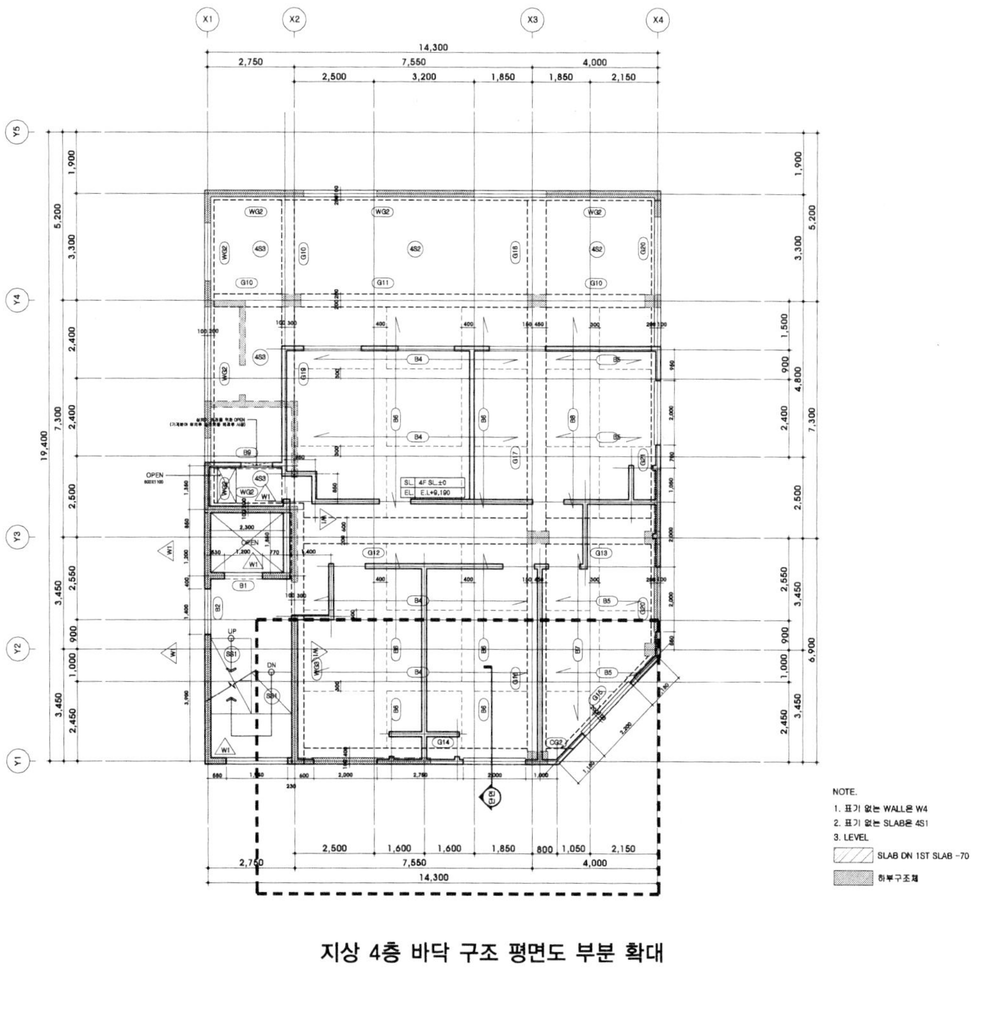

지상 4층 바닥 구조 평면도 부분 확대

③ 지상 4층 바닥 구조 평면도 부분 확대에서 외벽 단면 상세 해당 부분의 보 부호가 G14임을 확인할 수 있다.

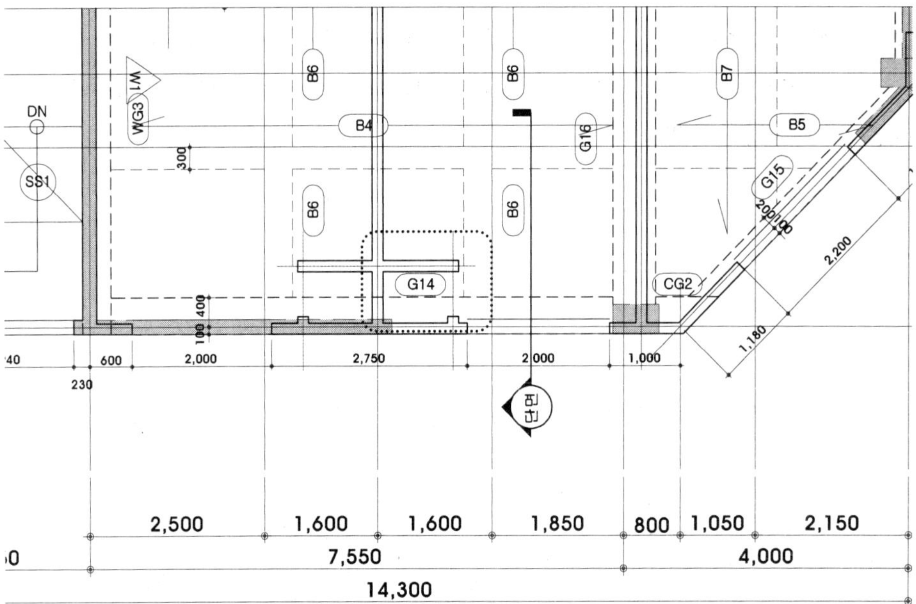

지상 4층 바닥 구조 평면도 부분 확대 (G14)

④ 보 일람표-2에서 ⬚ 표시한 부분이 보 G14이고, 보 너비가 500이고, 보 높이가 600을 확인할 수 있다.

보 일람표-2

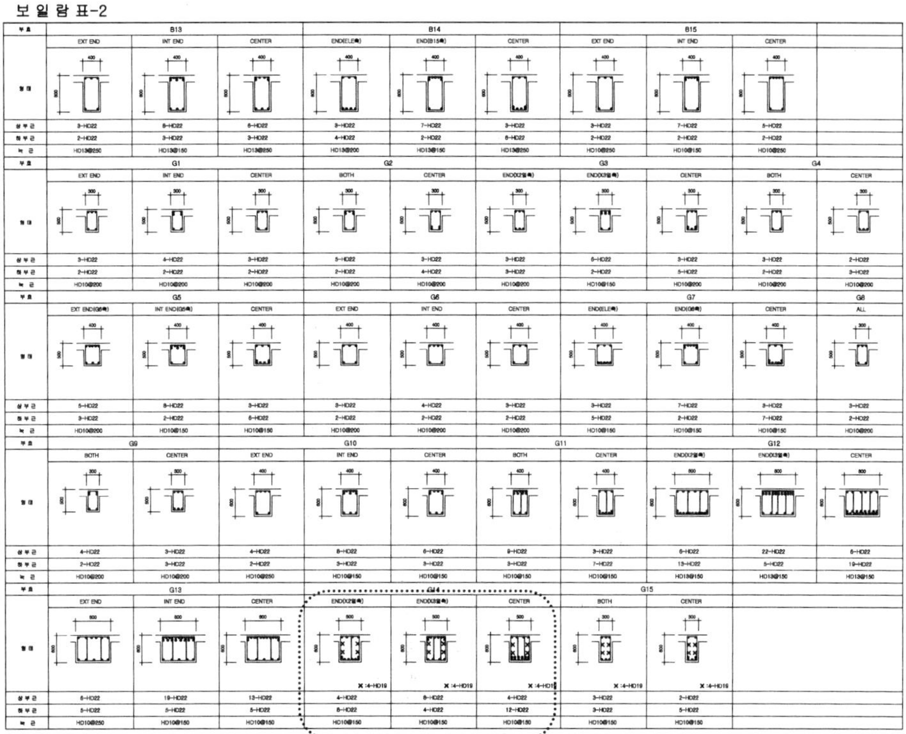

보 일람표-2 (G14)

G14		
END(X2열측)	END(X3열측)	CENTER
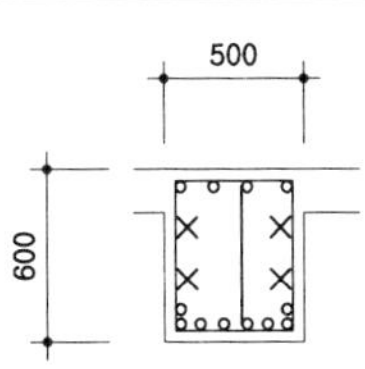 × :4-HD19	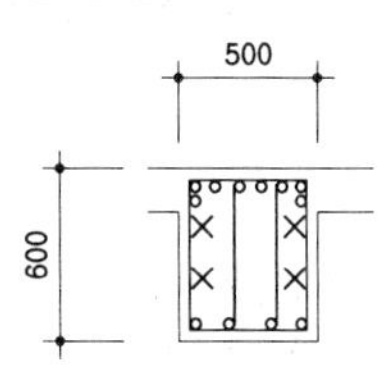 × :4-HD19	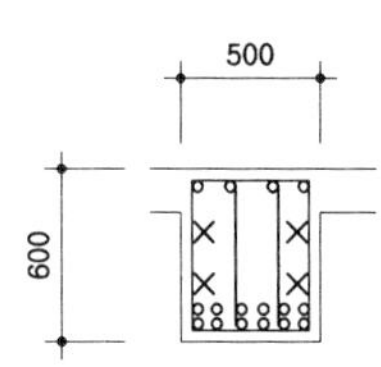 × :4-HD19
4-HD22	8-HD22	4-HD22
8-HD22	4-HD22	12-HD22
HD10@150	HD10@150	HD10@150

⬚ 표시한 부분 확대 (G14)

8) 4층 바닥 슬래브

① 지상 4층 바닥 구조 평면도에서단면 상세 해당 부분의 슬래브 부호를 확인한다.

② 4층 바닥 구조 평면도에는 부호가 표기되어 있지 않으나, NOTE의 '표기 없는 SLAB는 4S1'을 보고 슬래브 부호가 4S1임을 확인할 수 있다.

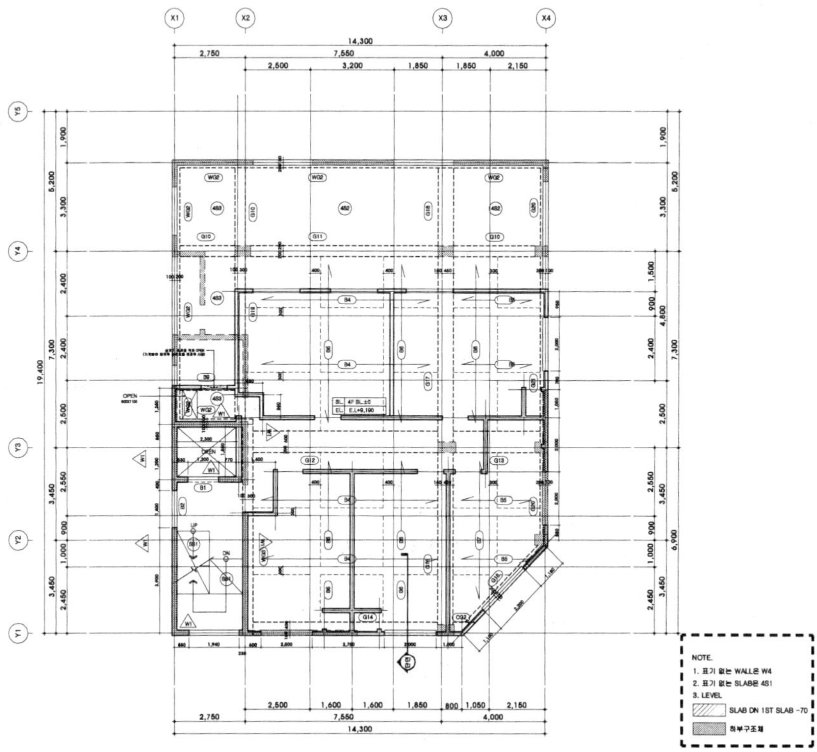

지상 4층 바닥 구조 평면도

NOTE.

1. 표기 없는 WALL은 W4
2. 표기 없는 SLAB은 4S1
3. LEVEL

SLAB DN 1ST SLAB -70

하부구조체

표시 부분 확대 (NOTE)

③ 슬래브의 두께는 슬래브 일람표에서 확인할 수 있다. 슬래브 일람표에 ⬚ 표시된 부분이 4S1이다. 4S1의 두께가 150임을 확인할 수 있다.

슬 라 브 일 람 표

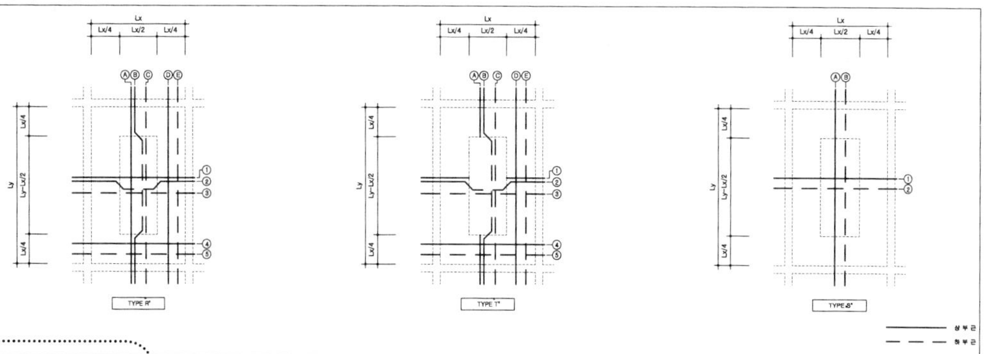

NAME	TYPE	THK. (MM)	단변방향(Lx) 중앙부 A	단변방향(Lx) 중앙부 B	단변방향(Lx) 단부 C	단변방향(Lx) 단부 D	단변방향(Lx) 단부 E	장변방향(Ly) 중앙부 1	장변방향(Ly) 중앙부 2	장변방향(Ly) 단부 3	장변방향(Ly) 단부 4	장변방향(Ly) 단부 5	비고
PHRS1,4S3, 1S2,2S2,3S2	S	150	HD10@200	HD10@200				HD10@300	HD10@300				
4S1,RS1	S	150	HD10+13@200	HD10@200				HD10+13@200	HD10@200				
5S1	S	210	HD10@200	HD10@200				HD10@200	HD10@200				
4S2	R	150	HD10@300	HD10@300	HD10@300	HD10@300	HD10@300	HD10@400	HD10@400	HD10@400	HD10@400	HD10@400	
1S1,2S1,3S1	T	150	HD10@300	HD10@300	HD10@300	HD10@300	HD10@300	HD10@400	HD10@400	HD10@400	HD10@400	HD10@400	
1S3	S	150	HD10@200	HD10@200				HD10@200	HD10@200				
RAS1	S	150	HD13@150	HD13@150				HD13@200	HD13@200				

슬래브 일람표 (4S1)

NAME	TYPE	THK. (MM)
PHRS1,4S3, 1S2,2S2,3S2	S	150
4S1,RS1	S	150
5S1	S	210
4S2	R	150
1S1,2S1,3S1	T	150
1S3	S	150
RAS1	S	150

⬚ 표시 부분 확대 (4S1)

9) 4층 벽체

① 지상 4층 바닥 구조 평면도 및 4층 바닥 구조 평면도 부분 확대에서 단면 상세 해당 부분의 벽체 부호 (W4)를 확인한다.

② 바닥 구조 평면도에는 벽체 부호가 표기되어 있지 않으나. NOTE의 '표기 없는 WALL은 W4'를 보고 벽체 부호 (W4)를 확인할 수 있다.

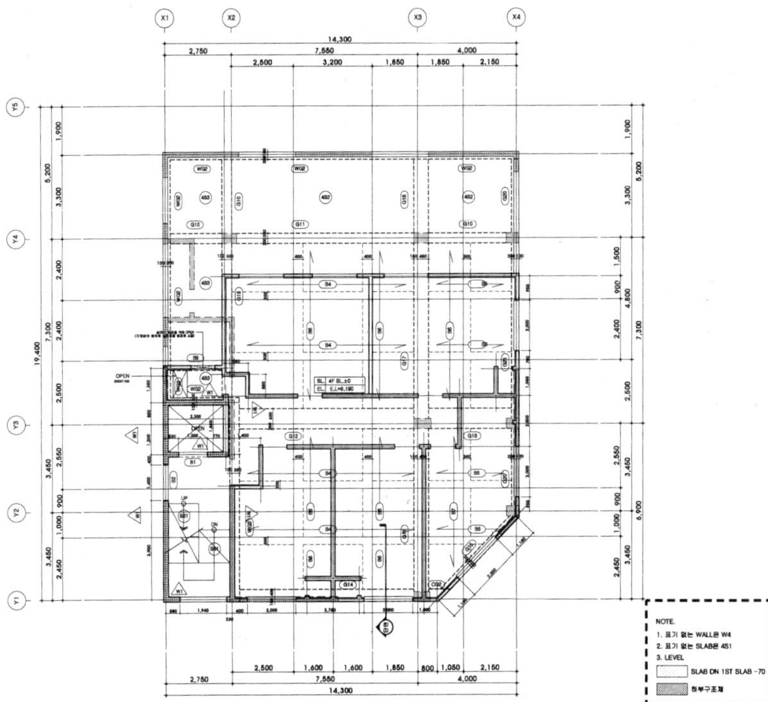

지상 4층 바닥 구조 평면도

NOTE.

1. 표기 없는 WALL은 W4
2. 표기 없는 SLAB은 4S1
3. LEVEL

SLAB DN 1ST SLAB -70

하부구조체

표시 부분 확대 (NOTE)

③ W4는 벽체가 표시된 부분과 창호가 설치되는 부분을 구분하여야 한다. X4 열을 기준으로 우측 800 위치에서부터 좌측으로 1,000까지 벽체가 있고, 이후 2,000까지지는 창호가 설치되는 부분이다.

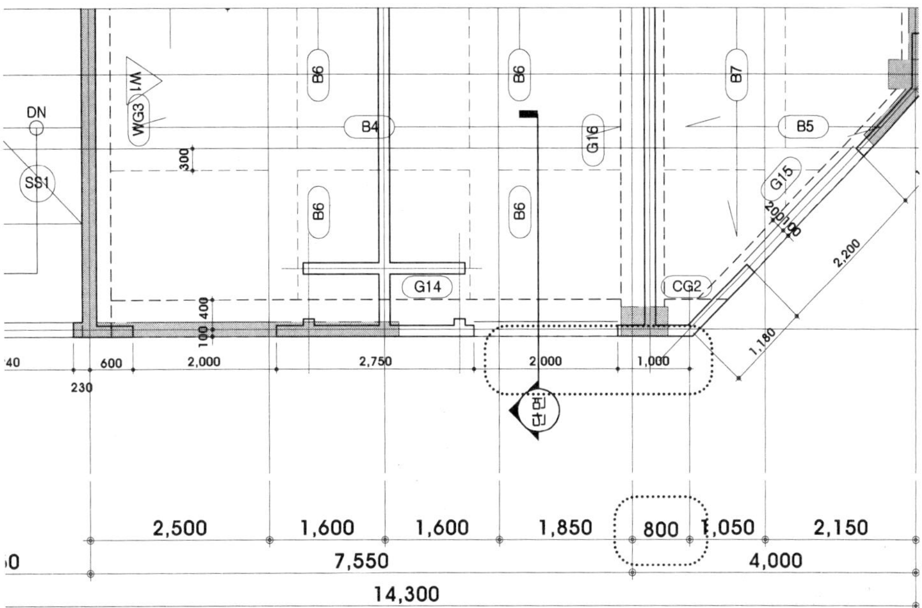

지상 4층 바닥 구조 평면도 부분 확대 (벽체 위치 및 치수)

④ 기타 배근도 (벽체 일람표)에서 ⬚ 표시된 부분이 W4이고, 벽체 두께가 200임을 확인할 수 있다.

기타 배근도

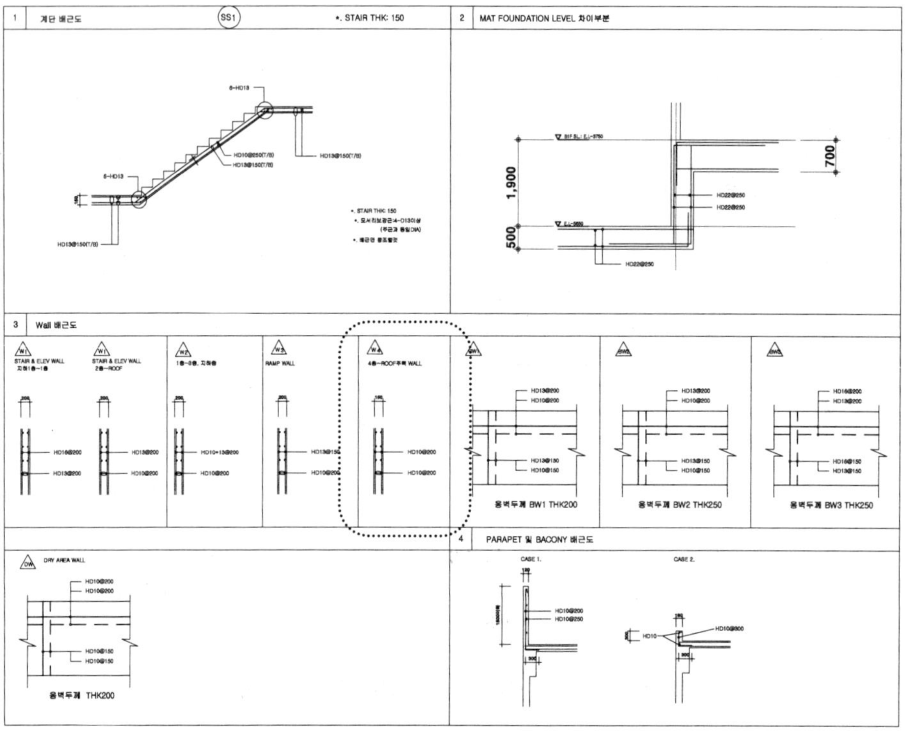

기타 배근도 (W4)

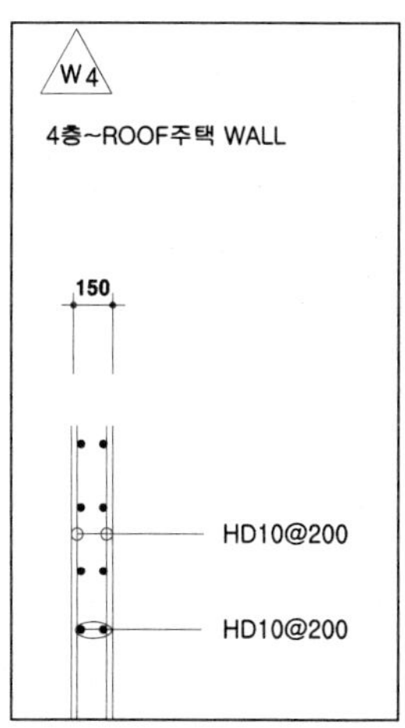

⬚ 표시 부분 확대 (W4)

2. 구조체 형태 파악하기

1) 단면 형태 파악하기

① 단면도 02에 표시된 모델링할 부분의 외벽 단면 부분을 확대하여 단면의 형태를 확인한다.

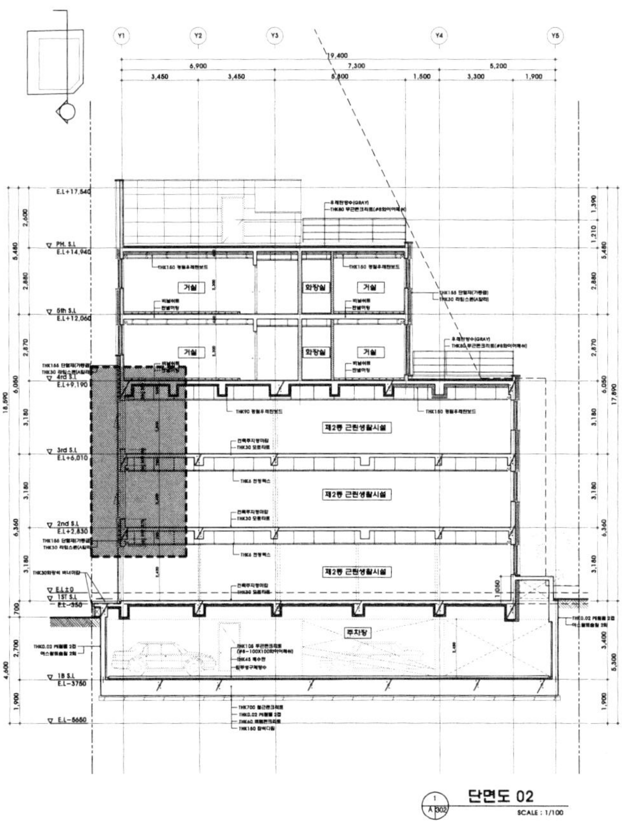

단면도 02

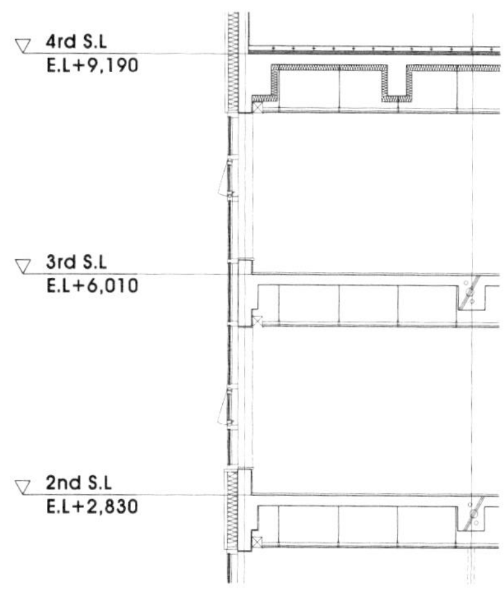

외벽 단면 부분 확대

② 외벽 단면 부분 확대된 도면에서 해당 부재의 위치를 확인하고, 구조체 파악하기에서 확인한 2층에서 4층까지의 부재 (보, 슬래브, 벽체)의 부호와 각각의 부재의 치수를 기재하여 모델링할 부재의 크기를 알 수 있도록 한다.

③ G3는 보 너비가 300이고, 보 높이가 500으로, 보 높이 500은 보 부재의 상단에서 하단까지의 수직길이를 말한다.

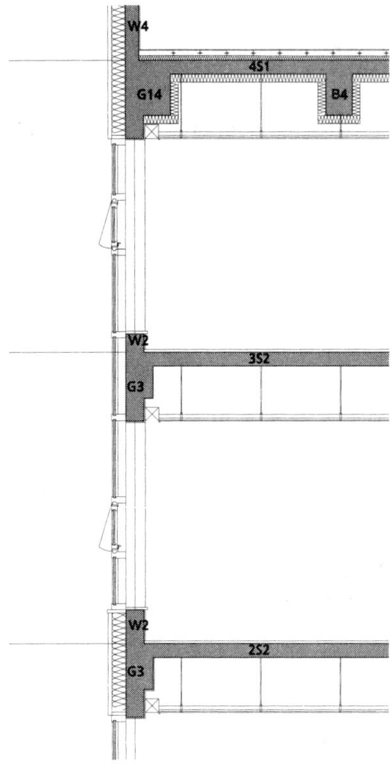

외벽 부분 단면도 (부재 부호 기입)

2) 단면 높이 파악하기

① 단면도 02에서 2층에서 4층까지의 층고를 확인할 수 있으며, 도면에 치수와 층별 레벨이 표기되어 있다.

② 2층 구조의 기준 레벨 (2nd S.L)은 E.L+2,830이며, 3층 구조의 기준 레벨 (3rd S.L)은 E.L+6,010이다. 이 레벨의 차이가 2층의 층고이며, 3,180이다. 2층 슬래브 상부에서 3층 슬래브 상부까지의 높이가 3,180임을 알 수 있다.

③ 3층 구조의 기준 레벨 (3rd S.L)은 E.L+6,010이며, 4층 구조의 기준 레벨 (4th S.L)은 E.L+9,190이다. 이 레벨의 차이가 3층의 층고이며, 3,180이다. 3층 슬래브 상부에서 4층 슬래브 상부까지의 높이가 3,180임을 알 수 있다.

④ 천장 높이는 바닥 마감 면에서 천장 마감재까지의 높이이며, 2,300임을 알 수 있다.

⑤ W2는 Y1 열의 중심선에서 내부 (좌측) 100, 외부 (우측) 100으로 나누어져 두께 200의 벽체로 구성되어 있다.

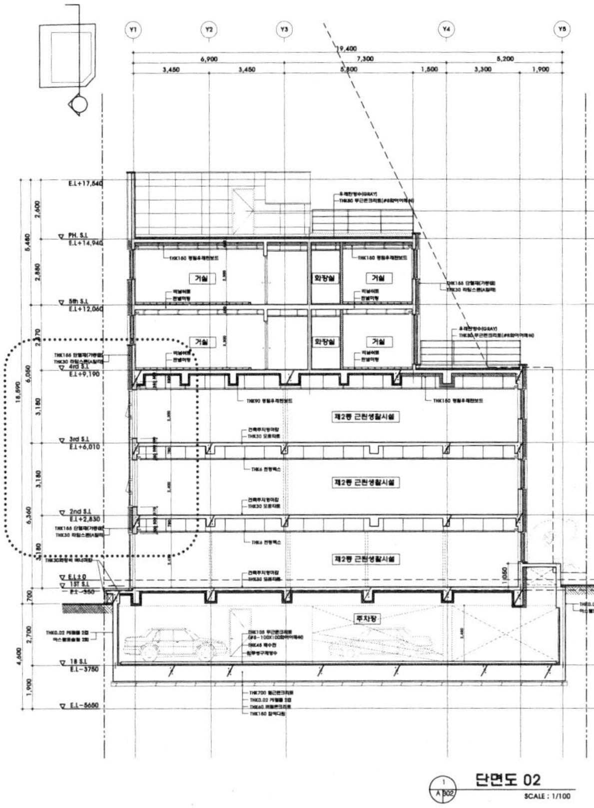

단면도 02

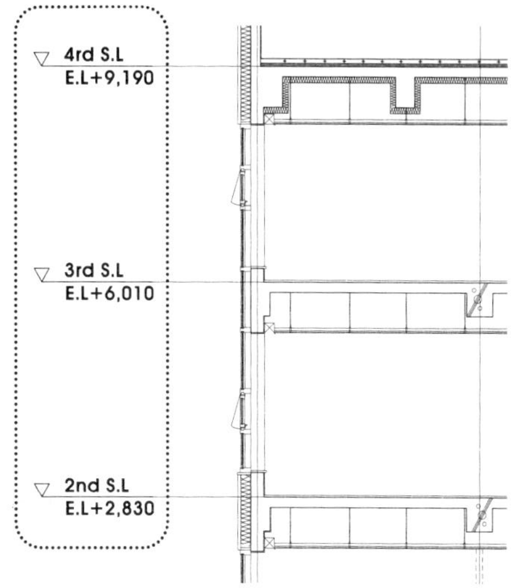

외벽 단면 부분 확대 (레벨 확인)

3) 창호 상하부 단면 파악하기

① 단면도에서 커튼월 창호 설치 부분의 2층 보 (2G3)의 상부 창대 높이 치수는 370, 보 하부 벽체는 300임을 확인한다.

② 단면도에서 커튼월 창호 설치 부분의 3층 보 (3G3)의 상부 창대 높이 치수는 200, 보 하부 벽체는 250임을 확인한다.

③ 단면도에서 커튼월 창호 설치 부분의 4층 보 (G14)의 보 하부 벽체 높이는 250임을 확인한다.

④ 부분 확대된 단면도에 창대 높이, 보 하부 벽체 높이, 천장 높이 등을 기재하여 모델링할 부재의 크기를 알 수 있도록 한다.

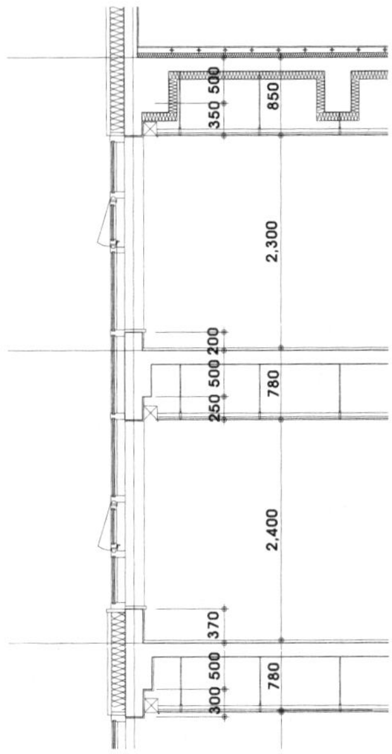

외벽 부분 단면도 (부재 치수 기입)

4) 구조 단면 모델링

구조 단면의 부재 크기와 높이를 확인한 후에는 모델링할 부분을 입체적으로 스케치 해보는 것이 좋다. 3D 프로그램 (스케치업)을 활용해 보면 더 정확한 모형 제작이 가능하다.

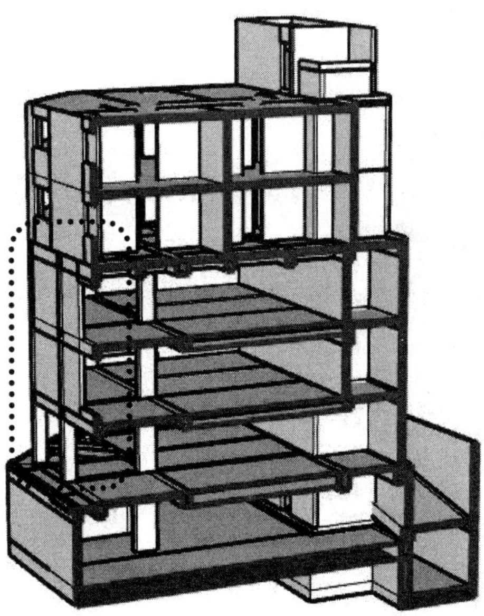

구조 3D 모델링 단면

3. 창호 파악하기

1) 창호 부호 및 종류 파악하기

① 지상 2층 창호 부호도에서 외벽 단면 모델링 위치의 창호 부호를 확인한다. (CAW2)

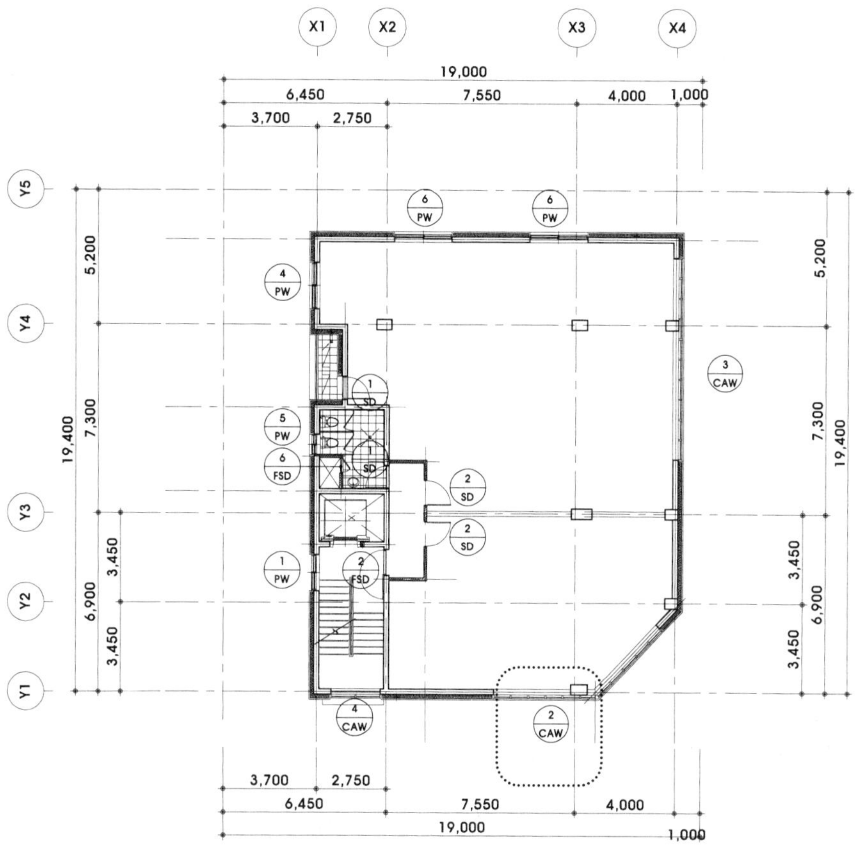

지상 2층 창호 부호도 (CAW2)

② 창호일람표-3에서 ⬚ 표시된 부분이 CAW2이며, 창호의 크기와 형태, 유리의 종류와 두께를 확인한다.

③ CAW2는 커튼월 형식의 알루미늄 창으로 THK 45 로이 삼중 유리로 고정창과 프로젝트 창으로 구성되어 있다

④ 창호 높이는 5,050이며, 80MM 알루미늄 프레임으로 THK 45 로이 삼중 유리로 구성되어 있다.

⑤ THK 45 로이 삼중 유리는 T6 로이 유리+T14 아르곤+T5 일반 유리+T14 아르곤+T6 로이 유리로 구성되어 있다.

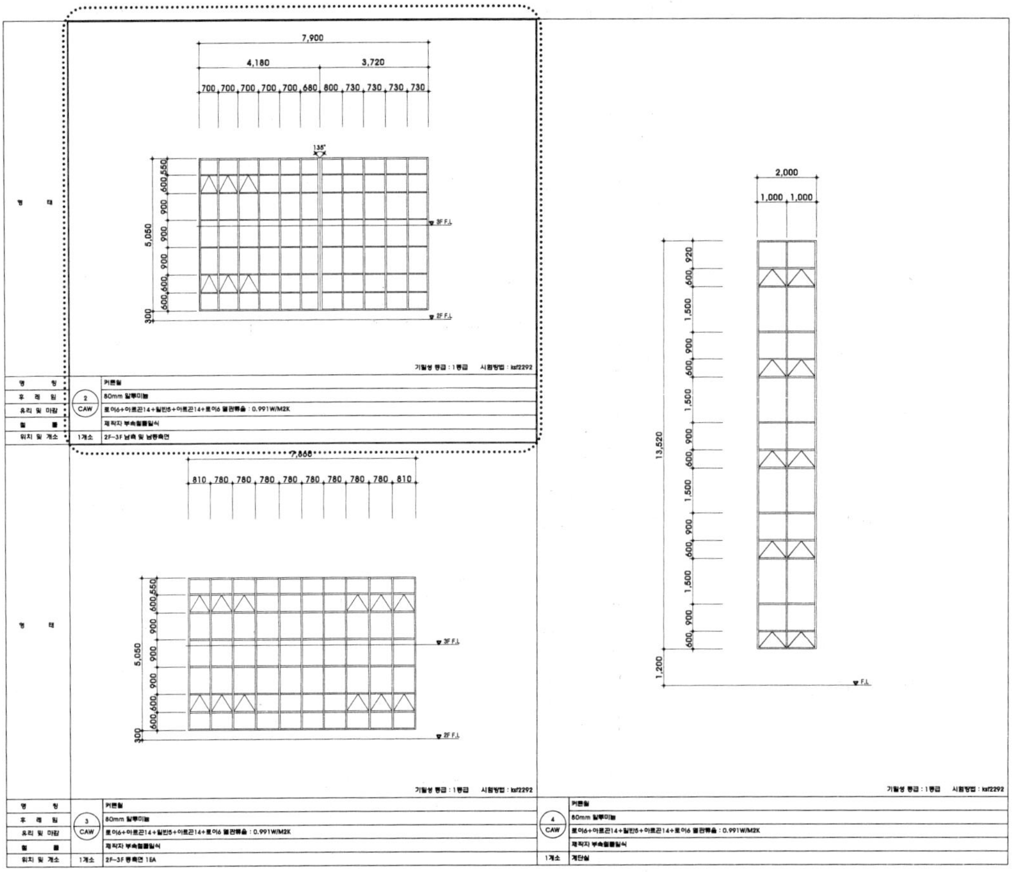

창호 일람표-3 (CAW2)

2) 창호 형태 파악하기

① 창호도에서 파악한 대로 CAW2는 커튼월 형식의 알루미늄 창으로 THK 45 로이 삼중 유리로 고정창과 프로젝트 창으로 구성되어 있다.

② 창대석 높이와 창호 프레임 위치가 일치하도록 창호 프레임이 나누어져 있으며, 남측면도에서 CAW2의 위치를 확인할 수 있다.

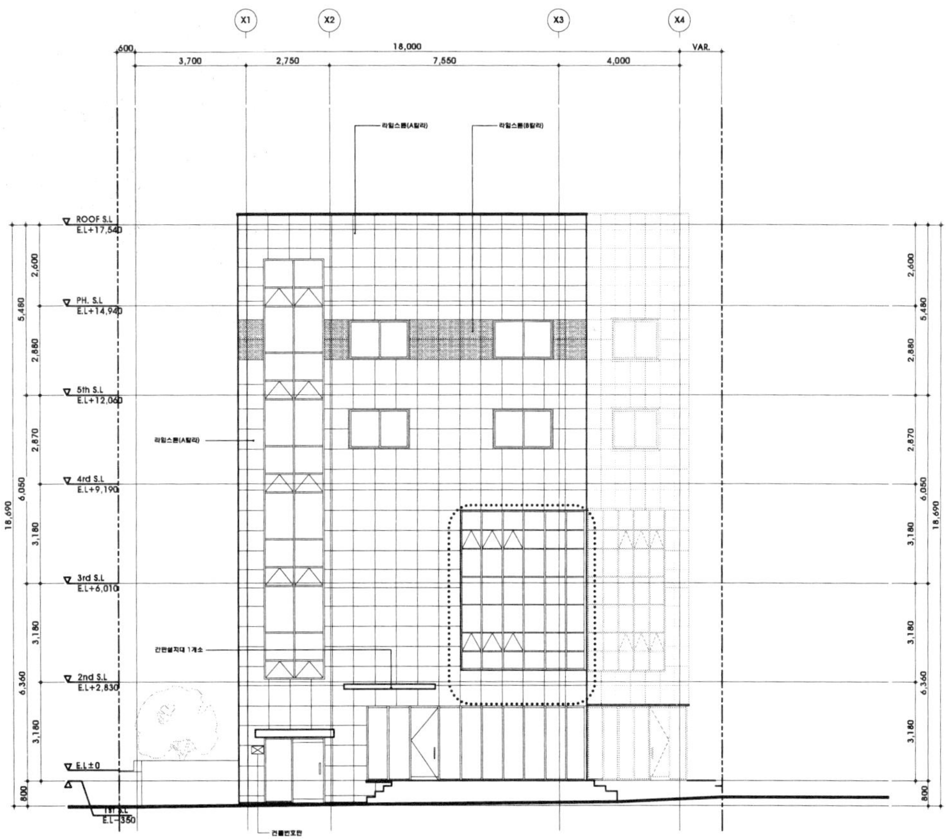

남측면도

③ 2층과 3층의 2개 층에 커튼월 창호가 설치되어 있으므로, 외부에서 천장 내부가 보이지 않도록 3층 바닥보 하부 벽체 높이가 창호 프레임 위치와 일치하는지 확인해야 한다.

④ 천장마감과 창호가 설치되는 만나는 부분의 천장에는 커튼박스를 설치한다. 가로 150 세로 150의 크기로 설치된다.

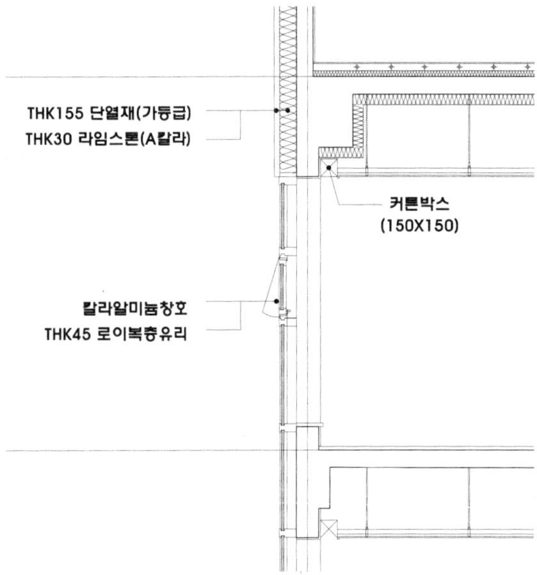

창호 단면 상세 (CAW2)

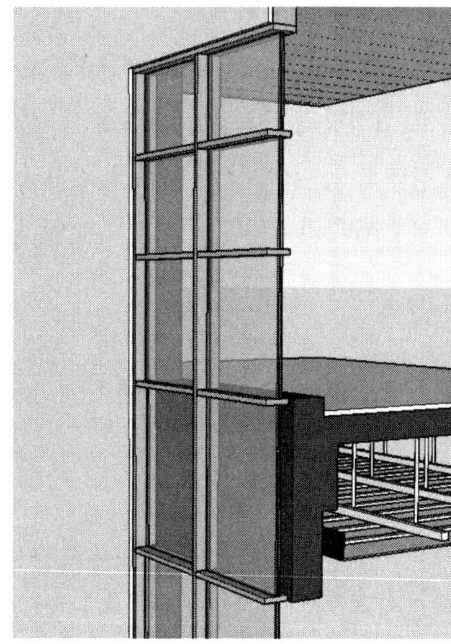

외벽 단면 상세 모델링 창호 부분 확대

2-3-2 마감 상세 파악하기

1. 마감 재료 파악하기

1) 2~3층 마감 재료 파악하기

① 실내 재료 마감표에서 2층과 3층은 근린생활시설로 마감이 같은 것을 확인할 수 있으며, 바닥과 걸레받이, 벽체와 천장 마감의 종류 및 두께를 확인할 수 있다.

(1/A011) 실내재료마감표
SCALE : NONE

층별	실명	바닥 바탕	바닥 마감	걸레받이 바탕	걸레받이 마감	높이	상세번호	벽 바탕	벽 마감	상세번호	천정 바탕	천정 마감	천정고	상세번호
지하1층	계단실	THK24 시멘트 몰탈	THK30화강석 물갈기	THK11 시멘트 몰탈	마천석물갈기	100	F-01	THK11 시멘트 몰탈	무늬코트	W-01		콘크리트 면처리 위 무늬코트	-	C-01
	저수조	액체방수 1종/THK93 무근콘크리트	THK0.3 에폭시페인트			-	F-02		콘크리트 면처리	W-02		콘크리트 면처리	-	C-01
	주차장	액체방수 1종/THK93 무근콘크리트	THK0.3 에폭시페인트			-	F-03		THK75 배수판 OR 콘크리트 면처리 위 수성페인트	W-03	THK90경질우레탄보드	THK3 퍼라이트뿜칠	-	C-02
지상1층 ~ 지상3층	계단실	THK24 시멘트 몰탈	THK30화강석 물갈기	THK11 시멘트 몰탈	마천석물갈기	100	F-01	THK11 시멘트 몰탈	무늬코트	W-01		콘크리트 면처리 위 무늬코트	-	C-01
	화장실	액체방수 1종/구배몰탈	자기질타일(건축주지정)			-	F-04	액체방수 1종(H=300) /시멘트몰탈	도기질타일(건축주지정)	W-04	경량철골천정틀(M-BAR)	THK10 PVC천장재(건축주지정)	2,300	C-04
	근린생활시설	THK24 시멘트 몰탈	디럭스 타일 건축주 지정마감	THK11 시멘트 몰탈	세라믹페인트 건축주 지정마감	100	F-01	THK11 시멘트 몰탈	수성페인트 건축주 지정마감	W-01	경량철골천정틀(M-BAR)	THK6 천장텍스(건축주지정)	2,400 근생은 2,300	C-03
지상4층 ~ 지상5층	계단실	THK24 시멘트 몰탈	THK30화강석 물갈기	THK11 시멘트 몰탈	마천석물갈기	100	F-01	THK11 시멘트 몰탈	무늬코트	W-01		콘크리트 면처리 무늬코트	-	C-01
	화장실	액체방수 1종/구배몰탈	자기질타일(건축주지정)			-	F-04	액체방수 1종(H=300) /시멘트몰탈	도기질타일(건축주지정)	W-04	경량철골천정틀(M-BAR)	THK10 PVC천장재(건축주지정)	2,300	C-04
	거실	난방미장	[illegible]	THK11 시멘트 몰탈	합성목재위 목무늬필름	100	F-05	THK11 시멘트 몰탈	건축주 지정벽지 마감	W-05	목재천정틀	THK9.5석고보드위 지정벽지마감	2,300	C-05
	보일러실	THK24 시멘트 몰탈	자기질타일	THK11 시멘트 몰탈	세라믹페인트	100	F-01	THK11 시멘트 몰탈	수성페인트	W-01		콘크리트 면처리위 수성페인트	2,300	C-01
	복도	THK24 시멘트 몰탈	THK화강석 물갈기	THK11 시멘트 몰탈	건축주 지정마감	100	F-01	THK11 시멘트 몰탈	건축주 지정마감	W-01	경량철골천정틀(M-BAR)	THK6 천장텍스(건축주지정)	2,300	C-03
	현관	시멘트몰탈	자기질타일	THK11 시멘트 몰탈	합성목재위 목무늬필름	100		THK11 시멘트 몰탈	건축주 지정벽지 마감	W-05	목재천정틀	THK9.5석고보드위 지정벽지마감	2,300	C-05
옥탑층	계단실	THK24 시멘트 몰탈	THK30화강석 물갈기	THK11 시멘트 몰탈	마천석물갈기	100	F-01	THK11 시멘트 몰탈	무늬코트	W-01	경량철골천정틀(M-BAR)	THK6 천장텍스(건축주지정)	2,200	C-03

외부마감				
외부마감	벽 마 감	라임스톤등(건축주 지정)	유리 / 창호	공동주택 : 열관류율 1.2w/m2k 이하 건축주 지정 근린생활시설 : 열관류율 1.5w/m2k 이하 건축주 지정
	외부바닥마감	화강석 버너등(건축주 지정)	지붕마감	

실내 재료 마감표

② 2층 바닥에서 3층 천장까지 마감 재료는 바닥이 THK 24 시멘트 몰탈 위 THK 3 디럭스 타일, 걸레받이는 THK 11 시멘트 몰탈 위 세라민 페인트, 벽체는 THK 11 시멘트 몰탈 위 수성페인트, 천장은 경량 철골 천장틀 위 THK 6 천장 텍스이다.

③ 외벽 단면 부분 확대 도면에 각 실의 마감 재료를 위치에 맞게 적어보고 재료의 종류를 파악한다.

2) 4층 마감 재료 파악하기

① 실내 재료 마감표에서 4층 주택 (거실) 바닥과 벽체 마감의 종류 및 두께를 확인한다.

② 4층 바닥 마감 재료는 THK 100 온돌 패널 위 THK 3 비닐 시트, 걸레받이는 THK 11 시멘트 몰탈 위 합성 목재 위 무늬목 필름이고, 벽체 마감 재료는 THK 11 시멘트 몰탈 위 지정 벽지 마감이다.

③ 4층은 주택 용도로 바닥 난방을 하는 경우로 열 손실 방지를 위한 조치로 '최하층에 있는 거실의 바닥'의 단열 기준을 적용하여 4층 슬래브 아래 THK 90 경질 우레탄 보드를 마감한다. 건축물의 구성으로는 최하층이 아니지만, '에너지 절약 설계 기준'에 의해 복합 용도의 건축물은 해당 용도로 사용하는 공간이 다른 용도로 사용하는 공간과 접하는 부위를 최하층 거실의 바닥으로 본다. 3층은 근린생활시설이고 4층은 주택 용도로 사용되므로 복합 용도에 해당되어 이 기준을 적용한다. 단열재의 종류에는 여러 가지가 있으며, '최하층에 있는 거실의 바닥'에 적용하는 기준에 맞는 단열재의 종류와 두께를 사용하면 된다.

2. 실내 마감 상세 파악하기

실내 재료 마감 상세에서는 바닥, 벽 천정으로 구분하여 마감 상세 부분을 표현하였고, 각 실에 맞는 마감을 찾아보면 상세를 확인할 수 있다. 실내 재료 마감표에 바닥, 벽, 천정의 마감 상세 번호를 표기되어 있어 실내 마감 상세도에서 쉽게 찾을 수 있다.

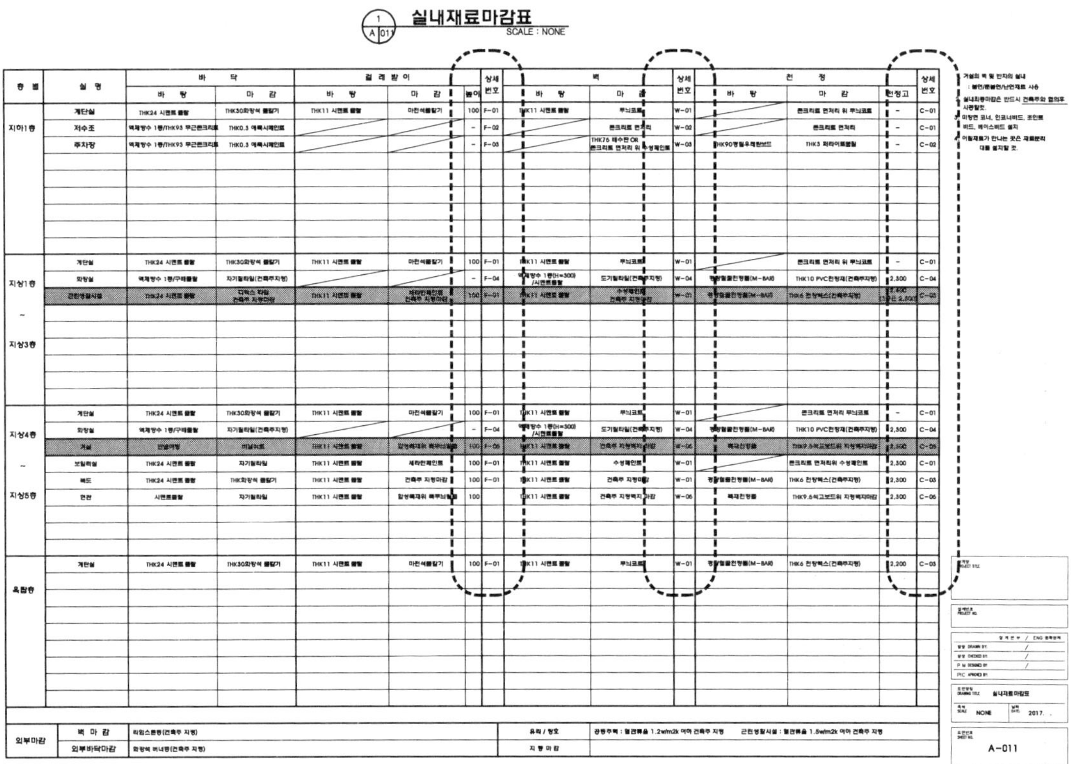

실내 재료 마감표

1) 2~3층 실내 재료 마감 상세 파악하기

① 실내 재료 마감표에서 2~3층 근린생활시설에 해당하는 마감 상세 번호를 확인할 수 있다. 실내 재료 마감표에 바닥, 벽, 천정의 마감 상세 번호를 표기되어 있어 실내 마감 상세도에서 쉽게 찾을 수 있다. 실내 재료 마감표에서 ⬚ 표시된 부분이 상세 번호를 표시한 부분이다. 2~3층 근린생활시설은 F-01, W-01, C-03을 확인할 수 있다.

② 실내 재료 마감 상세-01에서 ⬚ 표시된 부분이 2~3층 근린생활시설의 바닥과 벽체에 해당하는 마감 상세 부호 F-01, W-01이다.

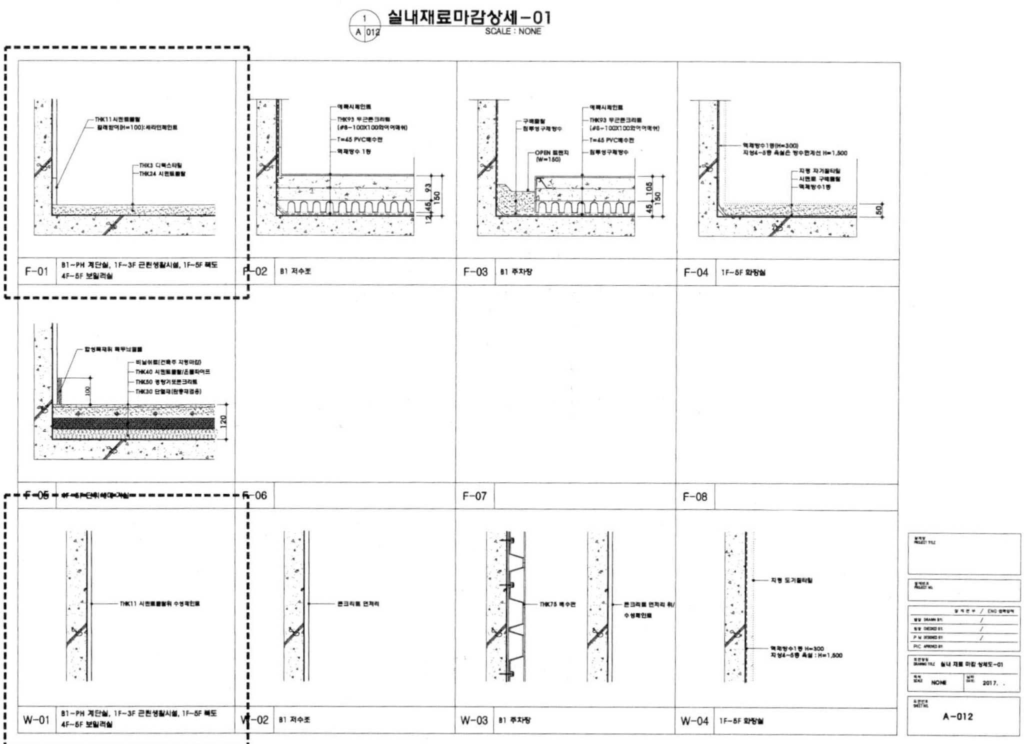

실내 재료 마감 상세 -1 (2~3층 근린생활시설)

③ 실내 재료 마감 상세-02에서 ⬚ 표시된 부분이 2~3층 근린생활시설의 천장에 해당하는 마감 상세 부호 C-03이다.

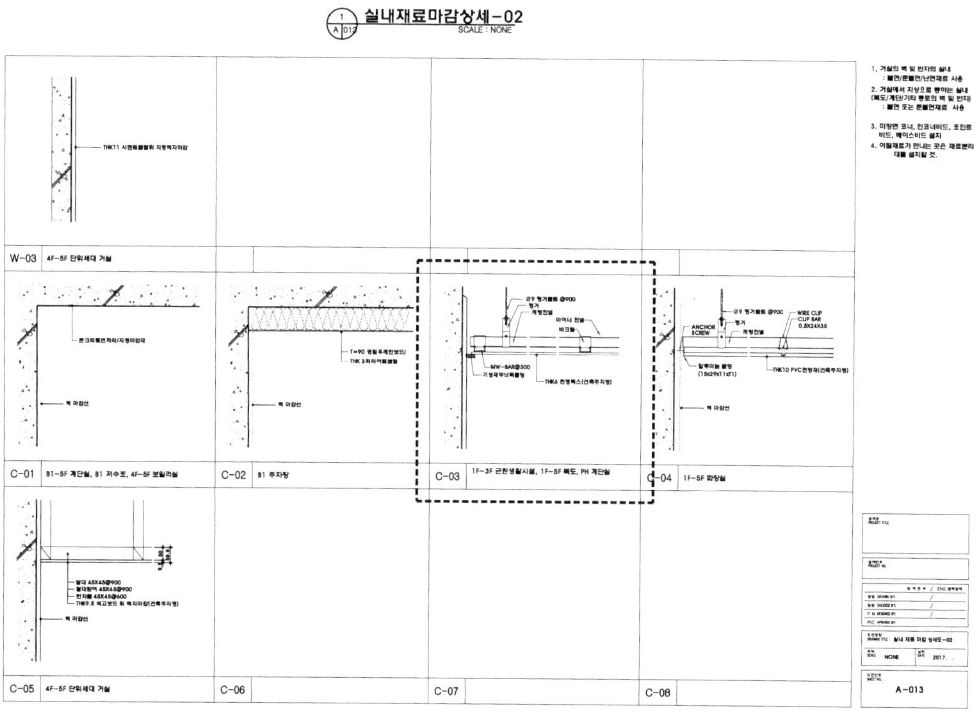

실내 재료 마감 상세 -1 (2~3층 근린생활시설 천장 C-03)

④ 실내 재료 마감 상세-01의 F-01에서 근린생활시설의 바닥 마감 상세를 확인할 수 있다. 콘크리트 슬래브 위 THK 24 시멘트 몰탈을 바르고, THK 3 디럭스 타일로 마감되어 있다.

⑤ 실내 재료 마감 상세-01의 F-01에서 근린생활시설의 걸레받이 높이가 100임을 알 수 있다.

⑥ 실내 재료 마감 상세-02의 C-03에서 근린생활시설의 천장은 경량 철골 천장틀로 되어 있으며, 경량 철골 천장틀의 상세를 확인할 수 있다. 콘크리트 슬래브에 고정되는 행거볼트는 900간격으로 설치되어 있으며, 천장과 벽이 만나는 부분은 기성재 무늬목 몰딩이 있고, 천장은 THK 6 천장텍스로 되어 있음을 알 수 있다.

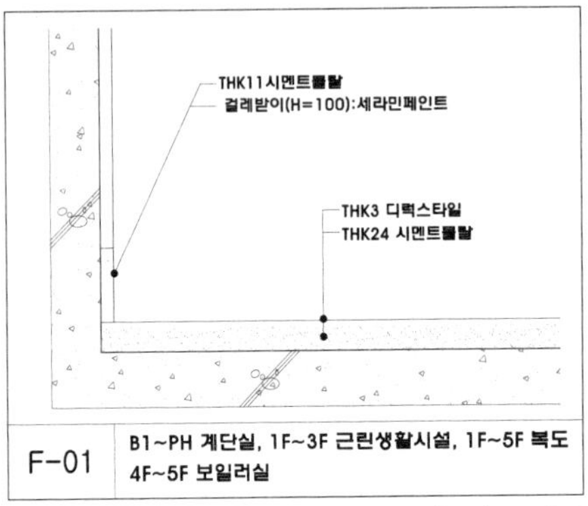

실내 재료 마감 상세도 (근린생활시설 바닥)

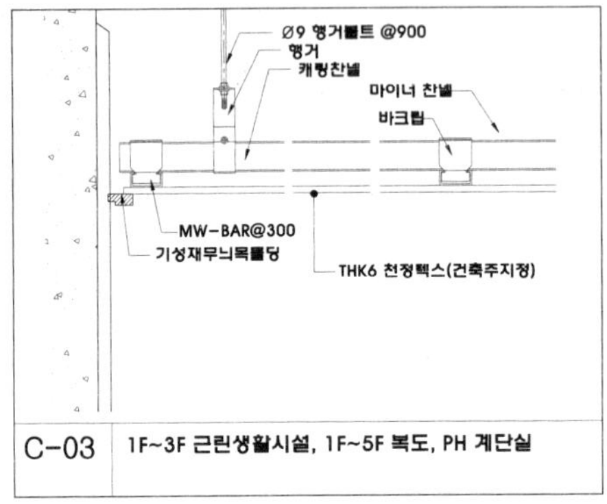

실내 재료 마감 상세도 (근린생활시설 천장)

2) 4층 실내 재료 마감 상세 파악하기

① 실내 재료 마감표에서 4층 거실에 해당하는 마감 상세 번호를 확인할 수 있다. 실내 재료 마감표에 바닥, 벽, 천정의 마감 상세 번호를 표기되어 있어 실내 마감 상세도에서 쉽게 찾을 수 있다. 실내 재료 마감표에서 ⬚ 표시된 부분이 상세 번호를 표시한 부분이다. 4층 거실은 바닥은 F-05, 벽체는 W-05, 천장은 C-05임을 확인할 수 있다. 외벽 단면 모델링에서 4층은 바닥과 벽체 마감만 필요하므로 F-05와 W-05에 대한 부분만 확인하면 된다.

② 실내 재료 마감 상세-01에서 ⬚ 표시된 부분이 4층 거실 바닥 마감 상세 부호 F-05 마감 상세이다.

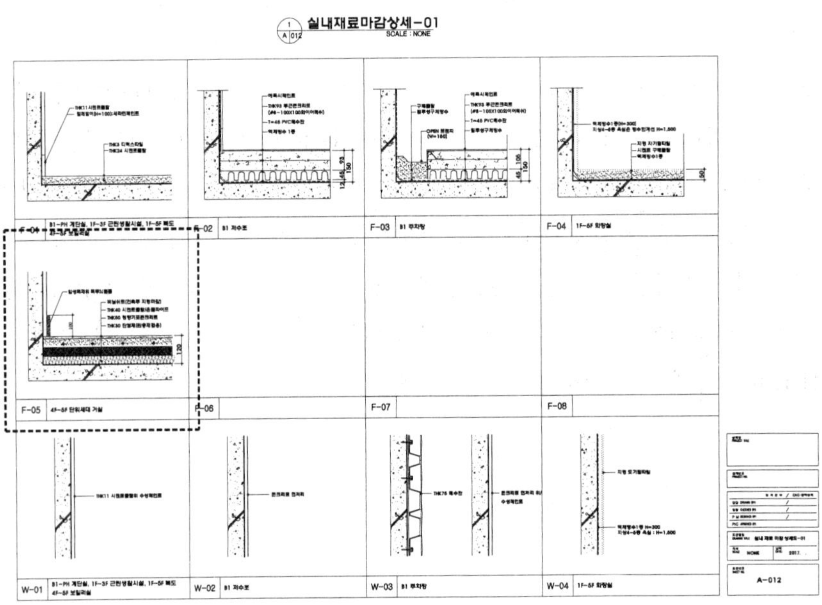

실내재료마감상세-1 (거실 바닥 F-05)

③ 실내 재료 마감 상세-02에서 [ ] 표시된 부분이 4층 거실의 벽체 마감은 W-05이며, 콘크리트 벽체 위 THK 11 시멘트 몰탈 위 지정 벽지 마감을 확인할 수 있다.

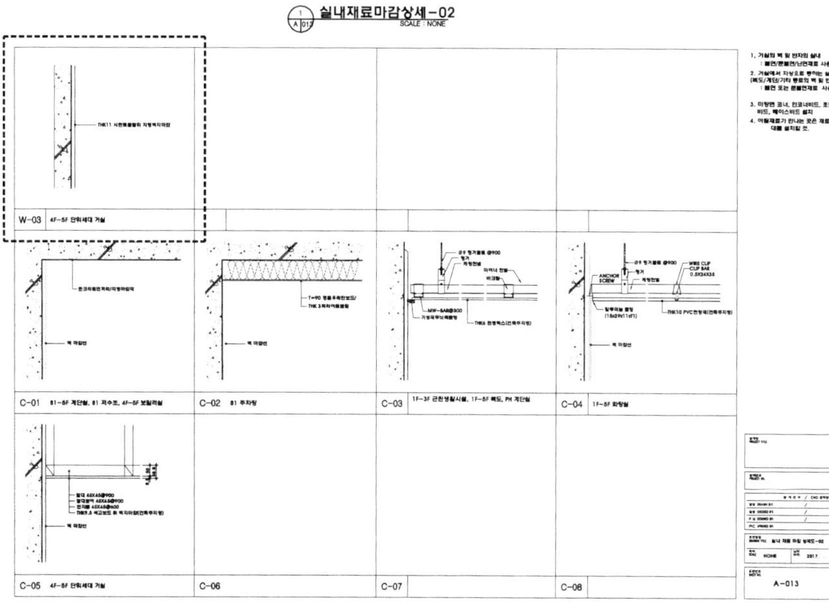

실내재료마감상세-2 (거실 벽 W-05)

④ F-05 마감 상세에서는 바닥 난방을 하는 마감 재료를 알 수 있다. 콘크리트 슬래브 위에는 완충재인 단열재가 THK 30이 있고, 온수난방의 배관을 위한 경량 콘크리트 및 온수 파이프가 일정한 간격으로 배관 되어 있음을 확인할 수 있다. 온수 파이프가 배관 된 후에 시멘트 몰탈로 마감을 하고 그 위에 최종 마감인 비닐 시트를 마감한다. 바닥 마감 상세에서 걸레받이의 높이가 100이고, 합성 목재 위 무늬목 필름지 마감임을 확인할 수 있다.

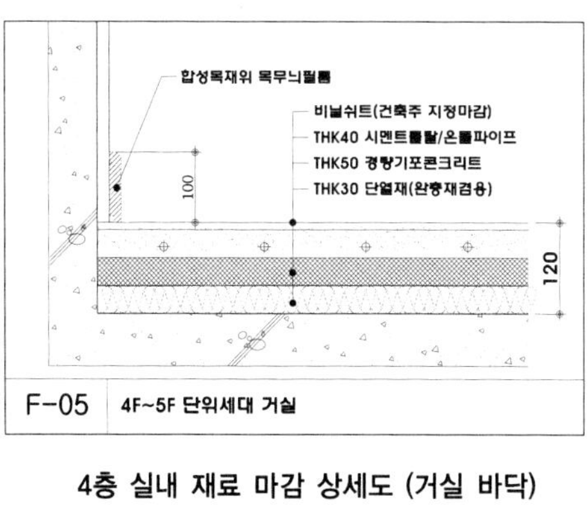

4층 실내 재료 마감 상세도 (거실 바닥)

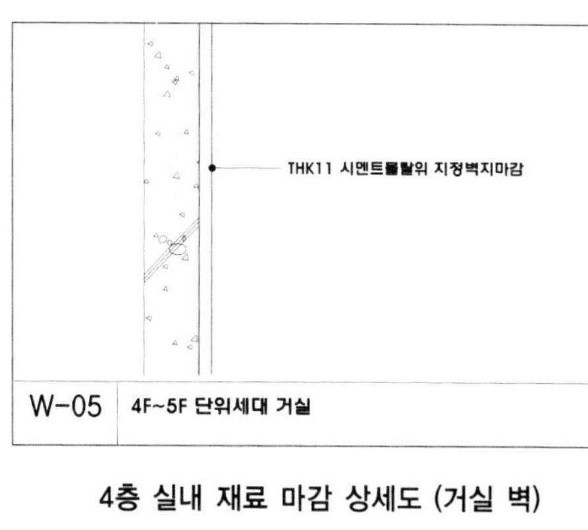

4층 실내 재료 마감 상세도 (거실 벽)

3) 마감 재료 확인 하기

외벽 단면 부분 확대된 도면에 외벽 단면 상세 모델링 부분의 각 실 마감 재료를 적어서 재료의 종류를 파악한다

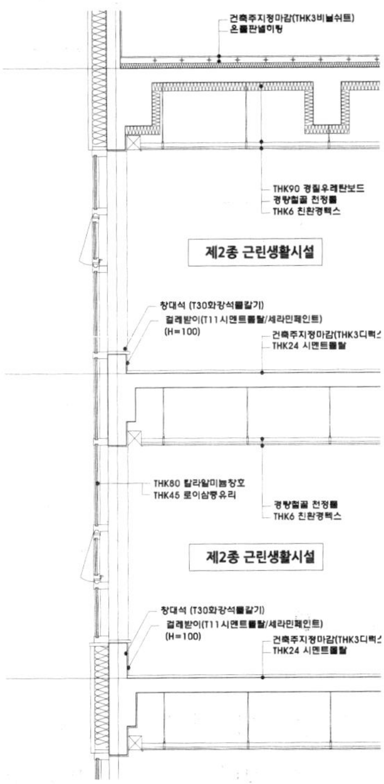

외벽 부분 단면 상세도 (실내 재료 마감 확인)

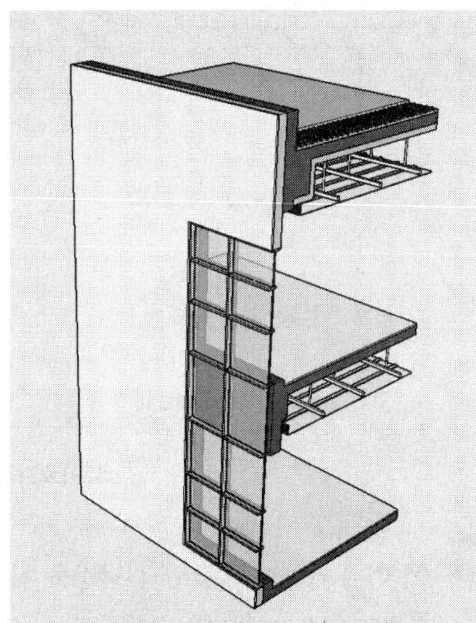

외벽 단면 상세 3D 모델링

4) 마감 재료 참고 사진

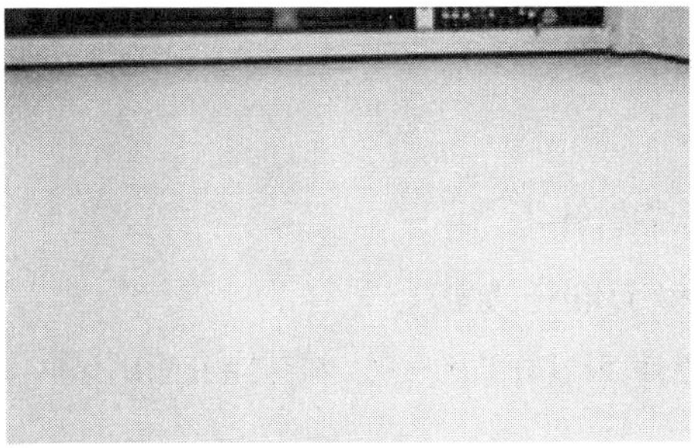

디럭스 타일

경력 철골 천장틀

온수난방 배관

기포콘크리트

층간 소음방지 단열재

도배 초배지

벽지

목재 천장틀

2-3-3 모형 만들기

1. 모형 만들기

1) 구조체 만들기 순서

① 모형 제작 크기는 가로 30cm와 세로 30cm가 되도록 한다.

② 모형 제작을 위한 부분 단면의 제작 축척 (Scale : 1/10)을 정한다.

③ 외벽 단면 상세에 해당하는 부재의 부호와 크기를 확인하였으므로, 제작할 모형의 실제 치수로 단면을 그려본다.

④ 해당 구조 부재를 만들어 2층 바닥 보 (G3) → 2층 바닥 슬래브 (2S2) → 2층 벽체 (W2) → 3층 바닥 보 (G3) → 3층 바닥 슬래브 (3S2) → 3층 벽체 (W2) → 4층 바닥 보 (G14) → 4층 바닥 슬래브 (4S1) → 4층 벽체 (W4) 순으로 조립한다.

⑤ 보 너비가 300이고, 보 높이가 500일 경우, 보 높이 500은 보 부재의 상단에서 하단까지의 수직길이를 말한다. 모형 제작할 때는 슬래브 상단과 보 상단 레벨을 잘 맞춰 제작하도록 한다.

2) 외부 마감 재료 만들기

① 구조 형태가 만들어진 위에 외부 단열재를 붙인다.

② 창호는 창호 프레임에 유리를 끼워 만든 후 벽체의 오픈된 창호 위치에 설치한다.

③ 라임스톤 (외장재)은 줄눈 나누기를 하고 단열재 위에 붙인다.

3) 실내 마감 재료 만들기 순서

① 모형 제작을 위한 부분의 단면을 제작 축적 (Scale : 1/10)을 정하고 실제 크기대로 먼저 그려본다.

② 재료의 두께와 종류가 몇 개인지 확인한다.

③ 재료가 구분될 수 있도록 재질이나 색상을 선택하여 두께에 맞도록 재단하여 만든다.

④ 각각의 재료가 잘 보이도록 어긋나게 재료를 쌓고 해당하는 재료 명을 기재한다.

2. 모형 사진

1) 모형 부분 확대 사진

외벽과 커튼월 단면 상세의 이해를 돕기 위해 제작된 모형의 사진으로 상세 부분이 잘 보이도록 부분 확대한 사진과 전체 구조를 볼 수 있는 사진이다.

2) 완성 모형 사진

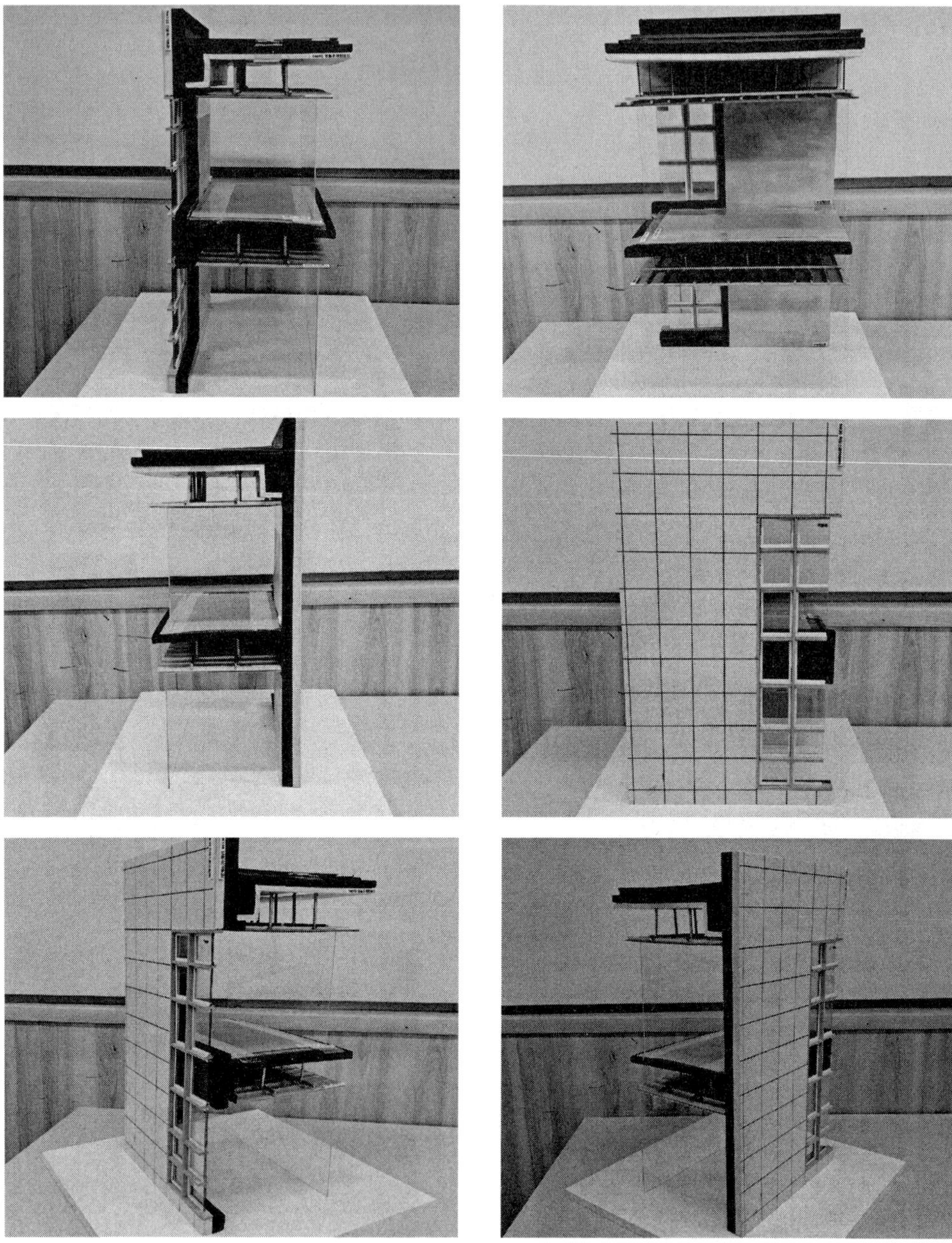

QR 코드 링크에서
모형의 동영상을 볼 수 있다.

2-4 지붕 단면 상세 모델링

2-4	지붕 단면 상세 모델링
목적	최상층의 지붕과 난간 설치 부분의 구조, 마감재, 방수재, 단열재 등에 대한 치수와 재료에 알맞도록 모형을 제작한다.
확인사항	- 모델링 부분의 구조체 크기 및 두께 - 창호의 크기 및 종류 - 옥상 난간의 높이와 종류 - 실내 재료 마감표, 실내 재료 마감 상세도에서 적용될 재료의 종류 및 두께
관련 도면 목록	- 지상 5층 바닥 구조 평면도 - 단면도 02 - 보 일람표, 슬래브 일람표, WALL 배근도 - 실내 재료 마감표, 실내 재료 마감 상세도 - 창호 부호도, 창호 일람표

도시형 생활 주택 거실의 온수난방인 바닥, 이중 단열 미서기창이 설치된 외벽, 목재 천장틀인 천장재의 구성을 확인할 수 있고, 평지붕의 방수 및 최상층의 단열과 옥상 난간이 설치된 부분의 단면 구성을 확인할 수 있다. ⬚ 표시된 부분이 지붕 상세 모델링할 부분이다.

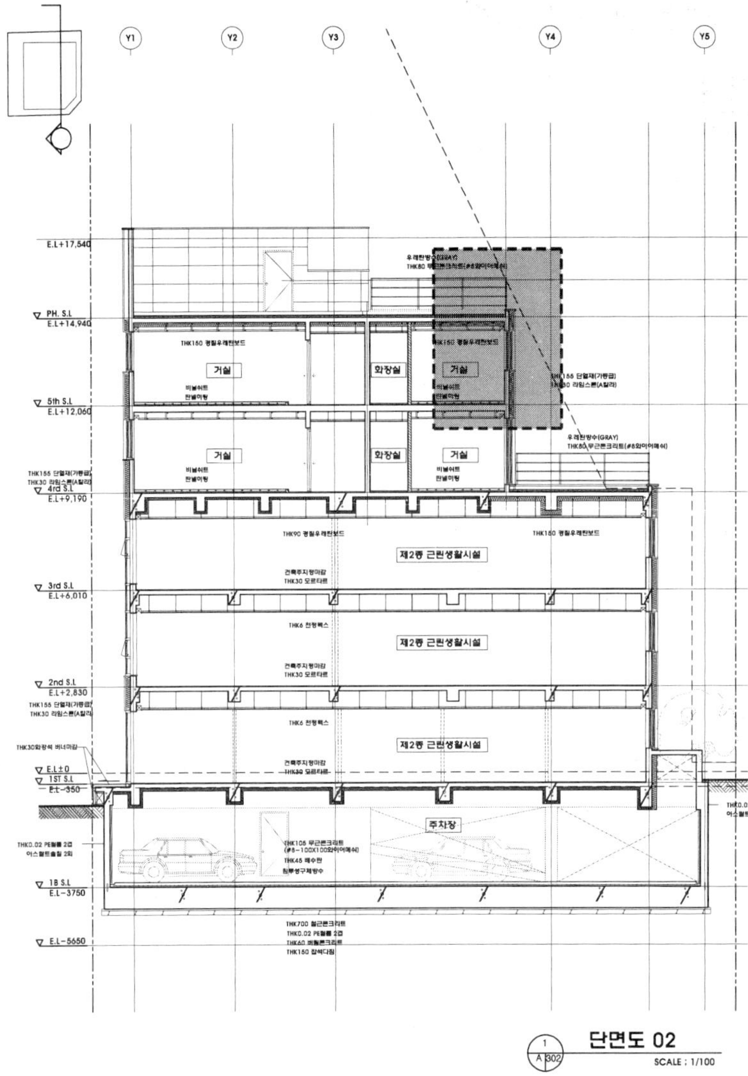

단면도 02 (지붕 단면 상세 모델링 부분 표시)

2-4-1 구조체 파악하기

1. 구조체 파악하기

1) 5층 바닥 보

① 5층 바닥 보는 5층 바닥 구조 평면도에서 확인할 수 있다.

② 5층 바닥 구조 평면도에서 점선으로 표현되어 있는 것이 5층 바닥 보이다.

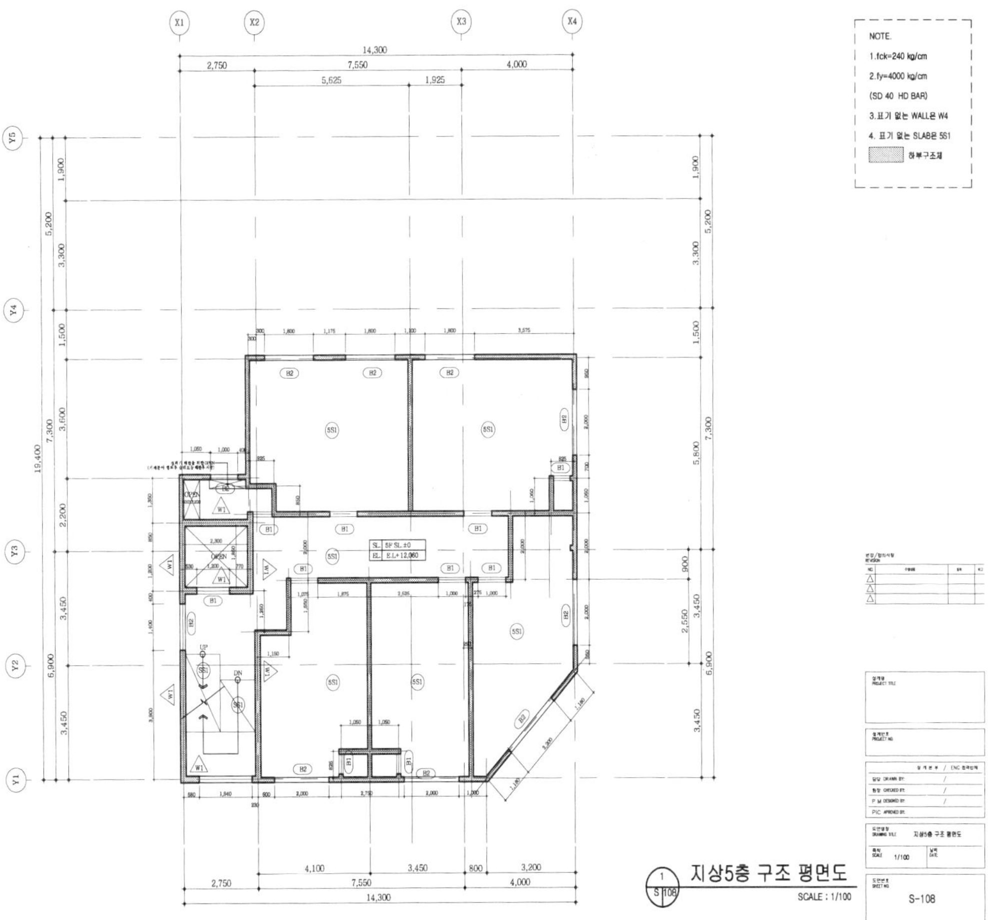

지상 5층 바닥 구조 평면도

③ 5층 바닥 구조 평면도 부분 확대에서 단면 상세 해당 부분의 보 부호 B2 (외벽 창문 OPENING 보강보)를 확인할 수 있다. ⬚ 표시한 부분이 B2이다.

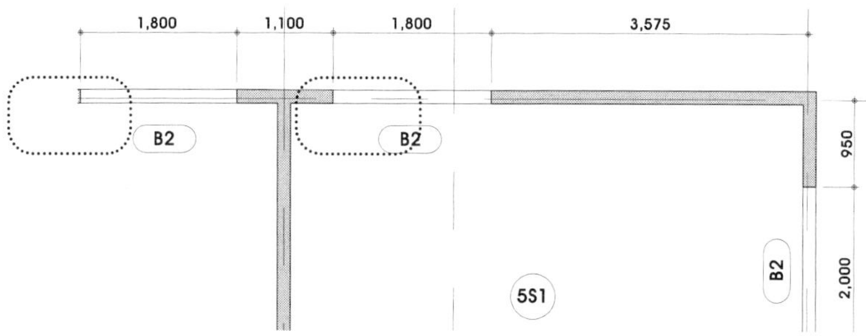

지상 5층 바닥 구조 평면도 부분 확대

④ B2 (외벽 창문 OPENING 보강보)는 보 일람표-1에서 ⬚ 표시한 부분이며 보 너비 150이고, 보 높이는 450임을 확인할 수 있다.

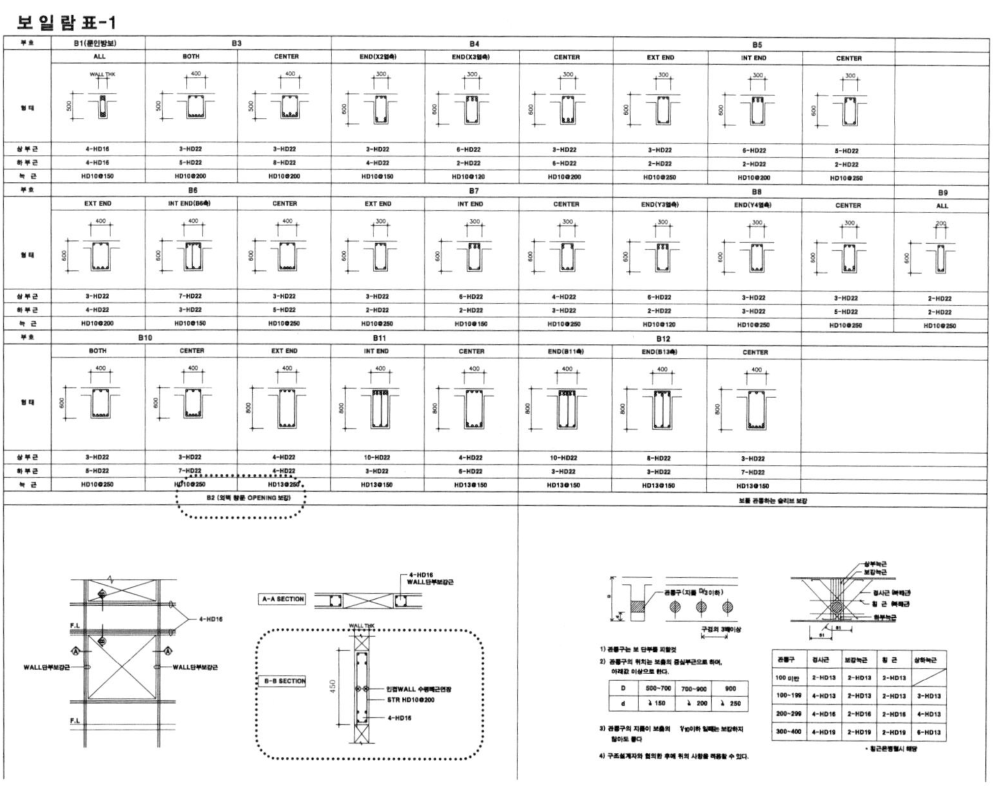

보 일람표-1 B2 (외벽 창문 OPENING 보강보)

3) 5층 바닥 슬래브

① 5층 바닥 구조 평면도 및 5층 바닥 구조 평면도 부분 확대에서 단면 상세 해당 부분의 슬래브 부호를 확인한다.

② 5층 바닥 구조 평면도에 ⬚ 표시한 부분이 슬래브 부호이고 5S1을 확인할 수 있다.

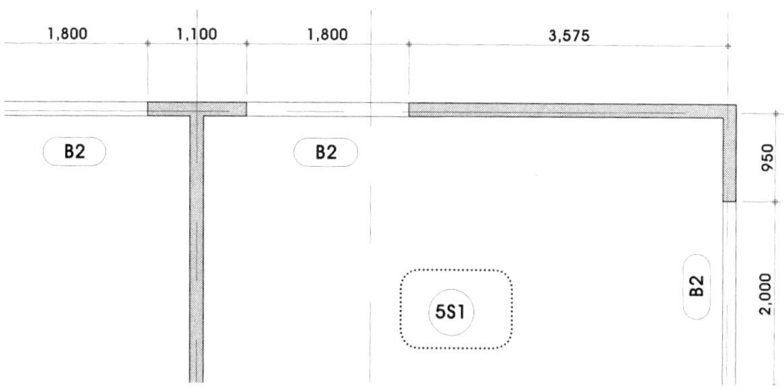

지상 5층 바닥 구조 평면도 부분 확대

③ 슬래브 일람표에서 ⬚ 표시한 부분이 부재 5S1이고, 두께가 210임을 확인할 수 있다.

슬 라 브 일 람 표

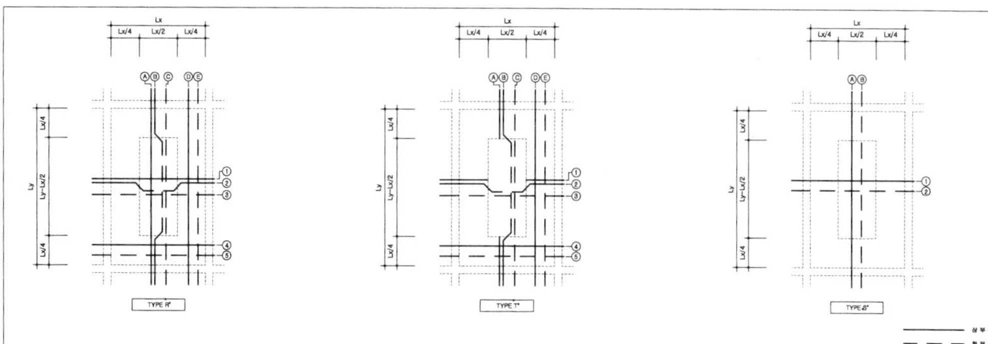

NAME	TYPE	THK. (MM)	단변방향(Lx)					장변방향(Ly)					비 고
			중앙부		단부			중앙부		단부			
			1	2	3	4	5	A	B	C	D	E	
PHRS1,4S3, 1S2,2S2,3S2	S	150	HD10@200	HD10@200				HD10@300	HD10@300				
4S1,RS1	S	150	HD10+13@200	HD10@200				HD10+13@200	HD10@200				
5S1	S	210	HD10@200	HD10@200				HD10@200	HD10@200				
4S2	R	150	HD10@300	HD10@300	HD10@300	HD10@300	HD10@300	HD10@400	HD10@400	HD10@400	HD10@400	HD10@400	
1S1,2S1,3S1	T	150	HD10@300	HD10@300	HD10@300	HD10@300	HD10@300	HD10@400	HD10@400	HD10@400	HD10@400	HD10@400	
1S3	S	150	HD10@200	HD10@200				HD10@200	HD10@200				
RAS1	S	150	HD13@150	HD13@150				HD13@200	HD13@200				

슬래브 일람표 (5S1)

NAME	TYPE	THK.(MM)
PHRS1,4S3, 1S2,2S2,3S2	S	150
4S1,RS1	S	150
5S1	S	210

표시 부분 확대

5) 5층 벽체

① 지상 5층 바닥 구조 평면도에서 상세 모델링 해당 부분의 벽체 부호를 확인할 수 있다. 벽체 부호는 바닥 평면도의 벽체에는 표기되어 있지 않고, NOTE 3항목에 '표기 없는 WALL은 W4'로 표기되어 있다.

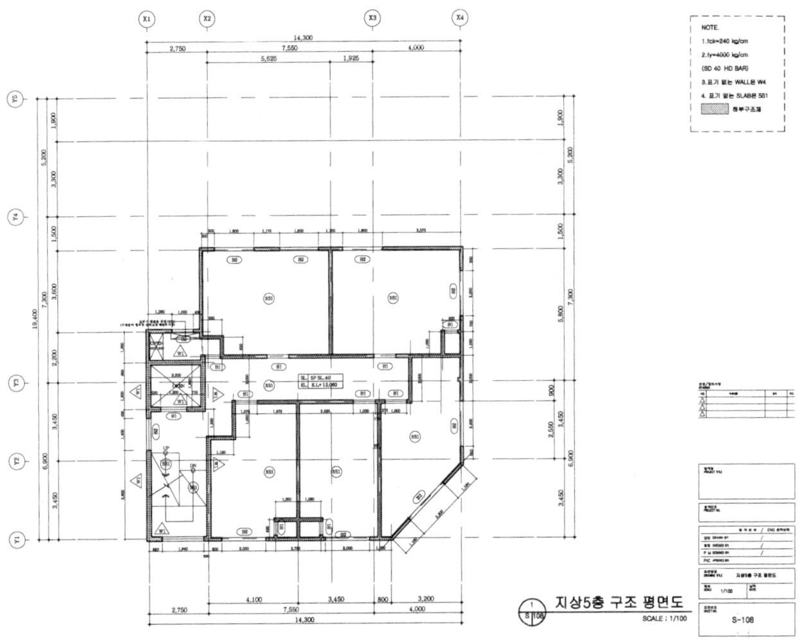

지상 5층 바닥 구조 평면도

NOTE.

1.fck=240 kg/cm

2.fy=4000 kg/cm

(SD 40 HD BAR)

3.표기 없는 WALL은 W4

4. 표기 없는 SLAB은 5S1

하부구조체

NOTE 부분 확대 (W4)

② 상세 모델링 해당 부분의 벽은 X4 열에서 3,575 위치까지 이어지다가 1,800 크기로 OPEN되며, 이 부분에 창호가 설치된다.

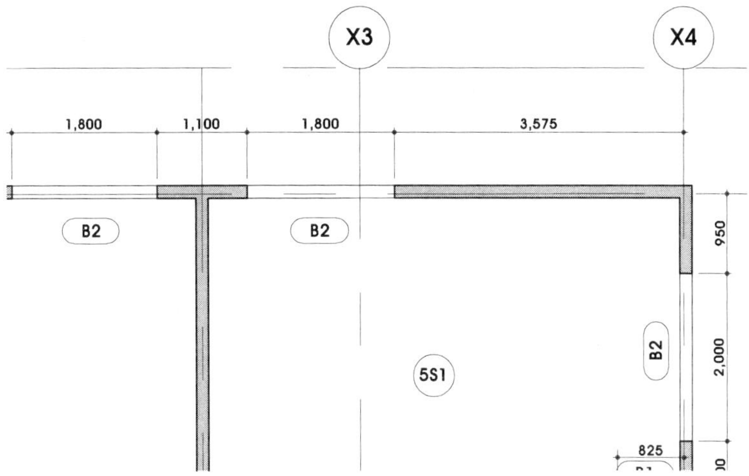

지상 5층 바닥 구조 평면도 부분 확대

③ 기타 배근도에 WALL 배근도가 있고, [점선 박스] 표시한 부분이 W4이다. 부재 (W4) 두께가 150임을 확인할 수 있다.

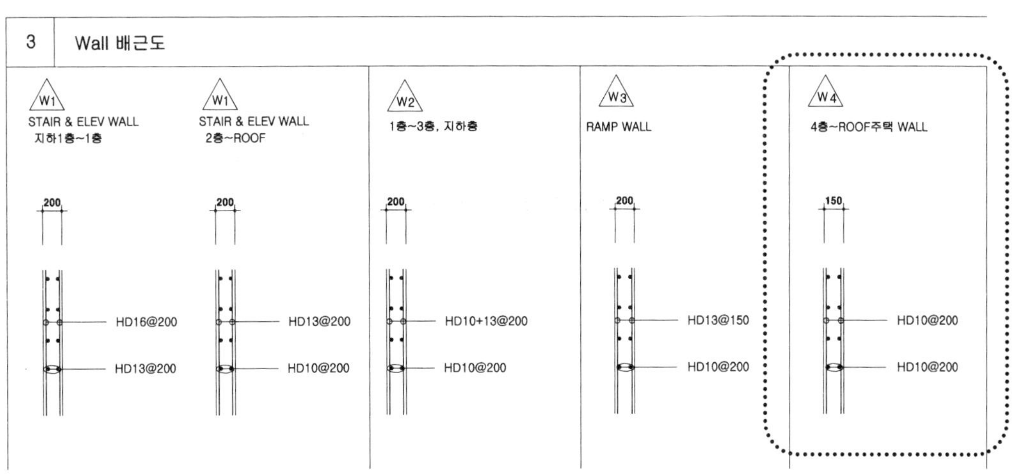

기타 배근도 부분 확대 (Wall 배근도)

2) 옥탑층 바닥 보

① 옥탑층 바닥보는 옥탑층 바닥 구조 평면도에서 확인할 수 있으며, 점선으로 표현되어 있는 것이 옥탑층 바닥보이다.

② 옥탑층 바닥 구조 평면도 부분 확대에서 단면 상세 해당 부분의 보 부호 B2 (외벽 창문 OPENING 보강보)를 확인할 수 있다. ⬚ 표시한 부분이 B2이다.

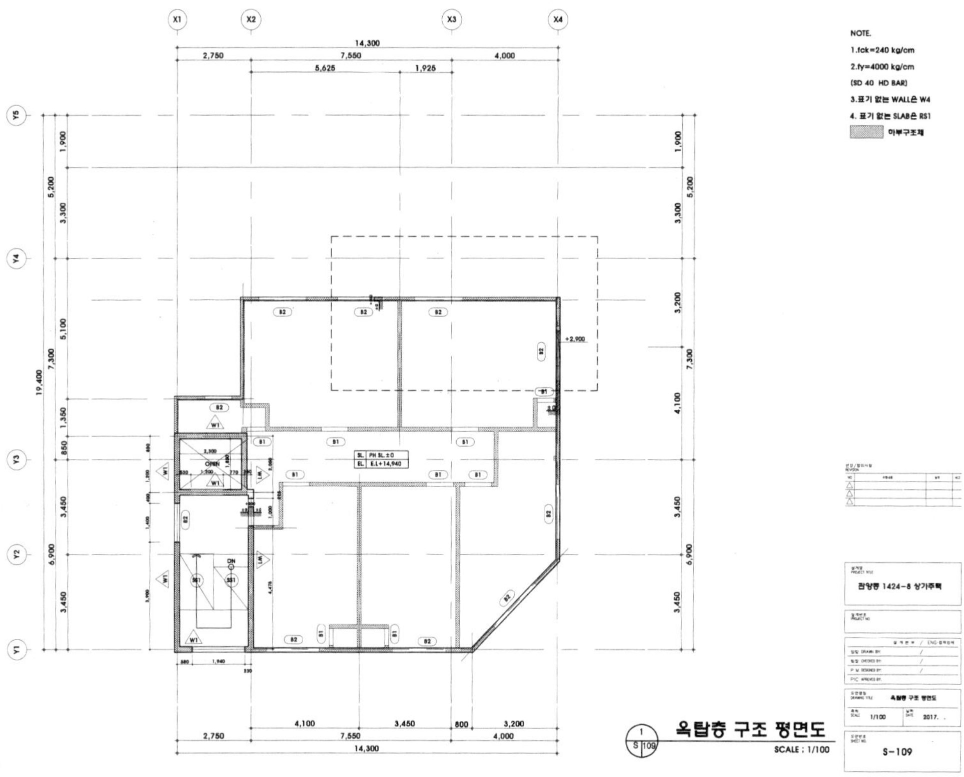

옥탑층 바닥 구조 평면도

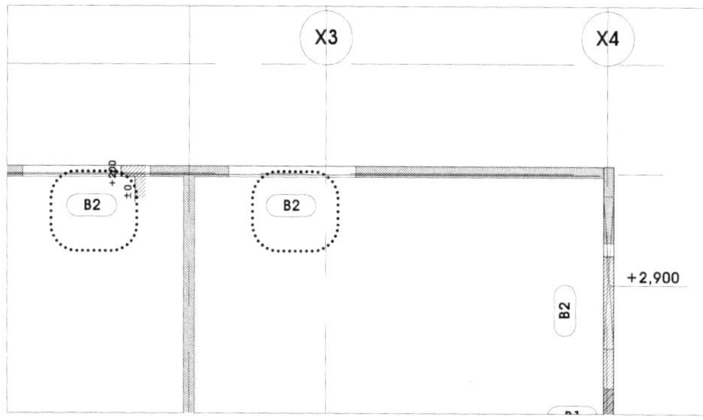

옥탑층 바닥 구조 평면도 부분 확대

⑤ B2 (외벽 창문 OPENING 보강보)는 보 일람표-1에서 ⬚ 표시한 부분이며 보 너비 150이고, 보 높이는 450임을 확인할 수 있다.

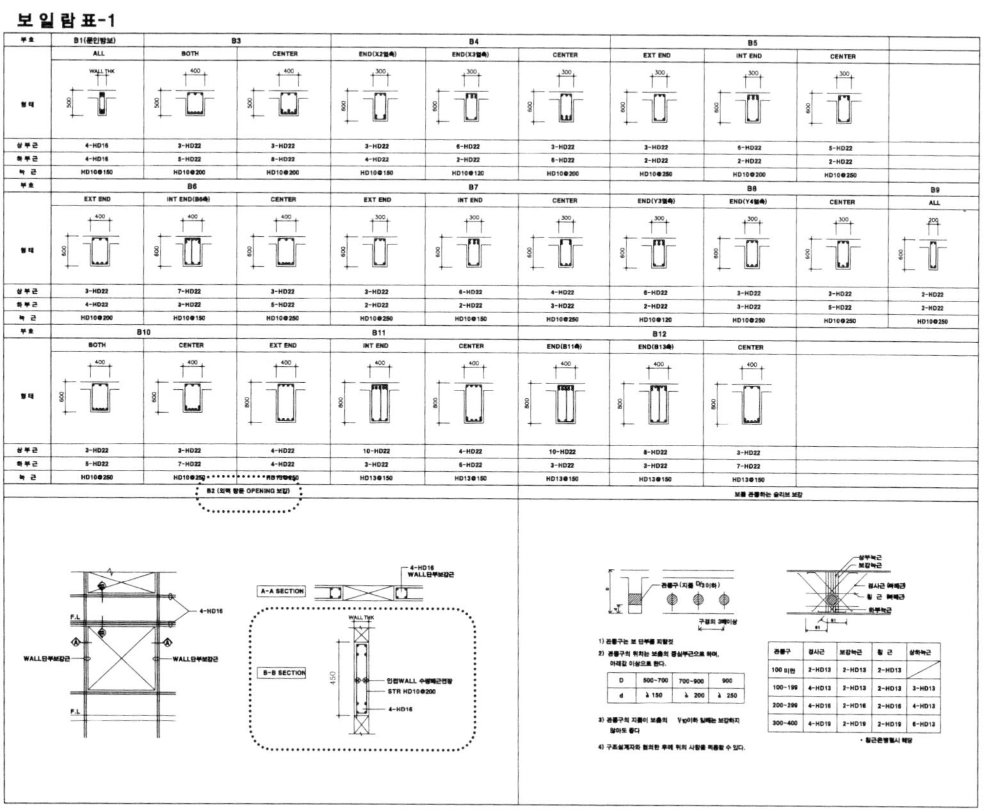

보 일람표-1 B2 (외벽 창문 OPENING 보강보)

4) 옥탑층 바닥 슬래브

① 옥탑층 바닥 구조 평면도 및 옥탑층 바닥 구조 평면도 부분 확대에서 단면 상세 해당 부분의 슬래브 부호를 확인한다.

② 옥탑층 바닥 구조 평면도에는 부호가 표기되어 있지 않으나, 도면 우측 상단 NOTE의 '표기 없는 SLAB는 RS1'을 보고 슬래브 부호 RS1을 확인할 수 있다.

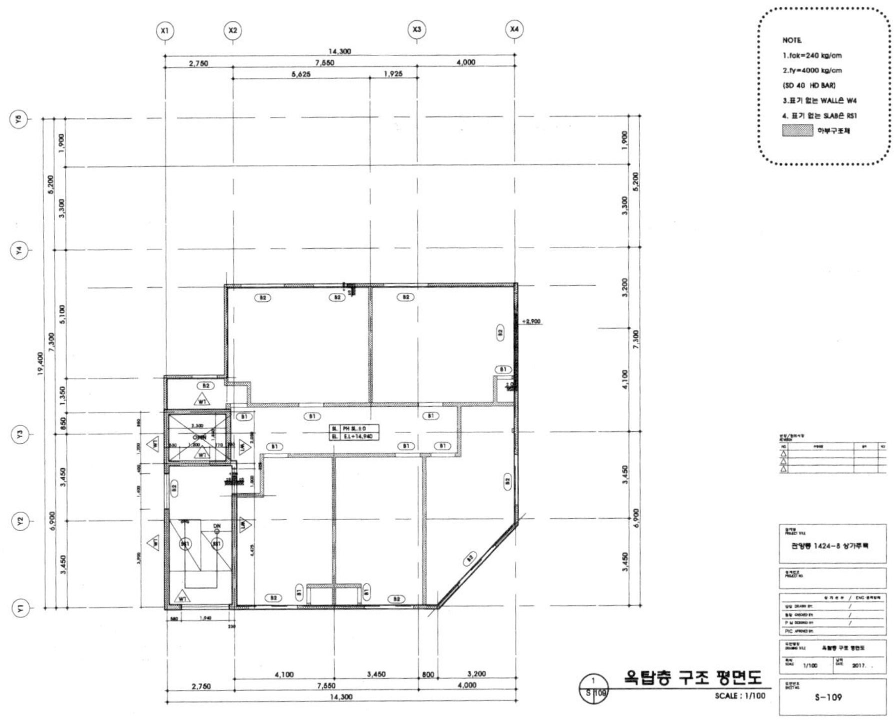

옥탑층 바닥 구조 평면도

표시 부분 확대 (NOTE)

③ 슬래브의 두께는 슬래브 일람표에서 확인할 수 있으며, 슬래브 일람표에서 ⬚ 표시한 부분에 부재 RS1의 두께가 150임을 확인할 수 있다.

슬 라 브 일 람 표

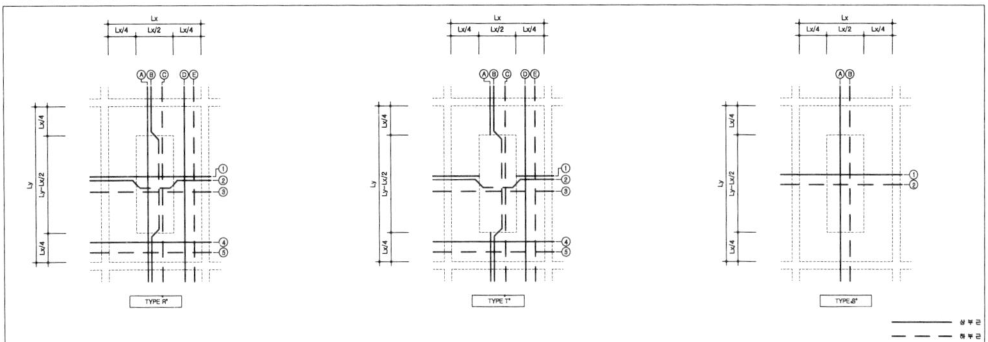

NAME	TYPE	THK. (MM)	단변방향(Lx)					장변방향(Ly)					비 고
			중앙부		단부			중앙부			단부		
			1	2	3	4	5	A	B	C	D	E	
PHRS1,4S3, 1S2,2S2,3S2	S	150	HD10@200	HD10@200				HD10@300	HD10@300				
4S1,RS1	S	150	HD10+13@200	HD10@200				HD10+13@200	HD10@200				
5S1	S	210	HD10@200	HD10@200				HD10@200	HD10@200				
4S2	R	150	HD10@300	HD10@300	HD10@300	HD10@300	HD10@300	HD10@400	HD10@400	HD10@400	HD10@400	HD10@400	
1S1,2S1,3S1	T	150	HD10@300	HD10@300	HD10@300	HD10@300	HD10@300	HD10@400	HD10@400	HD10@400	HD10@400	HD10@400	
1S3	S	150	HD10@200	HD10@200				HD10@200	HD10@200				
RAS1	S	150	HD13@150	HD13@150				HD13@200	HD13@200				

슬래브 일람표 (RS1)

NAME	TYPE	THK. (MM)
PHRS1,4S3, 1S2,2S2,3S2	S	150
4S1,RS1	S	150
5S1	S	210

⬚ 표시 부분 확대

6) 옥탑층 벽체

① 옥탑 바닥 구조 평면도에서 단면 상세 해당 부분의 난간의 높이가 슬래브 바닥에서부터 +200임을 알 수 있다.

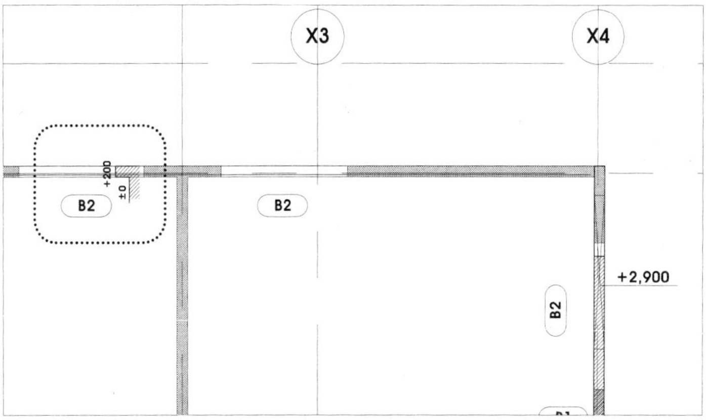

옥탑층 바닥 구조 평면도 부분 확대

② 단면도 02 및 기타 배근도 (PARAPET 및 BALCONY 배근도)에서 난간 벽 두께가 150임을 알 수 있다.

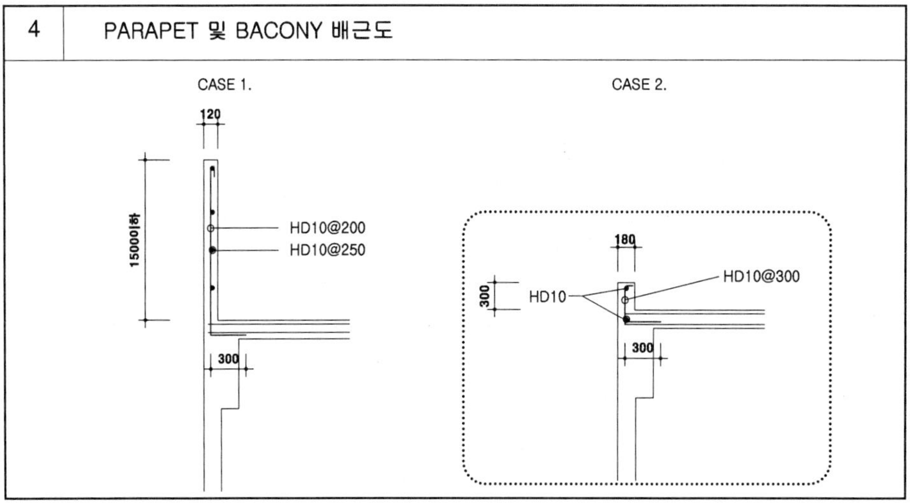

기타 배근도 (PARAPET 및 BALCONY 배근도)

2. 구조체 형태 파악하기

1) 단면 형태 파악하기

① 단면도 02에 표시된 상세 모델링할 부분의 지붕 단면 부분을 확대하여 단면의 형태를 확인한다.

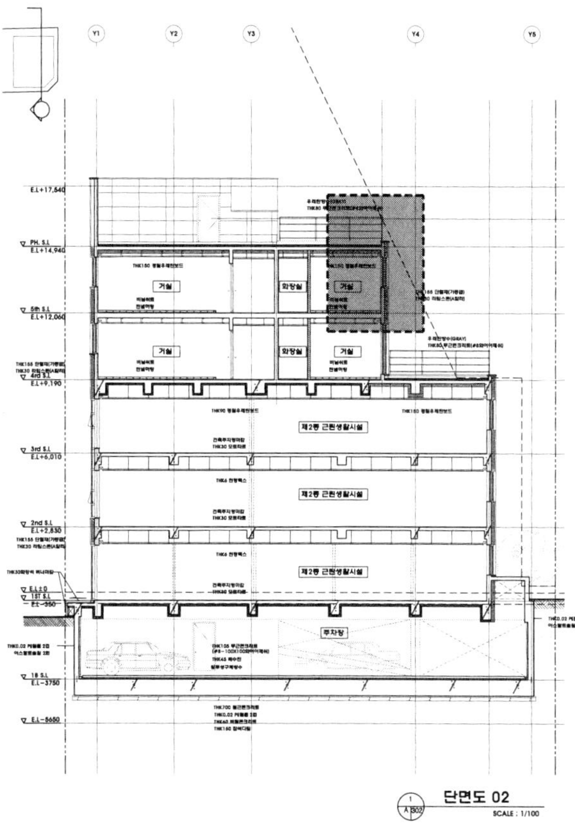

단면도 02

지붕 단면 부분 확대

② 부분 확대된 단면도에서 해당 부재의 위치를 확인하고, 구조체 파악하기에서 확인한 5층에서 옥탑층까지의 부재 (보, 슬래브, 벽체)의 부호를 적고, 각각의 부재의 치수를 기재하여 모델링할 부재의 크기를 알 수 있도록 한다.

③ B2는 보 너비가 150이고, 보 높이가 450으로, 보 높이 450은 보 부재의 상단에서 하단까지의 수직길이를 말한다.

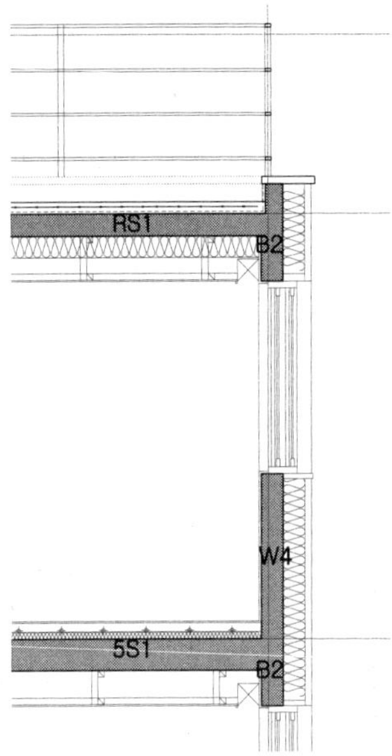

지붕 부분 단면도 (부재 부호 기입)

2) 단면 높이 파악하기

① 단면도 02에서 5층에서 옥탑층까지의 층고를 확인할 수 있으며, 도면에 치수와 층별 레벨이 표기되어 있다.

② 5층 구조의 기준 레벨 (5th S.L)은 E.L+12,060이며, 옥탑층 구조의 기준 레벨 (PH. S.L)은 E.L+14,940이다. 이 레벨의 차이가 5층의 층고이며 2,880이다. 5층 슬래브 상부에서 옥탑층 슬래브 상부까지의 높이가 2,880임을 알 수 있다.

③ PARAPET 및 BALCONY 배근도에서 확인한 바와 같이 옥탑층 바닥에서 파라펫 높이는 200이고, 난간의 높이는 단면도 02에서 확인할 수 있으며 옥탑층 바닥 마감 면에서 높이 1,200이다.

④ 천장 높이는 바닥 마감 면에서 천장 마감재까지의 높이이며, 2,300임을 알 수 있다.

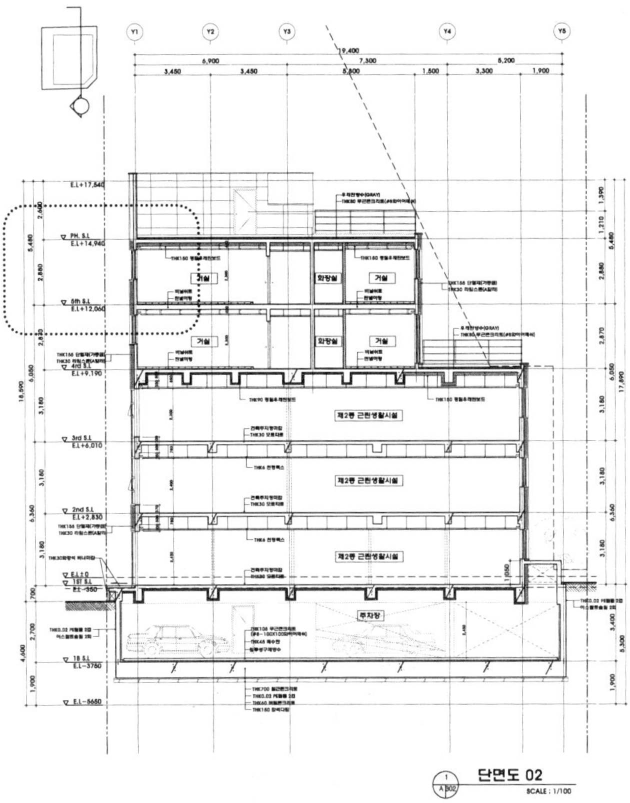

단면도 02

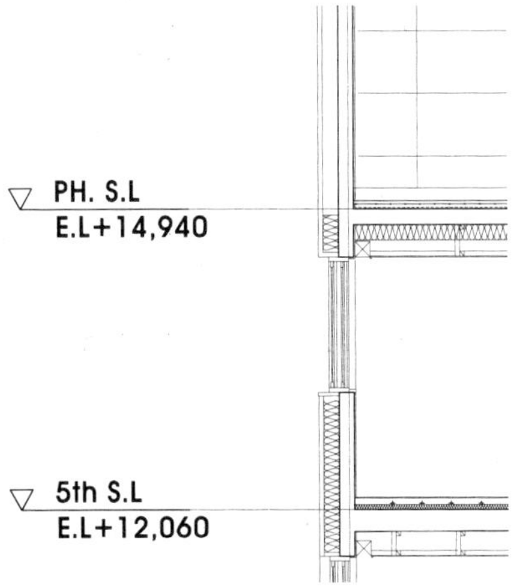

표시 부분 확대 (레벨)

3) 창호 상하부 단면 파악하기

① 단면도 02에서 창호 설치 부분을 확인할 수 있으며, 옥탑층 보 (B2)의 상부 파라펫 높이 치수는 200, 보 높이는 450임을 확인할 수 있다.

지상 5층 창호 부호도 (PW4)

② 5층 창호 부호도와 창호 일람표-1에서 상세 모델링 부분의 창호가 PW4임을 확인할 수 있고, 창호 설치 높이가 바닥 마감 면으로부터 1,000 높이에 설치되고, 1,300 크기의 창호임을 알 수 있다.

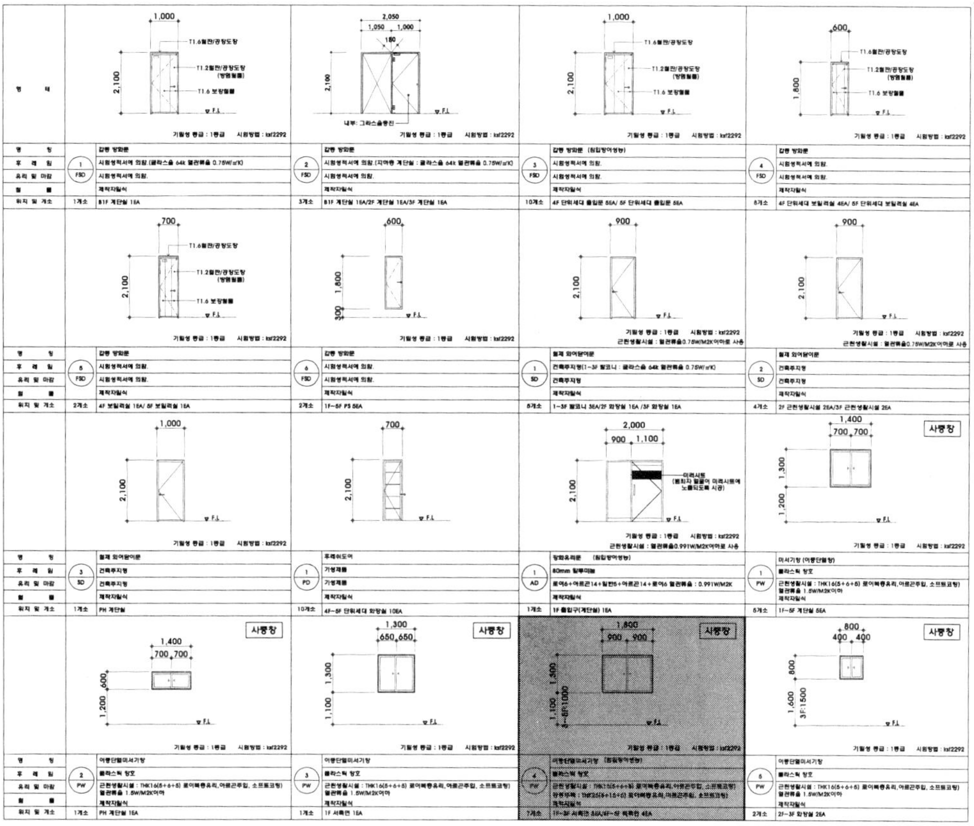

창호 일람표-1 (PW4)

③ 부분 확대된 단면도에 창대 높이, 보 하부 벽체 높이, 청장도, 구조체 OPEN 크기 등을 기재하여 모델링할 부재의 크기를 알 수 있도록 한다.

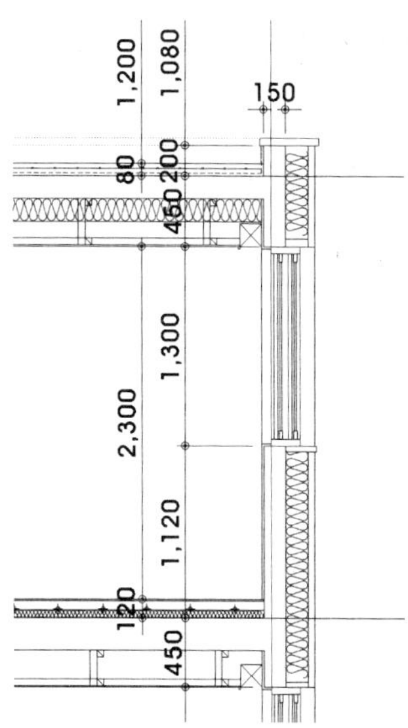

지붕 부분 단면도 (치수 부호 기입)

4) 구조 단면 모델링

구조 단면의 부재 크기와 높이를 확인한 후에는 모델링할 부분을 입체적인 스케치를 해보는 것이 좋다. 3D 프로그램 (스케치업)을 활용해 보면 더 정확한 모형 제작이 가능하다.

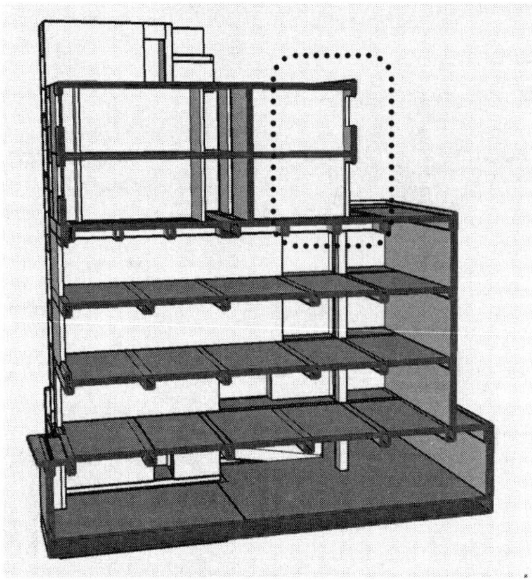

구조 3D 모델링 단면

3. 창호 파악하기

1) 창호 부호 및 종류 파악하기

① 5층 창호 부호도에서 지붕 단면 모델링 위치의 창호 부호를 확인한다. (PW4)

② 창호 일람표-1에서 표시된 부분이 PW4이며, 창호의 크기와 형태, 유리의 종류와 두께를 확인한다.

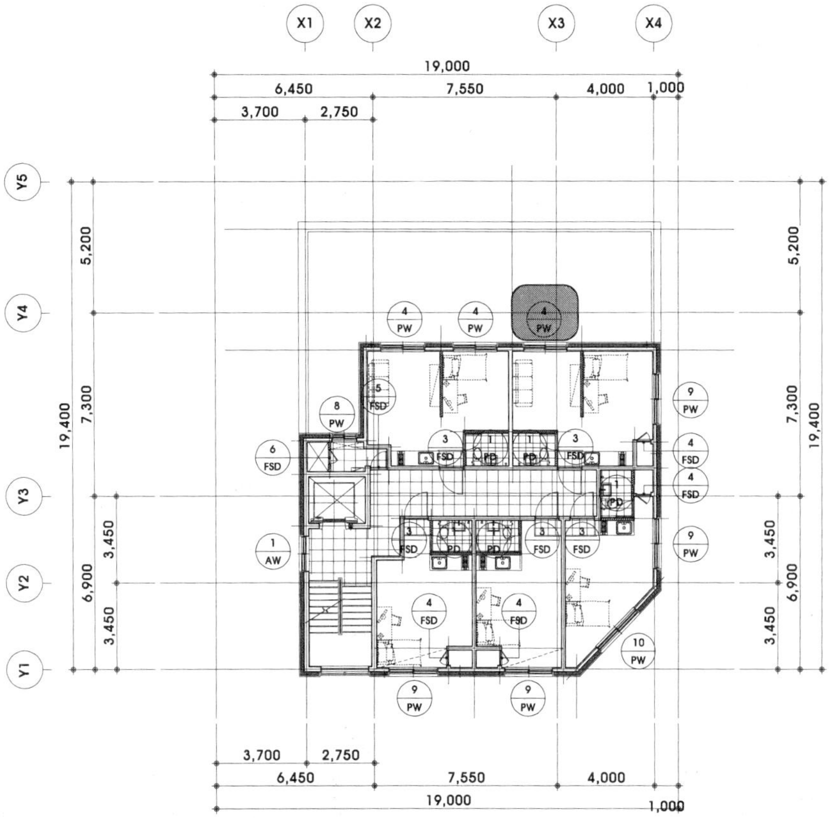

지상 5층 창호 부호도 (PW4)

③ PW4는 이중 단열 미서기창으로 창호 너비가 1,800이고 창호 높이는 1,300이다.

④ PW4는 내, 외부에 미서기창이 각각 설치되어 있는 이중 미서기창으로 사중창이라고도 한다. THK 26 (5+16+5) 로이 복층 유리와 플라스틱 프레임으로 구성되어 있다.

⑤ THK 26 (5+16+5) 로이 복층 유리는 T5 일반 유리+T16 아르곤+T5 로이 유리 구성되어 있다.

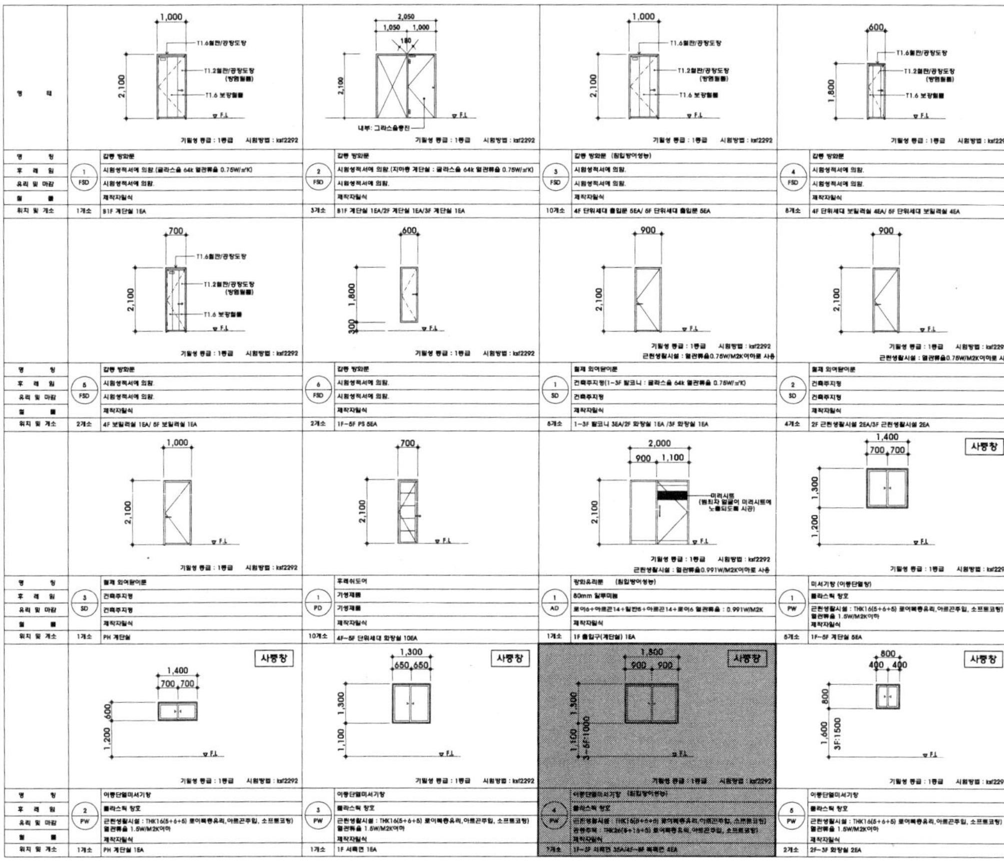

창호 일람표-1 (PW4)

2) 창호 형태 파악하기

① 5층 창호도에서 파악한 대로 PW4는 플라스틱 사중창 THK 26 로이 복층 유리로 구성되어 있다.

② 창호 설치 높이는 창호 일람표-1에 확인할 수 있으며, 마감 면에서 1,000 높이에 설치된다. PW4 창호의 형태와 위치는 배면도에서 확인할 수 있다.

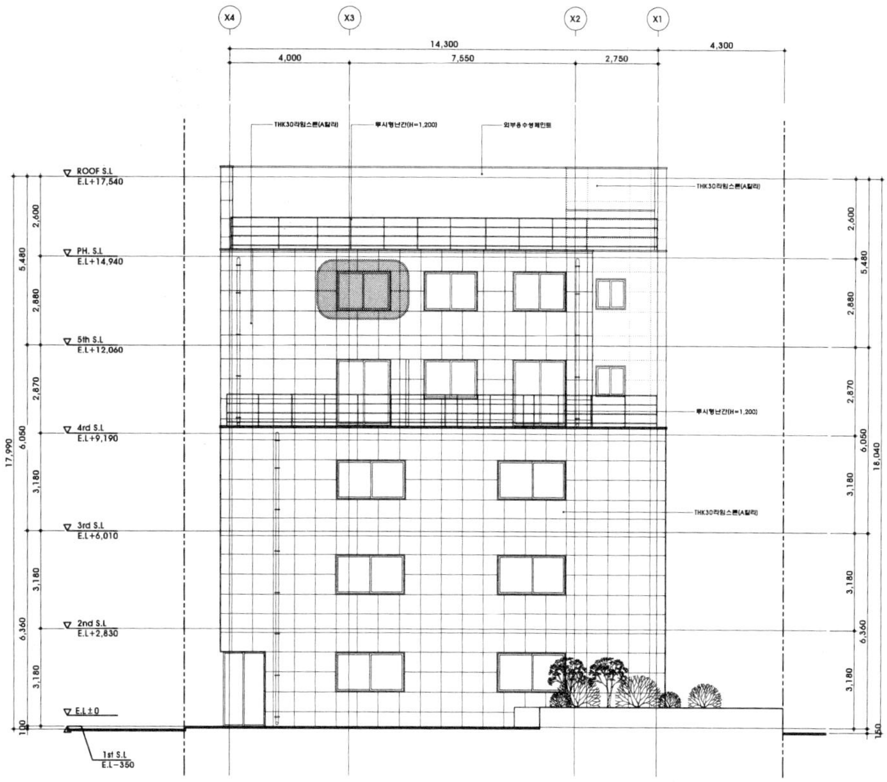

북측면도

③ 창호의 형태와 유리 설치 부분을 이해하기 쉽도록 모델링 부분의 부분 확대와 창호 단면에 재료명을 기재하였다.

④ 천장마감과 창호가 설치되는 만나는 부분의 천장에는 커튼박스를 설치한다. 가로 150 세로 150의 크기로 설치된다.

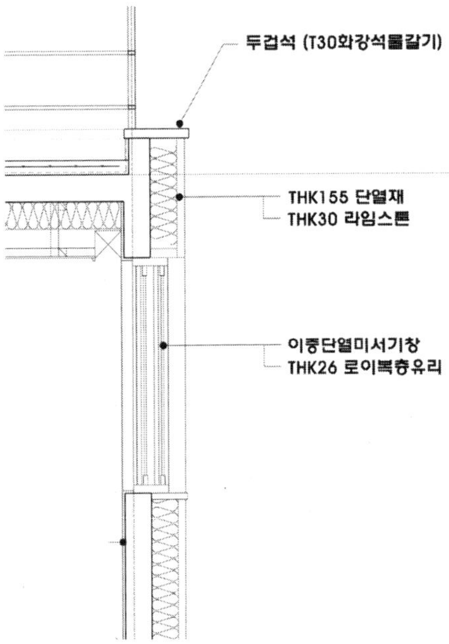

창호 단면 상세 (PW4)

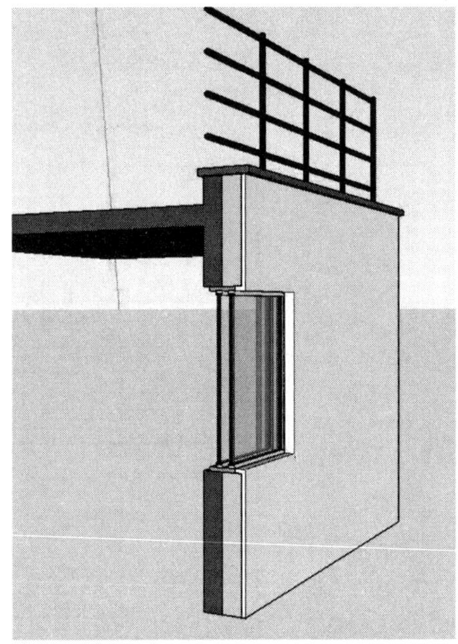

지붕 단면 상세 모델링 창호 부분 확대

2-4-2 마감 상세 파악하기

1. 마감 재료 파악하기

1) 5층 마감 재료 파악하기

① 실내 재료 마감표에서 5층 주택 (거실) 바닥과 벽체 및 천장 마감의 종류 및 두께를 확인한다.

② 5층 바닥 마감 재료는 THK 100 온돌 패널 위 THK 3 비닐 시트, 걸레받이는 THK 11 시멘트 몰탈 위 합성 목재 위 무늬목 필름, 벽체 마감 재료는 THK 11 시멘트 몰탈 위 지정 벽지, 천장 마감 재료는 목재 천장틀 위 THK 9.5 석고보드 마감 후 지정 벽지 마감이다.

1 / A 011 실내재료마감표
SCALE : NONE

층별	실명	바닥 바탕	바닥 마감	걸레받이 바탕	걸레받이 마감	높이	상세번호	벽 바탕	벽 마감	상세번호	천정 바탕	천정 마감	천정고	상세번호
지하1층	계단실	THK24 시멘트 몰탈	THK30화강석 물갈기	THK11 시멘트 몰탈	마천석물갈기	100	F-01	THK11 시멘트 몰탈	무늬코트	W-01		콘크리트 면처리 위 무늬코트	-	C-01
	저수조	액체방수 1종/THK93 무근콘크리트	THK0.3 에폭시페인트			-	F-02		콘크리트 면처리	W-02		콘크리트 면처리	-	C-01
	주차장	액체방수 1종/THK93 무근콘크리트	THK0.3 에폭시페인트			-	F-03		THK75 옥수천 OR 콘크리트 면처리 위 수성페인트	W-03	THK90평탄우레탄보드	THK3 하라이트뿜칠	-	C-02
지상1층 ~ 지상3층	계단실	THK24 시멘트 몰탈	THK30화강석 물갈기	THK11 시멘트 몰탈	마천석물갈기	100	F-01	THK11 시멘트 몰탈	무늬코트	W-01		콘크리트 면처리 위 무늬코트	-	C-01
	화장실	액체방수 1종/구배몰탈	자기질타일(건축주지정)			-	F-04	액체방수 1종(H=300) /시멘트몰탈	도기질타일(건축주지정)	W-04	경량철골천정틀(M-BAR)	THK10 PVC천정재(건축주지정)	2,300	C-04
	근린생활시설	THK24 시멘트 몰탈	디럭스 타일 건축주 지정마감	THK11 시멘트 몰탈	세라믹페인트 건축주 지정마감	100	F-01	THK11 시멘트 몰탈	수성페인트 건축주 지정마감	W-01	경량철골천정틀(M-BAR)	THK6 천정텍스(건축주지정)	2,400 (3층은 2,300)	C-03
지상4층 ~ 지상5층	계단실	THK24 시멘트 몰탈	THK30화강석 물갈기	THK11 시멘트 몰탈	마천석물갈기	100	F-01	THK11 시멘트 몰탈	무늬코트	W-01		콘크리트 면처리 무늬코트	-	C-01
	화장실	액체방수 1종/구배몰탈	자기질타일(건축주지정)			-	F-04	액체방수 1종(H=300) /시멘트몰탈	도기질타일(건축주지정)	W-04	경량철골천정틀(M-BAR)	THK10 PVC천정재(건축주지정)	2,300	C-04
	거실	[illegible]	[illegible]	THK11 시멘트 몰탈	합성목재위 목무늬필름	100	F-05	THK11 시멘트 몰탈	건축주 지정벽지 마감	W-06	목재천정틀	THK9.5석고보드위 지정벽지마감	2,300	C-05
	보일러실	THK24 시멘트 몰탈	자기질타일	THK11 시멘트 몰탈	세라믹페인트	100	F-01	THK11 시멘트 몰탈	수성페인트	W-01		콘크리트 면처리위 수성페인트	2,300	C-01
	복도	THK24 시멘트 몰탈	THK화강석 물갈기	THK11 시멘트 몰탈	건축주 지정마감	100	F-01	THK11 시멘트 몰탈	건축주 지정마감	W-01	경량철골천정틀(M-BAR)	THK6 천정텍스(건축주지정)	2,300	C-03
	현관	시멘트몰탈	자기질타일	THK11 시멘트 몰탈	합성목재위 목무늬필름	100		THK11 시멘트 몰탈	건축주 지정벽지 마감	W-06	목재천정틀	THK9.5석고보드위 지정벽지마감	2,300	C-05
옥탑층	계단실	THK24 시멘트 몰탈	THK30화강석 물갈기	THK11 시멘트 몰탈	마천석물갈기	100	F-01	THK11 시멘트 몰탈	무늬코트	W-01	경량철골천정틀(M-BAR)	THK6 천정텍스(건축주지정)	2,200	C-03

외부마감			
벽 마 감	라임스톤붙임(건축주 지정)	유리 / 창호	공동주택 : 열관류율 1.2w/m2k 이하 건축주 지정 　 근린생활시설 : 열관류율 1.5w/m2k 이하 건축주 지정
외부바닥마감	화강석 버너구이(건축주 지정)	지 붕 마 감	

실내 재료 마감표

③ 5층은 주택 용도로 바닥 난방을 하는 경우이다. 열 손실 방지를 위한 조치로 '최상층에 있는 거실의 반자 또는 지붕'의 단열 기준을 적용하여 옥탑층 슬래브 아래 THK 150 경질 우레탄 보드를 마감한다. '에너지 절약 설계 기준'에서 '최상층에 있는 거실의 반자 또는 지붕'에 적용하는 기준에 맞는 단열재 종류와 두께를 사용하면 된다.

2) 옥탑층 마감 재료 파악하기

① 단면도 02에서 난간이 설치되는 부분의 난간 턱에는 난간대 고정을 위한 앵커가 설치되고, 그 위에 두겁석을 THK 30 화강석 물갈기로 마감하였다. 옥상 난간대는 디자인에 따라 여러 가지 재질을 적용한다. 여기에는 철판 두께 6mm 위에 도장 마감한 재료를 사용하였다.

② 단면도 02에서 옥상 바닥에는 THK 80 무근 콘크리트 (#8-100×100 와이어 메쉬) 위에 우레탄 방수 마감이 되어 있음을 확인할 수 있다.

3) 외벽 마감 재료 파악하기

① 단면도 02에서 외벽에는 콘크리트 벽체 (THK 200) 위 단열재 (THK 155)가 설치되고, 라임 스톤 (THK 30)이 외장 마감이 되어 있음을 확인한다.

② 배면도에서 외벽 마감 재료를 확인하고 줄눈나누기 치수를 확인한다.

③ 배면도에서 창호의 위치 및 형태를 확인한다.

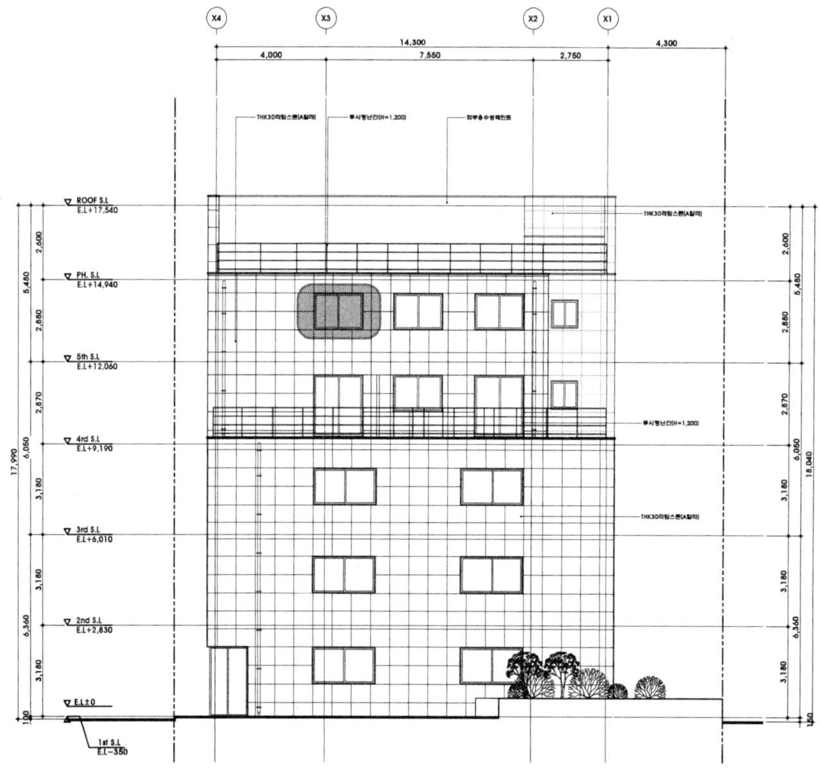

북측면도

④ 단면도 02에 지붕 단면 상세 모델링 부분의 각 실 마감 재료와 외벽 마감 재료를 적어서 재료의 종류와 두께를 다시 한번 파악한다.

⑤ 지붕 마감 재료와 형태를 이해하기 쉽도록 모델링 부분을 확대하여 제시하였다.

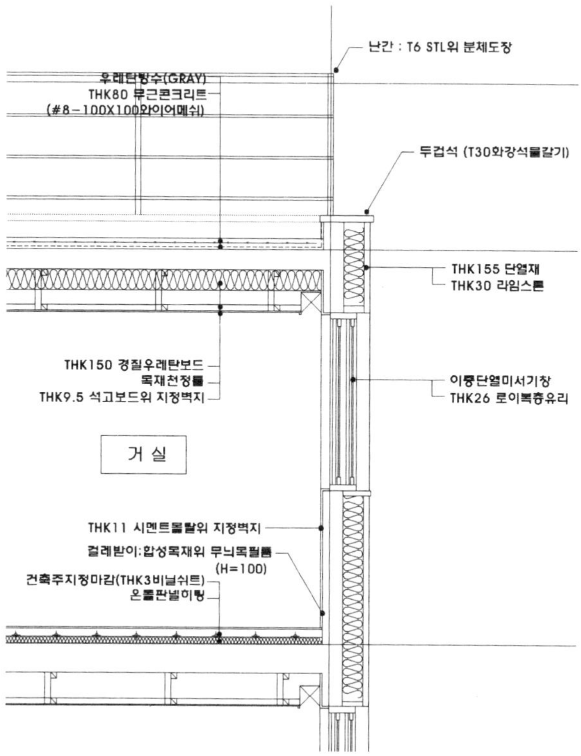

지붕 부분 단면 상세도

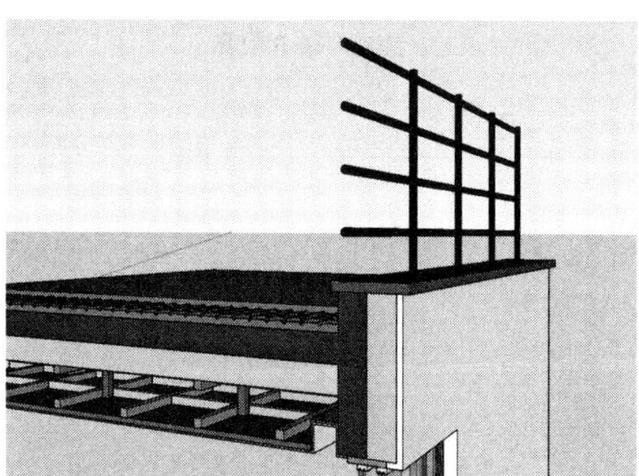

지붕 부분 단면 모델링

2. 실내 마감 상세 파악하기

실내 재료 마감 상세에서는 바닥, 벽 천정으로 구분하여 마감 상세 부분을 표현하였고, 각 실에 맞는 마감을 찾아보면 상세를 확인할 수 있다. 실내 재료 마감표에 바닥, 벽, 천정의 마감 상세 번호를 표기되어 있어 실내 마감 상세도에서 쉽게 찾을 수 있다.

1/A-011 실내재료마감표
SCALE : NONE

층별	실명	바닥 바탕	바닥 마감	걸레받이 바탕	걸레받이 마감	높이	상세번호	벽 바탕	벽 마감	상세번호	천정 바탕	천정 마감	천정고	상세번호
지하1층	계단실	THK24 시멘트 몰탈	THK30화강석 물갈기	THK11 시멘트 몰탈	마천석물갈기	100	F-01	THK11 시멘트 몰탈	무늬코트	W-01		콘크리트 면처리 위 무늬코트	-	C-01
	저수조	액체방수 1종/THK93 무근콘크리트	THK0.3 에폭시페인트			-	F-02		콘크리트 면처리	W-02		콘크리트 면처리	-	C-01
	주차장	액체방수 1종/THK93 무근콘크리트	THK0.3 에폭시페인트			-	F-03		THK75 배수판 OR 콘크리트 면처리 위 수성페인트	W-03	THK90경질우레탄보드	THK3 퍼라이트몰탈	-	C-02
지상1층 ~ 지상3층	계단실	THK24 시멘트 몰탈	THK30화강석 물갈기	THK11 시멘트 몰탈	마천석물갈기	100	F-01	THK11 시멘트 몰탈	무늬코트	W-01		콘크리트 면처리 위 무늬코트	-	C-01
	화장실	액체방수 1종/구배몰탈	자기질타일(건축주지정)			-	F-04	액체방수 1종(H=300)/시멘트몰탈	도기질타일(건축주지정)	W-04	경량철골천정틀(M-BAR)	THK10 PVC천장재(건축주지정)	2,300	C-04
	근린생활시설	THK24 시멘트 몰탈	디럭스 타일 건축주 지정마감	THK11 시멘트 몰탈	세라민페인트 건축주 지정마감	100	F-01	THK11 시멘트 몰탈	수성페인트 건축주 지정마감	W-01	경량철골천정틀(M-BAR)	THK6 천장텍스(건축주지정)	2,400 (3층은 2,300)	C-03
지상4층 ~ 지상5층	계단실	THK24 시멘트 몰탈	THK30화강석 물갈기	THK11 시멘트 몰탈	마천석물갈기	100	F-01	THK11 시멘트 몰탈	무늬코트	W-01		콘크리트 면처리 무늬코트	-	C-01
	화장실	액체방수 1종/구배몰탈	자기질타일(건축주지정)			-	F-04	액체방수 1종(H=300)/시멘트몰탈	도기질타일(건축주지정)	W-04	경량철골천정틀(M-BAR)	THK10 PVC천장재(건축주지정)	2,300	C-04
	거실	전열히팅	비닐쉬트	THK11 시멘트 몰탈	합성목재위 목무늬필름	100	F-05	THK11 시멘트 몰탈	건축주 지정벽지 마감	W-05	목재천정틀	THK9.5석고보드위 지정벽지마감	2,300	C-05
	보일러실	THK24 시멘트 몰탈	자기질타일	THK11 시멘트 몰탈	세라민페인트	100	F-01	THK11 시멘트 몰탈	수성페인트	W-01		콘크리트 면처리위 수성페인트	2,300	C-01
	복도	THK24 시멘트 몰탈	THK화강석 물갈기	THK11 시멘트 몰탈	건축주 지정마감	100	F-01	THK11 시멘트 몰탈	건축주 지정마감	W-01	경량철골천정틀(M-BAR)	THK6 천장텍스(건축주지정)	2,300	C-03
	현관	시멘트몰탈	자기질타일	THK11 시멘트 몰탈	합성목재위 목무늬필름	100		THK11 시멘트 몰탈	건축주 지정벽지 마감	W-05	목재천정틀	THK9.5석고보드위 지정벽지마감	2,300	C-05
옥탑층	계단실	THK24 시멘트 몰탈	THK30화강석 물갈기	THK11 시멘트 몰탈	마천석물갈기	100	F-01	THK11 시멘트 몰탈	무늬코트	W-01	경량철골천정틀(M-BAR)	THK6 천장텍스(건축주지정)	2,200	C-03

외부마감				
외부마감	벽 마감	라임스톤뿜칠(건축주 지정)	유리 / 창호	공동주택 : 열관류율 1.2w/m2k 이하 건축주 지정 근린생활시설 : 열관류율 1.5w/m2k 이하 건축주 지정
	외부바닥마감	화강석 버너링(건축주 지정)	지붕마감	

1. 거실의 벽 및 반자의 실내 : 불연/준불연/난연재료 사용
2. 실내외부마감은 반드시 건축주와 협의후 시공할것.
3. 미장면 코너, 인코너비드, 조인트 비드, 베이스비드 설치
4. 이질재료가 만나는 곳은 재료분리대를 설치할 것.

도면명 DRAWING TITLE 실내재료마감표
축척 SCALE NONE 날짜 DATE 2017. .
도면번호 SHEET NO. A-011

실내 재료 마감표

1) 5층 실내 재료 마감 상세 파악하기

① 실내 재료 마감표에서 5층 거실에 해당하는 마감 상세 번호를 확인할 수 있다. 실내 재료 마감표에 바닥, 벽, 천정의 마감 상세 번호를 표기되어 있어 실내 마감 상세도에서 쉽게 찾을 수 있다. 실내 재료 마감표에서 ⬚ 표시된 부분이 상세 번호를 표시한 부분이다. 5층 거실은 F-05, C-05를 확인할 수 있다.

② 실내 재료 마감 상세-01에서 ⬚ 표시된 부분이 5층 거실 마감 상세 부호 F-05로 바닥에 해당하는 마감 상세이다. 실내 재료 마감 상세-03에서 ⬚ 표시된 부분이 5층 거실 마감 상세 부호 C-05로 천장에 해당하는 마감 상세이다.

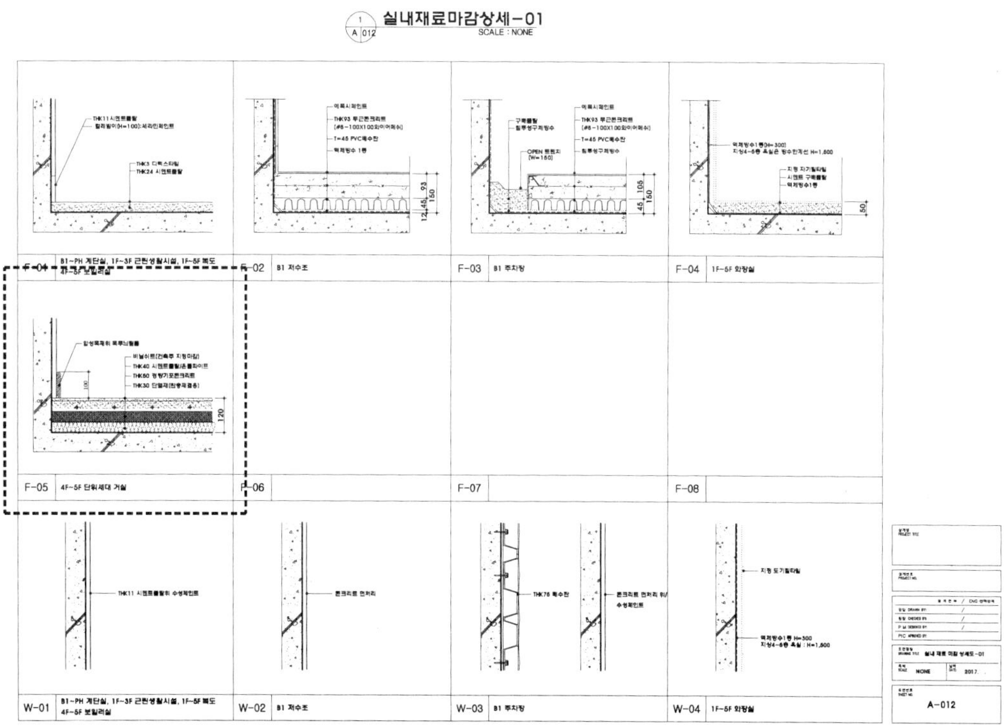

실내 재료 마감 상세 -1 (5층 거실 바닥)

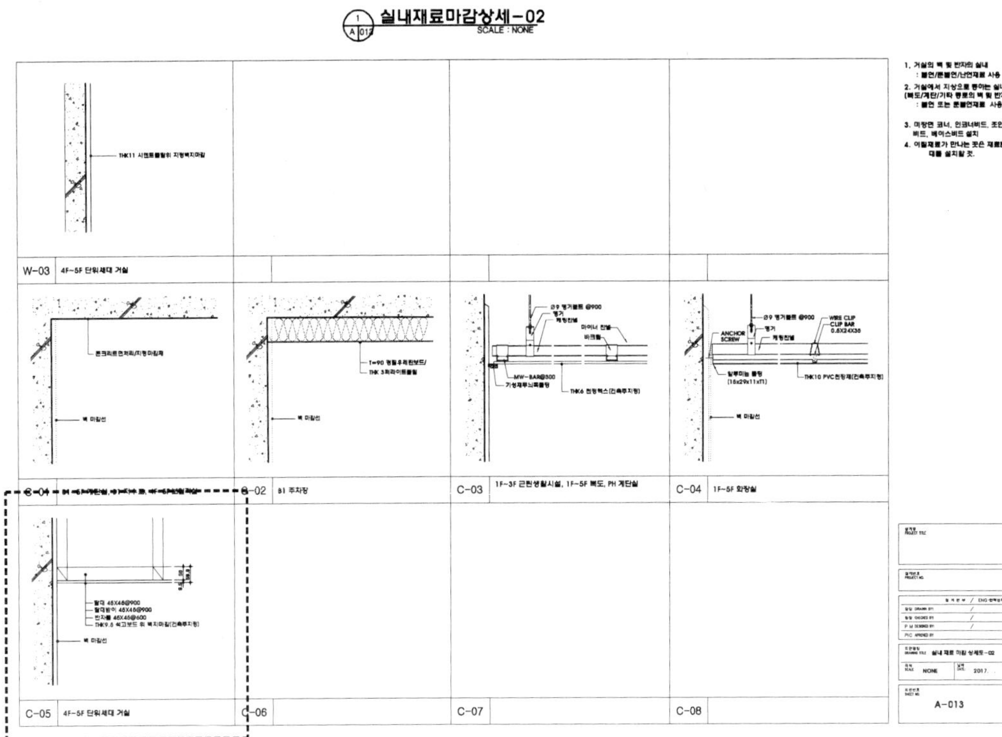

실내 재료 마감 상세 -2 (5층 거실 천장)

③ F-05 마감 상세에서는 바닥 난방을 하는 마감 재료를 알 수 있다. 콘크리트 슬래브 위에는 완충재인 단열재가 THK 30이 있고, 온수난방의 배관을 위한 경량 콘크리트 및 온수 파이프가 일정한 간격으로 배관 되어 있음을 확인할 수 있다. 온수 파이프가 배관 된 후에 시멘트 몰탈로 마감을 하고 그 위에 최종 마감인 비닐 시트를 마감한다. 바닥 마감 상세에서 걸레받이의 높이가 100이고, 합성 목재 위 무늬목 필름지 마감임을 확인할 수 있다.

④ 5층 거실의 천정은 C-05 마감 상세에서 확인할 수 있으며, 목재 천장틀로 되어 있다. 주요 구성으로는 달대, 달대 받이, 반자틀이 있고 그 위에 THK 9.5 석고보드 위 벽지로 마감한다. 달대와 달대 받이는 각재 (가로 45, 세로 45)가 900 간격 (@900)으로 설치되고, 반자틀은 각재 (가로 45, 세로 45)가 450 간격 (@450)으로 설치된다.

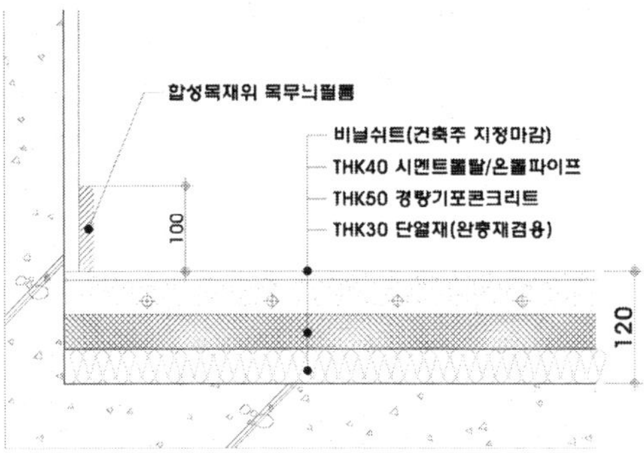

5층 실내 재료 마감 상세도 (거실 바닥)

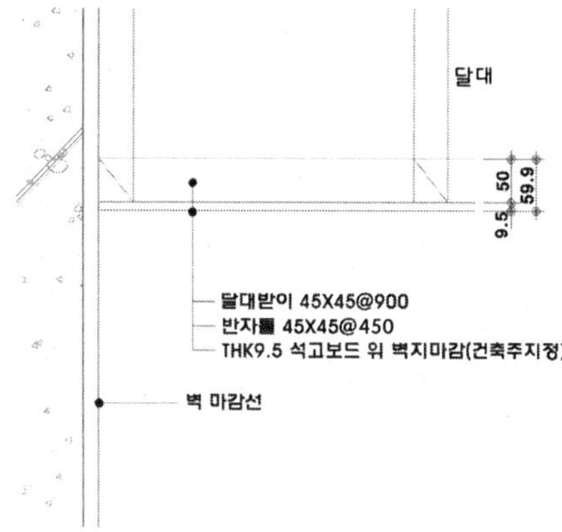

5층 실내 재료 마감 상세도 (거실 천장)

2) 마감 재료 참고 사진

온수난방 배관

기포콘크리트

층간 소음방지 단열재

도배 초배지

벽지

목재 천장틀

옥상 난간 파라펫

외벽단열재 및 창호 설치

최상층 지붕 단열재

난간

2-4-3 모형 만들기

1. 모형 만들기

1) 구조체 만들기 순서

① 모형 제작 크기는 가로 30cm × 세로 30cm가 되도록 한다.

② 모형 제작을 위한 부분 단면의 제작 축척 (Scale : 1/10)을 정한다.

③ 지붕 단면 상세에 해당하는 부재의 부호와 크기를 확인한 후, 제작할 모형의 실제 치수로 단면을 그려본다.

④ 각 구조 부재를 만들어 5층 바닥 보 (B2) → 5층 바닥 슬래브 (5S1) → 5층 벽체 (W4) → 옥탑층 바닥 보 (B2) → 옥탑층 바닥 슬래브 (RS1) → 옥탑층 난간 벽체 순으로 조립한다.

⑤ B2는 보 너비가 150이고, 보 높이가 450으로, 보 높이 450은 보 부재의 상단에서 하단까지의 수직길이를 말한다. 모형을 제작할 때는 슬래브 상단과 보 상단 레벨을 잘 맞춰 제작하도록 한다.

⑥ 창호는 창호 프레임에 유리를 끼워 만든 후 벽체의 오픈된 창호 위치에 설치한다.

2) 외부 마감 재료 만들기

① 구조 형태가 만들어진 위에 외부 단열재를 붙인다.

② 창호는 창호 프레임에 유리를 끼워 만든 후 벽체의 오픈된 창호 위치에 설치한다.

③ 라임스톤 (외장재)은 줄눈나누기를 하고 단열재 위에 붙인다.

3) 실내 마감 재료 만들기 순서

① 모형 제작을 위한 부분의 단면을 제작 축척 (Scale : 1/10)을 정하고 실제 크기대로 먼저 그려본다.

② 재료의 두께와 종류가 몇 개인지 확인한다.

③ 재료가 구분될 수 있도록 재질이나 색상을 선택하여 두께에 맞도록 재단하여 만든다.

④ 각각의 재료가 잘 보이도록 어긋나게 재료를 쌓고 해당하는 재료명을 기재한다.

2. 모형 사진

1) 모형 부분 확대 사진

평지붕 마감 구성과 옥상 난간 단면 상세의 이해를 돕기 위해 제작된 모형의 사진이다. 각 부위가 잘 나타나도록 확대한 사진과 전체 구조를 볼 수 있는 사진으로 되어 있다.

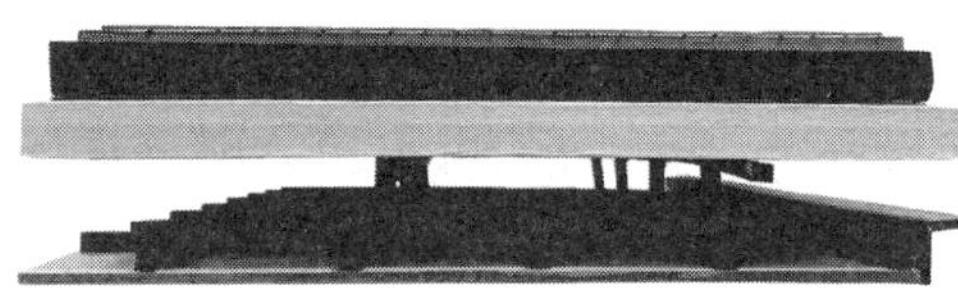

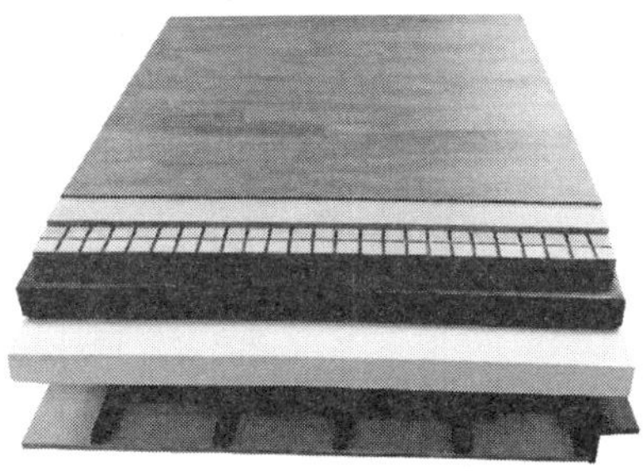

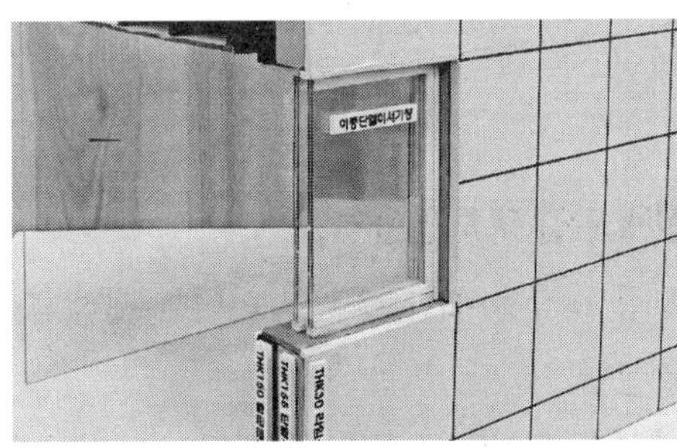

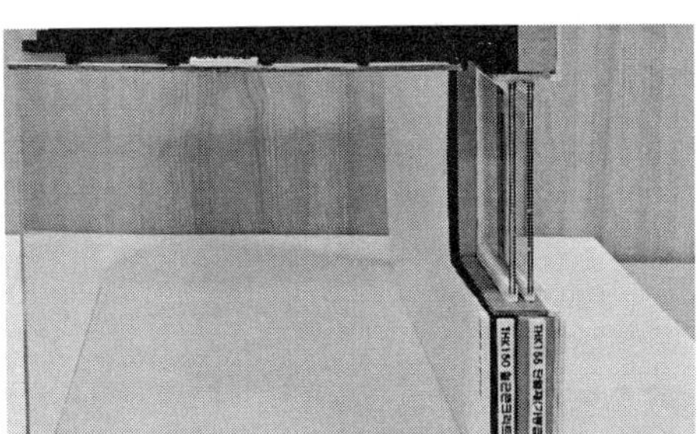

2) 완성 모형 사진

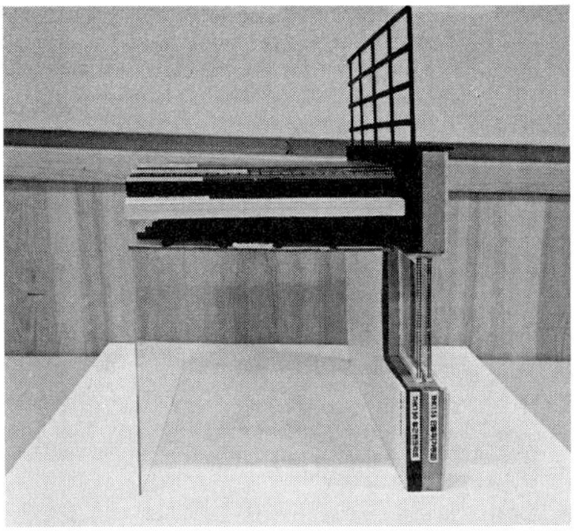

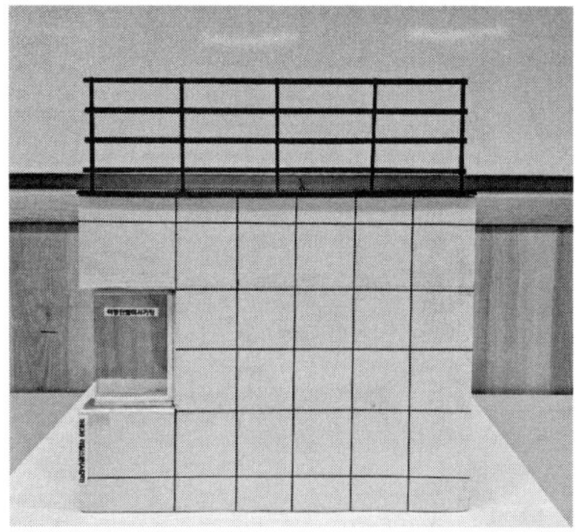

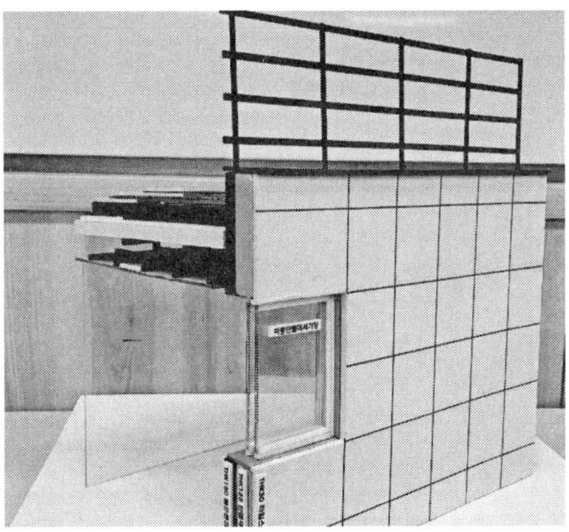

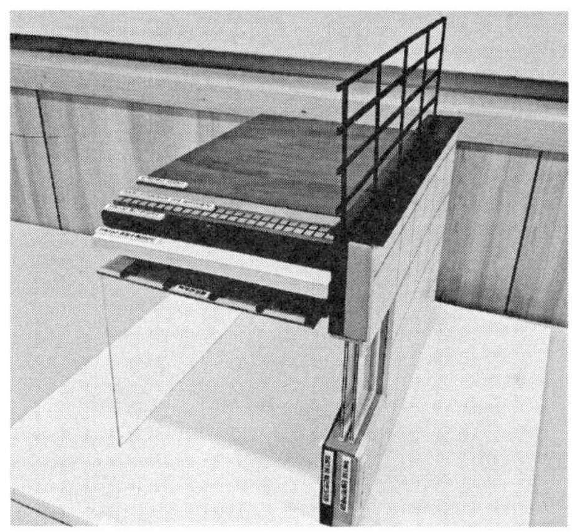

QR 코드 링크에서
모형의 동영상을 볼 수 있다.

memo

참고도면

[Modelling용 건축 도면]

[Modelling용 구조 도면]

Modelling용 건축 도면

도면목록표

도면번호	도 면 명	축 척	비 고
	< 건 축>		
A - 000	도 면 목 록 표	NONE	
A - 001	설계 개요	NONE	
A - 002	배 치 도	1/100	
A - 003	오 우 수 계획도	1/150	
A - 004	단열계획도-01	1/300	
A - 004A	단열계획도-02	1/300	
A - 004B	단열계획도-03	1/300	
A - 005	조경계획도	1/200	
A - 006	주차계획도	1/200	
A - 007	면적산출표-01	1/300	
A - 008	면적산출표-02	1/300	
A - 008A	전용공용면적산출표-01	1/300	
A - 008B	전용공용면적산출표-02	1/300	
A - 009	대지종횡단면도	1/200	
A - 010	가중지표산출표	NONE	
A - 011	실내재료마감표	NONE	
A - 012	실내재료마감상세-01	NONE	
A - 013	실내재료마감상세-02	NONE	
A - 101	지하 1층 평면도	1/100	
A - 102	지상 1층 평면도	1/100	
A - 103	지상 2층 평면도	1/100	
A - 104	지상 3층 평면도	1/100	
A - 105	지상 4층 평면도	1/100	
A - 106	지상 5층 평면도	1/100	
A - 107	옥탑층 평면도	1/100	
A - 108	지붕층 평면도	1/100	
A - 201	서측 입면도	1/100	
A - 202	남측 입면도	1/100	
A - 203	동측 입면도	1/100	
A - 204	북측 입면도	1/100	

도면번호
A - 301
A - 302
A - 303
A - 304
A - 305
A - 401
A - 402
A - 403
A - 404
A - 405
A - 406
A - 407
A - 501
A - 502
A - 601
A - 602
A - 603
A - 604

도 면 명	축 척	비 고
단면도-01_계단실_엘리베이터	1/100	
단면도-02	1/100	
단면도-03	1/100	
주차램프 단면도	1/100	
저수조 상세도	1/100	
창호 평면도-1	1/200	
창호 평면도-2	1/200	
창호 평면도-3	1/200	
창호 평면도-4	1/200	
창호 일람표-1	1/100	
창호 일람표-2	1/100	
창호 일람표-3	1/100	
정화조 상세도	1/60	
장애인 승강기 상세도		
일반상세도-01	NONE	
일반상세도-02	NONE	
일반상세도-03	NONE	
일반상세도-04	NONE	

변경/협의사항
REVISION

NO.	수정내용	날짜	비고
△			
△			
△			

설계명
PROJECT TITLE 도면의 힘 II 플러스

설계번호
PROJECT NO.

	설계본부 / ENG·협력업체
담당 DRAWN BY:	/
팀장 CHECKED BY:	/
P M DESIGNED BY:	/
PIC APROVED BY:	

도면명칭
DRAWING TITLE 도면 목록표

축척
SCALE NONE

날짜
DATE:

도면번호
SHEET NO.

A-000

000000 상가주택

설계 개요

구 분	내 용	비 고
대지위치		
대지면적	431.2 m^2	
연면적	1,314.02m^2	
용적률산출연면적	1017.17m^2	
건축면적	245.05 m^2	
용적률	235.89%	법정:240%
건폐율	56.83%	법정:60%
구조	철근콘크리트구조	
용도	근린생활시설+도시형생활주택(원룸형)	
주차대수	12대 근생704.19/134=5.26대 도시형생활주택 10세대X0.7대=7대	
법정조경	46.13 m^2	법정 : 431.2X10% =43.12m^2
비고		

층별면적

층수	
지하층	
소계	
1층	
2층	
3층	
4층	
5층	
소계	
합계	
비고	

면적	
296.85m²	저수조실 면적제외
296.85m²	
234.73m²	제1종 근린생활시설(소매점)
234.73m²	제2종 근린생활시설(사무소)
234.73m²	제2종 근린생활시설(사무소)
156.49m²	원룸5세대 발코니확장면적:4.71
156.49m²	원룸5세대 발코니확장면적:4.71
1017.17m²	
1314.02m²	승강기 면적 제외

변경/협의사항
REVISION

NO.	수정내용	날짜	비고
△			
△			
△			

설계명 PROJECT TITLE	도면의 힘 II 플러스
설계번호 PROJECT NO.	

	설계본부 / ENG 협력업체
담당 DRAWN BY:	/
팀장 CHECKED BY:	/
P M DESIGNED BY:	/
PIC APROVED BY:	

도면명칭 DRAWING TITLE	설계개요
축척 SCALE 1/100	날짜 DATE:
도면번호 SHEET NO.	A-001

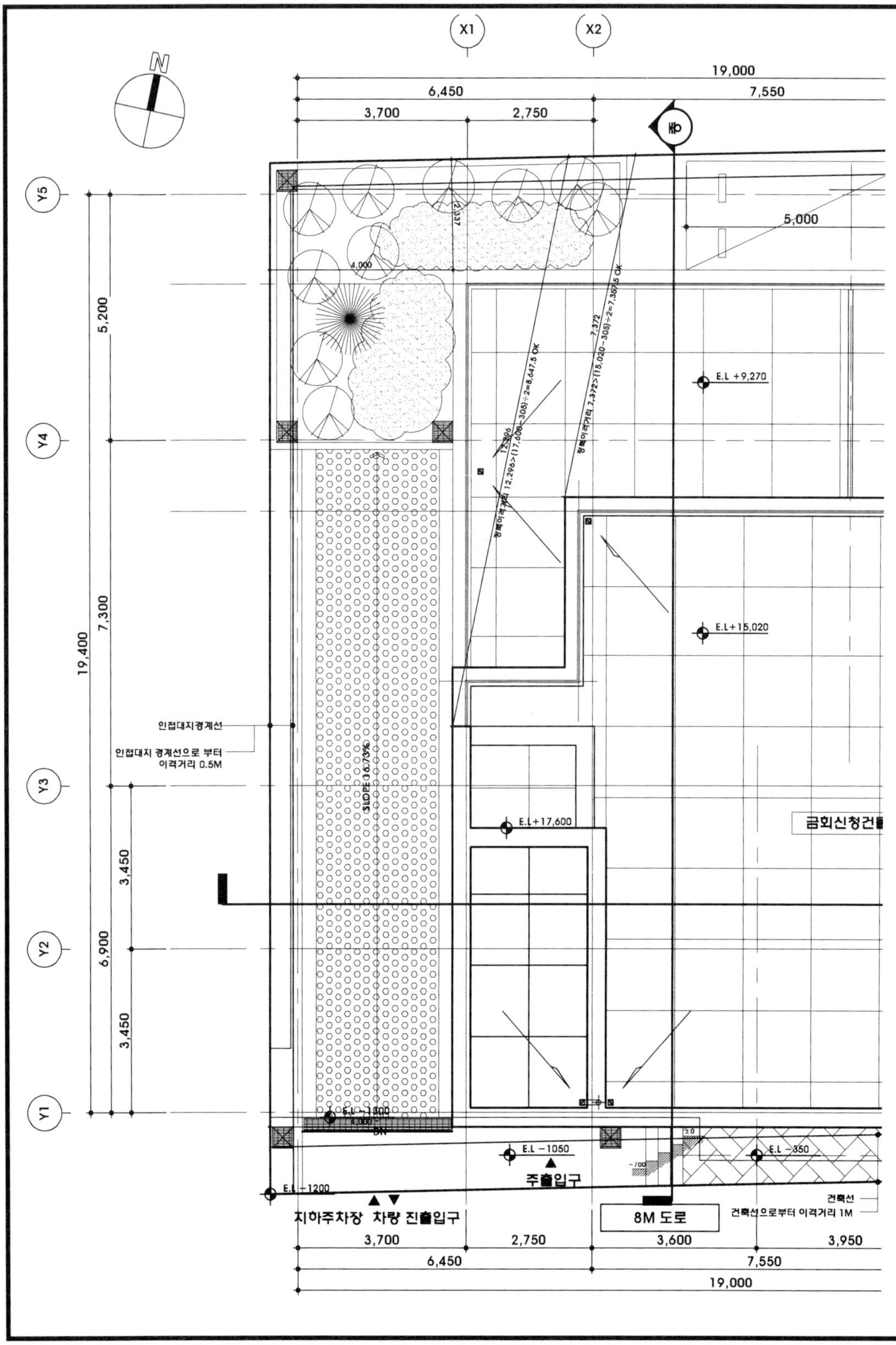
X1
X2
19,000
6,450
7,550
3,700
2,750
5,000
Y5
Y4
Y3
Y2
Y1
5,200
7,300
19,400
3,450
6,900
E.L +9,270
E.L+15,020
E.L+17,600
인접대지경계선
인접대지 경계선으로 부터
이격거리 0.5M
SLOPE 16.73%
금회신청건물
E.L −1050
주출입구
E.L −350
E.L −1200
지하주차장 차량 진출입구
건축선
건축선으로부터 이격거리 1M
8M 도로
3,700
2,750
3,600
3,950
6,450
7,550
19,000

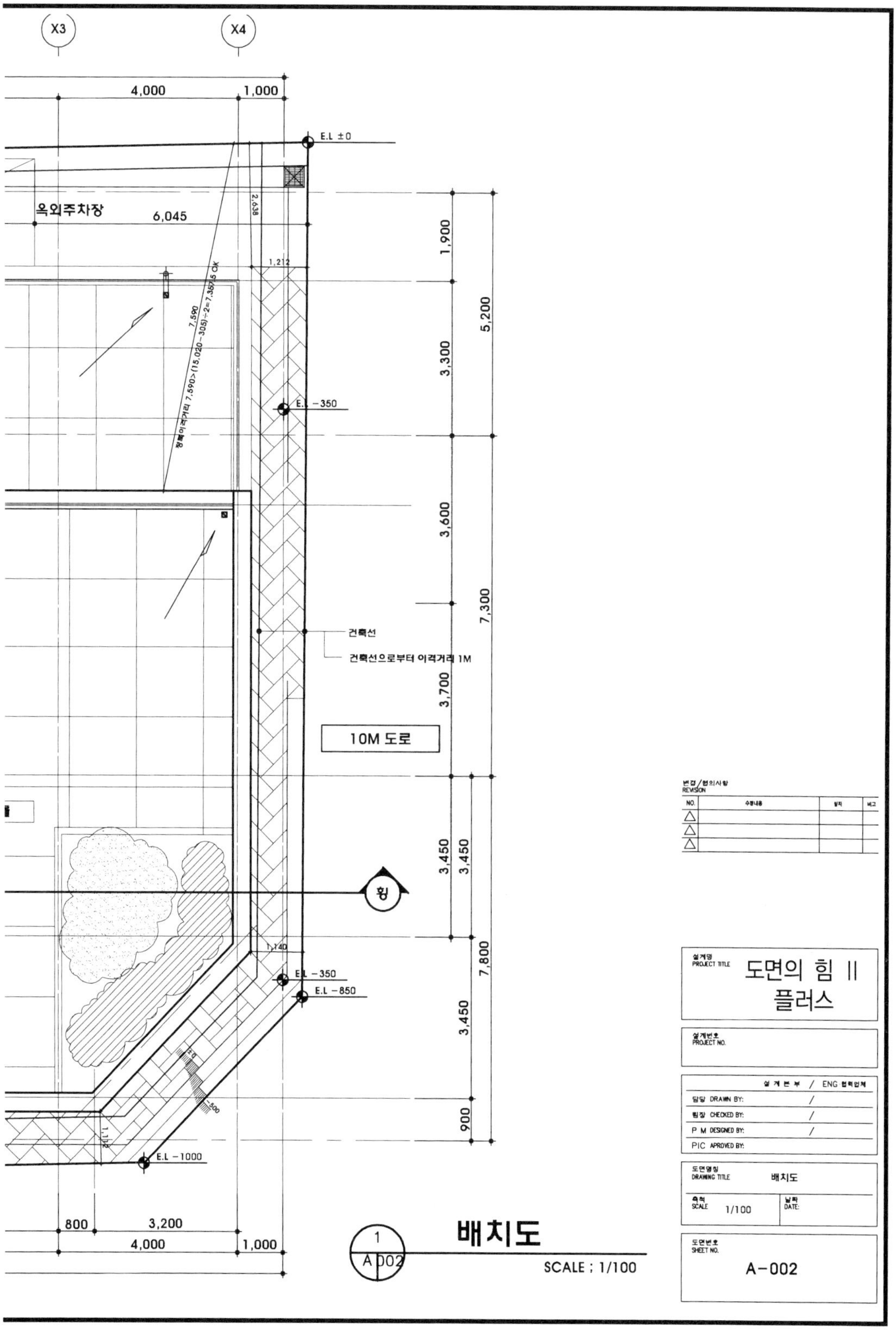
X3
X4
4,000
1,000
E.L ±0
옥외주차장
6,045
2,638
1,212
1,900
5,200
3,300
E.L −350
3,600
7,300
건축선
건축선으로부터 이격거리 1M
3,700
10M 도로
3,450
3,450
1,140
E.L −350
E.L −850
7,800
3,450
E.L −1000
900
800
3,200
4,000
1,000
배치도
SCALE ; 1/100
변경/협의사항 REVISION
NO.
설계명 PROJECT TITLE
도면의 힘 II 플러스
설계번호 PROJECT NO.
담당 DRAWN BY:
팀장 CHECKED BY:
P M DESIGNED BY:
PIC APROVED BY:
도면명칭 DRAWING TITLE
배치도
축척 SCALE
1/100
날짜 DATE:
도면번호 SHEET NO.
A-002

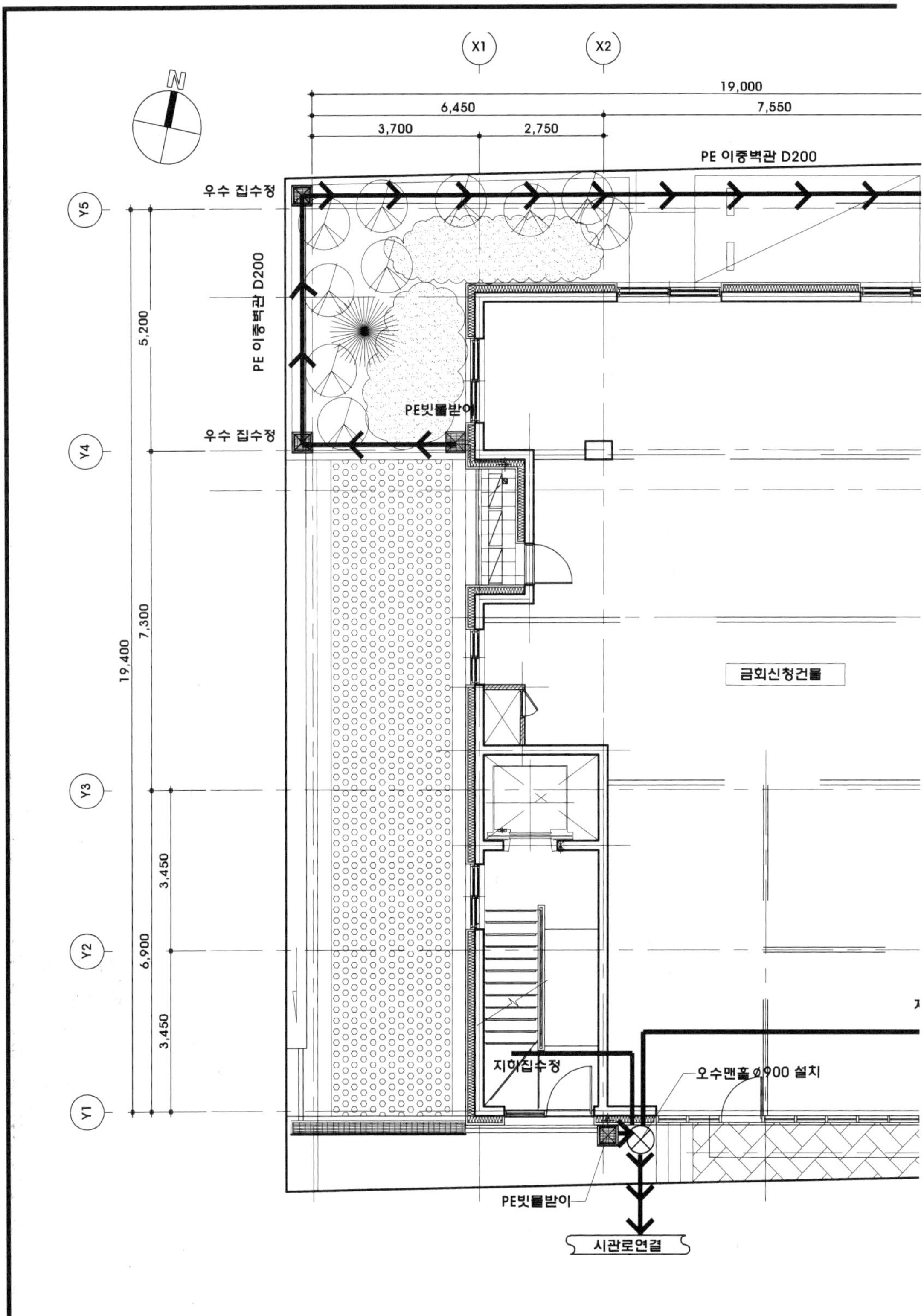
X1
X2
19,000
6,450
7,550
3,700
2,750
PE 이중벽관 D200
우수 집수정
Y5
PE 이중벽관 D200
5,200
PE빗물받이
우수 집수정
Y4
7,300
19,400
금회신청건물
Y3
3,450
Y2
6,900
3,450
지하집수정
오수맨홀 ø900 설치
Y1
PE빗물받이
시관로연결

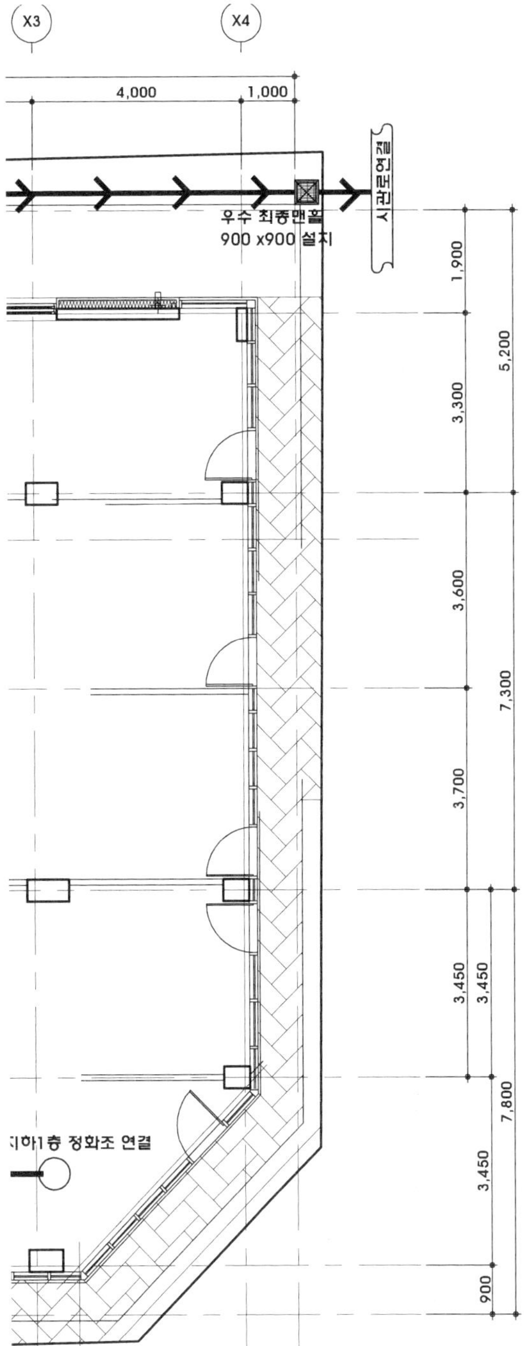

범 례		
우수관	←—←—←—←	PE 이중벽관 D200
오수관	←+←+←+←	PE 이중벽관 D200
우수 집수정	⊠	우수 집수정
PE빗물받이	□	PE빗물받이
오수맨홀	⊗	오수맨홀

변경/협의사항 REVISION

NO.	수정내용	날짜	비고
△			
△			
△			

설계명 PROJECT TITLE 도면의 힘 II 플러스

설계번호 PROJECT NO.

	설 계 본 부 / ENG 협력업체
담당 DRAWN BY:	/
팀장 CHECKED BY:	/
P M DESIGNED BY:	/
PIC APROVED BY:	

도면명칭 DRAWING TITLE 우오수계획도

축척 SCALE 1/150 날짜 DATE: 2017. .

도면번호 SHEET NO. A-003

1 A003 우오수계획도

SCALE : 1/150

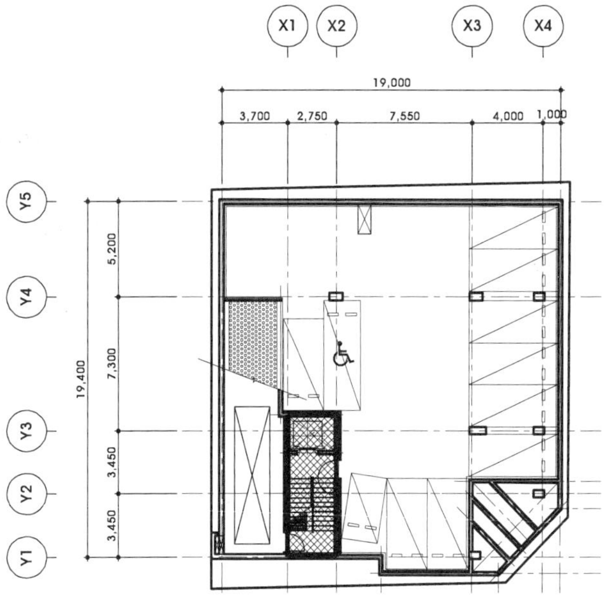

1 A 006 **지하1층 단열계획도**

SCALE ; 1/300

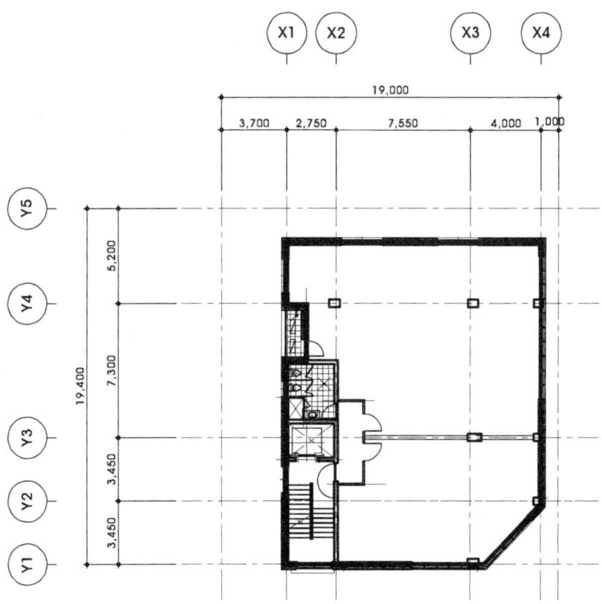

1 A 006 **지상2층 단열계획도**

SCALE ; 1/300

* 범 례

위치	외기	
거실 외벽	직접	공동
		공동ㅋ
최하층 바닥	직접	
	간접	
바닥 난방 층간바닥		
최상층 지붕	직접	
창호	직접	공동
		공동ㅋ
	간접	세대한

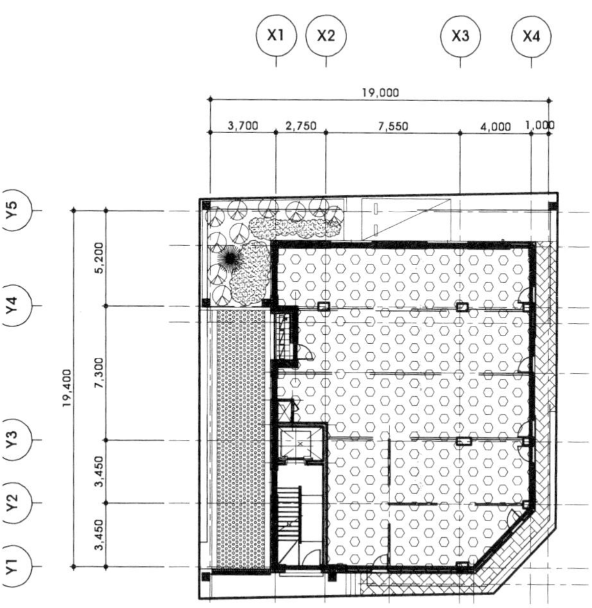

지상1층 단열계획도

1 A006

SCALE ; 1/300

기	준		적	용			
	난방	열관류율(W/m²K)	형 태	재 료 명	열관류율(W/m²K)	등급	두께
주택	-	0.210 이하		비드법보온판 2종1호	0.200	가	155
택 외	-	0.260 이하		비드법보온판 2종1호	0.248	가	125
	비난방	0.220 이하		경질우레탄폼 단열재	0.209	가	90
	난방	0.260 이하		경질우레탄폼 단열재	0.209	가	90
	비난방	0.300 이하		비드법보온판 2종1호	0.295	가	105
	난방	0.810 이하		압출법보온판 3호	0.725	가	40
	-	0.150 이하		경질우레탄폼 단열재	0.133	가	150
주택	-	1.200 이하		건축주지정	1.200 이하	기밀성1등급	
택 외	-	1.500 이하		건축주지정	1.500 이하	기밀성1등급	
관문	-	1.800 이하	●	건축주지정	1.800 이하	기밀성1등급	

변경/협의사항 REVISION

NO.	수정내용	날짜	비고
△			
△			
△			

설계명 PROJECT TITLE 도면의 힘 II 플러스

설계번호 PROJECT NO.

설계본부 / ENG 협력업체

담당 DRAWN BY: /

팀장 CHECKED BY: /

P M DESIGNED BY: /

PIC APROVED BY:

도면명칭 DRAWING TITLE 단열계획도-01

축척 SCALE 1/300 날짜 DATE:

도면번호 SHEET NO. A-004

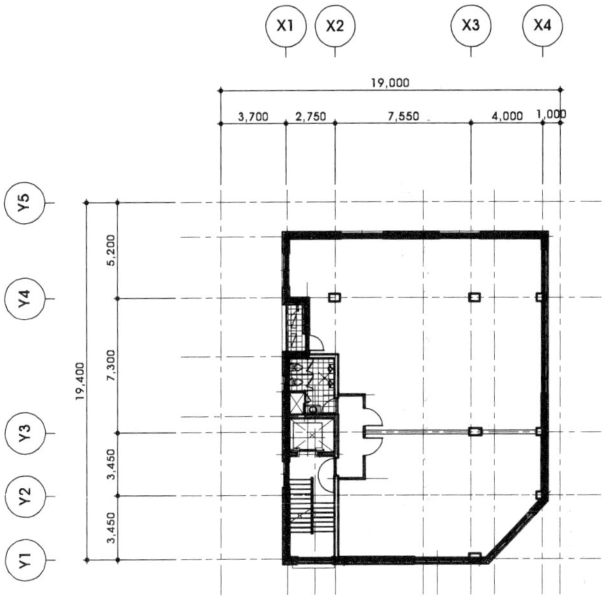

1 A 006 **지상3층 단열계획도**

SCALE ; 1/300

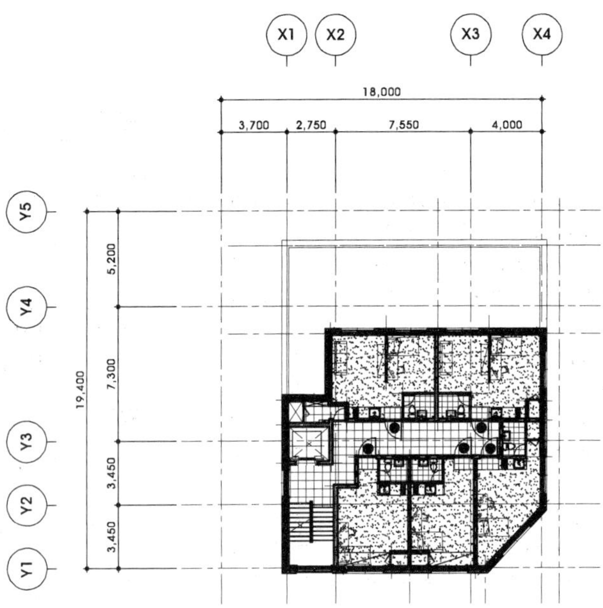

1 A 006 **지상5층 단열계획도**

SCALE ; 1/300

*범 례

위치	외기	
거실 외벽	직접	공동
		공동
최하층 바닥	직접	
	간접	
바닥 난방 층간바닥		
최상층 지붕	직접	
창호	직접	공동
		공동
	간접	세대

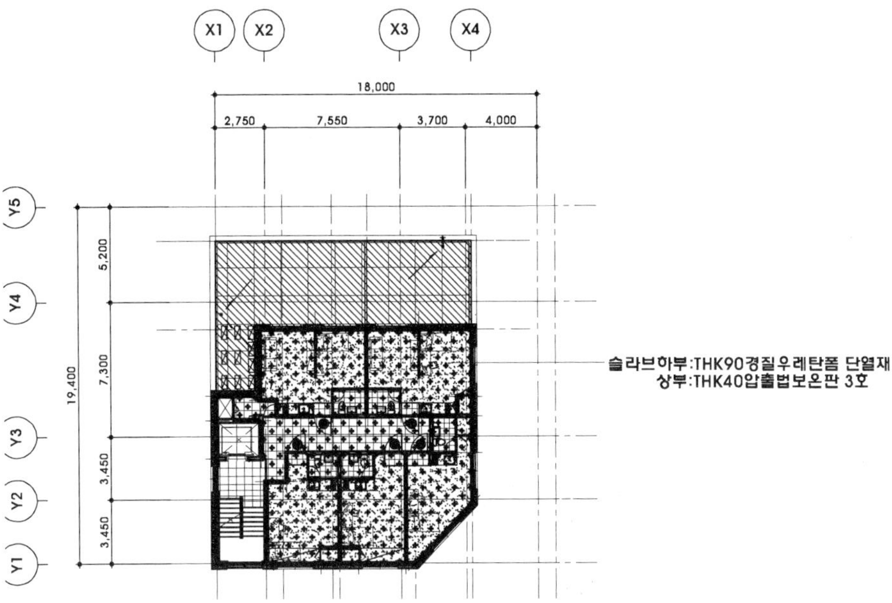

1
A 006

지상4층 단열계획도

SCALE ; 1/300

기 준			적 용				
	난방	열관류율(W/m²K)	형 태	재 료 명	열관류율(W/m²K)	등급	두께
주택	-	0.210 이하		비드법보온판 2종1호	0.200	가	155
주택 외	-	0.260 이하		비드법보온판 2종1호	0.248	가	125
	비난방	0.220 이하		경질우레탄폼 단열재	0.209	가	90
	난방	0.260 이하		경질우레탄폼 단열재	0.209	가	90
	비난방	0.300 이하		비드법보온판 2종1호	0.295	가	105
	난방	0.810 이하		압출법보온판 3호	0.725	가	40
	-	0.150 이하		경질우레탄폼 단열재	0.133	가	150
주택	-	1.200 이하		건축주지정	1.200 이하	기밀성1등급	
주택 외	-	1.500 이하		건축주지정	1.500 이하	기밀성1등급	
현관문	-	1.800 이하	●	건축주지정	1.800 이하	기밀성1등급	

변경/협의사항 REVISION

NO.	수정내용	날짜	비고
△			
△			
△			

설계명 PROJECT TITLE 도면의 힘 II 플러스

설계번호 PROJECT NO.

설계본부 / ENG 협력업체

담당 DRAWN BY: /

팀장 CHECKED BY: /

P M DESIGNED BY: /

PIC APROVED BY:

도면명칭 DRAWING TITLE 단열계획도-02

축척 SCALE 1/300 날짜 DATE:

도면번호 SHEET NO. A-004A

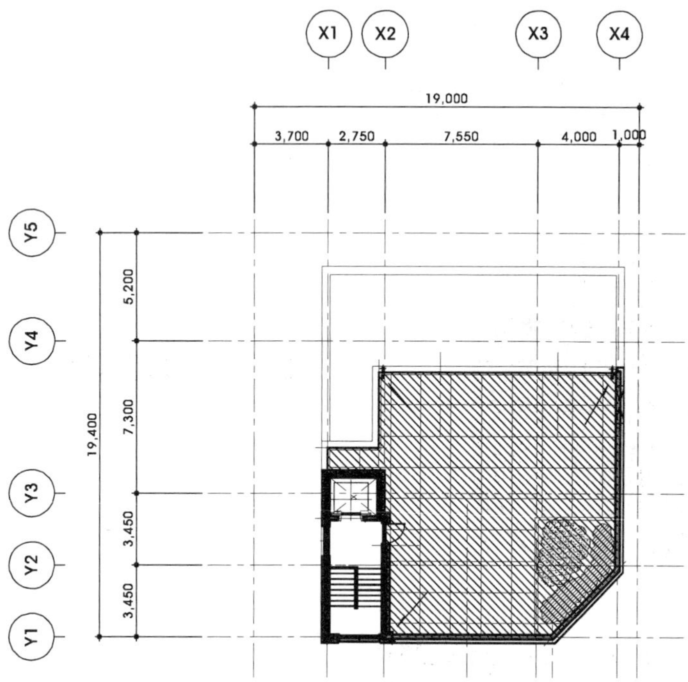

옥탑층 단열계획도

1 / A006

SCALE : 1/300

*범 례

기준					적용				
위치	외기		난방	열관류율(W/m²K)	형 태	재 료 명	열관류율(W/m²K)	등급	두께
거실 외벽	직접	공동주택	–	0.210 이하		비드법보온판 2종1호	0.200	가	155
		공동주택 외	–	0.260 이하		비드법보온판 2종1호	0.248	가	125
최하층 바닥	직접		비난방	0.220 이하		경질우레탄폼 단열재	0.209	가	90
	간접		난방	0.260 이하		경질우레탄폼 단열재	0.209	가	90
			비난방	0.300 이하		비드법보온판 2종1호	0.295	가	105
바닥 난방 층간바닥			난방	0.810 이하		압출법보온판 3호	0.725	가	40
최상층 지붕	직접		–	0.150 이하		경질우레탄폼 단열재	0.133	가	150
창호	직접	공동주택	–	1.200 이하		건축주지정	1.200 이하	기밀성1등급	
		공동주택 외	–	1.500 이하		건축주지정	1.500 이하	기밀성1등급	
	간접	세대현관문	–	1.800 이하	●	건축주지정	1.800 이하	기밀성1등급	

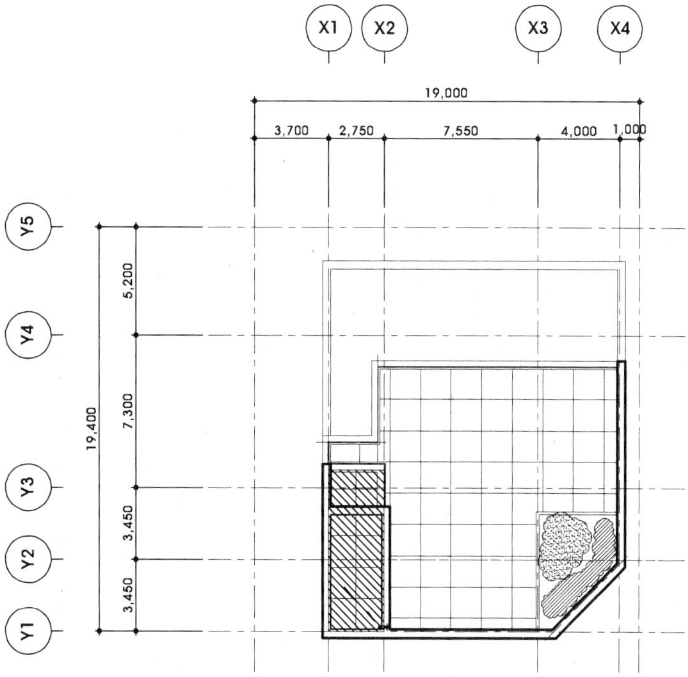

1
A 006

지붕층 단열계획도

SCALE ; 1/300

변경/협의사항
REVISION

NO.	수정내용	날짜	비고
△			
△			
△			

설계명 PROJECT TITLE: 도면의 힘 II 플러스

설계번호 PROJECT NO.

	설계본부 / ENG 협력업체
담당 DRAWN BY:	/
팀장 CHECKED BY:	/
P M DESIGNED BY:	/
PIC APROVED BY:	

도면명칭 DRAWING TITLE: 단열계획도-03

축척 SCALE: 1/300 | 날짜 DATE:

도면번호 SHEET NO.: A-004B

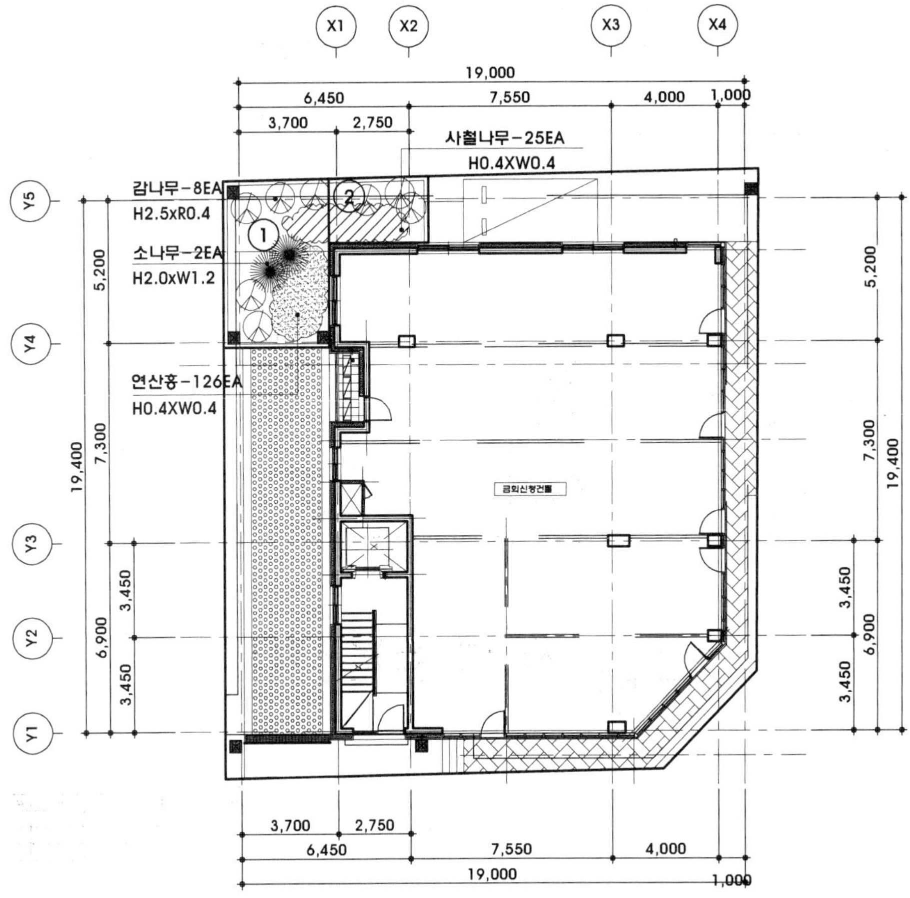

① 지상1층 조경계획도

A 005

SCALE ; 1/200

조경 면적구적표

기 호	산 출 근 거	단위	계획면적	인정면적
①	AutoCAD Pline 구적	㎡	24.39	24.39
②	AutoCAD Pline 구적	㎡	8.98	8.98
③	AutoCAD Pline 구적	㎡	9.24	6.16
④	AutoCAD Pline 구적	㎡	8.30	5.53
합 계		㎡	50.91	45.06

조경 수량 계획

대지면적	431.2M²	
구 분	법 적 수 량	계 획
조경면적	대지면적의10% = 43.12M²	계획 면적 :45.
교 목	45.06M² X 0.2주=9.01주	10주
관 목	45.06M² X 5.0주=225.3주	231주

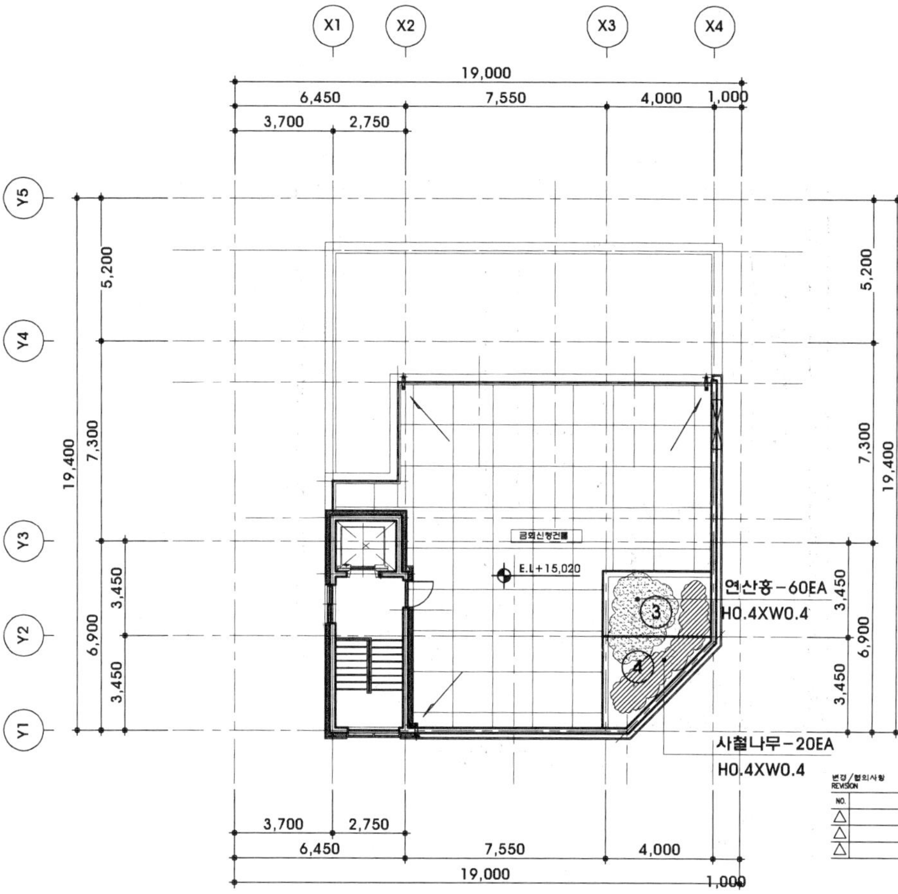

NO.	수정내용	날짜	비고
△			
△			
△			

옥탑층 조경계획도

2 / A 005

SCALE ; 1/200

수목수량총괄표

	성상	범례	수종명	규격	단위	수량	비고
교목	상록교목		소나무	H2.0xW1.2	주	2	
		소계			주	2	
	낙엽교목		감나무	H2.0xR0.4	주	8	
		소계			주	8	
	합계				주	10	
관목	낙엽관목		연산홍	H0.4XW0.4	주	186	
	상록관목		사철나무	H0.4XW0.4	주	45	
	합계				주	231	
기타							

수 량
.06 M²

설계명 PROJECT TITLE 도면의 힘 II 플러스

설계번호 PROJECT NO.

	설계본부 / ENG 협력업체
담당 DRAWN BY:	/
팀장 CHECKED BY:	/
P M DESIGNED BY:	/
PIC APROVED BY:	

도면명칭 DRAWING TITLE 조경계획도

축척 SCALE 1/200 | 날짜 DATE:

도면번호 SHEET NO. A-005

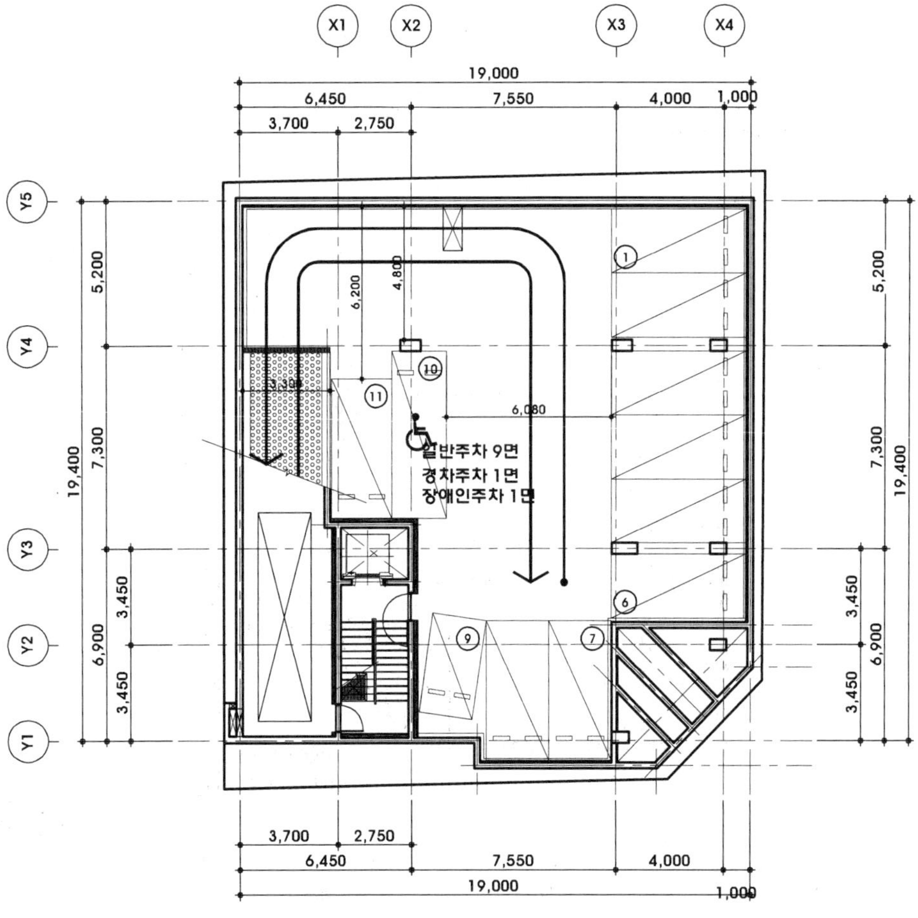

지하1층 주차계획도

1 / A006

SCALE ; 1/200

주차대수 산정표

구 분	용 도	시설면적	법정대수	계획대수	비고
지상1층	근린생활시설	234.73㎡	5.26대	5.00대	134㎡당 1대
지상2층	근린생활시설	234.73㎡			
지상3층	근린생활시설	234.73㎡			
지상4층	도시형생활주택(원룸형)	10세대	7.00대	7.00대	세대당 0.7대
지상5층					
소 계			12.26대	12대	

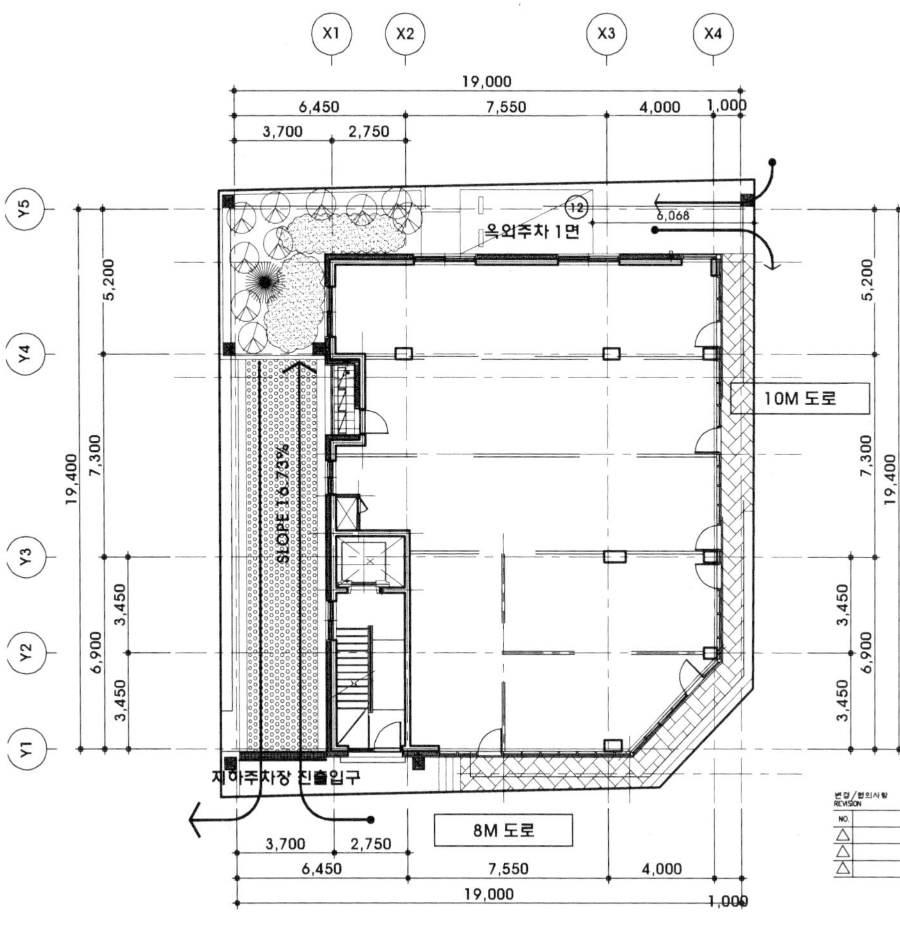

지상1층 주차계획도

2 / A-006

SCALE ; 1/200

별 주차계획

구 분		주차대수	면적	비고
I하1층(옥내주차)	일반 주차	9대	103.50㎡	
	경형 주차	1대	7.20㎡	
	장애인 주차	1대	12.00㎡	
I상1층(옥외주차)	일반 주차	1대	11.50㎡	
소 계		12대	134.20㎡	

변경/협의사항 REVISION

NO.	수정내용	일자	비고
△			
△			
△			

설계명 PROJECT TITLE: 도면의 힘 PLUS

설계번호 PROJECT NO.

	설계본부 / ENG 협력업체
담당 DRAWN BY:	/
팀장 CHECKED BY:	/
P M DESIGNED BY:	/
PIC APROVED BY:	

도면명칭 DRAWING TITLE: 주차계획도

축척 SCALE: 1/200 날짜 DATE:

도면번호 SHEET NO.: A-006

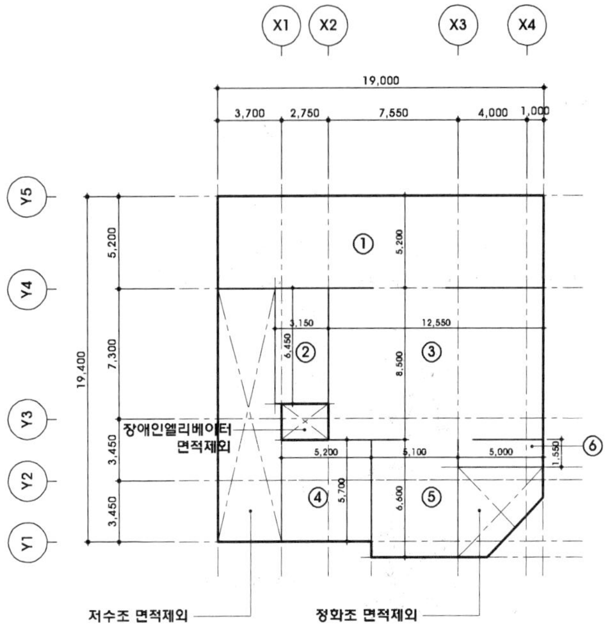

지하1층 바닥 면적

부 호	산 출 근 거	면적(M2)
①	19.00*5.20	98.80
②	3.15*6.45	20.32
③	12.55*8.50	106.68
④	5.20*5.70	29.64
⑤	5.10*6.60	33.66
⑥	5.00*1.55	7.75
소 계	① + ⑥	296.85
합 계		296.85

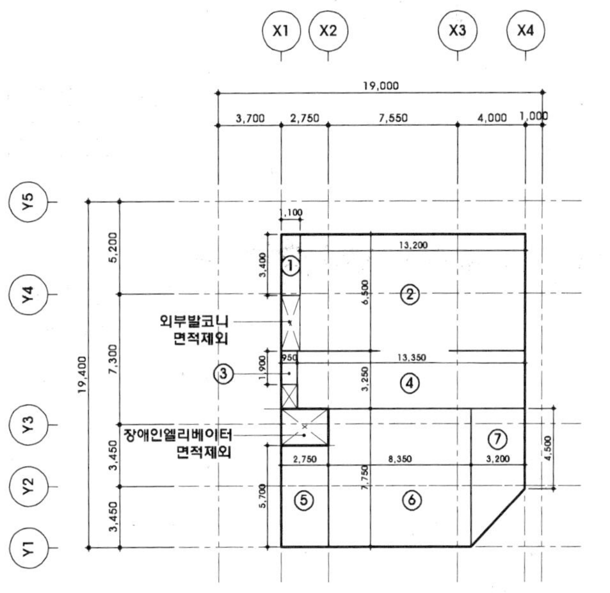

지상2층 바닥 면적

부 호	산 출 근 거	면적(M2)
①	1.10*3.40	3.74
②	13.20*6.50	85.80
③	0.95*1.90	1.81
④	13.35*3.25	43.39
⑤	2.75*5.70	15.68
⑥	8.35*7.75	64.71
⑦	(7.75+4.50)*3.20*0.5	19.60
소 계	① + ⑦	234.73
합 계		234.73

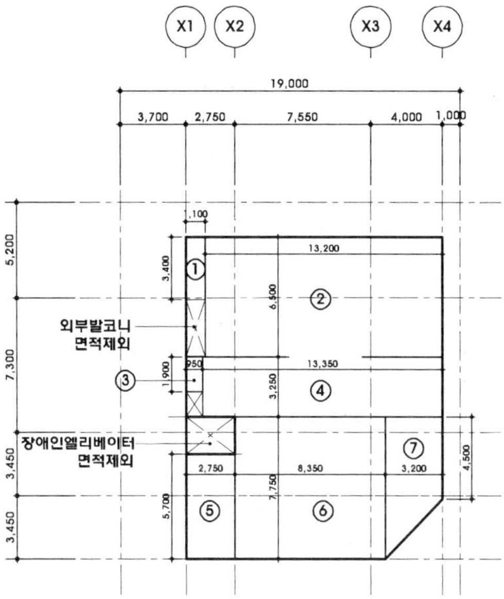

지상1층 바닥 면적

부 호	산 출 근 거	면적(M2)
①	1.10*3.40	3.74
②	13.20*6.50	85.80
③	0.95*1.90	1.81
④	13.35*3.25	43.39
⑤	2.75*5.70	15.68
⑥	8.35*7.75	64.71
⑦	(7.75+4.50)*3.20*0.5	19.60
소 계	① + ⑦	234.73
합 계		234.73

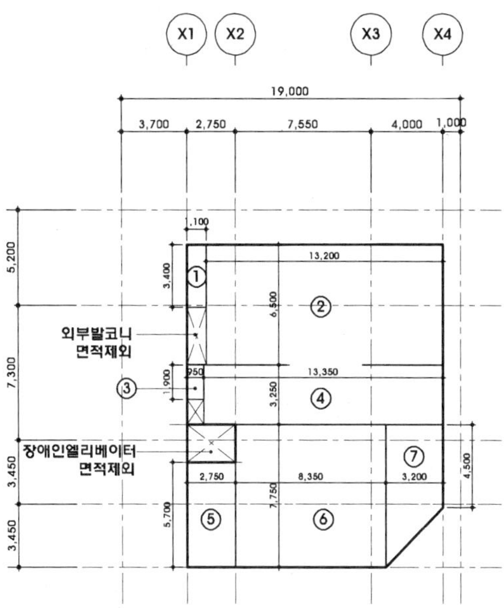

지상3층 바닥 면적

부 호	산 출 근 거	면적(M2)
①	1.10*3.40	3.74
②	13.20*6.50	85.80
③	0.95*1.90	1.81
④	13.35*3.25	43.39
⑤	2.75*5.70	15.68
⑥	8.35*7.75	64.71
⑦	(7.75+4.50)*3.20*0.5	19.60
소 계	① + ⑦	234.73
합 계		234.73

변경/협의사항 REVISION

NO.	수정내용	날짜	비고
△			
△			
△			

설계명 PROJECT TITLE 도면의 힘 II 플러스

설계번호 PROJECT NO.

설 계 본 부 / ENG 협력업체

담당 DRAWN BY: /
팀장 CHECKED BY: /
P M DESIGNED BY: /
PIC APROVED BY:

도면명칭 DRAWING TITLE 면적산출표-01

축척 SCALE 1/300 날짜 DATE:

도면번호 SHEET NO. A-007

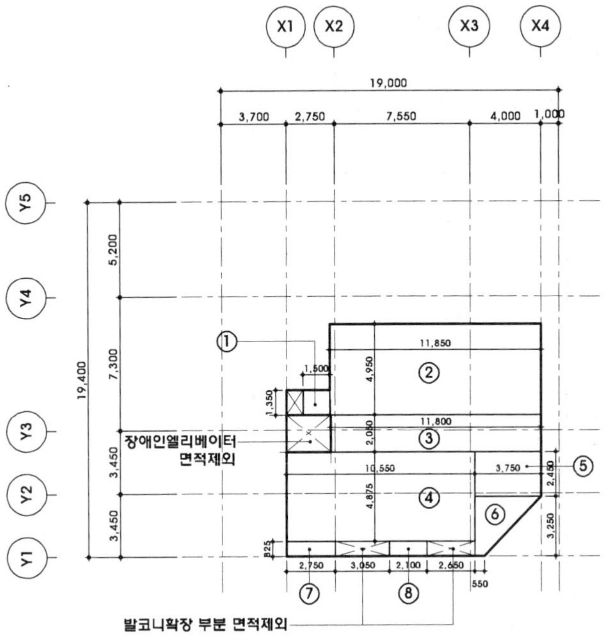

지상4층 바닥 면적

부 호	산 출 근 거	면적(M2)
①	1.50*1.35	2.03
②	11.85*4.95	58.66
③	11.80*2.05	24.19
④	10.55*4.875	51.43
⑤	3.75*2.45	9.19
⑥	(3.75+0.55)*3.25*0.5	6.99
⑦	2.75*0.825	2.27
⑧	2.10*0.825	1.73
소 계	① + ⑧	156.49
합 계		156.49

바닥면적 제외

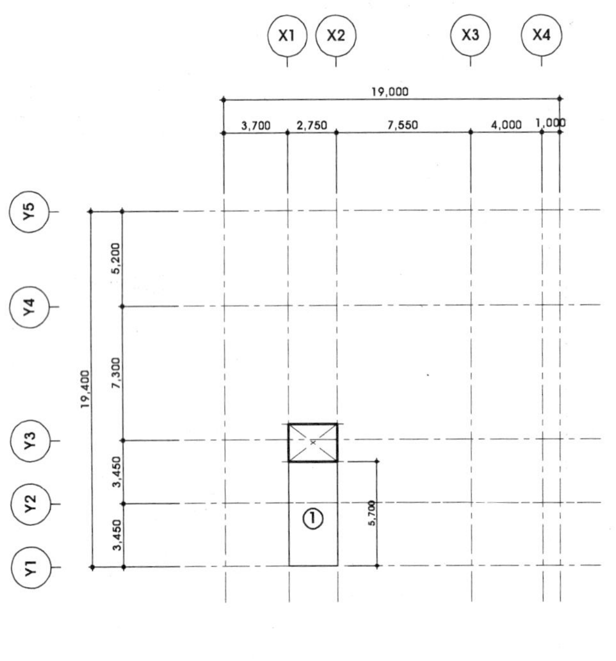

옥탑층 바닥 면적

부 호	산 출 근 거	면적(M2)
①	2.75*5.70	15.68
소 계		15.68
합 계		15.68

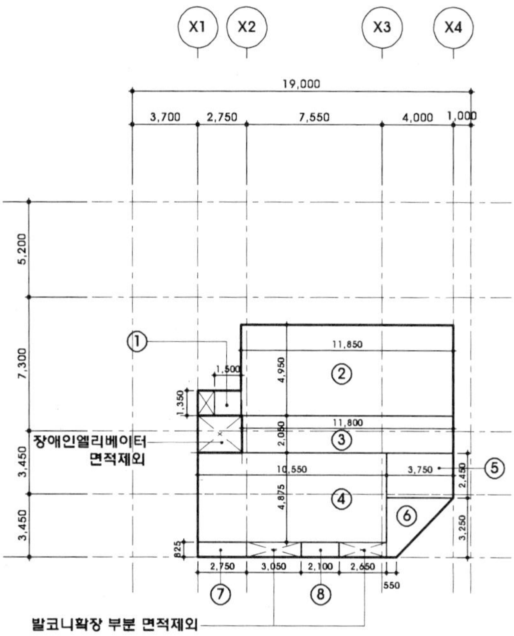

지상5층 바닥 면적

부 호	산 출 근 거	면적(M2)
①	1.50*1.35	2.03
②	11.85*4.95	58.66
③	11.80*2.05	24.19
④	10.55*4.875	51.43
⑤	3.75*2.45	9.19
⑥	(3.75+0.55)*3.25*0.5	6.99
⑦	2.75*0.825	2.27
⑧	2.10*0.825	1.73
소 계	① + ⑧	156.49
합 계		156.49

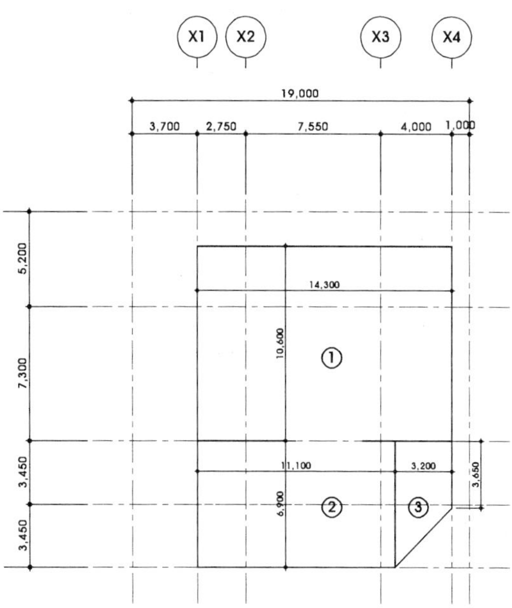

건축 면적

부 호	산 출 근 거	면적(M2)
①	14.30*10.60	151.58
②	11.10*6.90	76.59
③	(6.90+3.65)*3.20*0.5	16.88
합 계		245.05

변경/협의사항
REVISION

NO.	수정내용	일자	비고
△			
△			
△			

설계명
PROJECT TITLE 도면의 힘 II 플러스

설계번호
PROJECT NO.

설계본부 / ENG 협력업체

담당 DRAWN BY: /

팀장 CHECKED BY: /

P M DESIGNED BY: /

PIC APROVED BY:

도면명칭
DRAWING TITLE 면적산출표-02

축척
SCALE 1/300

날짜
DATE:

도면번호
SHEET NO. A-008

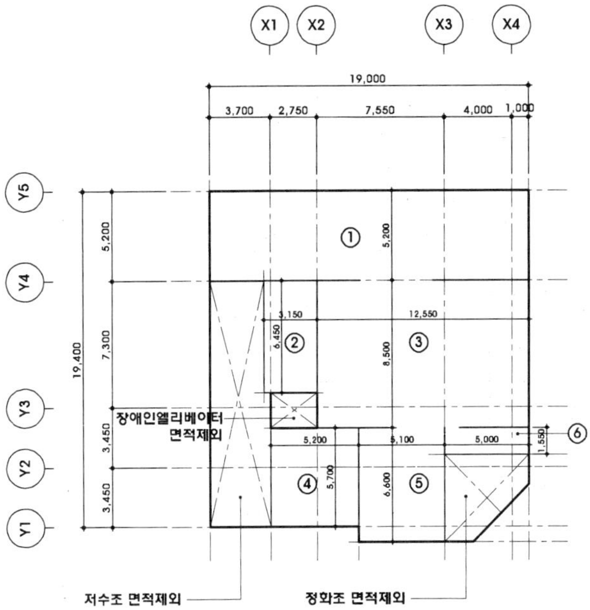

지하 1층 공용 및 전용면적 산출근거		
전용면적		
부 호	산 출 근 거	면적(M2)
소 계		-
공용면적		
부 호	산 출 근 거	면적(M2)
①	19.00*5.20	98.80
②	3.15*6.45	20.32
③	12.55*8.50	106.68
④	5.20*5.70	29.64
⑤	5.10*6.60	33.66
⑥	5.00*1.55	7.75
소 계		296.85
합 계		296.85

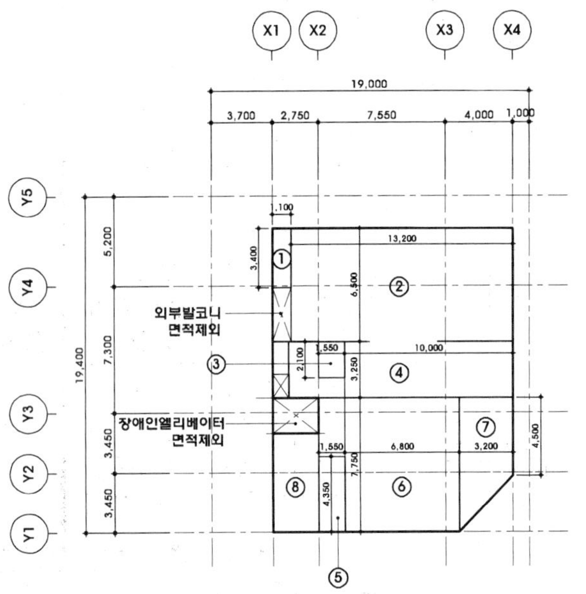

지상 2층 공용 및 전용면적 산출근거		
부 호	산 출 근 거	면적(M2)
①	1.10*3.40	3.74
②	13.20*6.50	85.80
③	1.55*2.10	3.26
④	10.00*3.25	32.50
⑤	1.55*4.35	6.74
⑥	6.80*7.75	52.70
⑦	(7.75+4.50)*3.20*0.5	19.60
소 계		204.34
공용면적		
⑧	CAD	30.39
합 계		234.73

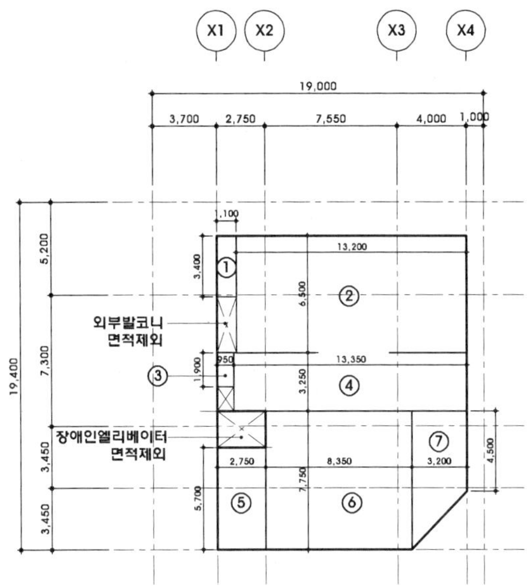

지상 1층 공용 및 전용면적 산출근거		
전용면적		
부 호	산 출 근 거	면적(M2)
①	1.10*3.40	3.74
②	13.20*6.50	85.80
③	0.95*1.90	1.81
④	13.35*3.25	43.39
⑥	8.35*7.75	64.71
⑦	(7.75+4.50)*3.20*0.5	19.60
소 계		219.05
공용면적		
⑤	2.75*5.70	15.68
소 계		15.68
합 계		234.73

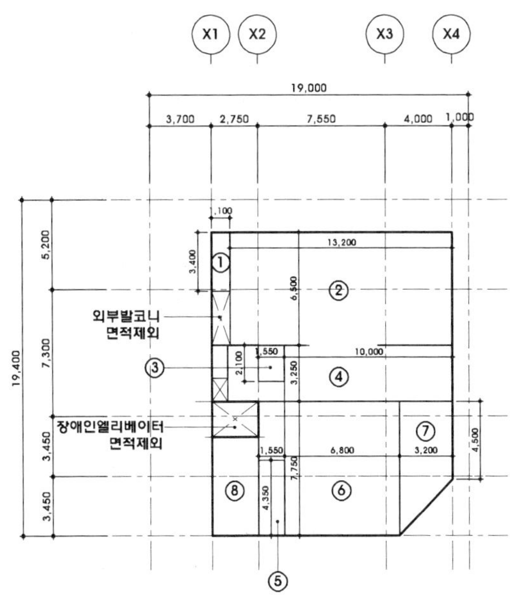

지상 3층 공용 및 전용면적 산출근거		
부 호	산 출 근 거	면적(M2)
①	1.10*3.40	3.74
②	13.20*6.50	85.80
③	1.55*2.10	3.26
④	10.00*3.25	32.50
⑤	1.55*4.35	6.74
⑥	6.80*7.75	52.70
⑦	(7.75+4.50)*3.20*0.5	19.60
소 계		204.34
공용면적		
⑧	CAD	30.39
합 계		234.73

변경/협의사항 REVISION

NO.	수정내용	일자	비고
△			
△			
△			

설계명 PROJECT TITLE 도면의 힘 II 플러스

설계번호 PROJECT NO.

설계본부 / ENG 협력업체

담당 DRAWN BY: /

팀장 CHECKED BY: /

P M DESIGNED BY: /

PIC APROVED BY:

도면명칭 DRAWING TITLE 전용 및 공용 면적표-01

축척 SCALE 1/300

날짜 DATE:

도면번호 SHEET NO. A-008A

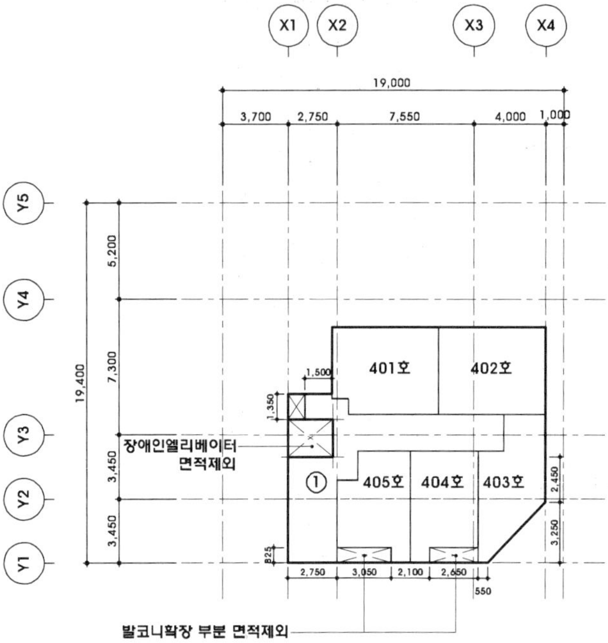

지상4층 바닥 면적

부 호	산 출 근 거	면적(M2)
401	CAD	27.06
402	CAD	27.85
403	CAD	21.91
404	CAD	20.01
405	CAD	20.30
소 계		117.13
공용면적		
①	CAD	39.36
합 계		156.49

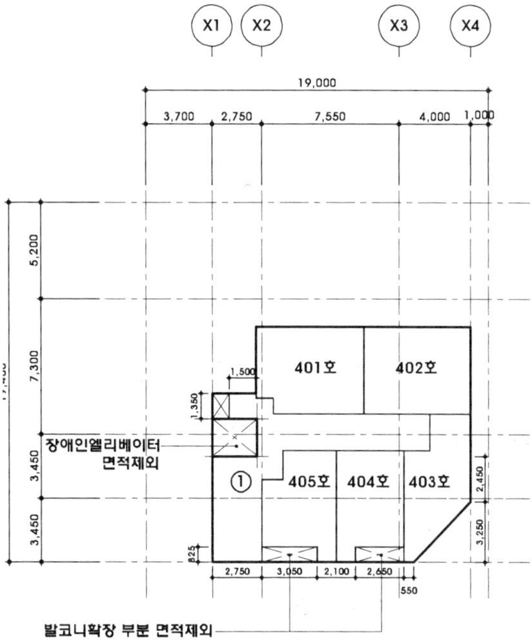

지상5층 바닥 면적

부 호	산 출 근 거	면적(M2)
501	CAD	27.06
502	CAD	27.85
503	CAD	21.91
504	CAD	20.01
505	CAD	20.30
소 계		117.13
	공용면적	
①	CAD	39.36
	합 계	156.49

변경/협의사항 REVISION

NO.	수정내용	날짜	비고
△			
△			
△			

설계명 PROJECT TITLE: 도면의 힘 PLUS

설계번호 PROJECT NO.

설 계 본 부 / ENG 협력업체

담당 DRAWN BY: /

팀장 CHECKED BY: /

P M DESIGNED BY: /

PIC APROVED BY:

도면명칭 DRAWING TITLE: 전용 및 공용 면적표-02

축척 SCALE: 1/300

날짜 DATE:

도면번호 SHEET NO.: A-008B

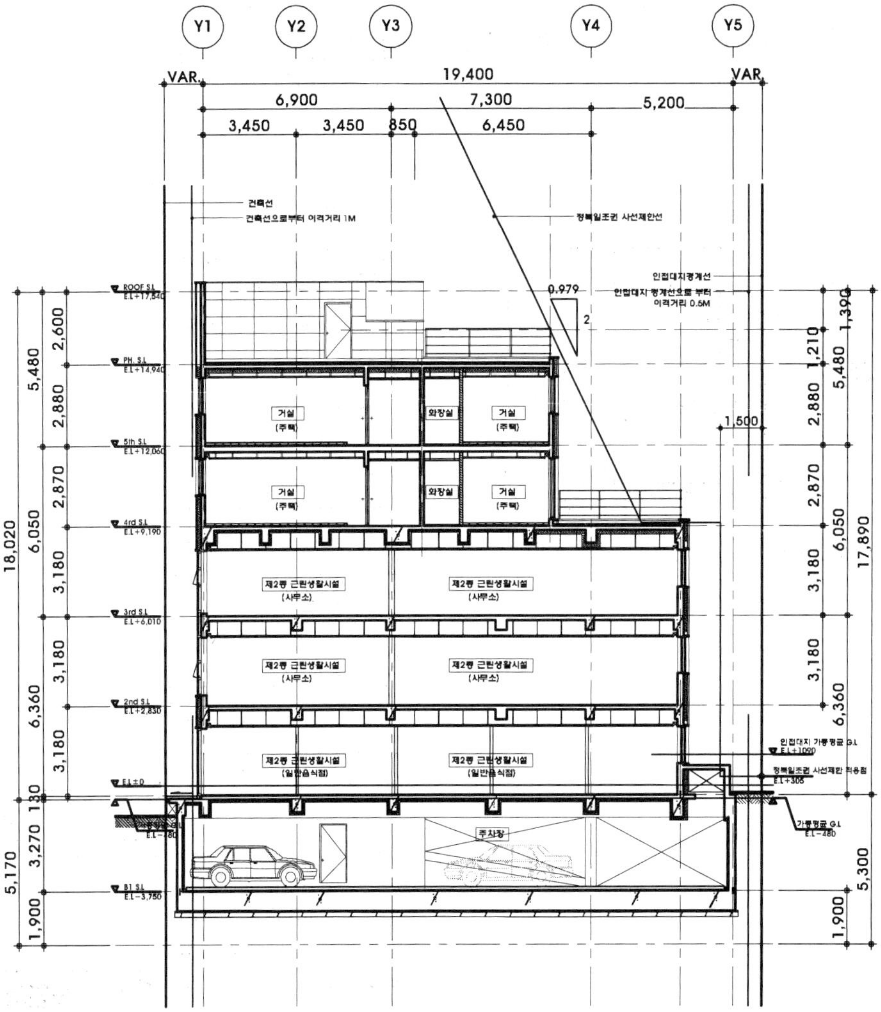

대지종단면도

SCALE : 1/200

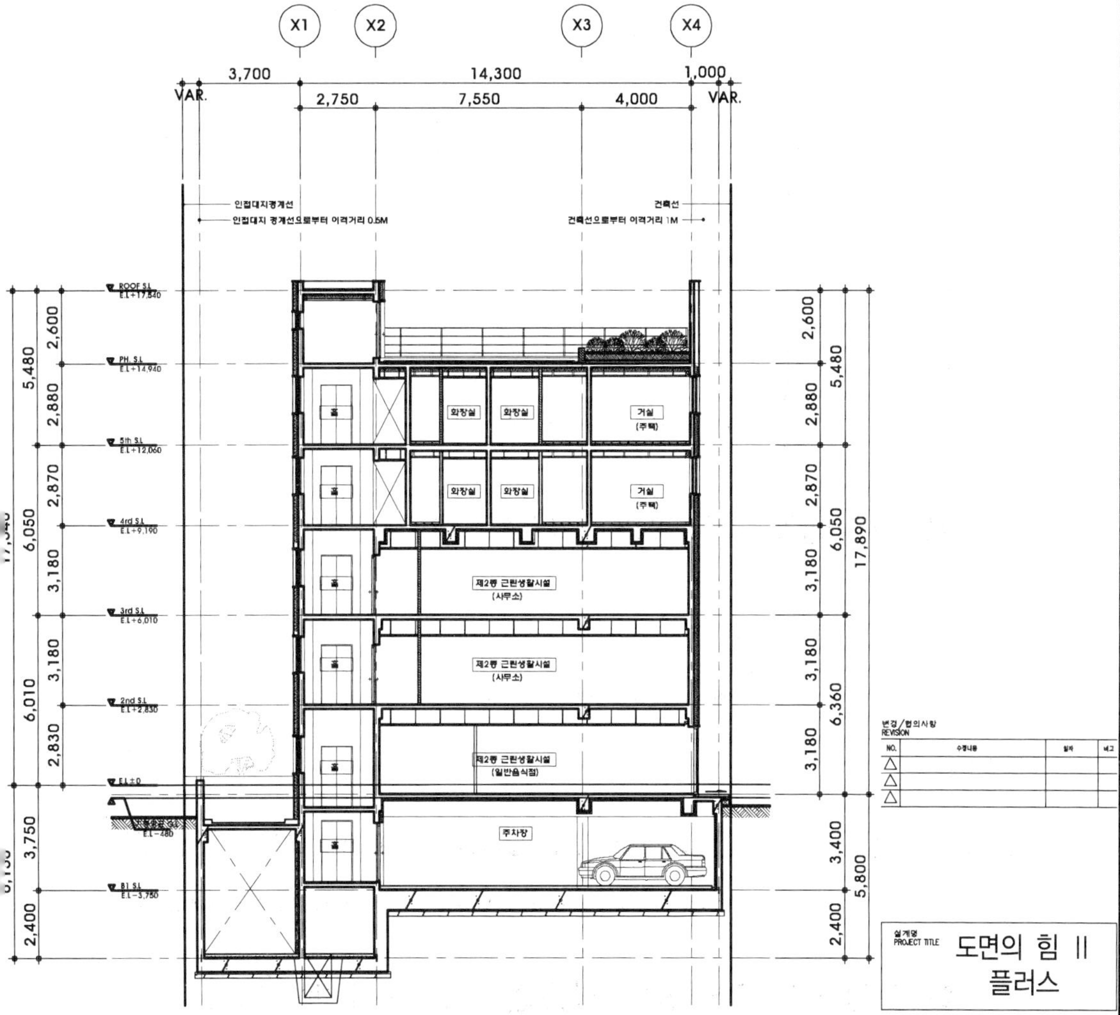

2 A009 **대지횡단면도**

SCALE : 1/200

설계명 PROJECT TITLE	도면의 힘 II 플러스
설계번호 PROJECT NO.	
도면명칭 DRAWING TITLE	대지종횡단면도
축척 SCALE	1/200
날짜 DATE:	
도면번호 SHEET NO.	A-009

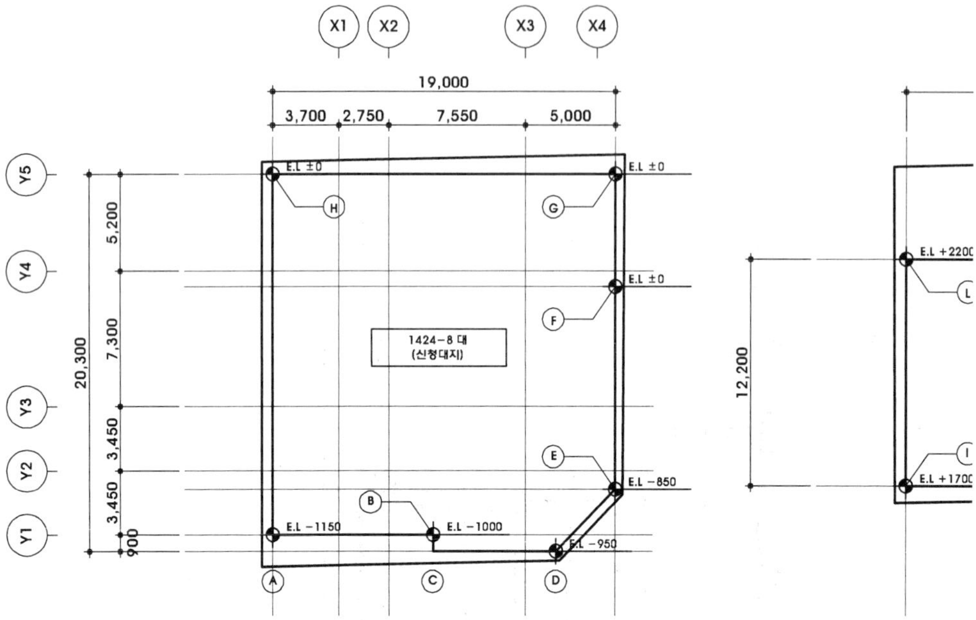

■ 신청대지 가중평면 지표면 : EL. -480

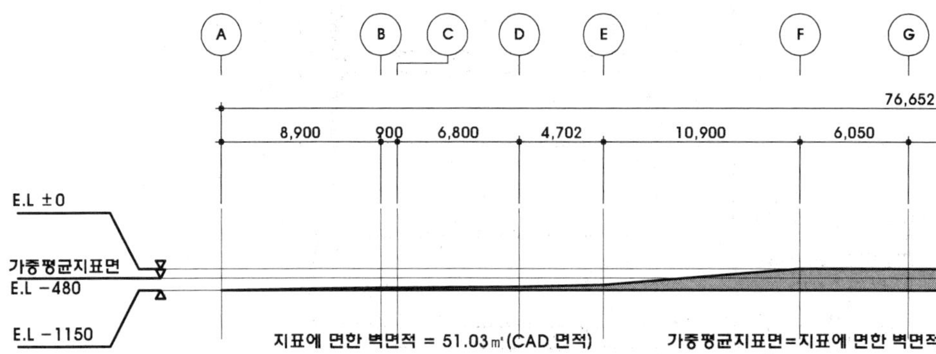

■ 인접대지 가중평면 지표면 : EL. +1090

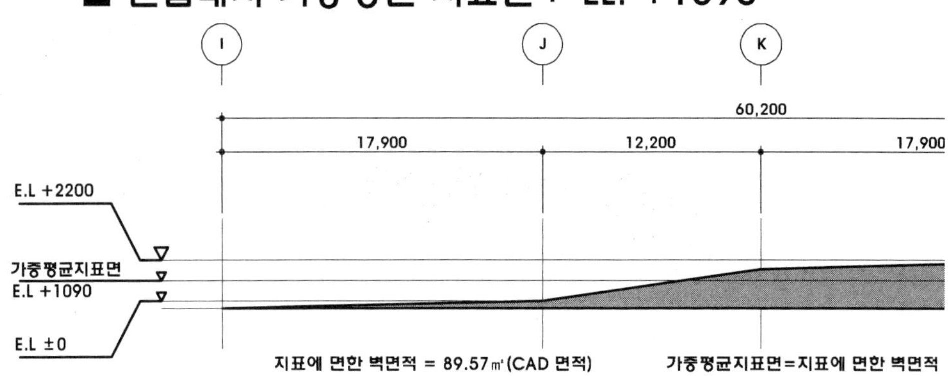

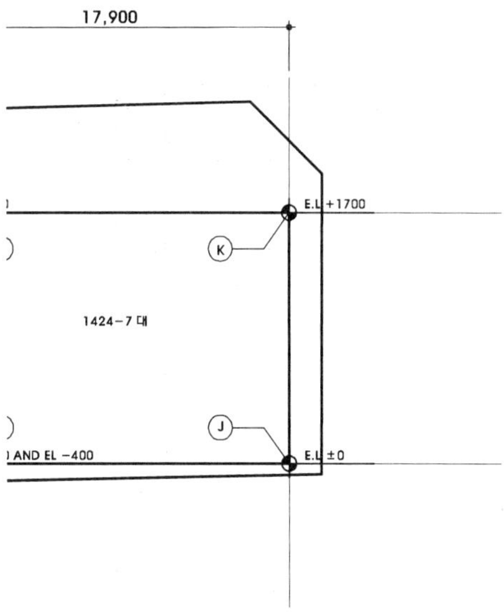

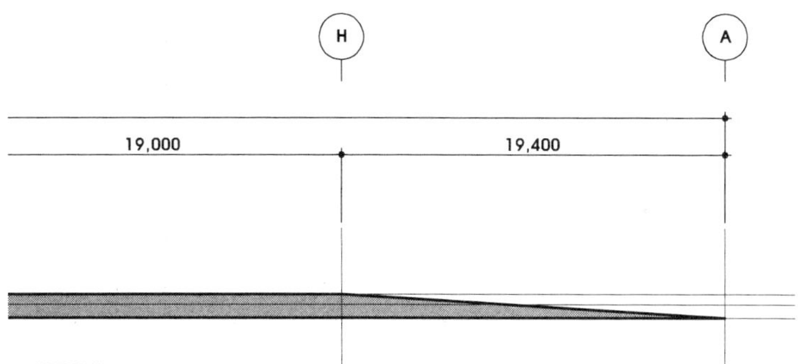

÷ 건[illegible]길이= 51.03 ÷ 76.652 = 0.67 M= EL.−480

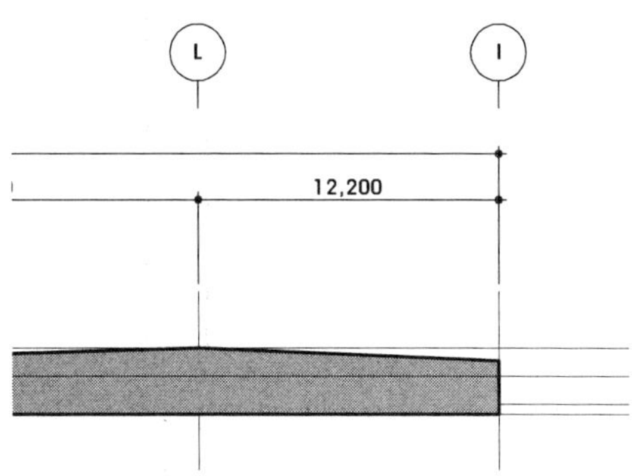

÷ 건[illegible]길이= 89.57 ÷ 60.20 = 1.49 M = EL.+1090

변경/협의사항
REVISION

NO.	수정내용	일자	비고
△			
△			
△			

설계명 PROJECT TITLE 도면의 힘 II 플러스

설계번호 PROJECT NO.

	설계본부 / ENG 협력업체
담당 DRAWN BY:	/
팀장 CHECKED BY:	/
P M DESIGNED BY:	/
PIC APROVED BY:	

도면명칭 DRAWING TITLE 가중지표면 산[illegible]표

축척 SCALE

날짜 DATE:

도면번호 SHEET NO. A−010

실내재료마감표

1 / A 011

SCALE : NONE

층 별	실 명	바닥 바탕	바닥 마감	걸레받이 바탕	걸레받이 마감	높이	상세번호	
지하1층	계단실	THK24 시멘트 몰탈	THK30화강석 물갈기	THK11 시멘트 몰탈	마천석물갈기	100	F-01	THK
	저수조	침투성 구체방수/T=45 PVC배수판 THK93 무근콘크리트	THK0.3 에폭시페인트			–	F-02	
	주차장	침투성 구체방수/T=45 PVC배수판 THK93 무근콘크리트	THK0.3 에폭시페인트			–	F-03	
지상1층 ~ 지상3층	계단실	THK24 시멘트 몰탈	THK30화강석 물갈기	THK11 시멘트 몰탈	마천석물갈기	100	F-01	THK
	화장실	액체방수 1종/구배몰탈	자기질타일(건축주지정)			–	F-04	액체
	근린생활시설	THK24 시멘트 몰탈	디럭스 타일 건축주 지정마감	THK11 시멘트 몰탈	세라민페인트 건축주 지정마감	100	F-01	THK
지상4층 ~ 지상5층	계단실	THK24 시멘트 몰탈	THK30화강석 물갈기	THK11 시멘트 몰탈	마천석물갈기	100	F-01	THK
	화장실	액체방수 1종/구배몰탈	자기질타일(건축주지정)			–	F-04	액체
	거실	판넬히팅	비닐쉬트	THK11 시멘트 몰탈	합성목재위 목무늬필름	100	F-05	THK
	보일러실	THK24 시멘트 몰탈	자기질타일	THK11 시멘트 몰탈	세라민페인트	100	F-01	THK
	복도	THK24 시멘트 몰탈	THK화강석 물갈기	THK11 시멘트 몰탈	건축주 지정마감	100	F-01	THK
	현관	시멘트몰탈	자기질타일	THK11 시멘트 몰탈	합성목재위 목무늬필름	100		THK
옥탑층	계단실	THK24 시멘트 몰탈	THK30화강석 물갈기	THK11 시멘트 몰탈	마천석물갈기	100	F-01	THK

외부마감		
외부마감	벽 마 감	라임스톤등(건축주 지정)
	외부바닥마감	화강석 버너등(건축주 지정)

벽		상세번호	천정			상세번호
바탕	마감		바탕	마감	천정고	
11 시멘트 몰탈	무늬코트	W-01		콘크리트 면처리 위 무늬코트	-	C-01
	콘크리트 면처리	W-02		콘크리트 면처리	-	C-01
	THK75 배수판 OR 콘크리트 면처리 위 수성페인트	W-03	THK90경질우레탄보드	THK3 퍼라이트뿜칠	-	C-02
11 시멘트 몰탈	무늬코트	W-01		콘크리트 면처리 위 무늬코트	-	C-01
방수 1종(H=300) /시멘트몰탈	도기질타일(건축주지정)	W-04	경량철골천정틀(M-BAR)	THK10 PVC천장재(건축주지정)	2,300	C-04
11 시멘트 몰탈	수성페인트 건축주 지정마감	W-01	경량철골천정틀(M-BAR)	THK6 천장텍스(건축주지정)	2,400 (3층은 2,300)	C-03
11 시멘트 몰탈	무늬코트	W-01		콘크리트 면처리 무늬코트	-	C-01
방수 1종(H=300) /시멘트몰탈	도기질타일(건축주지정)	W-04	경량철골천정틀(M-BAR)	THK10 PVC천장재(건축주지정)	2,300	C-04
11 시멘트 몰탈	건축주 지정벽지 마감	W-05	목재천정틀	THK9.5석고보드위 지정벽지마감	2,300	C-05
11 시멘트 몰탈	수성페인트	W-01		콘크리트 면처리위 수성페인트	2,300	C-01
11 시멘트 몰탈	건축주 지정마감	W-01	경량철골천정틀(M-BAR)	THK6 천장텍스(건축주지정)	2,300	C-03
11 시멘트 몰탈	건축주 지정벽지 마감	W-05	목재천정틀	THK9.5석고보드위 지정벽지마감	2,300	C-05
11 시멘트 몰탈	무늬코트	W-01	경량철골천정틀(M-BAR)	THK6 천장텍스(건축주지정)	2,200	C-03

유리 / 창호	공동주택 : 열관류율 1.2w/m2k 이하 건축주 지정 근린생활시설 : 열관류율 1.5w/m2k 이하 건축주 지정
지붕마감	

1. 거실의 벽 및 반자의 실내
   : 불연/준불연/난연재료 사용
2. 실내최종마감은 반드시 건축주와 협의후 시공할것.
3. 미장면 코너, 인코너비드, 조인트 비드, 베이스비드 설치
4. 이질재료가 만나는 곳은 재료분리 대를 설치할 것.

변경/협의사항 REVISION

NO.	수정내용	일자	비고
△			
△			
△			

설계명 PROJECT TITLE: 도면의 힘 II 플러스

설계번호 PROJECT NO.

설계본부 / ENG 협력업체
담당 DRAWN BY: /
팀장 CHECKED BY: /
P M DESIGNED BY: /
PIC APPROVED BY:

도면명칭 DRAWING TITLE: 실내재료마감표

축척 SCALE: NONE
날짜 DATE:

도면번호 SHEET NO.: A-011

실내재료마감상세-01

1 / A 012

SCALE : NONE

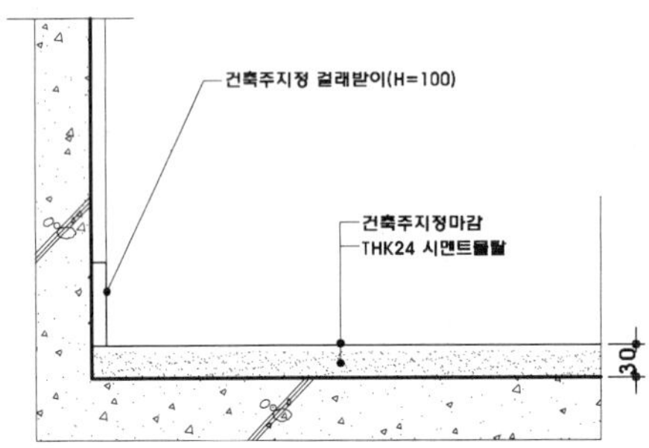

* 계단실 최하층(저수조)은 F-02 참조

F-01	B1~PH 계단실, 1F~3F 근린생활시설, 1F~5F 복도 4F~5F 보일러실

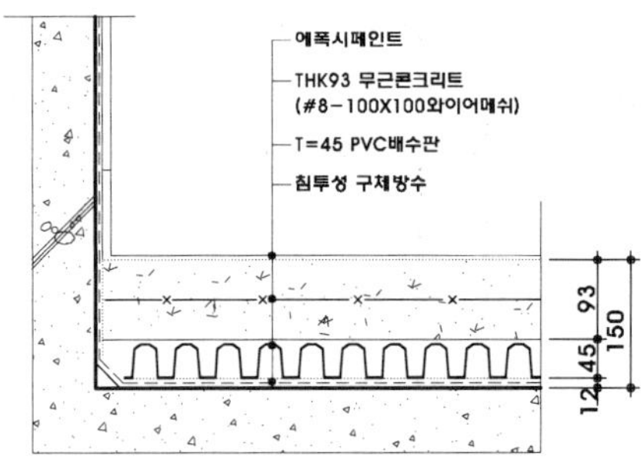

F-02	B1 저수조

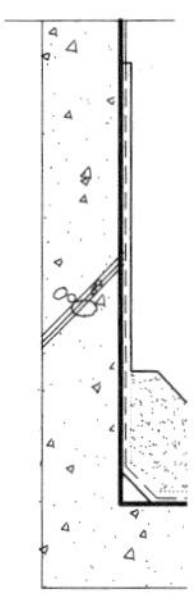

F-03	B1

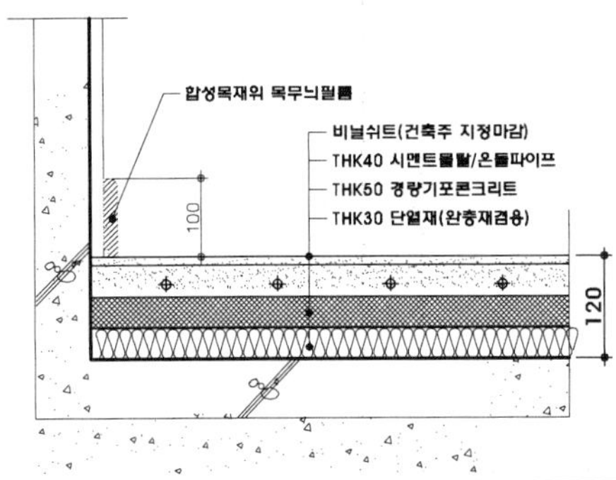

F-05	4F~5F 단위세대 거실

F-06	

F-07	

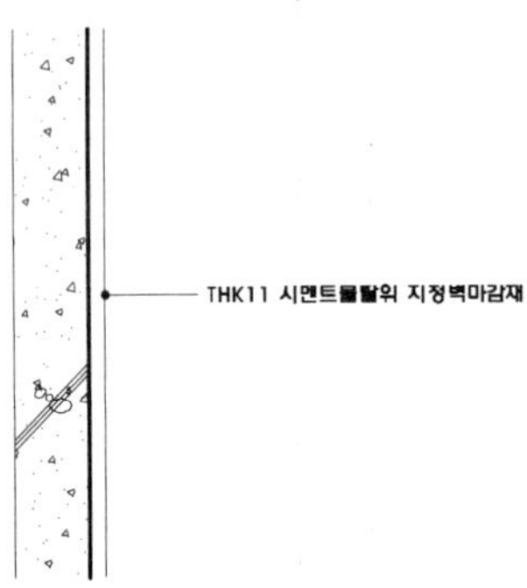

W-01	B1~PH 계단실, 1F~3F 근린생활시설, 1F~5F 복도 4F~5F 보일러실

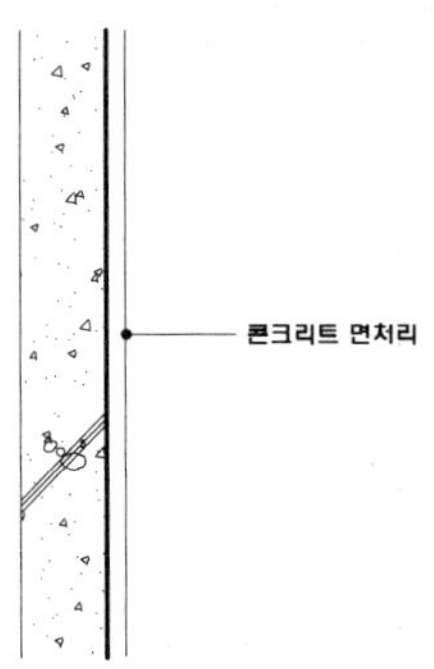

W-02	B1 저수조

W-03	B1

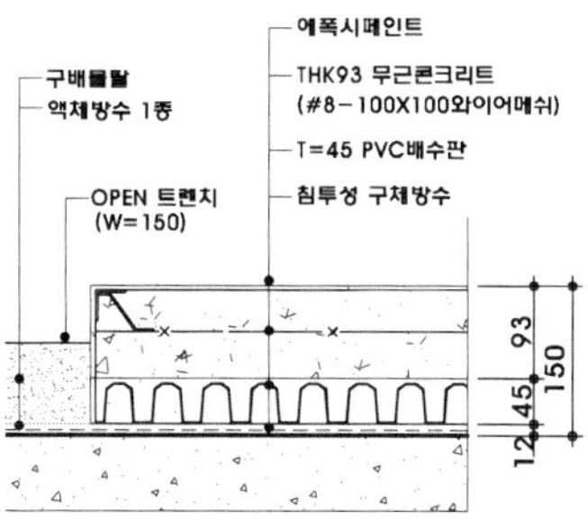

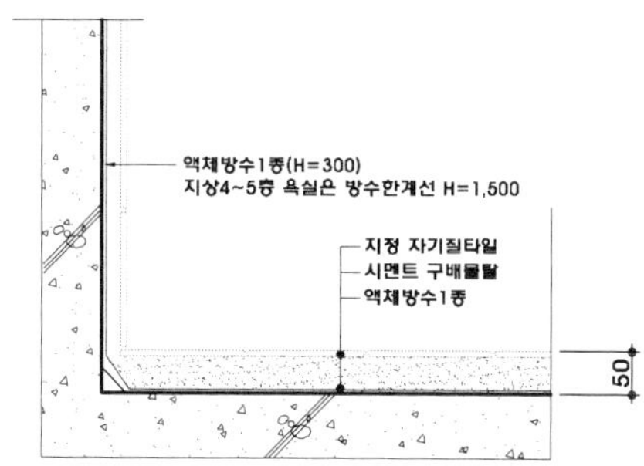

주차장

F-04 1F~5F 화장실

F-08

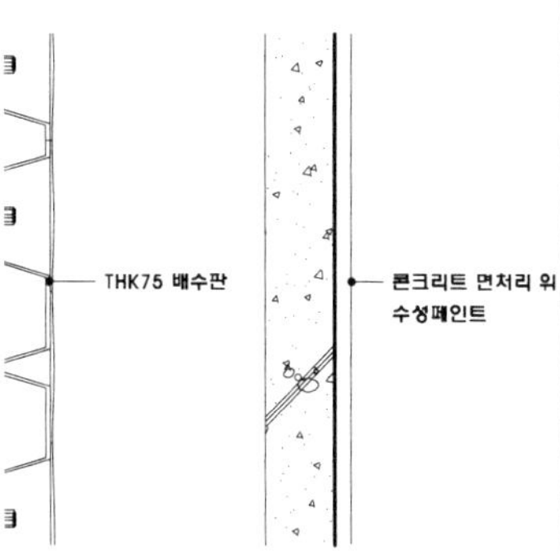

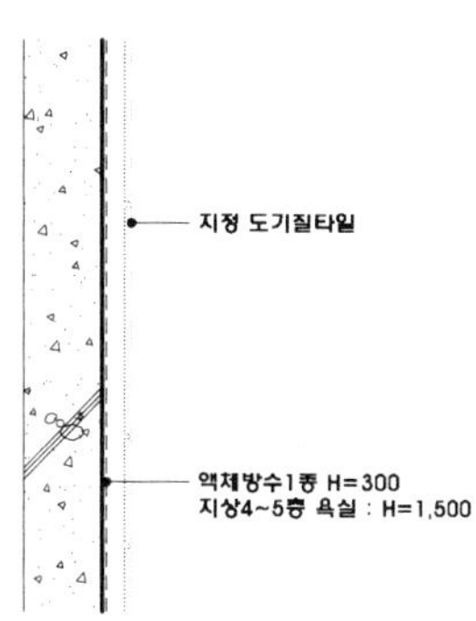

주차장

W-04 1F~5F 화장실

변경/협의사항
REVISION

NO.	수정내용	날짜	비고
△			
△			
△			

설계명
PROJECT TITLE 도면의 힘 II 플러스

설계번호
PROJECT NO.

설계본부 / ENG 협력업체	
담당 DRAWN BY:	/
팀장 CHECKED BY:	/
P M DESIGNED BY:	/
PIC APROVED BY:	

도면명칭
DRAWING TITLE 실내 재료 마감 상세도-01

축척
SCALE NONE

날짜
DATE:

도면번호
SHEET NO. A-012

실내재료마감상세-03

1 / A 013

SCALE : NONE

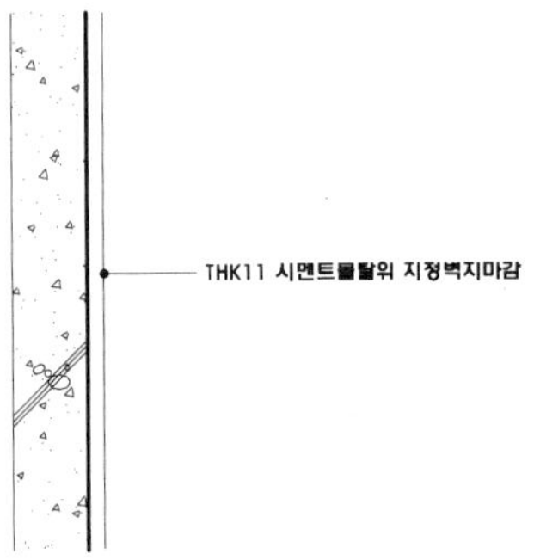

W-03 4F~5F 단위세대 거실

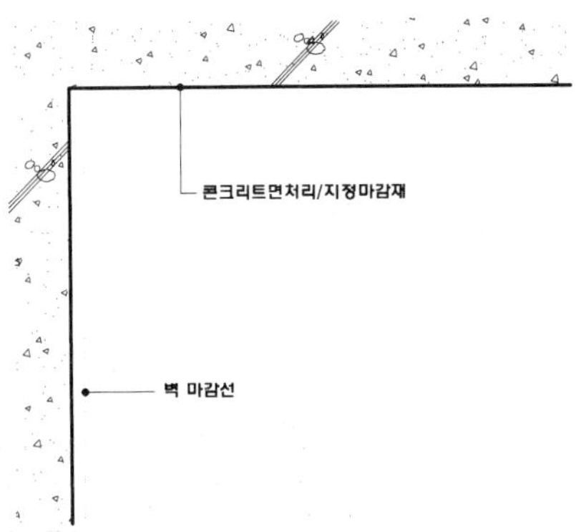

C-01 B1~5F 계단실, B1 저수조, 4F~5F 보일러실

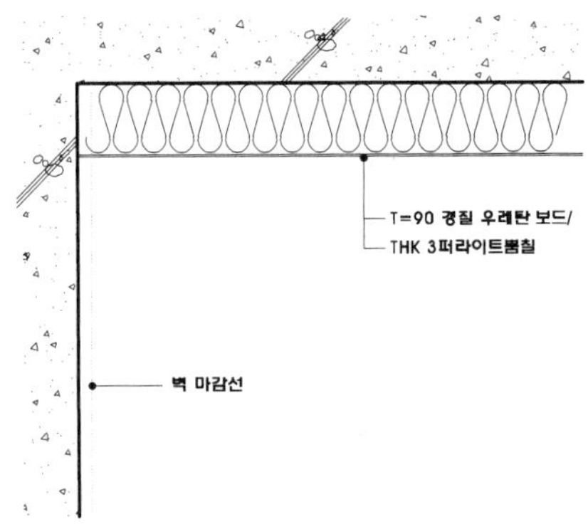

C-02 B1 주차장

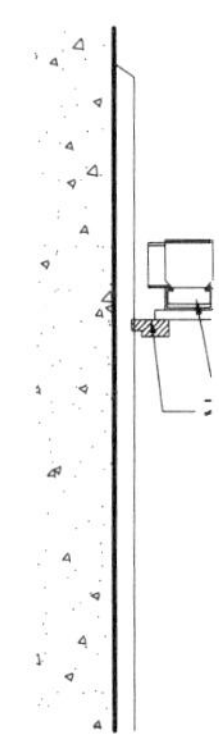

C-03 1F~

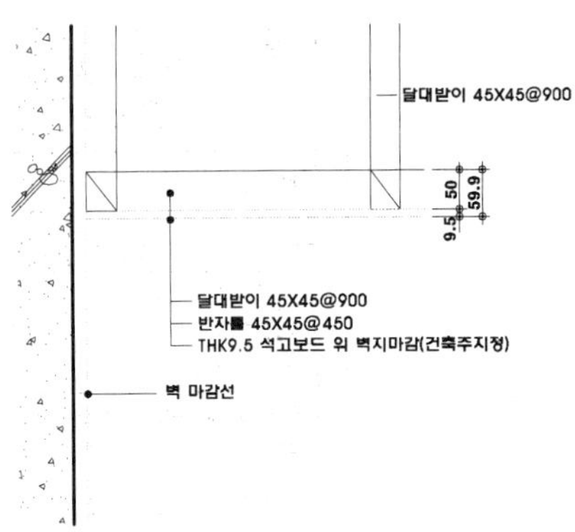

C-05 4F~5F 단위세대 거실

C-06

C-07

1, 거실의 벽 및 반자의 실내
: 불연/준불연/난연재료 사용

2. 거실에서 지상으로 통하는 실내 (복도/계단/기타 통로의 벽 및 반자)
: 불연 또는 준불연재료 사용

3. 미장면 코너, 인코너비드, 조인트 비드, 베이스비드 설치

4. 이질재료가 만나는 곳은 재료분리대를 설치할 것.

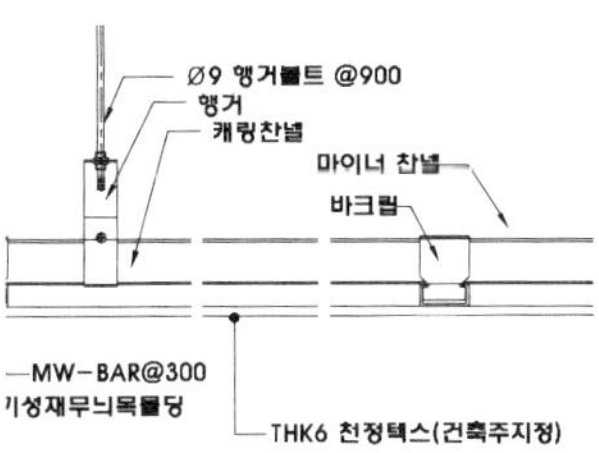

3F 근린생활시설, 1F~5F 복도, PH 계단실

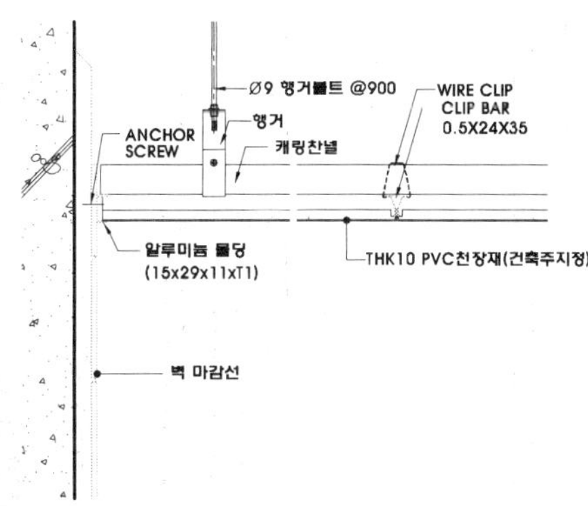

C-04 1F~5F 화장실

C-08

변경/협의사항
REVISION

NO.	수정내용	날짜	비고
△			
△			
△			

설계명 PROJECT TITLE 도면의 힘 II 플러스

설계번호 PROJECT NO.

설계본부 / ENG 협력업체
담당 DRAWN BY: /
팀장 CHECKED BY: /
P.M. DESIGNED BY: /
PIC APROVED BY:

도면명칭 DRAWING TITLE 실내 재료 마감 상세도-02

축척 SCALE NONE | 날짜 DATE:

도면번호 SHEET NO. A-013

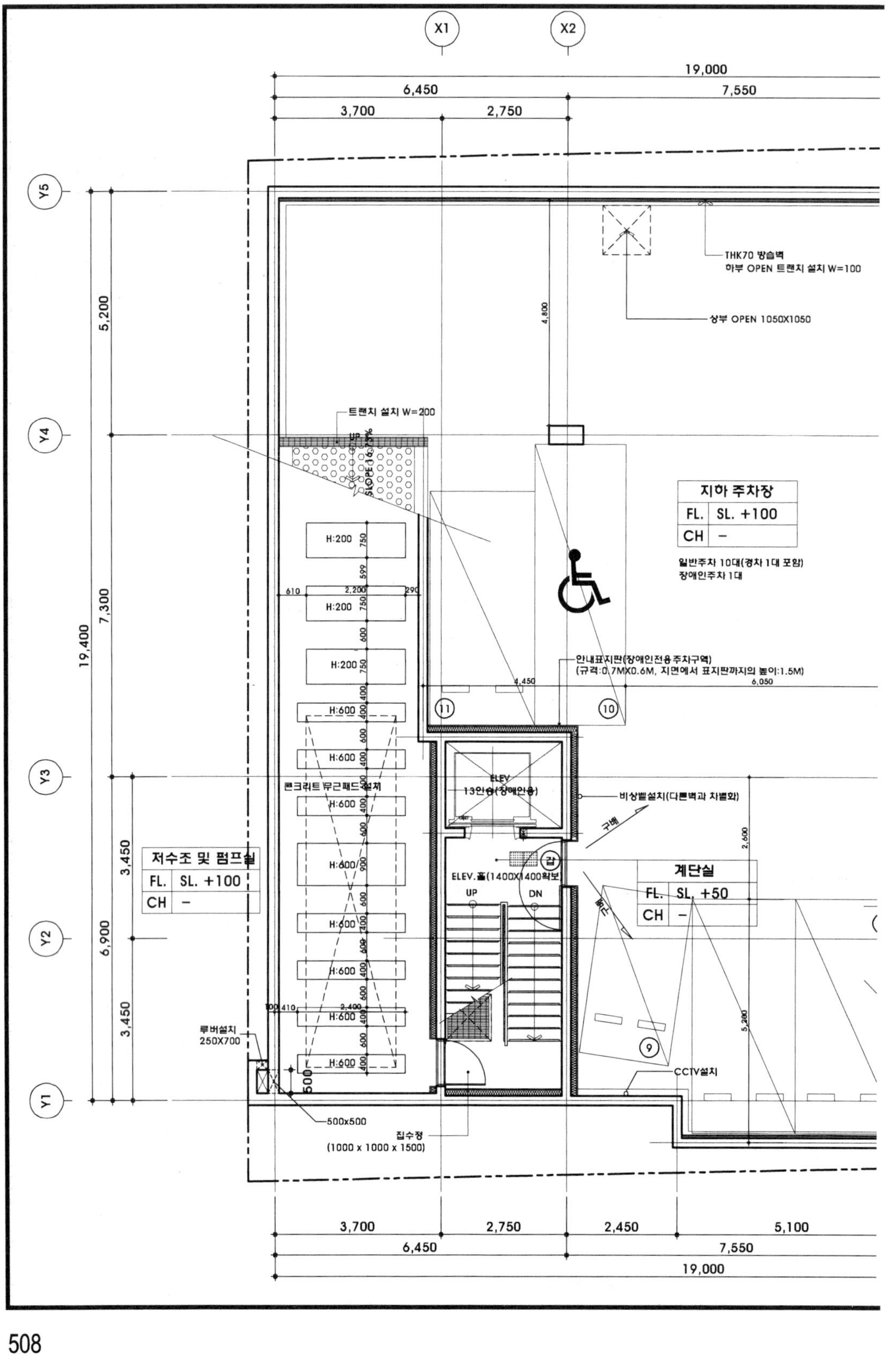

19,000
6,450
7,550
3,700
2,750
THK70 방습벽
하부 OPEN 트렌치 설치 W=100
상부 OPEN 1050X1050
트렌치 설치 W=200
지하 주차장
FL. SL. +100
CH -
일반주차 10대(경차 1대 포함)
장애인주차 1대
안내표지판(장애인전용주차구역)
(규격:0.7MX0.6M, 지면에서 표지판까지의 높이:1.5M)
ELEV
13인승(장애인용)
비상벨설치(다른벽과 차별화)
ELEV.홀(1400X1400확보)
UP
DN
계단실
FL. SL. +50
CH -
콘크리트 무근패드설치
저수조 및 펌프실
FL. SL. +100
CH -
루버설치
250X700
500x500
집수정
(1000 x 1000 x 1500)
CCTV설치
2,450
5,100
19,400
5,200
7,300
3,450
6,900

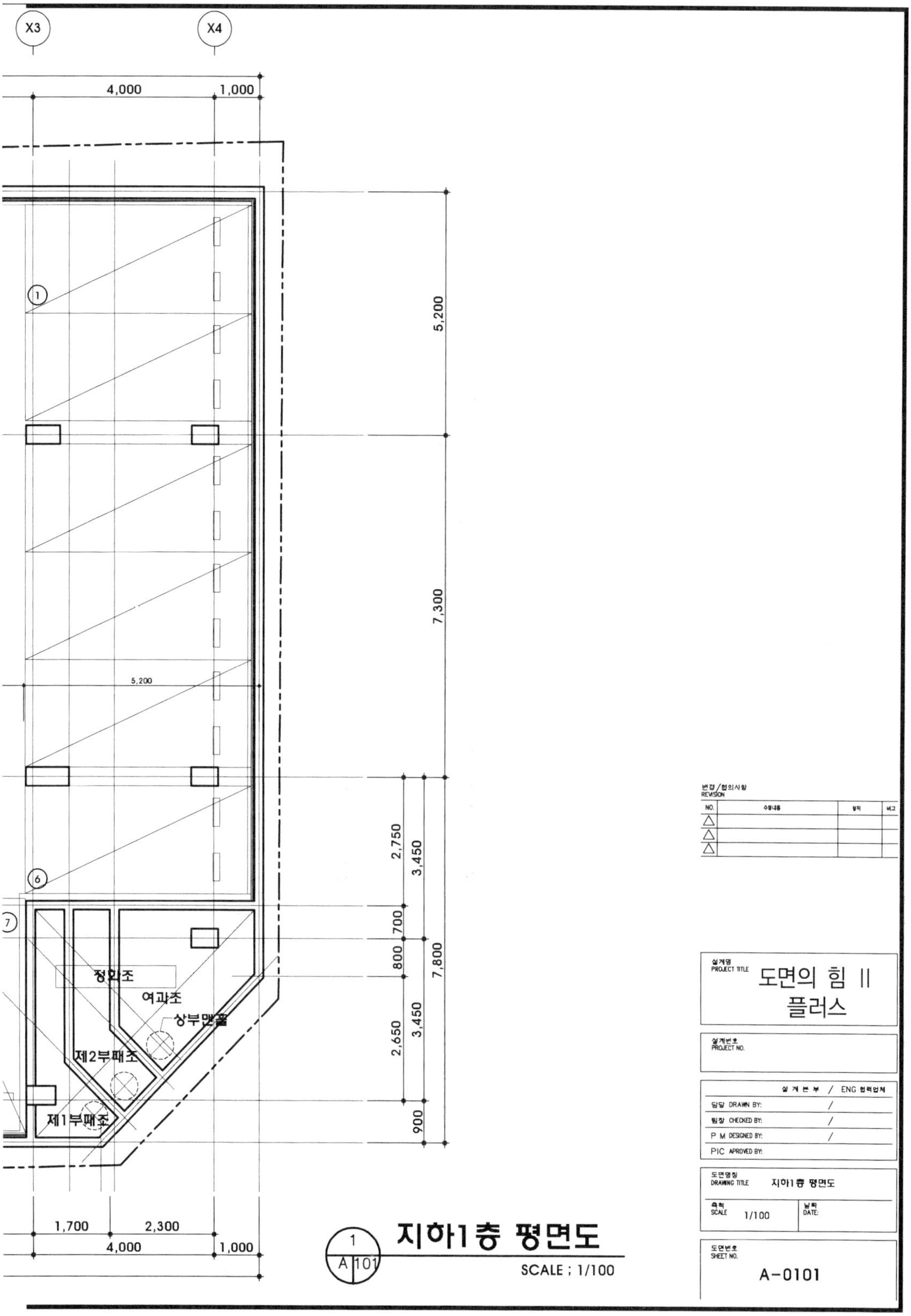
X3
X4
4,000
1,000
5,200
7,300
5,200
2,750
3,450
700
800
7,800
2,650
3,450
900
정화조
여과조
상부맨홀
제2부패조
제1부패조
1,700
2,300
4,000
1,000
1
A 101
지하1층 평면도
SCALE ; 1/100
변경/협의사항
REVISION
NO.
설계명
PROJECT TITLE
도면의 힘 II
플러스
설계번호
PROJECT NO.
설계본부 / ENG 협력업체
담당 DRAWN BY: /
팀장 CHECKED BY: /
P.M DESIGNED BY: /
PIC APROVED BY:
도면명칭
DRAWING TITLE
지하1층 평면도
축척
SCALE
1/100
날짜
DATE:
도면번호
SHEET NO.
A-0101

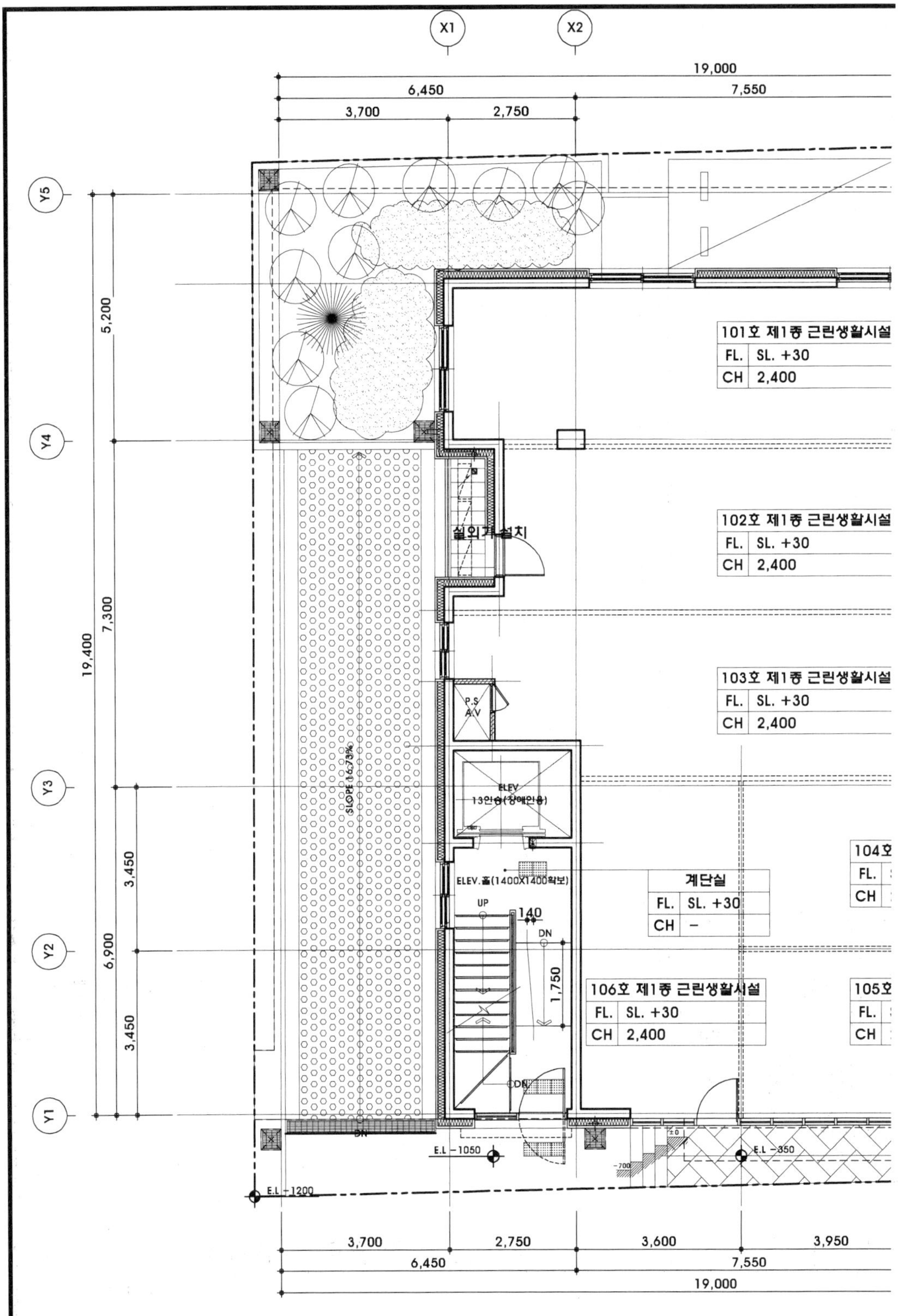

X1
X2
19,000
6,450
7,550
3,700
2,750
Y5
Y4
Y3
Y2
Y1
5,200
7,300
19,400
3,450
6,900
3,450
101호 제1종 근린생활시설
FL. SL. +30
CH 2,400
102호 제1종 근린생활시설
FL. SL. +30
CH 2,400
103호 제1종 근린생활시설
FL. SL. +30
CH 2,400
실외기 설치
P.S
A.V
ELEV
13인승(장애인용)
SLOPE 16.73%
104호
FL.
CH
계단실
FL. SL. +30
CH -
ELEV.홀(1400X1400확보)
UP
140
DN
1,750
106호 제1종 근린생활시설
FL. SL. +30
CH 2,400
105호
FL.
CH
DN
E.L -1050
E.L -350
E.L -1200
3,700
2,750
3,600
3,950
6,450
7,550
19,000

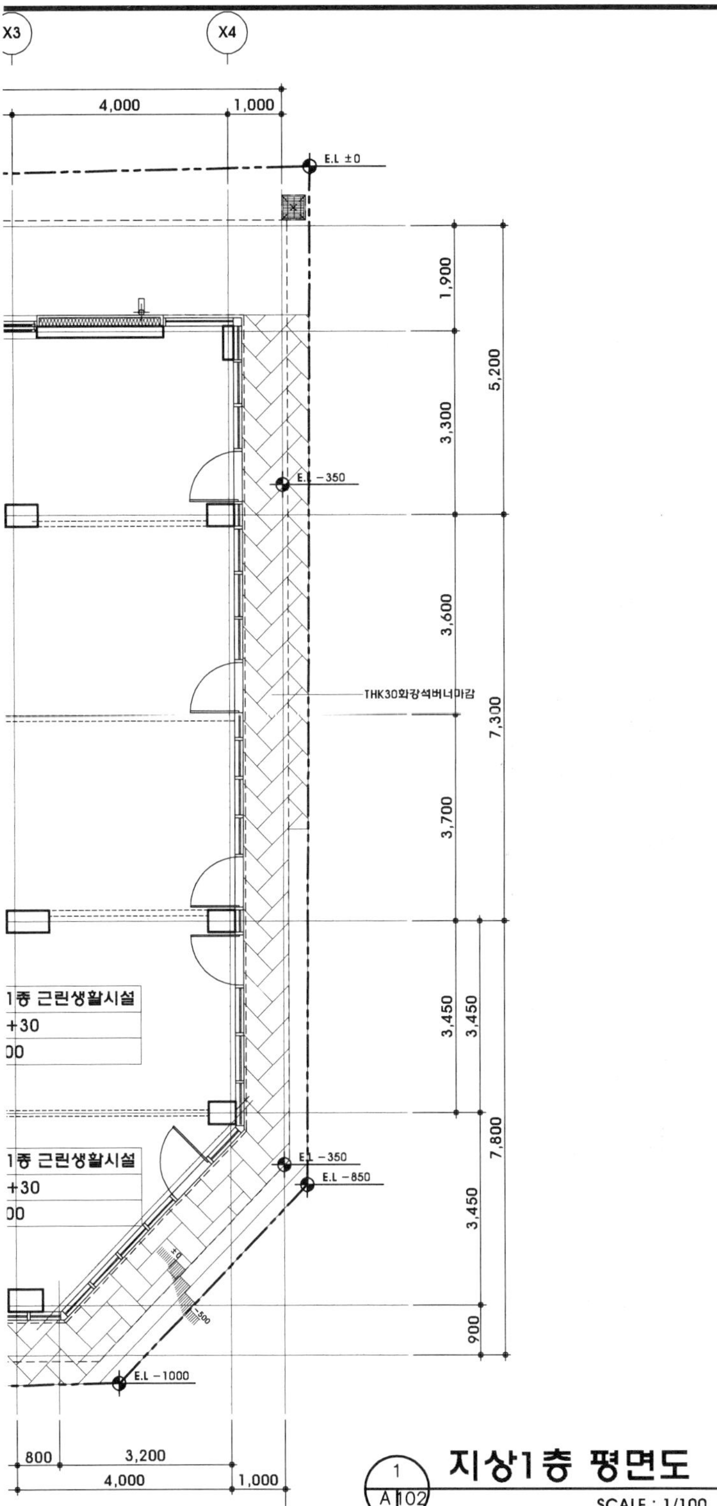

지상1층 평면도

SCALE ; 1/100

*NOTE
ELEV.는 현대ELEV. 적용

변경/협의사항 REVISION

NO.	수정내용	날짜	비고
△			
△			
△			

설계명 PROJECT TITLE	도면의 힘 II 플러스
설계번호 PROJECT NO.	
	설계본부 / ENG 협력업체
담당 DRAWN BY:	/
팀장 CHECKED BY:	/
P M DESIGNED BY:	/
PIC APROVED BY:	
도면명칭 DRAWING TITLE	지상1층 평면도
축척 SCALE 1/100	날짜 DATE:
도면번호 SHEET NO.	A-0102

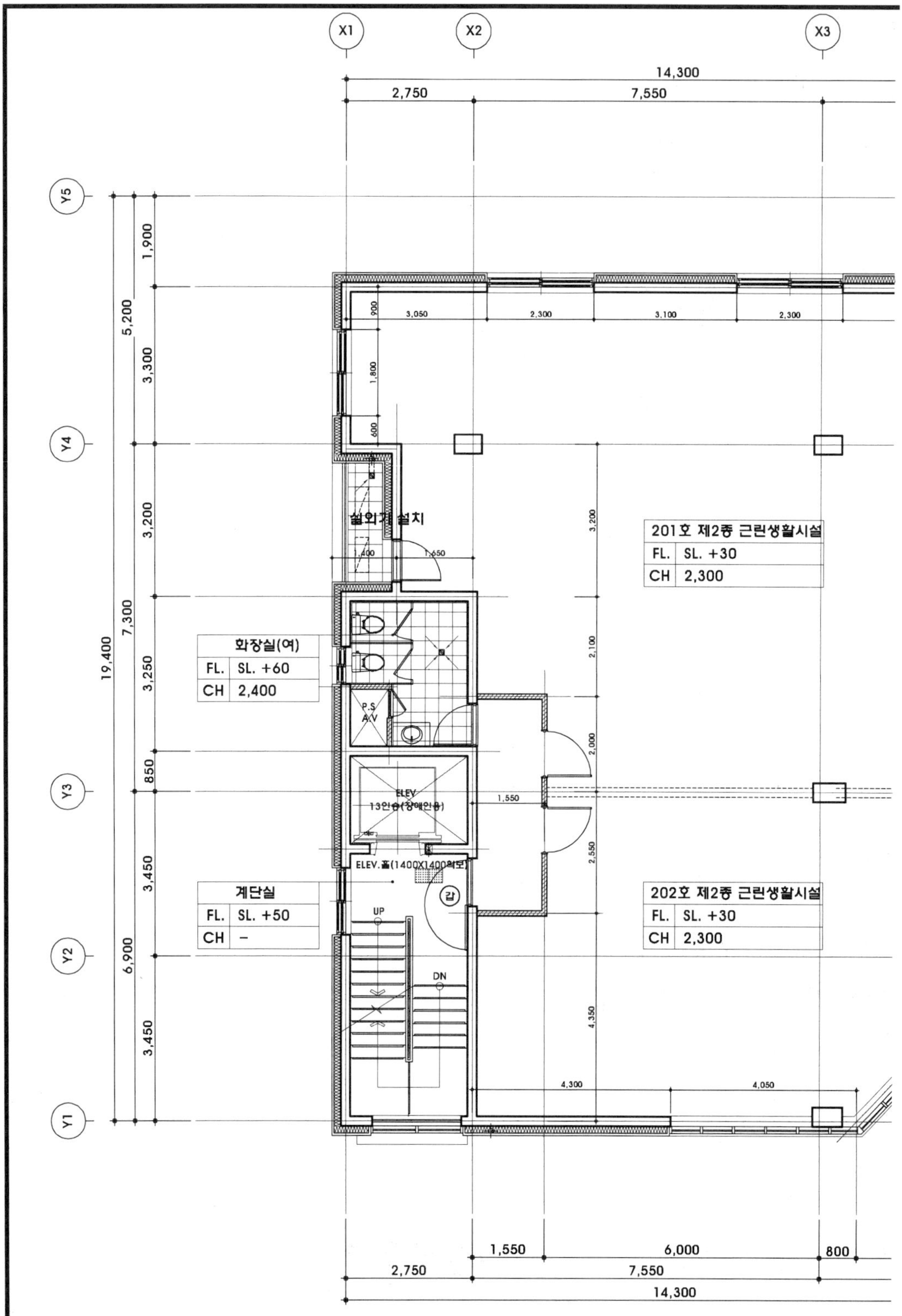
X1
X2
X3
14,300
2,750
7,550
Y5
Y4
Y3
Y2
Y1
1,900
5,200
3,300
3,200
7,300
3,250
19,400
850
3,450
6,900
3,450
실외기 설치
201호 제2종 근린생활시설
FL. SL. +30
CH 2,300
화장실(여)
FL. SL. +60
CH 2,400
P.S
A.V
ELEV
ELEV.홀(1400X1400확보)
계단실
FL. SL. +50
CH -
UP
DN
202호 제2종 근린생활시설
FL. SL. +30
CH 2,300
1,550
6,000
800
2,750
7,550
14,300

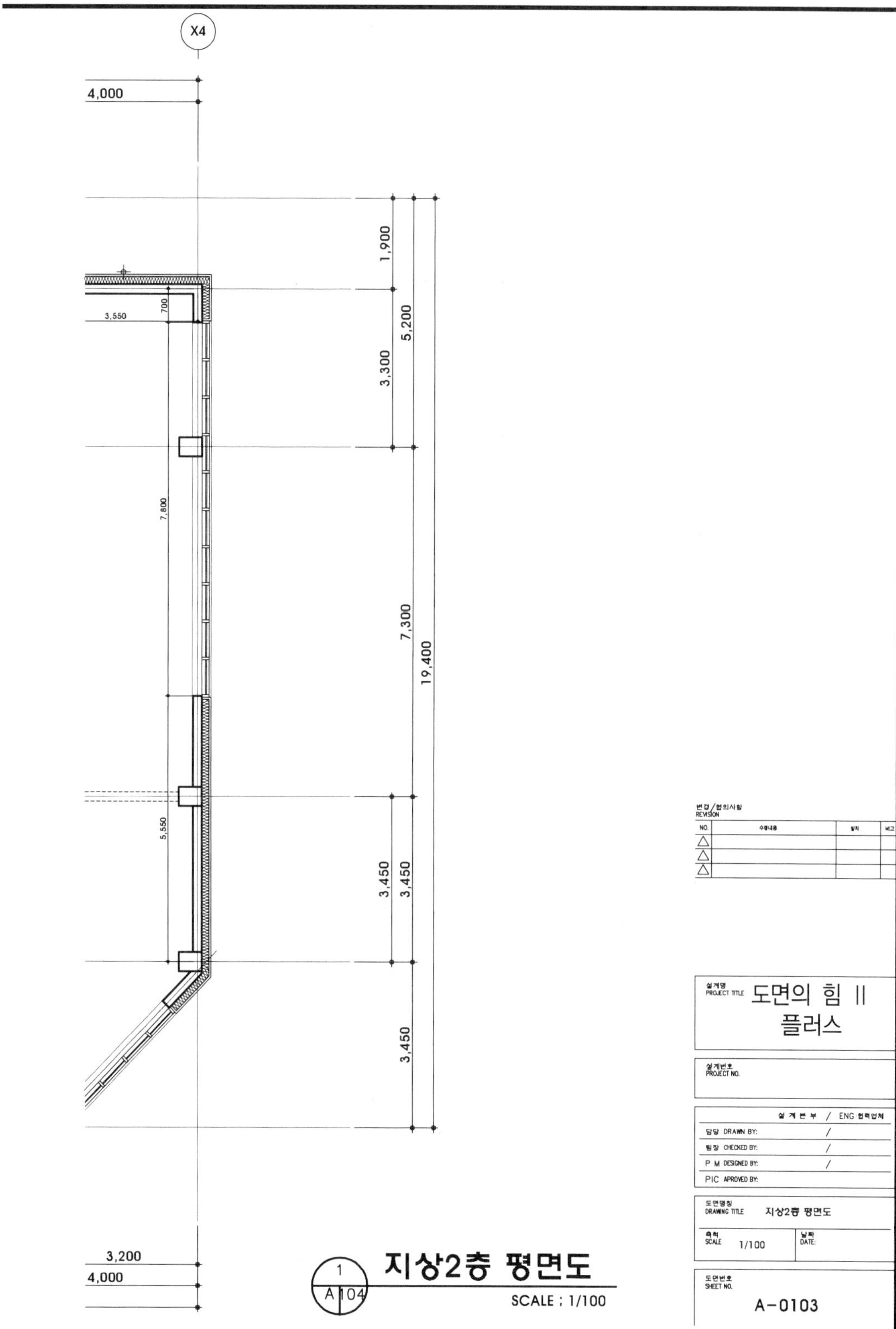
X4
4,000
1,900
5,200
3,550
700
3,300
7,800
7,300
19,400
5,550
3,450
3,450
3,450
3,200
4,000
1
A104
지상2층 평면도
SCALE ; 1/100
변경/협의사항
REVISION
NO.
설계명
PROJECT TITLE
도면의 힘 II
플러스
설계번호
PROJECT NO.
설 계 본 부 / ENG 협력업체
담당 DRAWN BY:
팀장 CHECKED BY:
P M DESIGNED BY:
PIC APROVED BY:
도면명칭
DRAWING TITLE
지상2층 평면도
축척
SCALE
1/100
날짜
DATE:
도면번호
SHEET NO.
A-0103

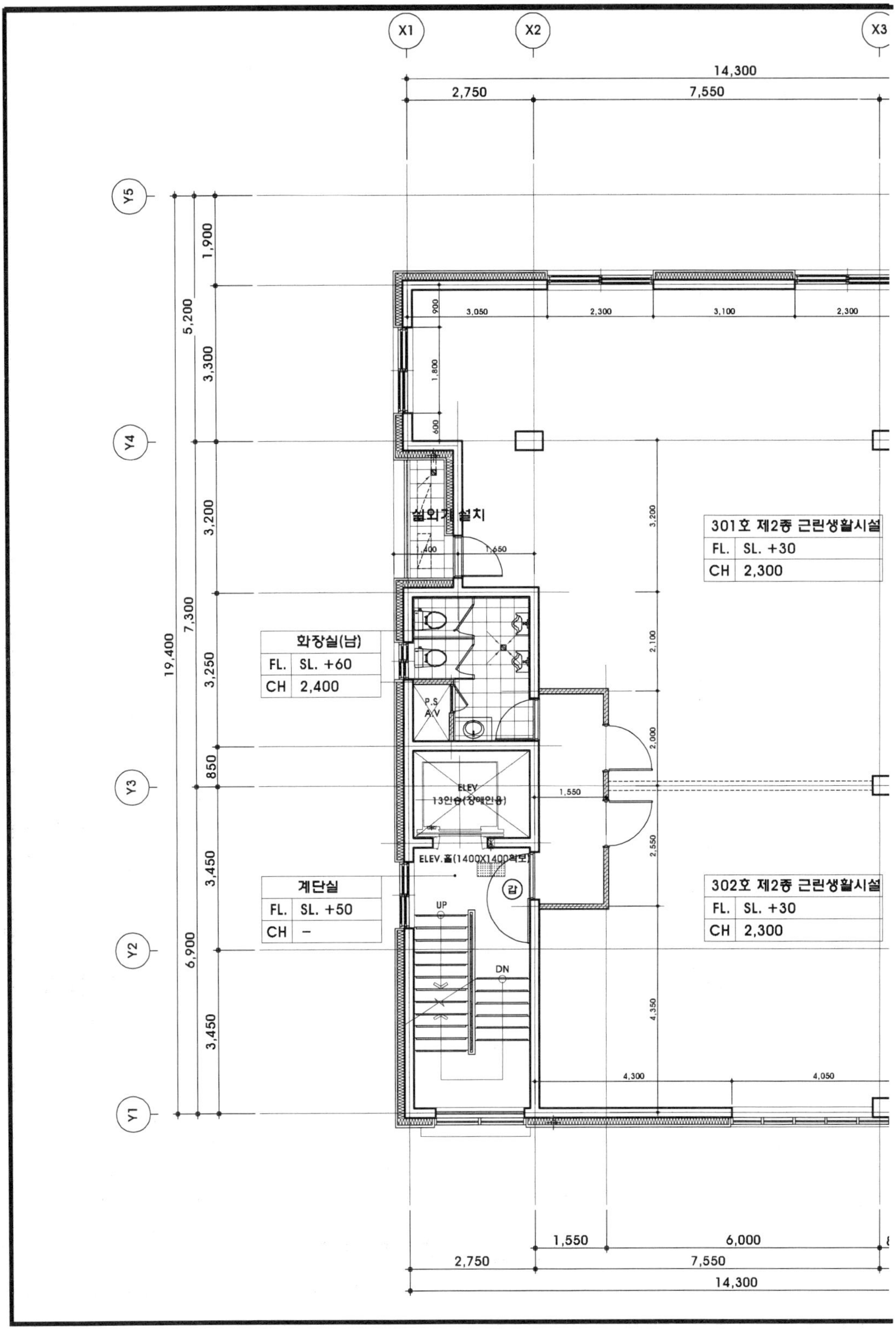

X1
X2
X3
14,300
2,750
7,550
Y5
Y4
Y3
Y2
Y1
19,400
5,200
7,300
6,900
1,900
3,300
3,200
3,250
850
3,450
3,450
실외기 설치
301호 제2종 근린생활시설
FL. SL. +30
CH 2,300
화장실(남)
FL. SL. +60
CH 2,400
P.S
A.V
ELEV
13인승(장애인용)
ELEV.홀(1400X1400확보)
계단실
FL. SL. +50
CH -
UP
DN
302호 제2종 근린생활시설
FL. SL. +30
CH 2,300
1,550
6,000
2,750
7,550
14,300

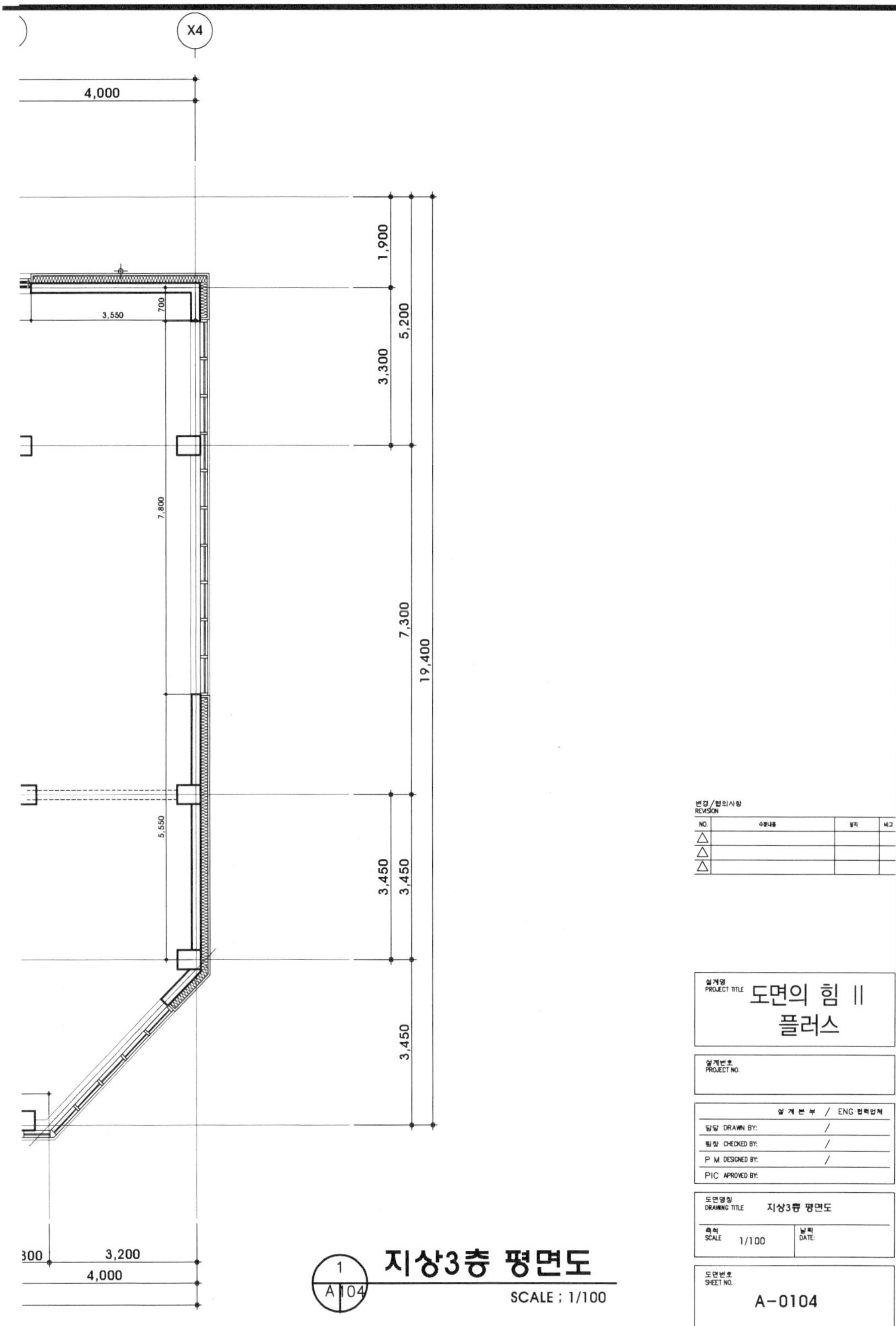
X4
4,000
1,900
5,200
3,300
3,550
700
7,800
7,300
19,400
5,550
3,450
3,450
3,450
300
3,200
4,000
1
A104
지상3층 평면도
SCALE ; 1/100
변경/협의사항
REVISION
NO.
설계명
PROJECT TITLE
도면의 힘 II
플러스
설계번호
PROJECT NO.
설계본부 / ENG 협력업체
담당 DRAWN BY: /
팀장 CHECKED BY: /
P M DESIGNED BY: /
PIC APROVED BY:
도면명칭
DRAWING TITLE
지상3층 평면도
축척
SCALE
1/100
날짜
DATE:
도면번호
SHEET NO.
A-0104

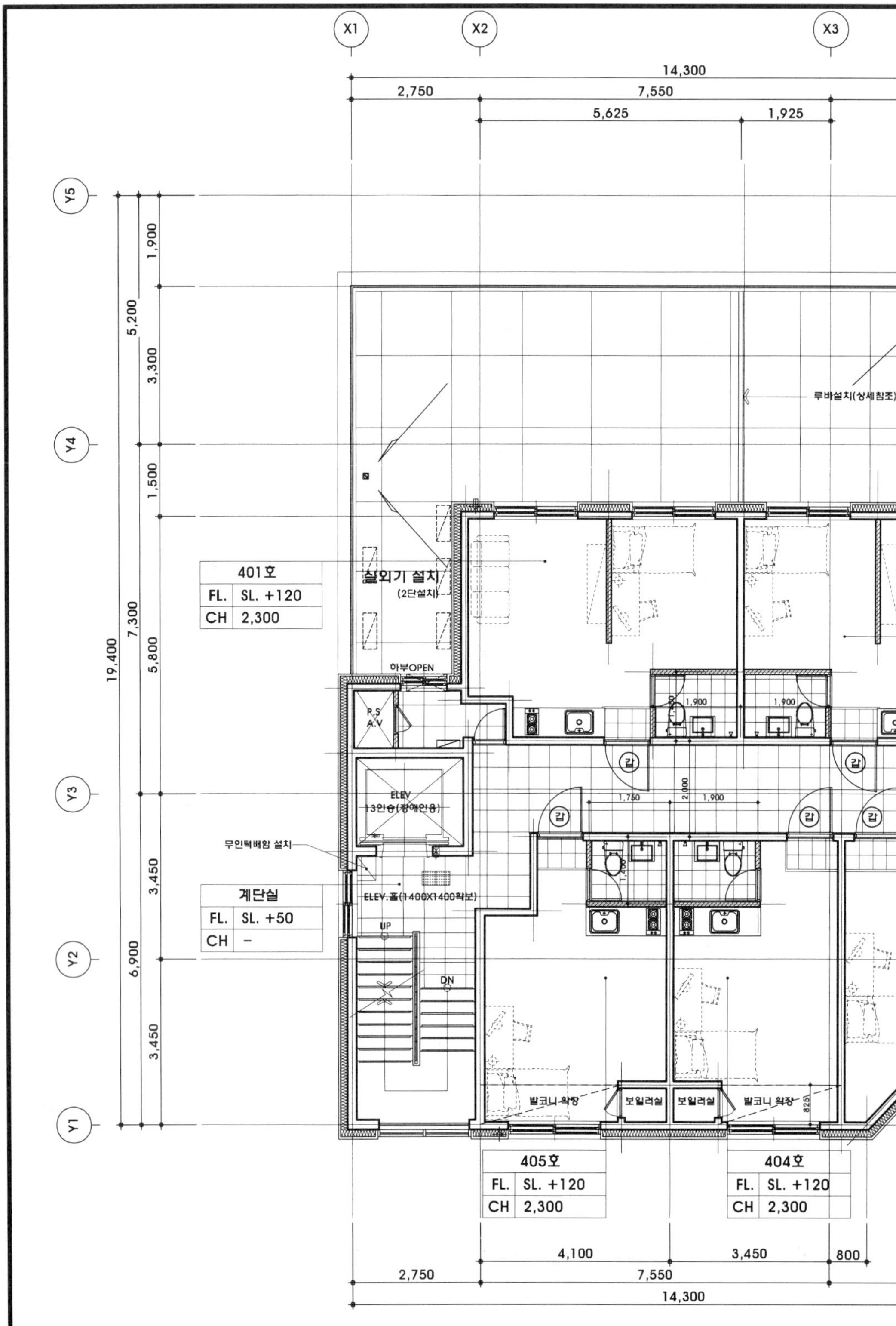
X1
X2
X3
Y1
Y2
Y3
Y4
Y5
14,300
2,750
7,550
5,625
1,925
19,400
5,200
1,900
3,300
7,300
1,500
5,800
6,900
3,450
3,450
루바설치(상세참조)
실외기 설치
(2단설치)
하부OPEN
P.S
A.V
ELEV
13인승(장애인용)
무인택배함 설치
ELEV.홀(1400X1400확보)
UP
DN
1,900
1,900
1,750
2,000
1,900
갑
발코니 확장
보일러실
보일러실
발코니 확장
825
401호
FL. SL. +120
CH 2,300
계단실
FL. SL. +50
CH -
405호
FL. SL. +120
CH 2,300
404호
FL. SL. +120
CH 2,300
4,100
3,450
800
2,750
7,550
14,300

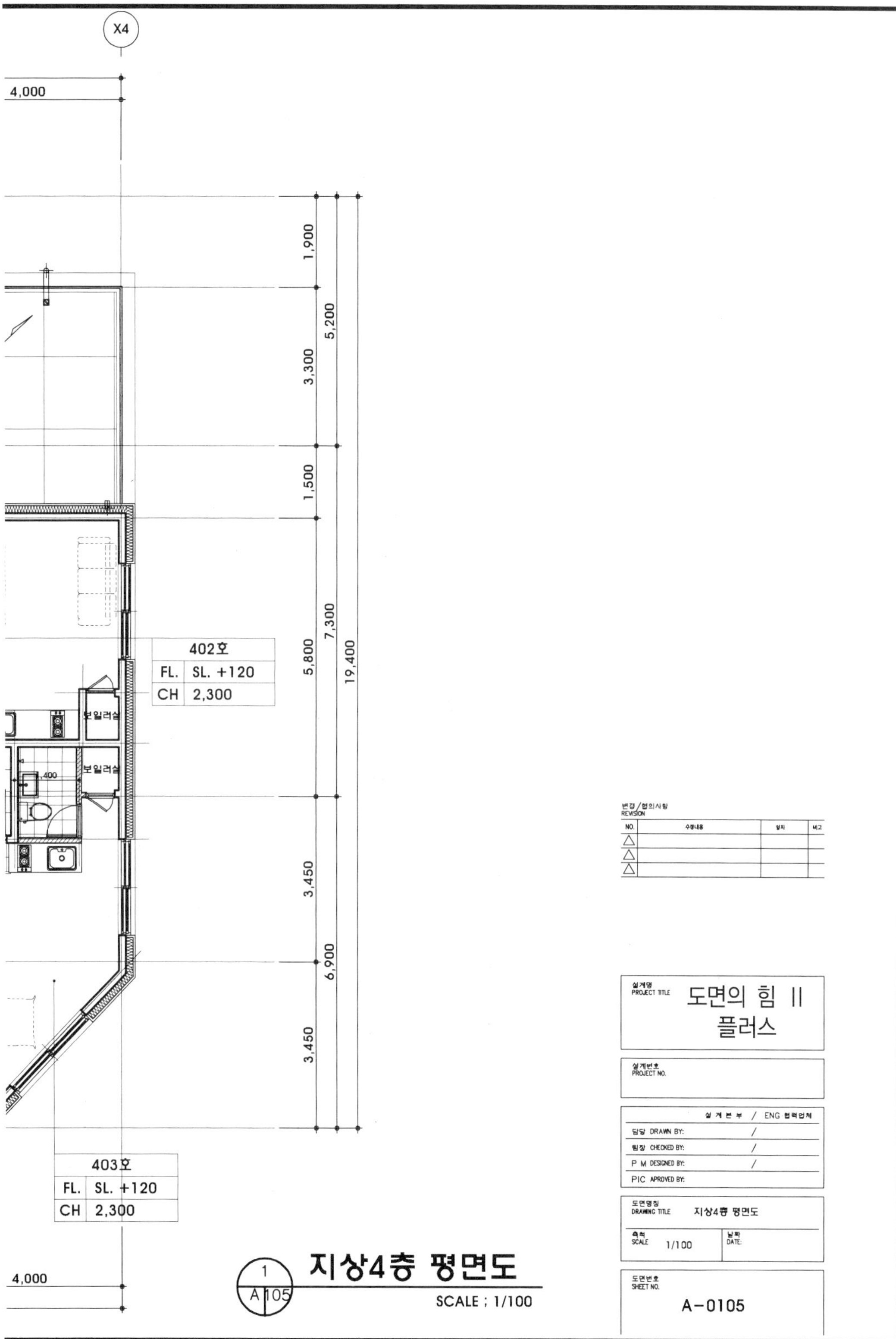
X4
4,000
1,900
5,200
3,300
1,500
7,300
5,800
19,400
402호
FL. SL. +120
CH 2,300
보일러실
보일러실
3,450
6,900
3,450
403호
FL. SL. +120
CH 2,300
4,000
1
A 105
지상4층 평면도
SCALE ; 1/100
변경/협의사항
REVISION
NO.
설계명
PROJECT TITLE
도면의 힘 II
플러스
설계번호
PROJECT NO.
ENG 협력업체
담당 DRAWN BY:
팀장 CHECKED BY:
P M DESIGNED BY:
PIC APROVED BY:
도면명칭
DRAWING TITLE
지상4층 평면도
축척
SCALE
1/100
날짜
DATE:
도면번호
SHEET NO.
A-0105

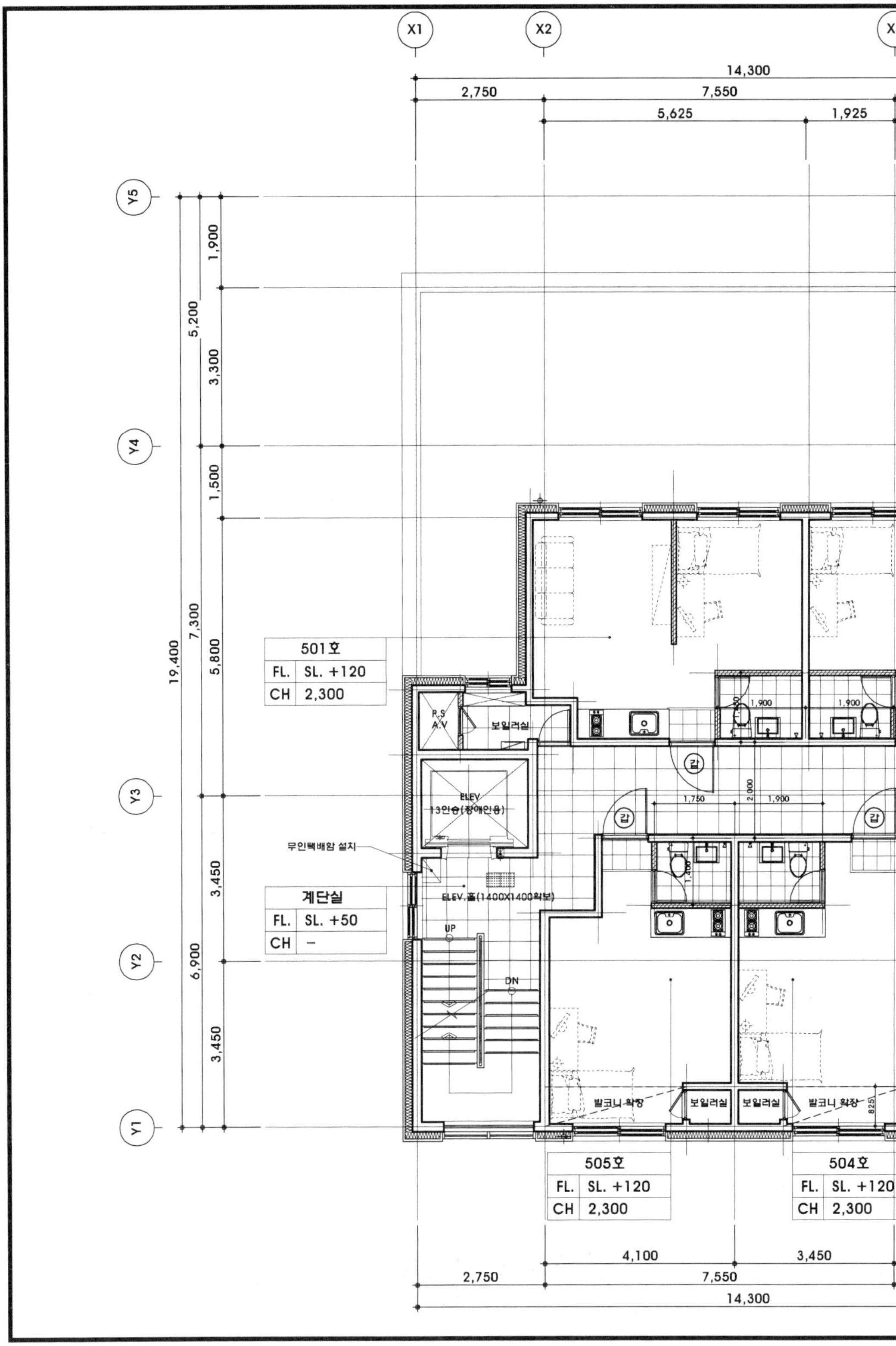
X1
X2
X3
14,300
2,750
7,550
5,625
1,925
Y5
Y4
Y3
Y2
Y1
1,900
5,200
3,300
1,500
19,400
7,300
5,800
3,450
6,900
3,450
501호
FL. SL. +120
CH 2,300
P.S
A.V
보일러실
갑
ELEV
13인승(장애인용)
무인택배함 설치
계단실
FL. SL. +50
CH -
ELEV.홀(1400X1400확보)
UP
DN
1,900
1,750
2,000
발코니 확장
보일러실
825
505호
FL. SL. +120
CH 2,300
504호
FL. SL. +120
CH 2,300
4,100
3,450
2,750
7,550
14,300

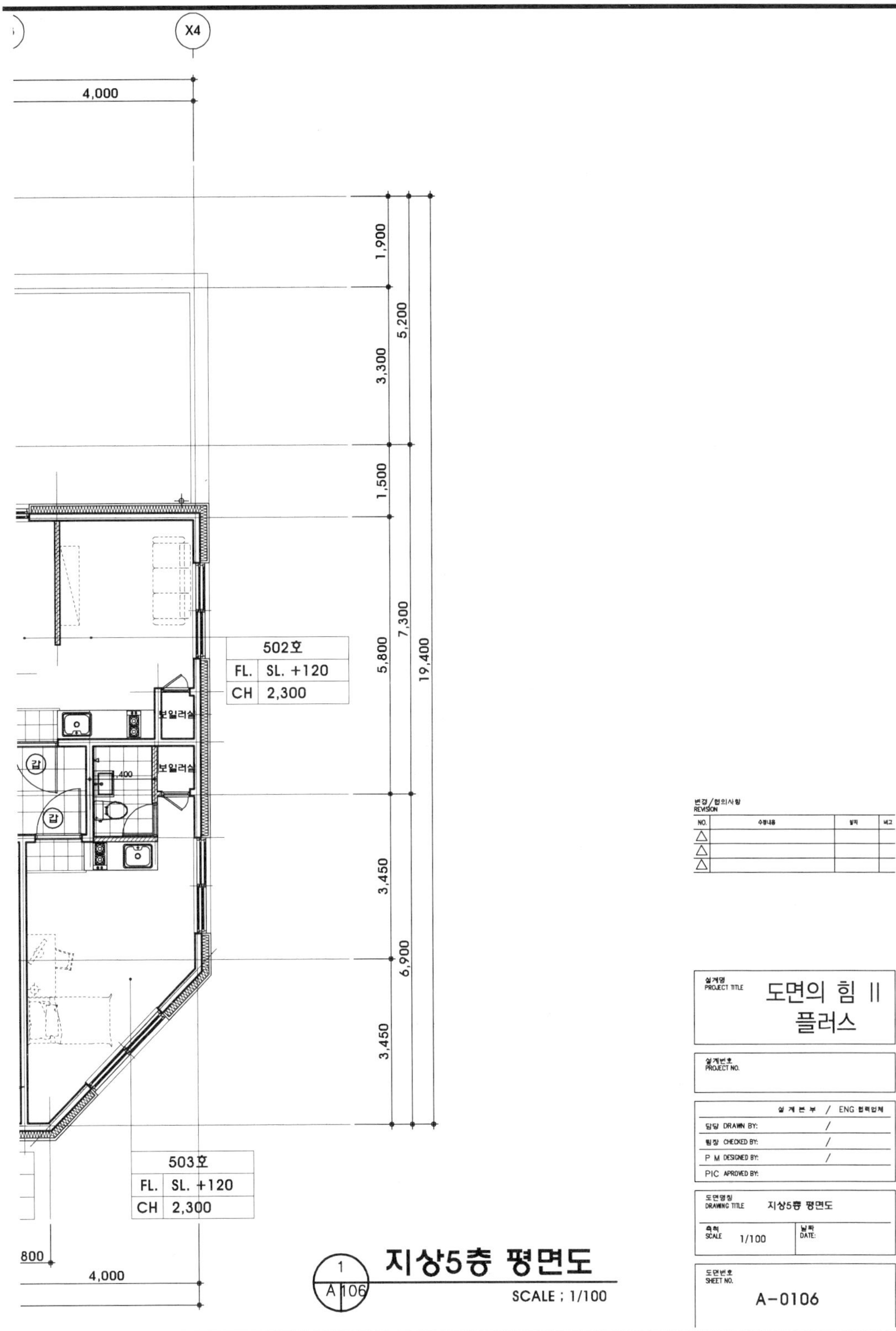
X4
4,000
1,900
5,200
3,300
1,500
7,300
5,800
19,400
3,450
6,900
3,450
502호
FL. SL. +120
CH 2,300
보일러실
보일러실
갑
갑
400
503호
FL. SL. +120
CH 2,300
800
4,000
1
A 106
지상5층 평면도
SCALE ; 1/100
REVISION
NO.
PROJECT TITLE
도면의 힘 II
플러스
PROJECT NO.
ENG
DRAWN BY:
CHECKED BY:
P M DESIGNED BY:
PIC APROVED BY:
DRAWING TITLE
지상5층 평면도
SCALE
1/100
DATE:
SHEET NO.
A-0106

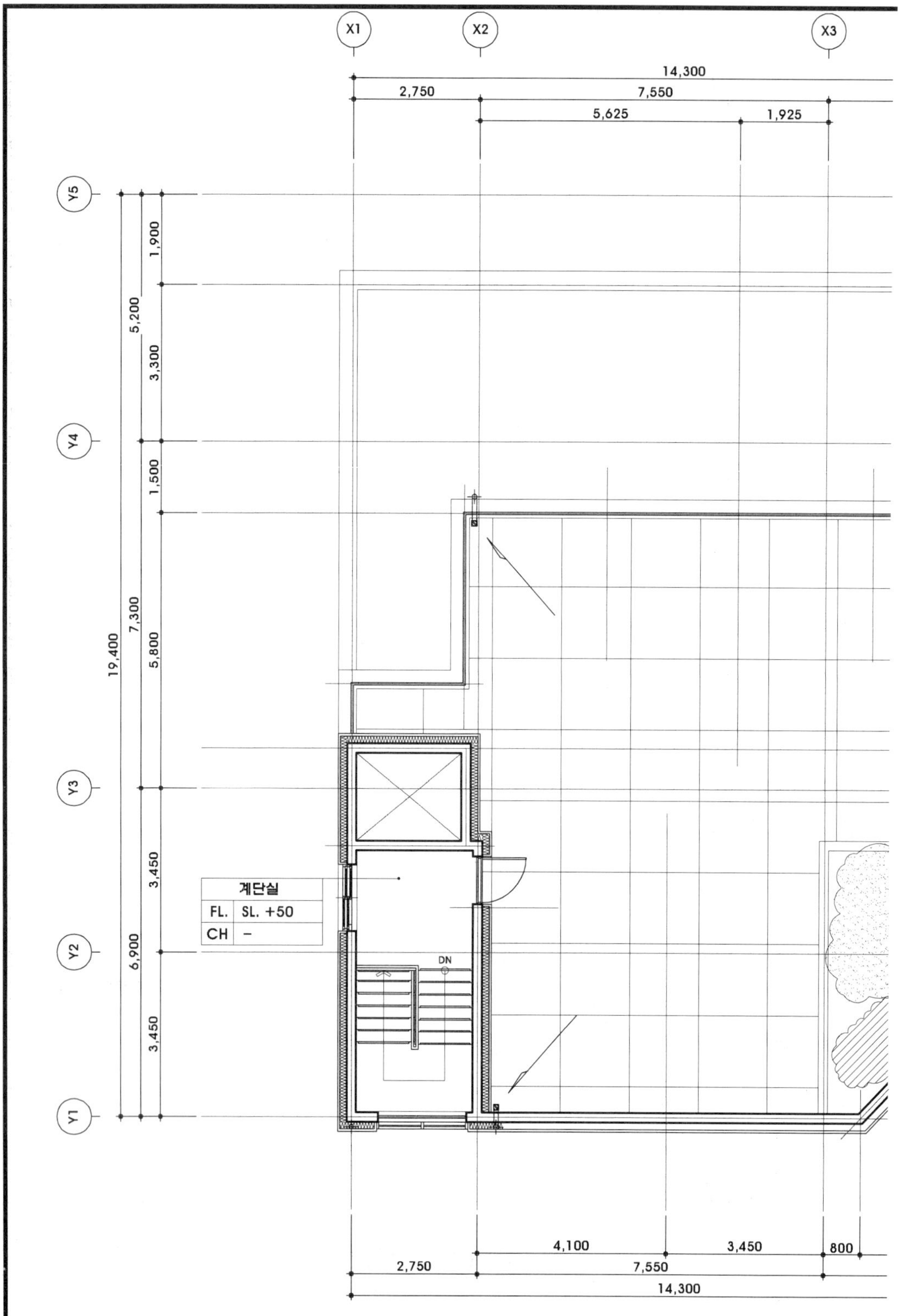
X1
X2
X3
14,300
2,750
7,550
5,625
1,925
Y5
Y4
Y3
Y2
Y1
1,900
5,200
3,300
1,500
19,400
7,300
5,800
3,450
6,900
3,450
계단실
FL. SL. +50
CH -
DN
4,100
3,450
800
2,750
7,550
14,300

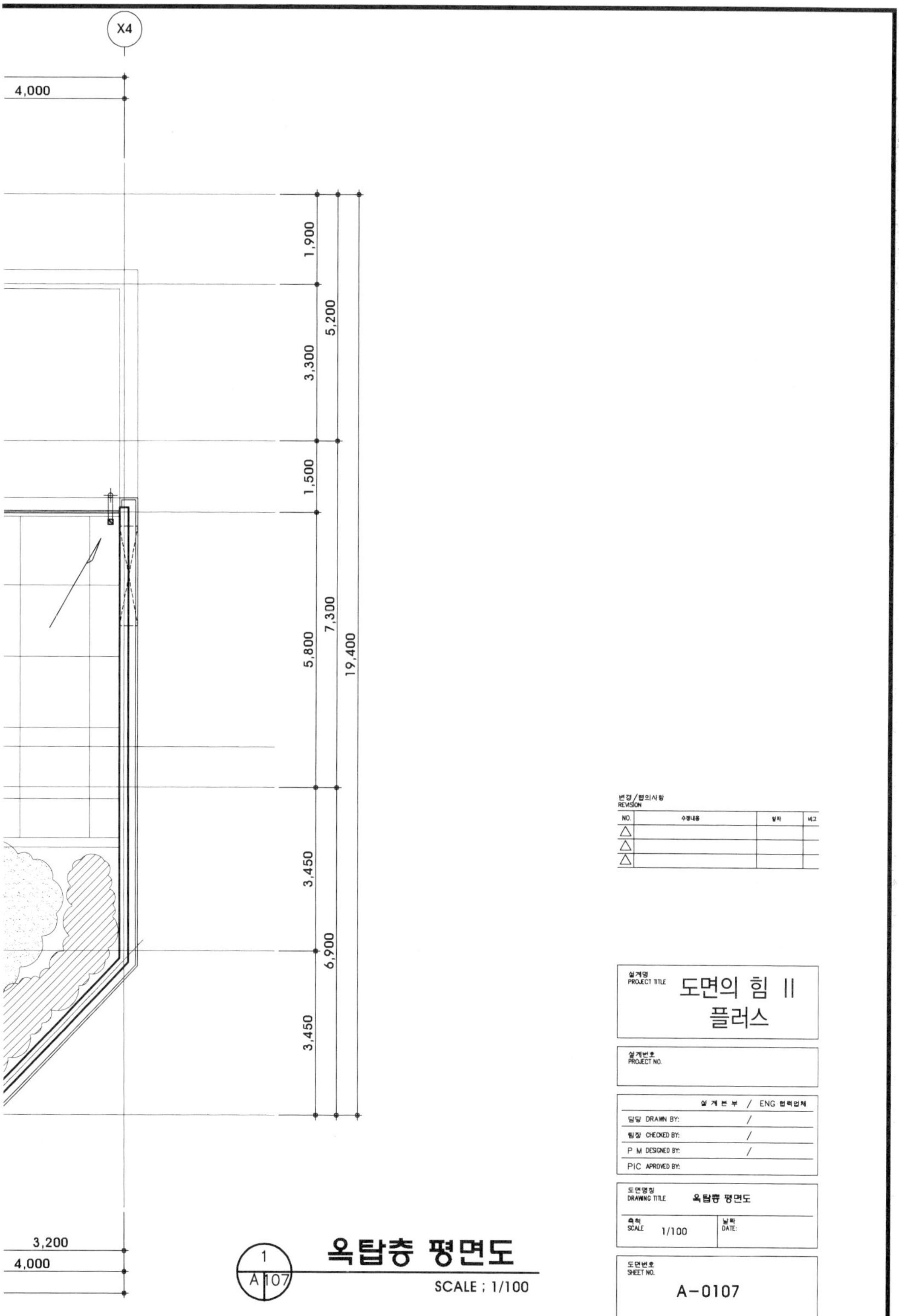
X4
4,000
1,900
5,200
3,300
1,500
7,300
5,800
19,400
3,450
6,900
3,450
3,200
4,000
1
A 107
옥탑층 평면도
SCALE ; 1/100
변경/협의사항
REVISION
NO.
설계명
PROJECT TITLE
도면의 힘 II
플러스
설계번호
PROJECT NO.
설 계 본 부 / ENG 협력업체
담당 DRAWN BY: /
팀장 CHECKED BY: /
P M DESIGNED BY: /
PIC APROVED BY:
도면명칭
DRAWING TITLE
옥탑층 평면도
축척
SCALE
1/100
날짜
DATE:
도면번호
SHEET NO.
A-0107

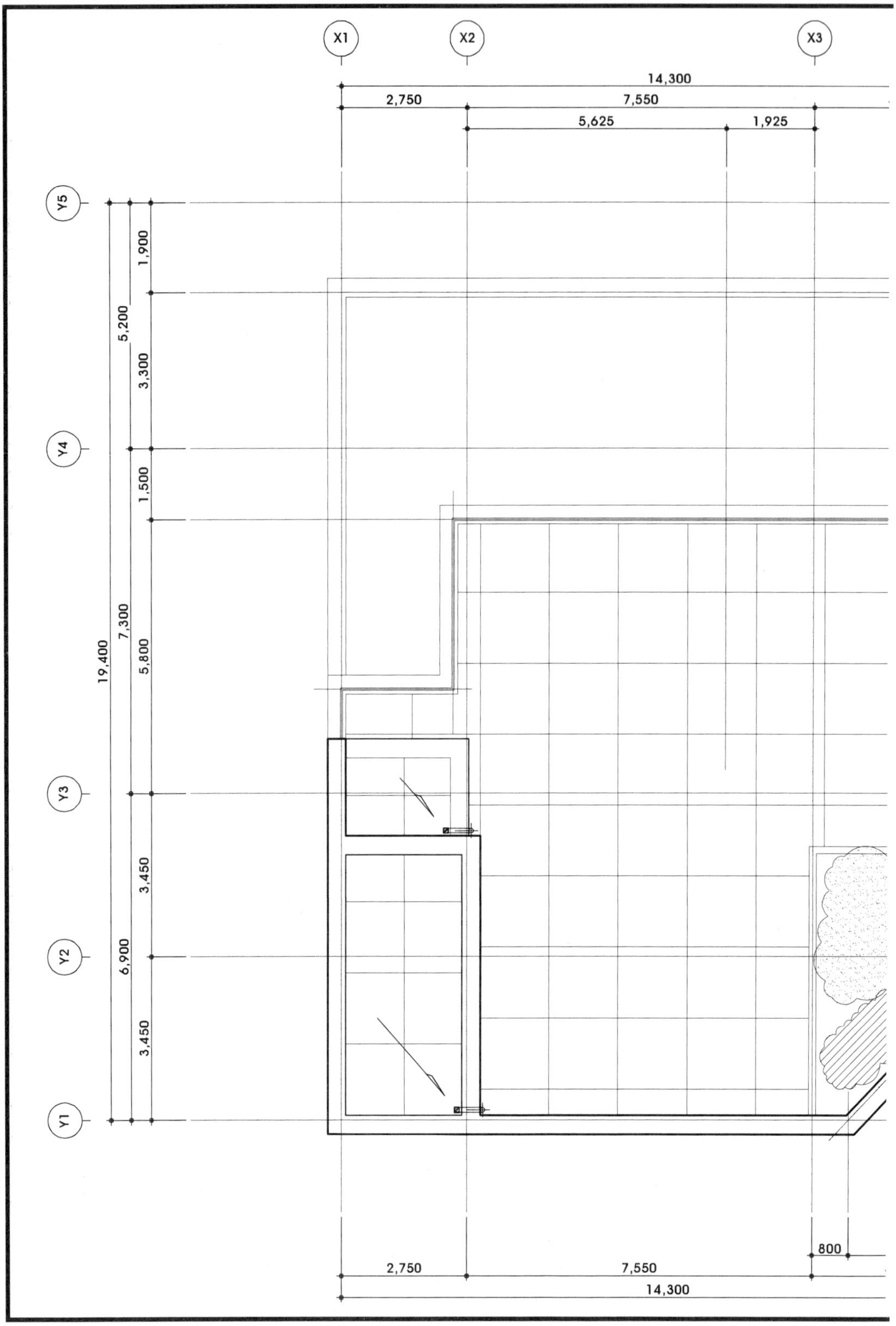
X1
X2
X3
14,300
2,750
7,550
5,625
1,925
Y5
Y4
Y3
Y2
Y1
1,900
5,200
3,300
1,500
19,400
7,300
5,800
3,450
6,900
3,450
800
2,750
7,550
14,300

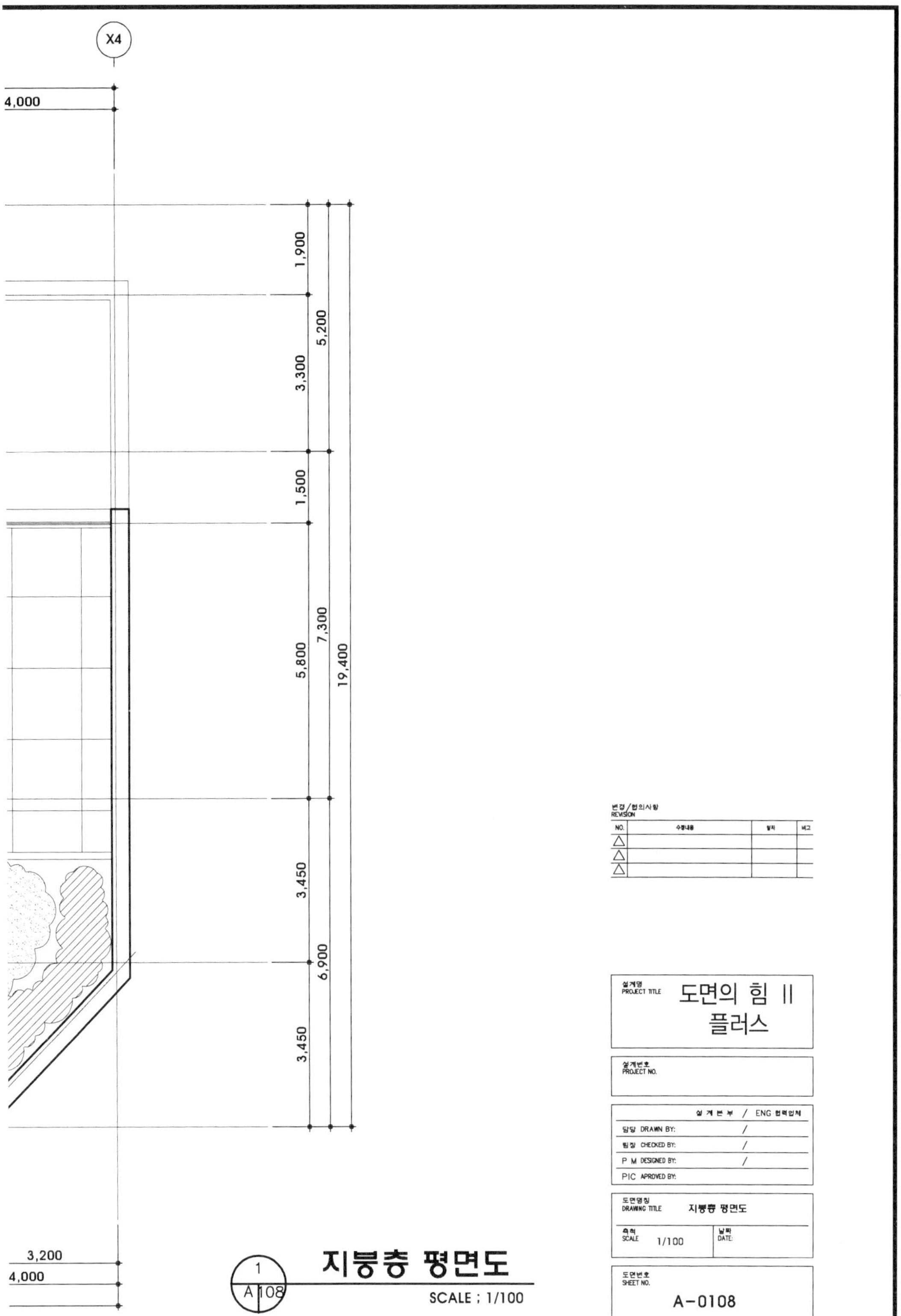
X4
4,000
1,900
5,200
3,300
1,500
5,800
7,300
19,400
3,450
6,900
3,450
3,200
4,000
1
A108
지붕층 평면도
SCALE ; 1/100
REVISION
NO.
PROJECT TITLE
도면의 힘 II
플러스
PROJECT NO.
ENG 협력업체
DRAWN BY:
CHECKED BY:
P M DESIGNED BY:
PIC APROVED BY:
DRAWING TITLE
지붕층 평면도
SCALE
1/100
DATE:
SHEET NO.
A-0108

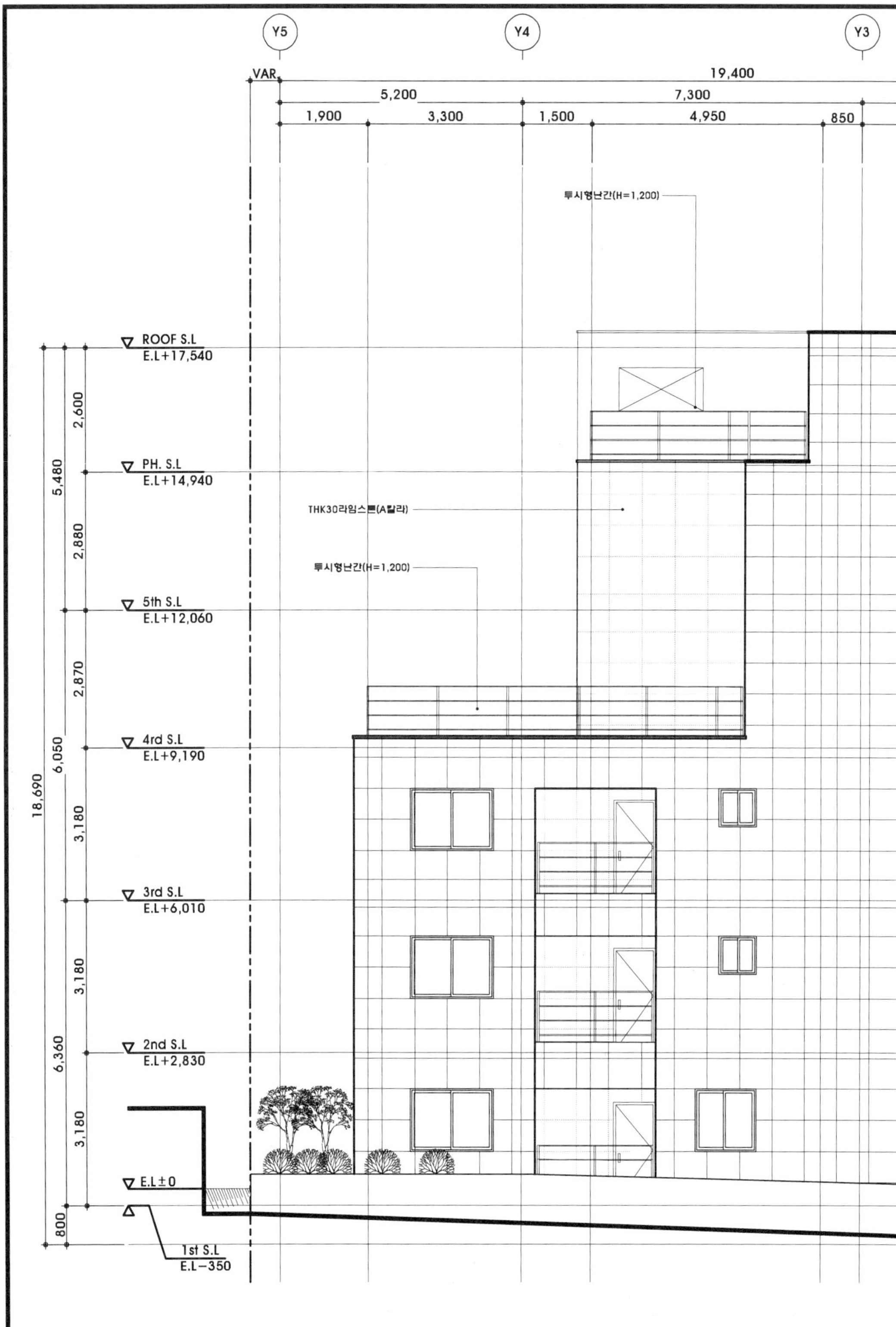

Y5
Y4
Y3
VAR
19,400
5,200
7,300
1,900
3,300
1,500
4,950
850
투시형난간(H=1,200)
ROOF S.L
E.L+17,540
PH. S.L
E.L+14,940
THK30라임스톤(A칼라)
투시형난간(H=1,200)
5th S.L
E.L+12,060
4rd S.L
E.L+9,190
3rd S.L
E.L+6,010
2nd S.L
E.L+2,830
E.L±0
1st S.L
E.L-350
2,600
2,880
2,870
3,180
3,180
3,180
800
5,480
6,050
6,360
18,690

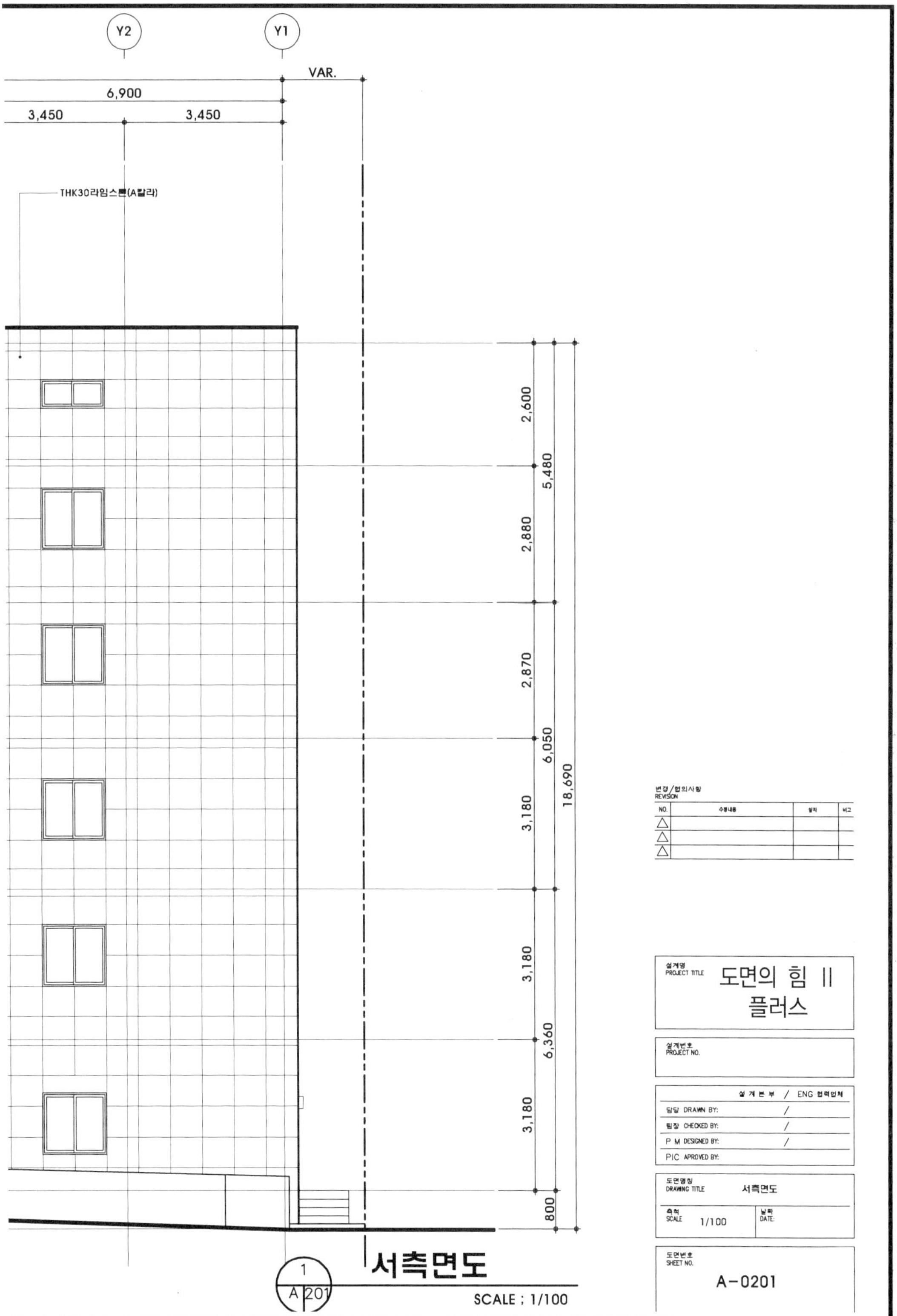
Y2
Y1
VAR.
6,900
3,450
3,450
THK30라임스톤(A칼라)
2,600
5,480
2,880
2,870
6,050
18,690
3,180
3,180
6,360
3,180
800
1
A 201
서측면도
SCALE : 1/100
변경/협의사항
REVISION
NO.
도면의 힘 II
플러스
설계명
PROJECT TITLE
설계번호
PROJECT NO.
설 계 본 부 / ENG 협력업체
담당 DRAWN BY: /
팀장 CHECKED BY: /
P M DESIGNED BY: /
PIC APROVED BY:
도면명칭
DRAWING TITLE
서측면도
축척
SCALE
1/100
날짜
DATE:
도면번호
SHEET NO.
A-0201

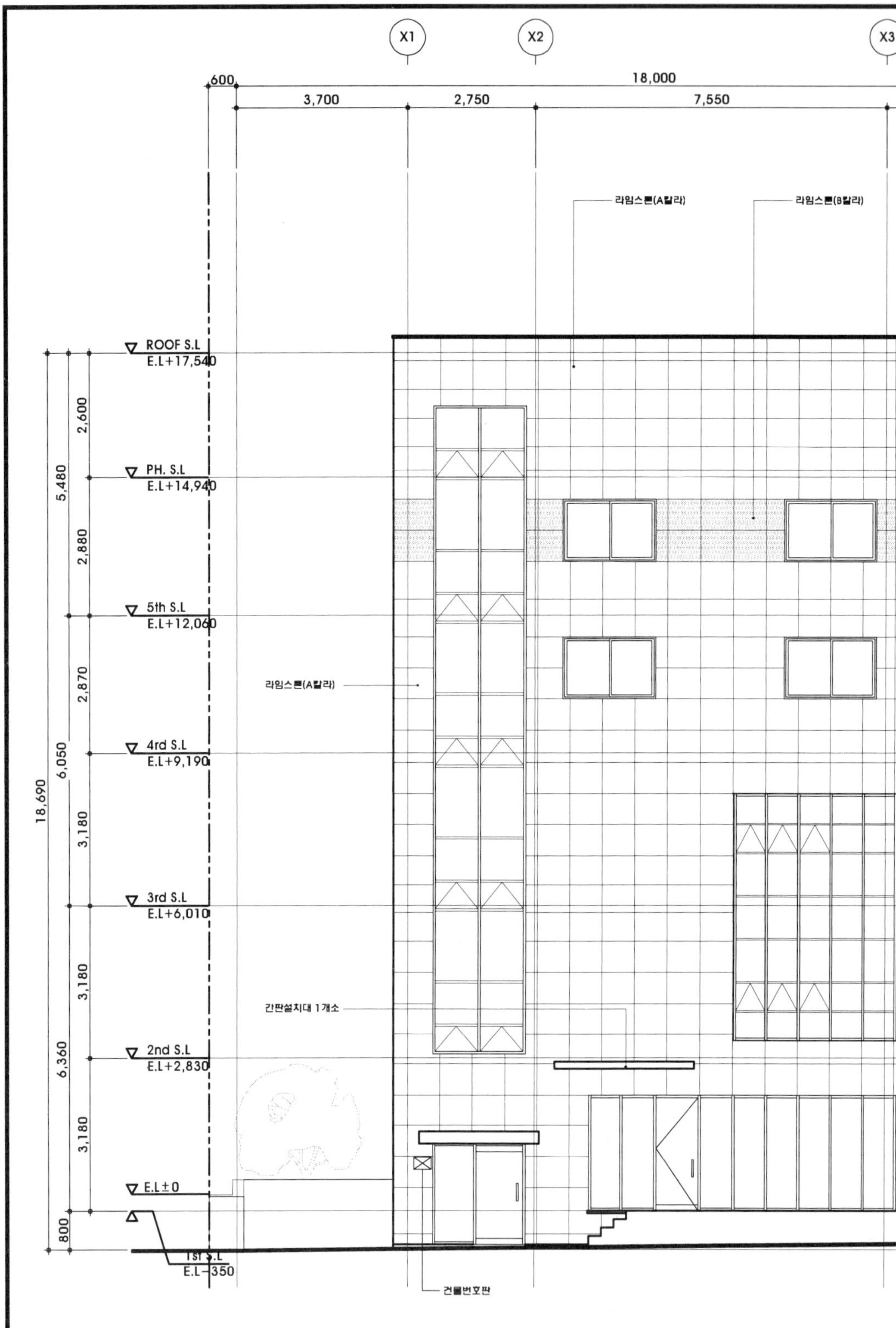
X1
X2
X3
600
18,000
3,700
2,750
7,550
라임스톤(A칼라)
라임스톤(B칼라)
ROOF S.L
E.L+17,540
PH. S.L
E.L+14,940
5th S.L
E.L+12,060
4rd S.L
E.L+9,190
3rd S.L
E.L+6,010
2nd S.L
E.L+2,830
E.L±0
1st S.L
E.L-350
2,600
2,880
2,870
3,180
3,180
3,180
800
5,480
6,050
6,360
18,690
라임스톤(A칼라)
간판설치대 1개소
건물번호판

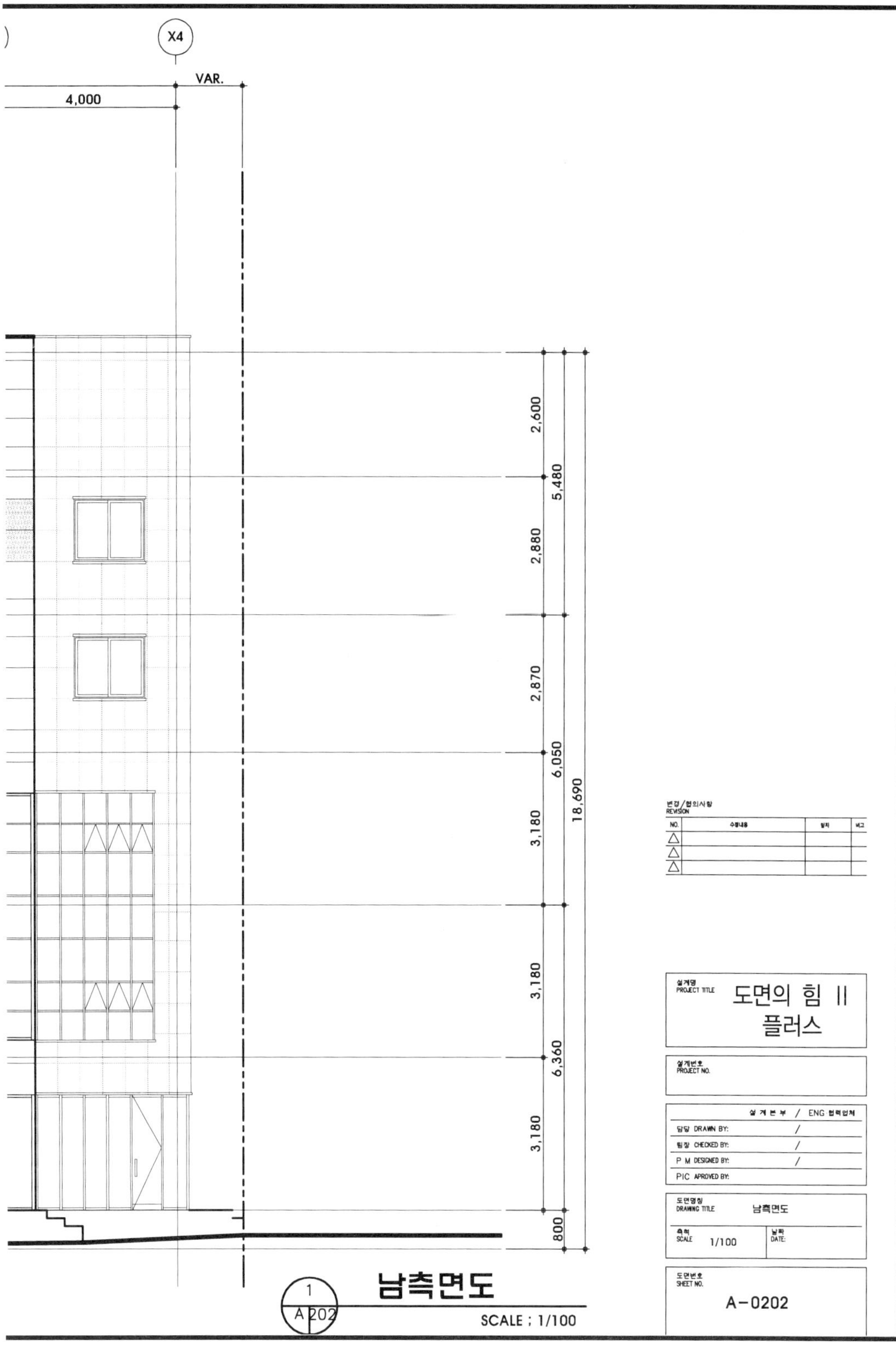
X4
VAR.
4,000
2,600
5,480
2,880
2,870
6,050
18,690
3,180
3,180
6,360
3,180
800
변경/협의사항
REVISION
NO.
설계명
PROJECT TITLE
도면의 힘 II
플러스
설계번호
PROJECT NO.
ENG 협력업체
DRAWN BY:
CHECKED BY:
P M DESIGNED BY:
PIC APROVED BY:
도면명칭
DRAWING TITLE
남측면도
축척
SCALE
1/100
날짜
DATE:
도면번호
SHEET NO.
A-0202
1
A 202
남측면도
SCALE ; 1/100

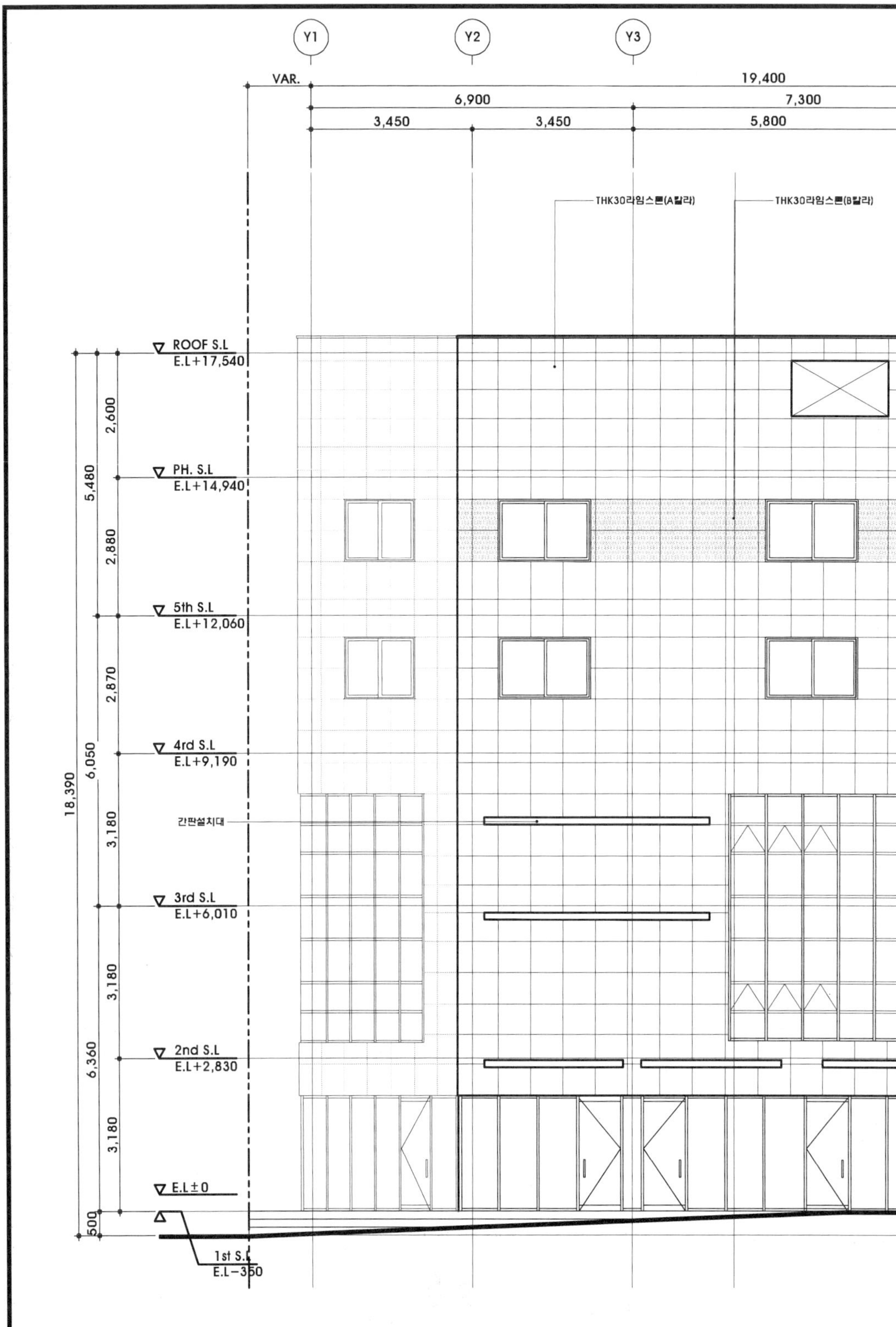
Y1
Y2
Y3
VAR.
19,400
6,900
7,300
3,450
3,450
5,800
THK30라임스톤(A칼라)
THK30라임스톤(B칼라)
ROOF S.L
E.L+17,540
PH. S.L
E.L+14,940
5th S.L
E.L+12,060
4rd S.L
E.L+9,190
간판설치대
3rd S.L
E.L+6,010
2nd S.L
E.L+2,830
E.L±0
1st S.L
E.L−350
2,600
5,480
2,880
2,870
6,050
18,390
3,180
3,180
6,360
3,180
500

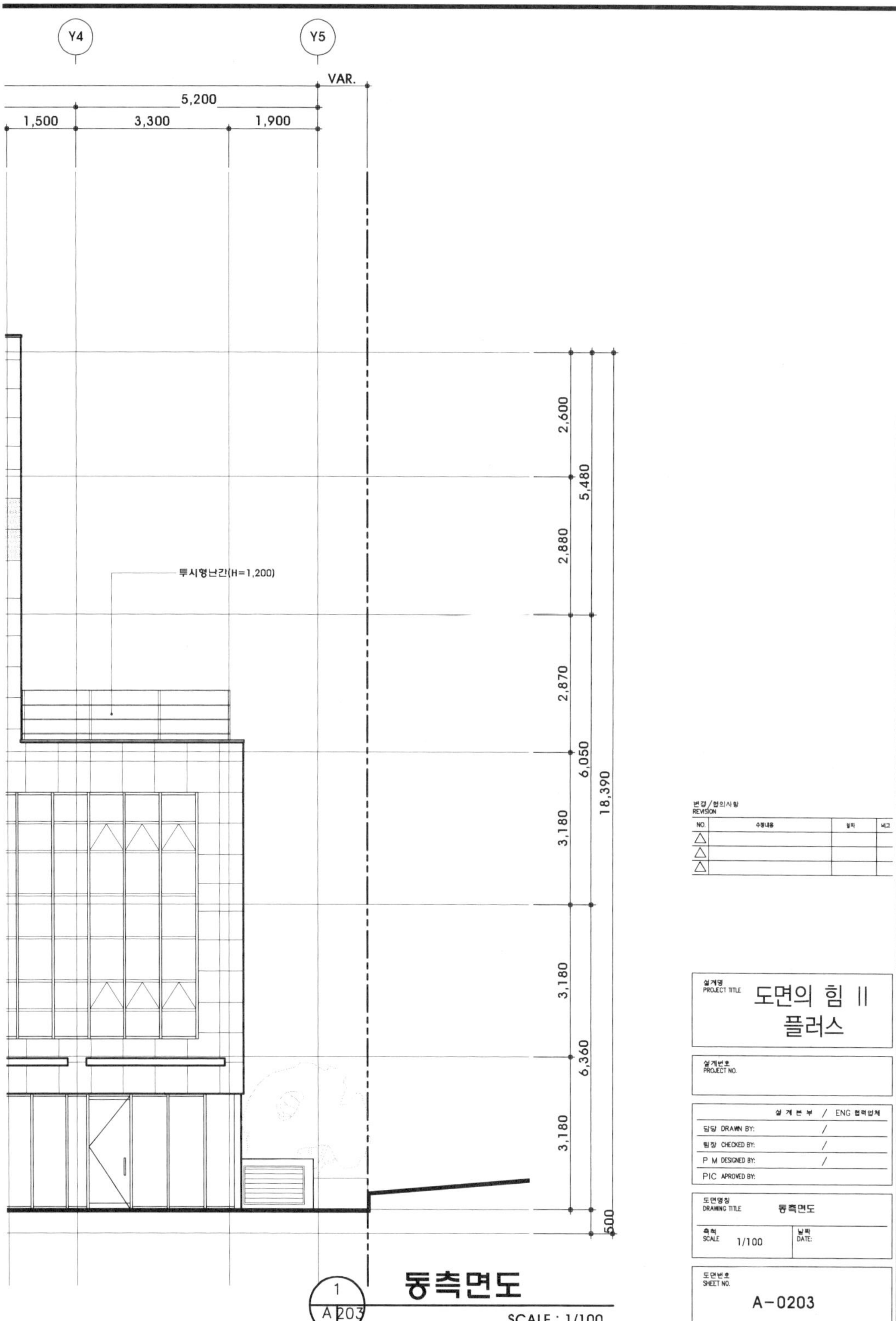
Y4
Y5
VAR.
5,200
1,500
3,300
1,900
2,600
5,480
2,880
투시형난간(H=1,200)
2,870
6,050
18,390
3,180
3,180
6,360
3,180
500
1
A 203
동측면도
SCALE ; 1/100
변경/협의사항
REVISION
NO.
설계명
PROJECT TITLE
도면의 힘 II
플러스
설계번호
PROJECT NO.
설계본부 / ENG 협력업체
담당 DRAWN BY:
팀장 CHECKED BY:
P M DESIGNED BY:
PIC APROVED BY:
도면명칭
DRAWING TITLE
동측면도
축척
SCALE
1/100
날짜
DATE:
도면번호
SHEET NO.
A-0203

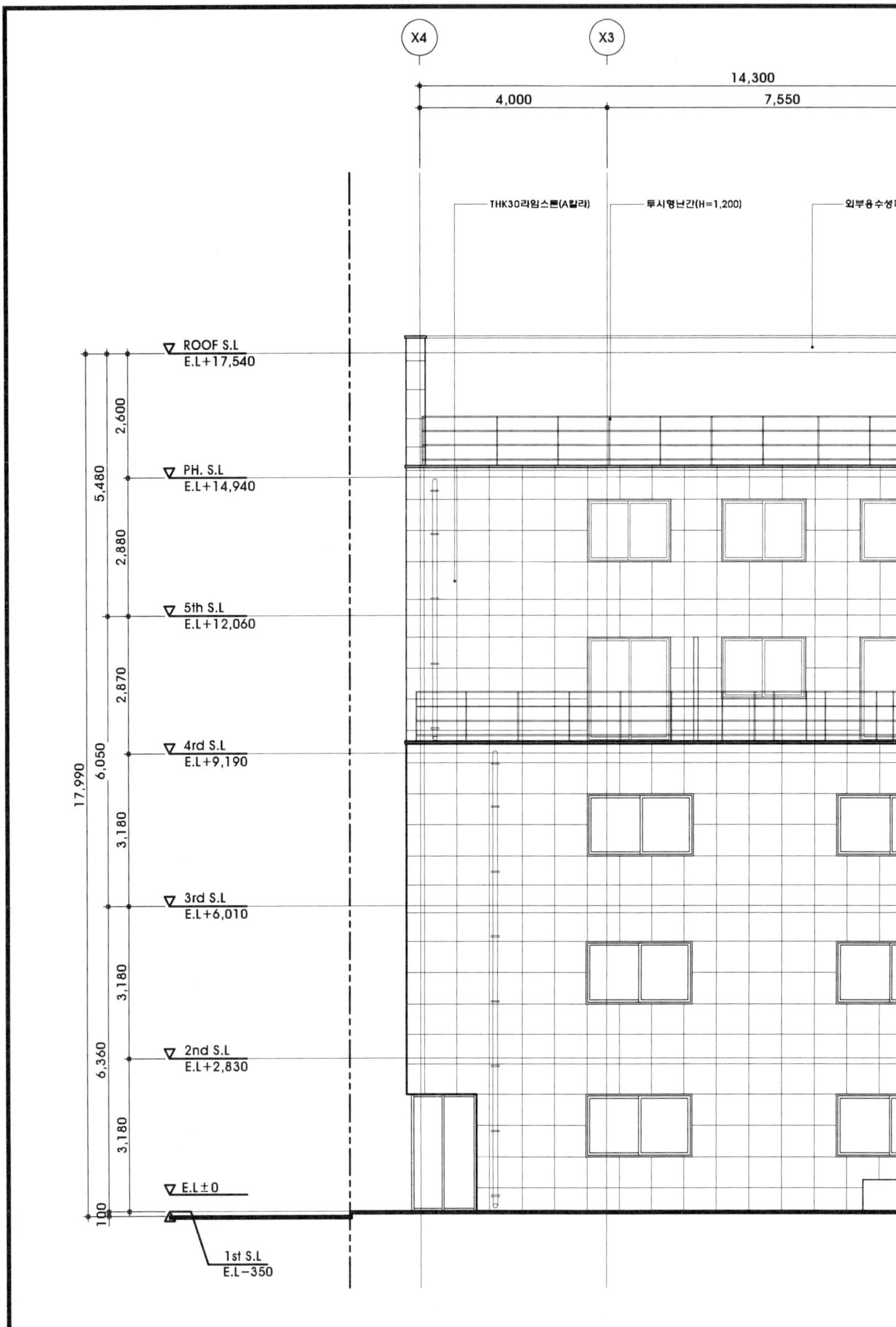
X4
X3
14,300
4,000
7,550
THK30라임스톤(A컬러)
투시형난간(H=1,200)
ROOF S.L
E.L+17,540
PH. S.L
E.L+14,940
5th S.L
E.L+12,060
4rd S.L
E.L+9,190
3rd S.L
E.L+6,010
2nd S.L
E.L+2,830
E.L±0
1st S.L
E.L−350
17,990
5,480
6,050
6,360
2,600
2,880
2,870
3,180
3,180
3,180
100

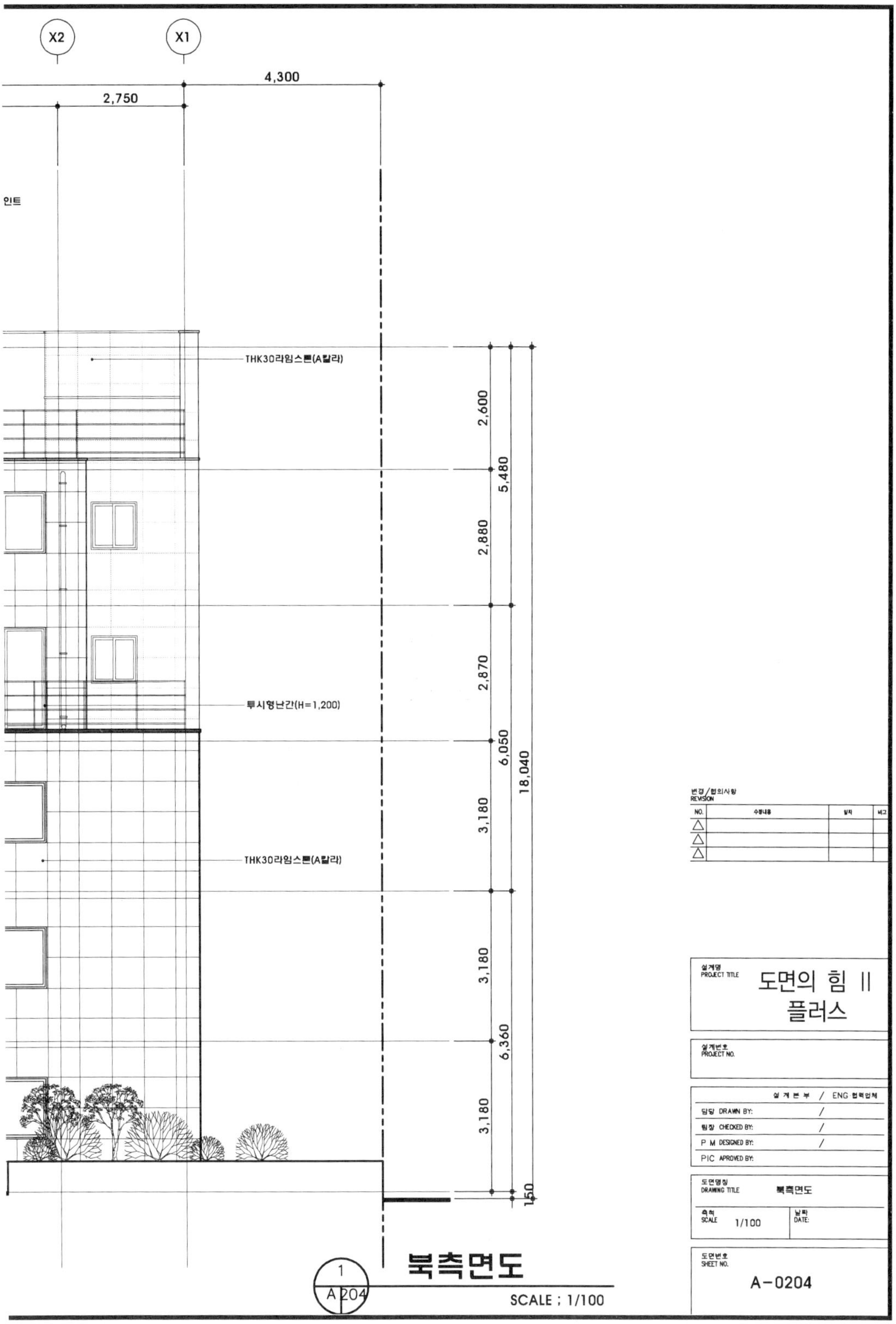
X2
X1
4,300
2,750
인트
THK30라임스톤(A칼라)
투시형난간(H=1,200)
THK30라임스톤(A칼라)
2,600
2,880
2,870
3,180
3,180
3,180
5,480
6,050
6,360
18,040
150
1
A 204
북측면도
SCALE : 1/100
변경/협의사항
REVISION
NO.
수정내용
일자
비고
설계명
PROJECT TITLE
도면의 힘 II
플러스
설계번호
PROJECT NO.
설 계 본 부 / ENG 협력업체
담당 DRAWN BY: /
팀장 CHECKED BY: /
P M DESIGNED BY: /
PIC APROVED BY:
도면명칭
DRAWING TITLE
북측면도
축척
SCALE
1/100
날짜
DATE:
도면번호
SHEET NO.
A-0204

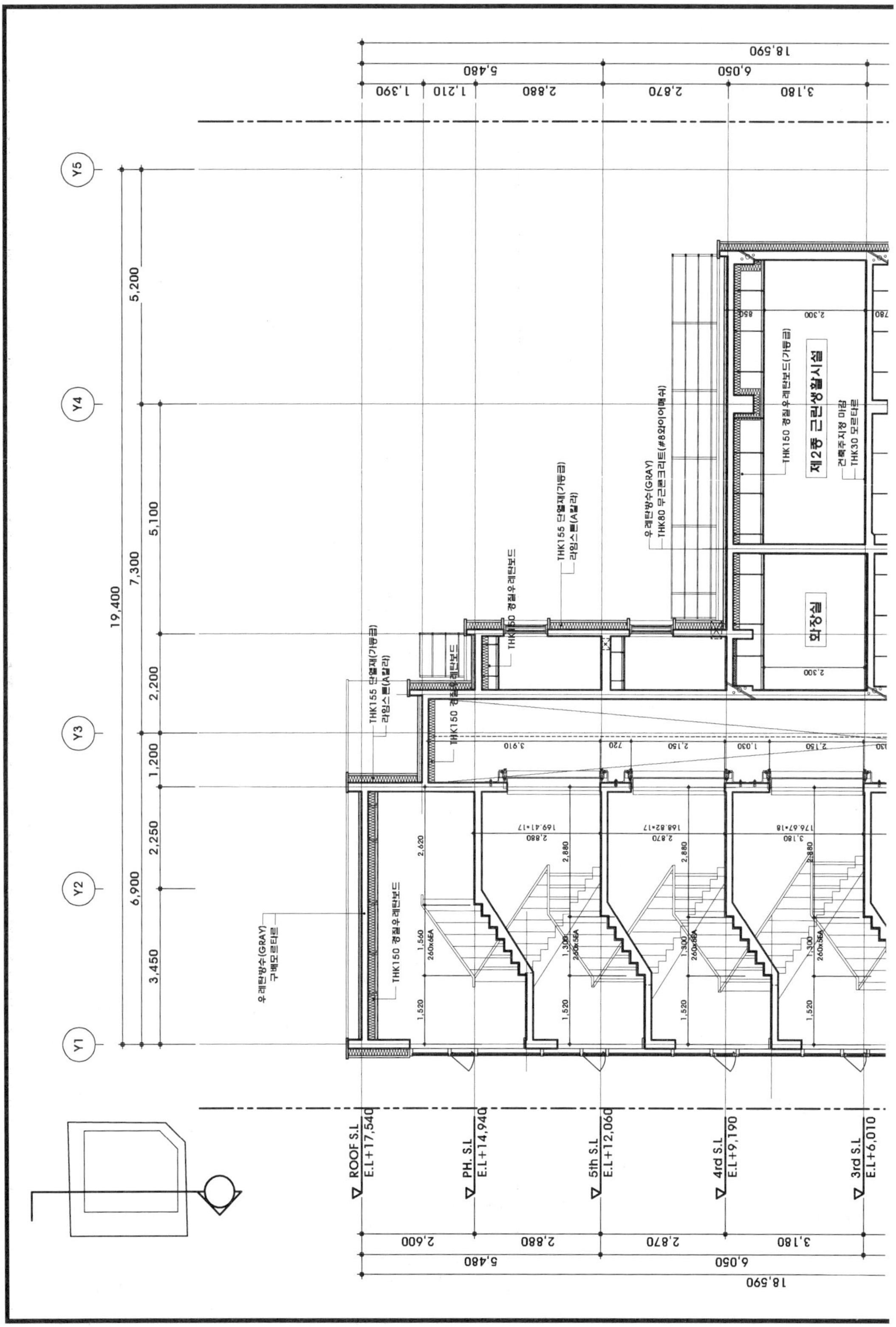
Y1
Y2
Y3
Y4
Y5
19,400
6,900
7,300
5,200
3,450
2,250
1,200
2,200
5,100
ROOF S.L E.L+17,540
PH. S.L E.L+14,940
5th S.L E.L+12,060
4rd S.L E.L+9,190
3rd S.L E.L+6,010
18,590
5,480
6,050
2,600
2,880
2,870
3,180
1,390
1,210
제2종 근린생활시설
화장실
THK150 경질우레탄보드
THK155 단열재(가등급)
우레탄방수(GRAY)

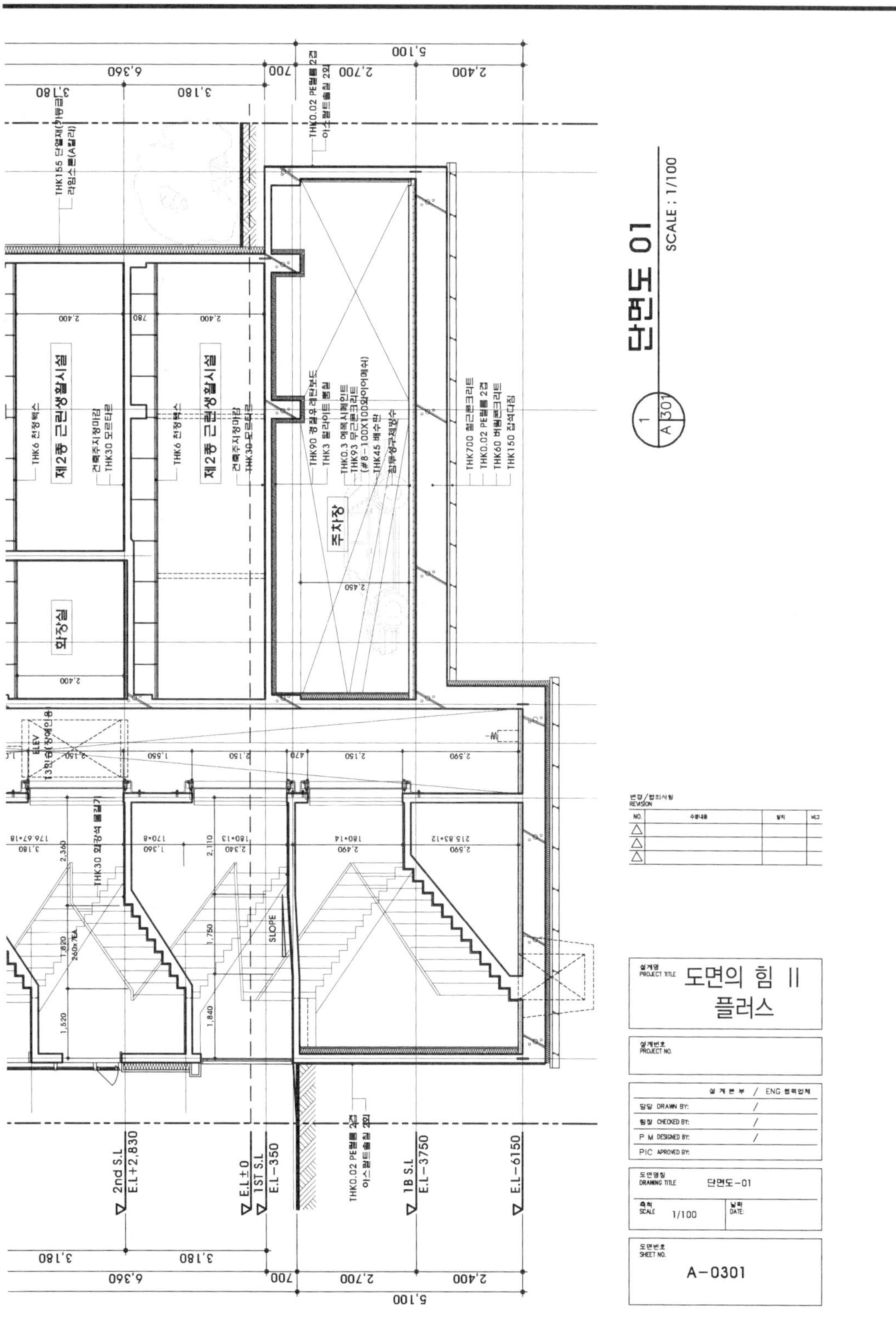
단면도 01
SCALE : 1/100
제2종 근린생활시설
제2종 근린생활시설
화장실
주차장
도면의 힘 II
플러스
단면도-01
1/100
A-0301

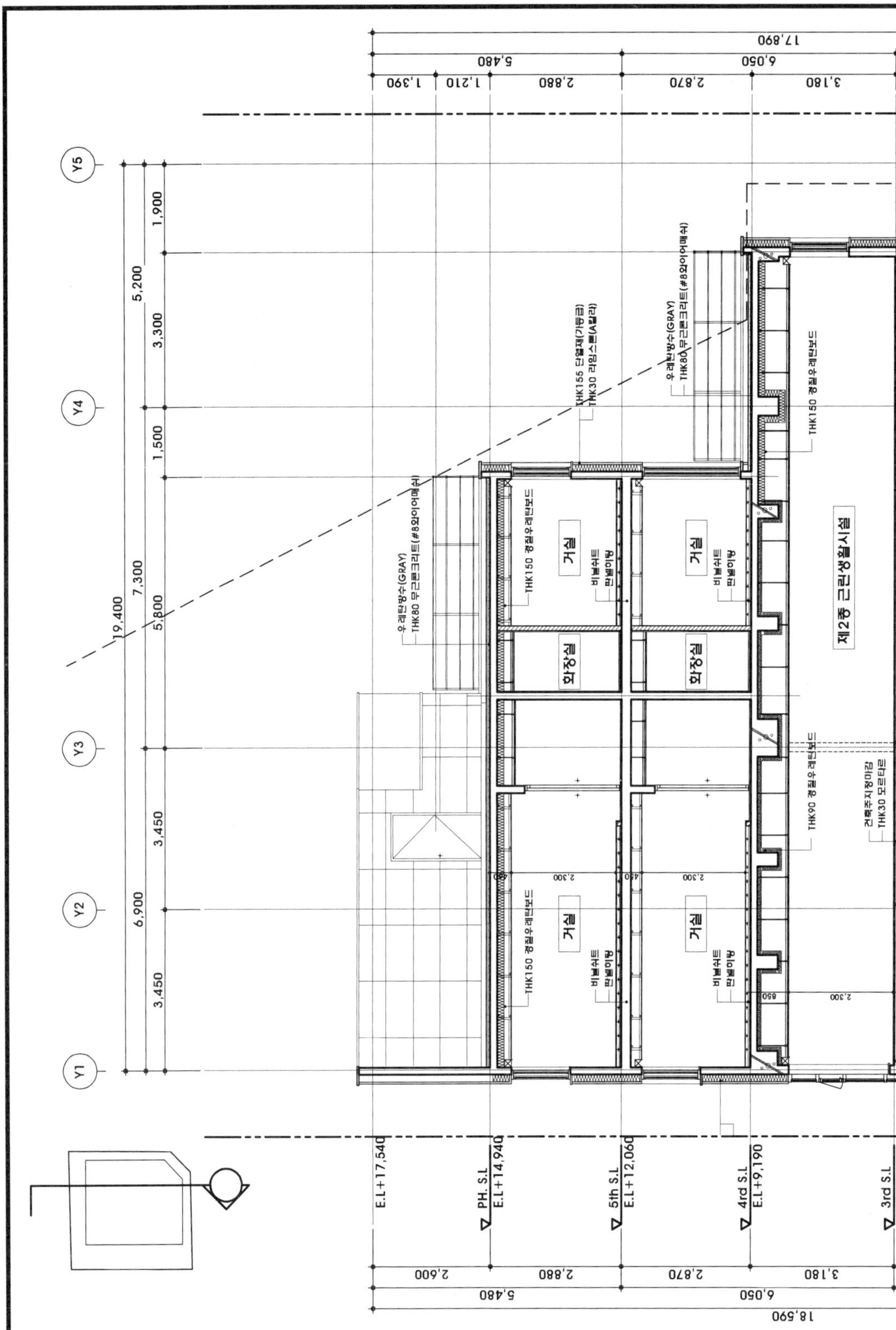
거실
화장실
제2종 근린생활시설
E.L+17,540
PH. S.L
E.L+14,940
5th S.L
E.L+12,060
4rd S.L
E.L+9,190
3rd S.L

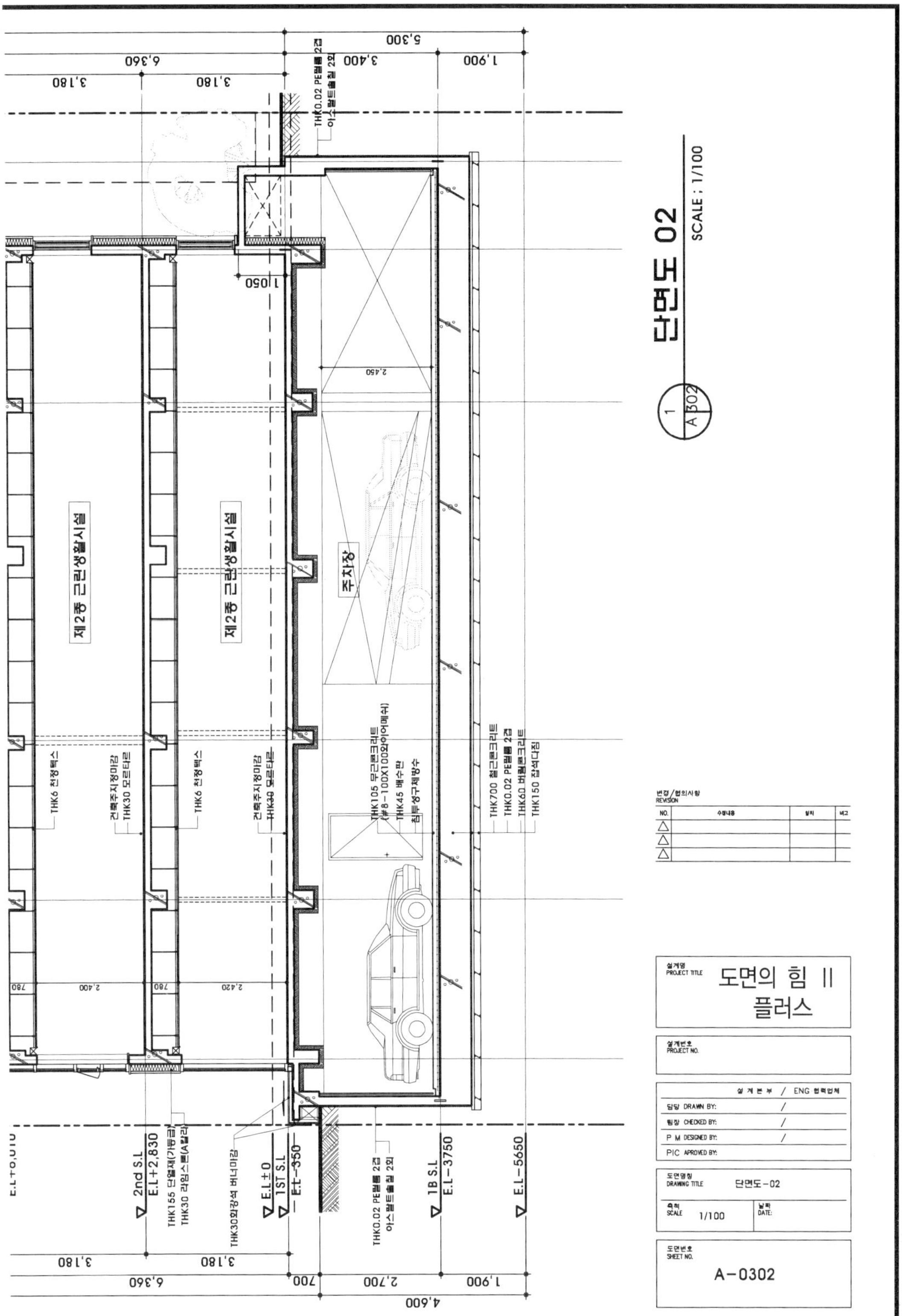
단면도 02
SCALE ; 1/100
제2종 근린생활시설
제2종 근린생활시설
주차장
도면의 힘 II 플러스
단면도-02
1/100
A-0302

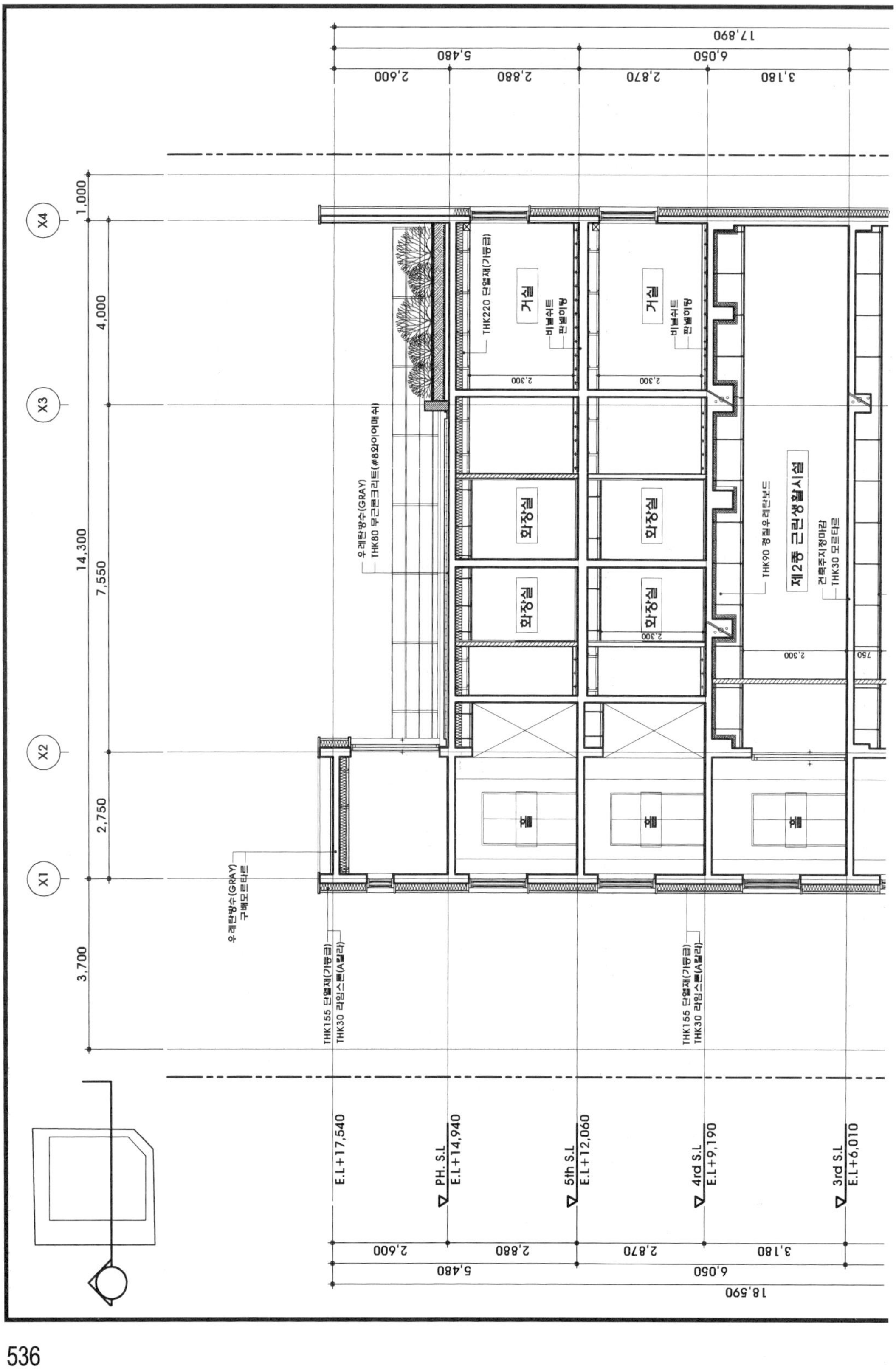
거실
화장실
제2종 근린생활시설
홀
THK220 단열재(가등급)
THK155 단열재(가등급)
THK30 라임스톤(A벨라)
THK90 경량우레탄보드
THK30 모르타르
E.L+17,540
PH. S.L
E.L+14,940
5th S.L
E.L+12,060
4rd S.L
E.L+9,190
3rd S.L
E.L+6,010
X1
X2
X3
X4
14,300
7,550
4,000
2,750
3,700
1,000

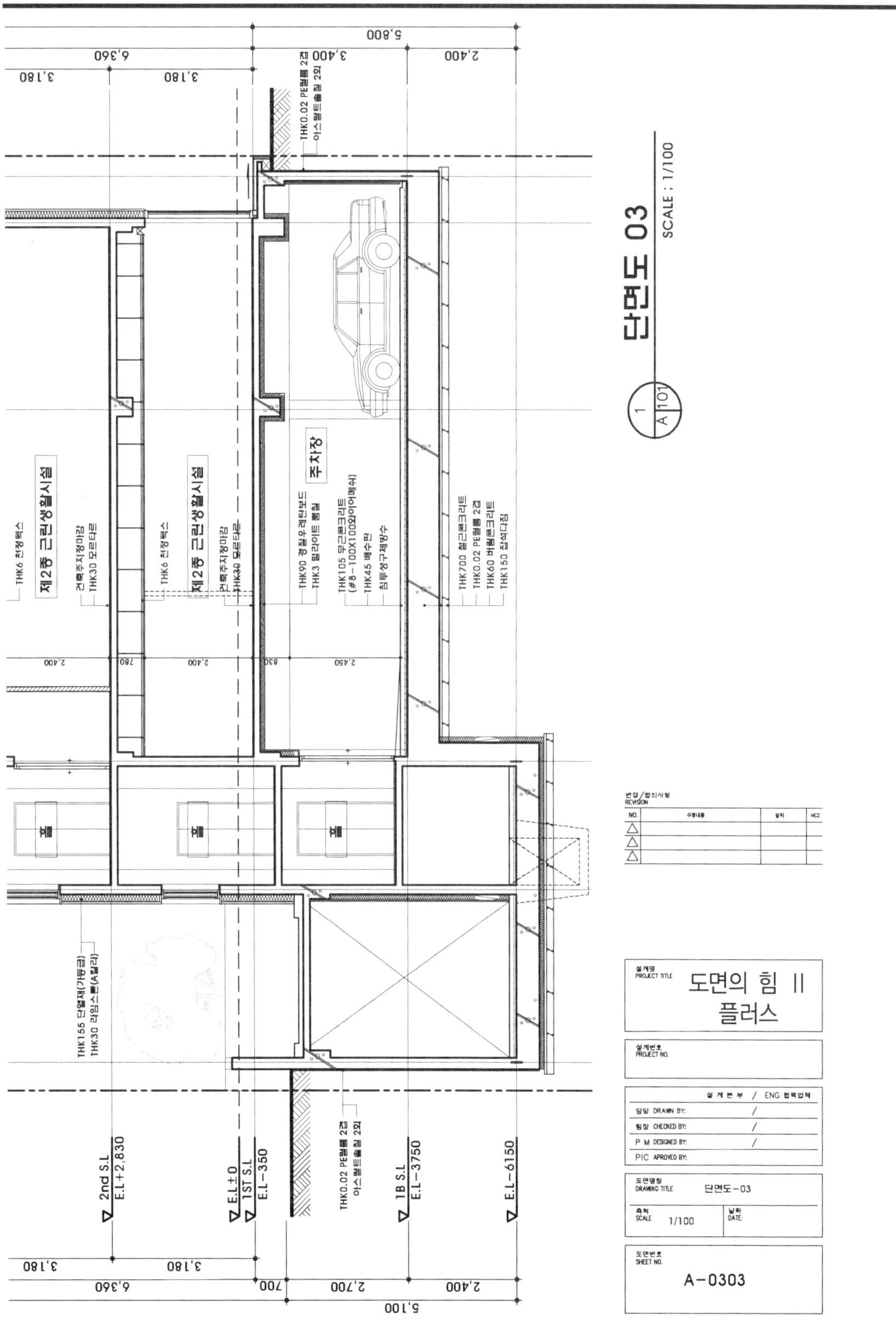
단면도 03
SCALE ; 1/100
1
A101
주차장
제2종 근린생활시설
THK6 천정텍스
THK30 모르타르
THK90 경질우레탄보드
THK3 컬러이트 평철
THK105 무근콘크리트
(#8-100X100와이어메쉬)
THK45 배수판
침투성구체방수
THK700 철근콘크리트
THK0.02 PE필름 2겹
THK60 버림콘크리트
THK150 잡석다짐
THK0.02 PE필름 2겹
아스팔트슬링 2회
THK155 단열재(가등급)
THK30 리잉스톤(A컬러)
2nd S.L
E.L+2,830
E.L±0
1ST S.L
E.L-350
1B S.L
E.L-3750
E.L-6150
5,800
6,360
3,400
2,400
3,180
2,700
700
5,100
2,450
780
830
변경/협의사항
REVISION
NO.
설계명
PROJECT TITLE
도면의 힘 II
플러스
설계번호
PROJECT NO.
설계본부 / ENG 협력업체
담당 DRAWN BY:
팀장 CHECKED BY:
P M DESIGNED BY:
PIC APROVED BY:
도면명칭
DRAWING TITLE
단면도-03
축척
SCALE
1/100
날짜
DATE:
도면번호
SHEET NO.
A-0303

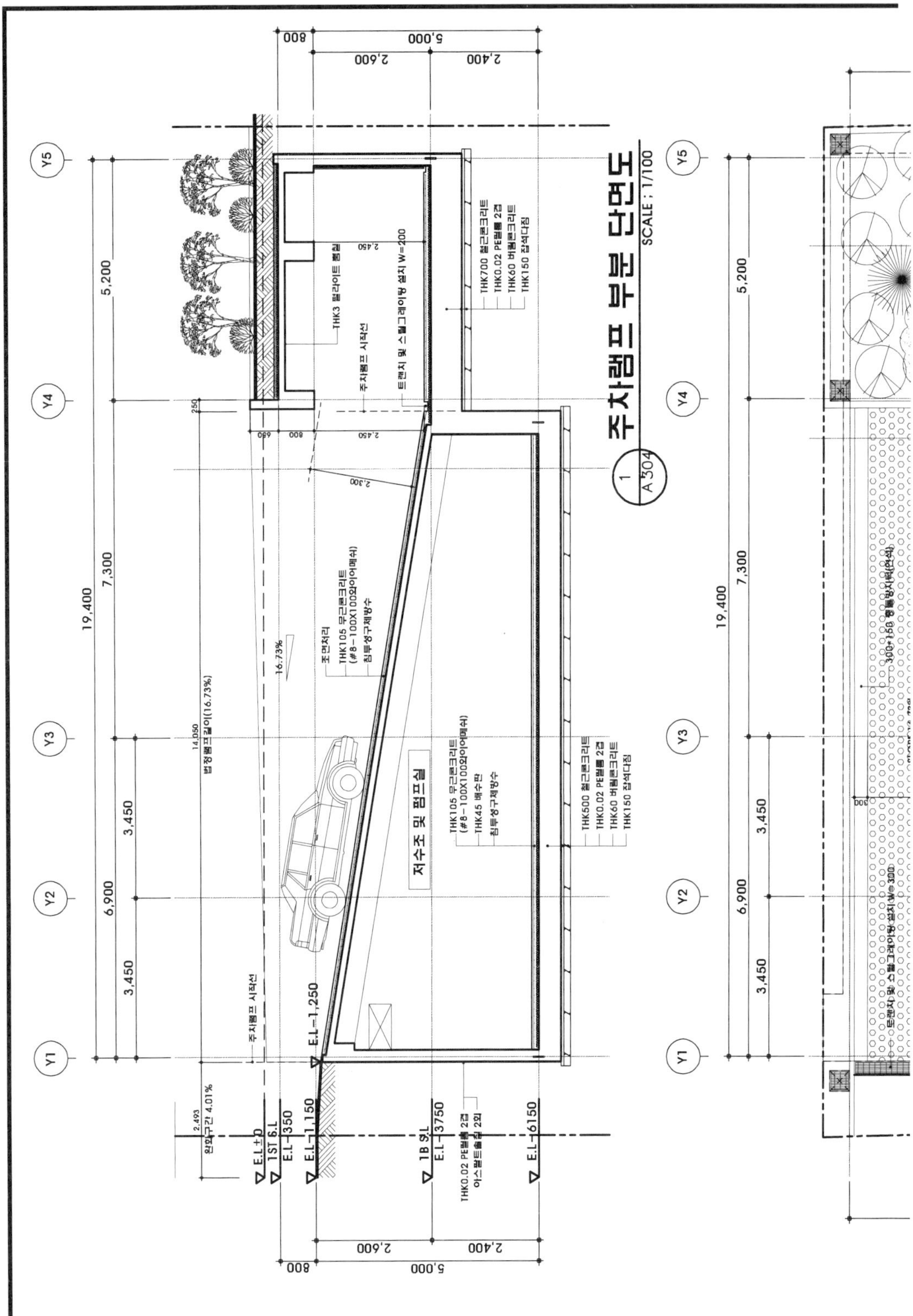
주차램프 부분 단면도
SCALE ; 1/100
저수조 및 펌프실
THK700 철근콘크리트
THK0.02 PE필름 2겹
THK60 버림콘크리트
THK150 잡석다짐
THK500 철근콘크리트
THK105 무근콘크리트
(#8-100X100와이어메쉬)
THK45 배수판
침투성구체방수
THK3 팔라이트 펜칠
주차램프 시작선
트렌치 및 스틸그레이팅 설치 W=200
E.L-1,250
E.L±0
1ST S.L
E.L-350
E.L-1,150
1B S.L
E.L-3750
E.L-6150
Y1
Y2
Y3
Y4
Y5
19,400
7,300
6,900
5,200
3,450
5,000
2,600
2,400
800
16.73%

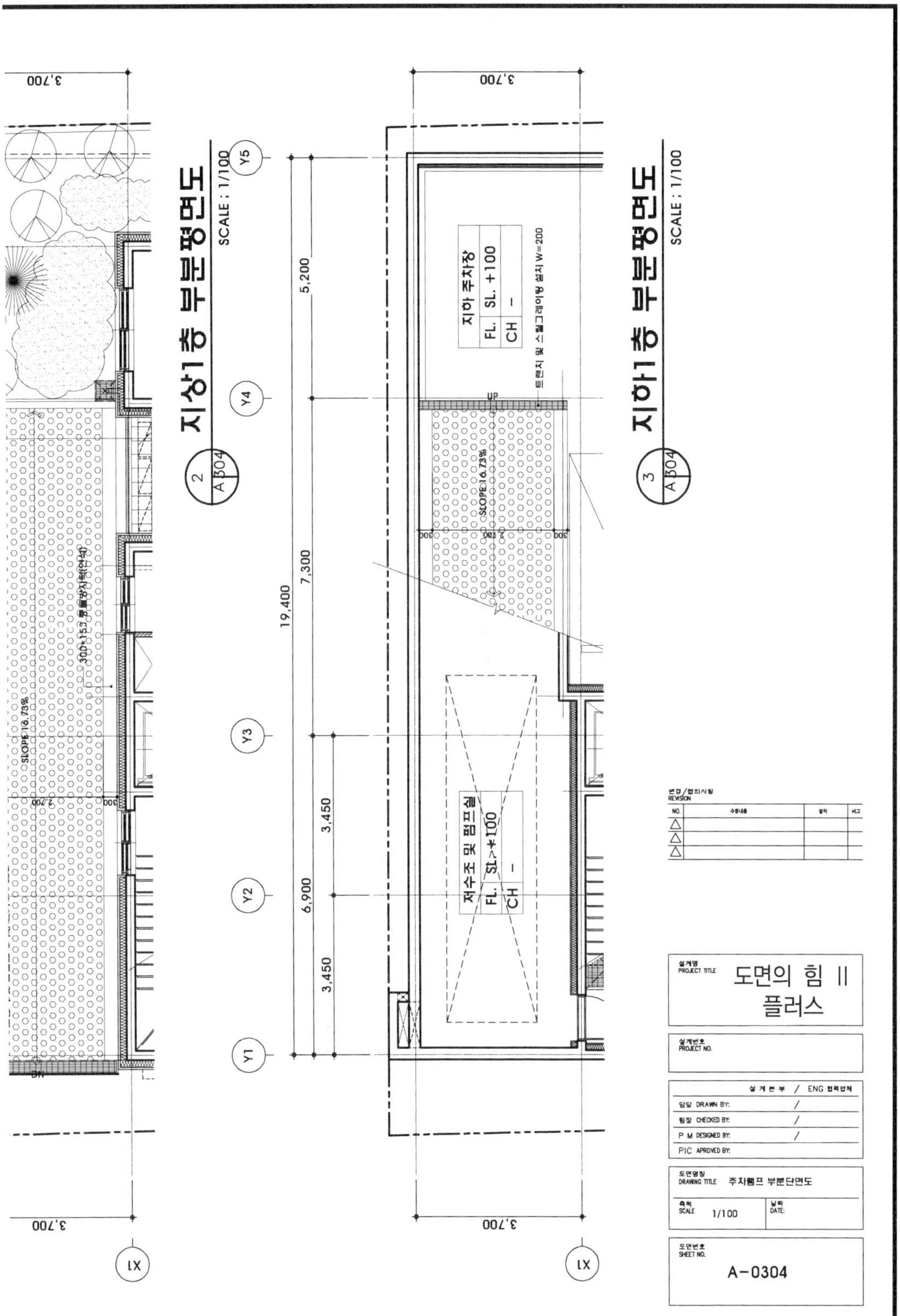
지상1층 부분평면도
SCALE ; 1/100
지하1층 부분평면도
SCALE ; 1/100
지하 주차장
FL. SL. +100
CH -
트렌치 및 스틸그레이팅 설치 W=200
UP
SLOPE 16.73%
저수조 및 펌프실
FL. SL.+100
CH -
3,700
5,200
7,300
19,400
3,450
6,900
3,450
설계명 PROJECT TITLE
도면의 힘 II
플러스
설계번호 PROJECT NO.
담당 DRAWN BY:
팀장 CHECKED BY:
P M DESIGNED BY:
PIC APROVED BY:
도면명칭 DRAWING TITLE
주차램프 부분단면도
축척 SCALE
1/100
날짜 DATE:
도면번호 SHEET NO.
A-0304

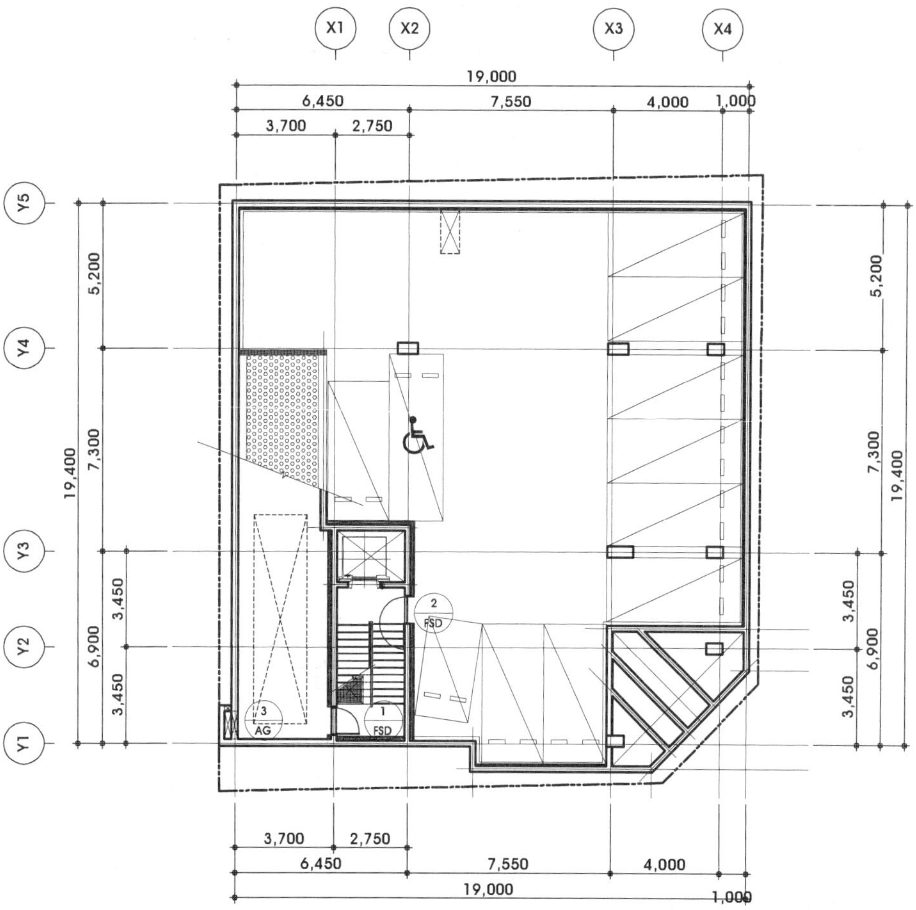

1 A 401 지하1층 창호평면도
SCALE : 1/200

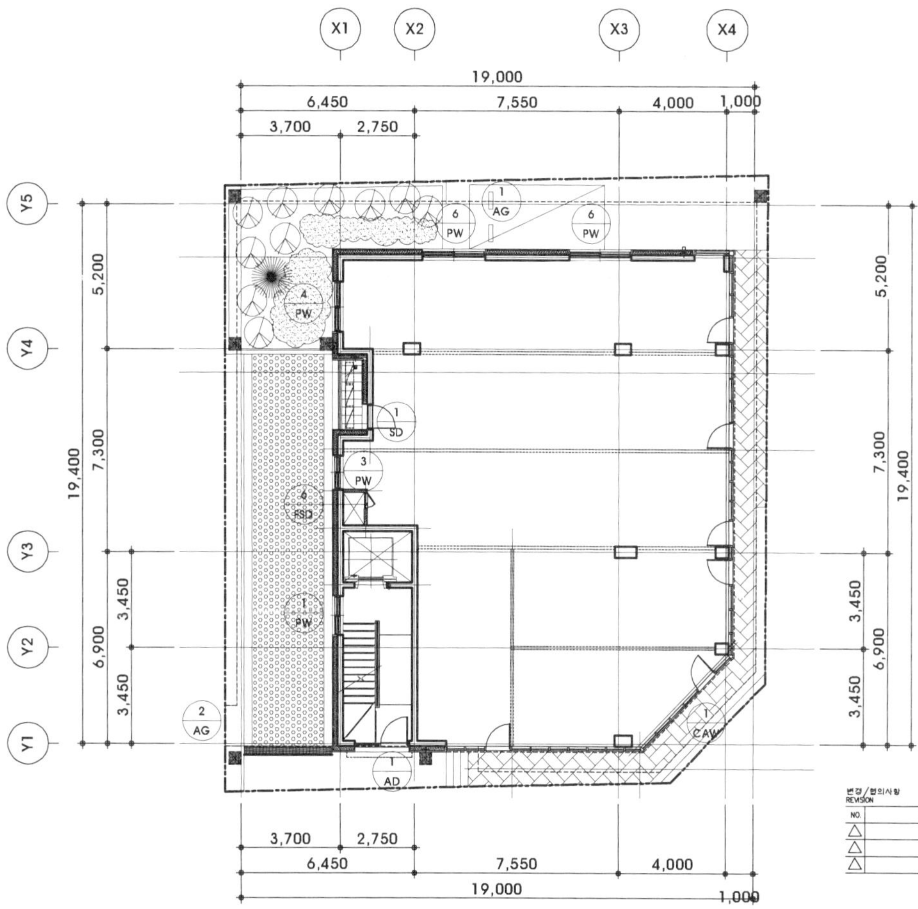

변경/협의사항 REVISION

NO.	수정내용	일자	비고
△			
△			
△			

2 A 401 **지상1층 창호평면도**

SCALE ; 1/200

설계명 PROJECT TITLE 도면의 힘 II 플러스

설계번호 PROJECT NO.

	설계본부 / ENG 협력업체
담당 DRAWN BY:	/
팀장 CHECKED BY:	/
P M DESIGNED BY:	/
PIC APROVED BY:	

도면명칭 DRAWING TITLE 창호평면도 01

축척 SCALE 1/200 날짜 DATE:

도면번호 SHEET NO. A-401

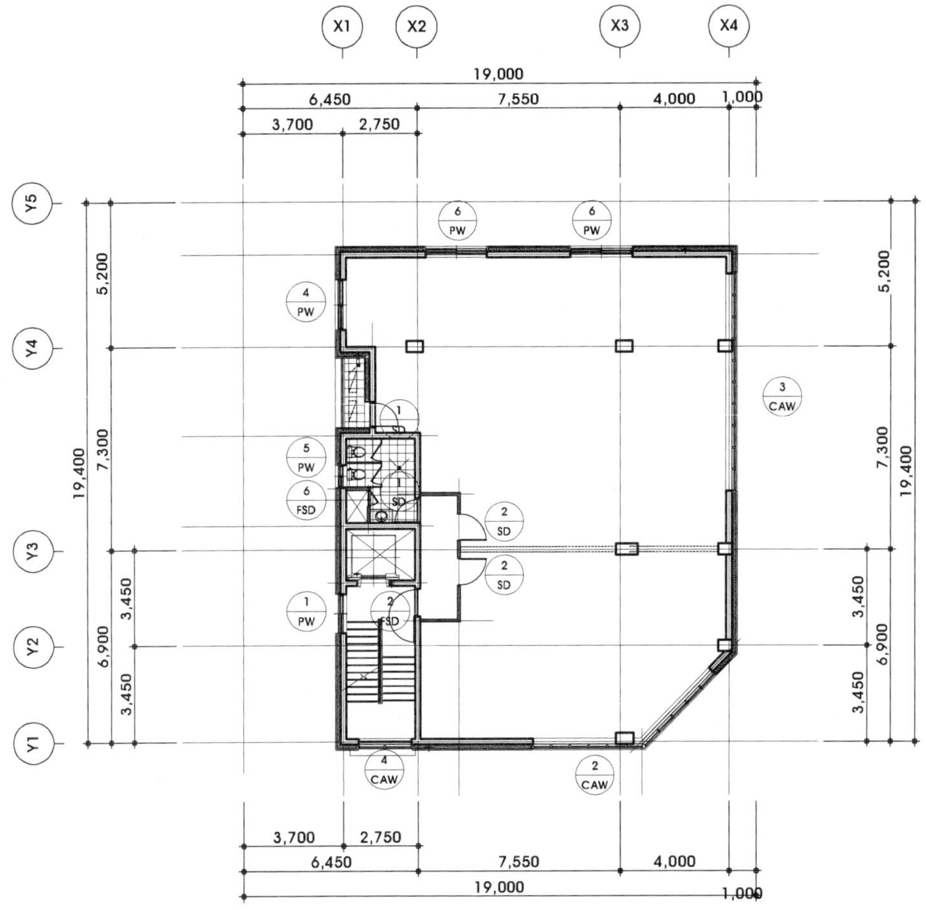

1 A 402 지상2층 창호평면도

SCALE ; 1/200

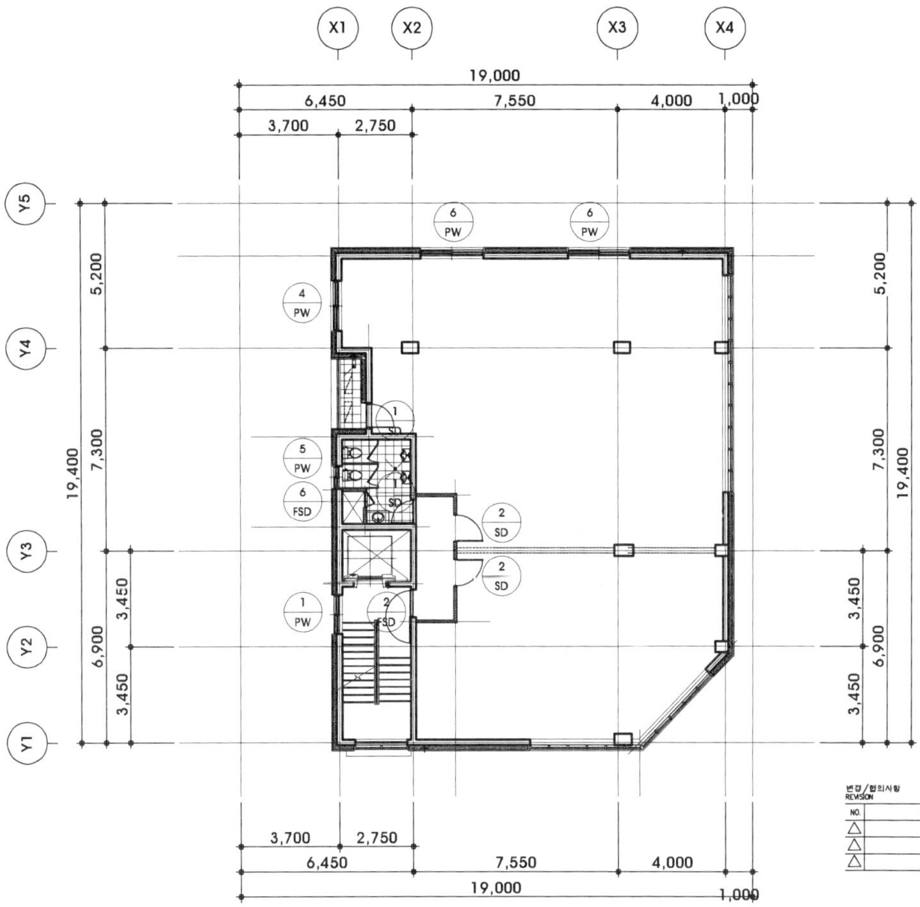

변경/협의사항
REVISION

NO.	수정내용	일자	비고
△			
△			
△			

지상3층 창호평면도

2
A-402

SCALE ; 1/200

설계명
PROJECT TITLE
도면의 힘 II
플러스

설계번호
PROJECT NO.

설 계 본 부 / ENG 협력업체
담당 DRAWN BY: /
팀장 CHECKED BY: /
P M DESIGNED BY: /
PIC APROVED BY:

도면명칭
DRAWING TITLE
창호평면도 02

축척
SCALE
1/200

날짜
DATE:

도면번호
SHEET NO.
A-402

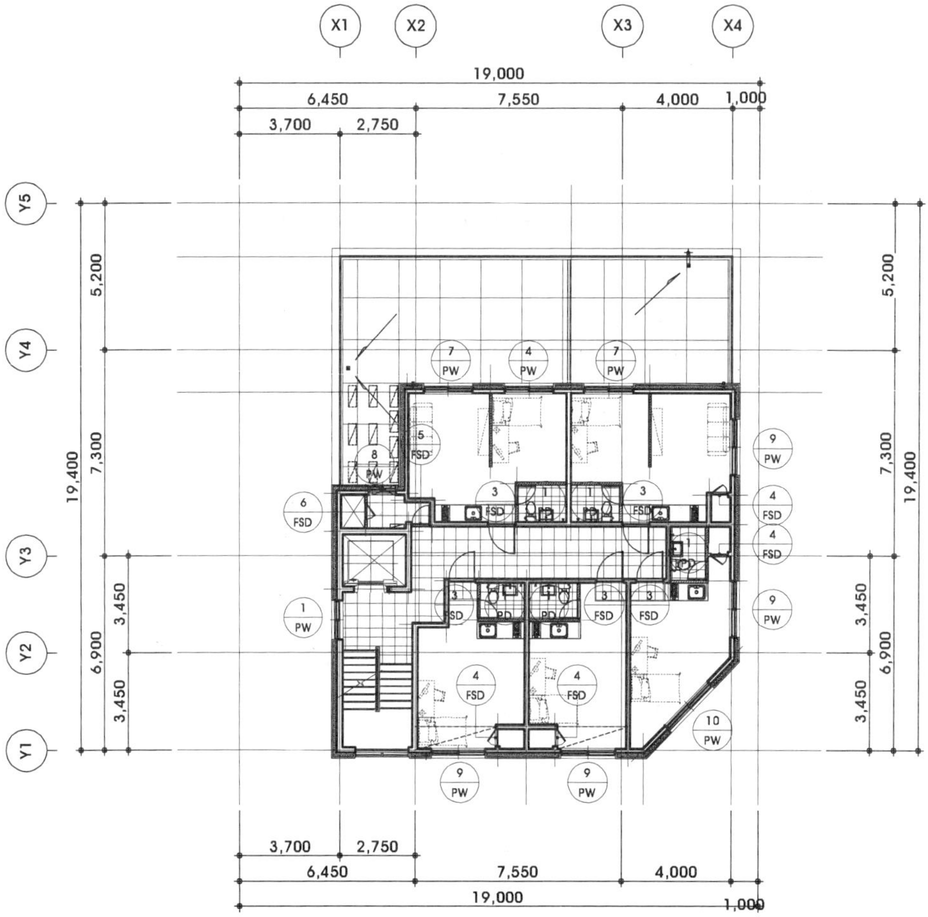

지상4층 창호평면도

SCALE ; 1/200

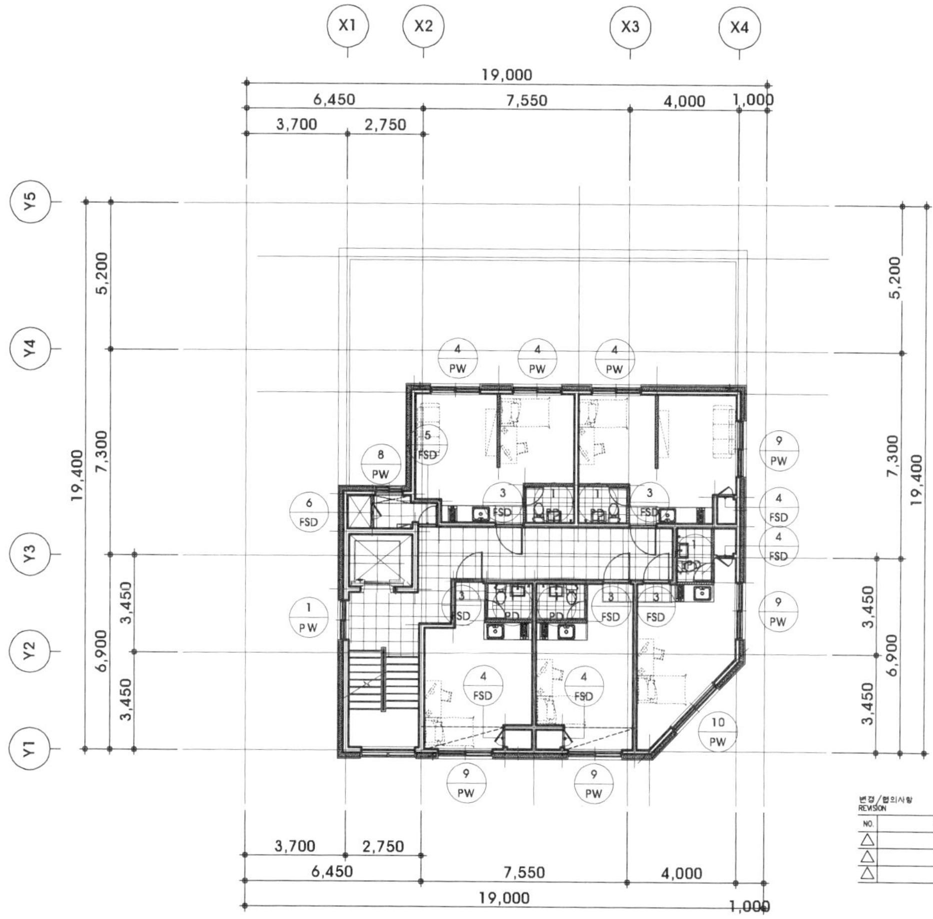

변경/협의사항 REVISION			
NO.	수정내용	날자	비고
△			
△			
△			

2 / A 403

지상5층 창호평면도

SCALE ; 1/200

설계명 PROJECT TITLE	도면의 힘 II 플러스
설계번호 PROJECT NO.	
	설 계 본 부 / ENG 협력업체
담당 DRAWN BY:	/
팀장 CHECKED BY:	/
P M DESIGNED BY:	/
PIC APROVED BY:	
도면명칭 DRAWING TITLE	창호평면도 03
축척 SCALE 1/200	날짜 DATE:
도면번호 SHEET NO.	A-403

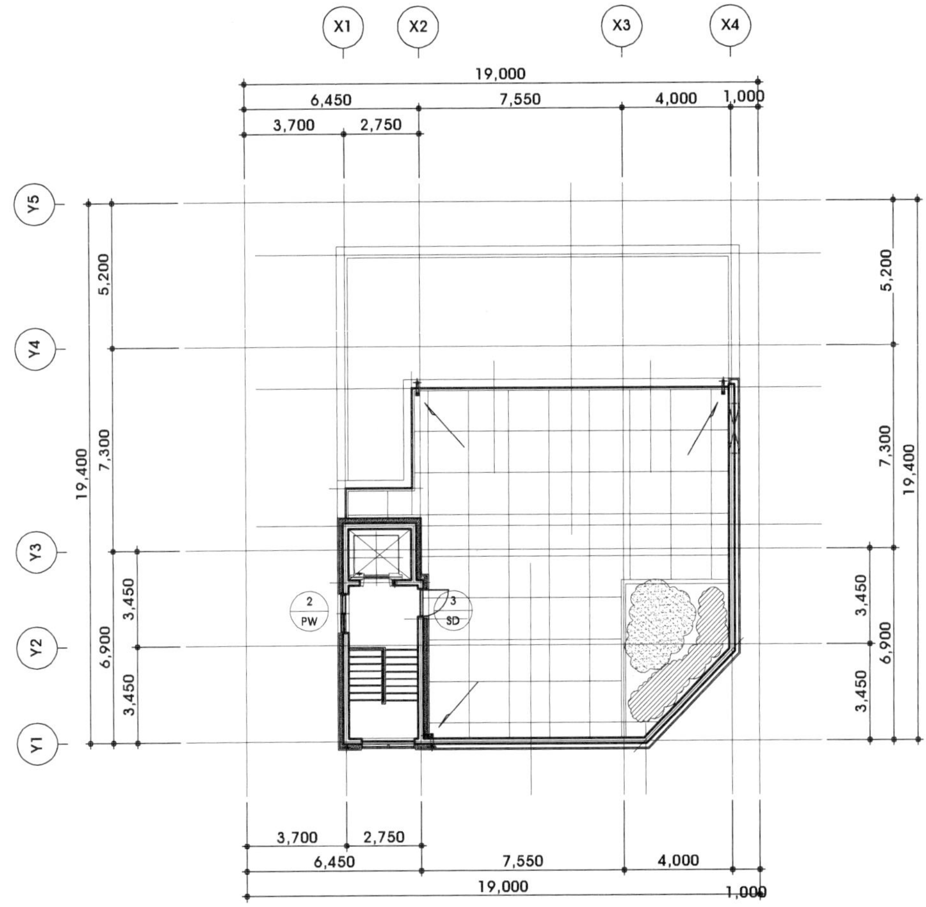

1 A 404 **옥탑층 창호평면도**

SCALE ; 1/200

변경/협의사항
REVISION

NO.	수정내용	일자	비고
△			
△			
△			

설계명
PROJECT TITLE
도면의 힘 II 플러스

설계번호
PROJECT NO.

	설 계 본 부 / ENG·협력업체
담당 DRAWN BY:	/
팀장 CHECKED BY:	/
P M DESIGNED BY:	/
PIC APROVED BY:	

도면명칭
DRAWING TITLE 창호평면도 04

축척
SCALE 1/200

날짜
DATE:

도면번호
SHEET NO.
A-404

형 태		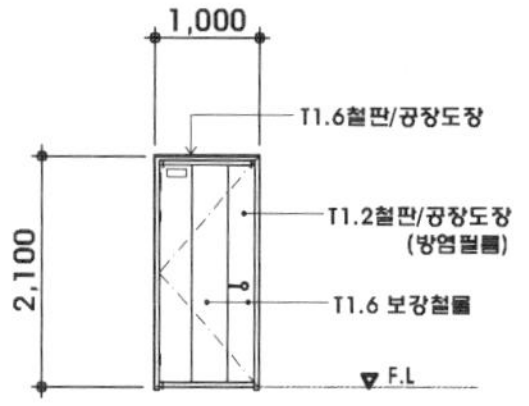 기밀성 등급 : 1등급 시험방법 : ksf2292		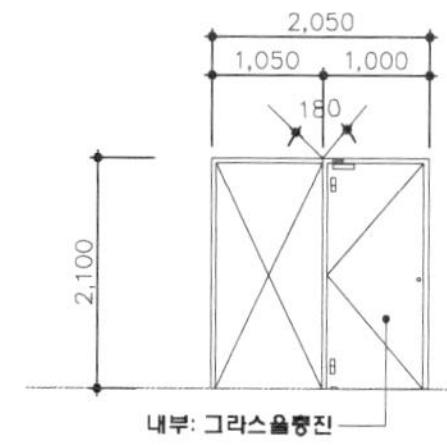 기밀성 등급 : 1등급 시험방법 : ksf2292	
명 칭	1 FSD	갑종 방화문	2 FSD	갑종 방화문	3 FSD
후 레 임		시험성적서에 의함.(글라스울 64k 열관류율 0.75W/㎡K)		시험성적서에 의함.(지하층 계단실 : 글라스울 64k 열관류율 0.75W/㎡K)	
유리 및 마감		시험성적서에 의함.		시험성적서에 의함.	
철 물		제작자일식		제작자일식	
위치 및 개소	1개소	B1F 계단실 1EA	3개소	B1F 계단실 1EA/2F 계단실 1EA/3F 계단실 1EA	10개소

		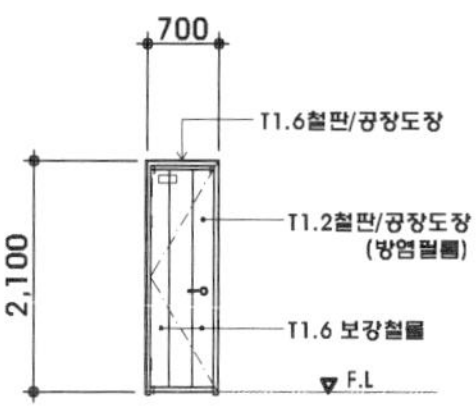 기밀성 등급 : 1등급 시험방법 : ksf2292		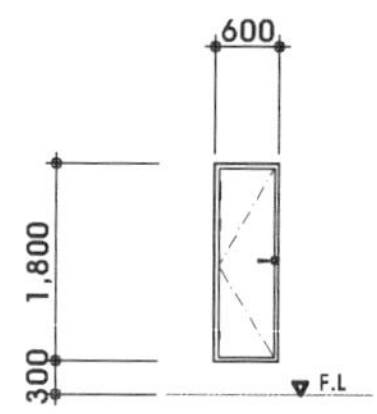 기밀성 등급 : 1등급 시험방법 : ksf2292	
명 칭	5 FSD	갑종 방화문	6 FSD	갑종 방화문	1 SD
후 레 임		시험성적서에 의함.		시험성적서에 의함.	
유리 및 마감		시험성적서에 의함.		시험성적서에 의함.	
철 물		제작자일식		제작자일식	
위치 및 개소	2개소	4F 보일러실 1EA/ 5F 보일러실 1EA	2개소	1F~5F PS 5EA	5개소

		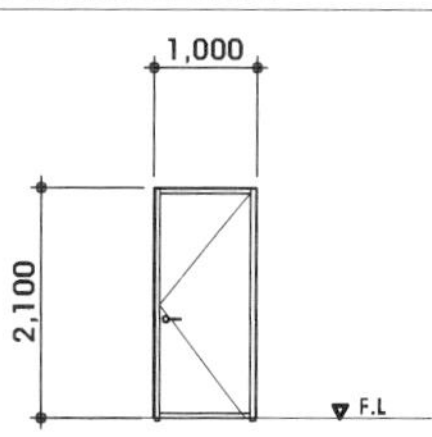 기밀성 등급 : 1등급 시험방법 : ksf2292		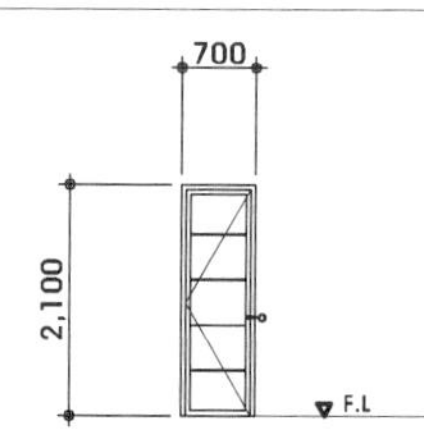	
명 칭	3 SD	철제 외여닫이문	1 PD	후레쉬도어	1 AD
후 레 임		건축주지정		기성제품	
유리 및 마감		건축주지정		기성제품	
철 물		제작자일식		제작자일식	
위치 및 개소	1개소	PH 계단실	10개소	4F~5F 단위세대 화장실 10EA	1개소

		사중창 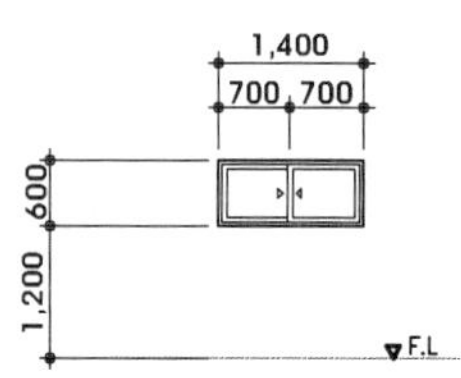 기밀성 등급 : 1등급 시험방법 : ksf2292		사중창 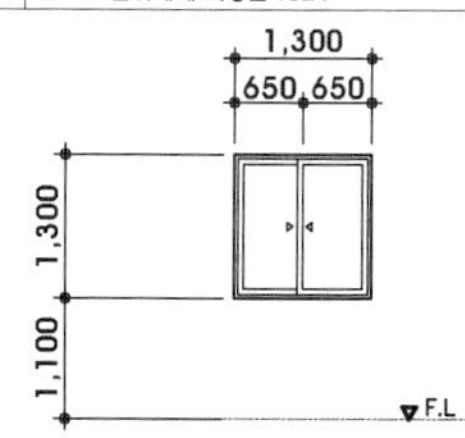 기밀성 등급 : 1등급 시험방법 : ksf2292	
명 칭	2 PW	이중단열미서기창	3 PW	이중단열미서기창	4 PW
후 레 임		플라스틱 창호		플라스틱 창호	
유리 및 마감		근린생활시설 : THK16(5+6+5) 로이복층유리,아르곤주입, 소프트코팅) 열관류율 1.5W/M2K이하		근린생활시설 : THK16(5+6+5) 로이복층유리,아르곤주입, 소프트코팅) 열관류율 1.5W/M2K이하	
철 물		제작자일식		제작자일식	
위치 및 개소	1개소	PH 계단실 1EA	1개소	1F 서측면 1EA	7개소

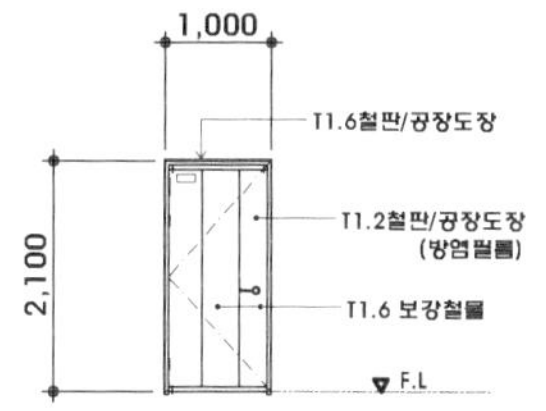

기밀성 등급 : 1등급 시험방법 : ksf2292

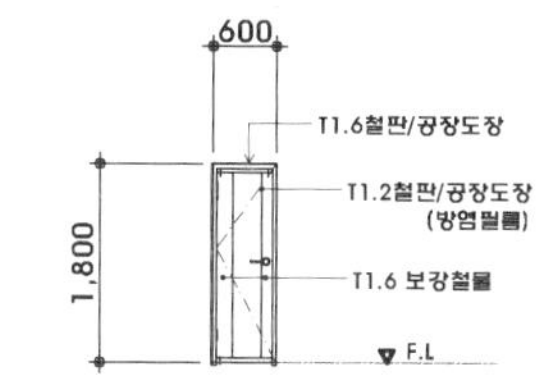

기밀성 등급 : 1등급 시험방법 : ksf2292

갑종 방화문 (침입방어성능)	4 FSD	갑종 방화문
시험성적서에 의함.		시험성적서에 의함.
시험성적서에 의함.		시험성적서에 의함.
제작자일식		제작자일식
F 단위세대 출입문 5EA/ 5F 단위세대 출입문 5EA	8개소	4F 단위세대 보일러실 4EA/ 5F 단위세대 보일러실 4EA

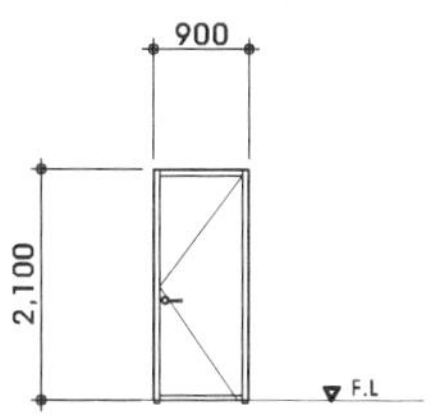

기밀성 등급 : 1등급 시험방법 : ksf2292
근린생활시설 : 열관류율0.75W/M2K이하로 사용

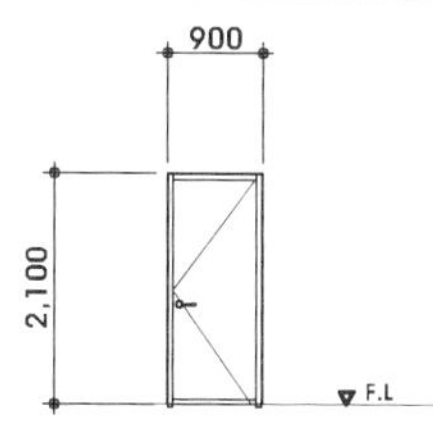

기밀성 등급 : 1등급 시험방법 : ksf2292
근린생활시설 : 열관류율0.75W/M2K이하로 사용

철제 외여닫이문	2 SD	철제 외여닫이문
건축주지정(1~3F 발코니 : 글라스울 64k 열관류율 0.75W/㎡K)		건축주지정
건축주지정		건축주지정
제작자일식		제작자일식
~3F 발코니 3EA/2F 화장실 1EA /3F 화장실 1EA	4개소	2F 근린생활시설 2EA/3F 근린생활시설 2EA

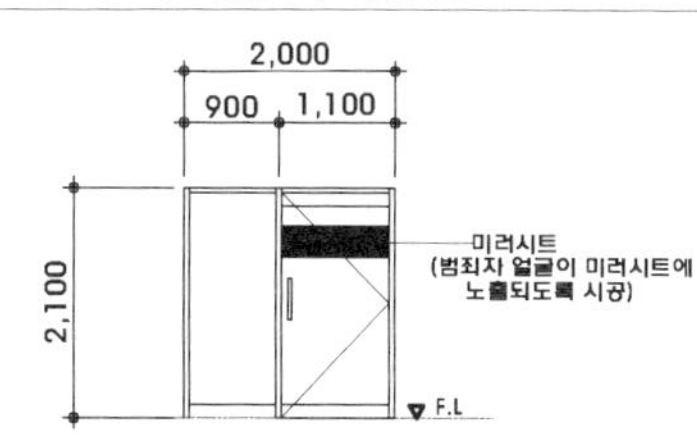

기밀성 등급 : 1등급 시험방법 : ksf2292
근린생활시설 : 열관류율0.991W/M2K이하로 사용

사중창

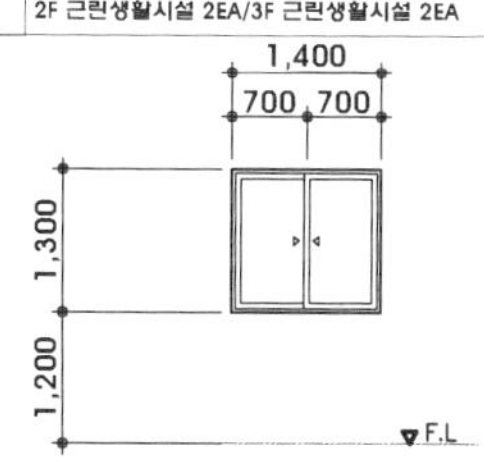

기밀성 등급 : 1등급 시험방법 : ksf2292

강화유리문 (침입방어성능)	1 PW	미서기창 (이중단열창)
0mm 알루미늄		플라스틱 창호
로이6+아르곤14+일반5+아르곤14+로이6 열관류율 : 0.991W/M2K		근린생활시설 : THK16(5+6+5) 로이복층유리,아르곤주입, 소프트코팅) 열관류율 1.5W/M2K이하
제작자일식		제작자일식
F 출입구(계단실) 1EA	5개소	1F~5F 계단실 5EA

사중창

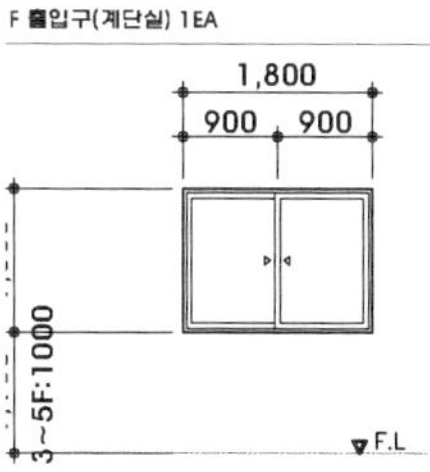

기밀성 등급 : 1등급 시험방법 : ksf2292

사중창

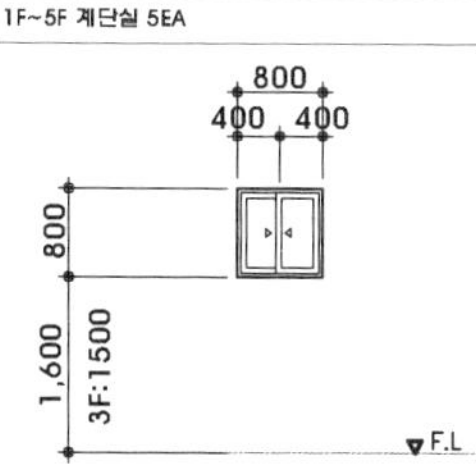

기밀성 등급 : 1등급 시험방법 : ksf2292

이중단열미서기창 (침입방어성능)	5 PW	이중단열미서기창
플라스틱 창호		플라스틱 창호
근린생활시설 : THK16(5+6+5) 로이복층유리,아르곤주입, 소프트코팅) 공동주택 : THK26(5+16+5) 로이복층유리,아르곤주입, 소프트코팅)		근린생활시설 : THK16(5+6+5) 로이복층유리,아르곤주입, 소프트코팅) 열관류율 1.5W/M2K이하
제작자일식		제작자일식
F~3F 서측면 3EA/4F~5F 북측면 4EA	2개소	2F~3F 화장실 2EA

NOTE.

1. 창호갯수와 크기는 평면도 우선
2. 창호치수는 현장실측 후 제작.
3. 내외부에 직접 노출된 문틀 및 유리 주위에 코킹 처리.
4. 모든 부속철물은 창호의 무게, 형태, 용도에 적합하여야 한다.
5. 모든 철제류는 1차 방청처리를 원칙임.(단 앙카 볼트는 제외)
6. 콘크리트 및 벽돌에 접하는 후레임 방청처리를 한다.
7. 문 및 창호의 디자인은 주문 제작 할 수 있다.
8. 문의 개폐방법은 평면도를 참조.
9. 모든창호는 아래의 열관류율 이하의 제품으로 시공할 것.
   공동주택 : 1.2W/M2K
   근린생활시설 : 1.5W/M2K
   열관류율 만족시 창틀 및 유리는 변경가능함.
10. 외부개폐창은 모두 방충망설치.
11. 주택의 창호는 침입방어성능 제품 KS F 2637, KS F 2638, KS F 2637, KS F 2638의 시험방법으로 적합한 창호

변경/협의사항 REVISION

NO.	수정내용	일자	비고
△			
△			
△			

설계명 PROJECT TITLE	도면의 힘 II 플러스
설계번호 PROJECT NO.	
설계본부 / ENG 협력업체	
담당 DRAWN BY:	/
팀장 CHECKED BY:	/
P.M DESIGNED BY:	/
PIC APROVED BY:	
도면명칭 DRAWING TITLE	창호일람표-01
축척 SCALE	1/100
날짜 DATE:	
도면번호 SHEET NO.	A-405

형 태

사중창

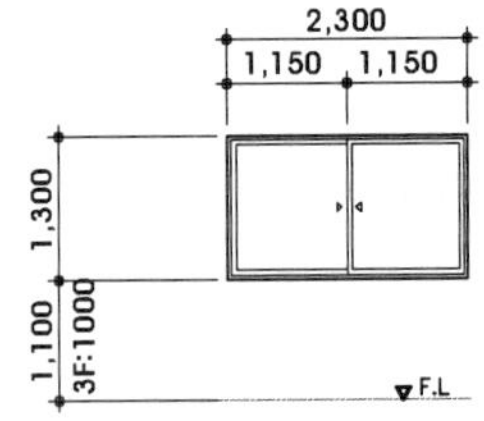

기밀성 등급 : 1등급 시험방법 : ksf2292

사중창

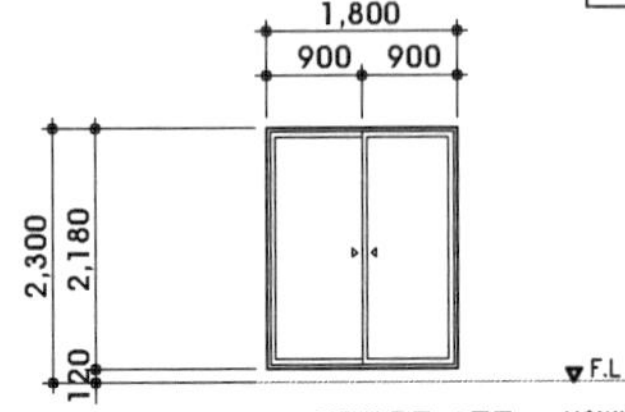

기밀성 등급 : 1등급 시험방법 : ksf2292

구분	6 PW	
명 칭		이중단열미서기창
후 레 임		플라스틱 창호
유리 및 마감		근린생활시설 : THK16(5+6+5) 로이복층유리,아르곤주입, 소프트코팅) 열관류율 1.5W/M2K이하
철 물		제작자일식
위치 및 개소	6개소	1~3F 북측면 6EA

구분	7 PW	
명 칭		이중단열미서기창 (침입방어성능)
후 레 임		플라스틱 창호
유리 및 마감		공동주택 : THK26(5+16+5) 로이복층유리,아르곤주입, 소프트코팅)
철 물		제작자일식
위치 및 개소	2개소	4F 북측면 2EA

구분	8 PW	
위치 및 개소	2개소	4

사중창

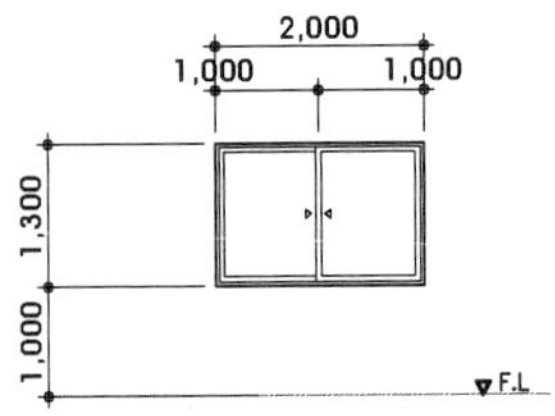

기밀성 등급 : 1등급 시험방법 : ksf2292

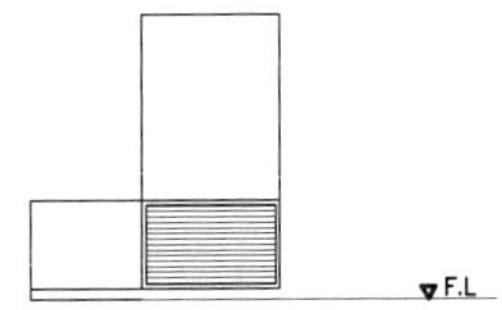

구분	10 PW	
명 칭		이중단열미서기창 (침입방어성능)
후 레 임		플라스틱 창호
유리 및 마감		공동주택 : THK26(5+16+5) 로이복층유리,아르곤주입, 소프트코팅)
철 물		제작자일식
위치 및 개소	2개소	4~5F 남동측면 2EA

구분	1 AG	
명 칭		알루미늄 그릴창
후 레 임		100X45
유리 및 마감		
철 물		제작자일식
위치 및 개소	1개소	1F DA 1EA

구분	2 AG	
위치 및 개소	1개소	

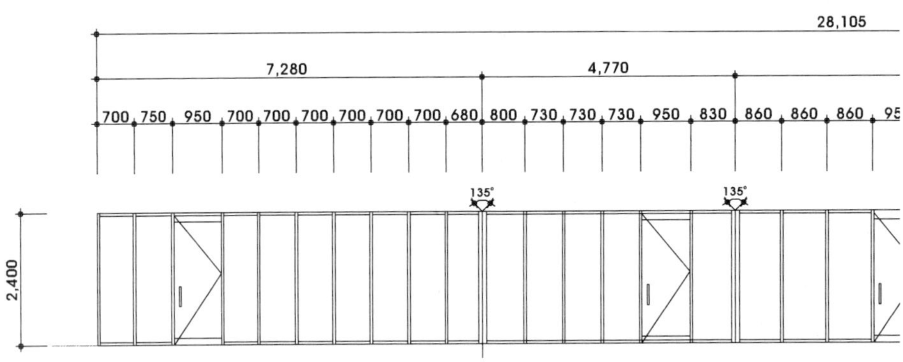

구분	1 CAW	
명 칭		커튼월
후 레 임		80mm 알루미늄
유리 및 마감		로이6+아르곤14+일반5+아르곤14+로이6 열관류율 : 0.991W/M2K
철 물		제작자 부속철물일식
위치 및 개소	1개소	1F 근린생활시설

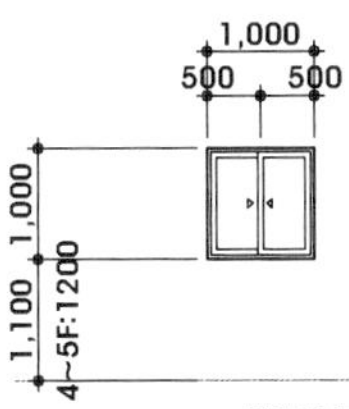

기밀성 등급 : 1등급 시험방법 : ksf2292

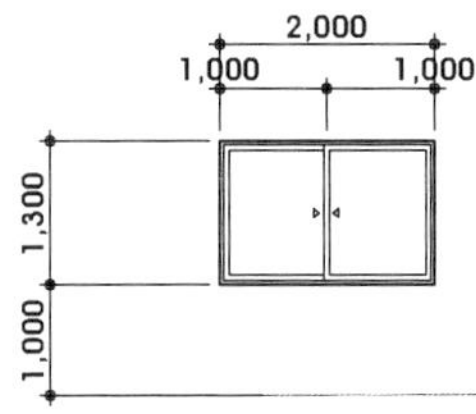

기밀성 등급 : 1등급 시험방법 : ksf2292

이중단열미서기창		이중단열미서기창 (침입방어성능)
플라스틱 창호	9 PW	플라스틱 창호
공동주택 : THK26(5+16+5) 로이복층유리,아르곤주입, 소프트코팅) 제작자일식		공동주택 : THK26(5+16+5) 로이복층유리,아르곤주입, 소프트코팅) 제작자일식
F북측면 1EA, 5F북측면 1EA	8개소	4F 동측면 및 남측면 4EA/5F 동측면 및 남측면 4EA

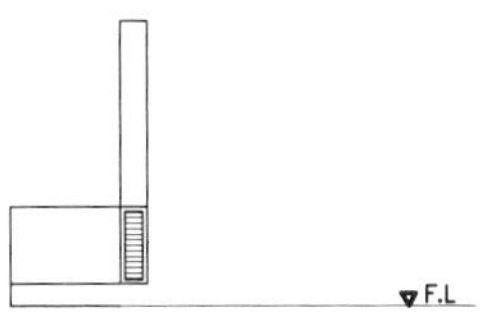

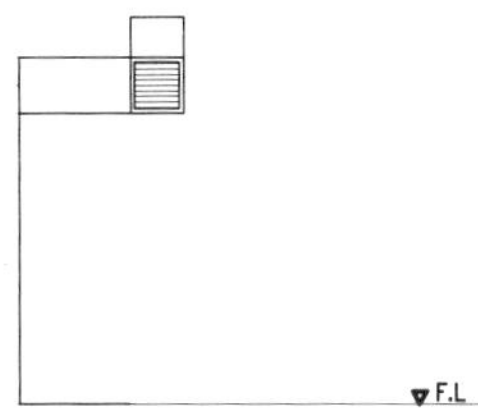

알루미늄 그릴창		알루미늄 그릴창
100X45	3 AG	100X45
제작자일식		제작자일식
1F DA 1EA	1개소	B1F DA 1EA

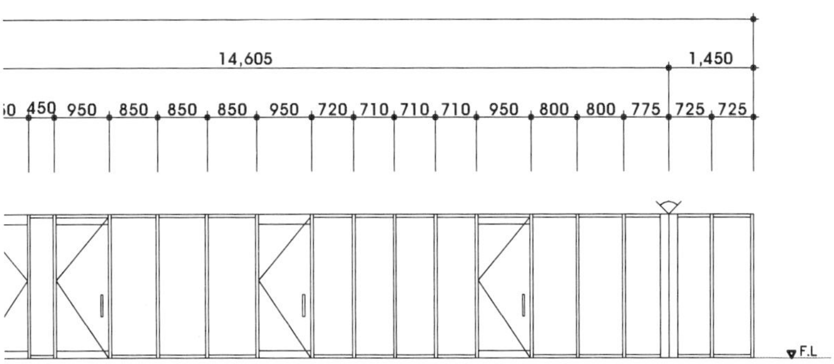

기밀성 등급 : 1등급 시험방법 : ksf2292

NOTE.

1. 창호갯수와 크기는 평면도 우선
2. 창호치수는 현장실측 후 제작.
3. 내외부에 직접 노출된 문틀 및 유리 주위에 코킹 처리.
4. 모든 부속철물은 창호의 무게, 형태,용도에 적합하여야 한다.
5. 모든 철제류는 1차 방청처리를 원칙임.(단 앙카 볼트는 제외)
6. 콘크리트 및 벽돌에 접하는 후레임 방청처리를 한다.
7. 문 및 창호의 디자인은 주문 제작 할 수 있다.
8. 문의 개폐방법은 평면도를 참조.
9. 모든창호는 아래의 열관류율 이하의 제품으로 시공할 것.
   공동주택 : 1.2W/M2K
   근린생활시설 : 1.5W/M2K
   열관류율 만족시 창틀 및 유리는 변경가능함.
10. 외부개폐창은 모두 방충망설치.
11. 주택의 창호는 침입방어성능 제품 KS F 2637, KS F 2638, KS F 2637, KS F 2638의 시험방법으로 적합한 창호

변경/협의사항
REVISION

NO.	수정내용	일자	비고
△			
△			
△			

설계명 PROJECT TITLE 도면의 힘 II 플러스

설계번호 PROJECT NO.

설계본부 / ENG 협력업체	
담당 DRAWN BY:	/
팀장 CHECKED BY:	/
P M DESIGNED BY:	/
PIC APROVED BY:	

도면명칭 DRAWING TITLE 창호일람표-02

축척 SCALE 1/100 날짜 DATE:

도면번호 SHEET NO. A-406

형 태		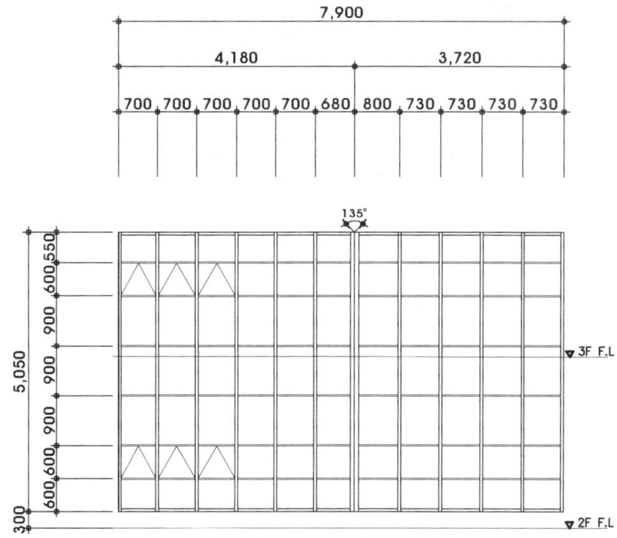 기밀성 등급 : 1등급 시험방법 : ksf2292
명 칭	2 CAW	커튼월
후 레 임		80mm 알루미늄
유리 및 마감		로이6+아르곤14+일반5+아르곤14+로이6 열관류율 : 0.991W/M2K
철 물		제작자 부속철물일식
위치 및 개소	1개소	2F~3F 남측 및 남동측면
형 태		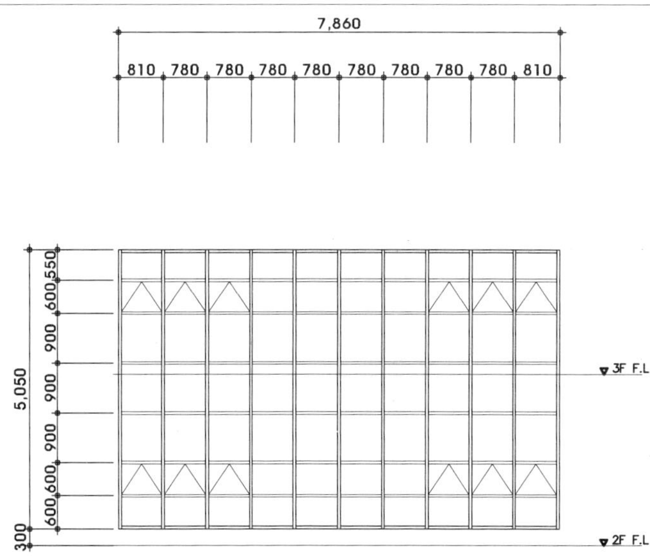 기밀성 등급 : 1등급 시험방법 : ksf2292
명 칭	3 CAW	커튼월
후 레 임		80mm 알루미늄
유리 및 마감		로이6+아르곤14+일반5+아르곤14+로이6 열관류율 : 0.991W/M2K
철 물		제작자 부속철물일식
위치 및 개소	1개소	2F~3F 동측면 1EA

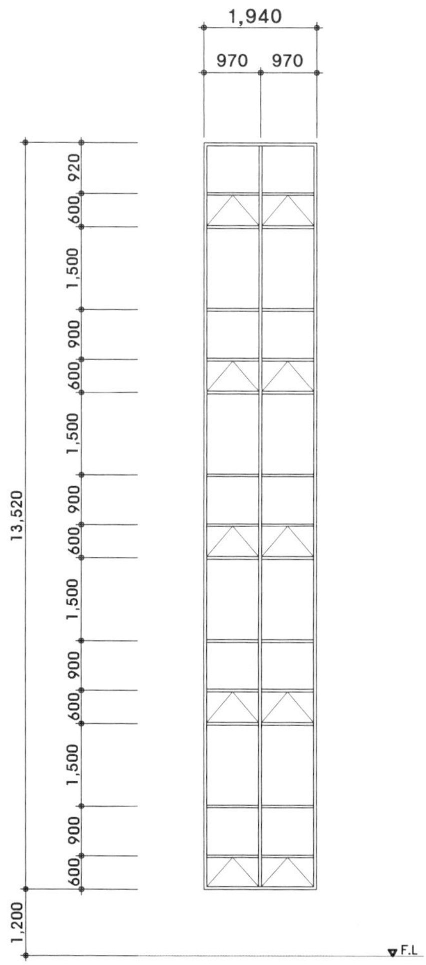

NOTE.

1.창호갯수와 크기는 평면도 우선
2.창호치수는 현장실측 후 제작.
3.내외부에 직접 노출된 문틀 및 유리 주위에 코킹 처리.
4.모든 부속철물은 창호의 무게, 형태,용도에 적합하여야 한다.
5.모든 철제류는 1차 방청처리를 원칙임.(단 앙카 볼트는 제외)
6.콘크리트 및 벽돌에 접하는 후레임 방청처리를 한다.
7.문 및 창호의 디자인은 주문 제작 할 수 있다.
8.문의 개폐방법은 평면도를 참조.
9. 모든창호는 아래의 열관류율 이하의 제품으로 시공할 것.
공동주택 : 1.2W/M2K
근린생활시설 : 1.5W/M2K
열관류율 만족시 창틀 및 유리는 변경가능함.
10.외부개폐창은 모두 방충망설치.

변경/협의사항
REVISION

NO.	수정내용	일자	비고
△			
△			
△			

설계명 PROJECT TITLE	도면의 힘 II 플러스
설계번호 PROJECT NO.	

	설계본부 / ENG 협력업체
담당 DRAWN BY:	/
팀장 CHECKED BY:	/
P M DESIGNED BY:	/
PIC APROVED BY:	

도면명칭 DRAWING TITLE	창호일람표-03
축척 SCALE 1/100	날짜 DATE:
도면번호 SHEET NO.	A-407

기밀성 등급 : 1등급 시험방법 : ksf2292

	커튼월
4 CAW	80mm 알루미늄
	로이6+아르곤14+일반5+아르곤14+로이6 열관류율 : 0.991W/M2K
	제작자 부속철물일식
1개소	계단실

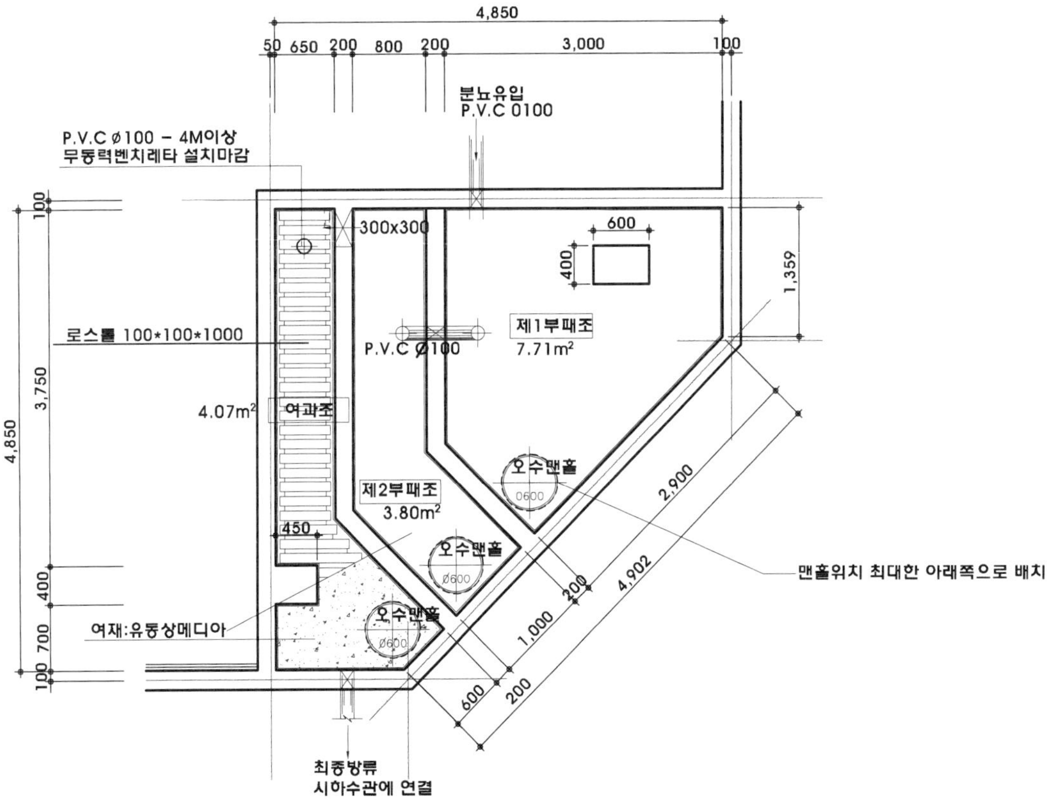

정화조 상부슬래브 평면도

1 A 601

SCALE ; 1/60

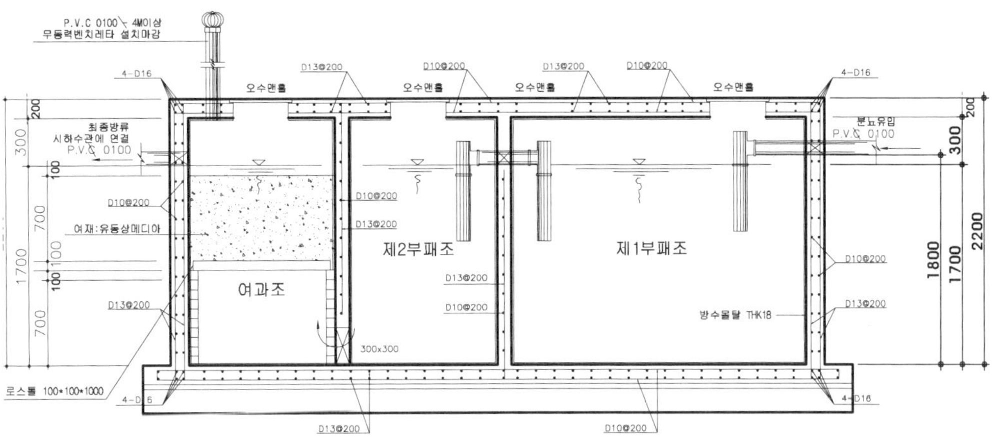

철근배근은 내부 벽체와 슬라브만 참고

변경/협의사항
REVISION

NO.	수정내용	일자	비고
△			
△			
△			

정화조 단면도

2
A 601

SCALE ; 1/60

설계명
PROJECT TITLE
도면의 힘 II 플러스

설계번호
PROJECT NO.

설 계 본 부 / ENG·협력업체
담당 DRAWN BY: /
팀장 CHECKED BY: /
P M DESIGNED BY: /
PIC APROVED BY:

도면명칭
DRAWING TITLE
정화조

축척
SCALE
1/60

날짜
DATE:

도면번호
SHEET NO.
A-0501

장애인용 승강기 설치기준

■ 설치장소 및 활동공간

1. 장애인용 승강기는 장애인 등의 접근이 가능한 통로에 연결하여 설치하되, 가급적 건축물 출입구와 가까운 위치에 설치하여야 한다.
2. 승강기의 전면에는 1.4미터×1.4미터 이상의 활동공간을 확보하여야 한다.
3. 승강장바닥과 승강기바닥의 틈은 3센티미터 이하로 하여야 한다.
4. 승강기내부의 유효바닥면적은 폭 1.1미터 이상, 깊이 1.35미터 이상으로 하여야 한다. 다만, 신축하는 건물의 경우에는 폭을 1.6미터 이상으로 하여야 한다.
5. 출입문의 통과유효폭은 0.8미터 이상으로 하되, 신축한 건물의 경우에는 출입문의 통과유효폭을 0.9미터 이상으로 할 수 있다.

■ 관통형 엘리베이터 알림

1. 승강기는 관통형 승강기 방식으로 반드시 음성안내시스템으로 관 통형 승강기임을 멘트로 안내한다.

■ 이용자 조작설비

1. 호출버튼·조작반·통화장치 등 승강기의 안팎에 설치되는 모든 스위치의 높이는 바닥면으로부터 0.8미터 이상 1.2미터 이하로 설치하여야 한다. 다만, 스위치는 수가 많아 1.2미터 이내에 설치하는 것이 곤란한 경우에는 1.4미터 이하까지 완화할 수 있다.
2. 승강기내부의 휠체어사용자용 조작반은 진입방향 우측면에 가로형으로 설치하고, 그 높이는 바닥면으로부터 0.85미터 내외로 하여야 한다. 다만, 승강기의 유효바닥면적이 1.4미터×1.4미터 이상인 경우에는 진입방향 좌측면에 설치할 수 있다.
3. 조작설비의 형태는 버튼식으로 하되, 시각장애인 등이 감지할 수 있도록 층수 등을 점자로 표시하여야 한다.
4. 모든 조작반,통화장치 등에는 점자표지판을 부착하여야 한다.
5. 버튼의 크기는 최소 2cm이상으로 하고, 누르면 점멸등이 켜지고 음성으로 층수를 안내한다.

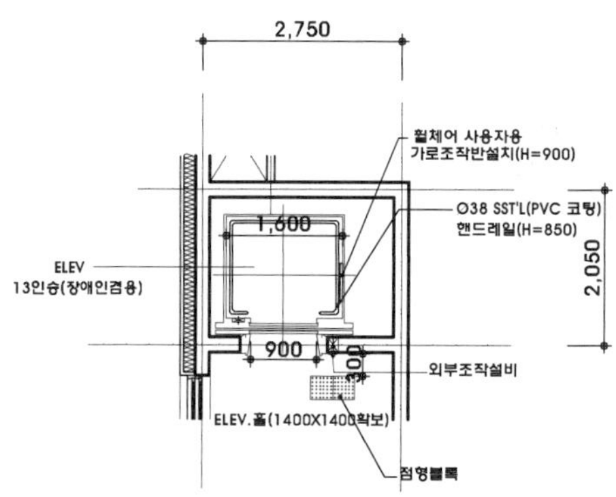

1 A102 **승강기 평면 상세도**

SCALE ; 1/100

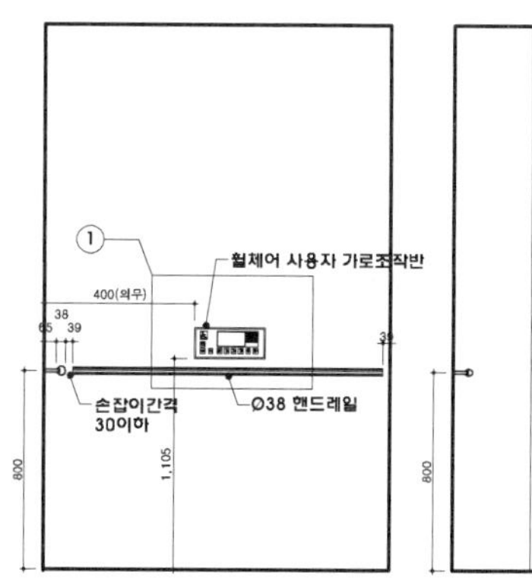

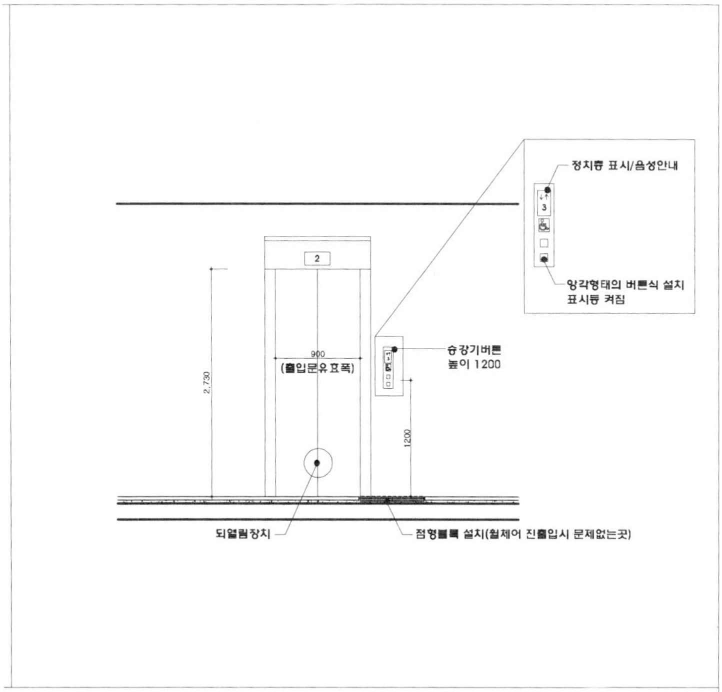

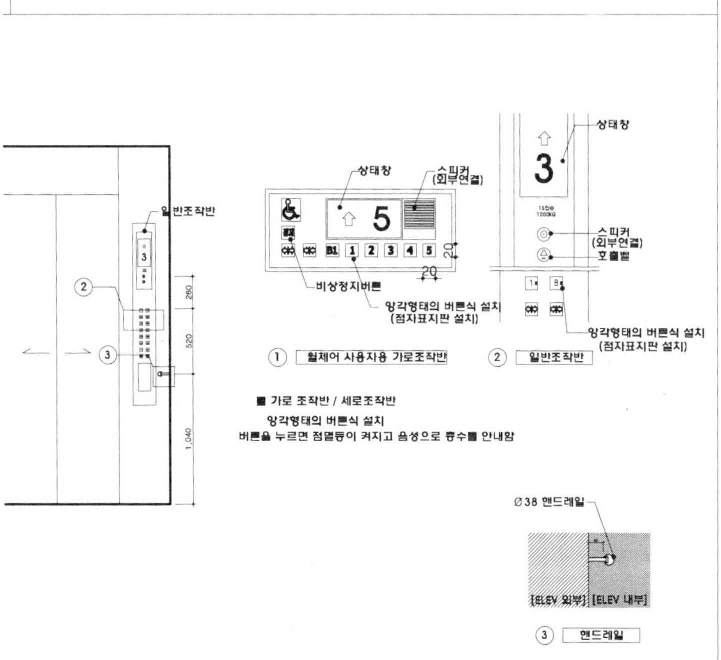

변경/협의사항 REVISION

NO.	수정내용	일자	비고
△			
△			
△			

설계명 PROJECT TITLE 도면의 힘 II 플러스

설계번호 PROJECT NO.

설계본부 / ENG 협력업체	
담당 DRAWN BY:	/
팀장 CHECKED BY:	/
P.M DESIGNED BY:	/
PIC APROVED BY:	

도면명칭 DRAWING TITLE 장애인 승강기 상세도

축척 SCALE 1/100 | 날짜 DATE

도면번호 SHEET NO. A-502

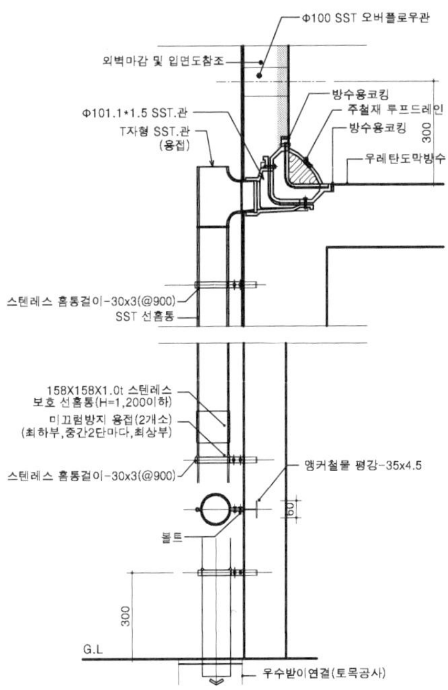

* NOTE
1. 관경(D)는 우수량에 따라 100,125,150 선택

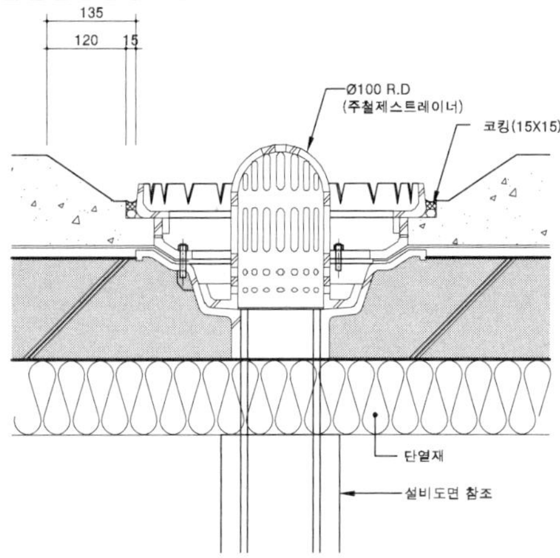

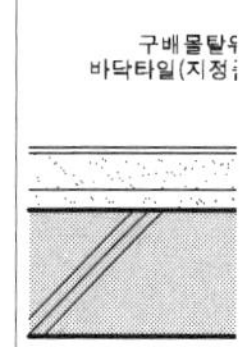

2	루프드레인 상세도	3	화장

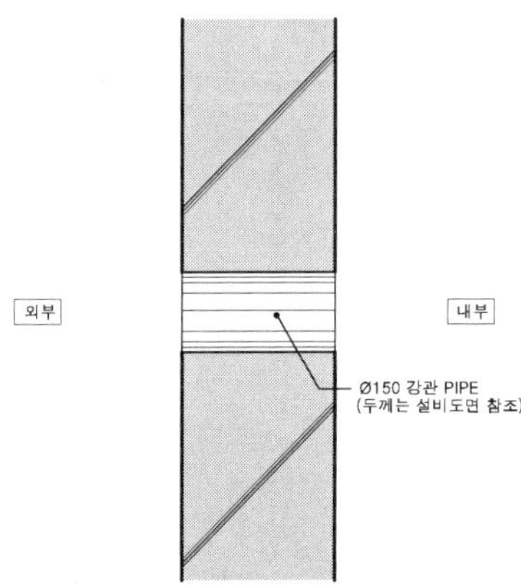

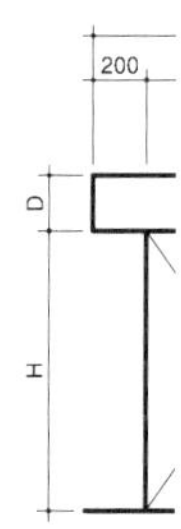

1	지붕층 드레인 상세도(외부마감 매립형) 축척:1/10	5	보 매입 슬리브 단면 상세도	6	콘크

*. 시멘트몰탈 마감 코너부분 벽체 및 기둥부분

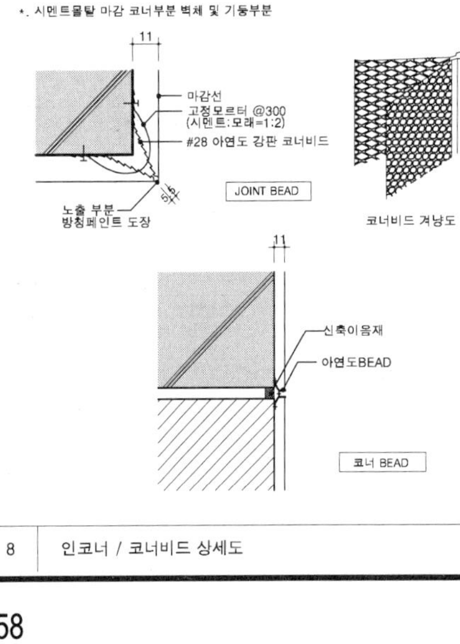

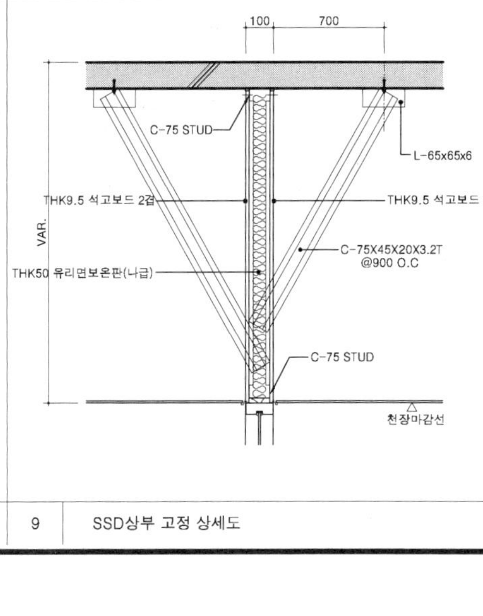

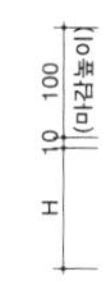

8	인코너 / 코너비드 상세도	9	SSD상부 고정 상세도	10	커텐

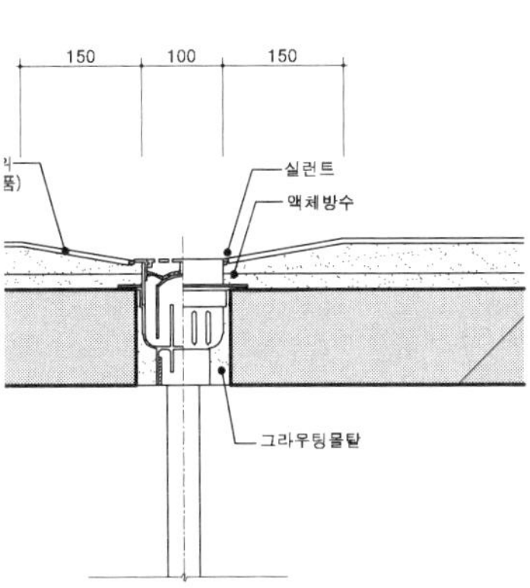

ㅣ실 플로어 드레인 상세도

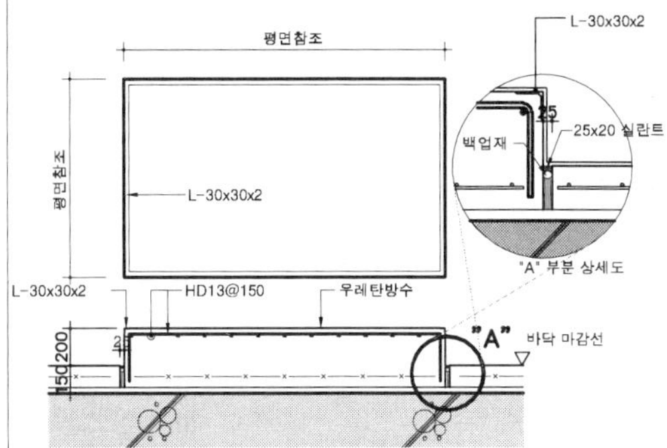

4 실외기PAD 상세도

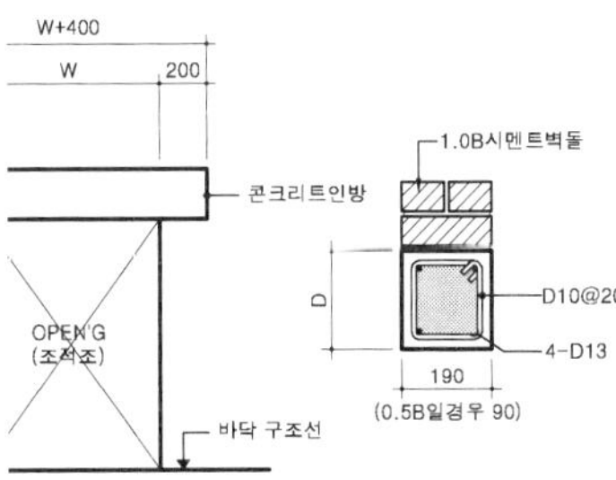

인방높이	W > 2M	2M < W < 3M
D	200	300

* 조적벽체 상부에 적용

ㅣ트인방 상세도

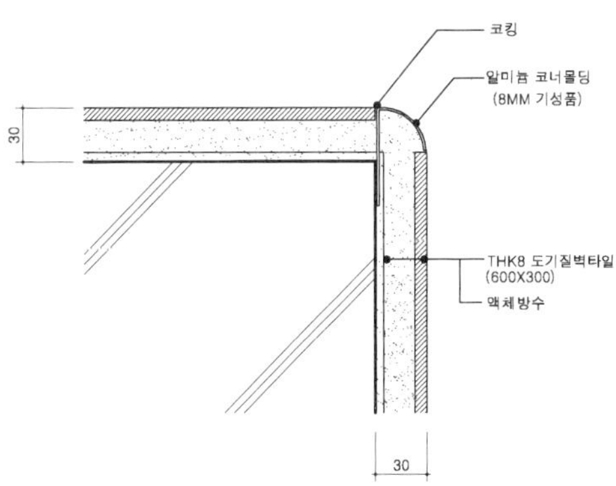

* 화장실, 타일벽 등

7 코너 타일몰딩 상세도(OUT)

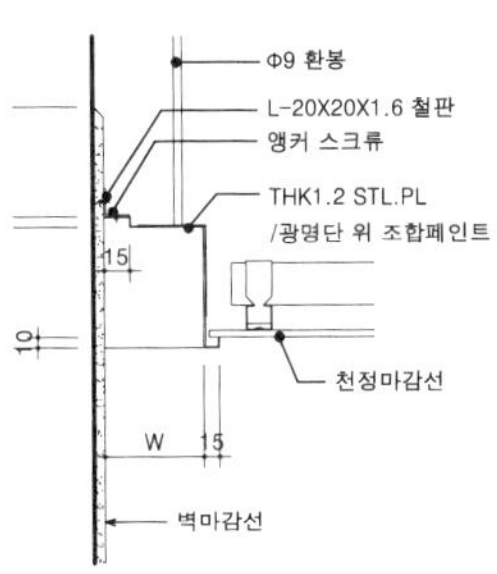

※규격은 천정 평면도 참조

ㅏ스 상세도

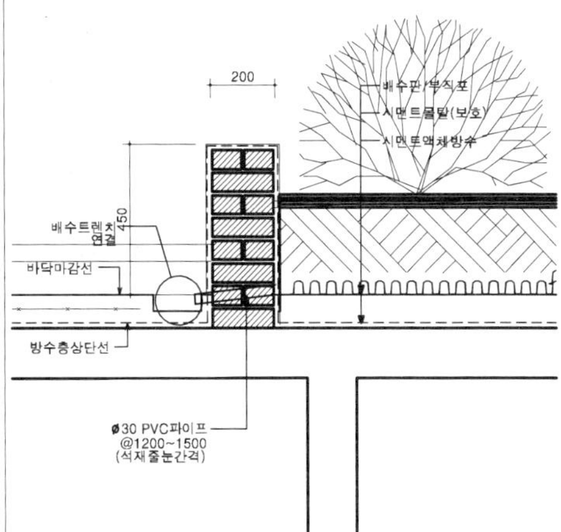

11 옥상조경부분 단면도

변경/협의사항 REVISION			
NO.	수정내용	날짜	비고
△			
△			
△			

설계명 PROJECT TITLE: 도면의 힘 II 플러스

설계번호 PROJECT NO.

설계본부 / ENG 협력업체	
담당 DRAWN BY:	/
팀장 CHECKED BY:	/
P M DESIGNED BY:	/
PIC APROVED BY:	

도면명칭 DRAWING TITLE: 잡상세도-01

축척 SCALE: NONE | 날짜 DATE:

도면번호 SHEET NO.: A-601

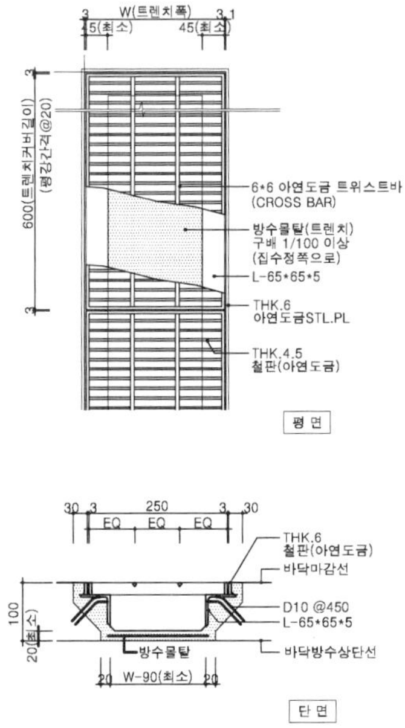

1	트랜치상세도

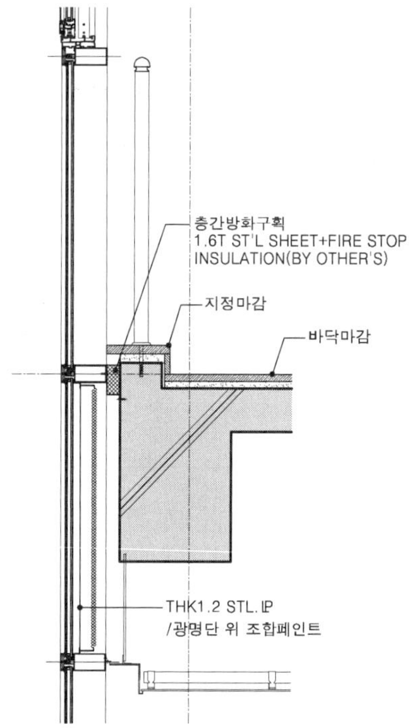

2	커튼월 부분상세(층간방화구획 및 BACK PLATE)

3	점검

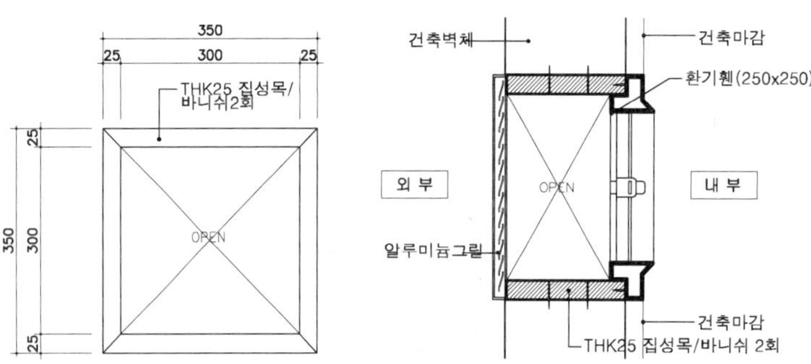

5	환풍기설치상세도

6	지층

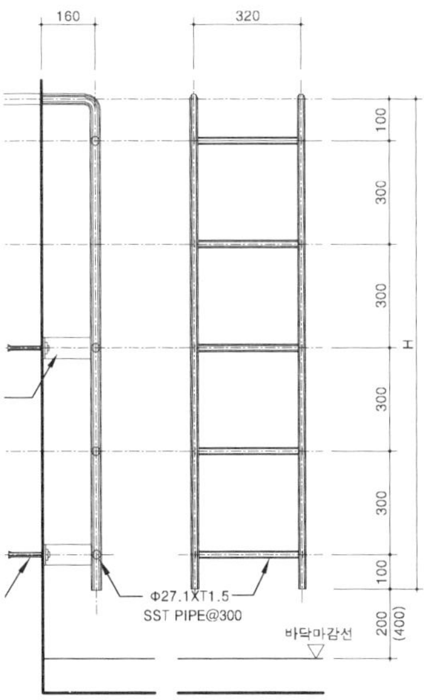

ㅂ은 용접
철부는 방청페인트위 조합페인트

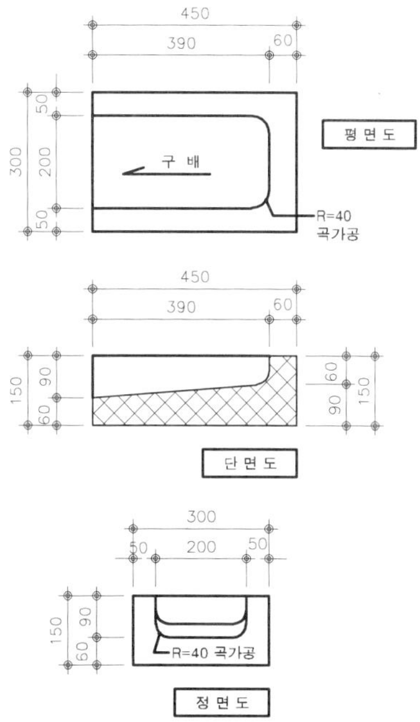

	용 철재사다리 상세도	4	물받이용 콘크리트 블록 평입단면상세도

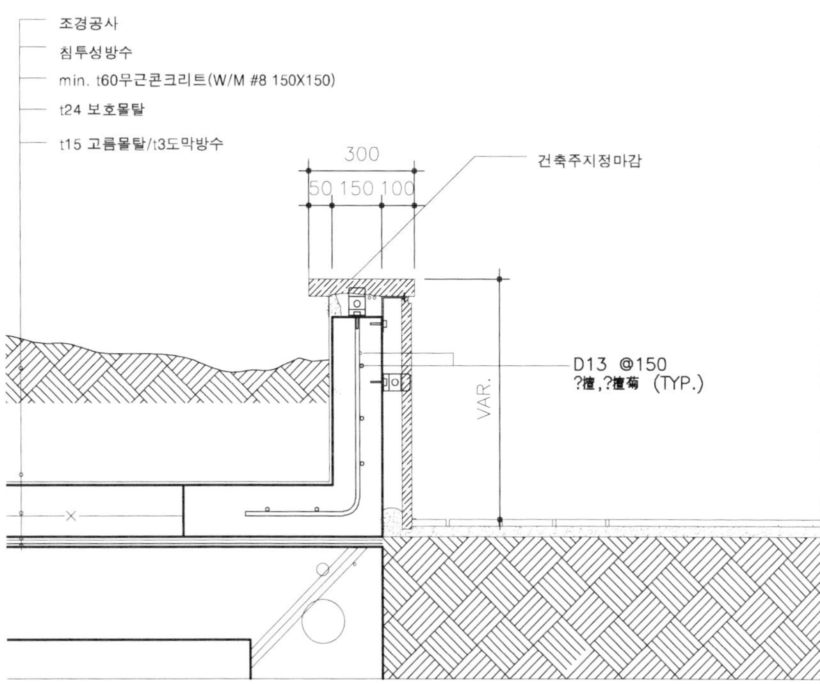

조경부분 단면상세도(인접대지 부분)

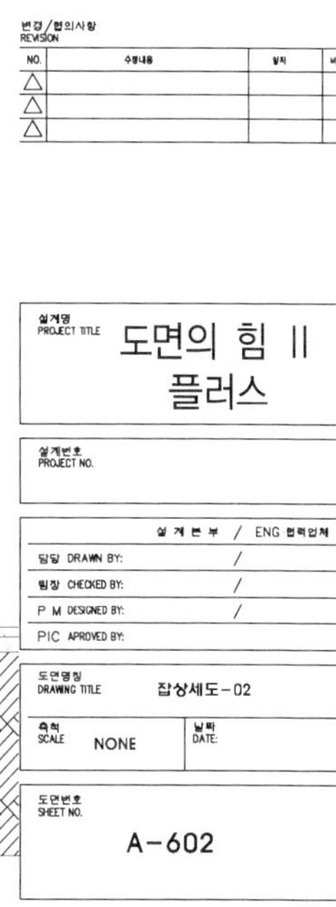

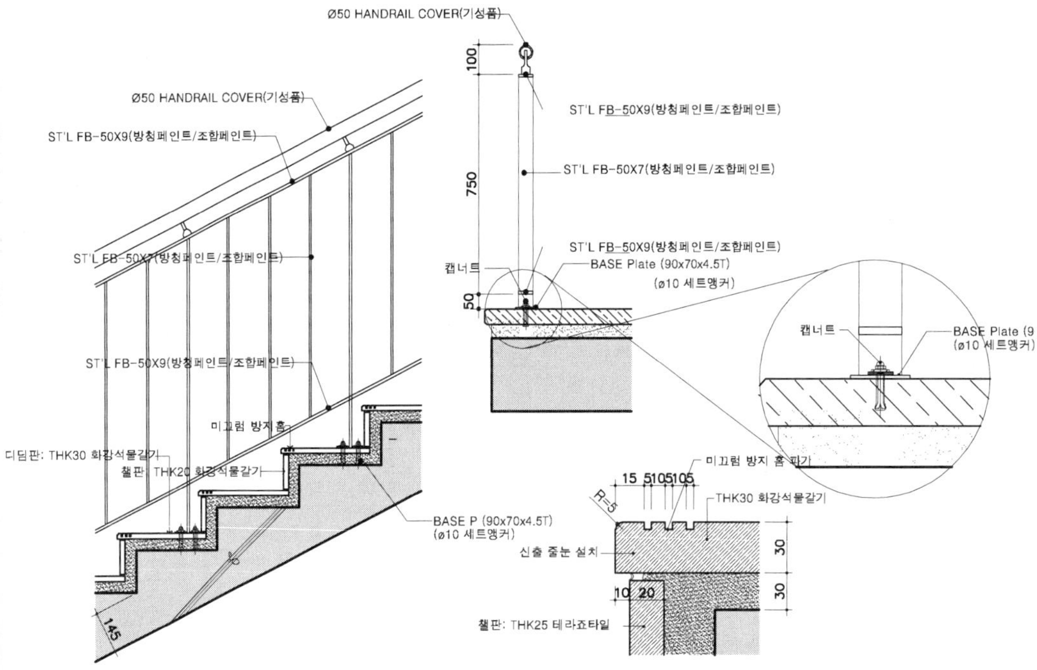

1	계단난간 및 논슬립 상세도

변경/협의사항
REVISION

NO.	수정내용	일자	비고
△			
△			
△			

설계명
PROJECT TITLE
도면의 힘 II
플러스

설계번호
PROJECT NO.

	설 계 본 부 / ENG 협력업체
담당 DRAWN BY:	/
팀장 CHECKED BY:	/
P M DESIGNED BY:	/
PIC APROVED BY:	

도면명칭
DRAWING TITLE 잡상세도-03

축척
SCALE NONE

날짜
DATE:

도면번호
SHEET NO.
A-603

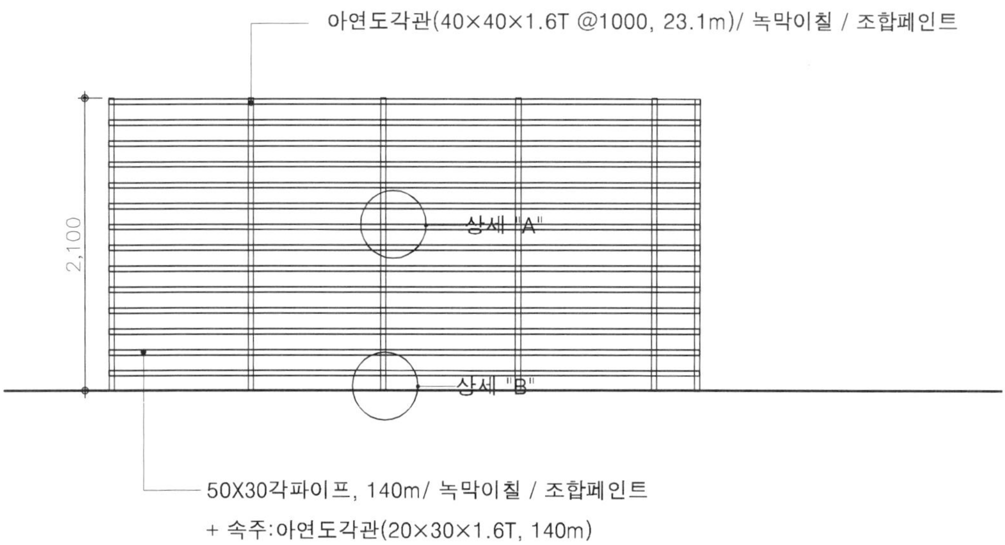

입면도

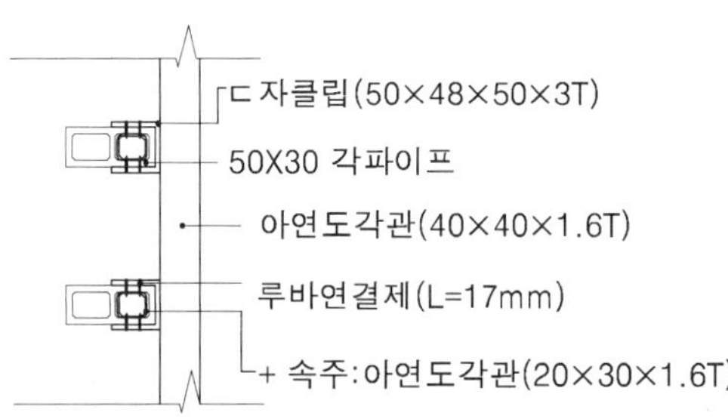

A부분상세도

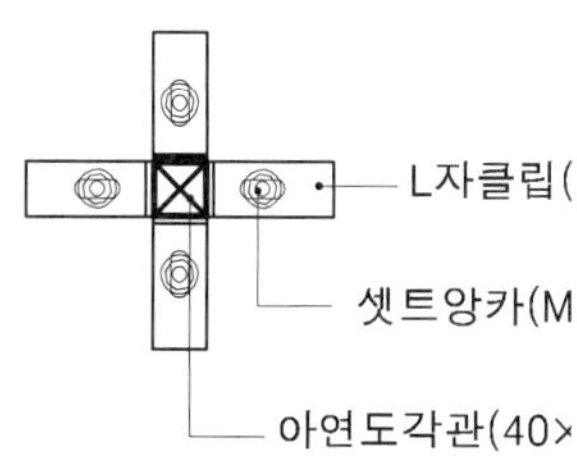

B부분상세도

1 세대간 루바 계획도

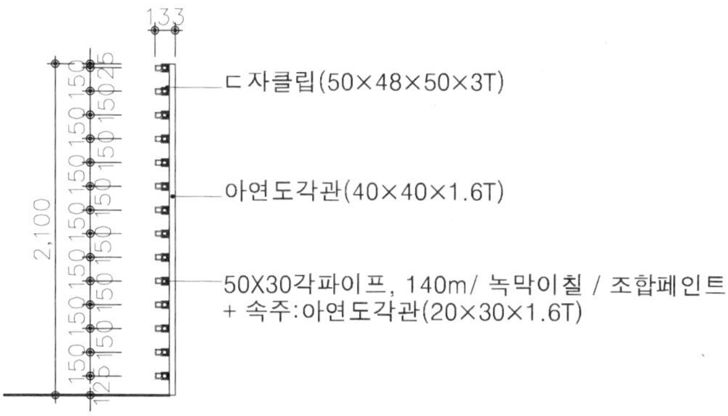

단면도

100×100×5T)

10×100)

<40×1.6T)

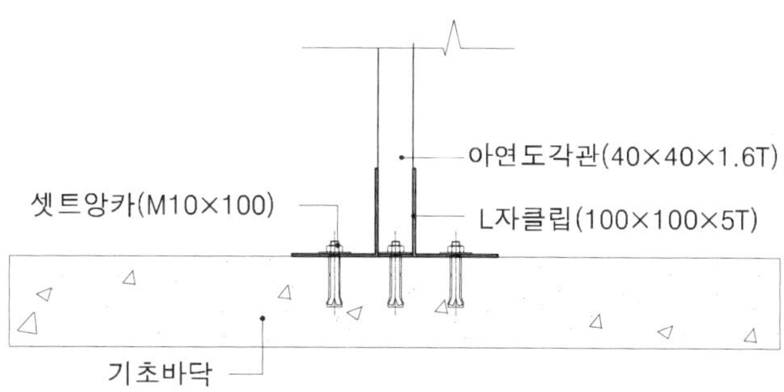

B부분단면상세도

변경/협의사항 REVISION			
NO.	수정내용	일자	비고
△			
△			
△			

설계명 PROJECT TITLE: 도면의 힘 II 플러스

설계번호 PROJECT NO.

	설계본부 / ENG 협력업체
담당 DRAWN BY:	/
팀장 CHECKED BY:	/
P M DESIGNED BY:	/
PIC APROVED BY:	

도면명칭 DRAWING TITLE: 잡상세도-04

축척 SCALE: NONE | 날짜 DATE:

도면번호 SHEET NO.: A-604

Modelling용 구조 도면

도면목록표

도면번호	도 면 명	축 척	비 고
	< 구 조>		
S - 101	주 심 도	1/100,1/50	
S - 102	지하1층 바닥 구조 평면도-01	1/100	
S - 103	지하1층 바닥 구조 평면도-02	1/100	
S - 104	지상 1층 바닥 구조 평면도	1/100	
S - 105	지상 2층 바닥 구조 평면도	1/100	
S - 106	지상 3층 바닥 구조 평면도	1/100	
S - 107	지상 4층 바닥 구조 평면도	1/100	
S - 108	지상 5층 바닥 구조 평면도	1/100	
S - 109	옥탑층 구조 바닥 구조 평면도	1/100	
S - 110	옥탑지붕 구조 바닥 구조 평면도	1/100	
S - 111	주차램프 단면도	1/100	
S - 201	기둥 일람표	NONE	
S - 202	슬라브 일람표	NONE	
S - 203	보 일람표-01	NONE	
S - 204	보 일람표-02	NONE	
S - 205	보 일람표-03	NONE	
S - 206	보 일람표-04	NONE	
S - 207	기타 배근도(계단,WALL,잡배근도)	NONE	

도면번호	도 면 명	축 척	비 고

변경/협의사항
REVISION

NO.	수정내용	일자	비고
△			
△			
△			

설계명
PROJECT TITLE 도면의 힘 II 플러스

설계번호
PROJECT NO.

	설 계 본 부 / ENG·협력업체
담당 DRAWN BY:	/
팀장 CHECKED BY:	/
P M DESIGNED BY:	/
PIC APROVED BY:	

도면명칭
DRAWING TITLE 도면 목록표

축척 SCALE NONE	날짜 DATE:

도면번호
SHEET NO.
A-000

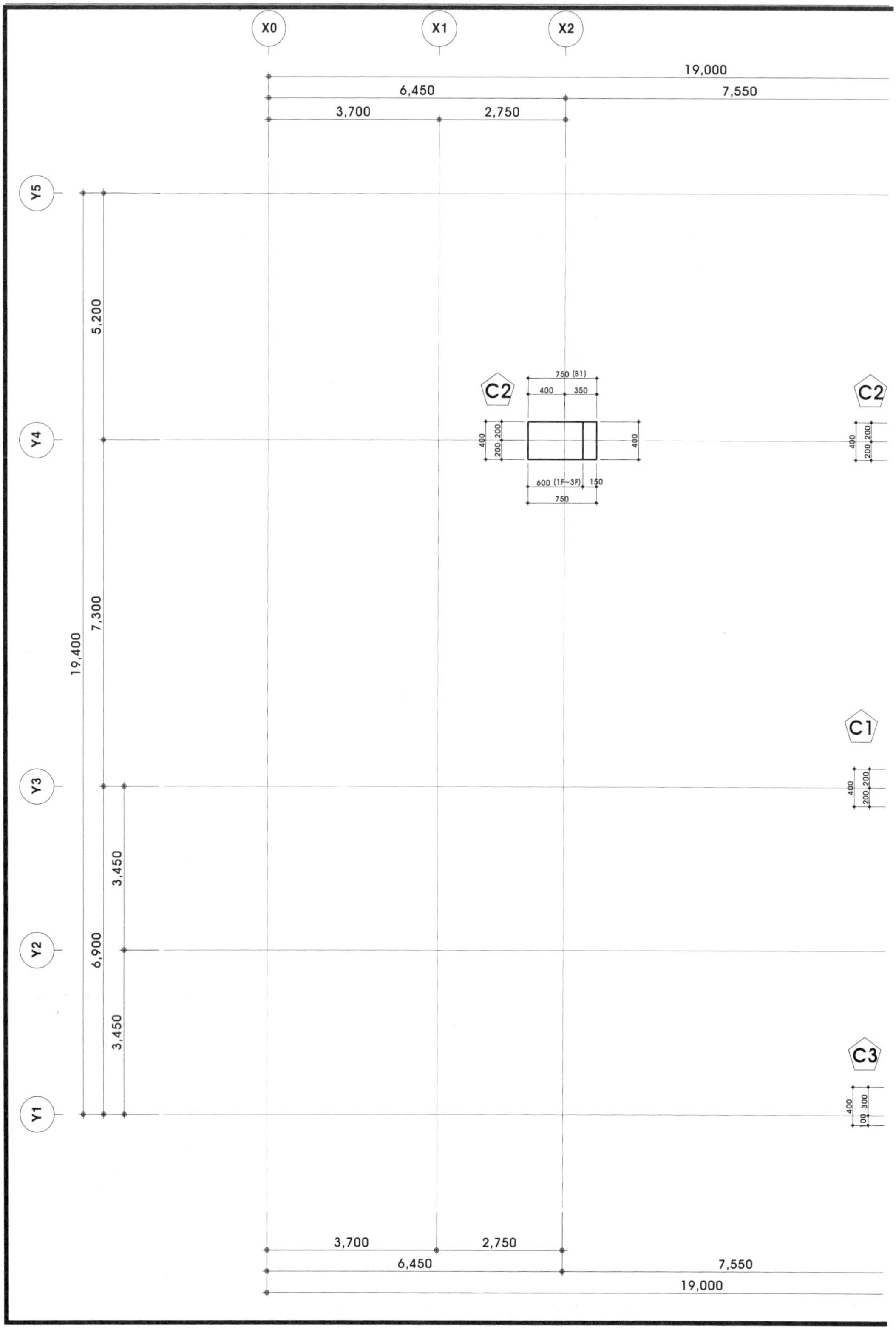
X0
X1
X2
Y1
Y2
Y3
Y4
Y5
19,000
6,450
7,550
3,700
2,750
19,400
5,200
7,300
6,900
3,450
3,450
C2
C2
C1
C3
750 (B1)
400
350
600 (1F~3F)
150
750
400
200
200

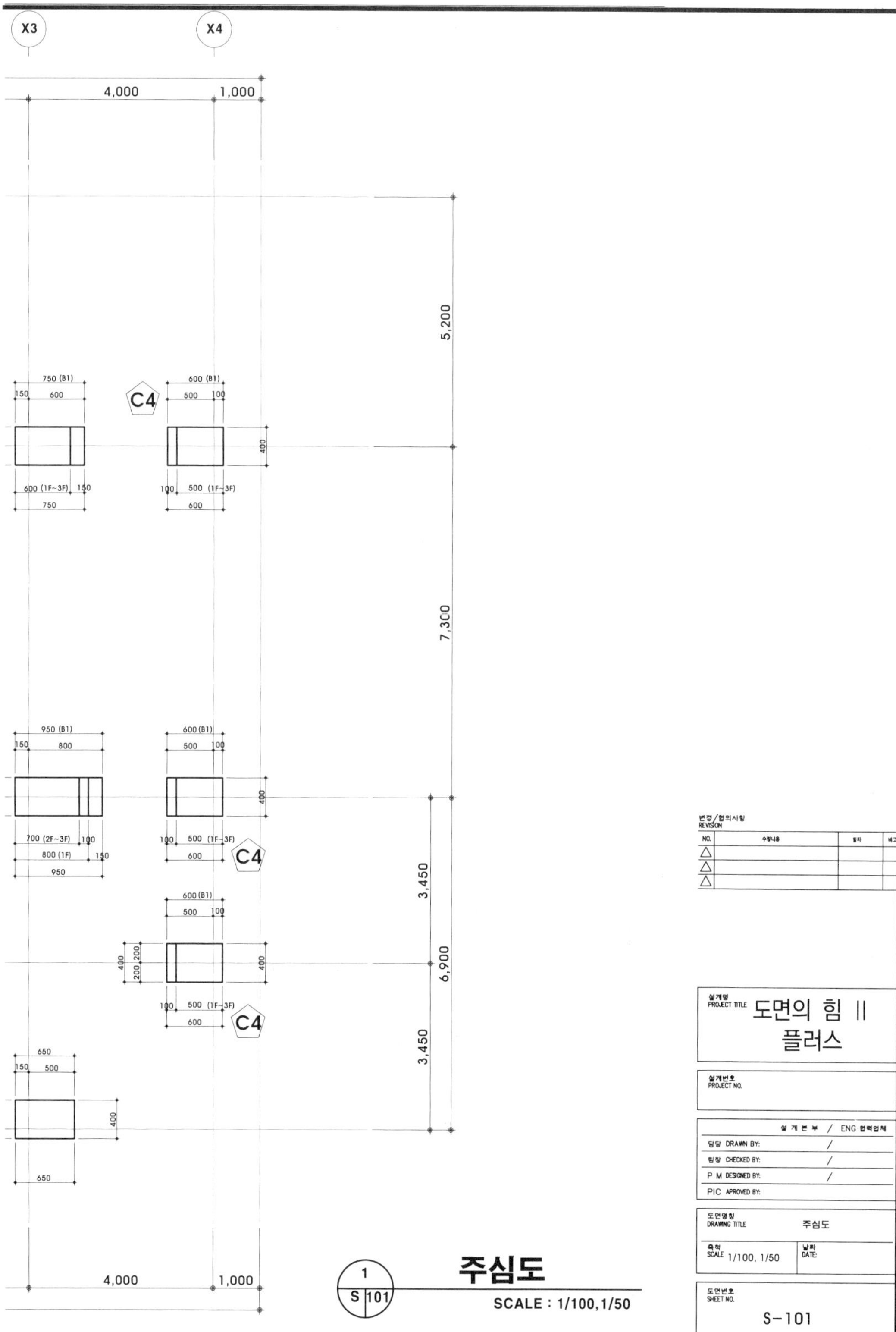
X3
X4
4,000
1,000
5,200
7,300
3,450
6,900
3,450
C4
C4
C4
750 (B1)
600 (B1)
950 (B1)
650
주심도
SCALE : 1/100,1/50
변경/협의사항 REVISION
설계명 PROJECT TITLE 도면의 힘 II 플러스
설계번호 PROJECT NO.
설 계 본 부 / ENG 협력업체
담당 DRAWN BY: /
팀장 CHECKED BY: /
P M DESIGNED BY: /
PIC APROVED BY:
도면명칭 DRAWING TITLE 주심도
축척 SCALE 1/100, 1/50
날짜 DATE:
도면번호 SHEET NO. S-101

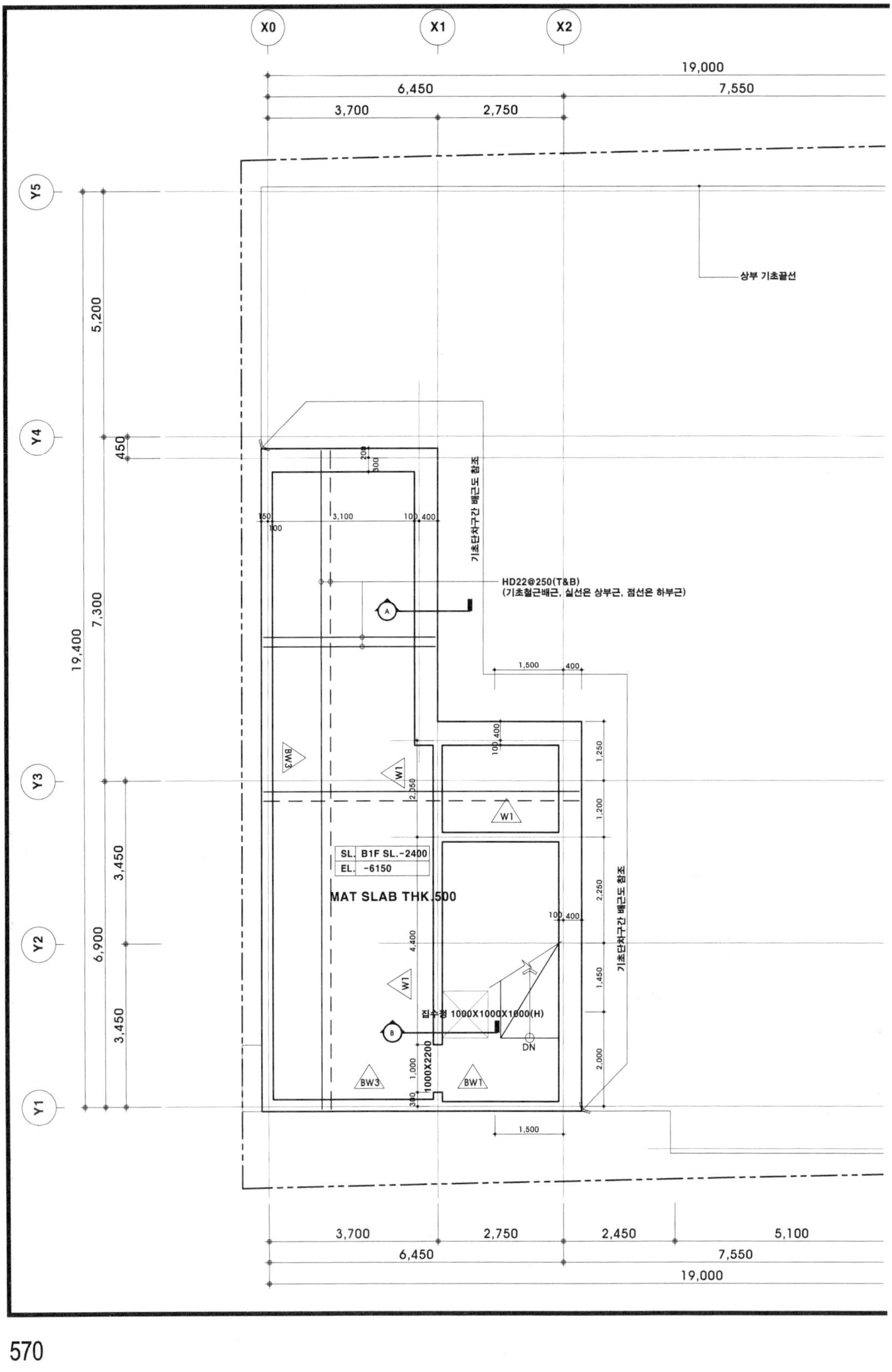
X0
X1
X2
19,000
6,450
7,550
3,700
2,750
Y5
Y4
Y3
Y2
Y1
5,200
450
7,300
19,400
3,450
6,900
3,450
상부 기초끝선
기초단차구간 배근도 참조
HD22@250(T&B)
(기초철근배근, 실선은 상부근, 점선은 하부근)
1,500
400
SL. B1F SL.-2400
EL. -6150
MAT SLAB THK.500
집수정 1000X1000X1000(H)
DN
1000X2200
BW3
BW1
W1
1,250
1,200
2,250
1,450
2,000
2,450
5,100

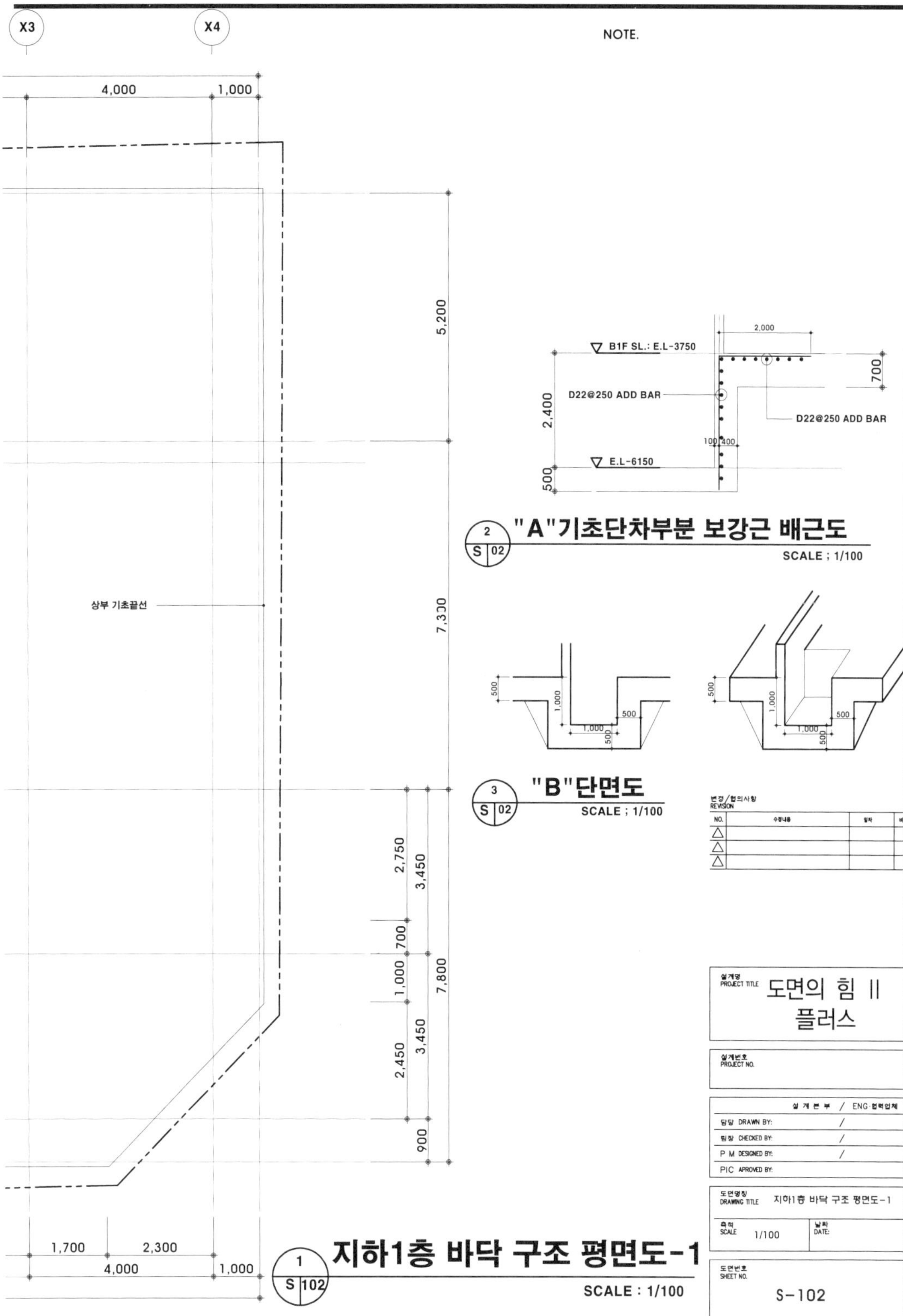
X3
X4
NOTE.
4,000
1,000
5,200
7,300
상부 기초끝선
B1F SL.: E.L-3750
2,000
700
D22@250 ADD BAR
D22@250 ADD BAR
2,400
100
400
E.L-6150
500
2 S 02
"A"기초단차부분 보강근 배근도
SCALE ; 1/100
500
1,000
1,000
500
500
3 S 02
"B"단면도
SCALE ; 1/100
변경/협의사항 REVISION
NO.
2,750
3,450
700
1,000
7,800
2,450
3,450
900
설계명 PROJECT TITLE 도면의 힘 II 플러스
설계번호 PROJECT NO.
설계본부 / ENG·협력업체
담당 DRAWN BY: /
팀장 CHECKED BY: /
P M DESIGNED BY: /
PIC APPROVED BY:
도면명칭 DRAWING TITLE 지하1층 바닥 구조 평면도-1
축척 SCALE 1/100
날짜 DATE:
도면번호 SHEET NO. S-102
1,700
2,300
4,000
1,000
1 S 102
지하1층 바닥 구조 평면도-1
SCALE : 1/100

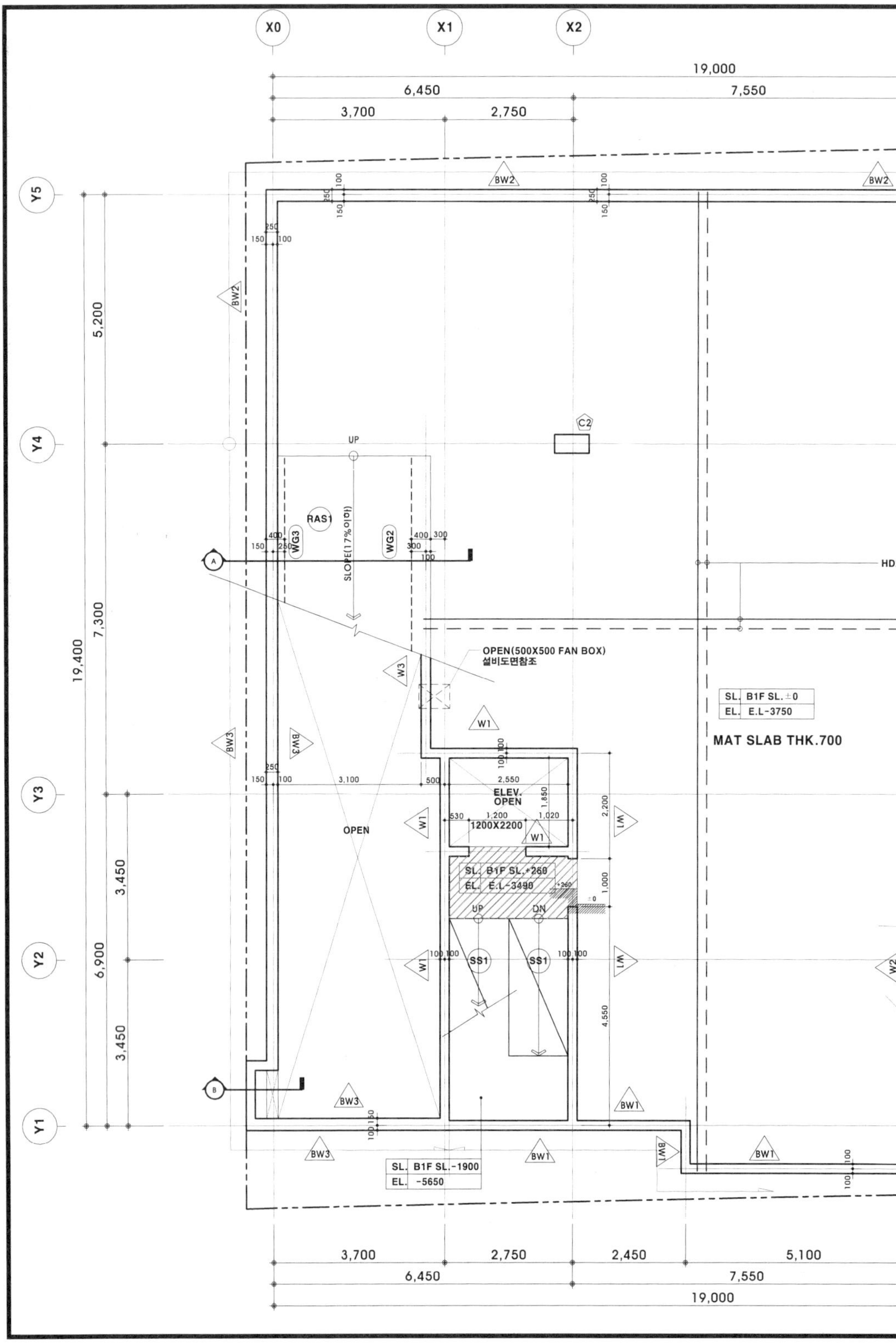
X0
X1
X2
Y5
Y4
Y3
Y2
Y1
19,000
6,450
7,550
3,700
2,750
2,450
5,100
5,200
7,300
19,400
6,900
3,450
BW1
BW2
BW3
W1
W2
W3
WG2
WG3
RAS1
C2
HD2
SS1
UP
DN
SLOPE(17%이하)
OPEN
OPEN(500X500 FAN BOX)
설비도면참조
ELEV.
OPEN
1200X2200
SL. B1F SL.±0
EL. E.L-3750
MAT SLAB THK.700
SL. B1F SL.+260
EL. E.L-3490
SL. B1F SL.-1900
EL. -5650

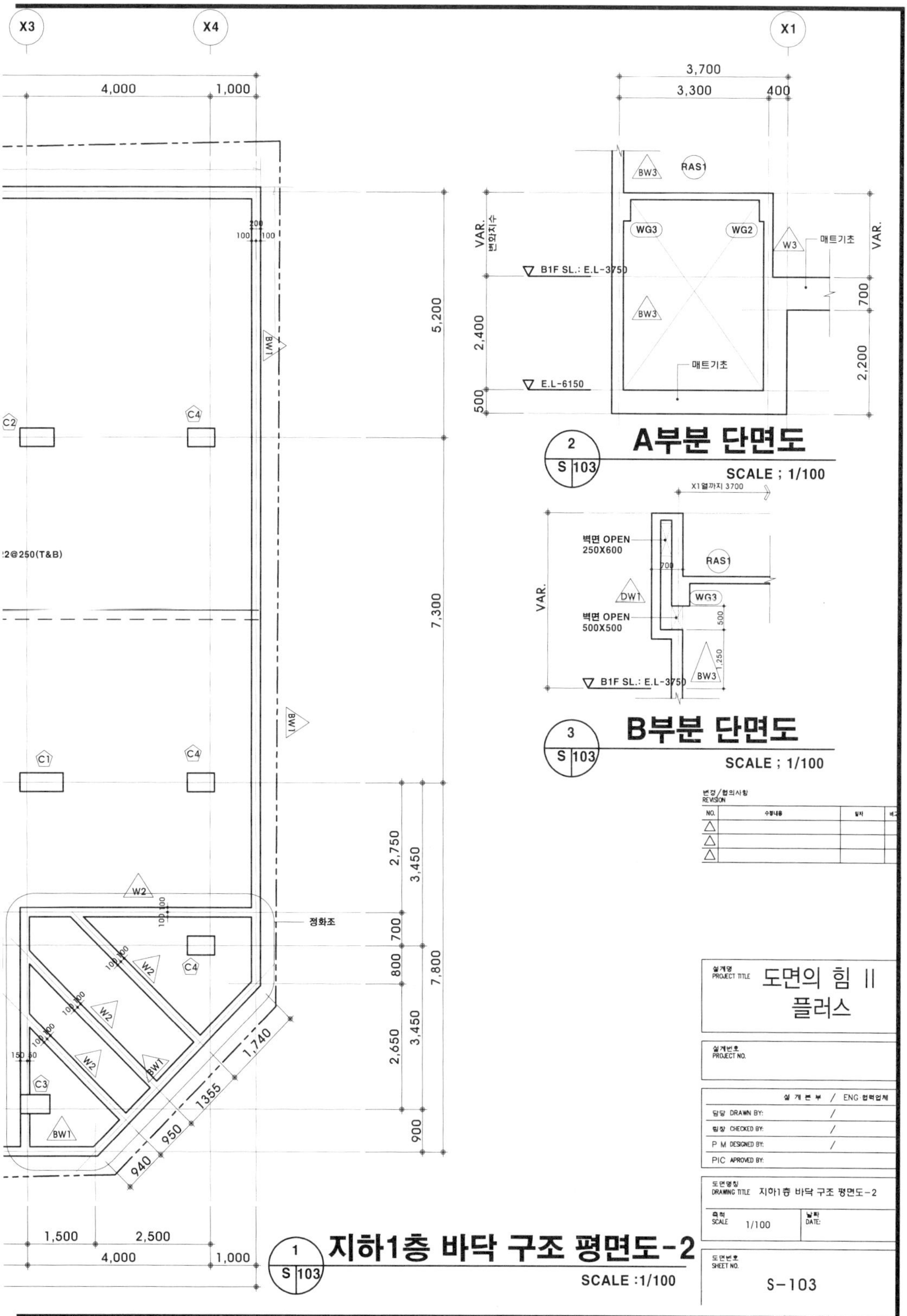

X3
X4
X1
A부분 단면도
SCALE ; 1/100
B부분 단면도
SCALE ; 1/100
B1F SL.: E.L-3750
E.L-6150
매트기초
벽면 OPEN 250X600
벽면 OPEN 500X500
X1열까지 3700
정화조
설계명 PROJECT TITLE 도면의 힘 II 플러스
설계번호 PROJECT NO.
담당 DRAWN BY:
팀장 CHECKED BY:
P M DESIGNED BY:
PIC APROVED BY:
도면명칭 DRAWING TITLE 지하1층 바닥 구조 평면도-2
축척 SCALE 1/100
날짜 DATE:
도면번호 SHEET NO. S-103
지하1층 바닥 구조 평면도-2
SCALE :1/100

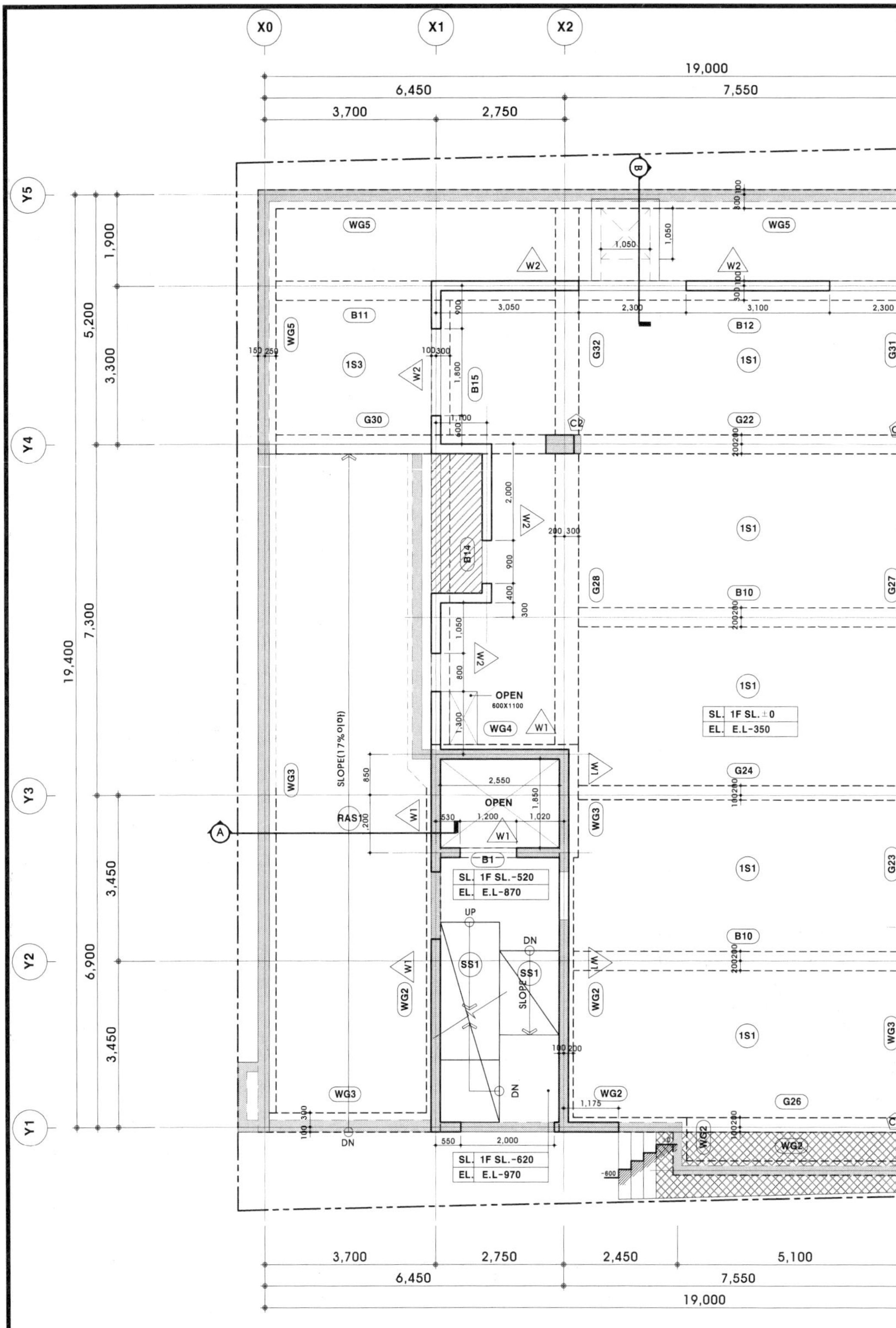

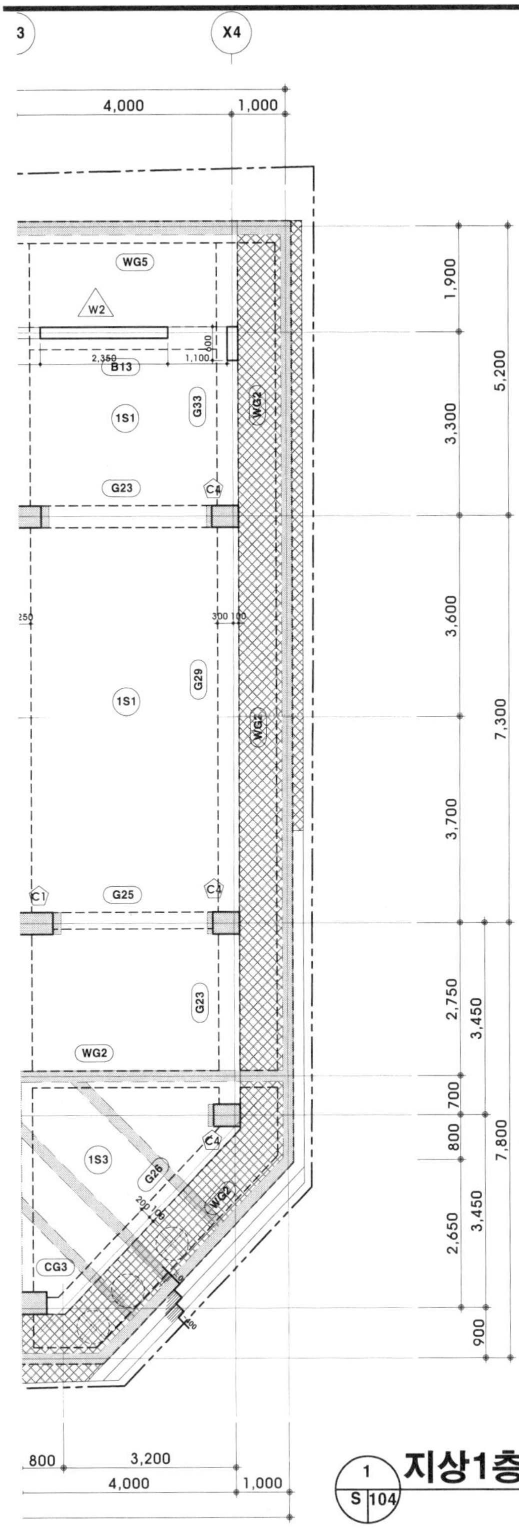

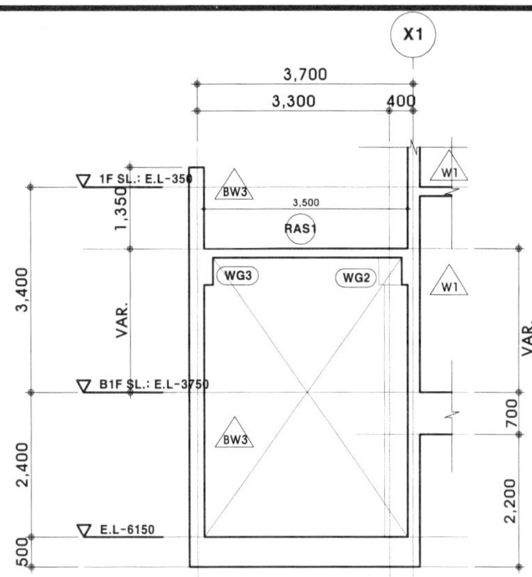

A부분 단면도

2 S 104

SCALE ; 1/100

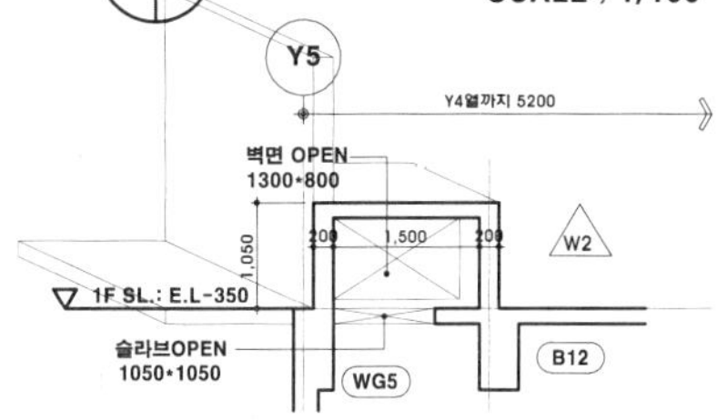

B부분 단면도(환기구)

3 S 104

SCALE ; 1/100

NOTE.

1. 표기 없는 SLAB은 1S2
2. 표기 없는 WALL은 W2
3. LEVEL

- SLAB DN 1st SLAB −60
- SLAB DN 1st SLAB −100
- 하부구조체

지상1층 바닥 구조 평면도

1 S 104

SCALE : 1/100

설계명 PROJECT TITLE	도면의 힘 II 플러스
설계번호 PROJECT NO.	
설계본부 / ENG 협력업체	
담당 DRAWN BY:	/
팀장 CHECKED BY:	/
P M DESIGNED BY:	/
PIC APROVED BY:	
도면명칭 DRAWING TITLE	지상1층 바닥 구조 평면도
축척 SCALE 1/100	날짜 DATE: 2017. .
도면번호 SHEET NO.	S−104

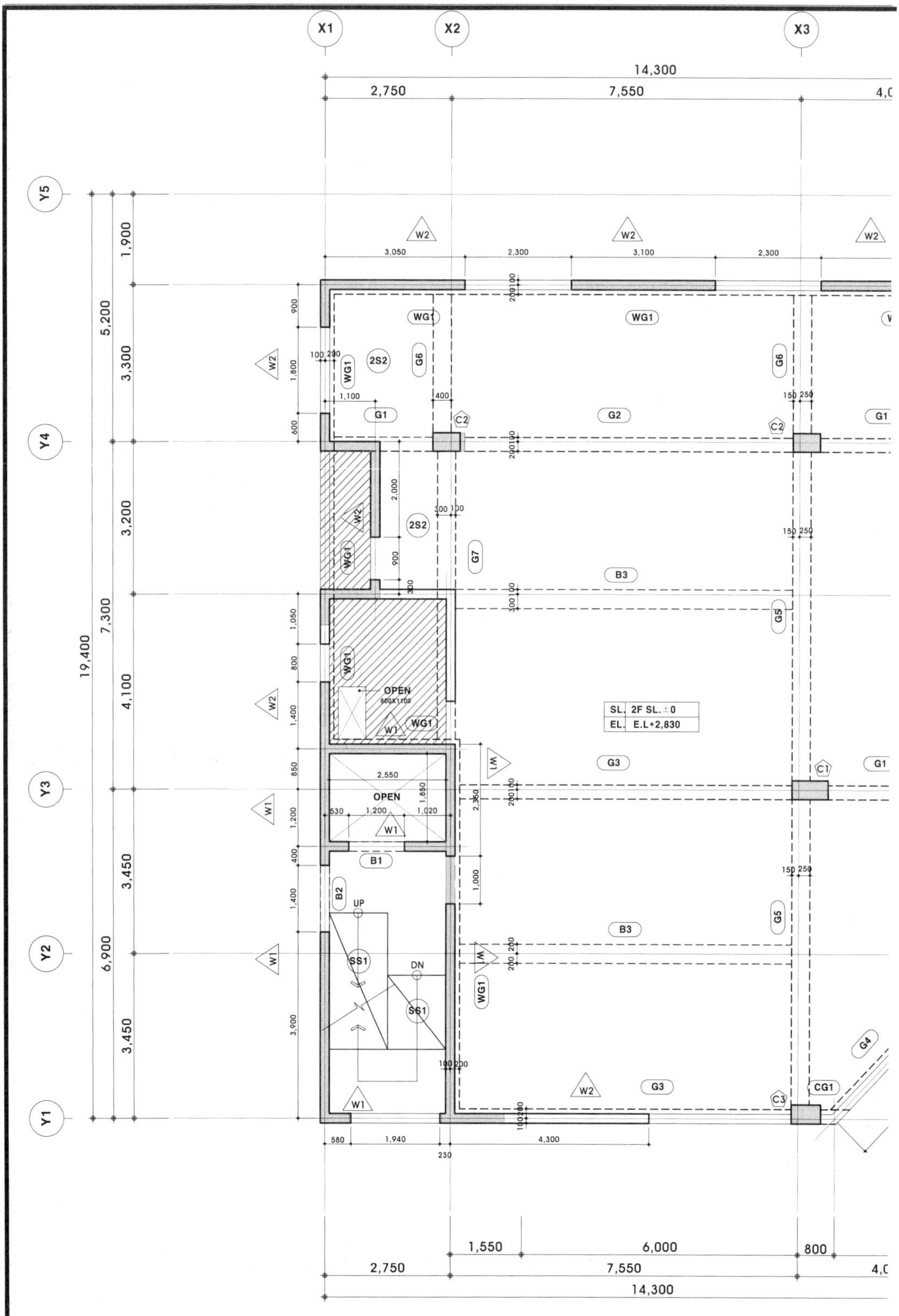

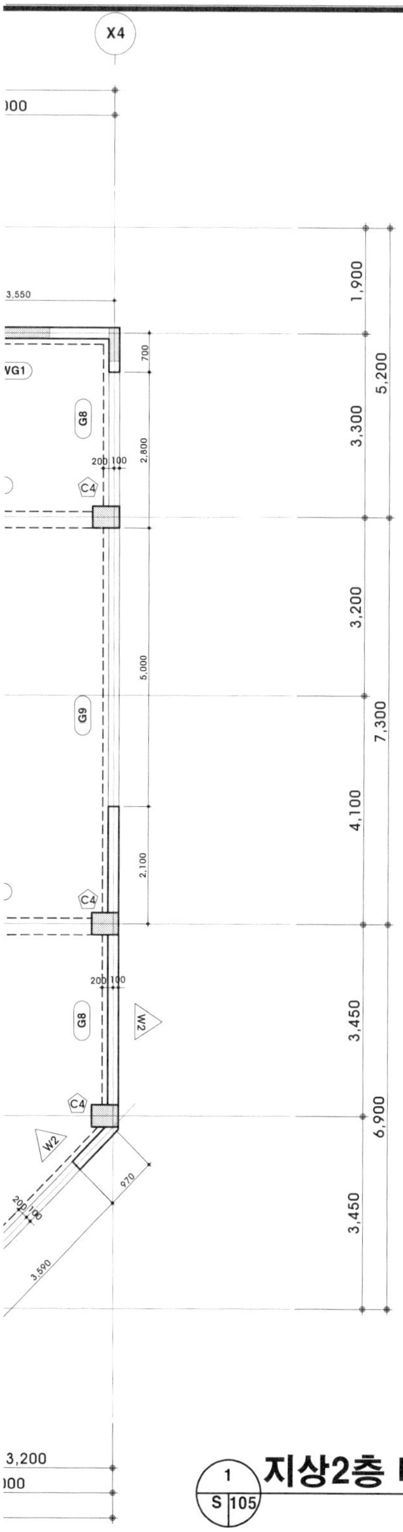

NOTE.

1. 표기 없는 SLAB은 2S2
2. 표기 없는 WALL은 W2
3. LEVEL

SLAB DN 2nd SLAB −60

하부구조체

변경/협의사항 REVISION

NO.	수정내용	일자	비고
△			
△			
△			

설계명 PROJECT TITLE 도면의 힘 II 플러스

설계번호 PROJECT NO.

	설계본부 / ENG·협력업체
담당 DRAWN BY:	/
팀장 CHECKED BY:	/
P M DESIGNED BY:	/
PIC APROVED BY:	

도면명칭 DRAWING TITLE 지상2층 바닥 구조 평면도

축척 SCALE 1/100 | 날짜 DATE:

도면번호 SHEET NO. S−105

1 S 105 **지상2층 바닥 구조 평면도**

SCALE : 1/100

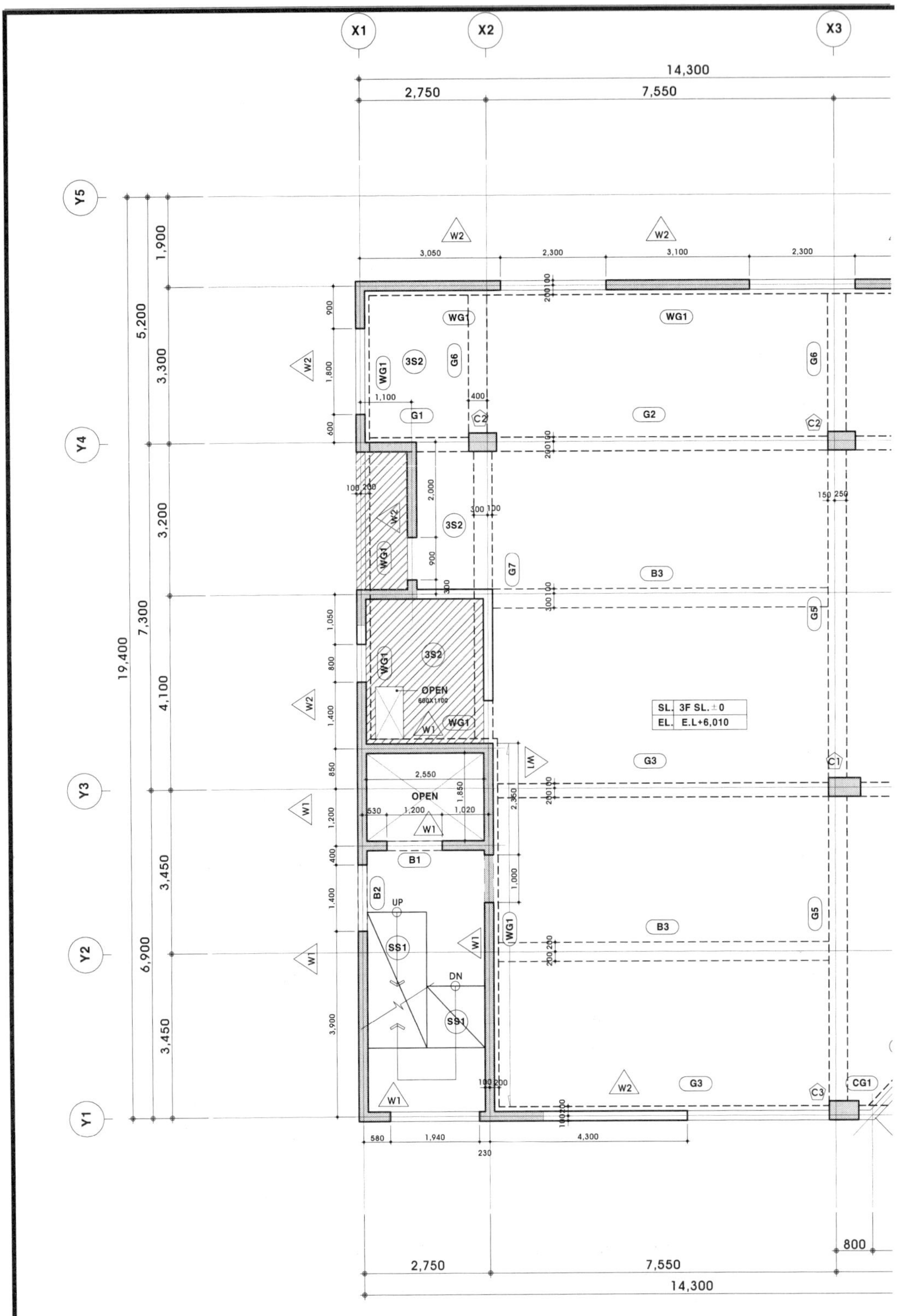

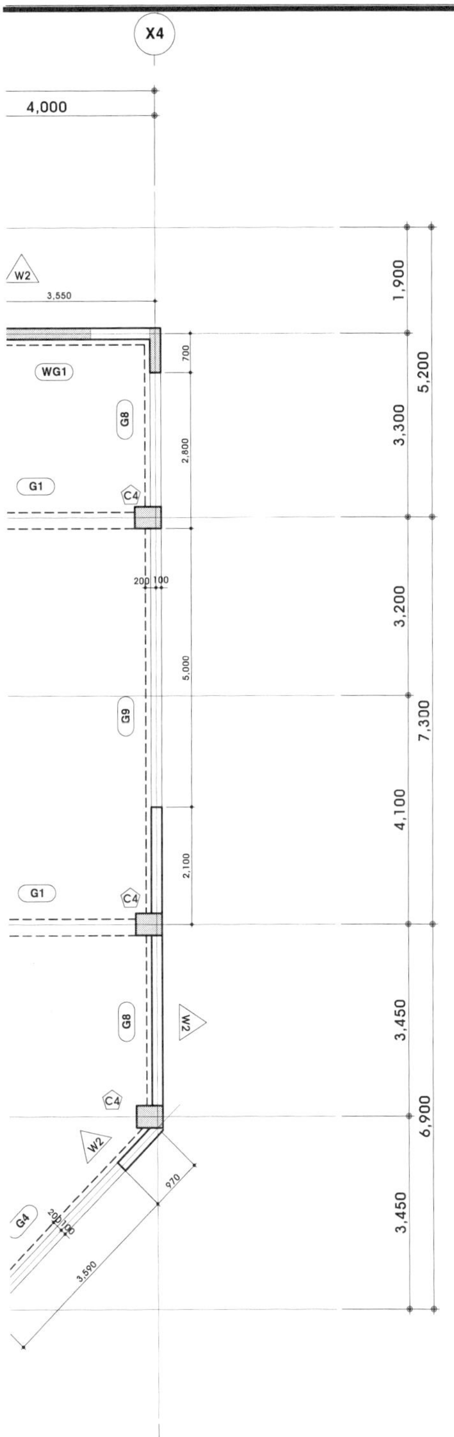

NOTE.

1. 표기 없는 SLAB은 3S2
2. 표기 없는 WALL은 W2
3. LEVEL

SLAB DN 3rd SLAB −60

하부구조체

변경/협의사항
REVISION

NO.	수정내용	일자	비고
△			
△			
△			

설계명 PROJECT TITLE: 도면의 힘 II 플러스

설계번호 PROJECT NO.

	설계본부 / ENG·협력업체
담당 DRAWN BY:	/
팀장 CHECKED BY:	/
P M DESIGNED BY:	/
PIC APROVED BY:	

도면명칭 DRAWING TITLE: 지상3층 바닥 구조 평면도

축척 SCALE: 1/100 | 날짜 DATE:

1 / S 106

지상3층 바닥 구조 평면도

SCALE : 1/100

도면번호 SHEET NO.: S−106

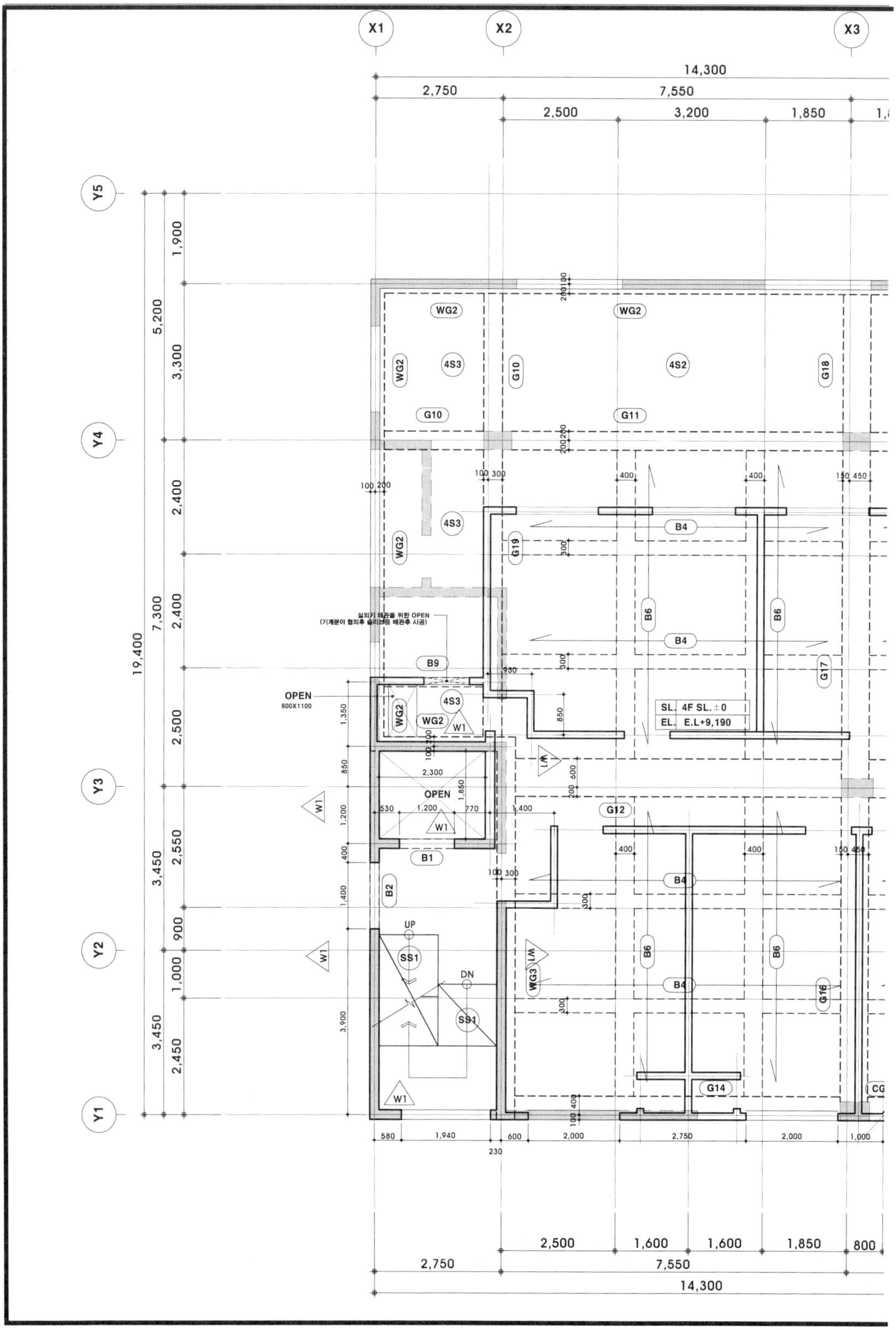

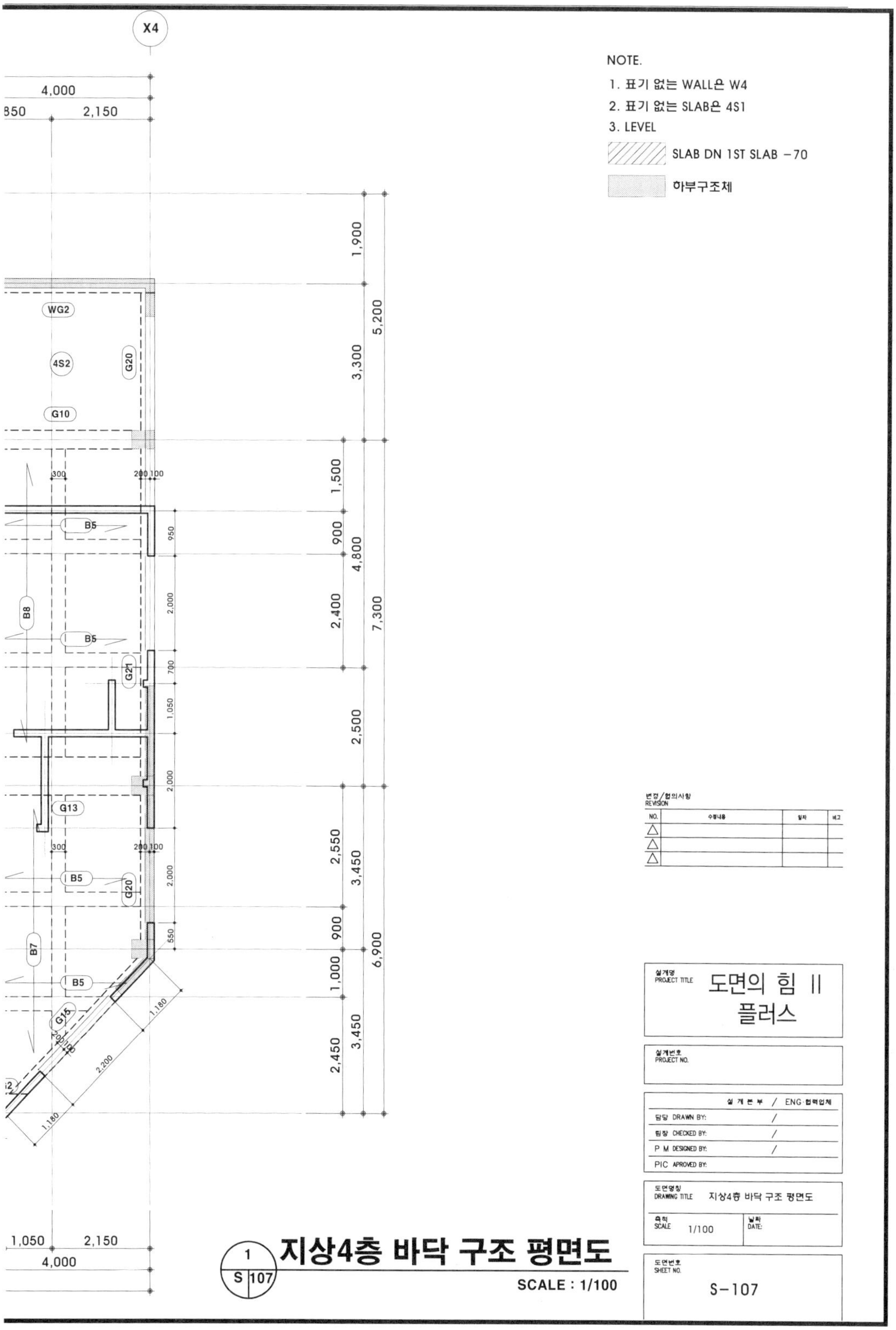
X4
NOTE.
1. 표기 없는 WALL은 W4
2. 표기 없는 SLAB은 4S1
3. LEVEL
SLAB DN 1ST SLAB -70
하부구조체
WG2
4S2
G20
G10
B5
B8
G21
G13
B7
G15
4,000
2,150
1,050
1,900
5,200
3,300
1,500
900
4,800
7,300
2,400
2,500
2,550
3,450
1,000
6,900
2,450
2,200
1,180
변경/협의사항
REVISION
NO.
설계명
PROJECT TITLE
도면의 힘 II
플러스
설계번호
PROJECT NO.
설계본부 / ENG·협력업체
담당 DRAWN BY: /
팀장 CHECKED BY: /
P M DESIGNED BY: /
PIC APROVED BY:
도면명칭
DRAWING TITLE
지상4층 바닥 구조 평면도
축척
SCALE
1/100
날짜
DATE:
도면번호
SHEET NO.
S-107
1
S 107
지상4층 바닥 구조 평면도
SCALE : 1/100

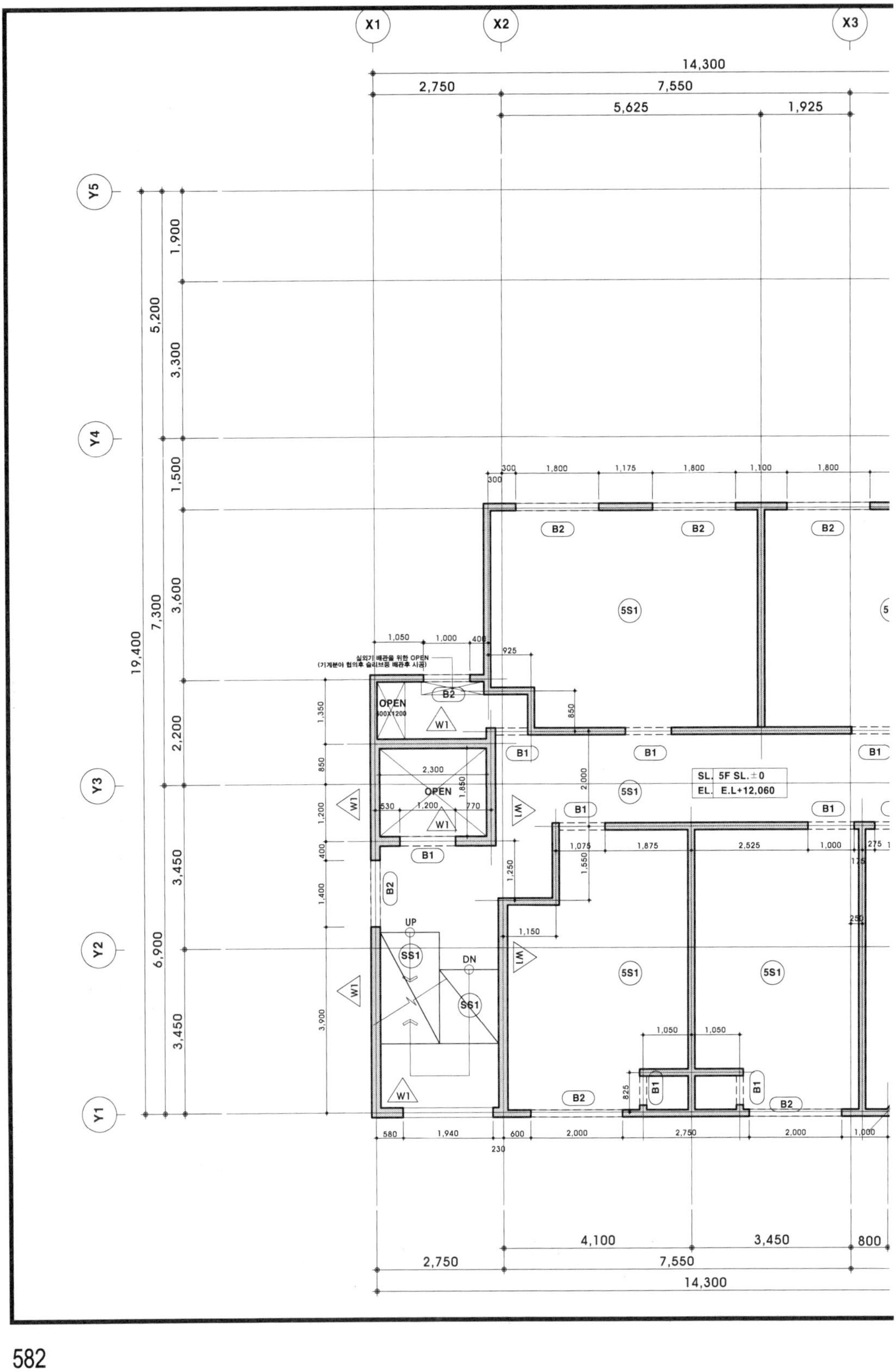

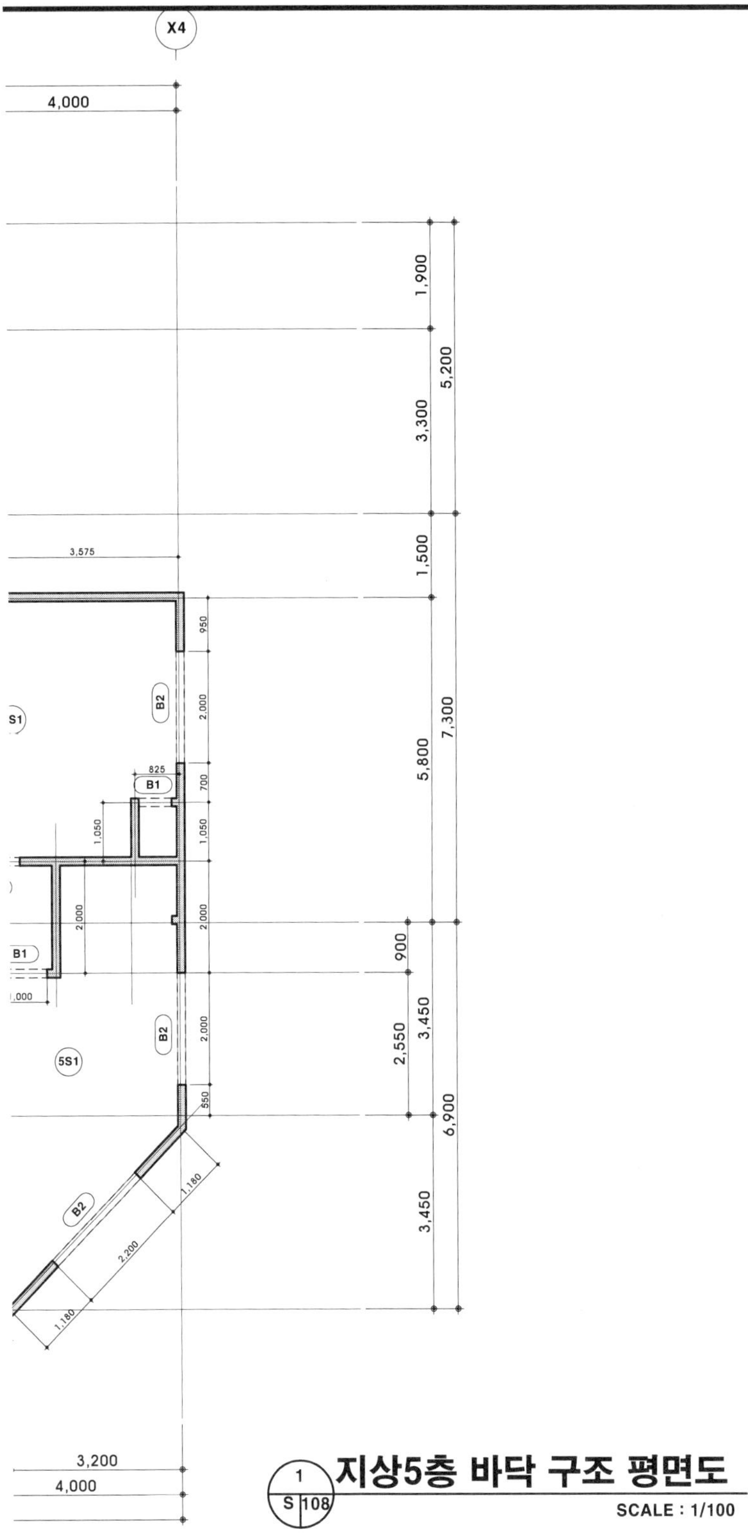

NOTE.

1. 표기 없는 WALL은 W4
2. 표기 없는 SLAB은 5S1
3. (음영) 하부구조체

변경/협의사항 REVISION

NO.	수정내용	일자	비고
△			
△			
△			

설계명 PROJECT TITLE: 도면의 힘 II 플러스

설계번호 PROJECT NO.

설계본부	/ ENG 협력업체
담당 DRAWN BY:	/
팀장 CHECKED BY:	/
P M DESIGNED BY:	/
PIC APROVED BY:	

도면명칭 DRAWING TITLE: 지상5층 바닥 구조 평면도

축척 SCALE: 1/100 날짜 DATE:

1/S108 **지상5층 바닥 구조 평면도**

SCALE : 1/100

도면번호 SHEET NO. S-108

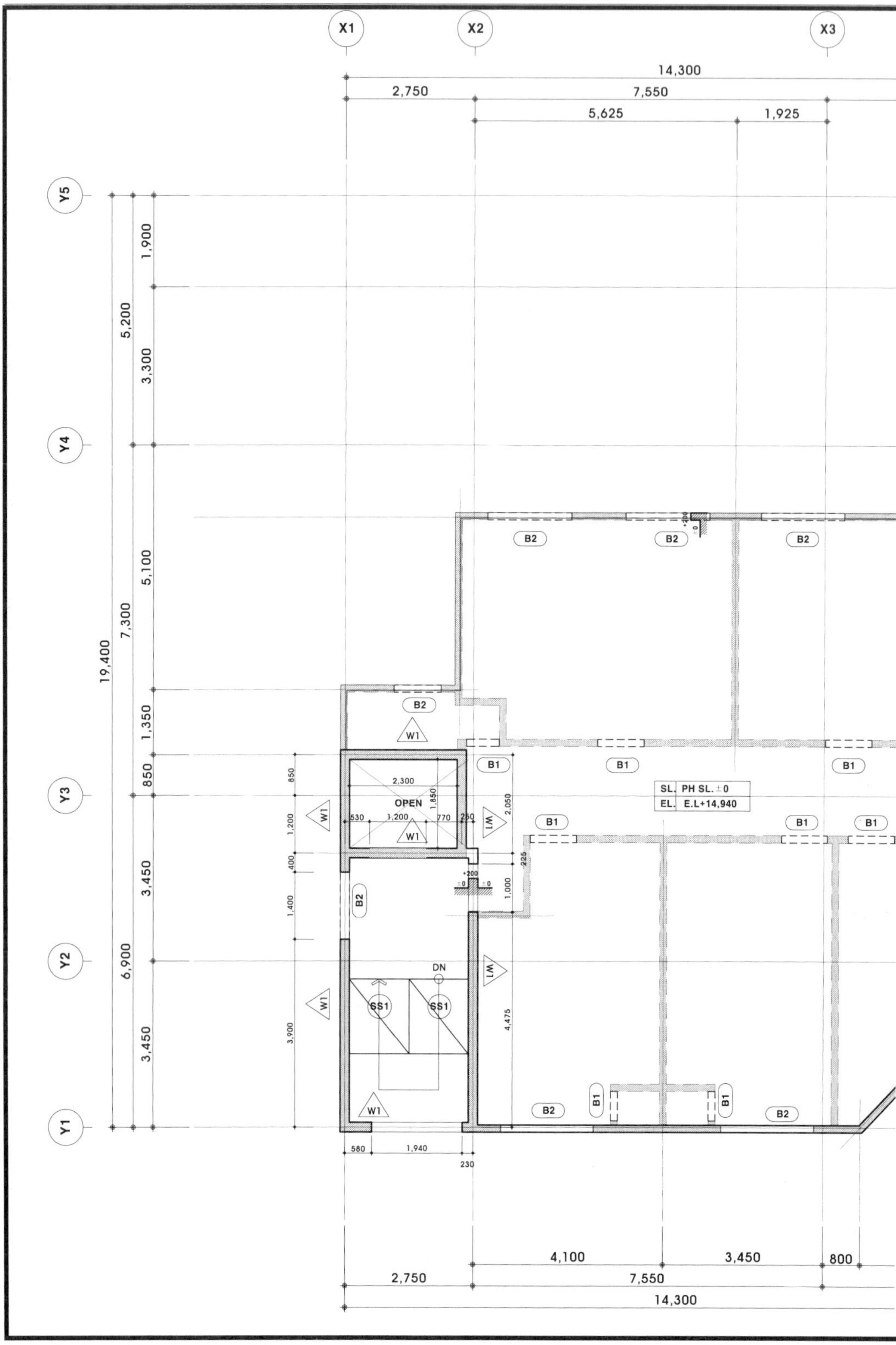
X1
X2
X3
14,300
2,750
7,550
5,625
1,925
Y5
Y4
Y3
Y2
Y1
19,400
5,200
7,300
6,900
1,900
3,300
5,100
1,350
850
3,450
3,450
B2
B1
W1
OPEN
2,300
SS1
DN
SL. PH SL. ±0
EL. E.L+14,940
4,100
3,450
800
580
1,940
230

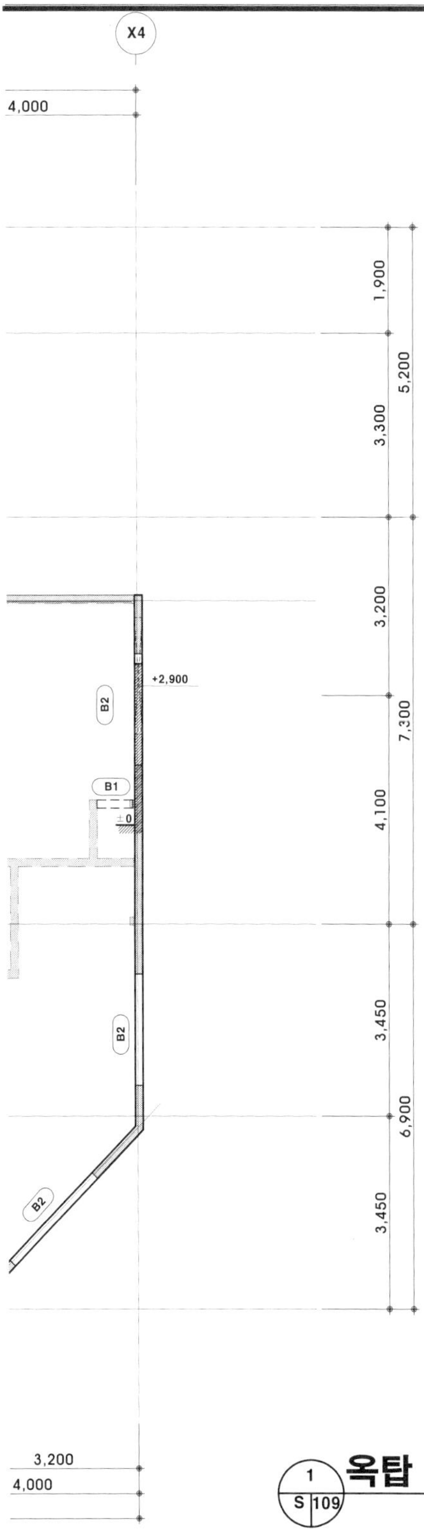

NOTE.

1.표기 없는 WALL은 W4

2. 표기 없는 SLAB은 RS1

3. 하부구조체

변경/협의사항
REVISION

NO.	수정내용	일자	비고
△			
△			
△			

설계명
PROJECT TITLE 도면의 힘 II
플러스

설계번호
PROJECT NO.

	설 계 본 부 / ENG·협력업체
담당 DRAWN BY:	/
팀장 CHECKED BY:	/
P M DESIGNED BY:	/
PIC APROVED BY:	

도면명칭
DRAWING TITLE 옥탑 바닥 구조 평면도

축척
SCALE 1/100

날짜
DATE:

도면번호
SHEET NO.
S-109

1
S 109 **옥탑 바닥 구조 평면도**

SCALE : 1/100

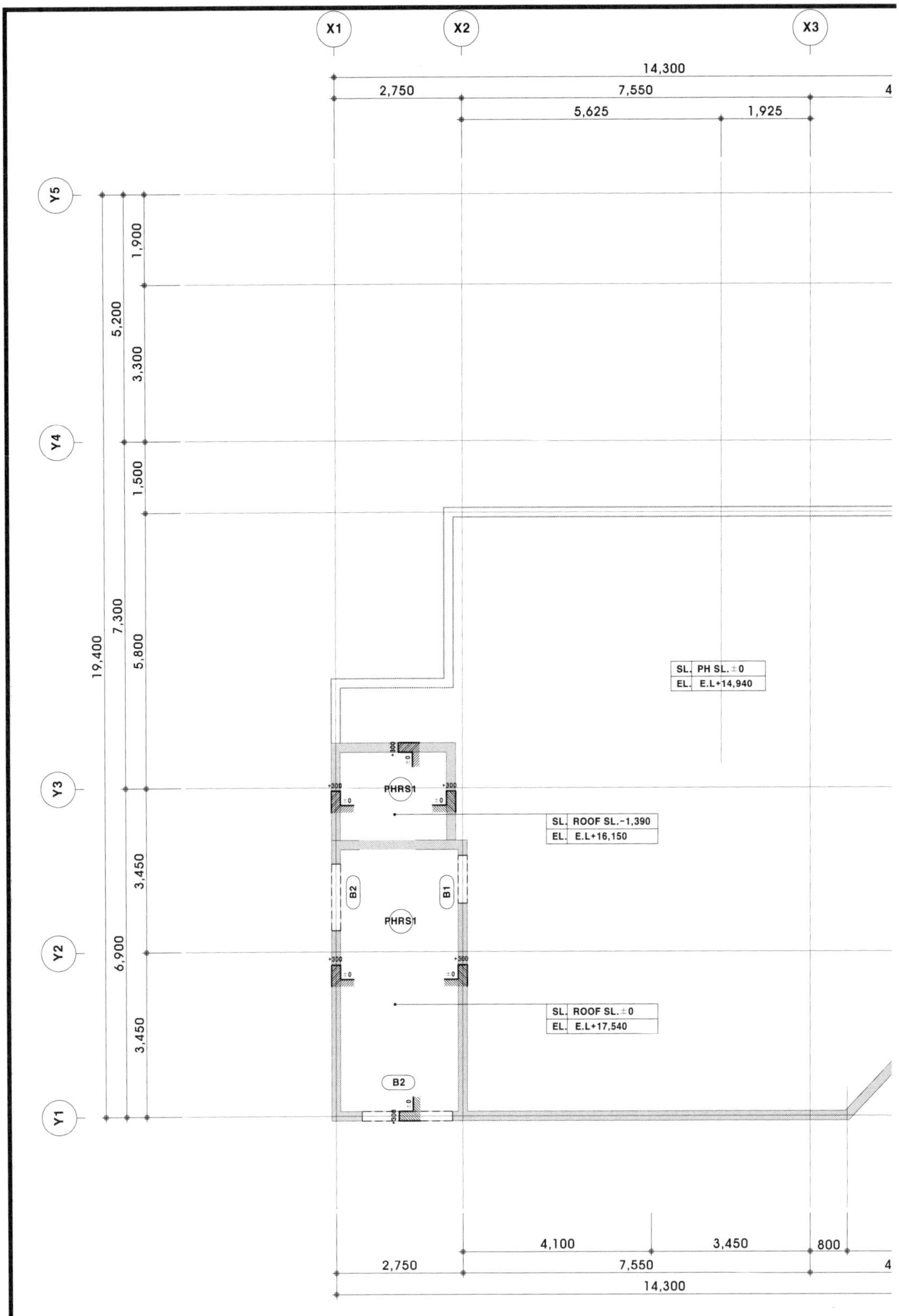
X1
X2
X3
14,300
2,750
7,550
5,625
1,925
Y5
Y4
Y3
Y2
Y1
1,900
3,300
5,200
1,500
5,800
7,300
19,400
3,450
6,900
3,450
SL. PH SL. ±0
EL. E.L+14,940
PHRS1
SL. ROOF SL.-1,390
EL. E.L+16,150
B2
B1
PHRS1
SL. ROOF SL. ±0
EL. E.L+17,540
B2
4,100
3,450
800
2,750
7,550
14,300

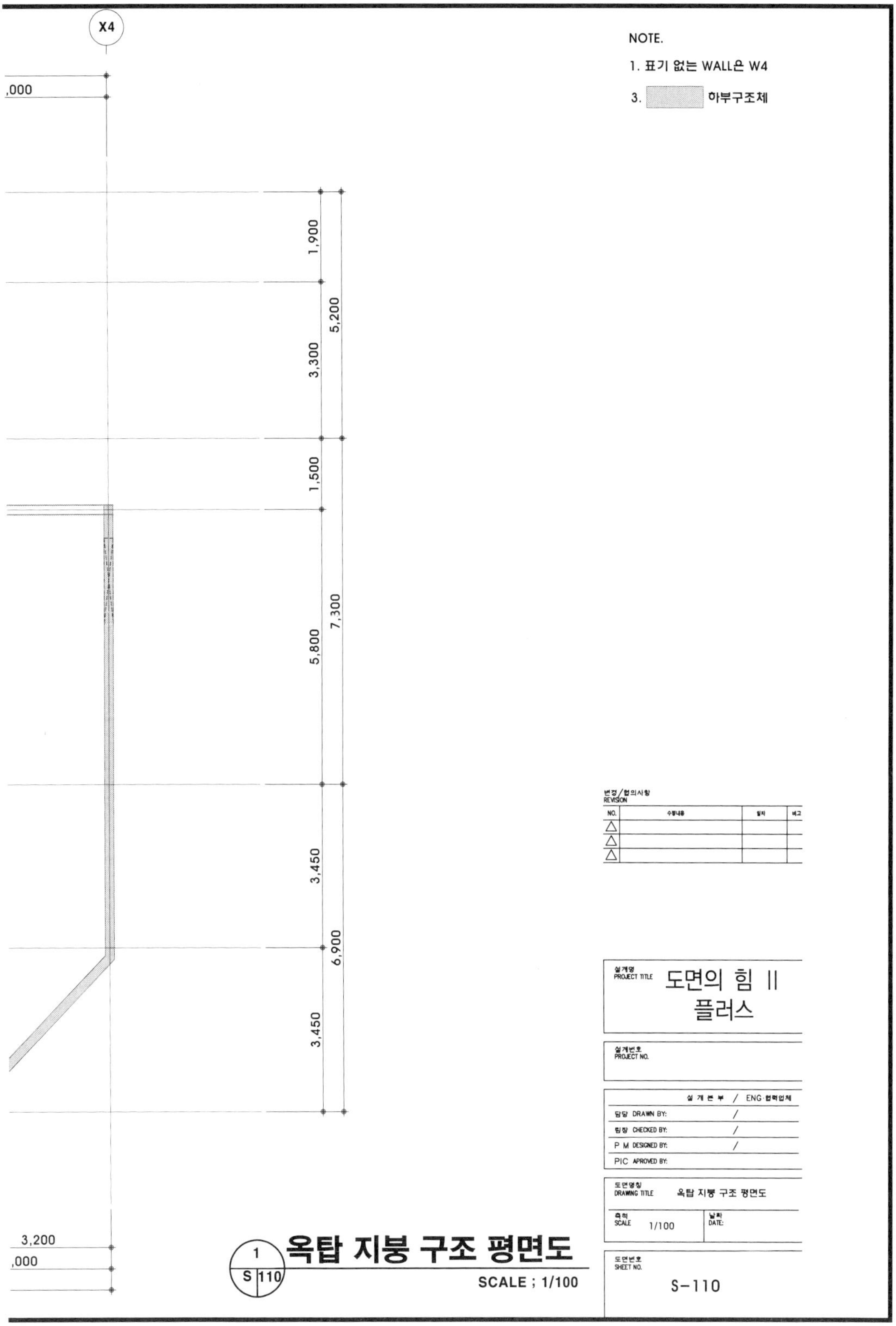
X4
,000
1,900
3,300
5,200
1,500
5,800
7,300
3,450
6,900
3,450
3,200
,000
NOTE.
1. 표기 없는 WALL은 W4
3. 하부구조체
변경/협의사항
REVISION
NO.
설계명
PROJECT TITLE
도면의 힘 II
플러스
설계번호
PROJECT NO.
설 계 본 부 / ENG·협력업체
담당 DRAWN BY: /
팀장 CHECKED BY: /
P M DESIGNED BY: /
PIC APROVED BY:
도면명칭
DRAWING TITLE
옥탑 지붕 구조 평면도
축척
SCALE
1/100
날짜
DATE:
도면번호
SHEET NO.
S-110
1
S 110
옥탑 지붕 구조 평면도
SCALE ; 1/100

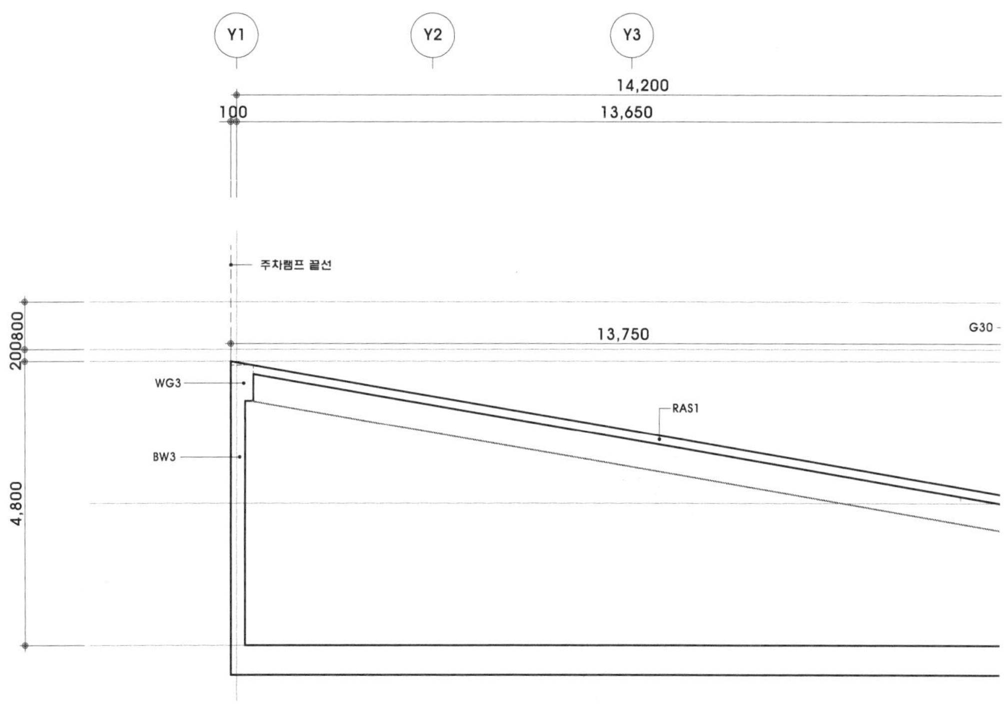

1 S 111 주차램프 단면도
SCALE ; 1/100

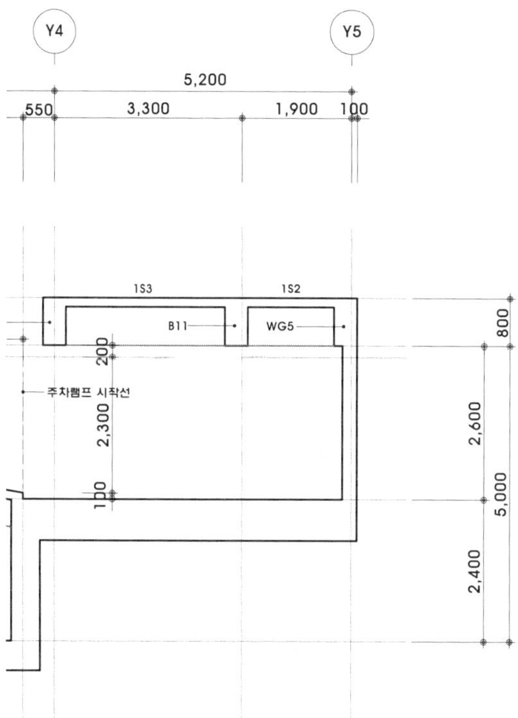

변경/협의사항
REVISION

NO.	수정내용	일자	비고
△			
△			
△			

설계명 PROJECT TITLE 도면의 힘 II 플러스

설계번호 PROJECT NO.

설 계 본 부 / ENG 협력업체

담당 DRAWN BY: /

팀장 CHECKED BY: /

P M DESIGNED BY: /

PIC APROVED BY:

도면명칭 DRAWING TITLE 주차램프 부분 단면도

축척 SCALE 1/100

날짜 DATE:

도면번호 SHEET NO. S-111

기 둥 일 람 표

층별	부호	C1	C2	C3	C4
지하1층	형 태	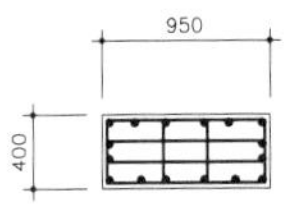	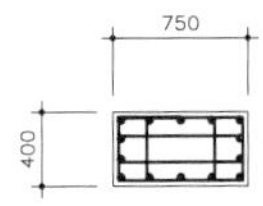	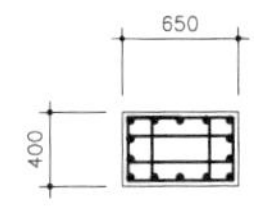	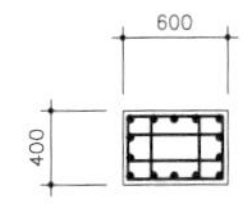
	주 근	16 - HD22	14 - HD22	14 - HD22	14 - HD22
	대 근	HD10@300	HD10@300	HD10@300	HD10@300
	보조대근	HD10@300	HD10@300	HD10@300	HD10@300
지상1층	형 태	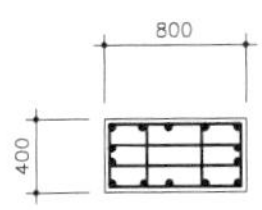	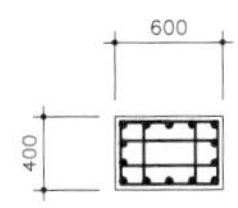	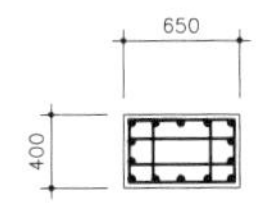	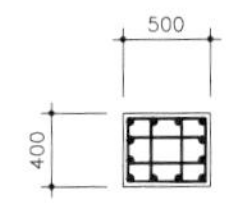
	주 근	14 - HD22	14 - HD22	14 - HD22	12 - HD22
	대 근	HD10@300	HD10@300	HD10@300	HD10@300
	보조대근	HD10@300	HD10@300	HD10@300	HD10@300
지상2층	형 태	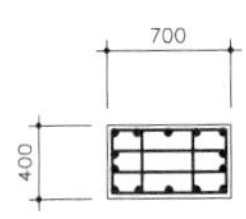	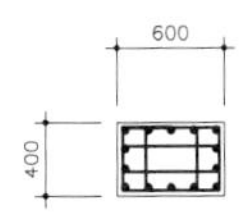	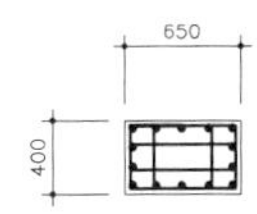	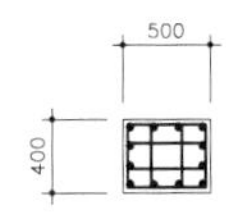
	주 근	14 - HD22	14 - HD22	14 - HD22	12 - HD22
	대 근	HD10@300	HD10@300	HD10@300	HD10@300
	보조대근	HD10@300	HD10@300	HD10@300	HD10@300
지상3층	형 태	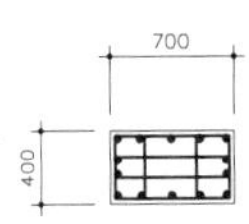	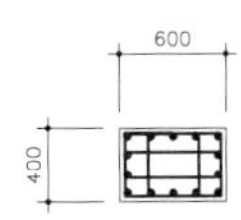	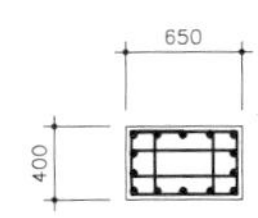	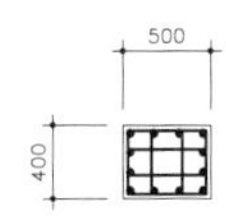
	주 근	14 - HD22	14 - HD22	14 - HD22	12 - HD22
	대 근	HD10@200	HD10@200	HD10@200	HD10@200
	보조대근	HD10@200	HD10@200	HD10@200	HD10@200

변경/협의사항
REVISION

NO.	수정내용	일자	비고
△			
△			
△			

설계명
PROJECT TITLE 도면의 힘 II 플러스

설계번호
PROJECT NO.

	설 계 본 부 / ENG·협력업체
담당 DRAWN BY:	/
팀장 CHECKED BY:	/
P M DESIGNED BY:	/
PIC APROVED BY:	

도면명칭
DRAWING TITLE 기둥일람표

축척 SCALE NONE	날짜 DATE:

도면번호
SHEET NO.
S-201

슬 라 브 일 람 표

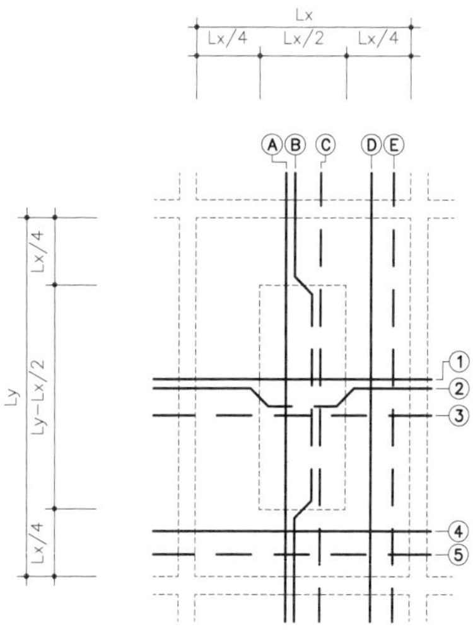

TYPE"R"

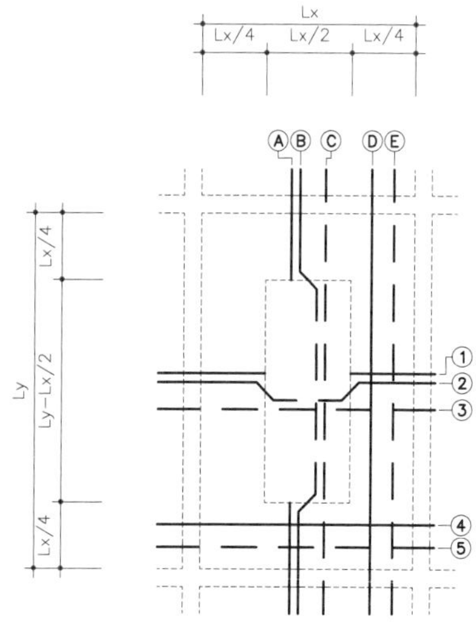

TYPE"T"

NAME	TYPE	THK. (MM)	단변방향(Lx)					
			중앙부			단 부		
			1	2	3	4	5	
PHRS1,4S3, 1S2,2S2,3S2	S	150	HD10@200	HD10@200				HD10(
4S1,RS1	S	150	HD10+13@200	HD10@200				HD10+1
5S1	S	210	HD10@200	HD10@200				HD10(
4S2	R	150	HD10@300	HD10@300	HD10@300	HD10@300	HD10@300	HD10(
1S1,2S1,3S1	T	150	HD10@300	HD10@300	HD10@300	HD10@300	HD10@300	HD10(
1S3	S	150	HD10@200	HD10@200				HD10(
RAS1	S	150	HD13@150	HD13@150				HD13(

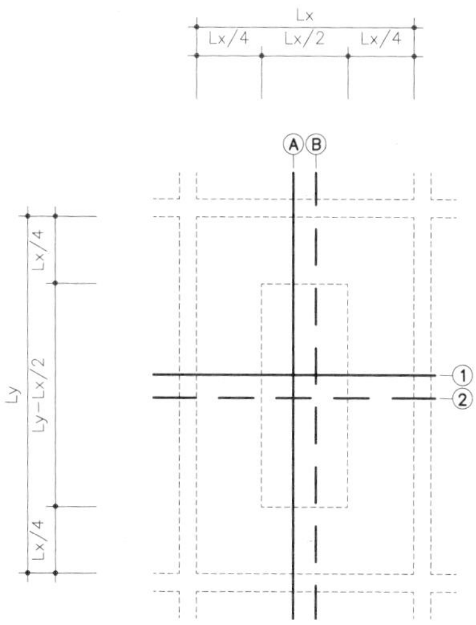

TYPE"S"

상부근

하부근

장변방향(Ly)					
중앙부			단 부		비 고
A	B	C	D	E	
0@300	HD10@300				
·13@200	HD10@200				
0@200	HD10@200				
0@400	HD10@400	HD10@400	HD10@400	HD10@400	
0@400	HD10@400	HD10@400	HD10@400	HD10@400	
0@200	HD10@200				
3@200	HD13@200				

변경/협의사항 REVISION

NO.	수정내용	일자	비고
△			
△			
△			

설계명 PROJECT TITLE 도면의 힘 II 플러스

설계번호 PROJECT NO.

	설 계 본 부 / ENG·협력업체
담당 DRAWN BY:	/
팀장 CHECKED BY:	/
P M DESIGNED BY:	/
PIC APROVED BY:	

도면명칭 DRAWING TITLE 슬라브일람표

축척 SCALE NONE

날짜 DATE:

도면번호 SHEET NO. S-202

보 일람표-1

부호	B1(문인방보)	B2, B3		B4		
	ALL	BOTH	CENTER	END(X2열측)	END(X3열측)	CE
형태	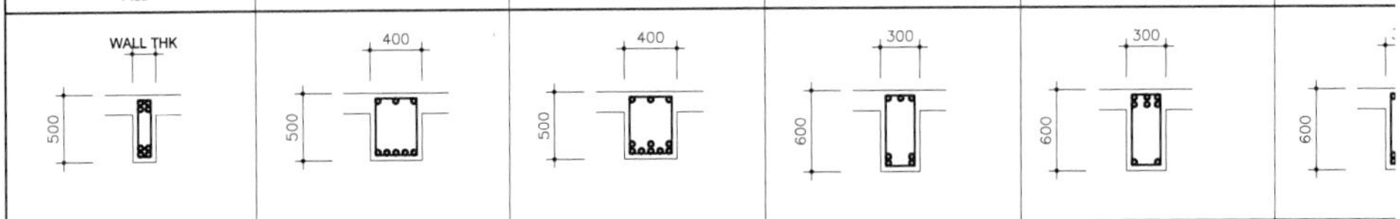					
상부근	4-HD16	3-HD22	3-HD22	3-HD22	6-HD22	3-H
하부근	4-HD16	5-HD22	8-HD22	4-HD22	2-HD22	6-H
늑근	HD10@150	HD10@200	HD10@200	HD10@150	HD10@120	HD10
부호	B6			B7		
	EXT END	INT END(B6측)	CENTER	EXT END	INT END	CE
형태	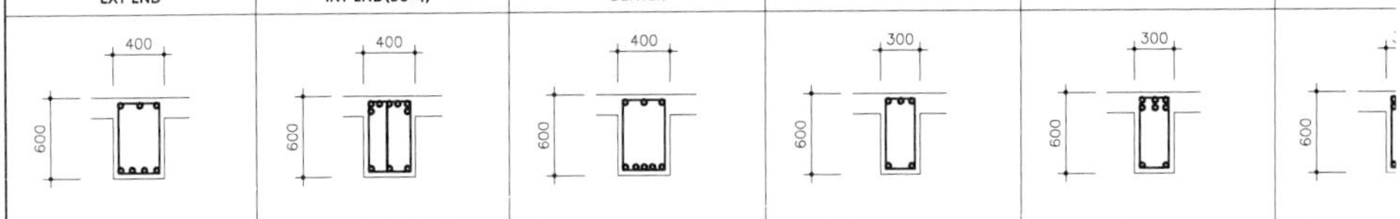					
상부근	3-HD22	7-HD22	3-HD22	3-HD22	6-HD22	4-H
하부근	4-HD22	3-HD22	5-HD22	2-HD22	2-HD22	3-H
늑근	HD10@200	HD10@150	HD10@250	HD10@250	HD10@150	HD10
부호	B10		B11			
	BOTH	CENTER	EXT END	INT END	CENTER	END(
형태	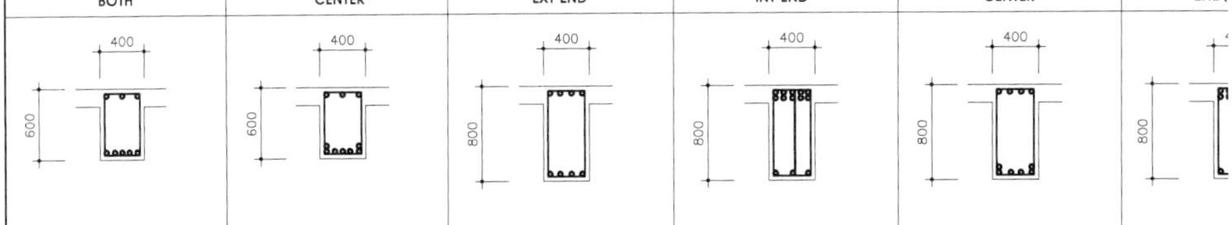					
상부근	3-HD22	3-HD22	4-HD22	10-HD22	4-HD22	10-
하부근	5-HD22	7-HD22	4-HD22	3-HD22	6-HD22	3-H
늑근	HD10@250	HD10@250	HD13@250	HD13@150	HD13@150	HD13

B2 (외벽 창문 OPENING 보강)

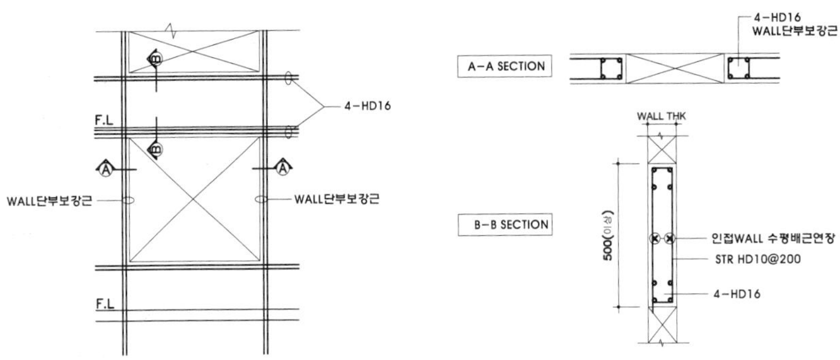

	B5			
NTER	EXT END	INT END	CENTER	
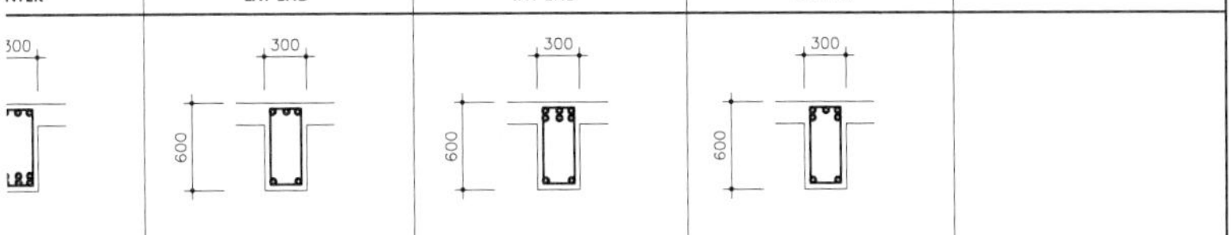				
ID22	3-HD22	6-HD22	5-HD22	
ID22	2-HD22	2-HD22	2-HD22	
@200	HD10@250	HD10@200	HD10@250	

	B8			B9
NTER	END(Y3열측)	END(Y4열측)	CENTER	ALL
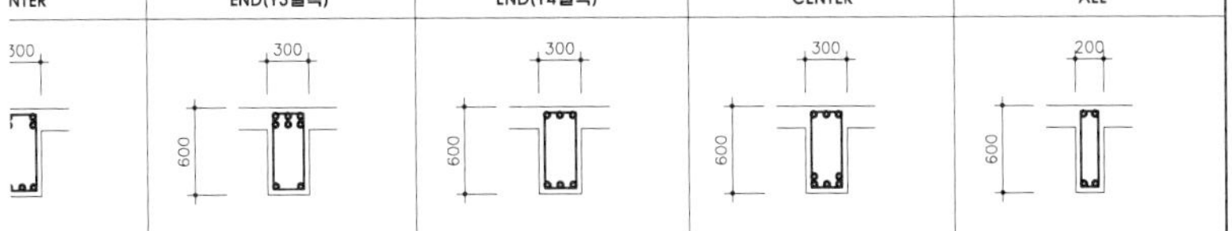				
ID22	6-HD22	3-HD22	3-HD22	2-HD22
ID22	2-HD22	3-HD22	5-HD22	2-HD22
@250	HD10@120	HD10@250	HD10@250	HD10@250

	B12		
B11측)	END(B13측)	CENTER	
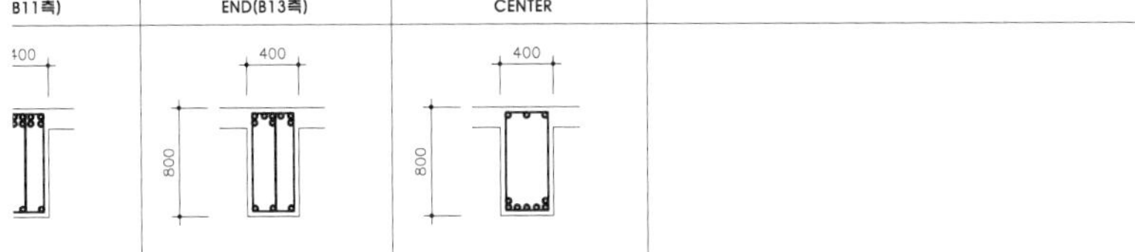			
HD22	8-HD22	3-HD22	
ID22	3-HD22	7-HD22	
@150	HD13@150	HD13@150	

보를 관통하는 슬리브 보강

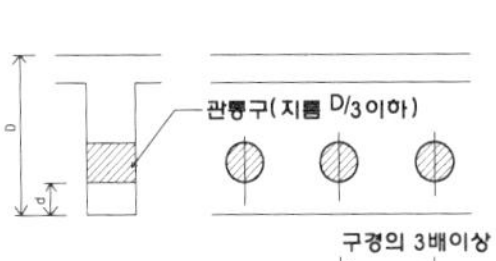

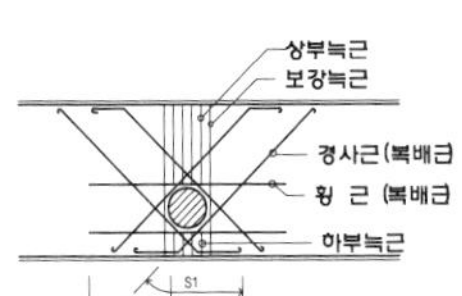

1) 관통구는 보 단부를 피할것

2) 관통구의 위치는 보춤의 중심부근으로 하며, 아래값 이상으로 한다.

D	500~700	700~900	900
d	≥ 150	≥ 200	≥ 250

3) 관통구의 지름이 보춤의 1/10이하 일때는 보강하지 않아도 좋다

4) 구조설계자와 협의한 후에 위의 사항을 적용할 수 있다.

관통구	경사근	보강늑근	횡 근	상하늑근
100 미만	2-HD13	2-HD13	2-HD13	
100~199	4-HD13	2-HD13	2-HD13	3-HD13
200~299	4-HD16	2-HD16	2-HD16	4-HD13
300~400	4-HD19	2-HD19	2-HD19	6-HD13

* 횡근은 병렬시 해당

변경/협의사항 REVISION

NO.	수정내용	일자	비고
△			
△			
△			

설계명 PROJECT TITLE 도면의 힘 II 플러스

설계번호 PROJECT NO.

설 계 본 부 / ENG·협력업체

담당 DRAWN BY: /

팀장 CHECKED BY: /

P M DESIGNED BY: /

PIC APROVED BY:

도면명칭 DRAWING TITLE 보일람표-01

축척 SCALE NONE

날짜 DATE:

도면번호 SHEET NO. S-203

보 일 람 표-2

부 호	B13			B14		
	EXT END	INT END	CENTER	END(ELE측)	END(B15측)	(
형 태	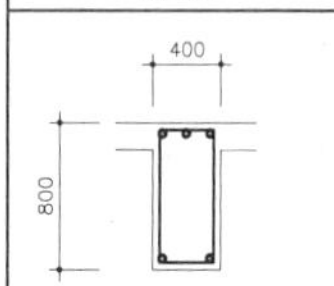	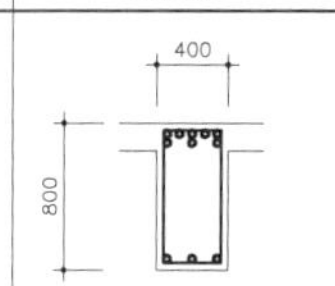	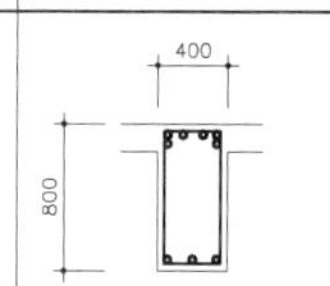	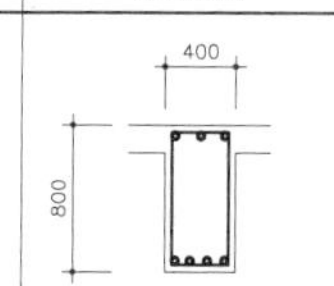	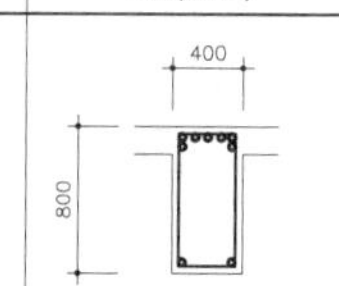	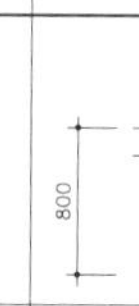
상 부 근	3-HD22	8-HD22	6-HD22	3-HD22	7-HD22	3-
하 부 근	2-HD22	3-HD22	3-HD22	4-HD22	2-HD22	6-
늑 근	HD13@250	HD13@150	HD13@250	HD13@200	HD13@150	HD1

부 호	G1			G2		
	EXT END	INT END	CENTER	BOTH	CENTER	ENI
형 태	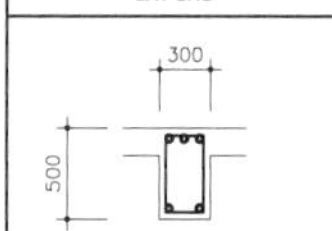	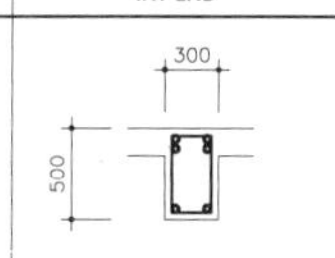	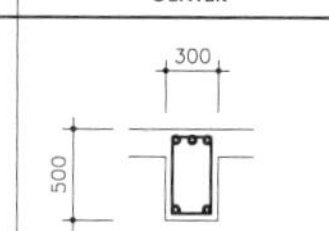	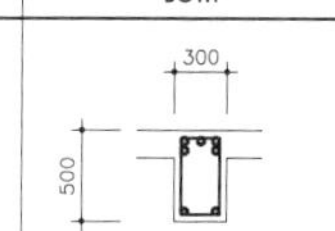	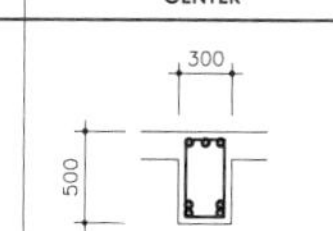	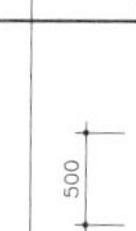
상 부 근	3-HD22	4-HD22	3-HD22	5-HD22	3-HD22	3-
하 부 근	2-HD22	2-HD22	2-HD22	2-HD22	4-HD22	3-
늑 근	HD10@200	HD10@200	HD10@200	HD10@200	HD10@200	HD1

부 호	G5			G6		
	EXT END(G6측)	INT END(G5측)	CENTER	EXT END	INT END	(
형 태	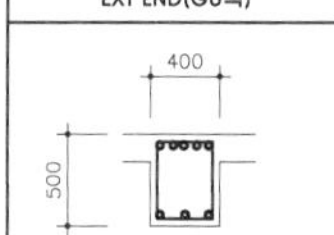	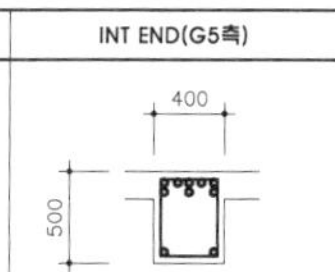	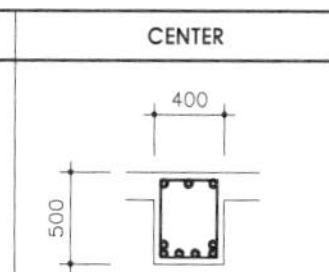	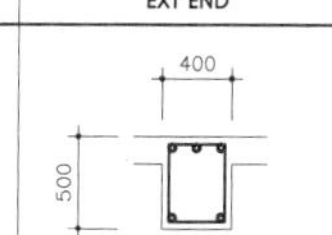	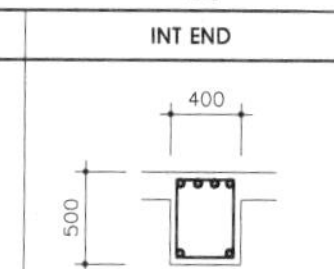	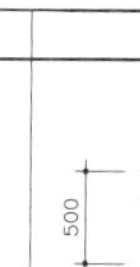
상 부 근	5-HD22	8-HD22	3-HD22	3-HD22	4-HD22	3-
하 부 근	3-HD22	2-HD22	6-HD22	2-HD22	2-HD22	2-
늑 근	HD10@200	HD10@150	HD10@150	HD10@200	HD10@200	HD1

부 호	G9		G10			
	BOTH	CENTER	EXT END	INT END	CENTER	
형 태	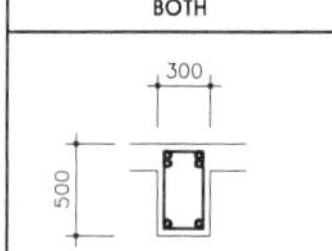	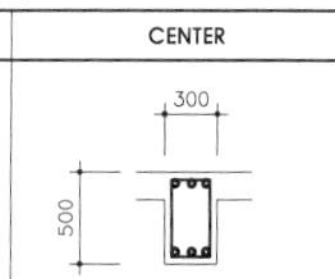	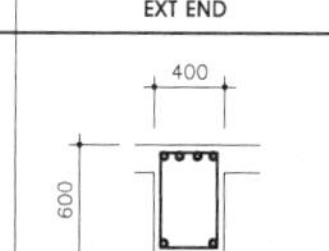	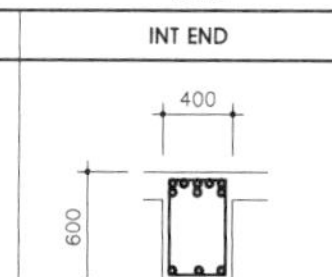	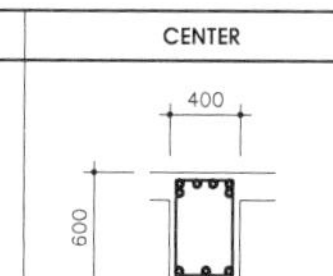	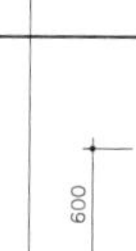
상 부 근	4-HD22	3-HD22	4-HD22	8-HD22	6-HD22	9-
하 부 근	2-HD22	3-HD22	2-HD22	3-HD22	3-HD22	3-
늑 근	HD10@200	HD10@200	HD10@250	HD10@150	HD10@150	HD

부 호	G13			G14		
	EXT END	INT END	CENTER	END(X2열측)	END(X3열측)	(
형 태	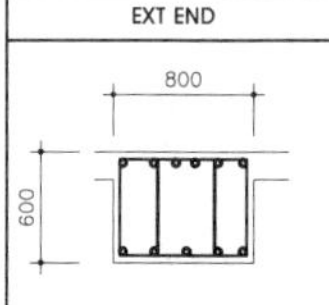	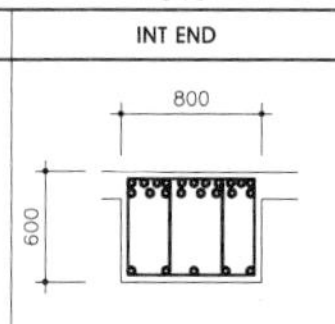	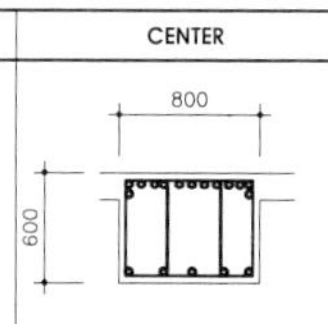	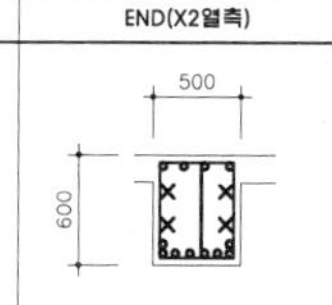 X:4-HD19	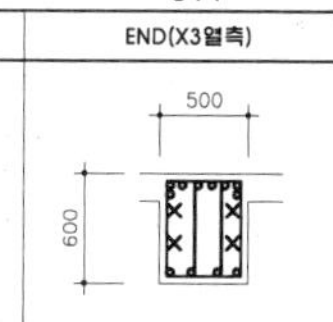 X:4-HD19	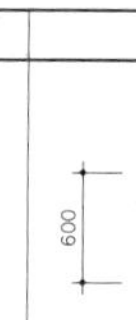
상 부 근	6-HD22	19-HD22	13-HD22	4-HD22	8-HD22	4-
하 부 근	5-HD22	5-HD22	5-HD22	8-HD22	4-HD22	12
늑 근	HD10@250	HD10@150	HD10@150	HD10@150	HD10@150	HD

	B15			
CENTER	EXT END	INT END	CENTER	

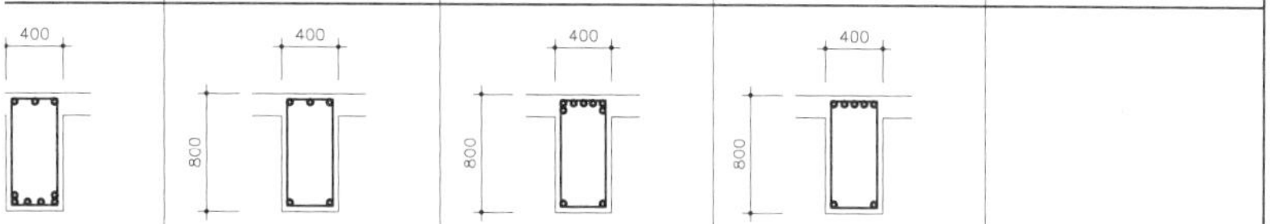

-HD22	3-HD22	7-HD22	5-HD22	
-HD22	2-HD22	2-HD22	2-HD22	
3@250	HD10@250	HD10@150	HD10@250	

G3			G4	
)(X2열측)	END(X3열측)	CENTER	BOTH	CENTER

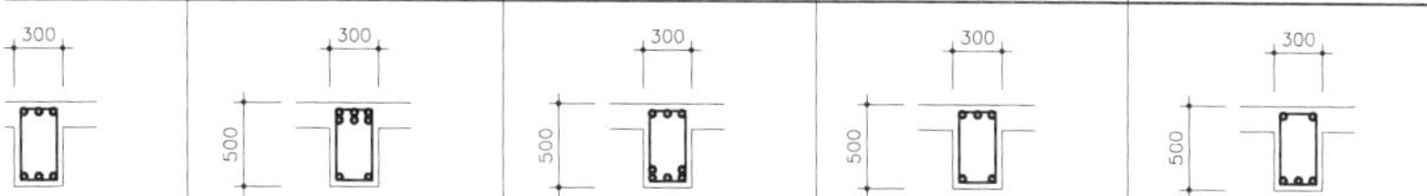

-HD22	6-HD22	3-HD22	3-HD22	2-HD22
-HD22	2-HD22	5-HD22	2-HD22	3-HD22
0@200	HD10@150	HD10@200	HD10@200	HD10@200

	G7			G8
CENTER	END(ELE측)	END(G6측)	CENTER	ALL

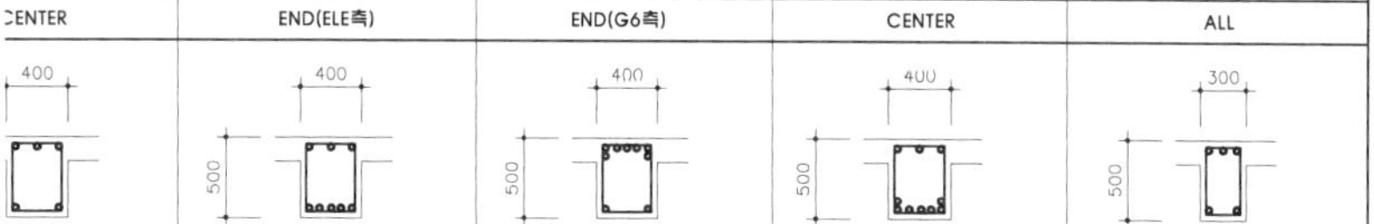

-HD22	3-HD22	7-HD22	3-HD22	3-HD22
-HD22	5-HD22	2-HD22	7-HD22	2-HD22
0@200	HD10@150	HD10@150	HD10@150	HD10@200

G11		G12		
BOTH	CENTER	END(X2열측)	END(X3열측)	CENTER

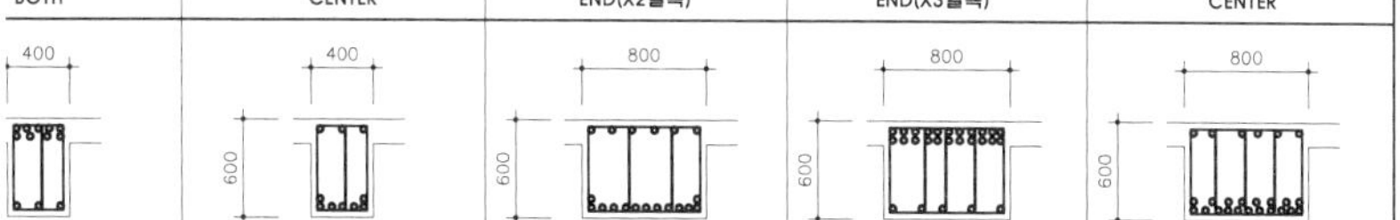

-HD22	3-HD22	6-HD22	22-HD22	6-HD22
-HD22	7-HD22	13-HD22	5-HD22	19-HD22
10@150	HD10@150	HD13@150	HD13@150	HD13@150

	G15			
CENTER	BOTH	CENTER		

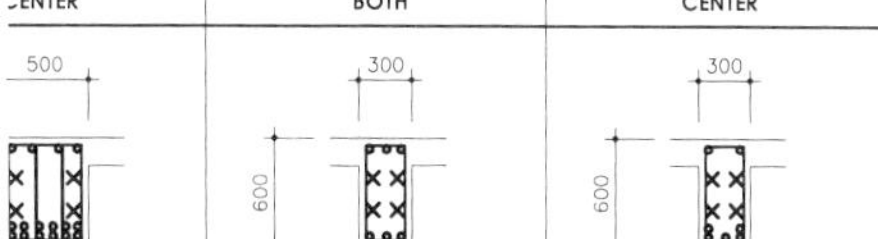

X:4-HD19	X:4-HD19	X:4-HD19		
-HD22	3-HD22	2-HD22		
-HD22	3-HD22	5-HD22		
10@150	HD10@150	HD10@150		

변경/협의사항 REVISION

NO.	수정내용	날짜	비고
△			
△			
△			

설계명 PROJECT TITLE: 도면의 힘 II 플러스

설계번호 PROJECT NO.

설계본부 / ENG·협력업체	
담당 DRAWN BY:	/
팀장 CHECKED BY:	/
P M DESIGNED BY:	/
PIC APROVED BY:	

도면명칭 DRAWING TITLE: 보일람표-02

축척 SCALE: NONE | 날짜 DATE:

도면번호 SHEET NO.: S-204

보 일 람 표-3

부호	G16			G17		
형태	EXT END	INT END	CENTER	END(G16측)	END(G18측)	CI
	600 / 600	600 / 600	600 / 600	600 / 600	600 / 600	600
상부근	4-HD22	16-HD22	4-HD22	16-HD22	10-HD22	4-I
하부근	5-HD22	4-HD22	11-HD22	4-HD22	4-HD22	8-I
늑근	HD13@250	HD13@150	HD13@150	HD13@200	HD13@200	HD1:
부호	G19			G20		
형태	END(ELE측)	END(G10측)	CENTER	EXT END	INT END	CI
	400 / 600	400 / 600	400 / 600	300 / 600 ×:4-HD19	300 / 600 ×:4-HD19	600
상부근	3-HD22	9-HD22	3-HD22	3-HD22	5-HD22	3-
하부근	6-HD22	3-HD22	9-HD22	2-HD22	2-HD22	2-
늑근	HD13@150	HD13@150	HD13@150	HD10@250	HD10@200	HD1
부호	G22			G23		
형태	END(G30측)	END(G23측)	CENTER	EXT END	INT END	CI
	400 / 600	400 / 600	400 / 600	400 / 600	400 / 600	600
상부근	8-HD22	4-HD22	4-HD22	3-HD22	4-HD22	3-I
하부근	2-HD22	2-HD22	4-HD22	2-HD22	2-HD22	2-I
늑근	HD10@250	HD10@250	HD10@250	HD10@250	HD10@250	HD1(
부호	G25			G26		
형태	EXT END	INT END	CENTER	ALL	END(G23측)	END(
	300 / 600	300 / 600	300 / 600	300 / 600	400 / 600	600
상부근	3-HD22	5-HD22	3-HD22	2-HD22	5-HD22	9-I
하부근	2-HD22	2-HD22	2-HD22	2-HD22	2-HD22	2-I
늑근	HD10@250	HD10@250	HD10@250	HD10@250	HD10@200	HD1(
부호	G29			G30		
형태	END(G23측)	END(G33측)	CENTER	EXT END	INT END	CI
	400 / 600	400 / 600	400 / 600	400 / 800	400 / 800	800
상부근	4-HD22	5-HD22	2-HD22	3-HD22	7-HD22	3-I
하부근	2-HD22	2-HD22	4-HD22	7-HD22	3-HD22	10-
늑근	HD10@250	HD10@250	HD10@250	HD13@250	HD13@200	HD1:

	G18			
ENTER	EXT END	INT END	CENTER	
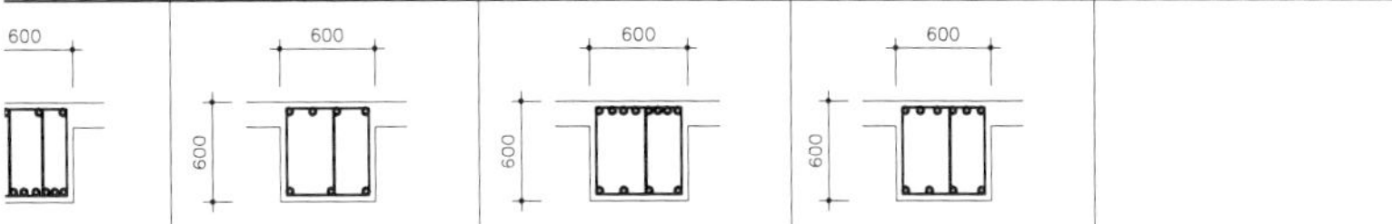				
HD22	4-HD22	8-HD22	6-HD22	
HD22	3-HD22	4-HD22	4-HD22	
3@200	HD10@250	HD10@250	HD10@250	

	G21		
ENTER	BOTH	CENTER	
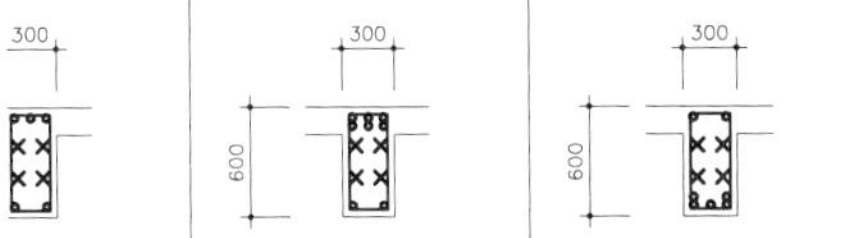			
HD22	6-HD22	2-HD22	
HD22	2-HD22	5-HD22	
0@200	HD10@150	HD10@150	

	G24			
ENTER	END(ELE측)	END(G25측)	CENTER	
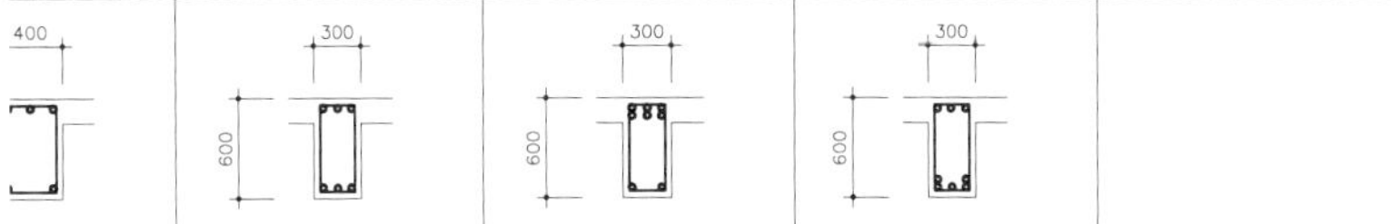				
HD22	3-HD22	6-HD22	3-HD22	
HD22	3-HD22	2-HD22	5-HD22	
)@250	HD10@250	HD10@150	HD10@250	

G27		G28		
G31측)	CENTER	END(ELE측)	END(G32측)	CENTER
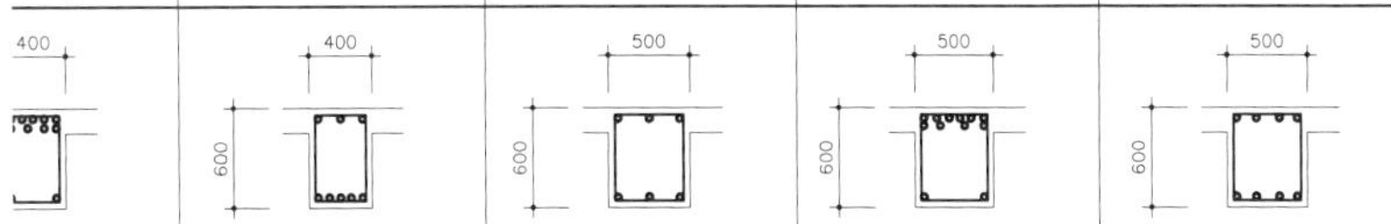				
HD22	3-HD22	3-HD22	10-HD22	4-HD22
HD22	5-HD22	3-HD22	2-HD22	4-HD22
)@150	HD10@150	HD10@250	HD10@150	HD10@150

	G31			
ENTER	EXT END	INT END	CENTER	
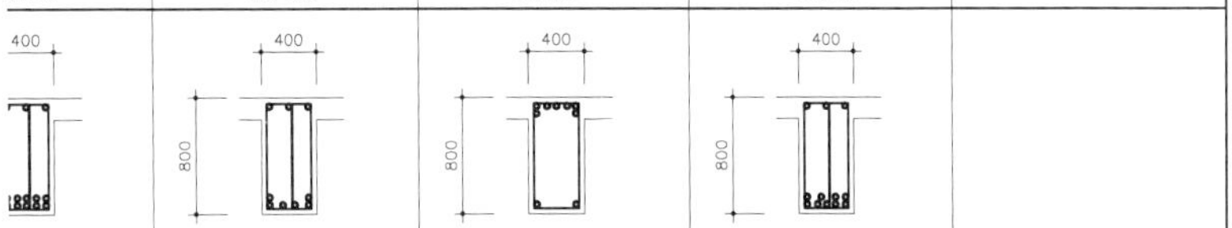				
HD22	3-HD22	7-HD22	3-HD22	
HD22	6-HD22	2-HD22	9-HD22	
3@200	HD13@150	HD13@150	HD13@150	

변경/협의사항 REVISION

NO.	수정내용	일자	비고
△			
△			
△			

설계명 PROJECT TITLE 도면의 힘 II 플러스

설계번호 PROJECT NO.

설계본부 / ENG·협력업체

담당 DRAWN BY: /

팀장 CHECKED BY: /

P M DESIGNED BY: /

PIC APROVED BY:

도면명칭 DRAWING TITLE 보일람표-03

축척 SCALE NONE

날짜 DATE:

도면번호 SHEET NO. S-205

보 일 람 표-3

부호	G32			G33		
	EXT END	INT END	CENTER	EXT END	INT END	CE
형태	500 / 800	500 / 800	500 / 800	400 / 800	400 / 800	800
상부근	3-HD22	8-HD22	3-HD22	3-HD22	4-HD22	3-H
하부근	8-HD22	2-HD22	11-HD22	3-HD22	2-HD22	4-H
늑 근	HD13@150	HD13@150	HD13@150	HD10@250	HD10@250	HD10
부호	WG2	WG3	WG4	WG5		
	ALL	ALL	ALL	ALL		
형태	300 / 600 ×:4-HD10	400 / 600 ×:4-HD10	300 / 800 ×:4-HD10	400 / 800 ×:4-HD10		
상부근	2-HD22	2-HD22	2-HD22	2-HD22		
하부근	2-HD22	2-HD22	2-HD22	2-HD22		
늑 근	HD10@200	HD10@200	HD10@200	HD10@200		
부호						
형태						
상부근						
하부근						
늑 근						
부호						
형태						
상부근						
하부근						
늑 근						
부호						
형태						
상부근						
하부근						
늑 근						

	CG1	CG2	CG3	WG1
NTER	ALL	ALL	ALL	ALL
100	300, 500, ✕:4-HD16	500, 600, ✕:4-HD19	300, 600, ✕:4-HD16	300, 500, ✕:2-HD10
D22	3-HD22	6-HD22	2-HD22	2-HD22
D22	2-HD22	4-HD22	2-HD22	2-HD22
@250	HD10@200	HD10@250	HD10@250	HD10@200

변경/협의사항
REVISION

NO.	수정내용	일자	비고
△			
△			
△			

설계명
PROJECT TITLE 도면의 힘 II 플러스

설계번호
PROJECT NO.

설 계 본 부 / ENG. 협력업체
담당 DRAWN BY: /
팀장 CHECKED BY: /
P M DESIGNED BY: /
PIC APROVED BY:

도면명칭
DRAWING TITLE 보일람표-04

축척
SCALE NONE

날짜
DATE:

도면번호
SHEET NO. S-206

기타 배근도

1	계단 배근도	SS1	*. STAIR THK: 150	2	MAT FC

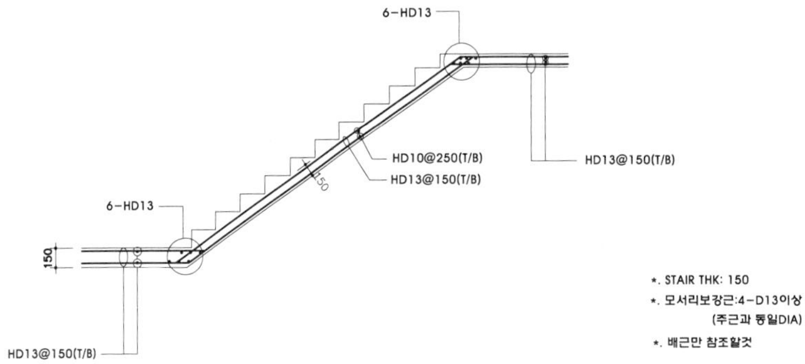

3	Wall 배근도

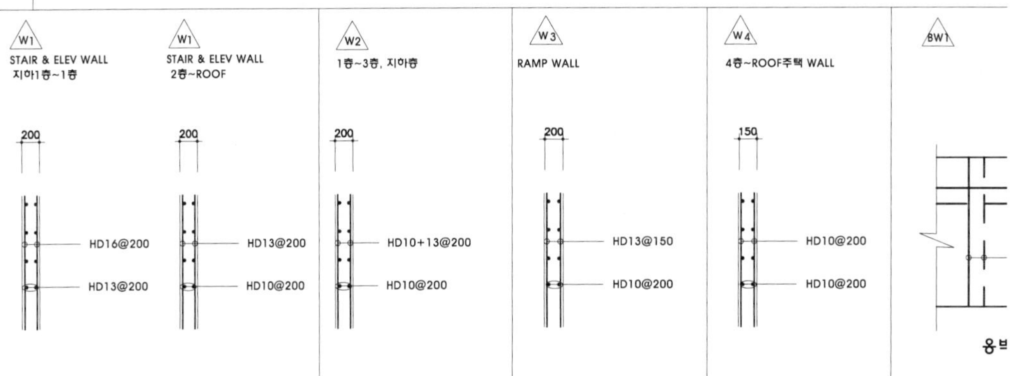

4	PARA

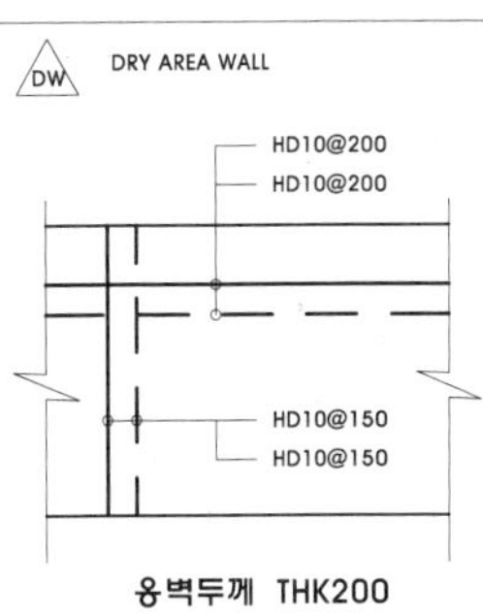

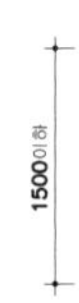

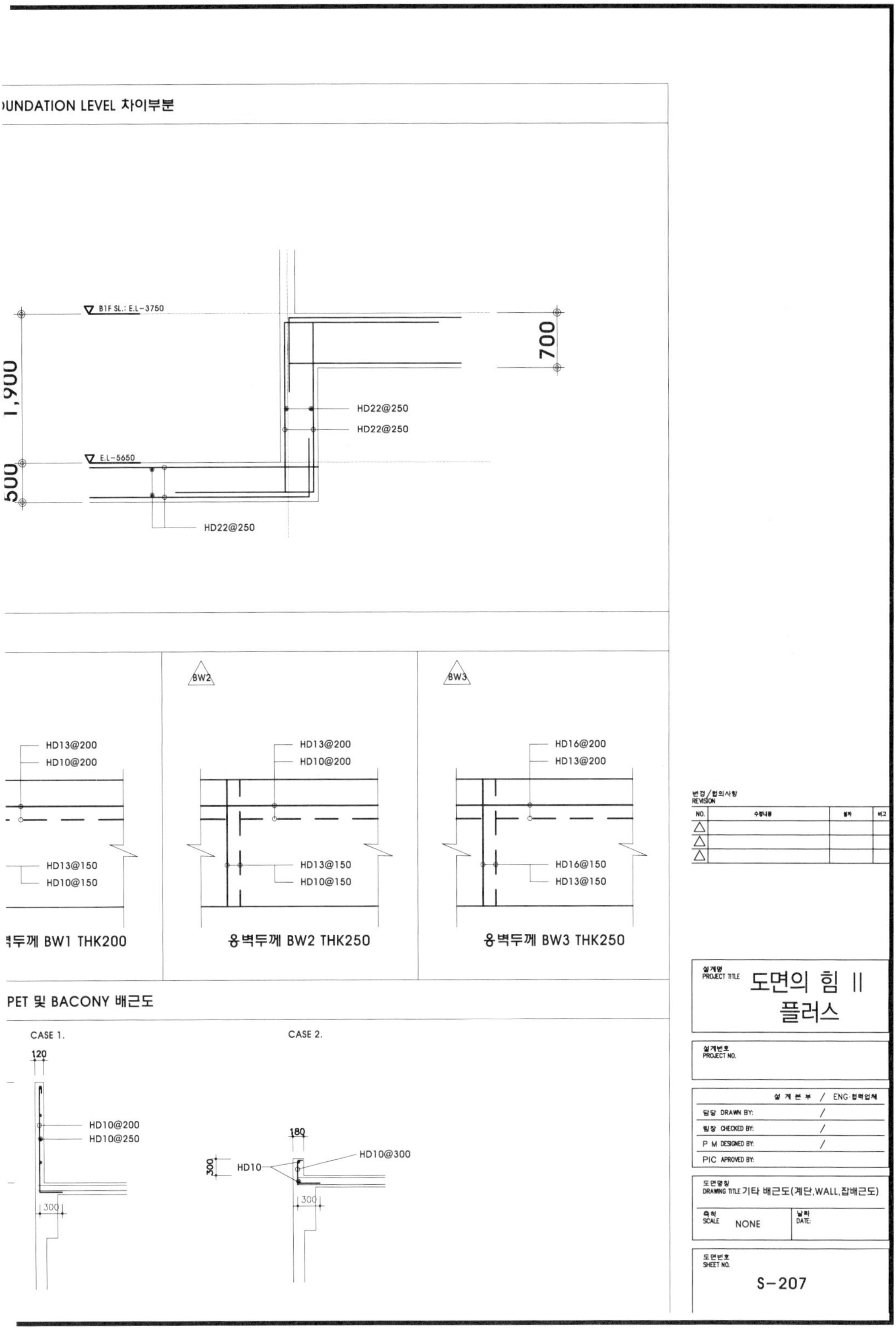

UNDATION LEVEL 차이부분
B1F SL.: E.L-3750
E.L-5650
1,900
500
700
HD22@250
HD22@250
HD22@250
BW2
BW3
HD13@200
HD10@200
HD13@150
HD10@150
벽두께 BW1 THK200
HD13@200
HD10@200
HD13@150
HD10@150
옹벽두께 BW2 THK250
HD16@200
HD13@200
HD16@150
HD13@150
옹벽두께 BW3 THK250
PET 및 BACONY 배근도
CASE 1.
120
HD10@200
HD10@250
300
CASE 2.
180
300
HD10
HD10@300
300
변경/협의사항 REVISION
NO.
설계명 PROJECT TITLE 도면의 힘 II 플러스
설계번호 PROJECT NO.
설 계 본 부 / ENG·협력업체
담당 DRAWN BY: /
팀장 CHECKED BY: /
P M DESIGNED BY: /
PIC APROVED BY:
도면명칭 DRAWING TITLE 기타 배근도(계단,WALL,잡배근도)
축척 SCALE NONE
날짜 DATE:
도면번호 SHEET NO.
S-207

저자소개

김 찬 주

현재 대림대 건축과에 교수로 재직 중이며, 교육과 함께 「건축법규 강의(2025)」와 「도면의 힘(2013)」, 「도면의힘II(2022)」 등을 집필하였다.
연세대학교 건축과를 졸업하고, 건축사사무소에서 실무를 익히고 'AnD건축사사무소' 대표 건축사로서 계획 및 실시설계를 진행하였으며, 다수의 현상설계에 참여하고 일부 수상하였다.
실무를 바탕으로 실제적 건축 공부를 하고자, 뒤늦게 모교 대학원에 진학하여 석사와 박사학위를 취득하였으며, 복합건축의 공간 구성과 동선 체계, ICT 가변형 벽체 관련 몇몇의 특허를 출원 등록하고, Robotic Doorwall을 활용한 인간과 로봇의 유니버셜 동선공간 등의 연구를 진행하고 있다.

유 연 숙

이음 건축사사무소 대표/건축사로 2007년부터 운영하고 있다.
자연·공간·사람의 가치를 끊임없이 고민하고, 자연 속으로 스며드는 건축을 위해 노력하고 있다. 매곡어린이집, 병목안 주택, 소소한집, 스마트 케어하우스, 석수동 다목적복지회관 리모델링, 과천초 다목적체육관 등을 설계했다. 그린 리모델링 설계와 다수의 현상설계를 참여했다. 연세대학교에서 석사학위를 받았으며, 현재 대림대학교 겸임교수로 학생들과 함께 건축에 대해 나누고 배우고 있다.

임 희 정

건축사(KIRA) 및 패시브하우스 디자이너(PHI)이다. 부산대학교에서 건축공학을 전공하였으며, ㈜제드건축사사무소 대표건축사를 거쳐 현재 림 건축사사무소를 운영하고 있다. 주요 작업으로 익산패시브하우스, 노원이지하우스, 용인시립어린이집 그린리모델링, 용인 포곡고 학교공간혁신 설계 등이 있으며, 주로 패시브 건축과 그린리모델링, 그린스마트 미래학교 등 다양한 프로젝트에 참여하고 있다.

도면의 힘 PLUS　　정가 27,000원

저자 : 김찬주 · 유연숙 · 임희정

발행인 : 임해진
발행처 : 구미서관

발행 : 2026년 3월 1일

등록 : 1979년 6월 29일 No.9-6호

주소 : 서울시 마포구 신촌로2길 5-15
전화 : 02-333-1101
팩스 : 02-335-2201
http://www.goomibook.com

ISBN 979-11-6257-312-9 (93540)

저자와의 협의 하에 인지를 생략합니다.
파본이나 잘못된 책은 교환하여 드립니다.